JN127592

杉浦光夫 数学史論説集

杉浦光夫［著］
笠原乾吉・長岡一昭・亀井哲治郎［編］

日本評論社

はじめに

「数学史」というと古代ギリシャのユークリッドやピタゴラスの時代，また17〜19世紀のニュートンやライプニッツ，オイラーやガウスの時代を思い浮かべる人も多いだろう．しかし，19世紀後半から20世紀における「現代数学」も，21世紀に入り20年弱経とうとしている現在から見ると，すでに「歴史」の範疇に入るかもしれない．

現代数学の歴史的発展に注目し，数学の研究者の立場から理論を正確に把握してその概観を広く一般に伝える活動を長く行ってきた数学者が，杉浦光夫さん(1928—2008)である．杉浦さんは1980年に，木下素夫，倉田令二朗，清水達雄，森毅の皆さんとともに「現代数学史研究会」を立ち上げ，年2回，春と秋に開催される日本数学会の折に，専門家の立場から見た現代数学の歴史を語る場を作った．この会は次のような呼び掛けで始まっている．

現代数学史研究会を作ろう

現代数学の立場から，数学および数学史について自由に語り合う会を作りたいと思います．

現代数学をどうとらえるか，数学における思想あるいは技法の発展史，個別分野史，問題史，人物史，さらに17〜19世紀の数学や古代・中世の数学，また数学と諸科学や社会との関係など，論ずべき問題はつきません．

関心ある方方の御参加を期待します．さしあたり四月の数学会年会の折に第一回の会合を開き，今後の進め方を相談したいと思います．

呼び掛け人　**木下素夫　倉田令二朗　清水達雄　杉浦光夫　森 毅**

1980年3月

(数学セミナー・リーディングス『現代数学のあゆみ 1』(1986)「あとがき」より)

この研究会は開催当初より，講演会場が満席になるなど多くの数学者の関心を集めた．毎回，さまざまな分野の「現代数学史」が講演される中で，現在進行形で発展を続けている現代数学の歴史背景にスポットが当てられ，活発な議論が行われ理解が深められていった．講演内容は『数学セミナー』誌上で「現代数学史のひとこま」シリーズとして連載され，のちに数学セミナー・リーディングス『現代数学のあゆみ』(全4冊)にまとめられた(その後，臨時別冊・数理科学『現代数学のあゆみ』(サイエンス社)も出版された)．

「現代数学史研究会」は1999年秋の数学会まで開催されたが，1990年以降は杉浦さんが東京大学退官後，新たに赴任した津田塾大学でも「津田塾大学数学史シンポジウム」が開かれるようになり，現在も毎年10月に開催されている．

さて，本書は「津田塾大学数学史シンポジウム」第1回(1990年)～第10回(1999年)において，杉浦さんが講演された内容を大幅に書き足して(1時間の講演が手書きで234ページになるなど)，津田塾大学数学・計算機科学研究所報に発表されたものをまとめたものである．専門である「リー群論」と，それに関連のある「ヒルベルトの23の問題：第五問題」が主なテーマとなっている．そこには19世紀終盤に興った比較的新しい数学理論である表現論の黎明期から20世紀半ばまでの発展の様子や，リー，キリング，カルタン，ワイル，シュヴァレー，ポントリャーギン，岩澤健吉などといった名だたる数学者たちがどのような問題意識をもって理論を発展させていったかが，詳細に記されている．特に若い読者には，理論が作り上げられていく過程を肌で感じながら読んでいただきたいと思う．

なお，本書では，杉浦さんの手書きの原稿を直に感じていただくため，最低限の修正(漢字を新字体に直すなど)を施すにとどめた．用語・記号等の不統一があるかもしれないが，そのあたりはご容赦いただければ幸いである．

末筆ながら，本書の出版を快くご承諾いただいた津田塾大学数学・計算機科学研究所の皆さんに感謝の意を表する．そして，最後の最後に，日本評論社の大賀雅美さんにお礼を言わなければならない．本書を企画し，困難な編集作業をほとんど独りでこなした大賀さんの奮闘のおかげで，こうして刊行に漕ぎ着けることができた．ありがとうございました．

2018年10月　杉浦光夫さん生誕90年没後10年を記念して

笠原乾吉・長岡一昭・亀井哲治郎

目次

1 リーとキリング-カルタンの構造概念

§1 19世紀における構造概念の展開

19世紀の数学では，式や図形に関する量の単なる計算から一歩踏み出した考察が見られる。そのような研究も多様であって，例えば幾何学の概念の根本的変革にまで到った非ユークリッド幾何のようなものもある。ここでは広い意味での構造的なものの追求が次第に成長して行くことに注目したい。ポンスレやジェルゴンヌの射影幾何学，特に双対原理や，デデキントによる代数体の整数論研究，アーベル，ヤコビ，リーマンによる代数函数の研究などに筆者はこの構造的なものの芽生えを見出すのであるが，ここでは群論における構造概念の展開過程を概観し，本論の対象である初期のリー群論における構造概念の発展の記述に対する準備としよう。

群論の前史としては，「ラグランジュの方程式論」(1770年)[16]における置換の研究がある。ガウスの『数論考究』(1801年)[6]では，群という言葉こそ用いられていないが，群論的な色彩がかなり濃厚である。特にそこでは有限巡回群が重要な役割を演ずる。法 m での剰余環 $\mathbb{Z}/(m)$ の加法群が m 次巡回群の基本的モデルであるが，素数 p に対する $\mathbb{Z}/(p)$ の乗法群が位数 $p-1$ の巡回群となることが合同式の理論の基本であり，その生成元(いわゆる原始根)は，ガウスの円分方程式論でも基本的な役割を演ずる。ガウスは二次形式の理論ではもう一歩踏みだす。与えられた判別式 D を持つ整係数原始二元二次形式の類に対し，ガウスは合成と呼ばれる積を定義する。これは整数 m と n を表わす二つの二次形式から，積 mn を表わす二次形式を構成する操作である。そしてガウスはこの積によって，二次形式の類が可換群を作ることを，面倒な計算によって克明に証明している。この可換群は一般にはもはや巡回群とは限らない。この群 G の中で平方類の作る部分群 H による各剰余類が，ガウスが種と読んだものに一致する。そして剰余群は $(2, 2, \cdots, 2)$ 型アーベル群となる。従って各種はいくつかの位数 2 の指標の値で定義される。ガウスはこのように指標で種を定義したのである。従ってそこでは，「すべての指標の値が 1 となる種(principal genus)は平方類からなる」という命題が基本定理となる。以上が種の理論の群論的な構造である。数論的には種の理論は，二次形式による整数の表現問題を変換問題に帰着させて一応解決した後，それを別の面から考察するためにガウスが導入したものである。特に各種が一つの類から成るときは，素数 p が二次形式 $f(x, y)$ で表わされるかどうかは $p \bmod D$ の値によって定まる。またガウスは種の理論の応用として，平方剰余の相互法則の第二証明を与えることに成功したのであった。

ガウスの流れを継いだ研究者の一人がアーベルである。アーベルは，ガウスが「円分方程式論と同様の結果が $\int \frac{dx}{\sqrt{1-x^4}}$ に関連する函数に対しても成立つ」という註に示唆されて，楕円函数の一般等分方程式が $\mathbb{Q}$ に母数と周期等分値を添加した体の上で代数的に可解であることを発見したのであった。その根拠は，今日の言葉で言えば，そのガロア群が可換群であるという事実に他ならない[1]。これによってアーベル方程式，アーベル群という言葉が生じた。さらにアーベル[2]は虚数乗法を持つ楕円函数の母数(いわゆる特異モヂュール)が，乗法子を含む虚二次体 K 上の代数方程式をみたし，しかもこの方程式が代数的に可解であることを発見した(笠原[11]，高瀬[26])。

クロネッカーが指摘したように，この方程式は，K 上のアーベル方程式なのである。アーベルはこれらの楕円函数についての研究を行う以前に，一般 5 次方程式が代数的に可解でないことの証明に成功していたが，さらに進んで代数的に可解な方程式をすべて求めるという問題を取り上げた。しかし彼の早すぎる死のため，この仕事は完成されないままとなった。

この仕事を受継いだガロア[5]は，始めて群という言葉を導入し，代数方程式の根の置換で特別な性質をみたすものとして，今日その方程式のガロア群と呼ばれるものを明確に定義し，存在を証明した。そしてガロアは，この方程式から導かれる補助的な代数方程式(例えば判別式の平方根を根とする方程式)の根を添加したとき，ガロア群がどれだけ縮小するかを考察する。こうしてガロアは方程式の代数的解法に即してガロア群の考察を行い，その過程で自然に，部分群，正規部分群，組成列などに導かれたのである。そして方程式が代数的に可解であるための必要十分条件は，そのガロア群 G の組成列 $G=G_0\supset G_1\supset\cdots\supset G_n=\{1\}$ ですべての G_i/G_{i+1} が素数位数となるものを持つことであるという認識に到達した[5]。ジョルダンは，その『置換群』[10]（1870）において組成列の概念を明確に定式化し，ガロアの条件をみたす有限群に，可解群という名称を与えた。またガロアは，分解不能群という名で（有限）単純群の概念を導入し，素数位数でない最小の単純群は，位数 60（5 次交代群 A_5）であることを指摘している。

ガロアの仕事は，1846 年リューヴィルによって発表され，ベッチ，デーデキント，セレ等ガロア理論を理解する人も増えて行った。ジョルダンの『置換論』は，この動きを促進した。以上が，リーが登場する前後までの群論の形成過程についてのごく概略的な記述である。

§2 リー

リー（1842－1899）の論文に群が登場するのは，1869 年ベルリンでクライン（1849－1925）に会って後のことである。リーはクラインとの共通の関心の的であったプリュッカーの直線幾何学の一つの問題に可換連続群を用いた。これは与えられた四面体の四つの面（の延長）との四交点の作る複比が一定であるような直線全体の集合（四面体棒または Reye's line complex）についての研究[17]で，リーは四面体の四頂点を固定する射影変換全体の作る可換群（射影変換群のカルタン部分群）を用いて，この四面体棒の性質を系統的に説明することに成功したのであった。クラインとの共著の次の研究[13]では，やはり可換連続群が重要な役割を演じている。またそこではこの群の無限小変換も導入されている。さらに注目すべきことには，「以下の可換な変換の群（gesschlossenes system）についての考察は，置換の理論とそれに伴う代数方程式の理論の研究と密接な関係がある」と述べて居り，彼等はガロア理論と自分達の理論の類似を認識して居たのである。「けれどもこの二つの場合には，また非常に大きな相違が存在する。我々の場合には，連続変数の量を扱うのに対して，置換論では常に離散変数だけが問題になる」と述べて，連続群と有限群の相違に注意しながら，この間の類似性を指摘した点は特に興味のある所である。

この共同研究の後クラインは，「エルランゲン・プログラム」（1872）の構想を固めて行くのに対し，リーは幾何学の問題の中で出会った接触変換と一階偏微分方程式の解法の問題に取組むことになる。こうして変換群を用いての幾何学と微分方程式の研究を続ける内に，リーにとって次第にその大きな研究目標として，次の二つの問題I, IIが意識されるようになって行った。

I　n次元空間に作用する有限次元連続変換群をすべて求めよ。(変数及び径数の変数変換で移り合う二つの群(相似な群)は同じものと見なす。)

II　置換群が代数方程式の理論で果したと類似の役割を果す理論を，連続変換群と微分方程式に対して構成せよ。

この二つの大問題に対し，リーは部分的にしか解答を与えることが出来なかった。けれどもこの二つの問題は，リーの生涯における研究の原動力となったという点で重視されるべきものである。

問題Iについては，リーは$n=1,2,3$の場合の解を得た。特に$n=1$の場合，群は三種類だけ存在し，平行移動群($x'=x+a$)，アフィン変換群($x'=ax+b$)，射影変換群($x'=(ax+b)/(cx+d)$)に対応する。幾何学的意義の明快なこの解を研究の初期(1874年)に得たことがリーが変換群論に本格的に取組むための大きな刺戟となったのであった[18]。

問題IIについては，接触変換を用いての一階偏微分方程式の解法の研究が最も重要なリーの仕事であるが，よりガロア理論的なものとしては，求積法で解ける常微分方程式の研究があり，リーは例えばリッカチ方程式が求積法では解けないことを，この立場から示した([20])。この方向の研究はピカール-ヴェシオの線型常微分方程式のガロア理論として結実した(ピカール[23])。後にこの理論は，導作用素(微分)を持つ体のガロア理論として抽象化された(コルチン[14]，[15])。リーはまた組成列の考えから，方程式の解法は単純群をガロア群とする方程式の解法に帰着すると考えた。この見地からリーは単純群を重視し，射影変換群$PGL(n,\mathbb{C})$及び直交群$O(n,\mathbb{C})$(のリー環)が単純であることを証明し，後さらに斜交群$Sp(n,\mathbb{C})$の単純であることも発見した(cf.[19]第三巻)。

このようにリーは，その研究目標とした問題I, IIに対し，多くの研究を行ったが，リーの最も重要な成果は，これらの個々の研究ではなく，有限次元連続変換群に対し，その無限小変換という概念を正確に定式化し，今日の言葉で言えば，変換群とその無限小変換の作るリー環とが一対一に対応することを，三つの基本定理によって確立した点にある。この三つの基本定理はいずれも順定理と逆定理とからなる。その内容を以下に述べるが，特に解析的にその中心となる第二基本定理とその証明には，彼の一階偏微分方程式の研究が生かされている。

リーの言う有限次元連続群 G とは，r 個の径数(パラメタ) $a_1, \cdots, a_r$ によって定められる，n 次元空間($\mathbb{R}^n$ または $\mathbb{C}^n$ の開集合，その座標を $x_1, \cdots, x_n$ とする)の変換

(1)　$x_i' = f_i(x_1, \cdots, x_n ; a_1, \cdots, a_r)$　　$(1 \leqq i \leqq n)$

の集合で，合成および逆変換をとることで閉じているものである。そして函数 f_i は解析的と仮定されている(これは十分な階数(例えば C^3 級)だけ微分可能ならばよい)。以下では径数には無駄がないとする。このときリーの基本定理は，次のように述べられる([19] I, Ⅲ)。

第一基本定理　変換(1)を定義する函数 f_i は，次の形の偏微分方程式(2)をみたす。

(2)　$\dfrac{\partial f_i}{\partial a_j} = \sum_{k=1}^{r} \xi_{kj}(f(x,a))\,\psi_{kj}(a)$　　$(1 \leqq i \leqq n,\ 1 \leqq j \leqq r)$

ここで行列 $(\xi_{kj}(f(x,a)))$ の階数は $\min(n,r)$ であり，$\det(\psi_{kj}(a)) \neq 0$ である。逆に(2)の形の偏微分方程式をみたす函数 f_i によって定義される変換(1)は，r 径数の連続変換群(芽)を定義する。

第二基本定理　r 次行列 (ψ_{kj}) に対し ${}^t(\psi_{kj})^{-1} = (\alpha_{kj})$ と置く。無限小変換

(3)　$X_k = \sum_{i=1}^{n} \xi_{kj} \dfrac{\partial}{\partial x_i},\quad A_k = \sum_{j=1}^{r} \alpha_{kj} \dfrac{\partial}{\partial a_j}$　　$(1 \leqq k \leqq r)$

から，括弧積 $[X,Y] = XY - YX$ を作るとき，r^3 個の**定数** $C_{ij}^k\ (1 \leqq i,j,k \leqq r)$ が存在して

(4)　$[X_i, X_j] = \sum_{k=1}^{r} C_{ij}^k X_k$

(5)　$[A_i, A_j] = \sum_{k=1}^{r} C_{ij}^k A_k$

をみたす。逆に一次独立な r 個の無限小変換 $X_i\ (1 \leqq i \leqq r)$ が定数 C_{ij}^k により(4)の形の関係をみたすならば，この無限小変換から生成される r 個の一径数変換群は，r 径数変換群を生成する。

第三基本定理　第二基本定理の定数系 $(C_{ij}^k)_{1 \leqq i,j,k \leqq r}$ は，次の関係式(6)，(7)をみ

たす。

(6) $C_{ij}^{k}+C_{ji}^{k}=0 \qquad (1\leqq i, j, k, \ell, m \leqq r)$

(7) $\sum_{\ell=1}^{r}(C_{i\ell}^{m}C_{jk}^{\ell}+C_{k\ell}^{m}C_{ij}^{\ell}+C_{j\ell}^{m}C_{ki}^{\ell})=0$ (ヤコビの等式)

逆に(6), (7)をみたす任意の定数系 $(C_{ij}^{k})_{1\leqq i,j,k\leqq r}$ に対して(4)をみたす r 個の無限小変換 $(X_k)_{1\leqq k\leqq r}$ が存在する。(従って対応する r 径数連続変換群が存在する。)

第二基本定理は，無限小変換 $(X_i)_{1\leqq k\leqq r}$(あるいは $(A_i)_{1\leqq i\leqq r}$)の一次結合の全体 $\mathfrak{g}$ が，括弧積に関して閉じて居ることを述べて居り，第三基本定理は，$\mathfrak{g}$ が今日の言葉でリー環(ワイル[27]の造語(1923))を作っていることを述べている。

この三つの基本定理により，リーは有限次元連続変換群に関する問題を，すべて無限小変換に関する問題に還元することに成功したのである。今日の観点からすると，リーは局所的な考察に初めから限定していたので，変換群(正確には変換群芽または局所変換群)と，無限小変換の間の一対一対応を確立できたのであった。これは共変函手の最初の例ということができよう。今日から見ると無限小変換に移ることによる最大の利点は，それによって問題が線型化する点にある。我々の考察の対象である群の構造についても，この線型化は新しい見方を与えることになったのである。

これまで有限群の構造の研究は，代数方程式の解法に密着した組成列に即して行われ，可解群や単純群の概念もそこから生れた。しかしそこでは未だ構造という概念は明確に意識されて居らず，意識的に定式化されてもいなかった。これに対しリーは，上述の基本定理によって，変換群が構造定数系 $(C_{ij}^{k})_{1\leqq i,j,k\leqq r}$ によって定まることを明確に認識し，数学の術語として(恐らく)始めて，「構造」という言葉を定義した。リーは「構造」に対し，ラテン語由来の Struktur でなく Zusammensetzung という即物的なドイツ語を用いた(これは定着せず，今日ではドイツ語でも Struktur を用いる)。『連続変換群の理論』第一巻(1888), [19]p.289 で，リーは(5)の定数系 $(C_{ij}^{k})_{1\leqq i,j,k\leqq r}$ によって，群 G にどんな(連続)部分群が存在するかが定まることを注意した後，次のように述べる：「そこで定数系 C_{iks} はそれ自身既に群 $X_1 f, \cdots, X_r f$ のある種の性質を反映していることがわかる。これらの性質の総体に我々は特別な名前をつけることにし，それを群の**構造**と呼ぶ。従って関係式

$$[X_i, X_j] = \sum_{s=1}^{r} C_{iks} X_s f$$

における定数系 C_{iks} は，r 径数群 $X_1 f, \cdots, X_r f$ の構造を定めるという。」

続いてリーは，二つの変換群 G, G' は，適当な座標に関する無限小変換の間の構造定数が一致するとき，**同型**(gleichzusammergesetzt または holoedrische isomorph)であると定義した。

また対応が一対一でない場合の**多重同型**(meroedrische isomorph)の概念も導入した。これらは，ジョルダンが置換群に対して用いたものを，リー群(環)に転用したのである。

こうして，リーは無限小変換による線型化によって，連続変換群の構造をリー環の構造に帰着させ，後者を構造定数という形で可視化したのであった。こうして組成列を通じて漠然と考えられていた群の構造は，明確に対象化されて把握されることになった。構造定数 $(C_{ij}^k)_{1 \leqq i,j,k \leqq r}$ の中には，(局所的な)連続変換群を完全に決定する情報が入っているのであるが，その情報を系統的に取出す一般的な手法を，リーは遂に開発することがなかった。そのような手法への展望を開いたのは，キリングの論文([12](1888-1890))であった。キリング-カルタンによって半単純リー群の構造論，表現論がリー群論の主流となり，微分方程式のガロア理論の建設というリーの目標は霞んでしまった。しかし近年，この方面への興味が復活しつつある。(ポマレ[24]，オルヴァー[22]等を参照。)

§3 キリング

前節で今日から見れば無限小変換へ移ることの最大の利点は，問題が線型化することにあると述べたが，リーが線型化のために無限小変換を考えたとは言えないであろう。リーは変換の変数及び径数に関する依存性を調べるために，解析学の定石に従って変数及び径数に関して微分することにより，無限小変換に到達した。線型化はその結果として生じたのである。いづれにせよ，リーは線型化の利点を部分的にしか生かせなかった。この点に関し注意しなければならないのは，1870 年頃は正に線型代数学の形成期であり，今日のようにその知識は数学者の常識とはなっていなかったという事情である。変換群の構造は，構造定数 (C_{ij}^k) で定まるという認識にリーは到達したが，それは彼の三基本定理に基づき，究極的には微分方程式の解の存在定理による結果であった。しかしこのような一般論だけからは，個々の群に対して，詳しい構造を知ることは不可能であった。

この点に関し突破口となったのが，無限小変換 X の随伴表現 $\mathrm{ad}\,X : Y \longrightarrow [X, Y]$ がジョルダン標準形となるように，無限小変換達(リー環)の基底をとるというキリングのアイディアであった。キリングは1860年代の終りにベルリン大学でワイヤストラスの講義を聞き，当時できたばかりの行列の単因子やジョルダン標準形の理論を知り，二次曲面束に関する学位論文でこの理論を利用したのであった。その後ブラウンズベックという田舎のギムナジウム教師として奉職しながら，キリングは適当な条件をみたすすべての幾何学を得るという研究計画を抱いた。そのためキリングはリーと独立に連続変換群を考え，その無限小変換を導入し，それらがリーの第二，第三基本定理をみたすことを発見していた。こうしてキリングは今日の言葉で言えばすべての有限次元リー環を数え上げることを目標として考えるようになった。その後キリングは，クラインに教えられてリーの仕事を知りリーの協力者エンゲルと文通するようになった。孤立した環境にあったキリングにとって，エンゲルのもたらす情報は貴重であった。現代的な言葉でキリングの仕事[12]を述べれば次のようになる。複素数体 $\mathbb{C}$ 上の r 次元リー環 $\mathfrak{g}$ の元 $X = \sum_{i=1}^{r} e_i X_i$ ($X_1, \cdots, X_r$ は $\mathfrak{g}$ の基底)に対し，$\mathrm{ad}\,X$ の固有多項式

$$\begin{aligned}\Delta(\omega) &= \det(\mathrm{ad}\,X - \omega L)\\ &= (-1)^r(\omega^r - \psi_1(e)\omega^{r-1} + \psi_2(e)\omega^{r-2} - \cdots \pm \psi_{r-k}(e)\omega^k)\end{aligned}$$

を考える。ここで k は $\psi_{r-k}(e) \neq 0$ となる最大の整数で今日 $\mathfrak{g}$ の階数と呼ばれるものである。(キリングの階数の定義はこれと異り，$\Delta(\omega)$ の係数 $\psi_i(e)$ をすべて多項式として表わし得る e の多項式 $P_1(e), \cdots, P_\ell(e)$ の最小数 ℓ のことである。) いま $\psi_{r-k}(e) \neq 0$ となる $e = (e_1, \cdots, e_r)$ に対する X(いわゆる正則元)を考える。これに対し $\mathrm{ad}\,X$ の固有値 α に対する一般固有空間を $\mathfrak{g}_\alpha$ とする。特に $\alpha = 0$ に対し

$$\mathfrak{g}_0 = \{Y \in \mathfrak{g} \mid (\exists\, n \in \mathbb{N})\,((\mathrm{ad}\,X)^n Y = 0)\}$$

である。$\mathfrak{g}_0$ はキリング階数0の(即ち冪零)リー環となる。このとき，キリングは次の三つの仮定Ⅰ,Ⅱ,Ⅲの下での $\mathfrak{g}$ の構造を研究した。

Ⅰ　$\mathfrak{g} = [\mathfrak{g}, \mathfrak{g}]$

Ⅱ　$\mathfrak{g}_0$ は可換である。

Ⅲ　0でない($\Delta(\omega)$の)ルートはすべて単根である。

キリングは，四部作の論文「有限次元連続変換群の構造 I－IV」[12]のIIにおいて，ルート α, β に対して，$\beta + k\alpha$ が $-q \leqq k \leqq p$ となる整数に対しまたルートとなるような最大の整数を $p, q \geqq 0$ とし

$$a_{\alpha\beta} = p - q$$

という整数(今日言うカルタン整数 $2(\alpha, \beta)/(\alpha, \alpha)$ に負号をつけたもの)を考察した。$\mathfrak{g}$ の階数が k のとき，k 個のルート $\omega_1, \cdots, \omega_k$ が存在して，他のルートはこれらの一次結合になる。今 $a_{ij} = a_{\omega_i\omega_j}$ とおく。この整数系 (a_{ij}) は非常に特別な性質を持つ。例えば

$$a_{ij}a_{ji} = 0, 1, 2, 3$$

$$a_{ij} = 0 \Longleftrightarrow a_{ji} = 0$$

である。このことから可能な整数系 (a_{ij}) を決定することはそれ程難しくない。特に $\mathfrak{g}$ が単純な場合には，カルタン行列 (a_{ij}) が低次元のカルタン行列の直和に分解しない。キリングはそのような整数系には，彼が A, B, C, D と名づけた四個の無限系列と六個の孤立したもの(E_k $(k = 4, 6, 7, 8)$, F_4, G_2(キリングは IIC と記している))だけが可能であることを見出した。(実は E_4(キリングはIVE と記す)は F_4 と同型であることを後にE. カルタン[4]が注意した。) これは複素数体上の単純リー環として可能なものがこれだけに限られることを意味する。そしてキリングはリーが単純性を証明していた $PSL(n, \mathbb{C})$, $SO(2n+1, \mathbb{C})$, $SO(2n, \mathbb{C})$ のリー環のカルタン整数系が A_{n-1}, B_n, D_n となることを見出している。他の (a_{ij}) に対するリー環の構成を試みているが不完全である。また，より基本的な問題として，キリングは上の仮定I, II, IIIの下に研究を行ったのでこれで単純リー環の分類ができたというためには，任意の単純リー環が仮定I, II, IIIをみたすことを示さなければならない。そのことをキリングは[12]IIIで試みているが，その証明は不完全であった。(次節を見よ。) しかしとにかくキリングはそれまで誰も可能とは考えていなかった単純リー環の分類について，(少なくとも仮定II, IIIをみたす)単純リー環は定まった型のものしかないことを示したのである。これは予想外の結果であり，この方面に関心のある研究者に大きな衝撃を与えた。単純代数系の分類が可能であることを始めて示した点で，このキリングの仕事は数学史上画期的である。より簡単な複素数体上の単純多元環の分類も，キリングの仕事の影響下にモーリエン[21]によって1891年になされたのであった。組成列に基づく群の構造の研究は自然であるのに対し，リーの構造定数で構造が定まるという視点は，一見機械的のように見えた。所がキリングのように適当な方法で調べれば構

造定数は非常に詳しい情報を与えてくれることがわかったのである。特に単純群に対しては組成列は自明なものになり，それからは何の情報も取出せないのに対し，キリングの方法が単純群に対し決定的な情報をもたらしたことは注目すべき出来事であった。

さらにキリングは，単純でないリー環の構造も考えた。彼は単純リー環の直和として，半単純リー環を導入し $\mathfrak{g}=[\mathfrak{g},\mathfrak{g}]$ をみたす任意のリー環は，半単純部分リー環とキリング階数0イデアル(根基)の直和となると考えた。即ち後のレヴィの定理を $\mathfrak{g}=[\mathfrak{g},\mathfrak{g}]$ の場合に考えたのであった。

また，キリングは根基が可換な場合のリー環の構造を調べている。このとき彼が導入したNebenwurzelは，今日の言葉で言えばweigthtに外ならない。こうしてキリングは表現論に対しても先鞭をつけたのである。キリングの論文[12]については，ホーキンズの詳しい研究[7]がある。

§4　カルタン

リー群(と言っているが実はリー環)の構造論に関し，概念的には，E. カルタン(1869―1951)の学位論文[4]はキリングの延長線上にある。ただし，キリングでは単純リー環と冪零リー環が中心なのに対し，カルタンでは半単純リー環と可解リー環が中心になっている。カルタンはキリングの条件Iをもはやつけず一般のリー環を考察しているのである。またキリングのように特別な場合に証明して，一般の場合も同じとするような論法をとらず，確実な証明が与えられている。

前節に述べたように，キリングは条件I, II, IIIの下で単純リー環の分類を行った。従って彼の結果で単純環の分類ができたと主張するためには，単純環はI, II, IIIをみたすことを示さなければならない。キリングは彼の論文のIIIでこれを行っている。単純環の分類という目覚しい成果に感銘を受けたF. エンゲル(1861―1941)は，この論文を詳しく検討し，証明の不十分な所を発見したのでキリングに問い合わせた。これに対するキリングの返答は論文の繰り返しであったので，エンゲルはこの論文を検討するゼミナールを開いた。そしてウムラウフに階数0のリー環の構造を調べることを課題とした。ウムラウフは，エンゲルのアイディアに従って階数0のリー環は冪零であることを証明し，低次元冪零リー環で同型でないものを数え上げた。この作業の間に，ウムラウフはキリングが階数0のリー環に対して証明した一つの命題([12] I, p.287)の反例を見出した。この命題を，キリングは単純環が条件IIをみたすことの証明で本質的に用いているのである。

この外にもキリングの命題で誤ったものがあり，キリングの分類論は始めからやり直すことが必要となった。エンゲル達はキリングの証明の誤りを発見したが，正しい証明を発見することはできなかったのである。カルタンは，ライプツィヒに留学した友達のトレスからこれらの事情を聞き，この方面の研究に乗り出したのであった。

カルタンは，その学位論文「4」(1894)においてリー環$\mathfrak{g}$の逐次の導来環を，$\mathfrak{D}^{(1)}\mathfrak{g}=[\mathfrak{g},\mathfrak{g}]$，$\mathfrak{D}^{(n+1)}\mathfrak{g}=[\mathfrak{D}^{(n)}\mathfrak{g},\mathfrak{D}^{(n)}\mathfrak{g}]$によって定義し，ある自然数$n$に対し$\mathfrak{D}^{(n)}\mathfrak{g}=\{0\}$となるとき$\mathfrak{g}$を**可解**(integrable)と呼び，リー環$\mathfrak{g}$が可解イデアル$\neq\{0\}$を含まないとき，**半単純**という。またリー環$\mathfrak{g}$と$\{0\}$以外にイデアルを持たず，かつ$\dim\mathfrak{g}>1$のとき，$\mathfrak{g}$を単純という。このときカルタンは，一般元$\mathrm{ad}\,X$の固有多項式$\Delta(\omega)$のω^{r-2}の係数であるeの二次形式$\psi_2(e)$が正則であることが，$\mathfrak{g}$が半単純であるための必要十分条件であるという基本定理を証明した。この半単純性に関する判定条件から，半単純リー環は，単純リー環であるイデアルの直和になることと，キリングの条件II, IIIをみたすことが導かれる。キリングでは，半単純とは単純リー環の直和というに過ぎなかったが，カルタンはこの判定条件によって，半単純性の構造的な本質を把握したのである。さらにカルタンは，キリングの単純リー環の表においてIVEとIVFと記されたものは同型であることを示し，結局複素単純リー環は四つの無限系列をなす典型リー環A_n $(n\geqq 1)$，B_n $(n\geqq 2)$，C_n $(n\geqq 3)$，D_n $(n\geqq 4)$と五個の例外リー環E_n $(n=6,7,8)$, F_4, G_2でつくされることを証明したのであった。カルタンは，これらの単純リー環の構造定数を与えているが，それらがヤコビの等式(7)をみたすことの検証はしていない。リーによって群が具体的に与えられている典型リー環は問題ないが，例外リー環については存在についての問題が残る。しかしカルタンは変換群として各単純群を構成したようである。[3]にその記述がある。例えば「E_8は29次元空間の接触変換群として実現される」とあるが，それ以上の詳しい説明はない。後にシュヴァレー，ハリッシ・チャンドラ，セール[24]等により任意のルート系に対し，それをルート系とする半単純リー環が存在することが証明された。

カルタンは後さらに，半単純環の既約表現の決定(1913)，実単純リー環の分類(1914)，対称リーマン空間論(1920-34)等の重要な研究を行い，以後のリー群論研究のレールを敷いた。これらはすべて学位論文における半単純リー環の構造論と単純リー環の分類が基礎になっている。

以上の歴史を通観して見ると，リーの連続変換群の理論は，置換群と代数方程式の理論をモデルとしたにも拘らず，それとかなり異なる方向に発達して行ったことがわかる。代数方程式の代数的解法の視点からすると，組成列が基本で，群としては可解群が中心になる。リーは連続群に対し，その無限小変換を導入した。これは今日の言葉で言えばリー環を考えることに当る。リー環に対しても，組成列及び可解，単純等の概念を平行して定義できる。しかしリーが定義したように構造定数によって構造がきまるということは，要するにリー環の構造そのものを考えるということである。この立場は，組成列を考えるより精密なことを要求する。組成列だけでなく，群(またはリー環)の拡大(G/H と H から G を求める)問題を解かなければリーの意味の構造はわからないからである。リーは自己の導入した構造概念を十分展開することはできなかったが，それを行ったのが，キリング-カルタンのルートの理論であった。こうして複素半単純リー環の構造は，ルート系によって見事に記述されることがわかり，リー群論は半単純リー群論(構造論と表現論)中心に発展することになった。

この様にリー群の構造論は，リーとキリングにおいて二度曲り角を曲ったのである。その結果として結実したキリング-カルタンの複素単純リー環の分類論は，単純代数系の分類として最初のものであり，構造論が数学として美しい内容を持ち得ることを実証した。リーの無限小変換，キリング-カルタンのルートはその威力を十分に発揮したのである。

文献

[1]　N. H. Abel, Recherches sur les fonctions elliptiques, Crelle's J. 2(1827), 101-181, 3(1928), 160-190. (Œuvres t. I. 262-388.)

[2]　N. H. Abel, Solution d'un problèm général concernant la transformation des fonctions elliptiques, Astr. Nachr. 138(1828), (Œuvres t. I, 403-428)

[3]　E. Cartan, Über einfachen Transformationsgruppen, Lepz. Ber. 1893, 395-420. (Œuvres I, vol. 1, 107-132)

[4]　E. Cartan, Sur les structures des groups de transrfomations finis et continus, These, Nony, Paris, 1894. (Œuvres I, vol. I, 137-287)

[5]　E. Galois, Sur les conditions de résolubilité des équations par radicaux, J. Math. pures et appl. 11(1846), 381-444.

[6]　C. F. Gauss, Disquisitiones Arthmeticae, Fleischer, Leipzig, 1801. (Werke Bd. I, Engl. transl. Yale Univ. Press 1965)

[7]　T. Hawkins, Wilhelm Killing and the structure of Lie algbras, Arch. History of Exact Sci. 26 (1982), 127-192.

[8]　T. Hawkins, Line geometry, Differential equations and the birth of Lie's theory of groups, in "The History of Modern Mathematics", 1989, 275-327, Acad. Press, Boston.
[9]　D. A. Howe, The early geometrical works of Sophus Lie and Felix Kline, ibid. 209-273.
[10]　C. Jordan, Traité des Subsitutions et des équations algébriques, Gauthier-Villars, Paris, 1870.
[11]　笠原乾吉,「モジュラー方程式について」, 津田塾大学数学・計算機科学研究所報 1(1991).
[12]　W. Killing, Die Zusammensetzung der stetigen endlichen Transformationsgruppen, I-Ⅳ, Math. Ann. 31(1888), 252-290, 33(1889), 1-48, 34(1889), 57-122, 36(1890), 161-189.
[13]　F. Klein und S. Lie, Über diejenigen ebenen kurven welche durch ein geschlossenes System von einfach unendlich vielen vertauschbaren linearen Transformationen in sich übergehen, Math. Ann. 4(1871), 50-84.
[14]　E. R. Kolchin, Algebraic matric groups and the Picard-Vessiot theory of homogeneous linear ordinary differential equations, Ann. of math. 49(1948), 1-42.
[15]　E. R. Kolchin, Differential Algebra and Algebraic Groups, Acad. Press, New York, 1973.
[16]　J. L. Lagrange, Réflexions sur la résolution algébrique des équations, Nouv. Mém. Acad. Berlin, pour les années 1770/71, Berlin 1772/73. (Œuvres t. 3, 203-421)
[17]　S. Lie, Über die Reziprozitätsverhältnisse des Reyeschen Komplexes, Gött. Nachr. 1870, 53-66. (Ges. Abh. 1, 68-77)
[18]　S. Lie, Über Gruppen von Transformationen, Gött. Nachr. 1874, 529-542. (Ges. Abh. Bd. 5, 1-8)
[19]　S. Lie, Theorie der Transformationsgruppen, I-Ⅲ, Teubner, Leipzig, 1888, 1890, 1893.
[20]　S. Lie und G. Scheffers, Vorlesungen über continuierliche Gruppen mit geometrischen und anderen Anwendungen, Teubner, Leipzig, 1893.
[21]　Th. Molien, Über Systeme höherer komplexer Zahlen, Math. Ann. 41(1893), 83-156.
[22]　P. J. Olver, Applications of Lie groups to differential equations, Springer, New York, 1986.
[23]　E. Picard, Traité d'Analyse t. Ⅲ, Gauthier-Villars, Paris, 1908.
[24]　J. F. Pommaret, Differential Galois Theory, Acad. Press, New York, 1973.
[25]　J. P. Serre, Algébres de Lie semisimples complexes, Benjamin, New York, 1966.
[26]　高瀬正仁,『ガウスの遺産と継承者たち――ドイツ数学史の構想』, 海鳴社, 1990.
[27]　H. Weyl, Mathematische Analyse des Raumproblems, Springer, Berlin, 1923.
[28]　H. Weyl, Theorie der Darstellung kontinuierlicher halbeinfacher Gruppen durch lineare Transformationen, I-Ⅲ, Math. Zeits. 23(1925), 271-309, 24(1926), 328-376, 377-395, 789-791.

『数学セミナー』1976 年 5 月号
の座談会に参加された時

2 ワイルのリー群論

ワイル(1885－1955)のリー群論の主要な内容とその評価については，以前に「ワイルと表現論」[21]として発表したことがあるので，ここでは，重複を最小限にとどめ，主としてその形成過程と，ワイルの他の研究や先行者の仕事との関連に重点を置いた。以下引用するワイルの論文は，便宜上"H. Weyl, Ges. Abhandlungen"における論文番号を丸括弧に入れて(30)のように示す。またワイルの著書は(B1)のように記し，ワイル以外の文献は角括弧で[21]のように記す。これら三種類の引用文献は，この文章の終わりに題等を記しておいた。

§1　1922年までのワイルの研究

ワイルは1885年11月9日，シュレスウィヒ・ホルスタンのエルムスホルンで，銀行家の父ルートヴィヒと母アンナの間に生れた。アルトナのギムナジウムで，数学，物理に興味を抱き，1904年アビドゥアを取得し，大学は主としてゲッティンゲンのヒルベルトの下で学んだ。(2学期だけミュンヘンで過す。)　1908年ヒルベルトの下で「特異積分方程式」についての論文(1)で学位を得た。この学位論文と続く(3)では，ヒルベルトの無限個の変数の有界二次形式論を用いて，無限区間 $[0, +\infty)$ 上の 実対称核の積分作用素の研究を行った。エルミット函数やラゲール函数による展開や，通常と少し異なる形でのフーリエ積分定理などが例として扱われている。積分作用素と言っても無限区間なので，一般に完全連続でなく，連続スペクトルも現われるような場合をワイルは取り上げたのである。

しかし内容的に重要なのは，翌年彼が講師資格論文として書いた，二階の自己共役常微分方程式の特異境界値問題と，固有函数展開に関する論文(6)，(7)，(8)である。このような方程式の正則境界値問題については，既に19世紀中に，スチュルムとリューヴィルによって理論が作られていた。しかし多くの物理学の偏微分方程式の境界値問題，初期値問題を，変数分離と重ね合わせの原理に基づいて解くフーリエの解法から生ずる二階常微分方程式の固有函数展開は，フーリエ級数の場合以外は，殆どすべて特異境界値問題に属する。すなわち考える区間が無限区間であるか，有限区間でも区間の端で二階の項の係数が 0 となり，そこが特異点となるのである。従ってスチェルム-リューヴィルの理論は，実用上は殆ど役に立たず，特異境界値の場合を扱える理論が待望されていたのであった。ワイルはグリーン函数を用いて，問題を特異積分方程式に転換して，この問題を見事に解き，第一級の解析家としての手腕を示した。

ダルムシュタットの数学教授であったヴォルフスケールが，フェルマの大定理の完全な証明を与えた者に与えるべき賞金として 10 万マルクの遺産を残したが，その授与者の決定と，利子の使途はゲッティンゲン科学協会に委ねられた。ヒルベルトはその決定をする委員会の長となり，利子の有効な使途として，内外の有力な学者を招くことにした。1909 年にはポアンカレが招かれ，1910 年には，H. A. ローレンツが招かれた。このとき，ローレンツは講演の中で，次の問題を提示した。「一様な振動体の固有振動数の分布は，振動数 $\to\infty$ の極限では，物体の形状にはよらず，体積だけできまる」ことは，物理的には確かと思われる根拠があるが，数学的にこれを証明できるかというのがその問題であった。固有値問題を研究していたワイルは直ちにこれに取組み，簡単な場合には，ローレンツの予想が成立つことを短期間の内に証明した(13)。(13)では平面上の面積 J の膜の振動において，n 番目の固有値を λ_n とするとき，

$$\lim_{n\to\infty} n/\lambda_n = J/4\pi$$

であることを証明している。(16)では，3 次元空間での同様の問題は，音波のようなスカラー波の場合には

$$\lim_{n\to\infty} n^2/\lambda_n^3 = J/6\pi^2 \qquad (J \text{ は領域の体積})$$

となり，電磁波(ベクトル波)の場合には，$6\pi^2$ が $3\pi^2$ となることを示している。また境界条件のとり方は，上の結果に影響しないことも示されている。ワイルはこの問題についてさらに研究を続け，(17)，(18)，(19)，(22)を書いた。(22)では一番一般な弾性波の場合が扱われて居り，(19)では上のような漸近近似の相対誤差が $\lambda\to\infty$ のとき 0 に収束することが示されて居る。より精密に言えばスカラー

波の場合相対誤差は $\log \lambda_n/\sqrt{\lambda_n}$ の定数倍で上から押えられることが証明されている。このように外部から示された問題に，直ちに反応し解を与えることが出来た点に，ワイルの実力が示されている。

講師となったワイルは1911/12年の冬学期に，リーマン面についての講義を行い，その内容をまとめて1913年に『リーマン面の理念』(B1)として出版した。これはリーマン，クライン，ヒルベルト，ケーベなどゲッティンゲンの伝統の成果にポアンカレのフックス群[14]と位相幾何学[16]を取入れてできた本である。その出来上りを見ると一変数函数論の主要な内容を一つの完結した体系として見事にまとめている。そこではリーマン面は，三角形分割を許す一次元複素多様体として定義されている。三角形分割は，少し前にポアンカレが導入したもので，当時はまだあまり普及していなかったが，ワイルはこれを取入れることによって，リーマン面の位相的考察を確実な基礎の上に置くことがきたのであった。基本的なリーマン面上の解析函数の存在定理の証明や一意化定理の証明は，ヒルベルトのものによっているが，豊富な内容の理論を，本文179ページの中に書き切った手際は見事なものであり，今日まで古典として読み継がれてきたのもうなづける。

この本が出版された1913年に，ワイルはフッサールの学生であったヘレーネ(ヘラ)・ヨーゼフと結婚し，チューリッヒの連邦工科大学(ETH)の教授に就任した。

ワイルは，1910年に発表した球函数展開におけるギッブス現象に関する論文(10)の中で，二つの異なる金属の半円からなる円環上の熱方程式の初期値問題において，金属の熱伝導率が無理数のとき，ディオファントス近似の定理を用いた。この研究とボールに平均運動についての研究について聞いたことから，mod 1での一様分布の研究(20)，(23)(1914,16年)が生まれた。これについては，この論文集中の鹿野健氏の論文を参照されたい。(編者註：第2回数学史シンポジウム報告集「一様分布の小史」のこと。)

1914年始まった第一次大戦は，数学者にも大きな影響を及ぼした。ワイルも1915年招集され，ザール・ブリュッケンの守備隊に一兵卒として一年間勤務したが，スイス政府の要請で16年に除隊し，研究と教育の生活にもどることができるようになった。チューリッヒにもどったワイルが最初手をつけたのは，卵形面の剛体性に関する微分幾何学的研究(27)であったが，間もなく1915年に発表されたアインシュタインの一般相対論の研究[7-9]にワイルは夢中になった。アインシュタインが重力と相対性理論の関係を考え出したのは，かなり以前からで，1907 年の論文で既にこれを論じている。しかし，アインシュタインが目指す一般共変性原理をみたす理論をどのように定式化すべきかは，容易に解決できなかった。結局親友グロスマンの助言と共同研究(1914 年)によって，リッチのテンソル解析が，その目的に適する数学であることがわかったが，なお十分満足すべき定式化には到達できなかった。しかし 1915 年になって，やっと一般共変原理と等価原理に基づく一般相対論の数学的定式化に成功し，それによる水星の近日点移動の計算が，43″/世紀となり観測値と合致することが確かめられたのである[8]。この定式化によると，時空は符号定数 (3, 1) の不定符号リーマン計量(ローレンツ計量)を持つ 4 次元多様体で，質点の軌跡は，このリーマン計量に関する測地線となる。そしてこのリーマン計量の成分が，質量分布に対応する重力のポテンシャルを与える。そしてニュートン力学で，連続的に分布する質量のニュートン・ポテンシャル u のみたす方程式であるポアッソンの方程式 $\Delta u=-4\pi m$(m は密度を表わす)に対応するのが，アインシュタインの方程式

$$R_{ik}-\frac{1}{2}g_{ik}R=-T_{ik}$$

である。ここで g_{ik} はリーマン計量，R_{ik} はリッチ・テンソル，R はスカラー曲率，T_{ik} はエネルギー運動量テンソルである。ワイルは，相対論に関する最初の論文(29)で既に，アインシュタイン方程式の軸対称な静的解を見出している。ワイルはこの外にも相対論について(33),(35),(39),(40),(46),(47),(48),(51),(52),(55),(64),(65),(66)など多くの論文を書いた。

一方ワイルは，一般相対論では，重力場は時空の計量として，完全に幾何学化してとらえられているのに対し，電磁場は，この時空にマックスウェル方程式を与えるという形でしか扱えない点に不満を抱いた。そこでワイルは重力場と電磁場を共に時空に内在する幾何学的なもので表現するような理論(いわゆる統一場理論)を求めて研究を始めた。数学的には，(30)においてアフィン接続の概念を導入したことが重要である。これはレヴィ・チヴィタの平行性[13]に示唆を得たものであるが，ワイルはレヴィ・チヴィタのように，多様体がユークリッド空間に埋め込まれているという仮定は用いず，直接無限に近い二点の接空間の間の一次変換を与えるものとしてアフィン接続を定義した。さらにワイルは，(43)で射影接続，共形接続をも定義している。これらは，後にいわゆる接続の幾何学として発展を遂げることになる。

さてワイルは，統一場理論を得るために，「各点ごとに異なる倍率で長さの基準(ゲージ)を変更しても，物理法則は不変である」という要請を原理として提唱した。これをゲージ不変の原理という。これによって，無限に近い二点におけるベクトルの長さの変化は，計量テンソルとゲージの変化を表わす一次微分式 $\varphi_i dx^i$ で表わされる。ワイルは，この φ_i が電磁場のベクトル・ポテンシャルの成分だと考えた。ワイルは(31)を，ベルリンのアカデミーの紀要(Sitzungsberichte)に投稿した。

アインシュタインは，その原稿を見て，次のような批判を行った。「ワイルの理論では，無限に近い二点の間のベクトルの長さの変化が記述されているから，それを“積分”することにより，任意の二点の間のベクトルの長さの変化が定まるはずであるが，“積分”するためには二点間の道を一つ定めなければならず，一般に道のとり方によって結果が異なるから，ワイルの理論では，各元素のスペクトル線の波長が一定しているというようなことが説明できない。」 論文(31)は，このアインシュタインの批判と，それに対するワイルの答をつけて印刷された。さらにワイルの理論では，荷電粒子の運動方程式がきめられないなどの難点があって，物理理論としては，ワイルの理論は失敗に終った。しかし1950年以後，ゲージ変換の考えが見直され，非アーベル的ケージ場の理論が広く用いられるようになっている。

ワイルは1918年相対論の教科書『空間・時間・物質』(B2)を出版した。1919年エディントン等による日食観測によって太陽の近くでの光線の湾曲が実証されて，一般相対論がにわかに有名になり，多くの人々の関心を集めるようになったこともあり，この本は，僅かの間に五版を重ねた。

§2 空間問題

『空間・時間・物質』では，n 次元(実)ベクトル空間 V の公理を与え，それが単純推移的に作用する集合 X として，n 次元アフィン空間を定義する。そして V に正値二次形式 Q が与えられているとき，X をユークッド空間と呼ぶ。電磁場を時空に内在する量で説明しようとしたワイルは，ここでも計量 Q が外から二次形式として与えられるのではなく，もっと内在的に与えられないかという問題を考えた((B2)第4版1921及び(45))。そのような問題は既にヘルムホルツの有名な仕事[11]において解かれていた。ワイルのまとめによれば，ヘルムホルツの結果は，「アフィン空間 X の旗(各次元の半空間の減少列)全体の集合の上に，単純推移的に作用するアフィン変換群の部分群として，(ユークリッド)合同変換群は特徴付けられる」と述べることができる。ここでは二次形式が正値であることが本質的であり，不定符号の二次形式を持つミンコウスキ空間では，この定理は成立たない。この場合に非斉次ローレンツ群は，どのように特徴付けられるのであろうか。これがワイルの問題であった。平行移動の部分は，問題の本質的な部分には関係しないから，一次変換の問題として考えると次のようになる。「n 変数正則二次形式 Q の直交群を，Q を用いないで，内在的に特徴付けられないか？」

これに対し，ワイルの与えた答は次の定理に要約できる。

定理　n 次実(または複素)行列の作るリー環 $\mathfrak{g}$ が，ある n 変数正則二次形式の直交群のリー環となるための必要十分条件は，次の(a),(b),(c)がみたされることである；

(a)　$\dim\ \mathfrak{g} = \dfrac{n(n-1)}{2}$,

(b)　$\mathrm{tr}\, X = 0 \qquad (\forall X \in \mathfrak{g})$,

(c)　$\mathfrak{g}$ の元 $A_1, \cdots, A_n$ で

$$A_i \text{ の第 } k \text{ 列} = A_k \text{ の第 } i \text{ 列} \qquad (1 \leqq i, k \leqq n)$$

をみたすものは，$A_1 = A_2 = \cdots\cdots = A_n = 0$ しかない。

始めワイルは，$n = 1, 2, 3$ のとき，この定理が成立つことを直ちに確かめることができたが，間もなく(49)で行列のかなり長い計算によって，任意の n に対しこの定理を証明することができた。

これに対し，E. カルタンは，『空間・時間・物質』(45)における $n = 1, 2, 3$ の場合の解を見て，自分の単純リー環と既約表現の分類定理を用いれば，一般の n の場合も証明できることに気付き，これを発表した[4]。ワイルは，このカルタンの論文を読んで，リー群について既にカルタンの構造論，表現論についての大きな系統的研究がなされて居ることを知ったのであった。幾何学の群論的基礎付けに関心をもっていたワイルは，このカルタンの理論を熱心に研究した。後にカルタン宛の手紙の中で，ワイルは次のように述べている。

「一般相対性理論を知った時以来，あなたの連続群の研究ほど，私を感動させ，夢中にさせたものはありませんでした。」(ボレル[1]より引用)。

このように空間問題をきっかけにして，カルタンのリー群論についての大きな研究を知ったことが，ワイルがリー群の研究を開始する一番大きな動機であったように思われる。

§3 不変式論

しかしもう一つの出来事も無視することはできない。1923年シュトゥディは，その著『一次変換の不変式論入門』[20]の序文の中で，「何人かの著者は，豊かな文化の領域(すなわち不変式論)をないがしろにし，その存在さえも完全に無視した」ことを批判した。その何人かの名前をシュトゥディは挙げていないが，『空間・時間・物質』が脚注に引用されているため，ワイルは「他の面では学識豊富な著者が，不変式論の文献については貧弱な知識しか持ち合わせず，それについては殆んど経験を積んでいない」という言葉が自分に向けられていることを知ったのである。ワイルは，『空間・時間・物質』では不変式論を使う必要はなかったと弁明したが，不変式論を決して無視しているわけではないことを示すために，典型群のベクトル不変式に関する小論文(60)を書いた。その内容は後に『典型群』(B6)の中に取入れられた。(もっともこの論文の後半は，ワイルが当時関心を持っていたブラウアーの直観主義とヒルベルトの形式主義を論ずる基礎論的内容になっている。) このシュトゥディとの一件が機縁となった不変式論との関係が，ワイルのリー群論のもう一つの要素となったのである。

§4 シューアの研究

1924/25年に，I. シューアは，重要な論文[19]「不変式論の問題に対する積分の応用I, II, III」を発表した。シューアの当初の目標は，n 次元回転群 $\mathcal{D}=SO(n)$ の r 次同次式である不変式の空間の次元の計算に，$\mathcal{D}$ 上の不変積分を応用しようというものであった。回転群 $\mathcal{D}$ の不変式の研究に，積分を用いるという考えは，既に1897年のフルウィツの論文[12]で用いられている。ここでフルウィツは，ヒルベルトが $PGL(n,\mathbb{C})$ の不変式環が有限生成であることを示すのに，イデアル基底の有限性の外に用いたケーリーの Ω-process という微分作用素を用いる方法の代わりに，$\mathcal{D}$ 上の不変積分を用いたのであった。

シューアは，不変式が有限生成というだけでなく，$\mathcal{D}$ の r 次同次不変式で一次独立のものがどれだけあるかと定めようとしたのである。このより精密な問題を扱うため，シューアは，フルウィツにない二つの有力な武器を用いた。一つは，有限群で有効性が実証された指標を，コンパクト・リー群である回転群でも用いたことである。もう一つは，類函数に対し行列の固有値だけを用いる新しい $\mathscr{D}$ 上の積分の表示式を与えたことである。フルウィッツは，オイラーが剛体の回転を表わすパラメタとして用いたオイラーの角を一般化したパラメタによって $\mathscr{D}$ 上の不変積分を具体的に与えたのであった。

これに対し，シューアは指標のような類函数(各共役類上で定数である函数)に対しては，$\mathscr{D}$ の元 s のパラメタとして，s の固有値を $(e^{\pm i\phi_1}, \cdots, e^{\pm i\phi_\nu}, (1))$(ここで $\nu=\left[\dfrac{n}{2}\right]$，最後の 1 は $n=2\nu+1$ のときだけ)とするときの，$\phi_1, \cdots, \phi_\nu$ を取ることにより，はるかに簡単で便利な積分公式が得られることを発見したのである。n 次回転群 $\mathscr{D}=SO(n)$ の次元は $\nu(\nu-1)/2$ であるのに対し，ϕ_i は ν 個であるから，ずっと簡単であることがわかる。特に不変積分を用いて，シューアは，有限群の場合の既約指標の直交関係を，コンパクト群 $\mathscr{D}=SO(n)$，$\mathscr{D}'=O(n)$ に拡張した。

またシューアは s^{-1} の固有多項式 $f(z,s)=\det(1-zs)$ $(s\in\mathscr{D}'$，z は変数$)$ を用いて母函数

$$\frac{1-z^2}{f(z,s)}=q_0+q_1z+q_2z^2+\cdots$$

を作り，この係数 q_k を用いて，$\mathscr{D}'$ の既約指標を表わす公式を得た。この既約指標は，ν 個の自然数の組

$$\alpha_1\geqq\alpha_2\geqq\cdots\geqq\alpha_\nu\geqq0$$

によって定まる。この指標に対応する $\mathscr{D}'$ の既約表現を $\mathscr{D}$ に限定すると，既約であるか，二つの共役な既約表現の直和となる。$n=2,3$ の場合は，フーリエ級数論における三角函数系の完全性によって，こうして得られた $\mathscr{D}, \mathscr{D}'$ の既約表現以外に，それらと同値でない表現は存在しないことが証明されている。一般の n に対しても，これが $\mathscr{D}', \mathscr{D}$ の既約表現の全部であるとシューアは述べている。証明は $n=2,3$ の場合と同様と考えたのであろうか，明確に述べていない。しかしその結果は正しく，シューアは，事実上 $O(n)$，$SO(n)$ の既約表現を決定したのである。

§5　ワイルの表現論「半単純連続群の線型表現の理論」(68)

シューアの論文[19]は三部に分れ，Ⅰは 24 年 6 月 12 日，Ⅱ, Ⅲは 25 年 1 月 21 日に受理されている。上述の直交群の既約表現に関する部分はⅡにある。シュー

アは，論文の印刷前に，原稿のコピーをワイルに送った。同じころワイルは，典型群，さらに，一般の半単純リー群の表現論を研究していた。ワイルはシューアに答えて，自分の結果の概要を，シューアの論文と同じベルリン学士院の紀要に(61)として発表した。この論文は24年11月28日に受理されている。シューアとワイルの研究の関連については，二人の書簡などを調べれば，さらに詳しい事情がわかると思われるが，彼等の全集所収の論文から読み取れることは，二人は同じ頃，直交群の既約表現をともに決定したということである。ただしワイルは，直交群だけでなく，一般のコンパクト半単純リー群について，同様の定理を得た。ただし指標の有効性については，ワイルはシューアから学んだと思われる。(61)で予報された内容の本論文は，110ページの長編(68)として発表された。この(68)の前半では典型群，即ち$SL(n, \mathbb{C})$, $Sp(n, \mathbb{C})$, $SO(n, \mathbb{C})$と，それからユニタリ制限によって得られる(即ちユニタリ群との交わりとして得られる)コンパクト群$SU(n)$, $Sp(n)$, $SO(n)$の既約表現と指標が求められている(第I，II章)。後半の第III章で複素半単純リー環の構造論，第IV章で連結コンパクト・リー群の構造論と表現論が述べられている。これからもわかるように，この論文の方法の基礎は二つあり，一つはキリング-カルタンの複素半単純リー環の構造論と表現論(カルタン部分環(この言葉はまだ使われていない)，ルート，ウェイト，最高ウェイト等)と，ワイル独自の連結コンパクト・リー群の構造論と積分公式である。

後者について若干説明しよう。Gを連結コンパクト・リー群，Tをその極大トーラス部分群とする。ワイルの考察の基礎は，写像

$$\phi : G/T \times T \longrightarrow G, \qquad \phi(gT, t) = gtg^{-1}$$

である。ワイルは無限小の変位と言っているが，現代的に言えば，写像ϕの引起す接空間上の一次写像$(d\phi)_{(gT,t)}$を計算するのである。これからもが正則元(rank $(A\,dt-1)$が最小値となる元)であるとき$(d\phi)_{(gT,t)}$は全単写で，従ってϕは(gT, t)の近傍で局相同相写像になる。さらに立入った考察をすると，Gの正則元全体の集合をG'とするとき，特異元の集合$G-G'$は，$\dim G-3$次元の解析的多様体の像となる。これから，

(1) $T'=G'\cap T$とすれば，$\phi(G/T\times T')=G'$,

(2) $G-G'$は弧状連結,

(3) $\pi_1(G)=\pi_1(G-G')$

が示される。(この部分のワイルの証明は簡潔すぎて難解であるが，後人によって詳しい証明が与えられた。例えばベルガッソン[10]参照)。そうしてこれから，

ワイルは(68)第Ⅳ章で二つの基本的結果を導いた。

定理1 Gの任意の元はTの元と共役である：$G=\bigcup_{g\in G} gTg^{-1}$。

定理2 Gが連結コンパクト半単純リー群ならば，Gの基本群$\pi_1(G)$は有限群であり，Gの普偏被覆群G^*はコンパクトである。

さらに，これからGの正規化されたハール測度dgをTとG/T上の積分で表わすワイルの積分公式

$$\int_G f(g)\,dg=\frac{1}{w}\int_{G/T}\int_T f(gtg^{-1})|D(t)|^2\,dt\,d(gT)$$

を得る。ここでwはワイル群$W=N(T)/T$の位数，dtはTの正規化されたハール測度，$|D(t)|^2$は，写像ϕのヤコービアンで，ルートを用いて具体的に表わされる(後述)。特にfが類函数であるときには

$$\int_G f(g)\,dg=\frac{1}{w}\int_T f(t)|D(t)|^2\,dt$$

となる。シューアが回転群の場合に得たのは，この特別な場合なのであった。

Gが連結コンパクト半単純リー群であるとき，定理2によりGの普遍被覆群G^*もコンパクトである。Gの任意の表現Dは，G^*の表現と見なせるから，以下Gを単連結と仮定する。Gのリー環$\mathfrak{g}$のキリング形式$B(X,Y)=\mathrm{Tr}(\mathrm{ad}\,X\,\mathrm{ad}\,Y)$は，$\mathfrak{g}$上負値定符号であるから$(X,Y)=-B(X,Y)$は，$\mathfrak{g}$上の内積となる。この内積により$T$のリー環$\mathfrak{h}$(カルタン部分環)をその相対空間と同一視する。$G$の表現$D$の微分表現を$dD$とするとき$dD(\mathfrak{h})$の固有値として生ずる$\mathfrak{h}$上の一次形式を，$D$のウェイトという。特に随伴表現の0以外のウェイトを$\mathfrak{g}$のルートという。その全体をRとする。$\mathfrak{h}$上の一次形式λは，$2(\lambda,\alpha)/(\alpha,\alpha)\in\mathbb{Z}\ (\forall\alpha\in R)$となるとき，整形式という。$R$に一つの字引式順序を入れ，それに関する正のルートの全体をPとするとき$2(\lambda,\alpha)/(\alpha,\alpha)\in\mathbb{N}\ (\forall\alpha\in P)$となる$\lambda$を，優整形式という。このとき次のことが成立つ。

定理4 Gの表現のウェイトは，すべて整形式であり，最高ウェイトは優整形式である。Dの既約表現は，その最高ウェイトによって同値を除いて定まる。

各ルートαに対し，$\mathfrak{h}$の超平面$\Pi_\alpha=\{H\in\mathfrak{h}\mid(\alpha, H)=0\}$に関する対称変換(鏡映)を$s_\alpha$とし，$\langle s_\alpha|\alpha\in R\rangle$から生成される$GL(\mathfrak{h})$の部分群$W$をワイル群という。これは自然な対応で$N(T)/T$と同型になる。整形式$\lambda$に対し次のようにおく。

$$\xi(\lambda, H)=\sum_{\sigma\in W}\det\sigma\exp(2\pi i(\lambda, H)), \qquad \delta=\frac{1}{2}\sum_{\alpha\in P}\alpha$$

定理5　最高ウェイトがλのGの既約表現D_λの指標χ_λは

(1)　$\chi_\lambda(\exp H)=\xi(\lambda+\delta, H)/\xi(\delta, H), \qquad H\in\mathfrak{h}$

で与えられる。またD_λの次元$\deg D_\lambda$は次式で与えられる。

(2)　$\deg D_\lambda=\prod_{\alpha\in P}(\lambda+\delta, \alpha)\Big/\prod_{\alpha\in P}(\delta, \alpha)$。

さて，Gの既約表現がどれだけあるかを知るには，定理4により，既約表現の最高ウェイトとなる優整形式を決定すればよい。典型群の場合の結果から，ワイルは，次の定理6が成立つことを予想したが(68)ではその証明を与えることはできなかった。

定理6　任意の優整形式λに対し，λを最高ウェイトとする単連結群Gの既約表現が存在する。従ってGの最高ウェイトの全体と優整形式の全体は一致する。

ワイルは定理6を証明するには，単連結コンパクト群Gの極大トーラスの同期格子に関する二つの命題1, 2と，次の定理6aを証明すればよいことを指摘した。

定理6a　Gの正規化された不変測度に関する$L^2(G)$の中で，類函数の作る閉部分空間を$C^2(G)$とするとき，Gの既約指標の全体は，$C^2(G)$の完全正規直交系となる。

実際このとき，類函数χ_λは，定理6aにより

(3)　$\chi_\lambda=\sum_\mu c_\mu\chi_\mu, \qquad c_\mu=(\chi_\lambda, \chi_\mu)$

のように，既約指標χ_μによって展開される。そこである優整形式λが，すべての

最高ウェイトμに対し$\lambda \neq \mu$であると仮定するとき，積分公式の$D(t)$は，$D(\exp H) = \xi(\delta, H)$であることに注意すれば，$\mu \neq \lambda$のとき$(\chi_\mu, \chi_\lambda) = 0$だから

$$(4) \quad 1 = (\chi_\lambda, \chi_\lambda) = \sum_\mu c_\mu(\chi_\lambda, \chi_\mu) = 0$$

となり矛盾が生ずる。従ってλはある最高ウェイトμに対し，$\lambda = \mu$となり，定理6が証明される。

しかし，定理6aも二つの命題1, 2も(68)では証明されずに，宿題として残されたのである。

定理6aの証明を得るため，ワイルはコンパクト・リー群G上の調和解析を組織的に研究した。すなわち通常のフーリエ級数論は，一次元トーラス群$\mathbb{T} = \mathbb{R}/2\pi\mathbb{Z}$上の函数を，$\mathbb{T}$の既約ユニタリ表現$e^{inx}$ $(n \in \mathbb{Z})$によって展開するものであると考え，そのコンパクト・リー群Gへの一般化として，G上の函数を，Gの既約ユニタリ表現の行列成分で展開しようというのである。この理論は，1927年のペーター（ワイルの学生）との共著論文(73)で発表された。その主定理は次のように述べられる。

ペーター-ワイルの定理　コンパクト・リー群Gの既約ユニタリ表現の同値類の完全代表系を$\widehat{G}$とする。$\widehat{G}$の各元Dの次元を$d(D)$，行列成分をU_{ij}^Dとし

$$B = \{\sqrt{d(D)}\,U_{ij}^D \mid D \in \widehat{G},\ 1 \leqq i, j \leqq d(D)\}$$

とおく，このときBは$L^2(G)$の完全正規直交系である。

この定理の証明には，コンパクト積分作用素の固有空間が有限次元であることが有効に用いられている。全体の構成は有限群の群環の類似が，コンパクト・リー群に対し成立つという形になっている。面倒な計算によるのではなく，新しい見方，とらえ方の勝利という感が深い。

一つの既約表現の行列成分の一次結合の中で，類函数となるものは，指標の定数倍だけであるから，上のペーター-ワイルの定理から，上述の定理6aは直ちに導かれる。

ワイルは，1930年ヒルベルトの後任として，ゲッティンゲンにもどるが，夫人がユダヤ系であるため，ナチスが政権をとった1933年，アメリカに渡り，プリンストンに新設された高等研究所の教授に就任した。1934/35年度にここで行った講義の記録「連続群の構造と表現」(B5)において，上の定理6の証明を与え，リー

群論における彼の主著である(68)の基本定理を確立したのであった。

§6　ワイルのリー群論のまとめ

リー群論の研究は，多彩なワイルの仕事の中でも，その内容の豊富さとその後の研究への影響において特に重要なものである。この研究に，ワイルはそれまでの彼の研究を大いに活用し，また他の研究者のすぐれた仕事を吸収して，大きな理論を作り上げた。ワイルは『リーマン面の理念』で導入した，大域的な多様体の概念が，リー群の本質的部分であることを始めて明確に意識し利用した。リーの連続変換群では，局所的な観点しかなく，群の元は，ユークリッド空間のある開集合を動くパラメタで表わされていた。また1924年までのE. カルタンは，連続群というときも実際には，その無限小変換しか考えていなかったのである。これに対してワイルはリー群の実解析多様体としての構造を十分に活用した。上に述べた(68)第Ⅳ章の定理1, 2の証明はこれによって始めて可能になったのである。その際ワイルは『リーマン面』でも重要な役割を演じた被覆空間と基本群を基本的な道具として用いたのである。またワイルは，そのリー群論において，カルタンによるリー環の構造論と表現論及びフロベニウス-シューアの指標の理論を取り入れて活用している。

またワイルは，ペーター-ワイルの定理(73)の証明では，若い時のワイルの主要な研究目標であった積分方程式と固有値問題を巧みに用いている。またここでも，フロベニウス-シューアの有限群の表現論における群環の概念が取り入れられ，そのコンパクト群への巧みな拡張が理論の骨組になっているのである。

ワイルのリー群論研究に対しては，なお語るべきことが多いけれども紙数が盡きたので，以下リー群論の歴史における，ワイルの研究の意義をまとめて項目化したものを述べるに止めよう。

1. リー群を大域的な実解析多様体として始めてとらえた。
2. 無限小変換の全体を始めて，リー環という代数系としてとらえた。リーではその基底だけが考えられていた((B3), (68), (B5)では無限小群という言葉が用いられ，(B6)で始めてリー環(Lie algebra)という言葉が用いられている)。
3. 連結コンパクト・リー群の構造論を作り，その基本定理((68)第Ⅳ章，定理1,2)を発見，証明した。またこの証明によって，ワイルの積分公式も同時に得られた。

4. 連結コンパクト・リー群の表現論を作った。特に既約表現がどれだけあるかと最高ウェイトで定める基本定理((68)Ⅳ，定理6)を統一的な方法で始めて証明した。また既約表現の指標と次元を最高ウェイトにより具体的に表現する公式(定理5)を発見し，これを証明した。
5. コンパクト・リー群上の調和解析の基本理論を作った。すなわちL^2理論の基本定理であるペーター-ワイルの定理と，その系である近似定理(任意の連続函数が表現の行列成分の一次結合で一様近似できる)を証明した(73)。
6. 複素半単純リー環のコンパクト実形$\mathfrak{g}_u$の存在を一般的に証明し，$\mathfrak{g}_u$をリー環とする連結リー群がすべてコンパクトであること((68)Ⅳ，定理2)を証明して，ユニタリ制限の原理を確立した。これにより複素半単純リー群に関する命題を，そのコンパクト実形の対応する命題に帰着できることを明らかにした(68)。特に複素半単純リー群の表現の完全可約性をこれによって証明した((68)Ⅳ，定理3)。(ただしフルウィッツ[12]が$SL(n,\mathbb{C})$の不変式が$SU(n)$の不変式と同じであることを指摘し利用したことが，この考えの始まりである。この原理はシュヴァレー[5]により，淡中双対定理と結びつけられた。)
7. 典型群Gの自然な表現のテンソル積を，既約表現に分解し，Gの既約表現はこれらでつきることを示した((68)第Ⅰ,Ⅱ章)。
8. クリッフォード環を用いて，一般のスピノルを定義し，スピノル表現の理論を作った((105) R. ブラウアーと共著)。
9. 『群論と量子力学』(B4)によって，群論特に表現論の量子力学における有効性を示した。
10. 典型群のベクトル不変式の基底とその間の基本関係を与えた。特に斜交群$Sp(n,\mathbb{C})$に関する結果はワイルが始めて与えたものである(B6)。

ワイルのリー群研究で論じられていない重要テーマとしては，既約表現の統一的具体的な構成法，非コンパクト実単純リー群，その無限次元表現，例外リー群などがあり，これらがワイルの次の世代の研究目標となった。

文献

[1]　A. Borel, Hermann Weyl and Lie group, "Hermann Weyl 1885–1985" Springer, Berlin, 1986.

[2] E. Cartan, Sur la structures des groupes de transformations finis et continues, Thèss, Paris, Nony, 1894. (Œuvres Ⅰ, vol. 1, 137-287).
[3] E. Cartan, Les groupes projectifs qui ne laissent invariante aucune multiplicité plane, Bull. Soc. Math. France 41 (1913), 53-96. (Œuvres Ⅰ, vol. 1, 355-398).
[4] E. Cartan, Sur la théorème fondamental de M. H. Weyl, J. Math. Pures Appl. 2 (1923), 167-192. (Œuvres Ⅲ, vol. 1, 633-648).
[5] C. Chevalley, Theory of Lie Groups, Princeton Univ. Press, 1946.
[6] C. Chevalley et A. Weil, Hermann Weyl (1885-1955), L'Ens. Math. 3 (1957), 157-187. (Hermann Weyl Ges. Abh. Ⅳ, 655-685).
[7] A. Einstein, Zur allgemeine Relativitätstheorie, Sitz. Preuss. Akad. Wiss. 1915, 778-786, 799-801.
[8] A. Einstein, Erklärung der Perihelbewegung des Merkur aus der allgemeinen Relativitätstheorie, Sitz. Preuss. Akad. Wisss. 1915, 831-839.
[9] A. Einstein, Feldgleichungen der Gravitation, Sitz. Preuss. Akad. Wisss. 1915, 844-847.
[10] S. Helgason, Differential Geometry, Lie Groups and Symmetric Spaces, Academic Press, New York, 1978.
[11] H. von Helmholtz, Über die Tatsachen, die der Geometrie zu Grunde liegen, Nachr. Ges. Wiss. Göttingen, 1868, 193-221.
[12] A. Hurwitz, Über Erzeugung der Invarianten durch Integration, Nachr. Ges. Wiss. Göttingen 1897, 71-90. (Werke Ⅱ, 546-564).
[13] Levi-Civita, Nozione di parallelismo in una varieta qualunque e consequente specificazione geometrica della curvature Riemanniana, Rend. Circ. Mat. Palermo, 42 (1917), 73-205.
[14] H. Poincaré, Théorie des groupes fuchsiens, Acta Math. 1 (1882), 1-62. (Œuvres t. 2).
[15] H. Poincaré, Sur les fonctions fuchsiennes, Acta Math. 1 (1882), 193-294. (Œuvres t. 2).
[16] H. Poincaré, Analysis situs, J. Math. Pures appl. 1 (1895), 1-121. (Œuvres t. 6, 193-288).
[17] H. Poincaré, Complément a l'analysis situs, Rend. Circ. Mat. Palermo, 13 (1899), 285-343. (Œuvres t. 6, 290-337).
[18] H. Poincaré, Second complément a l'anlysis situs, Proc. London Math. Soc. 32 (1900), 287-308, (Œuvres t. 6, 338-370).
[19] I. Schur, Neue Anwendungen der Integralrechnung auf Probleme der Invariantentheorie, Ⅰ Mitteilung, Ⅱ Über die Darstellung der Drehungsgruppe durch lineare homogene Substitutionen, Ⅲ Vereinfachung des Integralkalküls. Realitätsfragen, Sitz. Preuss. Akad. Wiss. 1924, 189-208, 297-321, 346-355. (Ges. Abh. Ⅱ 440-484).
[20] E. Study, Einleitung in die Theorie der Invarianten linearer Transformationen auf Grund der Vektorrechnung, Vieweg, Braunschweig, 1923.
[21] 杉浦光夫，「ワイルと表現論」，『数学セミナー』，1985 年 9 月号，19-23.

ワイルの論文

(1) Singuläre Integralgleichungen mit besonderer Berücksichtung des Fourierschen Integraltheorems, Dissertation Göttingen (1908). G. Ⅰ, 1-88.

(3) Singuläre Integralgleichungen, Math. Ann. 66(1908), 273-324. G. I, 102-153.
(6) Über gewöhnliche lineare Differentialgleichungen mit singulären Stellen und ihre Eigenfunktionen, Nachr. Ges. Wiss. Göttngen 1909, 37-63. G. I, 195-221.
(7) Über gewöhnliche lineare Differentialgleichungen mit singulären Stellen und ihre Eigenfunktionen (2. Note), ibid. 442-467, G. I, 222-247.
(8) Über gewöhnliche Differentialgleichungen mit Singularitäten und die zugehörigen Entwicklungen willkürlicher Funktionen, Math. Ann. 68(1910), 220-269, G. I, 248-297.
(10) Die Gibbssche Erscheinung in der Theorie der Kugelfunktionen, Rend. Circ. mat. Palermo 29(1910), 308-323, G. I, 305-320.
(13) Über die asymptotische Verteilung der Eigenwerte, Nachr. Ges. Wiss. Göttingen 1911, 110-117. G. I, 368-375.
(16) Das asymptotische Verteilungsgesetz der Eigenwert linearer partieller Differentialgleichungen (mit einer Anwendung auf die Theorie der Hohlraumstrahlung), Math. Ann. 71 (1912), 441-479. G. I, 393-430.
(17) Über die Abhängigkeit der Eigenschwingungen einer Membran von deren Begrenzung, J. reine u. angew. Math. 141(1912), 1-11, G. I, 431-441.
(18) Über das Spektrum der Hohlraumstrahlung, J. reine u. angew. Math. 141(1912), 163-181. G. I, 442-460.
(19) Über die Randwertaufgabe der Strahlungtheorie und asymptotische Spektralgesetze, J. reine u. angew. Math. 143(1913), 177-202. G. I, 461-486.
(20) Über ein Problem aus dem Gebiete der diophantischen Approximationen, Nachr. Ges. Wiss. Göttingen 1914, 234-244. G. I, 487-497.
(22) Das asymptotische Verteilungsgesetz der Eigenschwungungen eines beliebig gestalteten elastischen Körpers, Rend. Circ. Mat. Palermo 39 (1915), 1-50. G. I, 511-562.
(23) Über die Gleichverteilung von Zahlen mod. Eins, Math. Ann. 77 (1916), 313-352. G. I, 563-599.
(27) Über die Sarrheit der Eiflächen und konvexer Polyeder, Sitz. Preuss. Akad. Wiss. 1917, 250-266. G. I, 646-662.
(29) Zur Gravitationstheorie, Ann. Phys. 54(1917), 117-145. G. I, 670-698.
(30) Reine Infinitesimalgeometrie, Math. Zeits. 2(1918), 384-411. G. II, 1-28.
(31) Gravitation und Elektrizität, Sitz. Preuss. Akad. Wiss. 1918, 465-480. G. II, 29-42.
(33) Über die statischen kugelsymmetrischen Lösungen von Einsteins "kosmologischen" Gravitationsgleichungen, Phys. Zeits. 20(1919), 31-34. G. II, 51-54.
(35) Bemerkung über die axialsymmetrischen Lösungen der Einsteinschen Gravitationsgleichungen, Ann. Phys. 59(1919), 185-188. G. II, 88-91.
(39) Die Einsteinsche Relativitätstheorie, Schweitzerland. G. II, 123-140.
(40) Elektrizität und Gravitation, Phys. Zeits. 21(1920), 649-650. G. II, 141-142.
(43) Zur Infinitesimageometrie: Einordnung der projektiven und konformen Auffassung, Nachr. Ges. Wiss. Göttingen 1921, 99-112. G. II, 195-208.
(46) Über die physikalischen Grundlagen der erweiterten Relativitätstheorie, Phys. Zeits. 22 (1921), 473-480. G. II, 229-236.

(47) Feld und Materie, Ann. Phys. 65(1921), 541-563. G.II, 260-262.
(48) Electricity and Gravitation, Nature 106(1922), 800-802. G.II, 260-262.
(49) Die Einzigartigkeit der Pythagoreischen Massbestimmung, Math. Zeits. 12 (1922), 114-146. G.II, 263-295.
(51) Neue Lösungen der Einsteinschen Gravitationsgleichungen, Math. Zeits. 13 (1922), 134-145. G.II, 303-314.
(52) Die Relativitätstheorie auf der Naturforschungsversammlung, Jahresb. Deutchen Math. 31(1922), 51-63. G.II, 315-327.
(55) Entgegnung auf die Bemerkung von Herrn Lanczos über die de Sittersche Welt, Phys. Zeits. 24(1923), 130-131. G.II, 375-377.
(60) Randbemekungen zu Hauptproblemen der Mathematik, Math. Zeits. 20(1924), 131-150. G.II, 433-452.
(61) Zur Theorie der Darstellung der einfachen Kontinuierlichen Gruppen, (Aus einem Schreiben an Herrn I. Schur), Sitz. Preuss. Akad. Wiss. 1924, 338-345. G.II, 453-460.
(62) Das gruppentheoretische Fundament der Tensorrechnung, Nachr. Ges. Wiss. Göttingen 1924, 218-224. G.II, 461-467.
(63) Über die Symmetrie der Tensoren und die Tragweit der symbolischen Methode in der Invariantentheorie, Rend. Circ. Mat. Palermo 48(1924), 29-36. G.II, 468-477.
(64) Observations on the Note of Dr. L. Silberstein: Determination of the Curvature Invariant of Space-Time, The London, Edinburgh, and Dublin philosophical Magzine and Journal of Science 48 (1924), 348-349. G.II, 476-477.
(65) Massenträgheit und Kosmos. Ein Dialog, Naturwissenschaften 12(1924), 197-204. G.II, 478-485.
(66) Was ist Materie ?, Naturwissenschaften, 12 (1924), 561-568, 585-593, 604-611. G. II, 486-510.
(68) Theorie der Darstellung kontinuierlicher halbeinfacher Gruppen durch lineare Transformationen I, II, III, und Nachtrag, Math. Zeits. I 23(1925), 271-305, II 24(1926), 328-376, III 24 (1926), 377-395, Nachtrag 24(1926), 789-791. G.II, 543-647.
(73) Die Vollständigkeit der primitive Darstellungen einer geschlossenen kontinuierlichen Gruppe, Math. Ann. 97(1927), 737-755. G. III, 58-75.(F. Peter und H. Weyl)
(105) Spinors in n-dimensions, Ann. Math. 57(1935), 425-449. G. III, 493-516.(R. Brauer and H. Weyl)

ワイルの著書・講義録

(B1) Die Idee der Riemannschen Flächen, 1913, 2. Auflage 1923, 3. Auflage, verändert, Teubner, Leipzig.
田村二郎訳,『リーマン面』, 岩波書店, 1974(初版).
(B2) Raum, Zeit, Materie, 1913, 3. Auflage, wesentlich verändert, 1920, 4. Auflage, wesentlich verändert, 1921, 5. Auflage, verändert, 1923.
内山龍雄訳,『空間・時間・物質』, 講談社, 1973. 菅原正夫訳,『空間・時間・物質』, 東海大学出版会，1973.
(B3)　Mathematische Analyse des Raumproblems, 1923, Springer, Berlin.
(B4)　Gruppentheorie und Quantenmechanik, 1926, Oldenbourg, München.
山内恭彦訳，『群論と量子力学』，裳華房，1932(現代工学社より再刊).
(B5)　The structure and representations of continuous groups, Mimeographed Notes taken by N. Jacobson and R. Brauer of lectures delivered in 1934-35. Institute for Advanced Study, Princeton.
(B6)　The classical groups, their invariants and representations, 1939, Princetion University Press, Princeton.
(B7)　Gesammelte Abhandlungen, Bd. Ⅰ-Ⅳ, 1968, Springer, Berlin.
上の文献表では(B7)をG. と記した。

3 シュヴァレーの群論 I

§0　シュヴァレーの数学

この小論は，シュヴァレーの群論の研究内容を把握し，群論の研究史の中での位置付けを考えることを目標とする。

シュヴァレー(Claude Chevalley, 1909－1984)は，17歳でエコール・ノルマル・シュペリュール(ENS)に入学した。そしてJ. エルブラン(1908－1931)と友人になり，共に代数的整数論という，当時のフランスでは研究する人の全くいなかった分野の研究を始めた。この分野はガウス以来殆どドイツだけで研究されていたが，1920年高木貞治が一般類体論の体系を作り，1927年アルティンが一般相互法則を証明してそれを完成させた。このアルティンの仕事は，シュヴァレーのエコール・ノルマル在学中のことであった。シュヴァレーは，1931-32年にハンブルグのアルティンの下に留学した。1940年までのシュヴァレーの仕事は殆どすべて類体論に関するものである。高木は類体論について次のように述べている((56)序文)。「類体論の成果は，基本定理・分離定理・同型定理(相互律)・存在定理，いづれも極めて簡単明瞭であるに反して，その証明法は，上記諸家の努力にも拘らず，今なお紆余曲折を極め，人をして倦厭の情を起さしめるものがある。類体論の明朗化は，恐らくは新立脚点の発見に待つ所があるのではあるまいか。」シュヴァレーのこの方面の研究は，証明の簡易化と共にこの「新立脚点」の発見を目ざすものであったといえよう。シュヴァレーの群論を対象とするこの小論では，彼の数論の成果(例えばイデールの導入，局所類体論の自立的基礎付け，類体論の算術化等)についてはこれ以上触れない。これについては，彌永(33)(附録2, 類体論の成立)，デュドンネ-ティツ(25)を参照。

1938 年以来シュヴァレーはプリンストン大学に滞在していたが，39 年第二次大戦が始まり，結局彼は，戦争中アメリカに止まることになって，米国市民権も得た。48 年からコロンビア大学教授となり，1953/54 年には，フルブライト交換教授として来日し，名大および京大で講義を行った。1955 年にはフランスに帰り，パリ大学教授となり，79 年定年で退職するまでその職にあった。1939 年類体論の算術化の論文を完成して以後のシュヴァレーの研究は，群論と代数幾何に専ら向けられた。(1941 年以後シュヴァレーは，ヴェイユの依頼(ヴェイユ全集 I, p. 578(62))によって発表した短い論文(J. Math. Soc. Japan 3(1951)，36-44(高木記念号))以外には数論の論文を発表していない。この方面の関心を失ったわけではなく，名大では類体論の講義をしている。) シュヴァレーの代数幾何の研究には，ヴェイユの刺激が影響しているようである。(ヴェイユ全集 I. p. 559) シュヴァレーは，ヴェイユとは独立に，任意体上の代数多様体の局所環の基本的諸性質を導き(Ann. Math. 42(1941))，また独自の交点理論を構成した(Trans. AMS 57(1945))。シュヴァレーは，フランスに帰ってから H. カルタンと共同で代数幾何学のセミナーを行い(1955/56)，また 1958 年には「代数幾何学の基礎」というセミナーを行っている。

シュヴァレーの群論の論文は，既に 1930 年代からある([1], [2])が，本格的研究は，1940 年頃から(つまりアメリカ滞在が長期化してから)始まる。それはリー群と代数群を対象とするものであった。(末尾のシュヴァレーの群論関係文献表の内[1]だけは，そのどちらでもない。[1]はある種の可算無限群の性質を，フックス群として実現することによって証明するという内容の論文である。) 初期の 1940 年代の研究は，リー群・リー環を対象とし，当時のリー群論の諸問題を多面的に追求して成果を収めた。

これらの研究の当初から，シュヴァレーは線型代数群とリー群論，リー環論の関連に注目していた(レプリカ理論・淡中双対定理)が，1951 年以後の研究では，代数群が前面に出て来る。そうしてこの方面でシュヴァレーは，複素単純リー環から出発して，任意の体上の(分離型)単純代数群(シュヴァレー群)を構成し[25]，また任意の代数的閉体上の単純線型代数群の分類に成功した[27]。この二つの仕事がシュヴァレーの群論研究の頂点である。

この I では，リー群の研究のみを扱い，II で代数群と関連する研究を扱うことにする。シュヴァレーのリー群の研究は多方面であり，リー，キリング，カルタン，ワイルによって展開されたきたリー群論の殆どすべての局面に触れている。

以下これを次の六項目に分けて述べることにする。項目の後の[3]のような番号が，この論文の最後につけたシュヴァレーの群論関係著作目録の番号である。

1. リー群の大域理論　[9]
2. レプリカの理論　[6], [7], [8], [10], [18], [24]
3. 二つの存在定理と共役定理　[5], [12], [13]
4. 例外リー群(環)・スピノル　[14], [19], [20], [22]
5. リー群の位相　[4], [11], [15], [23], [26]
6. ヒルベルトの第五問題　[2], [3], [17]

この外シュヴァレーのリー群論の研究成果の中で論文としてシュヴァレーが発表しなかったものがある。そのようなものとして次の四つを挙げておく。末尾の引用文献の岩澤(36) Lemma 3.11 (p. 525) は実半単純リー環 L の随伴群の岩澤分解を与えるもので，半単純リー群論の基本的構造定理である。脚註に記されているように，(4) におけるこの証明はシュヴァレーによるものである。また岩堀(38)では「連結半単純リー群 G の任意の二つの極大コンパクト部分群は G 内で共役である」という E. カルタンの定理のシュヴァレーによる証明が紹介されている。またヴェイユ(62)では，ファイバー空間の微分幾何学を研究しつつあったヴェイユの質問に答えて，半単純リー群の原始的不変コサイクルの形に対する一つの命題の証明をシュヴァレーが与えている。またコシュール(41)にもシュヴァレーの定理が一つ述べられている。

§1　リー群の大域理論

リーの連続変換群 G とは，有限個の実または複素パラメタによって規定される $\mathbb{R}^n$ (または $\mathbb{C}^n$) の開集合の解析的な(十分滑らかならよい)変換の作る群(または群芽)であった。パラメタの動く範囲は，一般論では明確に規定されていない。それを正確に規定することは，多様体概念の未成熟な当時にあっては不可能であった。n 次元多様体の概念は，周知のように 1854 年のリーマンの就職講演「幾何学の基礎をなす仮定について」において始めて提出された。しかしそこでは，n 次元多様体は「n 重に拡がったもの」としてそのイメージは与えられているが，今日の数学でいうような正確な定義は述べられていない。その意味を確定して行くことが，以後の数学の一つの課題となったのである。

ポアンカレは，位相幾何学の出発点となった1895年の『位置解析』とその補遺(45)において，$\mathbb{R}^n$ において p 個の独立で微分可能な方程式によって，$n-p$ 次元多様体を定義し，そのホモロジー論を展開した。ポアンカレはそのホモロジー論のあいまいな点，問題点をヘーゴール(学位論文1898年・仏訳 Bull. Soc. Math. France, 44(1916))に指摘され，第一補遺(1899)でホモロジー論を胞体分割の与えられた多面体(複体)に対して展開することにした。

またヒルベルトは，1902年に発表した2次元のユークリッド幾何と双曲型非ユークリッド幾何の群論的基礎付け(32)において，数平面の領域に対し各点 A のまわりの近傍系 $\mathfrak{U}(A)$ として，A を含むジョルダン領域(ジョルダン閉曲線の内部)のある集合 $\mathfrak{U}(A)$ を考えた。即ちヒルベルトは彼の幾何学を展開すべき「平面」として，このような「近傍系」の与えられた数平面の部分集合 X を考えたのである。このときヒルベルトは，この意味の A の近傍系 $\mathfrak{U}(A)$ は次の条件をみたすものと仮定した。

1. $U \in \mathfrak{U}(A)$ で，$A \in V \subset U$ なる V がジョルダン領域ならば $V \in \mathfrak{U}(A)$ である。
2. $U \in \mathfrak{U}(A)$，$B \in U \Longrightarrow U \in \mathfrak{U}(B)$
3. X の任意の二点 A, B に対し $B \in U \in \mathfrak{U}(A)$ となる U が存在する。(ここでもう一つの条件として次の4が必要であろう。)
4. $U_1, U_2 \in \mathfrak{U}(A) \in \Longrightarrow \exists U_3 \in \mathfrak{U}(A)$，$U_3 \subset U_1 \cap U_2$

2次元位相多様体(面)の最初の定義は，ワイル(64)の『リーマン面の理念』(1913)で与えられた。その定義は次の通りである。「2次元多様体 $\mathcal{F}$ が与えられているとは次のことを意味する。$\mathcal{F}$ の点と呼ばれるもののある集合が与えられて居り，$\mathcal{F}$ の各点 p に対して，$\mathcal{F}$ の点から成るいくつかの集合が p の近傍として指定されている。$\mathcal{F}$ の点 p_0 の近傍 $\mathfrak{U}_0$ は，必らず p_0 を含み，かつ $\mathfrak{U}_0$ をある円板 K_0 の上へ一対一に写す写像 φ で $\varphi(p_0)$ が円板の中心となるようなものが存在し，しかもこの写像 φ は，次の二つの性質1, 2をみたす：

1. $p \in \mathfrak{U}_0$ で，$\mathfrak{U}$ は p の近傍で $\mathfrak{U} \subset \mathfrak{U}_0$ とすれば，$\varphi(p)$ は $\varphi(\mathfrak{U})$ の内点である。
2. $K \subset K_0$ となる円板 K の中心を $q = \varphi(p)$ とすれば，p の近傍 $\mathfrak{U}$ であって $\varphi(\mathfrak{U}) \subset K$ となるものが存在する。」

ワイルは『リーマン面の理念』第2版(1923)の巻末において，上の定義にさらにもう一つの次の条件を附加することが必要であると述べている。

「3. $\mathcal{F}$ の各点 p のどの二つの近傍に対しても，その双方に含まれる p の近傍が存在する。」

ワイルは初版でヒルベルトと同じ点を見過ごしていたのである。

この頃まだ位相空間論は萌芽期にあった。近傍系による位相空間の正確な定義が始めて与えられたのは，ハウスドルフ(31)の『集合論綱要』(1914)においてであり，この本はワイルの本の翌年に出版されたのである。ワイルは面の上では，連続函数の概念は定義されるが，微分可能函数や解析函数は定義できないことを注意して解析函数がうまく定義できる面，即ちリーマン面の定義に進む。

n 次元の C^k 級多様体($0 \leqq k \leqq \infty$ または $k = \omega$)の概念は，ヴェブレン-ホワイトヘッド(61)(1932)で与えられた。これは内容上，今日の定義と一致するが，位相空間という概念を明示的に用いていないので，ややまわりくどい表現となっている。ともあれ1930年代にはケアンズ(9)(1935)によって($\mathbb{R}^n$ へ埋め込まれた)微分可能多様体が単体分割を持つことが示され，またホイットニー(68)(1936)によって，n 次元微分可能多様体は，$\mathbb{R}^{2n+1}$ に埋め込むことができることが示されるなど，微分可能多様体の基本的な性質が確立されていったのである。

一方リー群を大域的多様体としてとらえる視点は，ワイル(64)(1925-26)で打出され，ワイルは特にその立場からコンパクト半単純リー群の基本群の有限性や積分公式を導き大きな成果を挙げた。しかしワイルは大域的リー群論の教科書を書こうとはしなかった。ワイルの著書(67)『典型群――その不変式と表現』は，代数的な取扱いに傾斜し，指標公式の証明のためにリー群的手法も用いたものの，リー群論そのものの系統的展開はされなかったのである。同じ頃ポントリャーギンは(48)『連続群』(1938)を出版した。この本は前半で位相群，後半でリー群を扱っている。しかしそのリー群論の部分は，古典的なリーの理論を変換群でないリー群について述べ位相群と結びつけたものであった。

こうして多様体論の基礎の上に大域的リー群論を展開するという仕事は，シュヴァレーが[9](『リー群論I』(1946))で行うまで手がつけられないままに残っていたのである。[9]では実解析多様体の理論を展開した後，連結リー群(解析群)G を実解析多様体(連結を仮定している)であって，群演算が解析的となるような群として定義する。

そしてG上の左不変ベクトル場の全体を$\mathfrak{g}$と置くと，$\mathfrak{g}$はベクトル場の括弧積に関し実リー環で$\dim \mathfrak{g} = \dim G$となる。$\mathfrak{g}$が$G$のリー環と呼ばれるものであり，$\mathfrak{g} = L(G)$などと記す。これがリーの第三基本定理の大域化であり，それはGおよび$\mathfrak{g}$の定義から直ちに導かれる。同様に連結リー群Gのリー部分群H(Gの部分多様体となっているようなリー群)に対しては，自然な埋め込み$i : H \longrightarrow G$により，$L(H)$は$L(G)$の部分リー環となることが直ちに証明される。

リー理論の要となる第三基本定理の逆定理に当るものを，シュヴァレーは次の二つの命題に分解して考えた。それは

定理 1　連結リー群Gのリー環$\mathfrak{g} = L(G)$の任意の部分リー環$\mathfrak{h}$に対し，Gの連結リー部分群Hで，$L(H) = \mathfrak{h}$となるものが唯一つ存在する。

定理 2　任意の有限次元実リー環$\mathfrak{g}$に対し，連結リー群Gで$L(G) \cong \mathfrak{g}$となるものが存在する。

定理 2 は，リー環$\mathfrak{g}$は忠実な有限次元表現を持ち，従って$\mathfrak{g}$は$\mathfrak{gl}(n, \mathbb{R})$の部分リー環と見なされるという 1934/35 年の Ado の定理(2)を用いて定理 1 に帰着するというのがシュヴァレーの方針で 1955 年の第三巻[24]で実現された。

Ado の定理の証明にはリー環論特に Levi の定理($\mathfrak{g}$は根基と半単純部分環の半直積となる)が必要であるが，シュヴァレーはこれと定理 2 を『リー群論 III』で証明したのである。そこでリー群論としては定理 1 の証明が要となる。シュヴァレーは，これを「多様体Gの包含的な接空間バンドルは，積分可能である」というフロベニウスの定理を大域化することによって証明した。定理 1 の場合，$\mathfrak{h}$が$\mathfrak{g}$の部分リー環になるということが，$\mathfrak{h}$の定義する接空間バンドルが包含的であることを意味する。そしてシュヴァレーはGの各点gを通る$\mathfrak{h}$の極大積分多様体が唯一つ存在することを証明した。特に単位元eを通るものをHとすれば，これが求めるGの連結リー部分群で，$L(H) = \mathfrak{h}$となるものである。このときgを通る$\mathfrak{h}$の極大積分多様体は剰余類gHとなる。以上のようにして，シュヴァレーは，リーの局所的理論を大域化することに成功したのである。

ただし大域化に伴って新しい問題も発生する。リーは二つのリー群(芽)は，その構造定数が等しいとき，同じ構造を持つと考えた(cf. 杉浦(54))。これはリー

環の同型な二つのリー群は同じ構造を持つということであり，それは大域的には正しくない。すなわち二つの連結リー群 G, G' のリー環 $\mathfrak{g}, \mathfrak{g}'$ が同型ということは G と G' が局所同型(単位元の近傍で一致する)ということで，それは必ずしも大域的な同型を意味しない。既に 1926 年にシュライヤー(51), (53)は，被覆群の理論を構成し，互に局所同型な連結リー群の間の大域的関係を記述する一般論を作っていた。即ちそのような連結リー群の内同型を除き唯一つ単連結なもの G^* があり，それと局所同型な任意の連結リー群 G は G^* の離散正規部分群 D による剰余群 G^*/D と同型になるというのである。シュヴァレーは[9]でこのシュライヤーの理論をとり入れた。しかしその記述は，独自の構成を取って居り，シュライヤーのような，道の連続変形を用いず基本群も一次元ホモトピー群 $\pi_1(G)$ でなく，G の普遍被覆群 G^* の G 上の被覆変換群として定義する。正直の所シュライヤーの記述の方がはるかに読み易い。

しかしシュヴァレー[9]では，リーやシュライヤーにはない一つの視点が打出されている。それはリー群とリー環の対応が，リー群の間の型写(即ち解析的準同型写像)に対してどう振舞うかを考えたことである。リー群 G からリー群 H への解析的準同型写像 Φ が与えられたとき，リー環 $L(G)$ から $L(H)$ へのリー環の準同型写像 $d\Phi$ が

(1)　$(d\Phi(x))_e = (d\Phi)_e X_e$

によって与えられる。これは明らかであるが，逆が問題である。これについてシュヴァレーは次の定理 3 を証明した。

定理 3　G, H を連結リー群とする。

1)　$\Phi: G \longrightarrow H$ が解析的準同型写像ならば，(1)によりリー環の準同型写像 $d\Phi: L(G) \longrightarrow L(H)$ が定義される。

2)　逆に $\varphi: L(G) \longrightarrow L(H)$ なるリー環の同型写像が与えられたとき，G の単位元 e の近傍 U で定義された H への解析的局所準同型写像，$\varphi: U \longrightarrow H$ で任意の $X \in L(G)$ に対し，X と $\varphi(X)$ は φ-related となるものが存在する。

3)　2)で特に G が単連結のとき，G から H への解析的準同型写像 Φ で $d\Phi = \varphi$ となるものが唯一つ存在する(ch. Ⅳ. Theorem 2, p.113)。

2)は容易に証明できるが，3)が面倒である。G は連結だから単位元 e の近傍 U

から生成される。$U=U^{-1}$ と仮定してよいが，このとき G の任意の元 x は

(2)　$x=x_1x_2\cdots x_n,\qquad x_i\in U\quad(1\leqq i\leqq n)$

の形に表わされるから，準同型写像 Φ で φ の延長となっているものは，(2)の x に対し

(3)　$\Phi(x)=\Phi(x_1)\cdots\Phi(x_n)$

となる。問題は(2)のような表示は一般に一意的でないから，(3)によって一価函数として $\Phi(x)$ が定義できるという保障がないことである。シュヴァレーは，複素解析函数の解析接続における一価性定理にヒントを得て，一般的な一価性定理(Principle of monodromy)を証明して G の単連結性から Φ の一価性を導いた。(ch. Ⅱ. Theorem 2, p.46)。

この定理 1, 2, 3 がシュヴァレーの大域的リー群論における基本定理である。定理 1, 2 がリーの理論の直接の大域化であるに止まらず，用いられる概念自体も変化していることに注目したい。シュヴァレーは，多様体論の組み立てから始めて，リー群論を精密かつ自然な表現で記述するのに成功したのであった。

以上が[9]の大域リー群論への最も重要な寄与であるが，[9]にはこの外にいくつか，新しい定理が述べられている。無理数 α を方向係数とする直線 $y=\alpha x$ の 2 次元トーラス群 $\mathbb{T}^2=\mathbb{R}^2/\mathbb{Z}^2$ における像 H は，$\mathbb{T}^2$ の閉じていないリー部分群である。この場合 H はリー群としては $\mathbb{R}$ に同型であるが，その位相は $\mathbb{T}^2$ の相対位相とは異なる。この例は以前から知られていたが，これに対しシュヴァレーは次のことを証明した。

定理 4　H が連結リー群 G の連結リー部分群で，G の閉集合となっているものとする。このとき H の部分多様体としての位相は，G の相対位相と一致する(ch. Ⅳ. § V Proposition 1, p.110)。

この外[9]には，指数写像 $\exp : L(G)\longrightarrow G$ の定義および $L(G)$ 上の一次写像としての微分 $(d\exp)_X$ の計算(ch. V. § V Proposition 1, p.157)やリー群 G の自己同型群 Aut G がまたリー群となることの証明(ch. Ⅳ. § XV Proposition 1, p.137)など，いくつか新しい結果があるが技術的になるのでここでは触れない。第 V 章では微分形式の理論が大域的な立場から系統的に展開され，特にリー群上の左不変微分式の外微分の公式が与えられ，規準座標系による左不変微分式の具体的な構成法が与えられている。さらに，左不変微分式による左不変ハール積分の構成

がされている。

ch. Ⅳでのコンパクト・リー群に対する淡中双対定理の取扱いは重要であるが，コンパクト・リー群が実線型代数群の構造を持つというのがその中心的内容なので，Ⅱで扱うことにする。

シュヴァレー[9]は，解析的多様体論と大域的リー群論の基礎を確立した。このことは，リー群論および微分幾何学の研究史において，基本的な意義を持つ事実である。

§2 レプリカの理論

この節の内容はやや技術的である。手短かに内容を述べる。シュヴァレーのこの方面への貢献は，標数0の体 K に対し，リー環 $\mathfrak{gl}(n,K)$ の部分リー環 $\mathfrak{g}$ が，ある線形代数群 $G(\subset GL(n,K))$ のリー環となるための必要十分条件を与え，それを K 上のリー環の構造論に応用した点にある。シュヴァレーはこの必要十分条件が代数群を表に出さないで，純粋に線型代数学の言葉(テンソル不変式，レプリカ)で表現できることを発見し[6]，それを用いてリー環の構造論の簡易化に成功した。特にこれによりカルタンによる「半単純 $\Longleftrightarrow$ キリング形式が非退化」という判定条件の見透しのよい証明を得たのであった。

K を任意の体，$X\in\mathfrak{gl}(m,K)$，$Y\in\mathfrak{gl}(n,K)$ に対しそのテンソル和 $X\oplus Y$ を $X\oplus Y=X\otimes 1_n+1_m\otimes Y$ によって定義する。ここで $\otimes$ は行列のテンソル積であり，1_n は n 次単位行列である。リー群のテンソル積表現を微分するとリー環に対してはこのテンソル和が対応するのである。また $X^*=-{}^tX$ とおく。任意の $r,s\in\mathbb{N}$ に対して

$$X_{r,s}=\underbrace{X^*\oplus\cdots\oplus X^*}_{r\text{個}}\oplus\underbrace{X\oplus\cdots\oplus X}_{s\text{個}}$$

とおく。$V=K^n$，$V^*=V$ の双対空間，とする。

$$V_{r,s}=\underbrace{V^*\otimes\cdots\otimes V^*}_{r\text{個}}\otimes\underbrace{V\otimes\cdots\otimes V}_{s\text{個}}$$

とし，$v\in V_{r,s}$ が

(1)　$X_{r,s}v=0$

をみたすとき，v は X の (r,s) 型(テンソル)不変式であるという。

定義1　$X,Y\in\mathfrak{gl}(m,K)$ とする。

$$(\forall (r,s)\in\mathbb{N}^2)\,(\forall v\in V_{r,s})\,(X_{r,s}v=0\Longrightarrow Y_{r,s}v=0)$$

が成立つとき Y は X のレプリカ(replica)であるという。(シュヴァレーはこの記号用いていないが，日本の研究者の慣用に従って)このことを $X\longrightarrow\!\!\!\!\!\rightarrow Y$ と記すことにする。

シュヴァレーは，K が完全体のとき任意の行列 X は $X=X^{(s)}+X^{(n)}$，$X^{(s)}$ と $X^{(n)}$ は可換，$X^{(s)}=$ 半単純，$X^{(n)}=$ 冪零 と一意的に分解できることを示した。これを X のジョルダン分解と呼ぶことにしよう。(これは X がジョルダン標準形のときは，対角線の部分と残りの部分への分解である。)　シュヴァレー[6]はレプリカについて，次のような結果を得た。

定理 1　1)　$X\longrightarrow\!\!\!\!\!\rightarrow Y$ のとき，Y は $f(0)=0$ となる多項式 $f(t)$ により，$Y=f(X)$ と表わされる。

2)　$X,Y\in\mathfrak{gl}(m,k)$ に対し，「$X\longrightarrow\!\!\!\!\!\rightarrow Y\Longleftrightarrow X^{(s)}\longrightarrow\!\!\!\!\!\rightarrow Y^{(s)}$，$X^{(n)}\longrightarrow\!\!\!\!\!\rightarrow Y^{(n)}$」

3)　半単純な X の固有値を $\alpha_1,\cdots,\alpha_m$ とするとき，多項式 $f(t)\in K[t]$ に対し，

$$「X\longrightarrow\!\!\!\!\!\rightarrow f(X) \Longleftrightarrow (\forall k_i\in\mathbb{Z}\ (1\leqq i\leqq m))\left(\sum_{i=1}^{m}k_i\alpha_i=0\Longrightarrow\sum_{i=1}^{m}k_i f(\alpha_i)=0\right)」$$

4)　$X=$ 冪零 のとき「$X\longrightarrow\!\!\!\!\!\rightarrow Y\Longleftrightarrow Y=aX,\ a\in K$」

5)　$X=$ 冪零 $\Longleftrightarrow X\longrightarrow\!\!\!\!\!\rightarrow Y$ となる任意の Y に対し $\mathrm{Tr}(XY)=0$。

ただし 2), 3)では基礎体 K は完全，4), 5)では標数 0 と仮定する。

線型代数群とレプリカの関係は，次の定理 2 で与えられる。

定理 2　K を標数 0 の体とするとき，$\mathfrak{gl}(n,K)$ の部分リー環 $\mathfrak{g}$ に対し，次の 1)と 2)は同値である。

1)　$X\in\mathfrak{g}$，$X\longrightarrow\!\!\!\!\!\rightarrow Y$ (Y が X のレプリカ) $\Longrightarrow Y\in\mathfrak{g}$

2)　$\mathfrak{g}$ はある線型代数群 $G(\subset GL(n,K))$ のリー環である。

始めシュヴァレーは，$K=\mathbb{C}$ のとき，Tuan との共著論文[8](1945)においてこの定理を証明した。後の著書[18](1951)では，$X\in\mathfrak{gl}(n,K)$ を含む $GL(n,K)$

の最小の代数部分群 $G(X)$ のリー環の元 Y がレプリカを特徴付ける基本性質(定理1, 2), 3), 4))をみたすことによって定理を実質上証明した。([18]ではテンソル不変式によるレプリカの定義には全く触れていない。) そこで，シュヴァレーは上の定理2の性質をみたすリー環 $\mathfrak{g}\,(\subset \mathfrak{gl}(n,K))$ を代数的リー環と呼んでいる。シュヴァレーは，レプリカの概念を用いてリー環論の基本的な諸定理，特にカルタンによる半単純性の判定条件が見通しよく導かれることを発見し，それを[10]で示した。[10]では次の簡単な補助定理1が出発点となっている。

補助定理1 P, Q が共に $V_{r,s}$ の部分線型空間で $Q\subset P$ となるものとするとき

$$\mathfrak{g}=\{X\in\mathfrak{gl}(n,K)\,|\,X_{r,s}P\subset Q\}$$

とおく。このとき $\mathfrak{g}$ は代数的である。即ち $X\in\mathfrak{g}$, $X\longrightarrow\!\!\!\!\!\!\rightarrow Y$ ならば $Y\in\mathfrak{g}$ となる。

この補助定理1とレプリカの性質(定理1, 5))を組み合わせて，シュヴァレーは次の補助定理2を得た。$K=$ 標数0とする。

補助定理2 $\mathfrak{g}$ を $\mathfrak{gl}(n,K)$ の部分リー環とする。

1) $\mathfrak{n}=\{N\in\mathfrak{g}\,|\,\mathrm{Tr}(NX)=0\ (\forall X\in\mathfrak{g})\}$ とおく。もし $\mathfrak{g}$ が代数的リー環ならば，$\mathfrak{n}$ のすべての元は冪零である。
2) 任意の $X, Y\in\mathfrak{g}$ に対し $\mathrm{Tr}(XY)=0$ ならば $\mathfrak{g}$ は可解である([10]Proposition 3 and 4)。

これからカルタンの判定基準が直ちに導かれる。

定理(カルタンの判定基準) 標数0の体上のリー環 $\mathfrak{g}$ に対し，次の(1),(2)は同値である。

(1) $\mathfrak{g}$ は半単純。
(2) $\mathfrak{g}$ のキリング形式は非退化。

証明 (1)⇒(2) $\mathfrak{n}=\{Y\in\mathfrak{g}\,|\,B(X,Y)=0\ (\forall X\in\mathfrak{g})\}$ とおくと補助定理2, 2)により $\mathrm{ad}_{\mathfrak{g}}\mathfrak{n}$ は可解である。$\mathfrak{g}=$ 半単純なら，$\mathrm{ad}_{\mathfrak{g}}$ は忠実な表現だから，$\mathfrak{n}$ は $\mathfrak{g}$ の可解イデアルとなる。従って $\mathfrak{g}$ は半単純なら $\mathfrak{n}=0$ で B は非退化。

(2)⇒(1)　$\mathfrak{a}$を$\mathfrak{g}$の任意の可換イデアルとすれば，$\forall A \in \mathfrak{a}$，$\forall X \in \mathfrak{g}$に対し

$$(\mathrm{ad}(A)(\mathrm{ad}\,X))^2\mathfrak{g} \subset (\mathrm{ad}\,A)(\mathrm{ad}\,X)\,\mathfrak{a} = 0,$$

$$(\mathrm{ad}(A)(\mathrm{ad}\,X))^2 = 0, \qquad B(A,X) = \mathrm{Tr}\,(\mathrm{ad}\,A)(\mathrm{ad}\,X) = 0$$

だから$B=$非退化なら$A=0$, $\mathfrak{a}=0$。

シュヴァレーは，その教科書[24]でこのやり方でリー環論を展開した。その後ブルバキ(6)の『リー群とリー環』第I章では，上の特別な場合の補助定理1と補助定理2, 1)を合わせた次の補助定理3(ブルバキ(6)第I章§5補題3)があれば，補助定理2, 2)が導かれ従ってカルタンの判定条件も得られることを示した。

補助定理3　Vを標数0の体K上の有限次元線型空間P, QをVの部分線型空間で$Q \subset P$となるものとし，

$$\mathfrak{g} = \{X \in \mathfrak{gl}(V) \mid [X, P] \subset Q\}$$

とおく。$X \in \mathfrak{g}$がすべての$Y \in \mathfrak{g}$に対し$\mathrm{Tr}(XY)=0$をみたせば，Xは冪零である。

この補助定理3は，シュヴァレーのレプリカの理論の中心的部分をレプリカを表面に出さずに再現したものである。これによってリー環論の展開にレプリカはかならずしも必要ではなくなった。しかし標数0の体上の線型代数群のリー環を線型代数的に特徴付ける概念としてのレプリカの意義は失われていない。ただ現在の線型代数群の理論は，標数pの場合をも含めるため，リー環を用いないやり方が主流となって居り，このシュヴァレーのレプリカの理論も忘れられている。しかしシュヴァレーの群論の研究史においては，彼が群論で得た最初の理論であり，かつ彼を代数群に導くきっかけともなった点でこのレプリカ理論は，重要な意義を持つ。

§3　二つの存在定理と共役定理

シュヴァレーは[12]において，半単純リー環に対する基本的な二つの存在定理の統一的かつ代数的な証明を始めて与えた。その定理は次のような内容のものである。

定理1　任意の既約ルート系R(またはカルタン整数の組S)に対し，標数0の

代数的閉体 K 上の単純リー環 L で，R をルート系とするものが存在する。

定理 2　単純リー環 L のカルタン部分リー環 V 上の任意の優整形式 w_0 に対して，w_0 を最高ウェイトとする，L の有限次元既約表現が存在する。

これらの定理の歴史は，次の通りである。複素数体 $\mathbb{C}$ 上の単純リー環の分類を始めて行ったキリング(40)は，その分類をカルタン整数の組の分類によって行った。このとき逆に各カルタン整数の組 S に対し，実際にリー環が存在するかが問題になる。既にリー環が知られていた典型リー環については，これは問題ないが，例外リー環の存在が問題になるわけである。キリングは S を用いて各例外リー環の基底の間の交換子積を定義したが，それらがヤコビの恒等式をみたすことを確かめることはしなかった。

その後カルタン(10)は，キリングの分類論の誤りを正し，正しい証明を与えた。カルタン行列 S に対するリー環の存在についても，カルタン(10)は各単純リー環の最低次元表現に対応する線型リー環を与えているので，存在も示されているわけである。ただし E_8 に対しては，その最低次元表現は E_8 の随伴表現なので，リー環 E_8 の存在が前提となる。従って E_8 に対してはなお問題が残っている(§4 参照)。例外リー環，特に E_8 の構成が困難なことが，一方ではルート系に対するリー環の存在を，一般的に証明しようという考えを後に生じさせる一つの動機となった。

ワイル(65)では，複素半単純リー環のカルタンによる構造論を精密化して，いわゆるワイル基底を導入した。$\mathfrak{g}=\mathfrak{h}+\sum_{\alpha\in R}\mathfrak{g}_\alpha$ をルート空間分解するとき $\mathfrak{g}_\alpha$ の基底 E_α を適当にとるとき，

$$[H,E_\alpha]=\alpha(H)E_\alpha,\qquad [E_\alpha,E_\beta]=\begin{cases}N_{\alpha,\beta}E_{\alpha+\beta}, & \alpha+\beta\in R\\ 0, & \alpha+\beta\notin R\end{cases}$$

において，構造定数 $N_{\alpha,\beta}$ の 2 乗はルート系から定まる正数となる。より詳しく言えば

$$\beta+j\alpha\in R\quad(-q\leqq j\leqq p),\qquad \beta-(q+1)\alpha,\beta+(p+1)\alpha\notin R\quad(p\geqq 1)$$

のとき

$$N_{\alpha,\beta}^2=\frac{p}{2}(q+1)(\alpha,\alpha)$$

となる。従って $N_{\alpha,\beta}$ は実数でその符号を除いてルート系 R から一意的に定まる

のである。そして符号もルートの字引式順序に関し，下から帰納的にきめて行くことができる。このことからファン・デル・ワルデン(58)は，ルート系 R によって複素半単純リー環が，同型を除き一意的に定まることを注意した。

さて，ワイルは一方でルート系をユークリード空間のベクトルの集合として定義し，ワイル群を各ルート α を法ベクトルとする超平面 Π_α に関する鏡映から生成される鏡映群として定義した。ファン・デル・ワルデン(59)は，このベクトルの集合としてのルート系の分類を初等幾何的方法で実行した。ワイルは $\mathfrak{g}$ のコンパクト実形 $\mathfrak{g}_u$ をリー環とする連結リー群 G_u が常にコンパクトであることを示した。$\mathfrak{g}_u$ のカルタン部分環 $\mathfrak{h}_u=\mathfrak{g}_u\cap\mathfrak{h}$ は，G_u の極大トーラス T に対応する。このときトーラスの周期性から，超平面 Π_α を各整数 k だけ平行移動した超平面 $\Pi_{\alpha,k}$ が生ずる。超平面族 $\{\Pi_{\alpha,k}\,|\,\alpha\in R,\ k\in\mathbb{Z}\}$ に対応する鏡映族 $\langle s_{\alpha,k}\,|\,\alpha\in R,\ k\in\mathbb{Z}\rangle$ から生成される群 $W_a(R)$ が，ルート系 R のアフィン・ワイル群である。

コクセターは(66)(附録)でルート系とアフィン・ワイル群が一対一に対応することを発見した。例えば B_n 型と C_n 型のルート系は互いに双対ルート系なので，ワイル群は同型であるが，$n\geqq 3$ ならば B_n と C_n は同型でない。そしてアフィン・ワイル群も $n\geqq 3$ のとき $W_a(B_n)\not\cong W_a(C_n)$ となる。(コクセター(22)は $\mathbb{R}^n$ の離散鏡映群の分類をコクセター図形を用いて，きれいな形で与えた。) ヴィット(71)はコクセター(66)の結果の別証を与えこれを複素単純リー環の分類に用いた。ヴィットの結果の内で，単純リー環の存在に関する一般論は次の形であった。

定理(ヴィット(71)Satz 15) 4 次元以下の各ルート系に対し，それをルート系とする複素単純リー環が存在すれば，任意の既約ルート系 R に対し，R をルート系とする複素単純リー環が存在する。

A, B, C, D 型ルート型には，典型リー環が対応する。この外ヴィットは(71)で例外型複素単純リー環 G_2, F_4 を構成している。従って上の定理から E 型のルート系に対しても，対応するリー環の存在が保証されたことになる。

こうしてファン・デル・ワルデンとヴィットの結果によって，複素単純リー環の代数的な分類が一応でき上がったといえる。ただしそれは上述のヴィットの定理が示すように統一性の面で，問題が残った。4 次元以下という制限なしに存在の証明ができることが望ましいのである。

また定理2の証明は，カルタン(11)(1913年)が各複素単純リー環の各基本ウェイト λ_i を最高ウェイトとする既約表現を具体的に与えるという個別チェックにより証明した。後にワイル(65)(1934/35)は，コンパクト半単純リー群の指標公式とペーター-ワイルの定理(既約表現の行列成分の完全性定理)を用いて，定理2の統一的な証明を与えた。(杉浦(54)参照)　これは群の調和解析の見地からは最も自然は証明といえる。しかしそれは解析的な証明であるから，代数的な証明は別の意義がある。

以上がシュヴァレーがこの方面の研究に着手するまでの定理1,2の研究史の概略である。これに対してシュヴァレーの研究のねらいは次の三点にあった。

1. 定理1,2を各(半)単純リー環に対して統一的に証明する。
2. その証明を解析や幾何を用いることなく純粋代数的に行う。
3. 定理1と定理2を同時に証明する。

シュヴァレーは[12]で定理1,2の証明の方針を発表した直後に，プリンストンの研究所にいたハリッシ・チャンドラが独立に定理2の証明を得ていたことを知った。[13]はそのことの報告である。結局シュヴァレーは学位をとった(1947年)ばかりの若いハリッシ・チャンドラ(29)に証明の発表を委ねたのである。ハリッシ・チャンドラの序文によると彼が考えていたのは定理2だけで定理1も同時にできるというのはシュヴァレーのアイディアであり，発表された(29)では，このアイディアを取入れて，定理1を含むようにしたとのことである。

さらにその後セール(49)は，定理1の証明を整理し，生成元とその間の基本関係として見通しのよい形に定理1を再定式化した。リー環が構成できれば，その展開環の適当な極大左イデアルによる剰余加群上の正則表現を考えることにより定理2は比較的容易に得られる。これが現在の標準的な方法である。(例えばハンフリーズ(33)を見よ。)　以上の経緯によりシュヴァレーの原論文を読んだ人はあまりいないと思われるので，その後半の翻訳を以下に掲げておく。

『カルタン行列 $S=(a_{ij})$ が与えられたとする。これは有理数体 $\mathbb{Q}$ 上の ℓ 次元ベクトル空間 V 上の一次形式の有限集合としてのルート系 R の基本ルート系 $\{\alpha_1,\cdots,\alpha_\ell\}$ から，$a_{ij}=\alpha_i(H_{\alpha_j})$ によって与えられる。ここで H_α はルート α に，基本2次形式(キリング形式)によって対応する V の元である。先づ無限次元ベクトル空間 M を構成する。

$\Sigma=\{\sigma=(i_1,\cdots,i_m)\,|\,m\in\mathbb{N},\ 1\leqq i,\cdots,i_m\leqq\ell\}$

とし，各 $\sigma\in\Sigma$ と一対一に対応する元 $x(\sigma)(\sigma\in\Sigma)$ を基底とする体 K 上のベクトル空間を M とする。($m=0$ のとき $\sigma=\phi$, $x(\phi)=x_0$ とする。) 今任意の優整形式 w_0(U 上の一次形式で $w_0(H_{\alpha_i})\in\mathbb{N}\,(1\leqq 1\leqq\ell)$ となるもの)が与えられたとする。各 $\sigma=(i_1,\cdots,i_m)$ に対して，ウェイト w_σ を次のように定義する：

$$w_\sigma=w_0-\sum_{\mu=1}^{m}\alpha_{i\mu}$$

M の元 u がウェイト w のウェイト・ベクトルであるとは，u が $w=w(\sigma)$ となるような $x(\sigma)$ の一次結合となることをいう。このとき M 上の 3ℓ 個の一次変換 $P_i,Q_i,D_i\,(1\leqq 1\leqq\ell)$ で，交換関係

$[P_j,D_i]=a_{ji}P_j,\quad [Q_j,D_i]=-a_{ji}Q_j,\quad [Q_i,P_i]=D_i,\quad [Q_j,P_i]=0\quad (i\neq j)$

をみたすものが構成できる。D_i,Q_i,P_i は

$D_i x(\sigma)=w_\sigma(H_{\alpha_i})x(\sigma),\quad Q_i x(\sigma)=x(i,\sigma),\quad P_i x_0=0$

をみたす。

M のウェイト・ベクトル u は，$\{P_i,Q_i,D_i\,|\,1\leqq i\leqq\ell\}$ から生成される多元環 $\mathfrak{B}$ の元 U であって，$U_u=x_0\,u$，$x_0\neq 0$ となるものが存在するとき，第一種であるといい，そうでないとき第二種という。M の第二種ウェイト・ベクトル全体の張る部分ベクトル空間を N とおく。N は P_i,Q_i,D_i, 従って $\mathfrak{B}$ で不変である。そこで商空間 M/N 上に $\mathfrak{B}$ の表現 ρ が生ずる。ρ による P_i,Q_i,D_i の像を P_i',Q_i',D_i' とする。ここで本質的なことは，M/N が有限次元となることの証明である。

そのためにワイル群 W の任意の元 s をとり，$s\alpha_i=\beta_i\,(1\leqq i\leqq\ell)$ とおく。このとき $(\beta_1,\cdots,\beta_\ell)$ はまた一つの基本系である。$(\alpha_1,\cdots,\alpha_\ell)$ に対応する P_i,Q_i,D_i と平行した性質を持つ 3ℓ 個の一次変換 sP_i',sQ_i',sD_i' が $(\beta_1,\cdots,\beta_\ell)$ に対応して，P_i',Q_i',D_i' の生成する多元環の中に存在する。さらに M/N の元 $y\neq 0$ で，$sP_i'y=0\,(1\leqq i\leqq\ell)$ となるものが存在する。このとき M/N 上に weight w のウェイト・ベクトルが存在すれば，ウェイト sw のウェイト・ベクトルも存在する。従って特に

(1)　$$sw=w_0-\sum_{\mu=1}^{m}\alpha_{i\mu}$$

の形でなくてはならない。$s\in W$ を適当に選ぶことにより，$sw=w_1$ は優形式と

なる。このような w_1 は有限個しか存在しない。……(∗)　[M の定義から M/N における，一つのウェイトの重複度は有限であるから]，(∗)から M/N が有限次元であることが導かれる。このとき一次変換 P_i', Q_i', D_i' $(1 \leqq i \leqq \ell)$ の生成するリー環 L は，単純リー環で，そのカルタン行列が S となる。またこの L の M/N 上の最高ウェイトは w_0 であり，w_0 を最高ウェイトとする有限次元既約表現の存在も証明される。』

(∗)の証明を補っておこう。w_1 は優形式だから $(w_1, \alpha_i) \geqq 0$ $(1 \leqq i \leqq \ell)$ である。そして $w_1 = w_0 - \sum_{\mu=1}^{m} \alpha_{u\mu} = w_0 - \beta$ の形である。このとき $(w_1, \beta) = \sum_{\mu=1}^{m} (w_1, d_{i\mu}) \geqq 0$, $w_0 = w_1 + \beta$ だから

$$|w_0|^2 = |w_1|^2 + |\beta|^2 + 2(w_1, \beta) \geqq |w_1|^2$$

となるので，w_0 が与えられたとき，(1)の形の優整形式 w_1 の集合は，整形式の作るディスクリート集合の有界集合となり，有限集合である。

定理 1, 2 は有限次元リー環論の基本的定理であるだけでなく，後の Kac-Moody リー環の発見にもつながる。論文[12]は短いけれども重要なアイディアを含む論文であった。

ルート系に対する半単純リー環の存在定理と並んで，代数的閉体上の半単純リー環に対しルート系が同型を除き一意的に定まるという一意性定理も基本的である。その基礎となるのは，次の定理である。

定理 3　複素半単純リー環 $\mathfrak{g}$ の任意の二つのカルタン部分環 $\mathfrak{h}, \mathfrak{h}'$ に対し，$\mathfrak{g}$ の内部自己同型 σ(Aut $\mathfrak{g}$ の単位元連結成分の元)が存在して $\sigma\mathfrak{h} = \mathfrak{h}'$ となる。

定理 3 はカルタン(12)が初出(証明なし)。この定理は次の定理 4 とユニタリ実形の共役性(極大コンパクト部分群の共役性の特別な場合 E. カルタン(15))から導かれる。

定理 4　コンパクト連結(半単純)リー群 G の任意の二つの極大トーラス H, H' は共役である。

この定理 4 はワイルの基本定理 $G = \bigcup_{g \in G} gHg^{-1}$ から導かれる。従って定理 4 に

よる定理3の証明は，位相的考察に基づく。シュヴァレー[5]は半単純という仮定なしに次の定理5を証明した。

定理5 任意の複素リー環$\mathfrak{g}$の二つのカルタン部分代数$\mathfrak{h}, \mathfrak{h}'$は$\mathfrak{g}$の内部自己同型$\sigma$で共役である；$\sigma\mathfrak{h} = \mathfrak{h}'$。

シュヴァレーの証明は，プリッカー座標と代数幾何(生成点の概念)を用いる純代数的なもので，任意の標数0の代数的閉体で成立つ。それはそれまでの位相的・解析的な証明と全く異なるものであった。(定理5の簡易化された証明についてはウインター(70)，ハンフリーズ(33)参照)。

§4 例外リー群(環)・スピノル

前節に述べた任意のルート系に対する(半)単純リー環の存在定理は，一意性定理と合わせると半単純リー環がルート系と一対一に対応することを示す。これは標数0の代数的閉体上の半単純リー環論がルート系という初等幾何学的対象によって統制されることを示す。実単純リー環の分類は，リー環またはルート系に対するガロア群$G(\mathbb{C}/\mathbb{R})$の作用を考察することにより，$\mathbb{C}$上の分類から得られる(E. カルタン(12)，荒木捷朗(4))。この統一性は，例えば有限単純群の分類と比較したとき，際立った特徴といえる。しかしまた単純多元環の分類程一様でもなく，代数的閉体上でも4系列の典型リー環と5個の例外リー環がそれぞれの個性を持つ。

シュヴァレーの群論の仕事では前節の存在定理のような統一理論が重要であるけれども，彼はこのような統一理論の外に，各単純リー群(リー環)，特に例外リー群の個性に関する個別的な研究も行っている。この方面で重要な研究を行ったフロイデンタール(27)も，「シュヴァレー-シェイファー[14]の研究が出発点だった」と述べているように[14]はこの方面の研究史上重要である。

例外リー群の研究はE. カルタンに始まる。カルタンは全集I，p.132で例外群の変換群としての構成を述べ，(10)ではその最低次元表現を構成している。しかしそれは説明が簡単すぎて，理解が困難な部分を含む。これを解読し，新しい研究の出発点とする仕事は，かなり遅れて始まった。ジェイコブスンのG_2型リー環に体する研究(39)(1939年)あたりがそのはしりであろうか。カルタン(12)(全集I，p.2981)は，ケイリーの8元数の作る非結合環(以下ケイリー環と呼ぶ)の自

己同型写像群が G_2 型例外リー群となるという注意を述べている。これに対しジェイコブスン(39)は，その無限小版として，標数 $\neq 2$ の任意の体 K 上のケイリー環 $\mathfrak{C}$ の導作用素(derivation)全体の作るリー環 $\mathfrak{D}$ は，14次元の単純リー環であることを証明している。キリング-カルタンの複素数体(標数0の代数的閉体でも同じ)上の単純リー環のリストでは，14次元のものは G_2 型リー環しかない。そこでカルタンの注意が成立つことも証明されたのである。

シュヴァレー-シェイファー[14]では，1932年物理学者P. ヨルダンが導入したジョルダン環を利用している。ジョルダン環とは双線型な積を持つベクトル空間で，積が $ab = ba$, $(ab)a^2 = a(ba^2)$ という二つの恒等式をみたすものをいうのである。ジョルダン環は数学的にも興味を持たれ，ヨルダン等，アルバート(3)，ジェイコブスン等によってその構造が調べられ，単純環の分類が行われていた。$\mathbb{R}$ 上の単純ジョルダン環の典型的なものの一つに $\mathbb{R}, \mathbb{C}, \mathbb{H}$ 上のエルミート行列の全体が

$$(1)\quad X \circ Y = \frac{1}{2}(XY + YX) \qquad \text{(右辺の積は行列の通常の積)}$$

を積として作るジョルダン環がある。これらは多元環から(1)で乗法を定義して得られる所謂特殊ジョルダン環(Special Jordan algebra)であるが，特殊ジョルダン環でない唯一の単純ジョルダン環として，ケイリー環 $\mathfrak{C}$ を係数とする3次のエルミート行列の全体 $\mathfrak{J}$ がある。これが例外ジョルダン環と呼ばれるものである。シュヴァレー-シェイファー[14]は，これについて次の定理1, 2を得た。

定理1　標数0の代数的閉体上のケイリー環 $\mathfrak{C}$ 上の3次エルミート行列の全体に(1)より乗法を定義して得られるジョルダン環 $\mathfrak{J}$ とする。$\mathfrak{J}$ 上の導作用素($D(X \circ Y) = DX \cdot Y + X \cdot DY$ をみたす $\mathfrak{J}$ 上の一次変換 D)の全体 $\mathfrak{D}$ が作るリー環は，54次元の単純リー環で F_4 型である。

定理2　$X \in \mathfrak{J}$ による右移動を $R_X : Y \longrightarrow X \circ Y$ とし，

$$\mathfrak{R} = \{R_X \mid X \in \mathfrak{J},\ \mathrm{Tr}\, X = 0\}$$

とおくとき，$\mathfrak{gl}(\mathfrak{J})$ の部分リー代数

$$\mathfrak{g} = \mathfrak{D} + \mathfrak{R}$$

は78次元の単純リー環で E_6 型である。

証明はどちらも適当に大きな部分リー環を用いて，次元を計算し随伴表現をその部分環の既約表現に分解することにより，単純性を導く。$\mathfrak{D}$ の場合は 54 次元の単純リー環は F_4 しかないことから，直ちに $\mathfrak{D}=F_4$ と結論される。$\mathfrak{g}$ の場合 78 次元の単純リー環は B_6, C_6, E_6 の三個があるが，$\mathfrak{g}$ のように 27 次元の既約表現($\mathfrak{J}$ を表現空間とするもの)を持つのは E_6 だけであることから：$\mathfrak{g}=E_6$ と結論している。

[14]では，上の定理の証明に 8 次元直交群のリー環 $\mathfrak{O}(8,K)$ に対する「三つ組原理」(principle of triality)というものを使っている。これは $\mathfrak{O}(8,K)$ の位数 3 の外部自己同型をケイリー環を用いて構成したものである。これは 8 次元に限る特殊な現象であるが興味深い。シュヴァレーは[22]の最終章でこれを別の形で取り上げて詳しく論じている。「三つ組原理」は E. カルタン(13)が発見したもので，$\mathfrak{sl}(n,\mathbb{C})$ の外部自己同型 $X\longmapsto -{}^tX$ が射影幾何の双対原理に関連するのに対比して命名された。

このように[14]では，$\mathfrak{D}$ および $\mathfrak{g}$ が F_4 型，E_6 型であることを，最短コースで証明するという内容になっている。これに対し[19]，[20]では別の立場から E_6 を取上げている。E_6 は 27 次元既約表現を持ち，その表現の像はこの 27 次元空間 W 上の一次変換で，ある 3 次形式を(無限小変換の意味で)不変にするものの全体となることを E. カルタン(10)(p. 142)が注意している。[19]は，このカルタンの言明を実際に確かめたもので，外積代数を用いて，この 3 次形式 F を具体的に構成している。そして $\mathfrak{g}=\{X\in\mathfrak{gl}(w)\mid XF=0\}$ とおくとき，この線型リー環 $\mathfrak{g}$ のウェイトとルートを計算している。ルートの形から，$\mathfrak{g}$ が E_6 型であることが直接確かめられる。

例外リー群(環)の構造に関するシュヴァレーの発表された仕事は以上の[14]，[19]，[20]，[22]だけであるが，そのベッチ数に関する研究[15]，[26]が示すように彼は例外リー群全体に関し強い関心を持っていた。1953 年シュヴァレーはフルブライト交換教授として来日したが，その時の最初の講演テーマとして例外リー群を選んでいる。服部昭(30)によるその講演記録を見ると，F_4 に関する[14]の結果の外，E 型の群についても述べている。特に E_7 はある 56 次元ベクトル空間の一つの 4 次形式を不変にする一次変換群として得られると述べている。これはカルタンの学位論文(10)(p. 148)にある記述を受けたものであるが，これについてシュヴァレー自身がどれだけ研究していたかは明らかでない。

このシュヴァレーの講演記録は次のような言葉で終っている。「例外リー群がすべて直交群に関係するのは principle of trislity による。しかし，なぜ E_6, E_7, E_8 が射影群に関係してくるのか，またなぜ E_8 だけが低い次元の表現をもたないのか，これらのことは私には全く神秘的に思える。」

ここで E_8 の表現について述べていることは，次の意味である。各単純リー群の次元と $\mathbb{C}$ 上の自明でない既約表現の最低次元数は次の表にまとめられる。

単純リー群	$A_n(n \geqq 1)$	$B_n(n \geqq 2)$	$C_n(n \geqq 3)$	$D_n(n \geqq 4)$	E_6	E_7	E_8	F_4	G_2
次元	n^2+2n	$2n^2+n$	$2n^2+n$	$2n^2-n$	78	133	248	52	14
既約表現の最低次元	$n+1$	$2n+1$	$2n$	$2n$	27	56	248	26	7

すなわち E_8 以外の各単純リー環は皆自身の次元より小さい次元数の既約表現を持つ。最低次元表現の像が同型なリー環の内最も簡単なものと考えられる。所が E_8 だけはそうではない。E_8 の最低次元表現は E_8 の随伴表現である。従ってこの場合 E_8 の最低次元表現を構成することは，E_8 自身を構成するのと同じであり，最低次元表現を作ることで最も簡明な E_8 の構成を得ることはできないのである。

シュヴァレーの上述の疑問は，今日でも十分に解明されたとは言えない。シュヴァレー自身も，例外リー群の研究ではなく，任意の複素単純リー環と任意の体 K から出発して K 上の分解型単純代数群(シュヴァレー群)を構成するという研究[25]を日本滞在中に完成した。例外リー群については，例外リー環全部を含むある種のリー環を，ジョルダン環を用いて統一的に構成する方法をティツ(57)が与えたことが注目される。

シュヴァレーは例外群だけでなく，典型群についても，詳しい研究を一つ行った。それが「スピノルの代数的理論」[22]である。1913年E. カルタン(11)は各複素単純リー環の基本既約表現を具体的に構成したが，その際直交群 $O(n)$ のリー環は，$\mathbb{C}^n$ 上のテンソル r は実現できない基本表現を一つ($n=2r+1$ のとき)または二つ($n=2r$ のとき)持つことを発見した。1920年代スペクトルの多重項やゼーマン効果を説明するために，電子のスピンが量子力学に導入された。1928年ディラック(26)は，彼の相対論的波動方程式を導入し，それによって電子のスピン角運動量と磁気能率を正しく導くことに成功した。そこでは時間 t に対する2階の波動方程式を1階の方程式に「因数分解」することによりディラックは彼の方程式を導いたのであるが，その時用いられたのが，

$$\gamma_\mu^2=1 \qquad \gamma_\mu\gamma_\nu+\gamma_\nu+\gamma_\mu=0 \qquad (\mu \neq \nu,\ 1 \leqq \mu, \nu \leqq 4)$$

をみたす行列 γ_μ の組である。これはクリッフォードが 1878 年(Amer. J. Math. 1)に導入した多元環の基底と本質的に同じものである。(クリッフォードでは $\gamma_\mu^2=-1$ となっている)(スピンをめぐる物理学史については，朝永振一郎『スピンはめぐる』(58)を参照) 1935 年ブラウアー-ワイル(8)は，この関係を n 次元で考え，n 次元回転群の 2 価表現を与えるスピノルを導入した。1938 年に E. カルタン(20)は独自の幾何学的な方法でスピノルを導入し，その多くの性質を論じた。

シュヴァレーの[22]は，この二つの仕事を総合し一般化したものといえる。[22]の内容の基本的なものは，次の点にある。

1. ブラウアー-ワイルが回転群の二価表現という形で論じていたのに対し，シュヴァレーは，直交群・回転群の被覆群となるクリッフォード群 Γ，被約クリッフォード Γ_0^+ を導入しその既約表現としてスピン表現，半スピン表現を導入して，事態を明確に定式化したこと。これらの表現の表現空間の元がスピノル，半スピノルである。
2. ブラウアー-ワイルは複素数体 $\mathbb{C}$ 上の単位二次形式 $\sum x_i^2$ に基づいて理論を構成したのに対し，シュヴァレーは，任意の体 K 上の任意の二次形式 Q に対し，クリッフォード環 $C=C(Q)$ を構成してその構造を明らかにした。
3. Q が偶数次元の空間上の極大指数 2 次形式($2r$ 次元空間 M 上の指数 r の Q)に対し，M の各 r 次元全特異部分空間 Z が，ある半スピノル u_Z とスカラー倍 $\neq 0$ を除き一対一に対応する。u_Z を Z の代表スピノルといい，ある Z に対し u_Z の形になるスピノルを純スピノルという。これは E. カルタン(20)が始めて導入した概念であるが，シュヴァレーはその新しい特徴付けを与えた。
4. 最終章でシュヴァレーは，8 次元の極大指数 2 次形式 Q に対し，「三つ組原理」の新しい定式化を与え，それを用いて，ケーリー環を定義した。

この[22]は，ごく一般の多元環に関する知識(単純環に対するウェダーバーンの定理等)のみを用いて，任意の体上の直交群とスピノルの理論が直接明快に構成されて居る点で，シュヴァレーの著書の中でも完成度の高いものの一つである。コロンビア大学二百年記念出版という形で出版されたためか，絶版になっているのは残念である。

§5 リー群の位相

大域的なリー群がワイル(65)により1925-26年に導入されると共に，その基本群が問題になった。ワイルはコンパクト・半単純リー群 G の基本群は有限群であることを証明したのであった。これを受けてE. カルタン(14)は各コンパクト単純リー環の随伴群の基本群をルート図形から計算することに成功した。次にカルタンは直ちにそのベッチ数の計算を次の目標に選んだ(16),(18),(19)。彼はポアンカレの位相幾何学に関する最初の論文(45)(1895年)の示唆に従って微分形式を用いた。最初のノート(16)でカルタンは，閉多様体上の p-チェインと p-形式の間の基本的な関係を，二つの予想定理A, Bとして述べた。

ルベーグの指導の下で位相幾何を研究していたド・ラームがこれを読んで，その研究を始め，定理A,Bの証明に成功したのである(ド・ラーム(24)参照)。これがド・ラームの学位論文(23)の内容となった。この学位論文の審査をしたのがカルタンであり，(18)では既に脚註でド・ラームが証明に成功した旨が記されている。ド・ラームの定理により，ベッチ数の計算を微分形式によって行う理論的な基礎ができた。

さらにカルタンは，リー群 G の等質空間上の各(コ)ホモロジー類を不変微分形式で代表させることを考えた。これが特にうまく行くのは，彼が発見したばかりの対称空間の場合で，このとき任意の不変微分形式 ω は閉形式 ($d\omega=0$) となる(カルタンはこの論文では，現在の用語と異なり閉形式を，exactと呼んでいることに注意)。そして特に G がコンパクト(かつ連結)の場合には，G/H 上の任意の閉形式 ω に対し，その G の元 g による変換 $T_g\omega$ の G 上の平均 $I\omega$ で置き換えることができる。すなわち $\omega-I\omega=d\theta$ となる θ がある。また $\omega=d\theta$ なら $\omega=d\varphi$, $I\varphi=\varphi$ となる φ がある(定理I, II)。

このこととド・ラームの定理から，カルタンはコンパクト対称空間 $M=G/H$ の p 次ベッチ数 B_p は，M 上の G-不変な p 次微分形式の作る線型空間の次元に等しいことを見出した。特にコンパクト・リー群 G の p 次ベッチ数 B_p は，G 上の両側不変 p 次微分形式の空間の次元に等しい。従ってそれは，G の随伴表現の p 次外積が含む単位表現の重複度に等しい。この一般論から進んでカルタンは，個々のコンパクト・リー群 G 特にコンパクト典型群の1次ベッチ数 B_p またはそのポアンカレ多項式 $P_G(t)=\sum_{p=0}^{n} B_p t^p$ を求めようとしたが，いくつかの一般的命題を得，また $A_{n-1}=SU(n)$，$B_n=SU(2n+1)$ のポアンカレ多項式が，それぞれ

(1)　$P_{A_{n-1}}(t)=(1+t^3)(1+t^5)\cdots(1+t^{2n-1})$

(2)　$P_{B_n}(t)=(1+t^3)(1+t^7)\cdots(1+t^{4n-1})$

であることを予想するにとどまった。

カルタンはこの問題の重要性を論文や著書，講演などで強調した。その結果 1935 年になって R. ブラウァー(7)がカルタンの方法で上の予想を証明した。彼は $C_n=Sp(n)$，$D_n=SO(2n)$ に対しても

(3)　$P_{C_n}(t)=P_{B_n}(t)$

(4)　$P_{D_n}(t)=(1+t^3)(1+t^7)\cdots(1+t^{4n-5})(1+t^{2n-1})$

であることを示した。ほぼ同時にポントリャーギン(47)も別の方法で同じ結果を得た。

1941 年に H. ホップ(Ann. of math. 42)は，連結コンパクト・リー群の実係数全ホモロジー群 $H(G)$ には，群の乗法 $G\times G\longrightarrow G$ によって自然に積が定義されて，多元環になることを発見した。そしてそれは，原始元と呼ばれる奇数次元の元 $x_1,\cdots,x_\ell$ から生成される外積代数となることを示した。このとき生成元の個数 ℓ は，G の階数(G に含まれるトーラス部分群の最大次元)に等しい。これから，x_i の次元数を $2m_i-1$ とするとき，G のポアンカレ多項式は

$$P_G(t)=\prod_{i=1}^{\ell}(1+t^{2m_i-1})$$

の形となる。この $2m_i-1=p_i\ (1\leqq i\leqq \ell)$ を G の冪指数を呼ぶ。

この辺からシュヴァレーのリー群論が始まる。彼のリー群の位相に関する最初の論文は，連結可解リー群が $\mathbb{T}^n\times\mathbb{R}^m$ と同相であることを示した[4]であるが，これは話の都合上後にまわし，アイレンバーグとの共著論文[11]を取上げよう。これはリー環のコホモロジー群の立場から，既知の結果を見直したものである。前半は上述のカルタンのベッチ数に関する結果を整理したものであり，例えば次の定理が証明されている。

定理 1　コンパクト連結リー群 G の実係数共変微分形式による q 次コホモロジー群 $E^q(\mathfrak{g})$ は実係数 q 次コホモロジー群 $H^q(\mathfrak{g})$ と同型である。

[11]の後半は，リー環 $\mathfrak{g}$ の表現 P に関するコホモロジー群 $H(\mathfrak{g}, P)$ を扱って居り，特にすべての表現が完全可約という性質が $H^1(\mathfrak{g}, P)=\{0\}$ で表現されること及びリー環の拡大と2次コホモロジー群の関係が述べられている。これは J. H. C. ホワイトヘッド(68)やアドー(1)の研究を整理したものである。なお第Ⅲ章では，ワイル(65)によって，複素半単純リー群とそのコンパクト実形の間の関係として述べられたユニタリ制限の原理が拡張され，代数化されて次の形で述べられている。

K を標数0の体，L をその拡大体，$\mathfrak{g}$ を K 上のリー環，$\mathfrak{g}^L$ を $\mathfrak{g}$ の L への係数拡大とする。リー環 $\mathfrak{g}$ の性質 P は，次の1°, 2°をみたすとき，線型性質という：

1°　K 上のリー環 $\mathfrak{g}$ が性質 P を持つとき，K の任意の拡大体 L に対し，$\mathfrak{g}^L$ も性質 P を持つ。

2°　K のある拡大体 L に対し，$\mathfrak{g}^L$ が性質 P を持てば，$\mathfrak{g}$ も性質 P を持つ。

定理2(ユニタリ制限の原理)　P が線型性質であるとき，任意のコンパクト・リー環(キリング形式が負値の実リー環)が性質 P を持てば，任意の標数0の体上の半単純リー環も性質 P を持つ。

(この定理2は万能ではない。例えば複素半単純リー環のカルタン部分環の共役性は，コンパクト実形のカルタン部分環の共役性とコンパクト実形の共役性に帰着するが，これは定理2の適用外である。)

さて，実際にコンパクト単純リー群 G のベッチ数を求めようとすると，定理1だけでは計算できない。R. ブラウアー(7)は，ワイルの典型群の表現論を用いて，典型群の場合にベッチ数を計算した。コンパクト例外リー群 G では同じようにはいかない。そこでさらに G にベッチ数を，G に内在する不変量と結びつけることが必要となる。ここで例外リー群の存在がリー群論の一般論の発展を促す要因となったのである。

例外リー群のベッチ数を最初に求めたのは，Yen Chi Ta(72)であるが，ここには証明の方針しか与えられていない。理論的な break through はヴェイユ(62)のファイバー空間の微分幾何学的研究からもたらされた。ヴェイユは G 上の両側不変微分式が外積によって作る多元環 $H(\mathfrak{g})$ の中の原始元の作る部分空間 $P(\mathfrak{g})$ と，$\mathfrak{g}$ 上の多項式函数環($\mathfrak{g}$ の双対空間 $\mathfrak{g}^*$ 上の対称環)$S(\mathfrak{g})$ の中で，随伴群 $\mathrm{Ad}\,G$ の反傾群の不変式の作る部分環 $I(\mathfrak{g})$ の間の関係を与えた。$\omega_1, \cdots, \omega_n$ を $\mathfrak{g}^*$ の基底とし，G 上の左不変一次微分形式と考える。$d\omega_i$ は2次微分形式で $\mathfrak{g}^*$ 上のグラスマン代数 $A(\mathfrak{g})$ の中心に属する。そこで $P(d\omega_1, \cdots, d\omega_n)$ が考えられ，$H(\mathfrak{g})$ に属する。このとき $\omega_i(X) = x_i\ (1 \leqq i \leqq n)$ に対し

$$(5)\quad \eta = \frac{1}{n}\sum_{k=1}^{n}\frac{\partial P}{\partial x_k}(d\omega_1, \cdots, d\omega_n)$$

を考えると，$d\eta = 0,\ \eta \in H(\mathfrak{g})$ となる。そして写像 $\Phi : p \longmapsto \eta$ は $I(\mathfrak{g}) \longrightarrow H(\mathfrak{g})$ の線型写像で $I_m\Phi = P(\mathfrak{g})$ となる。これから $I(\mathfrak{g})$ が次数 $m_1, \cdots, m_\ell$ の ℓ 個の代数的独立な元から生成されることがわかる。そこで G のベッチ数を求めるには，$I(\mathfrak{g})$ の生成元を調べればよい。

この代数化をもう一段進めることができる。即ち H を G の極大トーラス，$\mathfrak{h}$ を H のリー環とするとき，ワイル(65)の基本定理から

$$G = \bigcup_{g \in G} gHg^{-1}, \qquad \mathfrak{g} = \bigcup_{g \in G} (\mathrm{Ad}\,g)\,\mathfrak{h}$$

となる。そして H の正規化群 $N(H)$ を H で割った $W(G) = N(H)/H$ は有限群であり，G のワイル群と呼ばれる。それは随伴表現により $\mathfrak{h}$ 上の線型群と考えられる。この線型群は，各ルートを法ベクトルとする超平面に関する鏡映から生成される群である。今 $\mathfrak{h}$ 上の多項式函数環の内で $W(G)$ で不変なものの全体の作る環 $I(\mathfrak{h})$ を考える。このとき $p \in I(\mathfrak{g})$ に対し，その $\mathfrak{h}$ 上への限定を p' とするとき，写像 $p \longmapsto p'$ により $I(\mathfrak{g}) \cong I(\mathfrak{h})$ と環同型になる。$I(\mathfrak{h})$ あるいは，より一般に，有限鏡映群の不変式環の構造はシュヴァレーが[23]で与えた。それは次のように述べられる。

定理　標数0の体 K 上の n 次元線型空間 V 上の有限鏡映群 G で不変な V 上の多項式函数の作る環 $\mathfrak{J}$ は，n 個の代数的に独立な同次式から生成される。

(この定理は，リー群の位相に用いられるだけでなく，対称空間上の不変微分作用素環の構造にも重要な役割を果すなど，リー群の表現論，調和解析でも大切な定理である。)

従って有限群 $W(G)$ の $\mathfrak{h}$ 上の不変式環の $I(\mathfrak{h})$ の生成元の次数を求めることにより，G のベッチ数は計算できる。(生成元のとり方は一意的でないがその次数は一意的に定まる。)

例えば $G = U(n)$ のとき，$W(U(n)) = S_n$ (n 次対称群)である。$\mathfrak{h}$ の自然な座

標 $x_1, \cdots, x_n$ をとると $W(U(n))$ はこの n 個の変数の置換からなる。従って $I(\mathfrak{h})$ の生成元としては基本対称式，$\sum x_i$, $\sum_{i<j} x_i x_j, \cdots, x_1 \cdots x_n$ がとれる。その次数は $m_1=1$, $m_2=2$, $\cdots$, $m_n=n$ であるから $U(n)$ のポアンカレ多項式は

(6) $P_{U(n)}(t)=(1+t)(1+t^3)(1+t^5)\cdots(1+t^{2n-1})$

となる。これからまた，$U(n)$ から一次元の中心を除いた $A_{n-1}=SU(n)$ のポアンカレ多項式が(1)で与えられることもわかる。同様に他の典型群 B_n, C_n, D_n のポアンカレ多項式が(2),(3),(4)で与えられることもわかる。これは典型群ではワイル群が対称群かそれと $(2, \cdots, 2)$ 型アーベル群の半直積だからである。例外群ではワイル群がもっと複雑になるので，典型群のようには行かない。

[15]では $I(\mathfrak{h})$ の性質と

(7) $\sum_{i=1}^{\ell}(2m_i-1)=\dim G, \qquad \prod_{i=1}^{\ell} m_i=\mathrm{ord}\, W(G)$

という一般的関係から例外リー群のベッチ数も計算できると述べているが，その計算法は記されていない。その具体的計算法はボレルとの共著論文[26]に記されている。ここでは[15]とは計算法が異なり，ハーシュの公式(ハーシュが予想し，ルレイ(42)とH. カルタン，コシュール，A. ボレル等が証明した)

(8) $P_{G/U}(t)=\dfrac{(1-t^{2m_1})\cdots(1-t^{2m_\ell})}{(1-t^{2n_1})\cdots(1-t^{2n_\ell})}$

を用いる。ここで U は G と同じ階数の G の閉連結部分群で，それらはボレル-ジーベンタール(5)によって，拡大ディンキン図形から決定されている。また $2n_1-1, \cdots, 2n_\ell-1$ は U の冪指数である。この公式から直ちに次のことがわかる。

(9) $n_1, \cdots, n_\ell$ の内の k 個が一つの整数 C で割り切れるとき，$m_1, \cdots, m_\ell$ の内の k 個も C で割り切れる。

[26]では，この(9)を巧みに用い，(7)のような一般的関係と合せて，各例外リー群の冪指数を決定している。ただし例えば F_4 の場合に，ケーリー射影平面(エルミット対称空間)の奇数次ベッチ数が消える等の既知の事実をいくつか用いている。また E_8 の場合は，計算がかなり面倒で，ワイル群の不変式に関する事実も用いている。序文で著者達は，「ここでの方法は，いろいろな知識を用いる点で less satisfactory であるが，計算は簡単になっている」と述べている。

コクセター(Duke Math. J. 18(1951), p. 765)は「ICM 1950 におけるシュヴァレーの講演[15]を聞いて始めて，以前に自分が(22)で導入したコクセター変換の固

有値が，リー群のベッチ数に関係することを知った」と述べている。コクセター変換を利用することによって，[26]のように種々の事実を用いることなく，[15]の方針だけで，$I(\mathfrak{h})$ の不変式の次数を求め，ベッチ数が計算できるようになった。これについては，ブルバキ(6)，ハンフリーズ(34)を参照。

さて以上はコンパクトなリー群の位相についてであった。コンパクトでないリー群の位相についての研究もE. カルタンに始まる。彼は対称リーマン空間の理論を用いて，非コンパクト連結半単純リー群 G は，その極大コンパクト部分群とユークリッド空間の直積に同相であることを示した。これを用いてカルタンは，一般に単連結リー群について，次の定理を得た(19)。

定理(E. カルタン)　任意の単連結リー群 G は，いくつかの単連結コンパクト単純リー群(0個のこともある)と，ユークリット空間 $\mathbb{R}^n$ の直積に同相である。

このカルタンの定理は特に,「G が単連結可解リー群ならば, G は $\mathbb{R}^n$ と同相である」という結果を含む。連結リー群 G の基本群は常に有限生成アーベル群であり，G はその普遍被覆群 $\widetilde{G}$ をその中心に含まれる離散部分群 $\Gamma\ (\cong \pi_1(G))$ で割って得られる：$G \cong \widetilde{G}/\Gamma$。

シュヴァレーは[4]において次のことを示した。

定理1　G を単連結可解リー群とする。G の中心に含まれる離散部分群 Γ が与えられたとき，G のリー環 $\mathfrak{g}$ の基底 $L_1, \cdots, L_n$ であって，次の(1)，(2)をみたすものが存在する：

(1)　$(t_1, \cdots, t_n) \in \mathbb{R}^n \longmapsto \exp t_1 L_1 \cdots \exp t_n L_n$ は $\mathbb{R}^n$ onto G の同相写像である。

(2)　Γ は自由アーベル群で $\mathrm{rank}\,\Gamma = r$ のとき，$\{1, 2, \cdots, n\}$ の部分集合 $\{i_1, \cdots, i_r\}$ が存在して $\exp L_{i_1}, \cdots, \exp L_{i_r}$ は Γ の独立な生成元であり，$[L_{i_\alpha}, L_{i_\beta}] = 0\ (\alpha \neq \beta)$ である。

これから直ちに次のことが導かれる。

定理2　任意の n 次元連結可解リー群 G は，$\mathbb{T}^r \times \mathbb{R}^{n-r}$ と同相である(ただし $\mathbb{T}$ は一次元トーラス)。

この外，シュヴァレーはカルタンの主要結果の現代的な再証明も与えている。岩澤(37)にある半単純リー群の随伴群 $G=KAN$ と岩澤分解されるという結果($K=$ 極大コンパクト部分群，AN は $\mathfrak{g}$ の標準基底を適当な順(ルートの大きさの順)に並べたとき，G に含まれる対角成分 >0 の上三角行列の全体，A は対角行列)は，G と $K\times\mathbb{R}^n$ が同相であることを示すだけでなく，AN が部分群となっているため，表現論で便利に用いられている。(37)にある証明はシュヴァレーのものであることが脚注に記されている。定理2は，マリツェフ(43)と岩澤(37)による「任意の連結リー群 G は，その極大コンパクト部分群 K とユークッド空間 $\mathbb{R}^n$ の直積と同相である。G の任意の二つの極大コンパクト部分群は互いに共役である」という一般的定理の基礎の一つとなった。

なおシュヴァレーは，$G=$ 半単純 の場合の極大コンパクト部分群の共役性についても一つの証明を与えた。これは岩堀(38)で紹介されている。

§6 第五問題

ヒルベルトは，その第5問題を「微分可能性または解析性の仮定なしにリー群論を建設することは可能か」という問題として提出した。1933年フォン・ノイマン(60)は，この形では反例があることを示し，「位相多様体である位相群 G (以下位相リー群という)はリー群か」という問題として定式化し，G がコンパクトのとき，答はyesであることを証明した。

このフォン・ノイマンの論文が，今日言う意味での第5問題の出発点であり，大きな影響を与えた。シュヴァレーも，この論文とハール測度の発見に刺戟されて，[2]を発表した。ストーン(53)によって，ヒルベルト空間 $\mathcal{H}$ 上の1パラメタ・ユニタリ群 $U(t)$ は，自己共役作用素 H により，$U(t)=\exp(itH)\ (t\in\mathbb{R})$ の形に表わされる。シュヴァレーは $iH=R$ を無限小作用素と呼んでいる。[2]の主定理は，このストーンの定理を踏まえて，「ヒルベルト空間 $\mathcal{H}$ 上の有限個の無限小作用素($=i\times$自己共役作用素)$R_1,\cdots,R_\ell$ が，リー環の基底となっているとき(即ち $[R_i,R_j]=\sum_k C_{ijk}R_k$ となっているとき)，$U_i(t)=\exp tR_i\ (1\leqq i\leqq \ell)$ は，局所リー群を生成する」というものであった。シュヴァレーの記述は，彼の他の論文と似ず荒削りの所がある。例えば R_j が一般に非有界作用素であることから来る困難さを十分意識していないようである。

そしてこの論文の最後に次の命題が証明できると述べられている：「可分な局所コンパクト群 G が，さらに局所連結であり，単位元 e の近傍 V で $\{e\}$ 以外の部分群を含まないものを含むとき，Gはリー群である。」 この論文の発表後間もなく，シュヴァレーは，自分の発見したこの命題の「証明」が不完全であることを発見した。このことはH. カルタン(21)にシュヴァレーが語ったこととして註記されている。しかし上の命題に述べられたような，単位元の近傍Vを持つ位相群は，以後「小さな部分群を持たない群」と呼ばれ，第五問題の最終的な解決の鍵となったのである。

実数の加法群$\mathbb{R}$は小さな部分群を含まない。これはアルキメデスの原理からの直接の帰結である。非可換な一般なリー群Gでも，積xyの標準座標は一次の近似ではxとyの標準座標の和となる。このことからリー群Gも小さな部分群を持たないことが導かれる。一方p進体$\mathbb{Q}_p$のような非アルキメデス付値を持つ体の加法群は，小さい部分群を持つ。$\mathbb{Q}_p$ではp進展開において，p^n以上の項から成る元の集合をV_nとすれば，V_nは加法部分群で$(V_n)_{n\in\mathbb{N}}$が0の近傍系の基底を作るから，$\mathbb{Q}_p$は小さい部分群を持つ。一般の非アルキメデス付値体でも同様である。さらに一般に完全不連結な位相群Gは，単位元eのどんな近傍にも，Gのコンパクトな開部分群$H \neq \{e\}$が含まれる。こうして局所コンパクト群の中には，アルキメデス的なリー群のグループと，非アルキメデス的な完全不連結群のグループが対立しているのである。第5問題とは，局所コンパクト群の中で，前者のグループを特徴付ける性質を求める問題と考えられる。

一般の局所コンパクト群の中での，この二つのグループの位置を示す手がかりとなるものとして，次のポントリャーギン(48)の定理がある。

定理(ポントリャーギン) 有限次元rのコンパクト群Gの単位元の近傍Vで，r次元局所リー群Lと完全不連結なコンパクト正規部分群Nの直積となるものが存在する。(従ってGが局所連結ならば，$N=\{e\}$，$V=L$で，Gはリー群となる。)

第5問題の研究によって，この定理の状態が，一般的な局所コンパクト群に対しても成立つことが最終的には言えたのであるが，その結論に到達するための道はそれ程簡単ではなかった。

第5問題に対するシュヴァレーの最大の寄与は，可解群に対し，肯定的な解決を与えたことである。彼の定理は次の通りである。

定理 1(シュヴァレー[3])　可解局所コンパクト群は，有限次元かつ局所連結ならば(従って位相リー群ならば)，リー群である。

この[3]の掲載されたのは，ミシガン大学で行われたトポロジーのシンポジウムの報告集であり，戦争のため我国には来なかった。そして戦後数学書の輸入が始まった時には絶版になっていたのではないかと思われる。従ってこの[3]を筆者はみていない。しかし岩澤健吉は戦後 Math. Review でこのシュヴァレーの結果を知り，(36)において，その証明を与えた。岩澤の証明では，やはり上のポントリャーギンの定理に平行した結果が，可解局所コンパクト群に対して成立つことが基礎になっている。岩澤はこれからさらに進んで，リー群で近似できる局所コンパクト群として L 群という概念を導入した。岩澤の L 群の理論は，ほぼ平行して行われた A. M. グリースン(28)の GL 群の研究と共に，第 5 問題解決の基礎となった理論である。

シュヴァレー[17]はまた 1949 年のグリースンの「小さい部分群を持たない局所コンパクト群 G においては，単位元のある近傍 V において，平方根をとる写像が定義され，しかもそれは一対一写像である」という結果(Bull. AMS 55 (1949))に解発されて，次の定理 2 を証明した。

定理 2　小さい部分群を持たない任意の位相リー群 G において，単位元のある近傍 V で一径数部分群で埋めつくされているものが存在する。

こうしてシュヴァレーは第 5 問題に，強い関心を抱き続けて来た。しかし 1940 年代後半から，この問題は多くの研究者によって熱心に研究されるようになり，良く知られているように岩澤，グリースン，モンゴメリー-ジピン，山辺英彦(72), (73)等によって，1952–53 年に最終的に第 5 問題は解決した。シュヴァレーは，この最終段階には加わらなかった。

上述のように第 5 問題は，局所コンパクト群のクラスの中で，アルキメデス的なもの，局所連結なものを特徴付ける問題と考えられる。一方，逆の方向のアプローチとして，1960 年代以後，非アルキメデス的な完備付値体上でも，リー群と平行して解析群の理論ができることが示されたことは注目に値する。すなわち，セール(49)，ブルバキ(6)第 3 章等で，離散的でない完備付値体上でのリー群論が構成された。完全不連結な p 進体 $\mathbb{Q}_p$ 上でもある所までは，$\mathbb{R}$ や $\mathbb{C}$ の上と平行した理論が成立つのである。

§7 結び

以上述べてきたシュヴァレーのリー群論における仕事をリー群論の研究史の中で考えて見よう。リー以来のリー群論の 120 年にわたる歴史は，次のように区分される。

第一期	1873 年-1893 年	(1893 年	リー『変換群論』第 3 巻出版)
第二期	1894 -1924	(1894 年	カルタン学位論文(11)出版)
第三期	1925 -1948	(1925 年	ワイルの表現論(64)発表)
		(1948 年	シュヴァレー[12]発表)
第四期	1947 -1976	(1947 年	ユニタリ表現論始まる)
第五期	1977 -現在	(1976 年	ハリッシ・チャンドラ公式完成)

第一期はリー，第二期はカルタンがそれぞれ代表的研究者であり，殆ど one man show に近い。第三期からは研究者が増え，多くの人によって重要な研究が行われるようになる。第三期はワイル(65)によって始まる。リー群論の大域的研究が開始されたのである。この時期の初期には，またカルタンが盛んに活動して居り，対称リーマン空間の大きな理論を作り上げている。このカルタンとワイルの大きな仕事を引き継いだのが，シュヴァレーを始めとする何人かの数学者である。従ってシュヴァレーの仕事には，カルタンの強い影響が見られる。これらの人々によって，リー群論の現代化が成し遂げられた。その現代化の内容の内，特に重要なのは次の二点であろう。

1. リー群をリーのように局所的変換群(芽)としてではなく，大域的な多様体としてとらえた理論を建設した。
2. (標数 0 の体上の)リー環論を建設した。その場合単純環に対する個別的な検証ではなく統一的証明を与え，リー群論と独立に一貫した体系を樹立した。

1 については[9]，2 については[5]，[10]，[12]において，シュヴァレーは，基本的な貢献をした。彼によって上の 1，2 の二つの目標は，その骨組みができたのである。一方 1947 年には，ゲルファント-ナイマルクの $SL(2,\mathbb{C})$，バーグマンの $SL(2,\mathbb{R})$ のユニタリ表現論が発表され，リー群の無限次元表現論という新しい分野がはっきりとその姿を現わした。これが[13]発表の 1948 年でリー群論研究史の第三期が終るとした理由である。実際 1950 年以後では，こうしてできた現代的なリー群とリー環の理論を基礎にして，無限次元表現，線型代数群，等質空間の微分幾何，その位相幾何，リー群の離散部分群などの新しい研究分野が出現して来る。リー群・リー環自体の基礎的研究は，1950 年以後もいくつかなされているが，やはりこの辺で時代は変わったと考えるのが適当であろう。そうしてシュヴァレーは，ワイルによって開かれた，リー群論史の第三期を完成させ，同時に線型代数群の理論という新しい分野の幕を開けた人と位置付けることができる。

The Publication of C. Chevalley on the group theory

[1] Groupes topologiques, groupes fuchsiens, groupes libres, C. R. Acad. Sci. Paris 192(1931), 724-726.(with J. Herbrand)

[2] Génération d'un groupe topologique par transformations infinitésimales, C. R. Acad. Sci. Paris 196(1933), 744-746.

[3] Two theorems on solvable topological groups, Lectures on topology (University of Michigan), Univ. of Michigan Press, An Arbor, 1941, pp. 291-292.

[4] On the topological structure of solvable groups, Ann. Of Math. 42(1941), 666-675.

[5] An algebraic proof of a property of Lie groups, Amer. J. Math. 63(1941), 785-793.

[6] A new kind of relationship between matrices, Amer. J. Math. 65(1743), 321-351.

[7] On groups of automorphisms of Lie groups, Proc. Nat. Acad. Sci. U. S. A. 30(1944), 274-275.

[8] On algebraic Lie algebras, Proc. Nat. Acad. Sci. U. S. A. 31(1945), 195-196.(with H. Tuan)

[9] "Theory of Lie groups I", Princeton Univ. Press, Princeton, 1946.

[10] Algebraic Lie algebras, Ann. Of Math. 48(1947), 91-100.

[11] Cohomology theory of Lie groups and Lie algebras, Trans. AMS. 63(1948), 85-124.(with S. Eilenberg)

[12] Sur la classification des algèbres de Lie et de leurs représentations, C. R. Acad. Sci. Paris 227(1948), 1136-1138.

[13] Sur les représentations des algèbres de Lie simples, C. R. Acad. Sci. Paris 227(1948), 1197.

[14] The exceptional Lie algebras F_4 and E_6, Proc. Nat. Acad. Sci. U. S. A. 36(1950), 137-141.(with D. Schafer)

[15] The Betti numbers of the exceptional simple Lie groups, Proc. ICM 1950, Cambridge Mass. Vol. 2, pp. 21-24.

[16] Two proofs of a theorem on algebraic groups, Proc. AMS 2(1951), 124-134.(with E. Kolchin)

[17] On a theorem of Gleason, Proc. AMS 3(1951), 122-125.

[18] "Théorie des groupes de Lie II", Hermann, Paris, 1951.
[19] Sur le groupe E_6, C. R. Acad. Sci. Paris 232(1951), 1991-1993.
[20] Sur une variété algébrique liée à l'étude du groupe E_6, C. R. Acad. Sci. Paris 232(1951), 2168-2170.
[21] On algebraic group varaieties, J. Math. Soc. Japan 6(1954), 36-44.
[22] "The algebraic theory of spinors", Columbia Univ. Press, New York, 1954.
[23] Invariants of finite groups generated by reflections, Amer. J. Math. 77(1955), 778-782.
[24] "Théorie des groupes de Lie III", Hermann, Paris, 1955.
[25] Sur certains groupes simples, Tôhoku Math. J. 7(1955), 14-66.
[26] The Betti numbers of the exceptional groups, Memoirs AMS 14 (1955), 1-9. (with A. Borel)
[27] "Séminaire sur la classification des groupes de Lie algébriques", École Norm. Sup. Paris, 1956-1958. (with P. Cartier, M. Lazard, and A. Grothendieck)
[28] La théorie des groupes algébriques, Proc. ICM 1958, Ediburgh, Canbridge Univ. Press, 1960, pp.53-68.
[29] Une démonstration d'un théorèm sur groupes algébriques, J. Math. Pure et appl. 39(1960), 307-317.
[30] Certains schémas de groupes semi-simples, Sém. Bourbaki 1960/61, no.219, Benjamin, New York, 1966.

References

(1) I. Ado, Über die Struktur der enndlichen kontinuierlichen Gruppen, (Russian with German summary), Izvestiya F. M. O. Kazan 6(1934), 38-42.
(2) I. Ado, On the representations of finite dimensional continuous groups by means of linear transformations (Russian), Izvestiya F. M. O. Kazan 7(1934/35), 3-43.
(3) A. A. Albert, A structure theory for Jordan algebras, Ann. of Math. 48(1947), 546-567.
(4) S. Araki, On root systems and an infinitesimal classification of irreducible symmetric spaces, J. Math. Osaka City Univ. 13(1962), 1-34.
(5) A. Borel and J. Siebenthal, Les sous-groupes fermés connexes de rang maximum des groupes de Lie clos, Comm. Math. Helv. 23(1949/50), 200-221.
(6) N. Bourbaki, Groupes et algèbres de Lie, ch. 1, 1960, ch. 2 et 3, 1972, ch. 4, 5 et 6, 1968, Hermann, Paris (杉浦訳, ブルバキ, 『数学原論 リー群とリー環 1, 2, 3』, 東京図書).
(7) R. Brauer, Sur les invariants intégraux des variétiés de groupes simples clos, C. R. Acad. Sci Paris 201(1935), 419-421.
(8) R. Brauer and H. Weyl, Spinors in n-dimensions, Amer. J. Math. 57(1935), 425-449.
(9) S. S. Cairns, Triangulation of the manifold of class one, Bull. AMS 41(1935), 549-552.
(10) E. Cartan, Sur la structure des groupes de transformations finis et continus, Thèse, Nony, Paris, 1894.
(11) E. Cartan, Les groupes projectifs qui ne laissent invariante aucune multiplicité plane, Bull. Soc. Math. France 41(1913), 53-96.

(12) E. Cartan, Les groupes réels simples finis et continus, Ann École Norm. Sup. 31 (1914), 263-355.

(13) E. Cartan, Le principe de dualité et la théorie des groupes simples et semi-simples, Bull. Soc. Math. France 49 (1925), 361-374.

(14) E. Cartan, La géométrie des groupes simples, Annali Mat. 4 (1927), 209-256.

(15) E. Cartan. Groupes simples clos et ouverts et géométrie riemanienne, J. Math. pures et appl. 8 (1929), 1-33.

(16) E. Cartan, Sur les nombres de Betti des espaces de groupes clos, C. R. Acad. Sci. Paris 187 (1928), 196-198.

(17) E. Cartan, Leçon sur la géométrie des espaces de Riemann, Gauthier-Villars, Paris, 1928.

(18) E. Cartan, Sur les invariants intégraux de certains espaces homogènes clos et les propriétés topologiques de ces espaces, Ann. Soc. pol. Math. 8 (1929), 181-225.

(19) E. Cartan, La topologie des espaces représentatifs des groupes de Lie, L'Enseignement Math. 35 (1936), 177-200.

(20) E. Cartan, "Leçon sur la théorie des spineurss Ⅰ, Ⅱ", Hermann, Paris, 1938.

(21) H. Cartan, "Sur les groupes de transformations analytiques", Hermann, Paris, 1935.

(22) H. S. M. Coxeter, Discrete groups generated by reflections, Ann. of Math. 35 (1934), 588-621.

(23) G. de Rham, Sur l'analysis situs des variétéss à n dimension (Thése), J. Math. pures et appl. 10 (1931), 115-200.

(24) G. de Rham, (a) L'œuvres d'E. Cartan et la topologie, Hommage à Elie Cartan, (b) Quelques souvenirs des années 1925-1950, "Œuvres math". de de Rham, L'Enseignement math, Genéve, 1981. pp. 641-650, 651-668.

(25) J. Dieudonné and J. Tits, Claude Chevalley (1909-1984), Bull. AMS 17 (1987), 1-7.

(26) P. A. M. Dirac, The quantum theory of electrons, Proc. Roy. Soc. London, 117 (1928). 610-629.

(27) H. Freudenthal, Lie groups in the foundation of geometry, Advances in Math. 1 (1964), 145-190.

(28) A. Gleason, The structure of locally compact groups, Duke Math. J. 18 (1951), 85-104.

(29) Harish-Chandra, On some applications of the universal enveloping algebra of a semi-simple Lie algebra, Trans. AMS 70 (1951), 28-96.

(30) 服部昭,「C. CHevalley 教授の東大における講演：新しい単純群について」,『数学』6 (1954), 42-45.

(31) F. Hausdorff, Grundzüge der Mengenlehre, de Gruyter, Leipzig, 1914.

(32) D. Hilbert, Über die Grundlagen der Geometrie, Math. Ann. 56 (1902), 381-422. Reprinted in "Grundlagen der Geometrie" 7th. ed. (寺阪英孝訳,『幾何学の基礎』, 共立出版, pp. 154-193.

(33) J. E. Humpherys, "Introduction to Lie algebras and representation theory", Springer, 1972.

(34) J. E. Humphreys, "Reflection groups and Coxeter groups", Cambridge Univ. Press, Cambridge, 1990.

(35) 彌永昌吉編,『数論』, 岩波書店, 1969.

(36) 岩澤健吉,「Hilbert の第 5 の問題」,『数学』1 (1948), 161-171.

(37) K. Iwasawa, On some types of topological groups, Ann. of Math. 50(1949), 507-558.
(38) 岩堀長慶，対称リーマン空間の不動点定理，「微分幾何学の基礎とその応用」，数学振興会夏期セミナー第1集，1956，pp.40-60.
(39) N. Jacobson, Cayley numbers and normal simple Lie algebra of type G, Duke Math. J. 5 (1937), 775-783.
(40) W. Killing, Die Zusammensetzung der stetigen endlichen Transformationgruppen I-IV, Math. Ann. 31(1888), 252-290, 33(1889), 1-48, 34(1889), 57-122, 36(1890), 161-189.
(41) J. L. Koszul, Sur un type d'algèbres differentielles en rapport avec la transgression, Colloque de Topologie (Espaces fibrés) Bruxelles 1950, CRBM Liége et paris, 1951, pp.73-81.
(42) J. Leray, Determination, dans les cas nonexceptionels, de l'anneau de cohomologie de l'espace homogènes quotient d'un groupe de Lie compact par un sous-groupe de même rang, C. R. Acad. Sci. Paris 228(1949), 1784-1786.
(43) A. Malcev, On the theory of the Lie groups in the large, Mat. Sbornik 16(1945), 163-190.
(44) A. Malcev, On solvable topological groups (Russian), Mat. Sbornik 19(1946), 165-174.
(45) H. Poincaré, Analysis situs, J. l'École polytech. 1 (1985), 1-123, Complément à analysis situs, Rend. Circlo mat. Palermo, 13(1899), 285-343, Deuxième complément, Proc. London Math. Soc. 32 (1900), 277-308, cinquième complément, Rend. Circlo mat. Palermo 18 (1904), 45-110. (Œuvrest. IV)
(46) L. S. Pontrjagin, Sur les groupes topologiques compacts et le cinquième problem de M. Hilbert, C. R. Acad. Sci. Paris 198(1934), 238-240.
(47) L. S. Pontrjagin, Sur les nombres de Betti des groupes de Lie, C. R. Acad. Sci. Paris 200 (1935), 1277-1280.
(48) L. S. Pontrjagin, "Topological groups", Princeton Univ. Press, Princeton, 1939.
(49) J.-P. Serre, "Lie algebras and Lie groups", 1964 Lectures at Harvard Univ., Benjamin, New York, 1965.
(50) J.-P. Serre, "Algèbres de Lie semi-simples comlexes", Benjamin, New York, 1966.
(51) O. Schreier, Abstract kontinuierlichen Gruppen, Abh. Math. Sem. Hamburg 4 (1925), 15-32.
(53) O. Schreier, Die Verwandschaft stetigen Gruppen im Grossen, Abh, Math. Sem. Hamburg 5(1926), 233-244.
(54) 杉浦光夫，「リーとキリングーカルタンの構造概念」，津田塾大学数学・計算機科学研究所報，No.1, 19 世紀科学史，1991, pp.76-103.(本書第1章所収)
(55) 杉浦光夫，「ワイルの群論」，津田塾大学数学・計算機科学研究所報　No.4，近現代数学史，1992, pp.68-97.(本書第2章所収)
(56) 高木貞治，『代数的整数論』，岩波書店，1948.
(57) J. Tits, Algèbres alternatives, algèbres de Jordan et algèbres de Lie exceptionelles I, Indag. Math. 28(1966), 223-237.
(58) 朝永振一郎，『スピンはめぐる――成熟期の量子力学』，自然選書，中央公論社，1974.
(59) van der Waerden, Die Klassifikation der einfachen Lieschen Gruppen, Math. Zeit. 37 (1933), 446-462.
(60) J. von Neumann, Die Einfuhrung analytischer Parameter in topologischen Gruppen, Ann.

of Math. 34(1933), 170-190.

(61) O. Veblen and J. H. C. Whitehead, "The foundation of differential geometry", Cambridge Univ. Press, Cambridge, 1932(矢野健太郎訳, 『微分幾何学の基礎』, 岩波書店, 1950).

(62) A. Weil, Géometrie différentielle des espaces fibrés, Œuvres Scientifiques vol. 1.,[1949e] pp.422-436, Springer, 1980.

(63) A. Weil, Œuvres Scientifiques vol. 1, Commentaire[1951b]*, pp.577-578, Springer, 1980.

(64) H. Weyl, Die Idee der Riemannsche Flächen, Teubner, Sttutgart, 1913(田村二郎訳, 『リーマン面』, 岩波書店, 1974).

(65) H. Weyl, Theorie der Darstellung kontinuierlicher halbeinfacher Gruppen durch lineare Transformationen Ⅰ, Ⅱ, Ⅲ und Nachtrag, Math. Zeit. 23(1925), 271-309, 24(1926), 328-376, 377-395, 789-791.

(66) H. Weyl, "The structure and representations of continuous groups", Mimeographed Notes taken by N. Jacobson and R. Brauer of lectures delivered in 1934-35, Institute for Advanced Study, Princeton.

(67) H. Weyl, "The classical groups, their invariants and representations", Princeton Univ. Press, Princeton, 1939.

(68) H. Whitney, Differentiable manifolds, Ann. of Math. 37(1936), 645-680.

(69) J. H. C. Whitehead, On the decomposition of an infinitesimal group, Proc. Cambridge Philos. Soc. 32(1936), 229-237.

(70) D. J. Winter, "Abstract Lie algebras", MIT Press, Cambridge, Mass. 1972.

(71) E. Witt, Spiegelungsgruppen und Aufzählung halbeinfacher Liescher Ringe, Abb. Math. Sem. Hamburg 14(1941), 289-322.

(72) Chi Ta Yen, Sur les polynomes de Poincaré des groupes de Lie exceptionelles, C. R. Acad. Sci. paris 228(1949), 628-630.

(73) H. Yamabe, On the conjecture of Iwasawa and Gleason, Ann. of Math. 58(1953), 48-54.

(74) H. Yamabe, A generalization of a theorem of Gleason, Ann. of Math. 58(1953), 351-365.

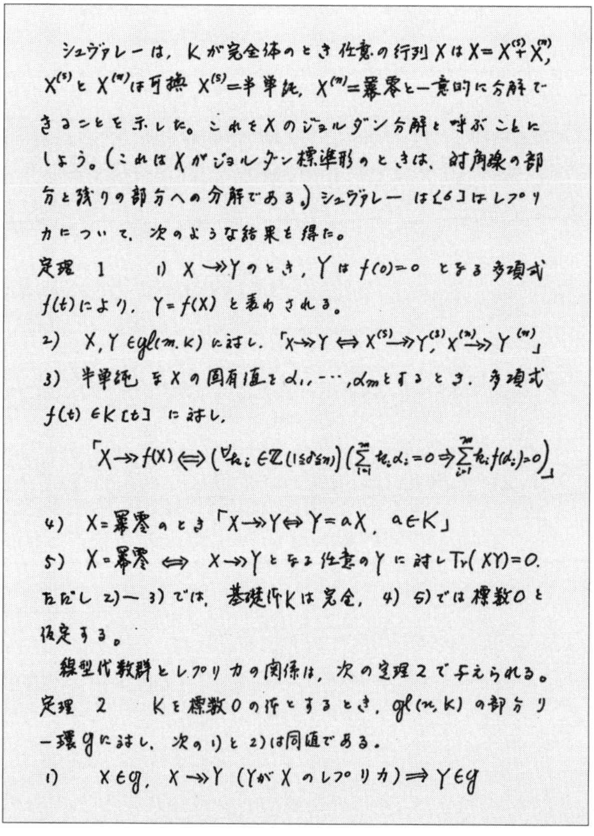
シュヴァレーは，Kが完全体のとき任意の行列Xは$X=X^{(s)}+X^{(n)}$，$X^{(s)}$と$X^{(n)}$は可換 $X^{(s)}$＝半単純，$X^{(n)}$＝冪零と一意的に分解できることを示した。これをXのジョルダン分解と呼ぶことにしよう。（これはXがジョルダン標準形のときは，対角線の部分と残りの部分への分解である。）シュヴァレーは[6]はレプリカについて，次のような結果を得た。

定理 1　1) $X \twoheadrightarrow Y$のとき，Yは$f(0)=0$となる多項式$f(t)$により，$Y=f(X)$と表わされる。

2) $X, Y \in \mathfrak{gl}(n, K)$に対し，「$X \twoheadrightarrow Y \Leftrightarrow X^{(s)} \twoheadrightarrow Y^{(s)}, X^{(n)} \twoheadrightarrow Y^{(n)}$」

3) 半単純なXの固有値を$\alpha_1, \cdots, \alpha_m$とするとき，多項式$f(t) \in K[t]$に対し，

$$「X \twoheadrightarrow f(X) \Longleftrightarrow (\forall k_i \in \mathbb{Z}\ (1 \leq i \leq m))\left(\sum_{i=1}^{m} k_i\alpha_i = 0 \Rightarrow \sum_{i=1}^{m} k_i f(\alpha_i) = 0\right)」$$

4) X＝冪零のとき「$X \twoheadrightarrow Y \Leftrightarrow Y=aX,\ a \in K$」

5) X＝冪零 ⟺ $X \twoheadrightarrow Y$となる任意のYに対し$\mathrm{Tr}(XY)=0$.

ただし2)－3)では，基礎体Kは完全，4) 5)では標数0と仮定する。

線型代数群とレプリカの関係は，次の定理2で与えられる。

定理 2　Kを標数0の体とするとき，$\mathfrak{gl}(n, K)$の部分リー環$\mathfrak{g}$に対し，次の1)と2)は同値である。

1) $X \in \mathfrak{g}$, $X \twoheadrightarrow Y$（YがXのレプリカ）$\Rightarrow Y \in \mathfrak{g}$

直筆原稿（第3章より）

4 シュヴァレーの群論Ⅱ

Ｉでリー群に関する研究を扱ったのに対し，このⅡでは代数群に関する仕事を扱う。文中[ ]は，末尾のシュヴァレーの群論に関する刊行物リストの番号を表わし，( )は参考文献の番号を表わす。

§1 レプリカと代数群

シュヴァレーが，そのリー群論の研究の中で，代数群との関連に最初に出合ったのがレプリカ理論であった。この理論は次の二つの側面 A, B を持つ。

A. 行列のレプリカという純線型代数学的概念が，標数０のリー環論の基礎部分に有効である。

B. A のレプリカ概念が，複素線型代数群のリー環を特徴付ける。

A についてはＩで詳しく説明したのでここでは繰返さないがリー環論の基礎定理である半単純性のカルタンの判定条件と，可解リー環の代数閉体上の既約表現 D が一次元であるというリーの定理を，係数体を閉体まで拡大することなく，任意の標数０の体で証明できるという点にシュヴァレーは意義を見出していた。[8]の末尾の文章がそれを示している。つまりカルタンの判定条件は，カルタンではいわゆるルート空間分解という詳しい構造論を用いて $\mathbb{C}$ 上で証明されていたのが，その必要がなくなったことがメリットなのである。例えば標数０のリー環論の標準的教科書であるブルバキ『リー群とリー環』第１章の記述は，この事実が発見されたから可能だったのである。リーの定理については，$\deg D=1$ は閉体でないときは言えない(反例 $SO(2)$ の自然表現)ので，$\dim(\mathfrak{g})=1$ ということで置換える。閉体のときは，これにシューアのレンマを適用すればよい(レプリカ理論を標数 p で考えるとどうなるか，及び，リー環でなく群で直接考えるとどうなるかは，岩堀(12)で研究されている。これはIの参考文献として挙げるべきであった。)

さてBについては，実は古くマウラーの研究(Sitz. Bayer Akad. 1894)があることを[8]で注意している。マウラーの研究は，リーの理論を基礎にしているので，大域的でなく，また結論も意味がわかり難い。これに対し，シュヴァレーとトゥアンは，[8]で次のような明快な定理を証明した。

定理1　G を $GL(n,\mathbb{C})$ の連結複素リー部分群，$\mathfrak{g}$ を G のリー環とするとき，次の二つの条件(1)，(2)は同値である。

(1)　G は線型代数群である。

(2)　$\mathfrak{g}$ の任意の元のレプリカは $\mathfrak{g}$ に含まれる。

[8]におけるこの定理の証明は，概略を述べただけである。実はシュヴァレーは，線型代数群の一般論を[18]で展開し，任意の標数0の体に定理1を拡張した(§3で述べる)ので元の形の定理1の完全な証明は結局発表されなかった。[8]に述べてある筋道に従って証明を完成することもできるが，別の見地からの定理1の証明が松島与三(15)で与えられている。

§2　コンパクト・リー群と代数群

シュヴァレーは，リー群論研究中に，もう一度代数群と出合う。それはコンパクト・リー群に対する淡中双対定理の解釈においてであった。

淡中忠郎は，ポントリャーギン(18)の双対定理を，非可換群に拡張しようという，誰でも思いつくが簡単ではない問題に挑戦して成功した。淡中は対象の群をコンパクト群 G に限定し，双対 $\mathcal{R}$ は既約性を仮定せず G の有限次元連続行列表現(簡単のため以下これを単に表現という)の全体とし，表現としての自然な演算のみを $\mathcal{R}$ に与えることで成功したのである。

定義1　今 G をコンパクト群とし，その有限次元連続行列表現(以下これを単に表現という)全体の集合 $\mathcal{R}$ を G の**双対**と呼ぶ。$D\in\mathcal{R}$ の次数(行列の大きさ)を $d(D)$ と記す。$\mathcal{R}$ の元の間には，次のような四種の演算が定義されている。以

下 $D, D_1, D_2 \in \mathcal{R}$ とし，また $P \in GL(d(D), \mathbb{C})$ とする。

(1)　直和 $D_1 \dot{+} D_2 = \begin{pmatrix} D_1 & 0 \\ 0 & D_2 \end{pmatrix}$

(2)　テンソル積 $D_1 \otimes D_2$

(3)　同値 PDP^{-1}

(4)　複素共役 $\overline{D}$

定義 2　今 $\mathcal{R}$ の表現 ζ とは，各 $D \in \mathcal{R}$ に $GL(d(D), \mathbb{C})$ の元 $\zeta(D)$ を対応させる写像 $\zeta : \mathcal{R} \longrightarrow \bigcup_{d=1}^{\infty} GL(d, \mathbb{C})$ で次の(i)-(iv)をみたすものをいう。

(i)　$\zeta(D_1 \dot{+} D_2) = \zeta(D_1) \dot{+} \zeta(D_2)$

(ii)　$\zeta(D_1 \otimes D_2) = \zeta(D_1) \otimes \zeta(D_2)$

(iii)　$\zeta(PDP^{-1}) = P \cdot \zeta(D) \cdot P^{-1}$

(iv)　$\zeta(\overline{D}) = \overline{\zeta(D)}$

今 $\mathcal{R}$ の表現全体の集合 G^* に，乗法を

$$(\zeta_1 \zeta_2^{-1})(D) = \zeta_1(D) \zeta_2(D)^{-1}, \qquad D \in \mathcal{R}$$

によって，群演算を定義すると G^* は群となる。$\mathcal{R}$ に離散位相を与えておく。各 $D \in \mathcal{R}$ を固定したとき，$\zeta : D \longmapsto \zeta(D)$ が $G^* \longrightarrow GL(d(D), \mathbb{C})$ の連続写像となるような，最も弱い位相を G^* にいれるとき，G^* は分離位相群となる。G^* を G の**再双対群**という。

各 $g \in G$ に対し，$\zeta_g \in G^*$ が

$$\zeta_g(D) = D(g), \quad D \in \mathcal{R}$$

によって定義される。このとき写像

$$\Phi : g \longmapsto \zeta_g$$

は，G から G^* への連続準同型写像であることはすぐわかる。この自然写像 Φ に対し，次の淡中の定理が成立つ。

淡中双対定理　任意のコンパクト群 G から再双対群 G^* への自然写像は全単写であり，位相群としての同型

$$G \cong G^*$$

が成立つ。

G がアーベル群の場合には $\mathcal{R}$ には群構造が入り，ポントリャーギン(18)は，G の位相群としての性質が離散群 $\mathcal{R}$ の純代数的な性質と対応することを発見していた。しかし淡中双対定理には，それまでこのような具体的な応用が発見されていず，ポントリャーギン双対定理の単なる形式的拡張と見ている人達も多かった。これに対しシュヴァレーは，G をコンパクト・リー群と限定することによって，淡中双対定理に一つの具体的な意味を与えたのである。それはつまり，任意のコンパクト・リー群は実アフィン(線型)代数群の構造を持ち，この構造を与えるものが淡中双対定理であるという観点であった。この言い方は若干現代化した形で述べたのであって，[9]の段階では複素代数群の概念しかない([9]p.135)から，正確にはシュヴァレーは，「任意のコンパクト・リー群 G は，ある複素代数群 G^{*c} の実形である」ことを証明したのである。

この複素代数群 G^{*c}(G の複素化)を，シュヴァレーは次のように定義した。

先ず G をコンパクト・リー群とし，G の(行列)表現 D の (i, j) 成分である G 上の複素数値函数を，$D_{ij} = f(i, j; D)$ とし，その有限一次結合の全体を $\mathcal{O}(G)$ と記す。$\mathcal{O}(G)$ は $\mathbb{C}$ 上の線型空間であるが，また値の積で定義される函数を積として，$\mathbb{C}$ 上の多元環ともなる。G の二つの表現 C と D のテンソル積 $C \otimes D$ の行列成分が $C_{ij} D_{k\ell}$ だからである。この多元環 $\mathcal{O}(G)$ を，G の**表現函数環**という。先ず $\mathcal{O}(G)$ について基本的なことは，次の近似定理である。

定理 A(ペーター-ワイル(17)の近似定理)　コンパクト・リー群 G 上の連続函数環 $C(G)$ の中で，一様ノルム $\| \quad \|$ に関し，$\mathcal{O}(G)$ は稠密である。([9] VI 定理 3)

この定理の証明で G がリー群であることは，G 上の有限な不変体積の存在の証明にしか用いないので，ハール測度を用いれば，実は任意のコンパクト群で成立つ。

コンパクト・ハウスドルフ空間は正規だから，$C(G)$ は G の二点を分離する。即ち G の相違なる二点で異なる値をとる $C(G)$ の元が存在する。従って上の近似定理から，$\mathcal{O}(G)$ も G の二点 $g \neq h$ を分離する。従って表現 D で $D(g) \neq D(h)$ となるものが存在する。この事実を「コンパクト群 G は十分多くの表現を持つ」と表現する。このとき $\bigcap_{D \in \mathcal{R}} \operatorname{Ker} D = \{1\}$ である。

さてコンパクト・リー群の場合は，小さい部分群を持たない(I. §6 参照)ことから，次の定理Bが成立つことをシュヴァレーは示した。

定理B 任意のコンパクト・リー群Gは，忠実な表現Dを持つ。([9]Ⅵ定理4)

実際Gの単位元1の開近傍Vで，$\{1\}$以外のGの部分群を含まないものが存在する。Vの補集合をFとすると，$\bigcap_{D\in\mathscr{R}}(\mathrm{Ker}\,D\cap F)=\emptyset$ だから，コンパクトなGの閉集合族$\{\mathrm{Ker}\,D\cap F\mid D\in\mathscr{R}\}$は有限交差性を持たない。従って有限個の表現$D_1,\cdots,D_m$が存在して，$\bigcap_{i=j}^{m}(\mathrm{Ker}\,D_i\cap F):=\emptyset$ となる。そこで$D=D_1\dotplus\cdots\dotplus D_m$とおけば，$\mathrm{Ker}\,D\subset V$，$\mathrm{Ker}\,D=\{1\}$となり，$D$は忠実な$G$の表現である。

この定理Bはコンパクト群の間でコンパクト・リー群を特徴付ける定理である。実際コンパクト群Gが忠実な表現Dを持てば，Gは$GL(d(D),\mathbb{C})$の閉部分群であるリー群$D(G)$と位相群として同型であり，Gもリー群である。定理Bから，表現函数環$\mathscr{O}(G)$の最も基本的な次の性質が導かれる。

定理C コンパクト・リー群Gの表現函数環$\mathscr{O}(G)$は，有限生成環である。

実際D_0をGの忠実表現とすれば，D_0と$\overline{D}_0$の行列成分が$\mathscr{O}(G)$を生成することは，ワイヤストラスの多項式近似定理から直ちに知られる。([9]Ⅵ§Ⅶ命題3)しかし[9]では定理B, Cの証明が後にあるので，忠実表現の存在を仮定しない場合にも定理Cが成立つことが証明されている。([9]Ⅵ§7命題6)

さて，$\mathscr{O}(G)$は数値函数の環なので，0以外の冪零元を含まない$\mathbb{C}$上の可換多元環である。従って現代的に云えば$\mathscr{O}(G)$を座標環とする$\mathbb{C}$上のアフィン代数多様体$\mathfrak{M}(G)$が定義される。[9]では多項式系の共通零点の集合としての$\mathbb{C}^n$内の(アフィン)代数多様体が定義されているだけで，他に代数幾何的な議論は全くない。そこでシュヴァレーは次のように話をすすめる。

定義3 コンパクト・リー群Gの表現函数環$\mathscr{O}(G)$から$\mathbb{C}$への多元環としての準同型写像ω $(\omega(1)=1)$の全体$\mathfrak{M}(G)$を，G**に付随する代数多様体**という。

$\mathscr{O}(G)$の生成元の一組$z=\{z_1,\cdots,z_m\}$を一つ取れば，

$$M_z=\{(\omega(z_1),\cdots,\omega(z_m))=\omega(z)\in\mathbb{C}^m\mid\omega\in\mathfrak{M}(G)\}$$

は，$\mathbb{C}^m$ 内のアフィン代数多様体であり，抽象的なアフィン多様体 $\mathfrak{M}(G)$ のモデルである。写像 $\omega \longmapsto \omega(z)$ は，$\mathfrak{M}(G)$ から M_z への全単写である。

さて $\mathfrak{M}(G)$ は群の構造を持つ。それを示すためにシュヴァレーは，淡中のアイディアを用いるのである。いま G の双対 $\mathcal{R}$ の表現の定義（定義 2）において，条件（iv）を除いたものをみたす写像 $\zeta \in \mathfrak{R} \longrightarrow \bigcup_{d=1}^{\infty} GL(d, \mathbb{C})$ を，$\mathbb{R}$ の**複素表現**と呼び，その全体の集合を G^{*c} と記す。G^{*c} は G^* と同じく $\zeta_1\zeta_2^{-1}(D) = \zeta_1(D)\zeta_2(D)^{-1}$ によって群となる。

命題 1　$\omega \in \mathfrak{M}(G)$ に対し，$\zeta_\omega \in G^{*c}$ を

$$\zeta_\omega(D) = (\omega(f(i, j; D)))$$

によって定義すれば，写像 $\Psi : \omega \longmapsto \zeta_\omega$ は $\mathfrak{M}(G)$ と G^{*c} の間の全単写である。（[9] VI § VIII命題 2）

実際 $\{f(i, j; D) \mid 1 \leqq i, j \leqq d(D),\ D \in \mathcal{R}\}$ が $\mathcal{O}(G)$ を張るから，Ψ は単写である。また任意の $\zeta \in G^{*c}$ を一つ与えたとき，

$$\omega(f(i, j; D)) = \zeta(D) \text{ の } (i, j) \text{ 成分}$$

によって $\omega \in \mathfrak{M}(G)$ が矛盾なく定義できることが $f(i, j; D)$ の間の基本関係を明示する（[9] VI § VIII命題 1）ことによって示される。従って $\zeta = \zeta_\omega$ となり，Ψ は全写である。

以下この命題 1 の写像 Ψ によって $\mathfrak{M}(G)$ と G^{*c} を同一視し，$\mathfrak{M}(G) = G^{*c}$ とする。こうして，$\mathfrak{M}(G) = G^{*c}$ は一方から言えば，$\mathbb{C}$ 上のアフィン代数多様体であり，他方からすれば群である。今 G の表現 D_0 で，その成分が $\mathcal{O}(G)$ を生成するものをとり，$\mathfrak{M}(G) = G^{*c}$ のモデルとして，

$$M_{D_0} = \{\zeta_\omega(D_0) = (\omega(f(i, j; D))) \mid \omega \in G^{*c}\}$$

をとれば，M_{D_0} は $GL(d(D_0), \mathbb{C})$ の代数部分群である。そこで以下 $G^{*c} = \mathfrak{M}(G)$ を，**G に付随する（複素）代数群**と呼ぶ。このとき G^{*c} の忠実な表現 $\widetilde{D}_0$ が

$$\widetilde{D}_0(\omega) = \zeta_\omega(D_0)$$

によって定義される。モデル M_{D_0} の位相によって G^{*c} は（複素）リー群となる。この位相はモデルのとり方に依存しない。

さて複素代数群 G^{*c} は，実数体 $\mathbb{R}$ 上で定義され，その実有理点の全体が元のコンパクト・リー群 G なのである。これがシュヴァレーによるリー群の場合の淡中

双対定理の解釈である。

今$\mathfrak{M}(G)$において複素共役写像$\iota : \omega \longmapsto \overline{\omega}$が,

$$\overline{\omega}(f) = \overline{\omega(\overline{f})}$$

によって定義され，これは複素代数群G^{*c}の位数2の自己同型写像となる。その固定点の全体としてG^{*c}の実形$G^* = \{\zeta \in G^{*c} \mid \zeta(\overline{D}) = \overline{\zeta(D)}\ (\forall D \in \mathcal{R})\}$が定義されるが，それは定義により，淡中による$G$の**再双対群**に他ならない。こうしてシュヴァレーは，コンパクト・リー群に対して，淡中双対定理を次の形で証明する。

定理 D 1) 自然写像$\Phi : g \longmapsto \zeta_g$（ただし$\zeta_g(D) = D(g)$）により，任意のコンパクト・リー群$G$は，その再双対群$G^*$と同型である。

2) ΦによりGとG^*を同一視すれば，GはGに付随する代数群G^{*c}の実形である。（[9] Ⅵ定理5，§Ⅸ命題1）

1)の証明に，シュヴァレーは，次の命題2を用いている。

命題 2 Gをコンパクト・リー群，HをGの閉部分群で$G \neq H$となるものとすれば，Gの既約表現$G \neq 1_G$（Gの単位表現）で，$D|H$（DのHへの限定）が，1_Hを含むようなものが存在する。

この命題は一見技術的に見えるが，実はコンパクト群Gの等質空間G/H上の球函数による表現理論(E. カルタン(3))を基礎にして考えると極めて自然なものである。カルタンの結果中ここに関係する部分だけ取出せば次のようになる。

カルタンの定理 Gをコンパクト群，Hをその閉部分群とする。

1) G/H上の連続函数の空間$C(G/H)$上の，Gの正規表現Tを

$$(T_g f)(x) = f(g^{-1}x), \quad g \in G, \quad x \in G/H$$

で定義するとき，TはGの有限次元既約表現の直和となる。

2) Gの既約表現DがTに含まれるための必要十分条件は，$D|H \supset 1_H$である。

1)は$C(G/H) \subset L^2(G/H)$として考えると，コンパクト群の既約ユニタリ表現

は，有限次元になることからわかる。

2)は有限群の誘導表現に対するフロベニウス相互律のコンパクト群への自然な拡張の特別な場合である。$L^2(G/H)$ 上の G の表現 T は，H の単位表現 1_H から誘導された G の表現に他ならない(ヴェイユ(27)p.82 参照)。

このカルタンの定理の系として，上の命題2が導かれる。実際 $G \neq H$ ならば，G/H は2点以上を含む。$C(G/H)$ は G/H の2点を分離するから，表現 T は既約表現 $D \neq 1_G$ を含む。カルタンの定理により $D|H \supset 1_H$ である。

さてシュヴァレーによる淡中双対定理(定理D, 1))の証明は次の通りである。

先ず行列 A に対し ${}^t\overline{A} = A^*$ とおく。G の表現 D の反傾表現 $D^*(g) = {}^tD(g^{-1})$ は任意の $\xi \in G^{*c}$ に対し

(1)　$\xi(D^*) = \xi(D)^*$

をみたす。今その成分が $\mathcal{O}(G)$ を生成する G の表現 D_0 をとる。G はコンパクトだから，D_0 はユニタリ表現 $D_0^* = \overline{D}_0$ としてよい。このとき任意の $\omega \in G^* = \mathfrak{M}_{\mathbb{R}}(G)$ に対し，(1)から

$$\widetilde{D}_0(\omega)^* = \zeta_\omega(D_0)^* = \zeta_\omega(D_0^*) = \zeta_\omega(\overline{D}_0) = \overline{\zeta_\omega(D_0)} = \overline{\widetilde{D}_0(\omega)}$$

であり，$\widetilde{D}_0(G^*)$ は $U(d(D_0))$($d(D_0)$ 次ユニタリ群)の閉部分群であり，従ってコンパクトである。G^* の位相はモデル $\widetilde{D}_0(G^*)$ で定められるから，G^* もコンパクトである。一方定義から任意の $g \in G$ に対し $\omega_g(f) = f(g)$ は，$G^* = \mathfrak{M}_{\mathbb{R}}(G)$ に属するから，$\Phi(G) \subset G^*$ であり，$\Phi(G)$ はコンパクト・リー群 G^* の閉部分群である。

いまこのとき，次の(2)を示そう。簡単のために $\Phi(G) = G_0$ と記す。

(2)　$C = D \mid G_0 \supset 1_{G_0}$ となる G^* の任意の表現 D は単位表現 1_{G^*} を含む。

実際このとき，ある $\gamma \in GL(d(D), \mathbb{C})$ をとると，任意の $g \in G_0$ に対して

$$\gamma C(g) \gamma^{-1} = \begin{pmatrix} 1 & 0 & \cdots & 0 \\ 0 & & & \\ \vdots & & B(g) & \\ 0 & & & \end{pmatrix}$$

の形になる。従って任意の $\omega \in G^*$ に対し

$$\gamma C(\omega)\gamma^{-1} = \gamma\zeta_\omega(C)\gamma^{-1} = \zeta_\omega(\gamma C\gamma^{-1}) = \begin{pmatrix} 1 & 0 & \cdots & 0 \\ 0 & & & \\ \vdots & & \zeta_\omega(B) & \\ 0 & & & \end{pmatrix}$$

となる。これは $C \supset 1_{G^*}$ であることを示す。いま帰謬法で証明するため，$G_0 \neq G^*$ と仮定すると，命題2により，G^* の既約表現 $D_1 \not\equiv 1_{G^*}$ で $D_1|G_0 \supset 1_{G_0}$ となるものが存在する。このとき(2)から $D_1 \supset 1_{G^*}$ となるので，仮定 $D_1 \not\equiv 1_{G^*}$ から，D_1 は既約でない。これは D_1 に対する仮定に反し矛盾であり，$\Phi(G) = G_0 = G^*$ である。

こうして，シュヴァレーは，リー群の場合には代数群との関連において，淡中双対定理を証明したのである。

さらに彼は，G^* と G^{*c} の関係について次の定理Ｅを証明した。

定理Ｅ　1)　n 次元コンパクト・リー群 G に対し，それに付随する代数群 G^{*c} は，$G \times \mathbb{R}^n$ と同相である。

2)　G^{*c} のリー環 $L(G^{*c})$ は，G のリー環 $L(G)$ の複素化である。($L(G^{*c}) = \mathbb{C} \otimes_{\mathbb{R}} L(G)$)([9] VI §IX 命題2，命題3)。

定理Ｅ　1)は，それ自身興味のある次の定理Ｆから導かれる。

定理Ｆ　G が $GL(d, \mathbb{C})$ の代数部分群で自己共役 ($g \in G \Longrightarrow {}^t\overline{g} \in G$) ならば，任意の $g \in G$ を

$$g = uh, \quad u \in U(d), h \in P(d) = \{d \text{ 次正値エルミット行列}\}$$

と極分解するとき，$u, h \in G$ である。これにより G は $(G \cap U(d)) \times (G \cap P(d))$ と同相である。

また $G \cap P(d) = \exp(L(G) \cap H(d))$ は，$L(G) \cap H(d) \approx \mathbb{R}^n$ と同相である。ここで $H(d) = \{d \text{ 次エルミット行列}\}$ とする。

シュヴァレーはこのように，代数群との関連において淡中双対定理をとらえ，証明したのである。それはリー群の場合の淡中双対定理に具体的意味を与えると共に，任意のコンパクト・リー群 G に実代数群の構造を与えるものであった。またコンパクト・リー群 G に対し大域的な複素化 G^{*c} を構成したことも重要な寄

与であった。このようなコンパクト実形を持つ複素代数群が，定理Fの自己共役な代数群に他ならない。

後にホッホシルト-モストウ(10)は，シュヴァレーの理論を，連結成分が有限個の任意のリー群で考えた。彼等は淡中の再双対群の代りに $\mathcal{O}(G)$ の自己同型写像ですべて左移動と可換なもの(固有自己同型)の全体の作る群を考えた。任意の固有自己同型が右移動になるということが，彼等の流儀での双対定理が成立つということに他ならない。この意味の双対定理は，G のすべての表現が完全可約のとき(例えば G がコンパクトあるいは半単純のとき)，淡中型の双対定理と一致する(杉浦(21))。リー群と限らない任意のコンパクト群に対する淡中双対定理もこのような固有自己同型に対する命題に言い換えて見通しのよい証明が得られることを，岩堀信子(14)が示している。

§3　標数0の線型代数群の理論

シュヴァレーは彼の『リー群論』第I巻[9]の序文で「第II巻は半単純リー群の理論と分類を主な内容とする」と述べているが，実際に出版された『リー群論』第II巻[18]は，それと全く内容が異なり，標数0の任意の体上における線型代数群の一般論，特にそのリー環との対応を主な内容とするものであった。そして出版社も変り，フランス語で書かれることになった。以下[18]の内容を概観しよう。

第I章で必要な代数的な準備(主として線型代数的事項)をすませた後，第II章では，無限体 K 上の有限次元線型空間 V 上の一次変換全体の作る多元環を $\mathcal{E}(V)=\mathcal{E}$ とし，$\mathcal{E}$ 上の多項式函数環を $\mathcal{O}(\mathcal{E})$ とする。そして V 上の正則一次変換全体の群 $GL(V)$ の部分群 G で，$\mathcal{O}(\mathcal{E})$ のある部分集合 S の共通零点の集合と $GL(V)$ の交わりとなるものとして，**線型代数群**を定義する。G 上で0となる多項式函数 P の全体が作る $\mathcal{O}(\mathcal{E})$ のイデアル $I(G)$ が，素イデアルであるとき，G は**既約**であるという。任意の代数群 G に対し，その既約代数部分群で，G に置ける指数が有限なもの G_1 が唯一つ存在し，G_1 は G の正規部分群となる(定理2)。G_1 が G における I を含む**既約成分**である。$\mathcal{O}(\mathcal{E})$ の元を G 上で考えたものを，G 上の多項式函数といい，その全体を $\mathcal{O}(G)$ と記す。$\mathcal{O}(G)=\mathcal{O}(\mathcal{E})/I(G)$ である。特に G が既約であるとき，$\mathcal{O}(G)=\mathcal{O}(\mathcal{E})/I(G)$ は整域であるから，商体 $\mathcal{R}(G)$ ができる。$\mathcal{R}(G)$ の元 R を G 上の有理函数という。函数としては，それは既約表示の分母が0とならない点で定義される。この係数体 K に値をとる有理函数の概念を拡張して，G から，K 上の有限次元線型空間 $\mathcal{F}$ への**有理写像**の概念が定義される。特に線型空間 U 上の一次変換全体の空間 $\mathcal{E}(U)$ に値をとる G 上の有理写像 ρ で，G 上到る所定義され，G から $GL(U)$ への準同型写像となっているものを，G の**有理表現**という。G が既約でないときも，G から $GL(U)$ への準同型写像で，G における1の既約成分 G_1 の有理表現となっているものを，G の有理表現という。L を K の拡大体とするとき，線型空間 V の L への係数拡大を V^L とする。($V^L = L\otimes_K V$ である。)　$GL(V)$ の代数部分群 G に対し，G を含む $GL(V^L)$ の最小の代数部分群を G^L とし，G の L への**係数拡大**という。G に対する $\mathcal{O}(\mathcal{E})$ のイデアルを $I(G)$ とするとき，G^L に対する $\mathcal{O}(\mathcal{E}^L)$ のイデアルは $I(G)^L$ であり $G^L\cap\mathcal{E}=G$ となる(定理3)。特に G が既約のとき，$\mathcal{R}(G^L)=L(\mathcal{R}(G))$ であり，K 上で L と $\mathcal{R}(G)$ は線型無関連である。G 上の有理写像 $R: G\longrightarrow\mathcal{F}$ の延長となる $G^L\longrightarrow\mathcal{F}^L$ の有理写像 R^L が唯一つ存在する。特に G の有理表現 $\rho: G\longrightarrow GL(U)$ の延長となる G^L の有理表現 $\rho^L: G^L\longrightarrow GL(U^L)$ が唯一つ存在する。$\rho(G)$ を含む $GL(U)$ の最小の代数部分群を H とすれば，$\rho^L(G^L)$ を含む $GL(U^L)$ の最小の代数部分群が H^L である。

さて K の二つの拡大体 L, L' と $s\in V^L$, $s'\in V^{L'}$ に対し，次の条件(S)がみたされるとき，s' は s の**特殊化**という。

(S)　$P(s)=0$ となる V 上の任意の多項式函数 P に対して，必ず $P(s')=0$ となる。

K の拡大体 L に対する G^L の任意の元 s を G の**一般化点**という。特に $s\in G^L$ は，すべての $t\in G$ が s の特殊化となっているとき，G の**生成点**という。代数群 G が生成点を持つための必要十分条件は，G が既約であることである(定理4)。G が既約のとき，$\mathcal{R}(G)$ の K 上の超越次数を，G の**次元**といい $\dim_K G$ と記す。$\dim_K G=\dim_L G^L$，$\dim_K(G\times G')=\dim_K G+\dim_K G'$ が成立つ。V の双対線型空間を V^* とするとき，$X\in\mathcal{E}=\mathcal{E}(V)$ に対し，$-{}^tX\in\mathcal{E}(V^*)$ である。また V 上の多項式函数環は対称環 $S(V^*)$ と同一視でき，その商体 $\mathcal{R}=\mathcal{R}(V)$ が V 上の有理函数体である。$X\in\mathcal{E}(V)$ に対し V^* 上の一次変換 $-{}^tX$ の延長となる $\mathcal{R}=\mathcal{R}(V)$ の導作用素(derivation) D_X が唯一つ存在する(ch.1. §4 命題5)。D_X を X に**付随**する導作用素という。

以下 $\mathcal{E}=\mathcal{E}(V)$ に，括弧積 $[X, Y]$ を

$$[X, Y]=XY-YX$$

と定義して得られる K 上のリー環を $\mathfrak{gl}(V)$ と記す。任意の $X \in \mathscr{E}$ に対し，$\mathscr{E}$ 上の一次変換 f_X を

$$f_X(s) = X_s, \qquad s \in \mathscr{E}$$

によって定義する。

$X \in \mathscr{E} = \mathscr{E}(V)$ に対し，$\mathscr{E}$ 上の一次変換 $f_X : s \longmapsto X_s$ に付随する $\mathscr{R} = \mathscr{R}(\mathscr{E})$ の導作用素を $\delta(X)$ と記す。δ は線型写像で，$\delta([X, Y]) = [\delta(X), \delta(Y)]$ をみたす。

定義　G を $GL(V)$ の代数部分群とし，G を定義する $\mathscr{O}(\mathscr{E})$ のイデアル $I(G)$ を $\mathfrak{a}$ と記す。

$$\mathfrak{g} = \{X \in \mathfrak{gl}(V) \mid \delta(X)\mathfrak{a} \subset \mathfrak{a}\}$$

は $\mathfrak{gl}(V)$ の部分リー環である。$\mathfrak{g}$ を代数群 G の**リー環**といい，$\mathfrak{g} = L(G)$ と記す。G が典型群のとき $L(G)$ は期待されるものになる(§10 例)。G における 1 の既約成分を G_1 とすれば，$L(G_1) = L(G)$ である。また $\dim_K G = \dim_K L(G)$ である(定理 5)。また代数群 G の有理表現 $\rho : G \longrightarrow GL(U)$ に対し，$\rho(G)$ を含む $GL(U)$ の最小の代数部分群を H とするとき，リー環の準同型写像 $d\rho : L(G) = \mathfrak{g} \longrightarrow L(H) = \mathfrak{h}$ が存在する(定理 6)。$d\rho$ を ρ の**微分表現**という。このとき $\mathrm{Ker}\,\rho = N$ は G の正規代数部分群で，$L(\mathrm{Ker}\, d\rho) \subset \mathrm{Ker}\, d\rho$ が成立つ(§9 命題 4)。特に係数体 K の標数が 0 のときは $L(\mathrm{Ker}\, d\rho) = \mathrm{Ker}\, d\rho$ が成立つ(定理 12)。しかし標数 $p > 0$ の場合にはこの等式が成立たない例がある(§10 例Ⅴ)。また代数群 G の随伴表現 $(\mathrm{Ad}\, t)Y = tYt^{-1}$, $(Y \in L(G))$ の微分表現は，リー環 $L(G)$ の随伴表現 $(\mathrm{Ad}\, X)Y = [X, Y]$ である(§9 命題 7)。

以下係数体 K の標数は 0 とする。今まで通り V の K 上の有限次元線型空間 $\mathscr{E} = \mathscr{E}(V)$ とする。今文字 T の K 係数形式的冪級数環を $\mathfrak{t}$，$\mathfrak{t}$ の商体を L として係数拡大 V^L を作り，その中で V の元の $\mathfrak{t}$ 係数一次結合として表わされる元の全体を $V^{\mathfrak{t}}$ と記す。このとき任意の $X \in \mathfrak{gl}(V)$ に対し，$\mathscr{E}^{\mathfrak{t}}$ の元

$$\exp TX = \sum_{n=0}^{\infty} \frac{1}{n!} T^n X^n$$

を考える。このとき次のことが成立つ。

定理7　$X \in \mathfrak{gl}(V)$ が代数群 $G(\subset GL(V))$ のリー環 $L(G)$ に含まれるための必要十分条件は，$\exp TX$ が G の一般化点となることである。

系　$K=\mathbb{R}$(実数体)のとき，実代数群 G のリー環は，リー群としての G のリー環と一致する。

定理8　G が $GL(V)$ の既約代数部分群とし，$\{X_1, \cdots, X_d\}$ をリー環 $L(G)$ の一つの基底とする。d 個の文字 $\{T_1, \cdots, T_d\}$ に関する K 係数形式的冪級数環を $\mathfrak{t}=K[[T_1, \cdots, T_d]]$ とし，その商体を L とする。このとき $\mathscr{E}^L$ の点 $s=\exp T_1 X_1 \cdots \exp T_d X_d$ は，G の生成点である。

系1　G, H が共に $GL(V)$ の既約代数部分群とするとき次のことが成立つ。

1)　$H \subset G \Longleftrightarrow L(H) \subset L(G)$

2)　$H = G \Longleftrightarrow L(H) = L(G)$

(注意　K の標数が $p>0$ のとき，この定理及び系は成立たないことがある。(§X例V))

定理9　G を代数群，$\rho: G \longrightarrow GL(U)$ を有理表現とするとき，任意の $X \in L(G)$ に対し，

$$\rho(\exp TX) = \exp T((d\rho)(X))$$

が成立つ。

こうして，標数0の場合には，リー群の場合と平行した理論が線型代数群とそのリー環の間に成立つことをシュヴァレーは示したのであった。

[18]第II章後半では，レプリカ理論を代数群という枠組の中で新たに論じ直し，かつその応用として代数群としそのリー環に関するいくつかの重要な定理を証明する。$\mathfrak{gl}(V)$ の部分リー環 $\mathfrak{g}$ は，ある代数部分群 G のリー環 $L(G)$ と一致するとき，**代数的リー環**という。

定理11　$\mathfrak{gl}(V)$ の代数的部分リー環の任意の族 $(\mathfrak{g}_i)_{i\in 1}$ に対し，$\mathfrak{g}=\bigcap_{i\in 1}\mathfrak{g}_i$ は代数的である。$L(G_i)=\mathfrak{g}_i$ となる代数群 $G_i(\subset GL(V))$ をとるとき，$\mathfrak{g}$ は代数群

$G=\bigcap_{i\in 1} G_i$ のリー環である。

定義 $\mathfrak{gl}(V)$ の元 X に対し，X をそのリー環に含むような代数群 $G(\subset GL(V))$ 全体の共通部分を $G(X)$ と記す：$G(X)$ は $X\in L(G)$ となるような代数群 $(\subset GL(V))$ 中最小のものである。$G(X)$ のリー環 $L(G(X))=\mathfrak{g}(X)$ の元を，**X のレプリカ**という。（これが[6]の線型代数的な定義と一致することはすぐ後で述べる。）

定理10 $X\in\mathfrak{gl}(V)$ のジョルダン分解を $X=S+N$($S=$半単純，$N=$冪零，$[S,N]=0$)とするとき，$G(X)$ は可換な既約代数群で，直積 $G(S)\times G(N)$ と同型である。

この定理により $G(X)$ を求めることは，$X=S,N$ のときに帰着する。すぐわかるように $G(N)=\{\exp aN\mid a\in K\}$ である（§13命題1）。

また S が V の基底 B に関し対角要素 $(a_1,\cdots,a_n)$ の対角行列 $s(a_1,\cdots,a_n)$ であるとき，$\Lambda=\left\{(e_1,\cdots,e_n)\in\mathbb{Z}^n \,\middle|\, \sum_{i=1}^{m} e_i a_i=0\right\}$ とおけば，$G(S)=\left\{s(c_1,\cdots,c_n) \,\middle|\, \prod_{i=1}^{n} c_i \neq 0,\ \text{すべての}\ (e_1,\cdots,e_n)\in\Lambda\ \text{に対し，}\ \prod_{i=1}^{n} c_i^{e_i}=1\right\}$ となる(§13命題2)。S が対角型でない半単純一次変換のときは，S の固有値をすべて含む K のガロア拡大 L に係数拡大して考えると $G(S)^L=G(S^L)$ は上の形で定まり，$G(S)=G(S^L)\cap\mathscr{E}(V)$ となる。これらのことから上の定義による X のレプリカが[6]のテンソル不変式によって定義されたものと一致することがわかる。

定理12 G を $GL(V)$ の代数部分群，$\rho: G\longrightarrow GL(V)$ をその有理表現とする。H を $GL(V)$ の代数部分群，$N=\rho^{-1}(H)$ とおくとき，N は代数群で，$L(\rho^{-1}(H))=(d\rho)^{-1}(L(H))$ となる。

系 $\mathfrak{p},\mathfrak{q}$ を $\mathscr{E}$ の部分空間で $\mathfrak{q}\subset\mathfrak{p}$ となるものとする。このとき $\mathfrak{g}=\{X\in\mathfrak{gl}(V)\mid[X,\mathfrak{p}]\subset\mathfrak{q}\}$ は $\mathfrak{gl}(V)$ の代数的部分リー環で，代数群 $G=\{s\in GL(V)\mid sYs^{-1}\equiv Y \mod \mathfrak{q} \text{ for all } Y\in\mathfrak{p}\}$ のリー環である。

この系から直ちに次の定理13が導かれる。

定理 13　1)　$\mathfrak{g}$ が $\mathfrak{gl}(V)$ の任意の部分リー環であるとき，$\mathfrak{g}$ を含む $\mathfrak{gl}(V)$ の代数的部分リー環の内で最小のもの，$\mathfrak{g}'$ が存在する。

2)　$\mathfrak{g}$ の任意のイデアル $\mathfrak{a}$ は，$\mathfrak{g}'$ のイデアルでもある。

3)　$[\mathfrak{g}', \mathfrak{g}'] = [\mathfrak{g}, \mathfrak{g}]$

定理 14　$(\mathfrak{g}_i)_{i\in I}$ を，$\mathfrak{gl}(V)$ の代数的部分リー環の任意の族とする。

1)　このとき $\bigcup_{i\in I}\mathfrak{g}_i$ から生成されるリー環 $\mathfrak{g}$ は，代数的である。

2)　さらに $L(G_i) = \mathfrak{g}_i\,(i\in I)$ となる既約代数群 G_i をとるとき，$\bigcup_{i\in I} G_i$ を含む最小の代数群 $(\subset GL(V))\,G$ は，既約で，$L(G) = \mathfrak{g}$ となる。

定理 15　1)　$\mathfrak{g}$ を $\mathfrak{gl}(V)$ の任意の部分リー環とするとき，$[\mathfrak{g}, \mathfrak{g}]$ は代数的である。

2)　$\mathfrak{g}$ が既約代数群 G のリー環であるとき，$[\mathfrak{g}, \mathfrak{g}]$ は G の交換子群 G' を含む $GL(V)$ の最小の代数群のリー環である。

定理 16　$\boldsymbol{A}$ を K 上の有限次元の algebra（結合律をみたさなくてもよい）とすれば，$\boldsymbol{A}$ の自己同型群 Aut $\boldsymbol{A}$ は，代数群で，そのリー環は $\boldsymbol{A}$ の導作用素（derivation）全体の作るリー環 $\mathcal{D}(\boldsymbol{A})$ と一致する。

系　$X \in \mathcal{D}(\boldsymbol{A})$ のとき，$X = S + N$ をジョルダン分解とすれば，$S, N \in \mathcal{D}(\boldsymbol{A})$.

定理 A　1)　$\mathfrak{gl}(V)$ の部分リー環 $\mathfrak{g}$ に対し，$\mathfrak{g} =$ 代数的 $\Longleftrightarrow \forall X \in \mathfrak{g}$ のレプリカ Y は $\mathfrak{g}$ に属す。

2)　任意の $X \in \mathfrak{gl}(V)$ のレプリカは，X の多項式 $f(X)$ となる。ただし $f(T) \in K[T]$，$f(0) = 0$.

3)　$X = S + N$ がジョルダン分解ならば，S, N は X のレプリカである。

4)　L を K の拡大体とする。「$\mathfrak{g}$ が代数的 $\Longleftrightarrow \mathfrak{g}^L$ が代数的」が成立つ（§14 命題 2, 3, 4）。

定理 17　$X \in \mathfrak{gl}(V)$ に対して次のことが成立つ。

X は冪零 $\Longleftrightarrow X$ の任意のレプリカ X' に対し $\mathrm{Tr}(XX')=0$

定理 18 $g \in GL(V)$ は一意的に，$g=su$，$s=$ 半単純，$u=$ 冪単(即ち $u-1$ は冪零)，$su=us$ と表わされる(g の乗法的ジョルダン分解)。g の半単純および冪零成分は，$s, s(u-1)$ である。s, u は g の K 係数多項式として表わされる。g を含む任意の代数群 G は，s および u をも含む。

こうしてシュヴァレーは，

A. 任意の無限体 K 上で線型代数群とそのリー環を定義し，
B. 標数 0 の体上での線型代数群とそのリー環の間に，リー群とその環の間の関係に平行した関係を確立し，
C. 一次変換 X のレプリカの理論を，線型代数群論の中で展開する

という彼の目標を達成した。この結果は，彼の『リー群論』第Ⅲ巻[24]で，標数 0 の体上でのリー環論を展開するに当って，有効に利用された。この本では代数幾何の手法を限定的にだけ用い，なるべく線型代数の範囲ですませようという傾向が見られる。一方，次のような理論的な問題点を残すことになった。

Ⅰ $GL(V)$ の部分群として，線型代数群を外在的に定義したため，代数群の構造とは何かという問題を残した。二つの代数群の同型とか，剰余群 G/N を代数群として直接定義するためには，やはりアフィン代数群というような内在的な概念から出発すべきだったように思われる。前節で述べたように，シュヴァレーはコンパクト・リー群に付随する代数群の場合には，この方法をとっているのであるから，なぜこのような記述を選んだのか，やや不思議に思われる。
Ⅱ 標数 $p>0$ 特に有限体を係数体とする場合の扱いが未解決問題として残った。
Ⅲ 標数 0 の場合も形式冪級数 $\exp TX$ の導入は，リー群の場合の類似を追ったものであるが，より代数幾何的に自然な方法はないか。

これらは，理論の発展途上において，成書にまとめられたために，後から見て

指摘される点である。これらの問題点のため，この[18]は，線型代数群の教科書の定本とはならなかったけれども，それはその歴史的意義を否定するものではない。現代における線型代数群の理論は，やはりシュヴァレーが主要な推進者となって始められたのである。

§4　シュヴァレー群

シュヴァレーは，上述のような問題点は，当然自覚していたと思われる。

特に上の問題IIは，有限単純群との関連で重要である。複素典型群はすべて線型代数群であるが，その定義式を有限体上で考えて得られる群は，中心で割るとき有限単純群となることが古くから知られていた(ディクスン(5))。また有限体でなく，任意の体(非可換でもよい)でもやはり単純群が得られることをデュドンネ(7)が示した。ディクスンはさらにG_2型例外群の場合も同様であることを発見していた(6)。そこでシュヴァレーは，他の型の例外群で同じ事を考え，F_4, F_6, F_7の三種の例外単純リー群を，任意の体上で考えることにより単純群が得られることを確かめていた。これは彼が53年に来日したときの最初の講演で報告された(服部(9))。これは特に有限体上で考えるとき，何十年振りかでの新しい有限単純群を発見したわけで，重要な仕事であった。しかしこのように，各単純リー群について別々に考えるやり方には，方法的に面白くない外に，E_8型に対しては既にリー群自身の構成が難しいという難点があった。そこでシュヴァレーは，滞日中に単純リー群(環)から出発して，群の型および係数体によらないで統一的に単純群を構成する問題を考えて，その解決に成功し，滞日の記念に東北数学雑誌に投稿した(最初東大紀要への掲載を希望したが，予算不足で困難ということで東北にしたのである)。

これが今日**シュヴァレー群**の名前で呼ばれる単純群についての論文「ある種の単純群について」[25]である。ただしシュヴァレーの方法は，ディクスンのものとは異なり，いくつかの部分群を具体的に構成し，それらから生成される群を考えるのである。この群の構造を知るためにシュヴァレーはブリュア分解と呼ばれる。極大可解部分群による両側coset分解を利用した。

以下彼の方法を説明しよう。シュヴァレーは，任意の複素単純リー環$\mathfrak{g}$から出発する。$\mathfrak{g}$のカルタン部分環$\mathfrak{h}$をとり，$(\mathfrak{g}, \mathfrak{h})$のルート系を$\Phi$とする。$\Phi$の元は$\mathrm{ad}_{\mathfrak{g}}\,\mathfrak{h}$の0でない同時固有値である$\mathfrak{h}$上の1次形式である。$\alpha \in \Phi$に体する固有空間$\mathfrak{g}_\alpha$は1次元で，

$$\mathfrak{g}=\mathfrak{h}+\sum_{\alpha\in\Phi}\mathfrak{g}_\alpha$$

の形に $\mathfrak{g}$ は直和分解(ルート分解)される。ここで $\alpha,\beta\in\Phi$ に対し,

$$[H,H']=0,\quad H,H'\in\mathfrak{h}$$

$$[H,X_\alpha]=\alpha(H)X_\alpha,\quad H\in\mathfrak{h},X_\alpha\in\mathfrak{g}_\alpha$$

$$[X_\alpha,X_\beta]=\begin{cases}H_\alpha^*\in\mathfrak{h}, & \alpha+\beta=0\\ N_{\alpha,\beta}X_{\alpha+\beta}, & \alpha+\beta\in\Phi\\ 0, & \alpha+\beta\notin\Phi\cup\{0\}\end{cases}$$

である。この $N_{\alpha,\beta}$ をさらに正規化することをワイルが試みた。ワイル[28]は,すべての $N_{\alpha,\beta}$ が実数となるように X_α を選ぶことができることを示した。シュヴァレーは,ワイルのこの論法をさらに精密化し,現在シュヴァレー基底と呼ばれている次の性質を持つ基底の存在を示した。以下 $B(X,Y)=\mathrm{Tr}(\mathrm{ad}\,X\,\mathrm{ad}\,Y)$ を,$\mathfrak{g}$ のキリング形式とする。B は $\mathfrak{h}\times\mathfrak{h}$ 上非退化だから,これにより,$\mathfrak{h}$ とその双対空間 $\mathfrak{h}^*$ を同一視する。すなわち各 $\lambda\in\mathfrak{h}^*$ に対し $\lambda(H)=B(h_\lambda,H)$ $(\forall H\in\mathfrak{h})$ となる $h_\lambda\in\mathfrak{h}$ が唯一つ存在するから,これにより λ と h_λ を同一視する。このとき $\mathfrak{h}_0=\sum_{\alpha\in\Phi}\mathbb{R}h_\alpha$ は,$\dim_{\mathbb{R}}\mathfrak{h}_0=\dim_{\mathbb{C}}\mathfrak{h}=\ell$ となる $\mathfrak{h}$ の実部分空間で,B は $\mathfrak{h}_0\times\mathfrak{h}_0$ 上で正値である。そこでこれによりルート間に内積 $(\alpha,\beta)=B(h_\alpha,h_\beta)$ を考えることができる。このとき $\alpha,\beta\in\Phi$ に対し $\langle\beta,\alpha\rangle=2(\beta,\alpha)/(\alpha,\alpha)$ と置くと,$\langle\beta,\alpha\rangle\in\{0,\pm1,\pm2,\pm3\}$ である。今各 $\alpha\in\Phi$ に対し $H_\alpha=2h_\alpha/(\alpha,\alpha)$ とおく。

またルート系 Φ に対し,その基底 $\Delta=\{\alpha_1,\cdots,\alpha_\ell\}$ が存在し,各 $\alpha\in\Phi$ は Δ の元の同符号整係数一次結合として $(\alpha=\sum_{i=1}^{\ell}m_i\alpha_i,\ m_i\in\mathbb{Z}$ で,すべての $m_i\geqq0$ またはすべての $m_i\leqq0)$ と表わされる。

定理1 任意の複素単純リー環 $\mathfrak{g}$ は,その構造定数がすべて整数であるような基底 B を持つ。より詳しくは,$B=\{X_\alpha\in\mathfrak{g}_\alpha,\ \alpha\in\Phi\}\cup\{H_i\in\mathfrak{h}\mid 1\leqq i\leqq\ell\}$ で次の(1)-(4)をみたすものが存在する。

(1) $[H_i,H_j]=0,$

(2) $[H_i,X_\alpha]=\langle\alpha,\alpha_i\rangle H_\alpha$

(3) $[X_\alpha,X_{-\alpha}]=H_\alpha$ $(H_i\,(1\leqq i\leqq\ell)$ の整係数一次結合)

(4) $\alpha,\beta\in\Phi$ が一次独立で $\beta+k\alpha\in\Phi$ $(-r\leqq k\leqq q,\ p,q\in\mathbb{N})$ で

$\beta-(r+1)\alpha, \beta+(q+1)\alpha \notin \Phi$のとき，

$$[X_\alpha,\ X_\beta]=\begin{cases}\pm(r+1)X_{\alpha+\beta}, & q\geqq 1\\ 0, & q=0\end{cases}$$

このようなシュヴァレー基底の整係数一次結合の全体を$\mathfrak{g}_\mathbb{Z}$とする。$\mathfrak{g}_\mathbb{Z}$は環$\mathbb{Z}$上のリー環である。今任意の可換体Kをとり，K上のリー環$\mathfrak{g}_K$を

$$\mathfrak{g}_K=K\otimes_\mathbb{Z}\mathfrak{g}_\mathbb{Z}$$

により定義する。体Kは$\mathbb{Z}$加群であるから，$\mathbb{Z}$加群としてのテンソル積を考え，$a\in K$に対し，$a(b\otimes X)=ab\otimes X$により$K$上のベクトル空間と考えるのである。従って$K$の標数が$p>0$の時は，係数の整数は$\mathrm{mod}\, p$で考えることになる。

各$\alpha\in\Phi$に対し，$\mathrm{ad}\, X_\alpha$は冪零一次変換だから，$t\in\mathbb{C}$に対し

$$x_\alpha(t)=\exp(t\,\mathrm{ad}\,X_\alpha)$$

の行列成分は，tの多項式であり，シュヴァレー基底の性質から，それは整係数多項式である。従ってここでtに任意の体Kの元を代入することができ，Kの加法群から自己同型群$\mathrm{Aut}(\mathfrak{g}_K)$への準同型写像$x_\alpha$が得られる。

次に$P_r=\sum_{\alpha\in\Phi}\mathbb{Z}\alpha$とおく。加法群$P_r$から，体$K$の乗法群$K^\times$への準同型写像（$P_r$の$K$指標）$\chi$に対して$\mathrm{Aut}(\mathfrak{g}_K)$の元$h(\chi)$を，次式で定義する：

$$h(\chi)H_\alpha=H_\alpha,\quad h(\chi)X_\alpha=\chi(\alpha)X_\alpha,\quad \alpha\in\Phi$$

$h(\chi)$は，シュヴァレー基底に関し対角行列で表わされる。写像

$$h:\mathrm{Hom}(P_r,K^\times)\longrightarrow\mathrm{Aut}(\mathfrak{g}_K)\ :\chi\longmapsto h(\chi)$$

は準同型写像である。

$$h\,(\mathrm{Hom}(P_r,K^\times))=\mathfrak{H}$$

と置く。

定義　$\{x_\alpha(t)\mid t\in K,\ \alpha\in\Phi\}\cup\{h(\chi)\mid\chi\in\mathrm{Hom}(P_r,K^\times)\}$から生成される$\mathrm{Aut}(\mathfrak{g}_K)$の部分群$G$を，$(\mathfrak{g},K)$に対する**シュヴァレー群**という。

これはシュヴァレー基底のとり方によらないことが示される。

さて群Gの性質を調べるために，シュヴァレーはいわゆる**ブリュア分解**を用いた。これはブリュア(2)が，半単純リー群のユニタリ表現論で複素典型群について導入したものであり，そのすぐ後にハリッシュ・チャンドラ(8)が一般の実および複素半単純群について，同様のことが成立つことを証明した。連結複素半単純

リー群 G について言えば，G の任意の一つの連結極大可解部分群 B をとるとき，$G=\bigcup_{w\in W} BwB$（直和）と，B に関する有限個の両側剰余類の直和に G が分解され，各両側剰余類は，ワイル群 W の元と一対一に対応するというのが，G のブリュア分解である。

シュヴァレーのこの論文は，当時発見されたばかりの，この分解に触発されて成ったものとも言える。彼はこの分解が，シュヴァレー群に対しても成立つことを発見し，それを G の構造を定める中心的手段として活用したのであった。

さて実ユークリッド空間 $\mathfrak{h}_0$ 上で，ルート $\alpha\in\Phi$ を法線ベクトルとする超平面に関する鏡映を w_α とし，$\{w_\alpha|\alpha\in\Phi\}$ から生成される $GL(\mathfrak{h}_0)$ の部分群 W を，$(\mathfrak{g},\mathfrak{h})$ の（あるいは Φ の）**ワイル群**という。w_α を $\mathrm{Aut}(\mathfrak{g})$ の元 ω_α として実現するために，シュヴァレーは $SL(2,K)$ の G への埋め込みを利用している。これはまた $\omega_\alpha(t)=x_\alpha(t)x_{-\alpha}\left(-\dfrac{1}{t}\right)x_\alpha(t)$，$\omega_\alpha=\omega_\alpha(1)$ とすると，

$$\omega_\alpha(X_\beta)=\eta_{\alpha,\beta}X_{w_\alpha(\beta)},\quad \eta_{\alpha,\beta}=\pm1$$

となるので，この $\omega_\alpha\in\mathrm{Aut}(\mathfrak{g}_K)$ を用いてもよい（岩堀(13)）。

$\mathfrak{H}$ と $\{\omega_\alpha|\alpha\in\Phi\}$ から生成される G の部分群を $\mathfrak{W}$ とする。このとき任意の $\omega\in\mathfrak{W}$ に対して

$$\omega x_\alpha\omega^{-1}=x_\omega(\alpha),\quad \omega h(\chi)\omega^{-1}=h(\chi'),\quad \chi'(\alpha)=\chi(\omega^{-1}(\alpha))$$

となり，$\mathfrak{W}/\mathfrak{H}\cong W$ である。

加法群 P_r の基底 Δ に関する字引式順序を考え，P_r を順序群とする。$\Phi_+=\{\alpha\in\Phi|\alpha>0\}$，$\Phi_-=\{\alpha\in\Phi|\alpha<0\}$ とおく。今 $\{x_\alpha(t)\,|\,t\in K,\ \alpha\in\Phi_+\}$ から生成される G の部分群を $\mathfrak{U}$ と置く。$\mathfrak{U}$ の元はすべて冪単元である。このとき

$$G=\mathfrak{U}\mathfrak{W}\mathfrak{U}$$

が成立つ。これをより精密にすることを考える。今 $w\in W$ に対して $\Phi'_w=\{\alpha\in\Phi\,|\,w\alpha>0\}$，$\Phi''_w=\{\alpha\in\Phi\,|\,w\alpha<0\}$ とおく。$\alpha,\beta\in\Phi'_w$，$\alpha+\beta\in\Phi\Longrightarrow\alpha+\beta\in\Phi'_w$ が成立ち，Φ''_w についても同じである。そこで A から生成される群を $\langle A\rangle$ とするとき，$\mathfrak{U}'_w=\langle x_\alpha(t)\,|\,t\in K,\ \alpha\in\Phi'_w\rangle$，$\mathfrak{U}''_w=\langle x_\alpha(t)\,|\,t\in K,\ \alpha\in\Phi''_w\rangle$ とおけば，これらは $\mathfrak{U}$ の部分群である。また $\mathfrak{B}=\mathfrak{U}\mathfrak{H}$ は，G の部分群で，$\mathfrak{U}$ は $\mathfrak{B}$ の正規部分群である。このとき次の定理が成立つ。

定理 2　シュヴァレー群 G は次の両側分解を持つ。

$$G=\bigcup_{w\in W}\mathfrak{B}\omega(w)\mathfrak{U}''_w \qquad (\text{集合の直和})$$

ここで $\omega(w)$ は，剰余類 $w\in W=\mathfrak{W}/\mathfrak{H}$ の一つの代表元である。

これがシュヴァレー群 G のブリュア分解である。係数体 K が $\mathbb{C}$ のときは，ハリッシュ・チャンドラの定理の特別な場合であり，シュヴァレーはその別証を与えたわけである。

$|\Phi''_w|=N(w)$ とおくと，$\mathfrak{U}''_w$ は $\mathbb{C}^{N(w)}\approx\mathbb{R}^{2N(w)}$ と同相であるから，ブリュア分解はこの場合旗多様体 $\mathfrak{B}\backslash G$ の胞体分割を与え，それから $\mathfrak{B}\backslash G$ のベッチ数とポアンカレ多項式 $P(T)=\sum_{w\in W}T^{2N(w)}$ とが与えられる。

そこで，G 自身のポアンカレ多項式 $P_G(T)$ は，コンパクト実形に移ってハーシュの公式(「シュヴァレー群論」 I, 206(本書第3章 p. 059)参照)を用いれば

$$P_G(T)=(T-1)^{\ell}\sum_{w\in W}T^{2N(w)}$$

によって与えられる。

一方係数体 K が，q 個の元から成る有限体 $\mathbb{F}_q$ であるときは，$\mathfrak{H}, \mathfrak{U}, \mathfrak{U}''_w$ はそれぞれ $(q-1)^{\ell}, q^N, q^{N(w)}$ 個の元から成る。ただし $N=|\Phi_+|$ である。従ってこの場合有限群 G の位数 $|G|$ は

$$|G|=(q-1)^{\ell}q^N\sum_{w\in W}q^{N(w)}$$

である。$N(w)$ と W の冪指数 m_i の関係から，これらの式を m_i で表わすことができる。

このように，$K=\mathbb{C}$ のときの G のベッチ数，$K=$ 有限体 の場合の G の位数が共に定理2から導かれることは，極めて興味ある事実である。

最後にシュヴァレーは，G の交換子群 G' が少数の例外の場合を除き，単純であることを証明する。結果は次の通りである。

定理3　シュヴァレー群 G の交換子群を G' とする。次の(a), (b)の場合を除き，G の部分群 H で，$H\neq\{e\}$ かつすべての $z\in G'$ に対し，$zHz^{-1}=H$ となるものは G' を含む。

(a)　$K=\mathbb{F}_2$,　$\mathfrak{g}=A_1, B_2, G_2$.

(b)　$K=\mathbb{F}_3$,　$\mathfrak{g}=A_1$

定理3系　定理3の(a),(b)以外の場合には，シュヴァレー群 G の交換子群 G' は，単純である。

こうしてシュヴァレーは，リー群，リー環についての結果を活用して，各複素単純リー環 $\mathfrak{g}$ に対し，任意の可換体 K をパラメタとする単純群の無限系列を統一的に作り出すことに成功したのである。これらはブリュア分解という共通の構造上の特徴を持つものとして，単純群の世界の最も大きな族を作る。また彼はこれによって，例外リー環，F_4, E_6, E_7, E_8 に対応する単純群が各可換体 K 上に存在することをも示した。これは例えば有限単純群の表に，新しいメンバーを追加するものであった。

このようにシュヴァレーの論文[25]は，それ自身群論に重要な寄与をしたのであるが，またこの論文は，他の多くの研究の出発点ともなった。

例えばシュタインバーグ(19)は，ディンキン図形の位数2の自己同型に対応するシュヴァレー群 G の自己同型の固定群に対しては，シュヴァレー群と平行した理論が成立ち，シュタインバーグ群と呼ばれる単純群が得られることを発見した。またティツ(24)は，ブリュア分解を持つ群の公理論を作った。

またシュヴァレーの理論の改良もいろいろ行われている。例えば，単純性の証明は阿部(1)が簡単化した。シュヴァレー群についての詳しい解説としては，岩堀(13)とシュタインバーグ(20)の講義録がある。

シンポジウムでは，この後任意の代数的閉体上の単純代数群の分類を行った[27]についても述べたが，その説明は不十分であった。別の機会に改めて「シュヴァレーの群論Ⅲ」として報告することとしたい。

The Publications of C. Chevalley on the group theory

[1]　Groupes topologiques, groupes fuchsiens, groupes libres, C. R. Acad. Sci. Paris 192(1931), 724-726.(with J. Herbrand)

[2]　Génération d'un groupe topologique par transformations infinitésimales, C. R. Acad. Sci. paris 196(1933), 744-746.

[3]　Two theorems on solvable topological groups, Lectures on topology (University of Michigan), Univ. of Michigan Press, An Arbor, 1941, pp.291-292.

[4]　On the topological structure of solvable groups, Ann. of Math. 42(1941), 666-675.

[5]　An algebraic proof of a property of Lie groups, Amer. J. Math. 63(1941), 785-793.

[6]　A new kind of relationship between matrices, Amer. J. Math. 65(1943), 321-351.

[7] On groups of automorphisms of Lie groups, Proc. Nat. Acad. Sci. U.S.A. 30(1944), 274-275.
[8] On algebraic Lie algebras, Proc. Nat. Acad. Sci. U.S.A. 31(1945), 195-196.(with H. Tuan)
[9] "Theory of Lie groups I", Princeton Univ. Press, Princeton, 1946.
[10] Algebraic Lie algebras, Ann. of Math. 48(1947), 91-100.
[11] Cohomology theory of Lie groups and Lie algebras, Trans. AMS. 63(1948), 85-124.(with S. Eilenberg)
[12] Sur la classification des algèbres de Lie simples et de leurs représentations, C. R. Acad. Sci. Paris 227(1948), 1136-1138.
[13] Sur les représentations des algèbress de Lie simples, C. R. Acad. Sci. Paris 227(1948), 1197.
[14] The exceptional Lie algebras F_4 and E_6, Proc. Nat. Acad. Sci. U.S.A. 36(1950), 137-141. (with D. Schafer)
[15] The Betti numbers of the exceptional simple Lie groups, Proc. ICM 1950, Cambridge Mass. vol. 2, pp.21-24.
[16] Two proofs of a theorem on algebraic groups, Proc. AMS 2(1951), 126-134.(with E. Kolchin)
[17] On a theorem of Gleason, Proc. AMS 3(1951), 122-125.
[18] "Théorie des groupes de Lie II", Hermann, Paris, 1951.
[19] Sur le groupe E_6, C. R. Acad. Sci. Paris 232(1951), 1991-1993.
[20] Sur une variété algébrique liée à l'étude du groupe E_6, C. R. Acad. Sci. Paris 232(1951), 2168-2170.
[21] On algebraic group varieties, J. Math. Soc. Japan 6(1954), 36-44.
[22] "The algebraic theory of spinors", Columbia Univ. Press, New York, 1954.
[23] Invariants of finite groups generated by reflections, Amer. J. Math. 77(1955), 778-782.
[24] "Théorie des groupes de Lie III", Hermann, Paris, 1955.
[25] Sur certains groupes simples, Tôhoku Math. J. 7(1955), 14-66.
[26] The Betti numbers of the exceptional groups, Memoirs AMS 14(1955), 1-9.(with A. Borel)
[27] "Séminaire sur la classification des groupes de Lie algébriques", École Norm. Sup. Paris, 1956-1958.(with P. Cartier, M. Lazard, and A. Grothendieck)
[28] La théorie des groupes algébriques, Proc. ICM 1958, Edinburgh, Cambridge Univ. Press, 1960, pp.53-68.
[29] Une démonstration d'un théorème sur groupes algébriques, J. Math. pure et appl. 39 (1960), 307-317.
[30] Certains schémas de groupes semi-simples, Sém. Bourbaki 1960/61, no.219, Benjamin, New York, 1966.

References

(1) 阿部英一, Groupes simples de Chevalley, Tôhoku Math. J. 13(1961), 253-267.
(2) F.Bruhat, Représentations induites des groupes de Lie semisimples connexes, C. R. Paris 238(1954), 437-439.

(3) E. Cartan, Les Groupes réels simples finis et continus, Ann. École. Norm. Sup.31(1914), 263-355.
(4) E. Cartan, Sur la détermination d'un système orthogonal complet dans un espace de Riemann symétrique clos, Rend. Circ. Mat. Palermo, 53(1929), 217-252.
(5) L.E.Dickson, "Linear Groups with an Exposision of the Galois Field Theory", Teubner, Leipzig, 1901.
(6) L.E.Dickson, A New system of simple groups, Math. Ann. 60(1905), 137-150.
(7) J. Dieudonné, Sur les groupes classiques, Hermann, Paris, 1948.
(8) Harish-Chandra, On a lemma of F. Bruhat, J. Math. Pures Appl. 35(1956), 203-210.
(9) 服部昭,「C. Chevalley 教授の東大における講演,「新しい単純群について」」, 数学 6(1954), 42-45.
(10) G. Hochschild and G. D. Mostow, Representations and representative functions of Lie groups, Ann. of Math. 66(1957), 495-542.
(11) J. E. Humphreys, "Linear Algebraic Groups", Springer, 1981.
(12) 岩堀長慶, On some matrix operators, J. Math. Soc. Japan 6(1954), 76-104.
(13) 岩堀長慶,『リー環論と Chevalley 群』, 東大数学教室セミナリーノート・12・13, 1965.
(14) 岩堀信子,「淡中双対定理の別証明」, 数学 10(1958), 34-36.
(15) 松島与三, On algebraic Lie Groups and algebras, J. Math. Soc. Japan 1(1948), 47-57.
(16) 小野孝, Sur les groupes de Chevalley, J. Math. Soc. Japan 10(1958), 307-313.
(17) F. Peter und H. Weyl, Die Vollständigkeit der primitiven Darstellungen einer geschlossenen kontinuierlichen Gruppen, Math. Ann. 97(1927), 737-755.
(18) L. S. Pontryagin, The theory of topological commutative groups, Ann. of Math. 35(1934), 361-388.
(19) R. Steinberg, Variations on a theme of Chevalley, Pacific J. Math. 9(1959), 875-890.
(20) R. Steinberg, Lectures on Chevalley Groups, Mimeographed Lecture Notes, Yale Univ., 1968.
(21) 杉浦光夫, Some remarks on duality theorems of Lie groups, Proc. Jap. Acad. 43(1967), 927-931.
(22) 杉浦光夫, The Tannaka duality theorem for semisimple Lie groups, pp.405-428 in "Manifolds and Lie groups, Papers in Honour of Yozô Matsushima", Birkhäuser, 1981.
(23) T. Tannaka, Dualität der nicht-kommutativen Gruppen, Tôhoku Math. J. 53(1938), 1-12.
(24) J. Tits, Algebraic and abstract simple groups, Ann. of Math. 80(1964), 313-329.
(25) J. Tits, Classification of algebraic simple groups, "Algebraic Groups and Discontinuous groups", Proc. Symp. Pure Math. 10, AMS, 1966, 33-62.
(26) J. Tits, Sur les constantes de structure et le théorème d'existence des algèbres de Lie semi-simples, Publ. I.H.É.S. 31(1966), 21-58.
(27) A. Weil, L'intégration dans les groupes topologiques et ses applications, Hermann, 1940.
(28) H. Weyl, Theorie der Darstellung kontinuierlicher halbeinfacher Gruppen durch linearen Transformationen, I, II, III, Nachtrag Math. Zeit. 23(1925), 271-309 ; 24(1926), 328-376, 377-395, 789-791.

5 ポントリャーギン双対定理の生れるまで
位相幾何から位相群へ

§0 まえがき

本稿は，ポントリャーギン双対定理が，いかにして生れたかを主題とする。

ポントリャーギン双対定理と呼ばれている局所コンパクト・アーベル群の双対定理は，ポントリャーギンの著書[32]『連続群』(初版 1938)の英訳 Topological groups (Princeton Univ. Press, 1939)によって普及した。しかしポントリャーギンの最初に発表した論文[16]「可換位相群の理論」(Ann. Math, 35(1934))では，双対定理としてはコンパクト・アーベル群と離散アーベル群の双対定理が証明されているだけであり，(第二可算公理をみたす)任意の局所コンパクト・アーベル群の双対定理は，この[16]をみたファン・カムペン(26)(1935)が初めて証明したのである。

一方[16]では第二可算公理をみたす任意の連結局所コンパクト群 G がコンパクト群とベクトル群 $\mathbb{R}^n$ の直和となるという構造定理(第二基本定理)と，さらに G が局所連結のときには，G が高々可算個の 1 次元トーラス群とベクトル群 $\mathbb{R}^n$ の直和になるという定理(第三基本定理)をも証明している。このように連結性の条件はつくものの，ポントリャーギンは，コンパクトでも離散でもない局所コンパクト・アーベル群も考察の対象としているのである。

そこで本稿では，主として次の三つの問に答えることを目標とする。

Ⅰ. ポントリャーギンは，なぜコンパクト・アーベル群と離散アーベル群の双対定理を考えたのか。

Ⅱ. ポントリャーギンは，[16]においてなぜ一般の局所コンパクト・アーベル群一般の双対定理を考えなかったのか。

Ⅲ. ポントリャーギンは，[16]においてなぜ，連結性・局所連結性をみたす局所コンパクト・アーベル群についてだけ構造定理(第二，第三基本定理)を考えたのか。

筆者は，1988年5月ポントリャーギンが死去したとき，彼の仕事を通観した(25)。そのとき，上記の問題Ⅱを考えたが，不十分な解答に終っていた。今度改めて，ポントリャーギンの初期論文に目を通して，双対定理の由来を考え，位相幾何におけるアレグザンダー双対定理の精密化と一般化が，当時のポントリャーギンの関心の中心の一つであり，これとの関連において，問題Ⅰ,Ⅱの解答を考えるべきことがわかった。本稿はその報告である。

問題Ⅲは，Ⅰ,Ⅱとは由来が異なり，コルモゴロフが提出した問題「連結局所コンパクト位相体は$\mathbb{R}, \mathbb{C}, \mathbb{H}$のいづれかに同型であるか」を，ポントリャーギンが肯定的解決した論文[10]に起源がある。そのことにも触れることにした。

さて現代数学には，双対定理と呼ばれるものがいくつも存在するが，それらの起源を遡れば，平面射影幾何学における双対定理に辿りつく。そこでシンポジウムでは，射影幾何のブリアンションの定理とパスカルの定理の双対性から話を始めたが，本稿では冗長になるのを恐れ，位相幾何学におけるポアンカレの双対定理(16)とアレグザンダーの双対定理(1)から話を始め，直ちにポントリャーギンの仕事に移ることとした。

本稿では生かせなかったが，ブリアンションの原論文の捜索に大変お世話になった平井武氏に御礼を申し上げる。

また原稿を通読して，位相幾何学に関し，適切な助言をして下さった中村得之氏に感謝する。

§1, §2の位相幾何学の歴史に関しては，デュドンネ(9)，ボーリンガー(5)，静間(24)を参考にした。これらの著者に感謝する。

以下ポントリャーギンの論文については，その論文集(20)第1巻の論文リストの番号を[3]のように示し，その他の文献については，本稿末尾の文献表の番号を(4)のように示した。なおポントリャーギンの1940年までの論文のリストも本稿末尾に入れておいた。

§1　ポアンカレの双対定理

位相幾何学は，ポアンカレによって始めて数学の一分野として独立した。ポアンカレの方法で特に重要なのは，ホモロジー概念と胞体分割の二つであり，その成果としては，双対定理が目立つ。ただここでは，ホモロジー概念の先駆者として，リーマンを挙げておく。リーマンは，学位論文「一複素変数函数の一般理論の基礎」(21) (1851) および「アーベル函数の理論」(22) (1857) において，曲面の「連結度」という概念を導入し，それが閉リーマン面上の函数論において，基本的な役割を演ずることを示した。後の(22)から引用すれば，彼の連結度の定義は次のようなものであった。「曲面 F 上に，n 個の閉曲線 $a_1, a_2, \cdots, a_n$ であって，どの a_i も，またその全体も F の一部分の境界の全体とならないものが存在するとする。そして別のもう一個の閉曲線をそれらに追加すると，この $n+1$ 個の閉曲線が F のある部分の境界の全体となるとき，この曲面 F は $(n+1)$ 重連結であるという。」(全集 92-93 ページ)

見られるように，ホモロジー的な考えが基礎になっている。リーマンは，この「連結度」という概念を活用した。それは現在ならば，1 次元ベッティ数を用いる所である。リーマンはこの連結度を高次元多様体に拡張する試みを始めていることは，遺稿中の「位置解析に関する断章」(23) (年代不詳) によって知られる。しかしリーマンは，この仕事を完成することなく，40 歳で死去した。ただイタリアに転地中に親しくなったベッティの仕事(4)の中には，リーマンの影響が見られる。

さてポアンカレは『位置解析』(16) (1895) の序文で，次のような趣旨のことを述べている。それまでに彼が研究して来た微分方程式の定性的理論，三体問題，二変数の多価函数，摂動函数の展開への多重積分の応用，連結群に含まれる離散群の研究等等において，自然に位置解析の問題が現われ，位置解析の研究の必要性と有用性を感じた。

ポアンカレが『位置解析』の対象としているのは，C^1 級の微分可能多様体または解析的多様体である。その定義として，ポアンカレは最初数空間 $\mathbb{R}^N$ においていくつかの C^1 級函数による等式と不等式によって与えられ，ヤコービ行列の階数が一定という条件をみたすものを考えた。不等式が入っているのは，変数の範囲を限定するためで，例えば開部分多様体を定義したり，連結成分を指定したりするために必要である。続いてポアンカレは，第二のより広い定義を与える。それはワイヤストラスの解析形成体の拡張であって，解析函数による局所座標系の組であって，定義域に共通部分がある場合には，一方は他方の解析接続になっているようなもので定義される。またポアンカレは，二つの局所座標系の間の座標変換のヤコービ行列式が常に正となるように局所座標系がとれるとき，その多様体は「向きづけ可能」(bilatère という言葉を使っている)と定義する。

次いで基本的なホモロジーの定義を与える。それはリーマンやベッティの考えを受け継いだものである。ポアンカレは当初部分多様体によって実現されるホモロジーだけを考えて居り，次のように定義する。

「p 次元多様体 V を考える。W を V の q 次元部分多様体とする。W の境界が λ 個の $q-1$ 次元連結部分多様体 $v_1, v_2, \cdots, v_\lambda$ から成るとき，この関係を

$$v_1+v_2+\cdots+v_\lambda \sim 0$$

と記す。」

そしてこのような関係をホモロジーと呼ぶ。

ここまでは，リーマンの連結度とさして変わらないが，ポアンカレはここに重要な一歩を踏み出す。すなわち彼は「ホモロジーは，普通の等式と同じように，結合することができる。」と述べる。結合するとは，互いに加えたり，引算をしたりすることができるということである。こうすると自然に $k_1v_1+k_2v_2 \sim k_3v_3+k_4v_4$ (k_i は整数，v_i は $q-1$ 次元部分多様体)のような表現が生ずる。ポアンカレは，このような表現の意味を次のように説明する。

「$k_1v_1+k_2v_2 \sim k_3v_3+k_4v_4$ は，v_1 と殆ど同じ(peu défférut) k_1 個の多様体と v_2 と殆ど同じ k_2 個の多様体と v_3 と殆ど同じで向きの反対な k_3 個の多様体および v_4 と殆ど同じで向きが反対な k_4 個の多様体が境界を作る q 次元多様体 W が存在することを意味する。」

この説明は苦しい。「殆ど同じ」という言葉には何の説明もなく数学的内容は確定していない。またホモロジーの定義の所には明記されていないが，後の実例の所で $\sum k_iv_i \sim 0$ という関係と，0 でない整数 c をかけた $\sum ck_jv_j \sim 0$ は同値であるとされている。これによると $k_iv_i \sim 0$ と $v_i \sim 0$ は同値になり，結局分母を払って整数係数にした有理数係数のホモロジーを考えていることになる。そこで『位置解析』には「ねじれ係数」は登場しない。ポアンカレが整係数のホモロジー

と有理係数のホモロジーの差に気がつき,「ねじれ係数」を, 行列の単因子として導入するのは「補遺 2」においてである。そしてポアンカレは, ベッティ数を次のように定義する。

「V の中の同じ次元の多様体 $v_1, v_2, \cdots, v_\lambda$ が一次独立とは, それらの間に整数を係数とするホモロジーが存在しないことをいう。V の中に P_m-1 個の一次独立な m 次元閉多様体(サイクル)は存在するが, それ以上一次独立のものが存在しないとき, V の m 次元連結数は P_m であるという。従って V が m 次元多様体であるとき, $m-1$ 個の数 $P_1, P_2, \cdots, P_{m-1}$ が定義され, それぞれ, $1, 2, \cdots, m-1$ 次元多様体に関する V の連結数である。今後これらの数を V の**ベッティ数**と呼ぶ。」

従って現在の定義での V の m 次元ベッティ数 P_m はポアンカレの P_m-1 に等しい。現在のような定義の始まりはレフシェッツの本『トポロジー』(13) あたりが最初のようである。

次にポアンカレは, 彼のホモロジー論の最も重要な結果である双対定理を次のように述べる。

ポアンカレ双対定理　(向きのある) 閉多様体 U において, 両端から等しい次元のベッティ数は, 互いに等しい。

U が n 次元であるとすれば, 双対定理は

$$P_{n-r}=P_r$$

と表わされる。

ポアンカレは, これを証明するために n 次元多様体の中にある r 次元と $n-r$ 次元の二つの向きのついた部分多様体 V_1, V_2 が一般の位置にあるとき, V_1 と V_2 の間のクロネッカーの交点数 $N(V_1, V_2)$ について次の命題が成立つと主張した。

多様体 U の切断 V とは, U に含まれる多様体で, 閉多様体であるか, V の境界があるときは, それは U の境界に含まれるものをいう。

命題　h 次元多様体 U において, V_i を $h-1$ 次元閉部分多様体とするとき, 切断 V を適当に選んで, 等式

$$\sum_i k_i N(V, V_i) = 0$$

が成立しないようにできるための必要十分条件は，ホモロジー

$$\sum_i k_i V_i \sim 0$$

が成立たないことである。ここで切断 V は1次元である。以上の関係は，V が p 次元，V_i が $h-p$ 次元のときも成立つ。

この命題から，ポアンカレは，次のようにして双対定理を導いた。

U を h 次元閉多様体とする。このとき U の切断もすべて閉多様体である。いま U の1次独立な p 次元切断

$$C_1, C_2, \cdots, C_\lambda \qquad (\lambda = P_p - 1)$$

をとる。U 内の μ 個の $h-p$ 次元閉多様体

$$V_1, V_2, \cdots, V_\mu$$

に対して，この V_i 達の間にホモロジー

(1)　$\sum_i k_i V_i \sim 0$

が成立つための必要十分条件は，上の命題により

(2)　$\sum_i k_i N(C_1, V_i) = \cdots = \sum_i k_i N(C_\lambda, V_i) = 0$

で与えられる。(2)は μ 個の未知数 $k_1, \cdots, k_\mu$ に関する1次独立な λ 個の同次1次方程式を連立させたものである。従って $\mu > \lambda$ のときには(2)は，すべては0でない解 $(k_1, \cdots, k_\mu)$ を持つ。従って $V_1, \cdots, V_\mu$ が独立で自明でない(1)のような関係が存在しないとすれば

(3)　$\mu \leqq \lambda$

でなければならない。これは U の $h-p$ 次元ベッティ数 P_{h-p} と p 次元ベッティ数 P_p の間に，次の関係が成立つことを意味する。

(4)　$P_{h-p} \leqq P_p$

そこで，p と $h-p$ を入れ換えて論すれば，

(5)　$P_p \leqq P_{h-p}$

も成立つから，双対定理 $P_{h-p} = P_p$ の成立つことが示された，とポアンカレはいう。

さて，1898年の学位論文「代数曲面の連結性に関する位相理論の基礎研究」(11)において，ヘーゴール(P. Heegaard(1871−1948))は，ポアンカレの『位置解析』についての批判を行った。特に双対定理については，ポアンカレの証明を批判しただけではなく，3次元閉多様体で，$P_1=2$，$P_2=1$となる例があるとして，定理の結論自身が成立たないと主張した。これに対し，ポアンカレは，「ベッティ数について」というノート(19)(1899)において，ヘーゴールの批判に反論した。

「これらの批判は根拠のないものではない。この定理(双対定理)はベッティの定義したベッティ数に対しては成立たない。それはヘーゴールの例によってわかる。(中略)　しかし私の定義したベッティ数に対しては正しいのである。」とポアンカレは言う。ここでポアンカレは『位置解析』で述べた「彼のベッティ数が，リーマンの連結度に等しい」という命題の誤りであることを認めたわけである。ポアンカレは，ヘーゴールの批判を機会に，彼の『位置解析』全体を見直して，その五つの「補遺」を書いた。特にその最初のものでポアンカレは彼のホモロジー論を，始めからやり直し，ホモロジーが部分多様体で実現されるという見方を捨てて，多様体の胞体分割に基礎を置くホモロジー論を展開した。こうしてポアンカレは組合せ位相幾何学をも創始したのである。これについては，微分可能多様体は胞体分割可能かという問題と，ベッティ数は胞体分割のとり方に依存せず，多様体の位相不変量であるかという二つの基本的問題が生じ，その解決は後人に待つことになった。

ポアンカレは，この胞体分割から導かれるベッティ数を『位置解析』で定義したものと区別するために「簡約ベッティ数」(numéro de Betti réduit)と呼んでいる。そしてそれが，『位置解析』のベッティ数と一致することを示すことを試みているが，証明は不完全であった。以下，この節でベッティ数というときは，簡約ベッティ数を意味する。「補遺1, 2」(17, 18)において，ポアンカレはホモロジー論を一歩進めた。すなわち結合行列に基本変形を施して標準形にすることにより，ベッティ数を求める方法を提示したのである。これは結局有限生成アーベル群の構造定理を単因子論を用いて求めていることになる。ポアンカレは，ホモロジー群の概念を明確には導入していないが，この辺は極めて代数的である。ただし今日の言葉で言えば，剰余群Z_P/B_Pの構造をZ_PのB_Pに対する関係から求めているわけで，若干複雑である。またここで当然であるが「ねじれ係数」が登場する。

ポアンカレは，この新しいベッティ数の計算法を用いて，双対定理の証明を与えることができた。それは多様体 U の胞体分割 T に対して，重心細分を用いて，双対複体 T^* を作ると T と T^* の結合行列が互に他の転置行列になることに基づく。この方法でポアンカレは，ねじれ係数についても双対定理が成立つことを発見した。こうしてヘーゴールの批判をきっかけとして，ポアンカレは彼のトポロジー研究を一段と深化させたのであった。

§2 アレグザンダーの双対定理

アレグザンダー(J. W. Alexander)の双対定理は，ジョルダンの曲線定理を n 次元に拡張したジョルダン-ブラウアー(Jordan-Brouwer)の定理がそのルーツである。この一般化は，ルベーグ(12)によって始めて取上げられたが，彼は短い C.R. ノート以外は，これについて発表しなかった。

ブラウアーはホモロジーの概念は用いなかったが，単体近似，写像度のような重要な方法を導入し，同相写像による $\mathbb{R}^n$ の次元および領域の不変性定理，不動点定理，ジョルダン-ブラウアーの定理などを 1911 年前後の短期間に集中的に証明した。

ジョルダン-ブラウアーの定理　n 次元球面 S^n(または $\mathbb{R}^n$)内の部分集合 J が $n-1$ 次元球面 S^{n-1} と同相であるとき，次のことが成立つ：J の補集合 S^n-J ($\mathbb{R}^n-J$) は，丁度二つの連結成分を持ち，J は二つの成分の共通の境界である。

ブラウアーは，この定理に二つの証明を与えているが，いづれも複雑で難解であった(7, 8)。これに対して，アレグザンダーはホモロジー論と双対定理の立場から，この定理を見直し明快な証明を与えた。彼は n 次元球面 S^n に埋め込まれた i 次元球面 C^i とその補集合 S^n-C^i の mod 2 でのホモロジーを考えた。mod 2 のホモロジーは既に，1913 年のヴェブレン(O.Veblen)とアレグザンダーの論文(2)で導入されていた。また S^n-C^i はコンパクト集合ではなく，従って有限個の胞体の合併とはならないが，アレグザンダーは，S^n のいくらでも細かい胞体分割 T を考え，T の k-chain の内，S^n-C^i に含まれるものを考えることによって，S^n-C^i のホモロジーを考えた。このときはもはや有限生成加群ではなくなるので，ベッティ数もアプリオリには有限とは言えないが，実際には双対定理によって S^n-C^i の k 次元 mod 2 ベッティ数(アレグザンダーは連結度と呼んでいる)は有限となる。ただしアレグザンダーの定義によるk次元連結度R^kに対し，R^k-1が今日のk次元 mod 2 ベッティ数である。アレグザンダーの双対定理は次のように述べられる。

アレグザンダー双対定理Ⅰ　n次元球面S^nに埋め込まれたi次元球面C^iに対して，C^iとS^n-C^iの連結度の間には次の関係が成立つ。

$$R^i(C^i)=R^{n-i-1}(S^n-C^i)=2,$$
$$R^s(C^i)=R^{n-s-1}(S^n-C^i)=1 \qquad (s\neq i)。$$

系　$i=n-1=s$の場合　$R^0(S^n-C^{n-1})=2$でS^n-C^{n-1}は二つの連結成分からなる。これがジョルダン-ブラウアーの定理である。

双対定理Ⅰは，C^iに対して$n-i-1$次元胞体Kで境界とならないもので，C^iとまつわるものが，本質的に唯一つ存在することを意味する。アレグザンダーはこの定理をiに関する帰納法で証明した。この双対定理Ⅰを一般化して，アレグザンダーは次の定理をも得た。

アレグザンダーの双対定理Ⅱ　n次元球面S^nに埋め込まれた任意のチェインCに対し，次の等式が成立つ。

$$R^i(C)=R^{n-i-1}(S^n-C),\quad 0\leqq i\leqq n-1。$$

アレグザンダーの証明は初等的であるがデリケートである。また数年後に発表されるマイヤー-ヴィートリスの定理(14), (27)の論理を先取りしている所もある。

§3　二つの双対定理の統一

13歳の時失明したポントリャーギン(L. S. Pontrjagin)は，母の献身的な努力によって勉強をし続けることができ，1925年17歳でモスクワ大学数学・物理学部に入学した。この年講師であったP. S. アンクサンドロフはゲッティンゲンに留学してH. ホップと親しくなり，E. ネーターの加群を基礎とする新しい代数学の方法を摂取した。翌年モスクワに帰ったアレクサンドロフは，この新しい位相幾何学の方法を紹介した。そこではベッティ数ではなく，任意の可換環を係数環とするホモロジー(加)群が中心的な概念であった。ポントリャーギンはこのセミナーに出席して位相幾何の勉強を始めた。そしてセミナーでアレクサンドロフの出した問題に答えて，アレグザンダーの双対定理を，ベッティ数(mod 2)の間に関係でなくホモロジー群(mod 2)の間の関係としてとらえる論文[1]を書いた。その主定理は次のようなものである。いま $r+s=n-1$ のとき，$\mathbb{R}^n$ 内の交わらない二つの境界チェイン Γ^r, Γ^s のまつわり数を $b(\Gamma^r, \Gamma^s)$ と置く。$\Gamma^r=\partial K^{r+1}$, $\Gamma^s=\partial K^{s+1}$ のとき，これは K^{r+1} と Γ^s, Γ^r と K^{s+1} の交点数に等しい。

主定理　K^λ が $\mathbb{R}^n$ 内の λ 次元複体とし

(1)　$\Gamma_1^r, \Gamma_2^r, \cdots, \Gamma_p^r$

が，K^λ の r 次元ホモロジー群(mod 2)の基底とし

(2)　$\gamma_1^{n-r-1}, \gamma_2^{n-r-1}, \cdots, \gamma_p^{n-r-1}$

を $\mathbb{R}^n-K^\lambda$ の $n-r-1$ 次元ホモロジー群(mod 2)の基底とする。このとき(1)または(2)の任意の[自明でない]一次結合 C に対して，それぞれ(1)または(2)の元 D が存在して，$b(C, D)\neq 0$ となる。

ポントリャーギンは，その修士論文[6]で，この定理は $b(\Gamma^r, \Gamma^s)$ が $H_r(K^\lambda, F_2)\times H_{n-r-1}(\mathbb{R}^n-K^\lambda, \mathbb{F}_2)\longrightarrow \mathbb{Z}/2\mathbb{Z}$ の非退化双一次写像であると把握し，これから標数2の素体 $\mathbb{F}_2=\mathbb{Z}/2\mathbb{Z}$ 上の有限次元ベクトル空間(従って有限群)として

$$H_r(K^\lambda, \mathbb{F}_2)\cong H_{n-r-1}(\mathbb{R}^n-K^\lambda, \mathbb{F}_2)$$

であることが導かれることを強調した。この論文[6]の序文は，この方面の研究の歴史を適確に述べ，彼の研究の意図を明快に述べているので，以下この序文前半の訳文を掲げよう。

『ポアンカレは，1895年発表の有名な研究『位置解析』において，今日彼の名を冠して呼ばれる双対定理を発見している。すなわち向きのつく n 次元[閉]多様体において，各 r に対し，r 次元と $n-r$ 次元のベッティ数は等しいという事実を，彼は発見したのであった。おおよそ同じころ，ジョルダンは始めて，彼の曲線定理を発見した。しかし当時，この二つの全く異なる定理が，同一の思考圏に属すると考えたり，またジョルダンの定理は，極めて広大で意義深い一般化ができることを予想した人は一人もいなかったのである。この一般化がなされた道筋

を，ごく簡潔に述べると次のようになる。

1912 年にブラウアーは閉曲線の不変性定理(Math. Ann. 72(1912), 422-425)を証明した。これは一般に平面 $\mathbb{R}^2$ 内にある閉集合 F の補集合 $\mathbb{R}^2-F$ の連結成分の個数は，F の位相的性質のみによって定まるという定理であった。極めて特別な場合として[F が円周と同相のとき]，この定理は，ジョルダンの曲線定理を含む。この定理によって，初めて閉曲線の概念を，平面から分離して不変的に定義する原理的な可能性が与えられたのであった。これによって，いわゆる組合せ位相幾何学の種々の不変量をすべての最も一般な閉集合に対しても転用する道が既に示唆されていたのであった。この一般化は，最近五年間に多くの新しい結果をもたらした。それは先づ第一にアレクサンドロフ(Math. Ann. 30(1928), 101-187)，レフシェッツ，ヴィートリスによるものであった。すべてのこれらの結果は閉集合に対する一般双対定理の中に組込まれるのである。これについては，この論文の第三章で扱う。

ただしこの研究においては，初等的な図形に対して証明された定理を，より一般な集合に対しても証明するだけでなく，次元についても一般化を行っているのである：すなわちジョルダンの定理は，2 次元の平面と一次元の曲線に関する定理であったのが，それぞれ n 次元と r 次元に一般化されて定式化され，証明されるのである。この方向での最初の研究は，1911 年ルベーグによってなされた(C. R. Paris 154(1911), 173-175)。ルベーグは n 次元多様体が，$n+1$ 次元空間を[二つに]分割するという性質は，n 次元空間内における r 次元多様体が，$n-r-1$ 次元のまつわりを許すという性質の特別な場合であることを初めて認識した。これによってルベーグは n 次元におけるジョルダンの定理の一部を証明したのである。残りの部分の証明とまつわり理論を完全かつ不変的に基礎づけることは，同じ頃ブラウアーによってなされた(Math. Ann 71(1911), 314-319, Proc. Akad. Amsterdam 15(1912), 113-122)。

本質的に新しく，かつ最も広い立場からの展望を開いた進歩がアレグザンダーによってなされた。彼は，$\mathbb{R}^n$ 内の任意の複体 K の r 次元ベッティ数[mod 2]は，K の補集合 $\mathbb{R}^n-K$ の $n-r-1$ 次元ベッティ数[mod 2]に等しいことを，並外れて簡単でエレガントなやり方で証明したのであった(アレグザンダーの双対定理)(Trans. AMS 23(1922), 333-349)。これはジョルダンの曲線定理の思考圏において(より一般の閉集合でなく)多面体と同相なものに関する限り，当時知られていたすべての定理を含む強力な一般化であった。アレグザンダーの双対定理を，任意の閉集合に拡張することは，1927年アレクサンドロフによってなされた(Gött, Nachr. 25 Nov. 1927)。また同じ頃レフシェッツ(Ann. Math. 29(1928), 232-254)とフランクル(Wiess. Ber. Des., 1927, 689)も[別の]このような拡張を行った。その際レフシェッツは，任意の多様体の閉集合に対して彼の結果を証明した。彼が用いた本質的な補助手段は，まつわり理論従って結局はクロネッカーの交点数理論の一層の開発であった。この理論をトポロジーの新しい問題に対して，望み得る限りの一般性を持って，レフシェッツは発展させたのである。一方ヴェブレンは，既に1923年以来，ポアンカレ双対定理の証明と一般化のために，交点数理論を用いていた。すなわちヴェブレンは，n次元閉多様体のr次元と$n-r$次元のホモロジー基底を適当に選ぶことにより，この双方の基底の間の交点数の作る行列が単位行列となるようにすることができることを示した。この事実は勿論ポアンカレの双対定理を含んで居り，さらにそれを本質的に一般化したものとなっている。このように定式化されたポアンカレ-ヴェブレンの双対定理を$\mathbb{R}^n$内の一つの複体Kのr次元ホモロジー群[mod 2]と，$\mathbb{R}^n-K$の$n-r-1$次元ホモロジー群[mod 2]の基底を適当に選ぶとき，この二つの基底の間のまつわり数の作る行列が単位行列となるようにできるというアレグザンダー双対定理の上述の一般化とを比較するとき，この二つの定理の間の類似性が直ちに目に入るであろう。

この論文では，アレグザンダー双対定理とポアンカレ-ヴェブレン双対定理は共に，同一の純粋に代数的な原理を，対応する次元のホモロジー群の間に適用することに帰着されることを示し，この二つの双対定理の類似性の根拠を明らかにする。

この代数的な原理とは，二つのアーベル群(加法群とする)U, Vに対して，Uの各元uとVの各元vに対して，第三の加群Mの元である積$u\cdot v$が定まるという新しい演算[$U\times V\longrightarrow M$の$\mathbb{Z}$-双線型写像]を考えることによって与えられる。ここで加群Mは有限または無限巡回群[$\mathbb{Z}/m\mathbb{Z}$または$\mathbb{Z}$]である。

このような演算の与えられた二つのアーベル群の対(U, V)を群対という。任意の0でない$u\in U$または$v\in V$が与えられたとき，$u\cdot w\neq 0$または$w\cdot v\neq 0$となるwが存在するとき[即ち積が非退化双線型写像のとき]，この群対を直交群対という。[実は直交群対という用語は後の[16]で初めて登場する。この論文[6]では「素群対」(primitive Gruppenpaar)という語が用いられているが，より適切な[16]の用語に統一した。]

直交群対に関する主定理は次のように述べられる。(U, V)が直交群対ならば，

U と V は同型である。』

ポアンカレ双対定理の場合には，向きづけ可能で単体分割可能な n 次元閉多様体 K の，r 次元と $n-r$ 次元ホモロジー群 $H_r(K,\mathbb{Z})$ と $H_{n-r}(K,\mathbb{Z})$ の元 u,v に対し，積 $u\cdot v$ を交点数 $\chi(u,v)\in\mathbb{Z}$ とする。またアレグザンダー双対定理の場合には，$\mathbb{R}^n$ 内の複体と同相な K に対し $H_r(K,\mathbb{F}_2)$ と $H_{n-r-1}(\mathbb{R}^n-K,\mathbb{F}_2)$ の元 u,v に対する積を，まつわり数 $q(u,v)\in F_2$ とする。これによって $(H_r(K,\mathbb{Z}), H_{n-r}(K,\mathbb{Z}))$ と $(H_r(K,\mathbb{F}_2), H_{n-r-1}(\mathbb{R}^n-K,\mathbb{F}_2))$ が直交群対となる。こうしてこの二つの双対定理は，この直交群対に対する双対定理という共通の原理から導かれることになったのである。さらにポントリャーギンは，どちらの双対定理の場合にも，係数環は任意の自然数 $m>0$ に対する $\mathbb{Z}/m\mathbb{Z}$ とできることをも示している。

この論文で，ポントリャーギンは，アレグザンダー双対定理について，次の三つの一般化を考えている。

(1)　K を複体と同相な集合に限らず，任意のコンパクト集合とする。
(2)　$\mathbb{R}^n$ の代りに，$H_r(M)=0\ (1\leqq r\leqq n-1)$ となる h-多様体 M の中で考える。
(3)　係数環を $\mathbb{Z}/m\mathbb{Z}\ (m>0)$ でなく $\mathbb{Z}$ とする。

位相幾何の双対定理から，位相群の双対定理への道を主要な関心の対象とする本稿では，(1)の視点が最も重要であるから，以下(1)について述べる。(2)の一般化は，特に問題はなく直ちにできる。(3)については，この論文では完全な解決は得られて居らず，整係数ホモロジー群 H でなくベッティ群 $(=H/$ねじれ群$)$ に関する定理しか得られていない。

以下(1)の拡張がどのようにしてなされたかを述べよう。$\mathbb{R}^n$ 内の任意のコンパクト集合あるいは任意のコンパクト距離空間 X に対してホモロジー群を定義することは，何人かの数学者によって考えられたが，ポントリャーギンは，その師アレクサンドロフ(3)の方法を用いた。ここでは群の列の極限を考えることが必要になる。

群の列 $(U_n)_{n\in\mathbb{N}}$ と準同型写像の列 $\varphi_n: U_n \longrightarrow U_{n+1}$ の列 $(\varphi_n)_{n\in\mathbb{N}}$ の組 $(U_n,\varphi_n)_{n\in\mathbb{N}}$ を考える。このような列を現在では群の**順系**という。各 n に対して，

$x_n \in U_n$, $x_{n+1} = \varphi_n(x_n)$ をみたすような元の列 $(x_n)_{n \in N}$ の全体 X を考える。二つの列 $(x_n), (y_n) \in X$ が同値ということを，ある n_0 より大きなすべての n に対し $x_n = y_n$ であることと定義する。この関係 R は集合 X における同値関係であり，商空間 $U = X/R$ が定まる。今 $(x_n)R(x'_n), (y_n)R(y'_n)$ ならば $(x_n y_n)R(x'_n y'_n)$ となるから，商空間 U に積が定義され，U は群となる。この群 U を列 (U_n, φ_n)（あるいは (U_n)）の**順極限**といい，現在では $U = \varinjlim U_n$ と記す。

さて，二つのアーベル群の対 (U_1, V_1), (U_2, V_2) が共に積 u, v に関して直交群対となっているとしよう。今準同型写像 $\varphi : U_1 \longrightarrow U_2$ があるとき，その転置準同型写像 ${}^t\varphi : V_2 \longrightarrow V_1$ が

$$\varphi(u_1) \cdot v_2 = u_1 \cdot {}^t\varphi(v_2)$$

によって定義される。従ってアーベル群の順系 $(U_n, \varphi_n)_{n \in \mathbb{N}}$ が与えられたとき，各 n に対し (U_n, V_n) が直交群対となるようなアーベル群 V_n が存在すれば，このとき φ_n の転置準同型は，${}^t\varphi_n : V_{n+1} \longrightarrow V_n$ である。従って $(V_n, {}^t\varphi_n)_{n \in \mathbb{N}}$ はアーベル群の逆系であり，その逆極限 $V = \varprojlim V_n$ が考えられる。しかしポントリャーギンは，この概念を見逃し，「群の列 (V_n) は極限を持たない」と考えてしまった。こうして彼は順極限だけを考えたので，議論の対称性が失われたのである。ポントリャーギンはそこで群の逆系 $(V_n, \psi_n)_{n \in \mathbb{N}}$ $(\psi_n : V_{n+1} \longrightarrow V_n)$ が与えられたとき，(U_n, V_n) が直交群対ならば $(V_n, {}^t\psi_n)$ は群の順系となり，順極限 $U = \varinjlim U_n$ が考えられることを利用した。アレクサンドロフ(3)は，任意のコンパクト距離空間 F が複体の列 (K_m) で近似できることを示した。このとき各 m に対し，単体写像 $\pi_m : K_{m+1} \longrightarrow K_m$ が定義されている。適当な付加条件をみたすこのような複体の列を，射影スペクトルとアレクサンドロフは呼んだ。このとき K_m のホモロジー群 $H_r(K_m, G)$ に対し単体写像 π_m から導かれる準同型写像

$$(\pi_m)_* : H_r(K_{m+1}, G) \longrightarrow H_r(K_m, G)$$

が定義される。こうして射影スペクトルから，ホモロジー群の逆系 $(H_r(K_m), (\pi_m)_*)$ が得られる。複体 K_m に対するアレグザンダーの双対定理によって $H_r(K_m, \mathbb{Z}/\mu\mathbb{Z})$ $(\mu > 0)$ と $H_{n-r-1}(\mathbb{R}^n - K_m, \mathbb{Z}/\mu\mathbb{Z})$ は，まつわり数を積として直交群対を作る。従って双対群の順極限

(1)　$\varinjlim H_{n-r-1}(\mathbb{R}^n - K_m, \mathbb{Z}/\mu\mathbb{Z})$

が得られる。これは自然に $H_{n-r-1}(\mathbb{R}^n - F, \mathbb{Z}/\mu\mathbb{Z})$ と同型となる。そこでポントリャーギンは，アレグザンダーの双対定理の一般化として次の形の一般化された双対定理を得た。

一般化双対定理　$\mathbb{R}^n$ の任意のコンパクト部分集合 F を近似する射影スペクトル $(K_m,\pi_m)_{m\in\mathbb{N}}$ からは，ホモロジー群の逆系 $(H_r(K_m,\mathbb{Z}/\mu\mathbb{Z}))_{m\in\mathbb{N}}$ が得られる。アレグザンダーの双対定理により，各 m に対し直交群対を作るホモロジー群の順系 $(H_{n-r-1}(\mathbb{R}^n-K_m,\mathbb{Z}/\mu\mathbb{Z}))_{m\in\mathbb{N}}$ の順極限(1)は，$H_{n-r-1}(\mathbb{R}^n-F,\mathbb{Z}/\mu\mathbb{Z})$ と同型である。

この定理は双対定理としては形が整っていない。「逆系 $(H_r(K_m))_{m\in\mathbb{N}}$ の逆極限として $H_r(F,\mathbb{Z}/\mu\mathbb{Z})$ が得られ，それが $H_{n-r-1}(\mathbb{R}^n-K_m)_{m\in\mathbb{N}}$ の順極限である $H_{n-r-1}(\mathbb{R}^n-F,\mathbb{Z}/\mu\mathbb{Z})$ と直交群対を作る。」というのが自然な形の定理であろう。しかし逆極限を見逃したポントリャーギンは，この形に定理を述べることができなかったのである。

しかしながら，このような考察を経て，例えばアレグザンダーの双対定理において本質的なのは，$H_r(K,\mathbb{Z}/\mu\mathbb{Z})$ と $H_{n-r-1}(\mathbb{R}^n-K,\mathbb{Z}/\mu\mathbb{Z})$ の同型性であるよりは，むしろこの二つの群の双対性(直交群対を作ること)である認識がポントリャーギンの中に生れたのではなかろうか。係数群が $\mathbb{Z}/\mu\mathbb{Z}$ のとき，この二つの群が同型であるのは，有限アーベル群がその双対と同型であるという特別な事情によることがわかって来たのである。

§4　アレグザンダー双対定理から位相群の双対定理へ

ポントリャーギンは前節で扱った論文[6]では，$\mathbb{R}^n$ のコンパクト集合 F に対し，整係数ホモロジー群 $H_{n-r-1}(\mathbb{R}^n-F,\mathbb{Z})$ を F の位相不変量で explicit に表わすことには成功しなかった。彼はねじれ群で割ったベッティ群に関する結果しか得られなかったのである。この点に不満を感じて彼はさらに研究を続けた。[6]の序文で彼が述べているように，既に1930年にレフシェッツ(13)は，この問題に対する一つの解を与えていた。それは相対ホモロジー群の概念を導入することによるもので，後にチェック・コホモロジー群の概念と結びついて，ポアンカレとアレグザンダーの二つの双対定理を統合して表現する現代の標準的理論となった(例えばブレドン(6)参照)。

しかしポントリャーギンは，[6]で展開した直交群対の方法をさらに深めることによって，独自の方法で，この問題を解決できると考えて研究を進めた。彼は群対の定義を変えることを考えた。[6]では群対 (U,V) の積の値の属する群 M は，$\mathbb{Z}$ か $\mathbb{Z}/m\mathbb{Z}$ であったのを，1次元トーラス群 $\mathbb{T}=\mathbb{R}/\mathbb{Z}$ という位相群を M とすることにしたのである。そして有限生成アーベル群に限らず，より広い範囲で群対を考えることにした。代表的な例が $(\mathbb{Z}, \mathbb{T})$ という直交群対である。このとき $m \in \mathbb{Z}$ と $v = x \bmod \mathbb{Z}$ の積は $m \cdot v = mx \bmod \mathbb{Z}$ である。ポントリャーギンのアイディアは，$H_{n-r-1}(\mathbb{R}^n - F, \mathbb{Z})$ という離散アーベル群を，コンパクト・アーベル群 $H_r(F, \mathbb{T})$ の指標群としてとらえるというものであった。そこで彼は一般に可算離散アーベル群 $\mathfrak{g}$ とコンパクト・アーベル群 X の作る直交群対の理論を指標群の理論として作り上げ，それによって彼の位相的双対定理(アレグザンダー双対定理の一般化精密化)を基礎づけることを考えた。そしてその前半の指標群の理論を「位相アーベル群の理論」と題する論文[16](1934 年)の第 1 章で述べた。後半は論文「閉集合に対する位相的一般双対定理」[18]で発表した。

その内容を概観しよう。[16]ではアーベル群は加法群として表わし，第 2 可算公理をみたす位相群のみを考える。特に離散群は，すべて高々可算個の元を持つものとする。G を局所コンパクト・アーベル群とし，G から $\mathbb{T} = \mathbb{R}/\mathbb{Z}$ への連続準同型写像 α を G の**指標**といい，その全体の作るアーベル群 $X = X(G)$ に，コンパクト開位相を入れた位相アーベル群 $X(G)$ を，G の指標群という。(この一般の指標群の定義は，後の著書『位相群』[38](1939 年)によるもので，[16]では離散群とコンパクト群に対し別々に指標群を定義している。) 特に $\mathfrak{g}$ が離散アーベル群のとき，その指標群 $X = X(\mathfrak{g})$ はコンパクト群であり，X がコンパクト・アーベル群ならばその指標群は離散群である。

以下，$\mathfrak{g}$ を離散アーベル群，$X = X(\mathfrak{g})$ をその指標群であるコンパクト・アーベル群とする。今 $\mathfrak{H}, \Phi$ をそれぞれ $\mathfrak{g}, X$ の部分群とし，それらの零化群を

$$\langle X, \mathfrak{H} \rangle = \{\alpha \in X \mid \alpha(\mathfrak{H}) = 0\}, \quad \langle \mathfrak{g}, \Phi \rangle = \{x \in \mathfrak{g} \mid \alpha(x) = 0 \ (\forall \alpha \in \Phi)\}$$

によって定義する。このとき次のことが成立つ(定理 2, 3, 4)。

(1) $\Phi = \langle X, \mathfrak{H} \rangle \Longrightarrow \mathfrak{H} = \langle \mathfrak{g}, \Phi \rangle$

(2) $\Phi = \langle X, \mathfrak{H} \rangle \Longrightarrow \mathfrak{H}$ の指標群 $X(\mathfrak{H}) \cong X/\Phi$

$\mathfrak{g}/\mathfrak{H}$ の指標群 $X(\mathfrak{g}/\mathfrak{H}) \cong \Phi$

(3) $\mathfrak{H} = \langle \mathfrak{g}, \Phi \rangle \Longrightarrow \langle X, \mathfrak{H} \rangle = \Phi$

一般に $\mathfrak{g}, X$ が位相アーベル群で，$\mathfrak{g} \times X \longrightarrow \mathbb{T}$ の連続双一次写像 $(\alpha, x) \longrightarrow \alpha \cdot x$ が与えられたとき，対 $(\mathfrak{g}, X)$ を**群対**という。特に

$\langle X, \mathfrak{g} \rangle = \{0\}, \quad \langle \mathfrak{g}, X \rangle = \{0\}$

となるとき，$(\mathfrak{g}, X)$ は直交群対という。$(\mathfrak{g}, X)$ が直交群対ならば，自然な写像により，$\mathfrak{g}$ と X は互に他の指標群となる([16]定理5)。

このとき，ポントリャーギン双対定理の原型([16]第一基本定理)は次の形に述べられる。その定理には，任意のコンパクト群が十分多くの既約表現を持つというペーター-ワイルの定理(15)が本質的に用いられる。ハール測度の発見(10)によって，ペーター-ワイルのコンパクト・リー群に関する定理が任意のコンパクト群の適用できるようになったことが，ここに用いられている。

原ポントリャーギン双対定理　第2可算公理をみたす任意のコンパクト・アーベル群 Ω の指標群を $\mathfrak{g}$ とし，$\mathfrak{g}$ の指標群を $X(\mathfrak{g})$ とする。Ω の各元 α に対して $X(\mathfrak{g})$ の元 χ_α が

$$x(\alpha) = \chi_\alpha(x) \qquad (\forall x \in \mathfrak{g})$$

によって定義される。自然な写像 $\alpha \longmapsto \chi_\alpha$ によって Ω は，$X(\mathfrak{g})$ に同型である。

この定理を基礎にして，ポントリャーギンはアレグザンダー双対定理の係数群を $\mathbb{Z}/m\mathbb{Z}$ の場合から一般化する次の定理を得た([18]基本定理)。

アレグザンダー-ポントリャーギンの双対定理　F を $\mathbb{R}^n$ のコンパクト集合とする。また $\mathfrak{g}$ を可算離散アーベル群，$X = X(\mathfrak{g})$ を $\mathfrak{g}$ の指標群であるコンパクト・アーベル群とする。このときコンパクト・アーベル群 $H_r(F, X)$ と離散アーベル群 $H_{n-r-1}(\mathbb{R}^n - F, \mathfrak{g})$ はまつわり数を積として，直交群対を作り互いに他の指標群となっている。

特に $\mathfrak{g} = \mathbb{Z}$ の場合として整係数ホモロジー群 $H_{n-r-1}(\mathbb{R}^n - F, \mathbb{Z})$ が集合 F の位相不変量である $H_r(F, \mathbb{T})$ の指標群として，explicit に表わされる。こうしてアレグザンダー双対定理の一般化・精密化が，位相アーベル群(離散群とコンパクト群)の双対定理という形で表現されたのであった。

双対性の考えは，位相幾何学の内部に滲透して行った。その最大の成果はコホモロジー群の導入である。しかしそれを語ることは本稿の文脈から外れることになるであろう。

§5 まとめ

以上をまとめて，まえがきに述べた三つの問題に対する著者の解答を述べよう。

問Ⅰ ポントリャーギンはなぜコンパクト・アーベル群と離散アーベル群の間の双対定理を考えたのか。

答 アレグザンダーの双対定理の一般化・精密化として $H_{n-r-1}(\mathbb{R}^n-F,\mathbb{Z})$ を F の位相不変量で表わす問題に対し，離散アーベル群 $H_{n-r-1}(\mathbb{R}^n-F,\mathbb{Z})$ は，コンパクト・アーベル群 $H_r(F,\mathbb{T})$ の指標群であるという答をポントリャーギンは得た。このような離散アーベル群とコンパクト・アーベル群の双対的な関係が位相幾何における彼の研究目標にとって本質的であると考えた所に，ポントリャーギンの位相アーベル群のルーツがあったのである。

問Ⅱ ポントリャーギンは[16]において，なぜ一般の局所コンパクト・アーベル群の双対定理を考えなかったのか。

答 ポントリャーギンが位相群の双対定理を考えたそもそもの動機が，離散アーベル群 $H_{n-r-1}(\mathbb{R}^n-F,\mathbb{Z})$ をコンパクト集合 F の位相不変量で表わすという問題にあったのであるから，離散アーベル群とその指標群であるコンパクト・アーベル群しか，考えなかったのは当然である。

問Ⅲ ポントリャーギンは，なぜ[16]において連結性，局所連結性をみたす局所コンパクト・アーベル群の構造定理のみを考えたのか。

答 ポントリャーギンは，1932年にコルモゴロフの出した「連結な局所コンパクト位相体は $\mathbb{R},\mathbb{C},\mathbb{H}$ に限るか」という問題を肯定的に解決した(「連続な体について」[10])。[16]第Ⅲ,Ⅳ章の理論はこの問題の系譜の中のものと考えられる。例えば[16]の第三基本定理は次のように述べられる。

第三基本定理 第二可算公理をみたす連結，局所コンパクト・アーベル群は，高々可算個のトーラス群 $\mathbb{T}$ と有限個の $\mathbb{R}$ の直和である。

このように抽象的な位相，代数構造に適当な条件を置くことにより，古典的な

$\mathbb{T}^{\alpha}\times\mathbb{R}^{n}$ を特徴付けることは，1930 年代の数学の一つの目標であった。

一方連結性への固執には，p 進体のような完全不連結な局所コンパクト群が，未だ当時のトポロジストの関心の外にあったという時代背景が考えられる。要するに論文[16]では，ポントリャーギンの二つの研究の流れ([1]，[6]，[18]の流れと[10]の流れ)が合体しているのである。

References

(1) J. W. Alexander, A proof and extension of the Jordan-Brouwer separation theorem, Trans. AMS 20(1922), 333-349.

(2) J. W. Alexander, and O. Veblen, Manifolds of N-dimensions, Ann. of Math. 14(1913), 163-178.

(3) P. S. Alexandroff, Untersuchungen über Gestalt und Lage abgeschlosser Mengen beliebiger Dimension, Ann. of Math. 30(1928), 101-187.

(4) E. Betti, Sopra gli spazi di un numero qualunque di dimension, Ann. Mat. pura appl. 2(1871), 140-158.

(5) M. Bollinger, Geschichtliche Entwicklung des Homologiebegriffs, Arch. For History of Exact Sciences 9(1972/73), 94-170.

(6) G. E. Bredon, Topology and Geometry, Grad. Text, Springer, 1993.

(7) L. E. J. Brouwer, Beweis des Jordanschen Satzes für n-dimensionen, Math. Ann. 71(1911), 314-319.

(8) L. E. J. Brouwer, On looping coefficients, Proc. Akad. Amsterdam, 15(1912), 113-122.

(9) J. Dieudonné, A History of Algebraic and Differential Topology, 1900-1960, Birkhaüser, 1989.

(10) A. Haar, Der Massbegriff in der Theorie der kontinuierlichen Gruppen, Ann. of Math. 34(1933), 147-169.

(11) P. Heegaard, Forstudier til en topologisk teori för algebraike Fladers Sammenhäng, Det Nordiske Forlag Ernst Bojesen, Copenhagen, 1898.(仏訳 Sur l'analysis situs, Bull. Soc. Math. France, 44(1916), 161-242).

(12) H. Lebesgue, Sur l'invariance du nombre de dimensions d'un espace et sur le théorème de M. Jordan relatif aux variétés fermées, C. R. Acad. Sci. paris, 152(1911), 841-844.

(13) S. Lefschetz, Topology, AMS Coll. Publ. 12, 1930.

(14) W. Mayer, Über abstrakte Topologie, Monath. für Math. u. Phys. 36(1929), 1-42, 219-258.

(15) F. Peter und H. Weyl, Die Vollsändigkeit der primitiven Darstellungen einer geschlossenen kontinuierlichen Gruppen, Math. Ann. 97(1927), 737-755.

(16) H. Poincaré, Analysis Situs, J. l'École Polytechnique, 1(1895), 1-121. Œeuvres VI, 193-288.

(17) H. Poincaré, Complément à l' Analysis Situs, Rend. Circolo Mat. Palermo, 13(1899), 185-343. Oeuvres VI, 290-337.

(18) H. Poincaré, Seconde complément à l'Analysis Situs, Proc. London Math. Soc. 32(1900), 277-308, Œuvres VI, 339-370.

(19) H. Poincaré, Sur les nombres de Betti, C. R. Acad. Sci. Paris, 128(1899), 629-630. Œuvres VI, 289.

(20) L. S. Pontrjagin, Selected works vol. 1, Selected Research Papers, Gordon and Breach, New York, 1986.

(21) B. Riemann, Grundlagen für eine allgemeine Theorie der Functionen einer verändlichen complexen Grösse, Inauguraldissertation, Göttingen, 1851. Werke zweite Auflage, 1-43.

(22) B. Riemann, Theorie der Abel'schen Functionen, J. reine u. angew. Math. 54 (1857), 115-155, Werke 227-271.

(23) B. Riemann, Fragment aus der Analysis Situs, Werke 479-482.

(24) 静間良次,「トポロジー」, 寺阪英孝・静間良次,『19 世紀の数学, 幾何学II』, 第 4 章, 共立出版・数学の歴史VII b, 1982.

(25) 杉浦光夫,「ポントリャーギンの生涯」,『数学セミナー』, 1988 年 12 月号, 40-44.

(26) E. van Kampen, Locally bicompact abelian groups and their character groups, Ann. of Math. 36(1935), 448-463.

(27) L. Vietoris, Über die Homologiegruppen der Vereinigung zweier Komplexe, Monath. für Math. u. Phys. 37(1930), 159-162.

Early Papers of L. S. Pontryagin, 1927-1940.

[1] Zum Alexanderschen Dualitätssatz, Nachr. Göttingen, Math. Phys. Kl., 1927, 315-322.

[2] Zum Alexanderschen Dualitätssatz, Zweite Mitteilung, ibid., 446-456.

[3] Ein Knotensatz mit Anwendung auf die Dimensionstheorie, Math. Ann. 102 (1930), 785-789.(mit F. Frankl).

[4] Sur une hypothèse fondamentale de la théorie de la dimension, C. R. Acad. Sci. Paris, 190 (1930), 1105-1107.

[5] Einfacher Beweis eines dimensionstheoretischen Überdeckungssatze, Ann. of Math. 32 (1931), 761-762.

[6] Über den algebraischen Inhalt topologischer Dualitätssatze, Math. Ann. 105 (1931), 165-205.

[7] Beweis des Mengerschen Einbettungssatzes, Math. Ann. 105 (1931), 734-745. (mit G. Tolstowa).

[8] Der allgemeine Dualitätssatz für abgeschlossene Mengen, Verhandlungen Int. Mathematiker-Kongresses, Zürich, 1932, Bd.2, 195-197.

[9] Sur une propriété metrique de la dimension, Ann. of Math. 33(1932), 156-162.

[10] Über stetige algebraische Körper, ibid., 163-171.

[11] A statistical approach to dynamical systems, Zhur. eks. teor. fiz., 3(1933), 165-180.(with A. Andronov and A. Witt), in Russian.

[12] Les fonctions presque périodiques et l'analysis situs, C. R. Acad. Sci. Paris, 196(1933), 1201-1203.

[13] On dynamical systems close to Hamiltonian systems, Zhur. eks. teor. fiz., 4(1934), 883-885.

[14] Statistische Auffassung dynamischer Systeme, Phys. Z. Sowj. Un., 6(1934), Sonderdruck,

1-24. (mit A. Andronov und A. Witt).

[15] Über Autoschwingungssysteme, die den Hamiltonschen nahe liegen, Phys. Z. Sowj. Un. 6 (1934), 25-28.

[16] The theory of topological commutative groups, Ann. of Math. 35 (1934), 361-388.

[17] Sur les groupes abéliens continus, C. R. Acad. Sci. Paris, 198 (1934), 328-330.

[18] The general topological theorem of duality for closed sets. Ann. of Math. 35 (1934), 904-914.

[19] Sur les groupes topologiques compacts et le cinquième problème de M. Hilbert, C. R. Acad. Sci. Paris, 198 (1934), 238-240.

[20] The Betti numbers of compact Lie groups, Doklady AN SSSR, 1 (1935), 433-437. (in Russian and English).

[21] Sur les nombres de Betti des groupes de Lie, C. R. Acad. Sci. Paris, 200 (1935), 1277-1280.

[22] The structure of compact topological groups, Trudy Vtorogo Vsesoyuznogo mat. s" ezda, Leningrad, 1934, vol. 2, p.135, Leningrad-Moscow, 1936. (in Russian).

[23] The structure of locally compact commutative groups, Ibid., p.136.

[24] Linear representations of topological groups, Usp. mat. Nauk, 1936 N2, 121-143. (in Russian).

[25] The theory of topological commutative groups, Ibid., 177-195. (in Russian).

[26] Linear representations of compact topological groups, Mat. Sbornik, 1 (1936), 267-272. (in Russian).

[27] Les variétés à n dimensions généralisées, C. R. Acad. Sci. Paris, 202 (1936), 1327-1329. (avec P. S. Alexandroff).

[28] Sur les transformations des sphères, C. R. Congrès Int. Math. Oslo, 1936, t. 2, p. 140. Oslo, 1937.

[29] Rough systems, Doklady AN SSSR, 14 (1937), 247-250. (with A. Andronov). (in Russian).

[30] Système grossiers, C. R. Acad. Sci. URSS 14 (1937), 247-250. (avec A. Andronov).

[31] Über den Brouwerschen Dimensions-begriff, Comp. Math., 4 (1937), 239-255. (mit P. S. Alexandroff und H. Hopf).

[32] Continuous groups, Moscow-Leningrad, 1938, 315 p. (in Russian).

[33] Lie groups, Usp. mat. nauk, 1938, N4, 165-200. (in Russian).

[34] The classification of continuous mappings of a complex into a sphere I, Doklady AN SSSR, 19 (1938), 147-149. (in Russian).

[35] The classification of continuous mappings of a complex into a sphere II, Ibid., 361-363. (in Russian).

[36] Classification des transformations d'un complexe n + 1 dimensionnel dans une sphère n-dimensionnelle, C. R. Acad. Sci. Paris, 206 (1938), 1436-1438.

[37] Homologies in compact Lie groups, Mat. Sbornik, 6 (1939), 389-422. (abstract in Russian).

[38] Topological groups, Princeton Univ. Press, 1939, 299 p. (English translation of [32]).

[39] Über die topologische Struktur der Lieschen Gruppen, Comm. Math. Helv., 13 (1940/41), 277-283.

清水達雄氏(左)とともに
(1988年お二人の還暦パーティにて)

6 ヒルベルトの問題から見た 20 世紀数学

はじめに

20 世紀数学は，勿論 19 世紀数学を受継いで発展して来たのであるが，この 100 年の間に，自から 19 世紀数学と異なる特色を備えるに至った。この発展の相を，1900 年に発表されたヒルベルトの 23 の問題の内のいくつかについて，具体的に明らかにしたいというのが本稿の目標である。時間の制約から，ここでは第 1, 2, 5, 9 問題のみを取上げる。

第 5 問題

ヒルベルトの提出した第 5 問題は，

① リーの連続変換群の理論を，群の演算並びに作用を定義する関数の微分可能性または解析性の仮定なしで，連続性のみを仮定して展開することができるか。

というものであった。

これに対し，フォン・ノイマンは，1933 年に，実数の加法群が平面に，連続ではあるが微分可能でない仕方で作用し得ることを示して，上の形の第 5 問題は否定的に解決されたのである。そしてそれと同時にフォン・ノイマンは当時導入されたばかりの位相群の概念を用いて第 5 問題を次のように新しく定式化した。

② 位相リー群 G (位相多様体である位相群)は，(解析的)リー群か。

そして G がコンパクトであるとき，この問題に肯定的な答を出した。ポントリャーギン，シュヴァレーは，G がアーベル群，可解群のときも肯定的であることを示した。

後 1948〜49 年頃，岩澤健吉とグリースンは，視野を広げ，局所コンパクト群全体の中でのリー群の位置と特徴付けを求める問題として第 5 問題をとらえ直した。彼等の立てた問題は，次の形のものであった。

③ 局所コンパクト群 G で，小さい(正規)部分群を含まないものはリー群である。

④ 任意の局所コンパクト群 G は，リー群の射影極限となる開部分群を含むか。

③, ④は 1952〜53 年にグリースンと山辺英彦によって肯定的に解決された。

②は③の一部と他の結果を合わせて，モンゴメリー-ジピンによって 52 年に解決した。

③に関し，リー群と対蹠的な位置にあるのが，p 進体のような完全不連結な局所コンパクト群で，単位元の任意の近傍は，開正規部分群を含む。1964 年にセールは，任意の完備付値体 k 上の解析的リー群の理論を作り，このような群にもリー環が定義され，リー理論が成り立つことを示した。

これは，アルキメデス付値と非アルキメデス付値に共通なリー群論が存在することを示したものであり，第 5 問題におけるリー群の特徴付けとは別の視点を示した点において注目に値する。

第 9 問題

第 9 問題は，「代数体において，高次冪剰余相互法則を証明せよ」という問題である。これはガウス以来 19 世紀の代数的整数論の発展を推進した問題であった。それは適当に冪剰余記号を定義すれば，平方剰余相互法則と類似の形で高次冪剰余相互法則が成り立つことを予想するものである。ヒルベルトは，代数体 k の絶対類体(最大不分岐アーベル拡大体)K の存在を示し，その基本的性質を証明することによって相互法則が証明されることを予想した。そしてこの路線に沿って，フルトヴェングラーは，任意の奇素数 p に対し，1 の p 乗根を含む代数体 k において，p 冪剰余相互法則の証明に成功したのであった(1909 年)。一方，高木貞治は分岐する場合をも含む代数体の，アーベル拡大の一般論を，類体論という形で建設した(1920 年)。高木は類体の基本性質の一つとして次の同型定理をとらえていた。

「代数体 k の有限アーベル拡大体 K のガロア群 $G=\mathrm{Gal}(K/k)$ は，K に対応する合同イデアル類群 H と同型である。」

この同型定理をフロベニウス置換を用い具体的に与えたのが，アルティンの一般相互法則(1927 年)であり，それから任意の自然数 n に対する n 冪剰余相互法則が直ちに導かれる。こうして歴史的経緯から重要視されて来た冪剰余相互法則は，アルティンの手によって構造的な一般相互法則の形に定式化され，代数体のアーベル拡大の理論(類体論)の基本定理となった。さらに類体論は，有限体上の一変数代数函数体でも成り立つことが 1930 年代に知られた。

一方アルティンは，代数体 k の任意のガロア拡大体 K と，ガロア群 $G=\mathrm{Gal}(K/k)$ の表現 f に対してアルティンの L 函数 $L(s,K/k,f)$ を定義した。K/k がアーベル拡大のとき，G の既約表現 χ は 1 次元で，G の指標に他ならない。一般相互法則により，χ は k に対応する合同イデアル類群 H の指標と見なされるのでこの場合には，アルティン L 函数 $L(s,K/k,\chi)$ は，k におけるヘッケの L 函数に等しい。これが一般相互法則の解析的な表現である。

K/k がアーベル拡大でないときの，アルティン L 函数のこれに対応する解析的表現を求めることは，1960 年後半から，ラングランヅによる広大な研究プログラムの中で研究されている。こうしてヒルベルトの第 9 問題は，ヒルベルトの予想した枠を越えて発展した。

第 1, 2 問題

第 1 問題は，カントールの集合論が残した二つの問題，即ち「連続体仮説」と「整列可能問題」の解決を問題とする。

1904 年ツェルメロは，選択公理(AC)を導入して，任意の集合が整列可能なことを証明した。逆に整列集合では，選択函数が直ちに構成できるから，整列可能定理と選択公理は同値な命題である。1908 年集合論の公理系がツェルメロによって導入され，のちフレンケルによって置換公理が補われ，ツェルメロ-フレンケル(ZFC)集合論の公理系が成立した。以下では ZFC から AC を除いたものを ZF 集合論という。

1940 年ゲーデルは「ZF 集合論が無矛盾ならば，それに選択公理または一般連続体仮説(GCH)を添加した体系も無矛盾である」ことを証明した。さらに 1964 年に，コーエンは「ZF 集合論に対し，AC 及び GCH は独立である」ことを強制法によって証明した。こうして連続体仮説の正否は，ZF 集合論を越えた問題であることが明らかになり，以後集合論の新しい公理の探求が盛んになった。

第 2 問題は，「実数論の無矛盾性を証明せよ」という問題である。ヒルベルトは，数学の各部門が公理系によって基礎付けられると考え，その公理系の無矛盾性を，いわゆる有限の立場に基いて証明することによって，数学の厳密な基礎付けができると信じていた。

これに対し，1931 年ゲーデルは，不完全性定理「自然数論を含むような帰納的公理系 T が無矛盾ならば，T における閉論理式 P であって，P も P の否定も T 内では証明不可能であるようなものが存在する」ことを証明した。これは誰も予想しなかった意外な結果であった。これから導かれる第二不完全性定理は，無矛盾性の証明に大きな原理的制約を課すものである。不完全性定理は公理化された数学の性格に対する深い洞察に基づくもので，数学基礎論に大きな影響を与えた。

まとめ

以上の例でもわかるように，ヒルベルトの問題には，出題者の意図を越えた新しい展開を示したものが何題もある。これは 20 世紀になって新たに発展した新しい分野(例えば位相幾何学，多変数関数論，非線型問題，確率過程論，大域解析学，単純群の分類問題等等)と共に，20 世紀数学が，いかに 19 世紀数学から離れてきたかを具体的に示しているのである。

7 第五問題研究史 I

§0 はじめに

この報告では，ヒルベルトの第五問題の研究史を述べる。このIにおいては，ヒルベルトの問題意識から出発し，L. E. J. ブラウアーの先駆的研究を経て，フォン・ノイマンによる画期的な研究によって，ヒルベルトの問題意識から離れて，位相群の中で(解析的)リー群を，位相多様体であるような位相群(局所ユークリッド群)として特徴付けるという形に新しく第五問題が定式化された次第を述べる。

この新しい定式化の下での第五問題は，コンパクト群の場合にはフォン・ノイマン，アーベル群の場合にはポントリャーギンによって，肯定的に解決された。

ここまでが 1940 年以前に得られた第五問題の主要結果で，このIではここ迄を扱う。第二次大戦後の第五問題の新しい発展はIIで扱う。

筆者は 1954 年に第五問題に関する報告[24]を書いたが，それは直前に行われた山辺の最終解決をニュースとして伝えることを主な目標にしたもので，不備な点が多い。今回新たに文献を読直してこの報告を書いたので，以前の[24]は絶版とする。

§1 ヒルベルトの研究

ヒルベルトは第五問題を，「リーの連続変換群の理論は，問題の函数に対する微分可能性の仮定なしで，どこまで到達できるか？」という形に表現した[6]。ヒルベルトがこの問題を提出したのは彼自身の「幾何学の基礎について」[7]という研究に触発されたと考えられる。この論文では，平面ユークリッド幾何学と双曲型平面非ユークリッド幾何学を，その運動群に関する三つの公理で特徴づけている。ここでは運動の平面への作用は連続とされているが，微分可能性や解析性は全く用いていない。

ヒルベルトは，ここでは平面幾何学を展開すべき舞台としての「平面」を即物的に数平面 $\mathbb{R}^2$ またはその部分集合をとり，それを Π とする。その各点 A の「近傍」として，あるジョルダン閉曲線の内部で A を含むものをとる。10 年程後に，ハウスドルフ『集合論綱要』([31]) は，近傍系による位相空間の定義を与えるが，ヒルベルトのこの試みはその先駆と言えるであろう。Π から Π への同相写像で向きを変えないもののある集合 G で次の三つの公理をみたすものの元を**運動**と呼ぶ。特に一点 M を不変にする運動を M を中心とする**回転**と呼ぶ。

公理 I　「平面」Π の運動の全体の集合 G は群を作る。

M と異なる一点 A をとるとき，M を中心とするすべての回転による A の像全体の集合を M を中心とする**真円**と呼ぶ。

公理 II　どの真円も無限個の点から成る。

Π の三点 A, B, C の近傍 α, β, γ をとるとき，$A^* \in \alpha$, $B^* \in \beta$, $C^* \in \gamma$ ならば三点 A^*, B^*, C^* は A, B, C の近傍 α, β, γ 内にあるという。三つの近傍 α, β, γ が共に任意に小さくとれるとき，近傍 α, β, γ は任意に小さくとれるという。

公理 III　三点 A, B, C の任意に小さい近傍 α, β, γ 内の三点 A^*, B^*, C^* を三点 A', B', C' の任意に小さい近傍 α', β', γ' 内の三点 A^*, B^*, C^* に移す運動があるとき，三点 A, B, C を丁度 A', B', C' に移す運動がある。

このとき，ヒルベルトは次の定理を証明した。

定理　公理 I, II, III をみたす平面幾何学は，ユークリッド幾何学であるか，ボヤイ-ロバチェフスキーの双曲型非ユークリッド幾何学である。

証明の細部に立入る余裕はないが，その方針に触れておく。ここではこの幾何学における円周と直線にあたる「真円」と「真直線」の諸性質を導き，最終的にはこの幾何学で二辺夾角の合同定理が成立つことを証明するのがこの論文の大筋である。「真直線」を定義することは，先づ半回転と線分の中点を定義し，それを用いて次のように定義する。「真直線とは二点を基にして，順次中点をとることと，そうして得られた点を中心とする半回転を行って新たに得られる点の全体に，この集合の集積点をすべて付加して得られる集合である。」 この定義から，真直線について次のような諸性質が得られる。「真直線は連続曲線である。」，「真直線は自分自身と交わらない。」，「二つの真直線は高々一つの点を共有する。」，「真直線はその上に中心を持つ任意の円周と交わる。」，「任意の二点を通る真直線が必ず存在する。」 そしてこれらの性質を用いて合同定理が証明される。これから，この幾何学は平行線公理が成立つとき，ユークリッド幾何学で，そうでないとき双曲型非ユークリッド幾何学となることがわかる。

すなわちヒルベルトは，平面の運動群の性質に基づいて平面ユークリッド幾何，双曲型非ユークリッド幾何を特徴付けることに成功したのである。その際注意すべき点として彼は運動の両連続性はフルに用いているが，その微分可能性は全く用いていないことが挙げられる。こうしてヒルベルトは，平面運動群という極めて特別な例についてであるが，リーの連続変換群に対し作用の連続性のみを用い，微分可能性を用いずに重要な幾何学的結論を導くのに成功したのである。この論文の発表は1902年であるが，1900年当時既にヒルベルトは，その構想を持っていてそれが第五問題提出の重要な動機となったと考えられる。

§2 低次元群の研究——ブラウアーその他

ヒルベルトの研究に続く第五問題の研究としては，L. E. J. ブラウアーの1909・1910年の研究[1] I, IIがある。ここでは1次元および2次元多様体に連続的に作用する変換群が変換の作用の微分可能を仮定しないで研究されている。このような変換群について，作用の微分可能性(解析性)を仮定した場合の研究は既にリーによってなされていた。

例えば1次元多様体に作用するリー変換群は，数直線上の平行移動群，アフィン変換群，1次分数変換群の三つの変換群の一つと相似であることをリーは証明した[10]。リーの立場は局所的である。ここで二つのリー変換群が相似であるとは，変数(作用する空間の座標)と径数(リー変換群の座標)双方についての局所微分(解析的)同相写像によって，一方から他方の作用に移ることを言うのである。

このとき変換群は局所同型で，その引き起す無限小変換のリー環は同型となる。例えば円周の回転群($SO(2) \cong U(1)$)は，回転角を座標にとれば数直線の平行移動群と相似で $SO(2)$ は $\mathbb{R}$ と局所同型である。リーの研究では微分可能性の仮定が本質的で，リー変換群の無限小変換(一階同次偏微分作用素)の間の括弧積がどうなるかが決め手となる。

ブラウアー[1]は，Iの冒頭でいくつかの定義を与えている。最も基本的なのは，n 次元(位相)多様体の定義で基本的には n 次元数空間 $\mathbb{R}^n$ の有界領域の一対一連続像と考えられている。ただしこれだけでは不十分という認識があり，連結でないものも許容し，さらに境界を付加したり，適当な同一視によって商空間を作ったりすることを認めている。当時はワイルが『リーマン面の理念』[29]において初めて面(2次元多様体)や1次元複素解析多様体の正確な定義を与える直前であったので，ブラウアーの与えた多様体の定義は漠然としたものであった。そこには局所座標の概念がなく，また微分可能多様体の概念もない。

またブラウアーは，n 次元多様体 M に作用する r 次元連続群 G を，次のように定義した。G は M から M への全単写連続写像の作る群で，G 自身はある r 次元多様体 H から G への全単写連続写像 ϕ の像で，ϕ は各閉集合上一様連続となっているものとする。

基本的な多様体の定義が明確でないので，このブラウアーの論文は現代的な観点からはいくつか問題点がある。しかしこの状態の中で，ブラウアーは相当立入った研究を行った。例えば1次元多様体に作用する1次元連続群は実数の加法群 $\mathbb{R}$ の連続準同型像となり，従って無限小変換から生成されることが証明されている。次にブラウアーは，1次元多様体に作用する n 次元連続群の作用を調べ，$n=1, 2, 3$ の場合に作用の標準的な形を定めている。この過程でリーの指摘した三つの型の群が自然に現われる。そして $n \geqq 4$ のとき，n 次元連続群は，1次元多様体に(effective に)作用することはできないことが示される。

そして1次元多様体 M に作用する n 次元連続群 G は n 個の1次独立な無限小変換を持ち，それらがリー環を張ることから，リーの理論[11]Ⅲ, p.365-369 を用いて，G の作用はあるリー変換群 H の作用と相似となることがわかる。このとき G は解析的リー群 H と局所同型だからそれ自身解析的リー群となる。

こうしてブラウアーは1次元多様体に作用する連続群に対して，第五問題が肯定的に解決されることを示したのである。しかし彼の解では，証明にリーの理論を用いている。この点が，リーの理論を全く用いないヒルベルトの結果と異なっている。

[1]Ⅱにおいて，ブラウアーは2次元多様体に作用する連続群について研究している。その末尾にこの論文の結果によって2次元多様体に作用する連続群を数え上げることができるのでそれを次の論文で実行すると予告している。しかしこの数え上げの論文は結局発表されなかったようである。また[1]Ⅰの§1の終りの方で，2次元多様体に作用する連続群でリー群でないものは存在しないという言明がなされているが，そのことの証明は[1]Ⅰ,Ⅱでは与えられていない。

このブラウアーの研究を受継いだ研究として，ケレキャルト[9]がある。ここではブラウアーの平面トポロジーに関する一つの定理(Translationssatz)[2]を用いて，ケレキャルトは連結な2次元連続群は $\mathbb{R}^2$, $\mathbb{R}\times\mathbb{T}$, $\mathbb{T}^2$，直線上のアフィン変換群の単位元成分($\mathbb{R}^\times_+$ と $\mathbb{R}$ の半直線)の四つしかないことを示した。これらはすべてリー群であるから連結な2次元連続群はすべてリー群である。

またモストウ[16]は2次元多様体に推移的に作用するリー群の分類を行った。ここではリー環の生成元の形に応じて，30個のsubcaseに分けて考察されている。subcase Ⅰ, 1はリー環が2次元可換リー環の場合で，$\mathbb{R}^2$, $\mathbb{R}\times\mathbb{T}$, $\mathbb{T}^2$ の三つの局所同型な群が含まれる。

またモンゴメリ[14]およびモンゴメリ-ジピン[15]ではそれぞれ3次元および4次元の局所ユークリッド位相群は，すべてリー群であることが証明されている。この二つの論文が現われた1940年代後半には多様体論，トポロジー，位相群論等が十分発達していたので，それらを活用して完全な証明が与えられている。

§3　新しい出発点――フォン・ノイマンの研究

1920年代は，リー群研究の歴史において重要な転回期であった。すなわちリー以来専ら局所的な考察に限定されていた理論が，ワイル[30]によって打破され，リー群を大域的な存在として取扱うという視点が確立したのである。ワイルはコンパクト半単純群の研究において，このような大域的な視点が有効であることを群全体での積分や基本群の考察を活用して，指標公式を証明することによって明示した。このワイルの大域的リー群論に示唆されて，1925・26年にシュライヤー[22],[23]は位相群の概念を導入し，被覆群の一般論を作った。さらにワイルは有限次元既約表現の分類定理(最高ウエイトとの対応)を証明するために，コンパクト・リー群上の積分作用素に，ヒルベルト-シュミットの理論を適用し，コンパクト・リー群上の調和解析の基本定理(ペーター-ワイルの定理[17])を証明した(杉浦[25]参照)。なお1933年にハールが(第二可算公理をみたす)任意の局所コンパクト群に対し，右または左不変測度(ハール測度)の存在を証明したのでペーター-ワイルの理論は可算基を持つ任意のコンパクト群に適用可能となった[5]。

このような一般論の進歩によって，リーの局所理論を対象として提出された第五問題も大域的な立場から見直されることになった。その先鞭をつけたのがフォン・ノイマンの研究[27]，[28]であった。その主要な結果は次の三つの定理である。

定理1([27]定理1)　複素一般線型群 $GL(n,\mathbb{C})$ の閉部分群 G は，リー群である。

定理2([28])　実数の加法群 $\mathbb{R}$ の平面 $\mathbb{R}^2$ への連続変換群としての作用で実解析的でないもの，C^1 級でないものが存在する。

定理3([28]定理1)　位相多様体であるようなコンパクト位相群(コンパクト・局所ユークリッド群)は，リー群である。

定理1は，$GL(n,\mathbb{C})$ の部分群 G について閉集合であるという位相についての条件を付加するとき，G はリー群になるという解析性についての結果が導かれるという点で第五問題に連なる。またこの定理はE. カルタン[32]によって線型群 $GL(n,\mathbb{C})$ でない一般のリー群の閉部分群に拡張され，リー群論の基本定理の一つとなっている。またこの定理1はフォン・ノイマンのこの方面でも最も重要な結果である定理3の証明にも用いられた。

定理1の証明は，行列変数の指数函数，対数函数の性質に基づく初等的なものである。

$GL(n,\mathbb{C})$ の閉部分群 G に対し，フォン・ノイマンはその無限小環 J を定義した。G の点列 $(A_p)_{p\in\mathbb{N}}$ で，ある0に収束する正数列 $(\varepsilon_p)_{p\in\mathbb{N}}$ が存在して，極限

$$\lim_{p\to\alpha}\frac{1}{\varepsilon_p}(A_p-E)=U \qquad (E \text{ は単位行列})$$

が存在するようなものをすべて考え，このとき生ずる極限 V 全体の集合を J とする。このとき J は実ベクトル空間で，$U,V\in J \Longrightarrow UV-VU=[U,V]\in J$ となる。即ち J は n 次複素行列全体の作る実リー環 $\mathfrak{gl}(n,\mathbb{C})$ の部分リー環であ

る。このとき行列の指数函数 exp は J における 0 のある近傍を G における単位元 E のある近傍の上に写す解析的同相写像である。これによって，E のある近傍で定義される局所座標（標準座標）に関し，積の演算は解析的になる。$(\exp X)^{-1}=\exp(-X)$ だから逆元をとる写像も標準座標に関し解析的になる。

定理 2，定理 3 は，第五問題の研究史における転回点となった。リーの理論では，群の作用を受ける空間の変数と群の元を表わす径数は対等に扱われていた。しかし第五問題ではこの二つには本質的な差があることを初めてフォン・ノイマンは特別な場合に示したのであった。変換群 G 自身も，右または左移動によって G の変換を受ける空間と考えることができるが，この場合の作用は，単純推移的で非常に特別なものである。一般の多様体 M に位相群 G が連続に作用する場合，G の作用が推移的ならば，M は G の閉部分群 H による商空間 G/H となり，M の構造は G で規制される。例えば G がリー群ならば G/H も解析的多様体となる。しかしそうでない場合には，M の構造はそれに非推移的に作用する群からは，あまり強い規制を受けない。

フォン・ノイマンは，このような事情を利用して，定理 2 の例を作った。彼は 2 次行列を用いてこの例を示している。ここで記法を簡明にするために，2 次元数空間 $\mathbb{R}^2$ を $\mathbb{C}$ と同一視する。今，$\varphi:(0,+\infty)\longrightarrow\mathbb{R}$ を連続函数とし，実数の加法群 $\mathbb{R}$ の $\mathbb{C}$ 上への連続作用を，各 $a\in\mathbb{R}$ に対し，$F_a:\mathbb{C}\longrightarrow\mathbb{C}$ なる同相写像

$$F_a(z)=\exp(ia\varphi(|z|))z,\quad z\in\mathbb{C}$$

によって定義する。明らかに $F_a\circ F_b=F_{a+b}$, $F_0=I$（恒等写像）である。$r_0>0$ を一つ定めたとき，$\varphi(r)=\max\{r-r_0,0\}$ と置けば，$F_a(z)=z\ (|z|<r_0)$ で，$F_a\neq 1\ (a\neq 0)$ だから一致の定理によって $F_a\ (a\neq 0)$ は $\mathbb{R}^2\longrightarrow\mathbb{R}^2$ の解析写像ではない。すなわちこの例は，$\mathbb{R}^2$ の連続変換群であるがリー変換群でない例を与えている。

F_a が C^1 級でない例はもう少し面倒であるが，次のようにして得られる。今 $z=x+yi$ を $(x,y)\in\mathbb{R}^2$ と同一視しているのであるが，この座標 (x,y) の代りに別の座標 (u,v) をとり，(u,v) の函数として F_a が C^1 級となったと仮定する。このとき $\varphi(\sqrt{x^2+y^2})$ は (u,v) の函数として C^1 級になる。これからフォン・ノイマンは，この場合には $\varphi(r)$ は有界変動であることを示した。従って $\varphi(r)$ として有界変動でない連続函数（例えばワイヤストラスの到る所微分不可能な連続函数 $w(x)=\sum_{n=0}^{\infty}b^n\cos(a^n\pi x)\ (0<b<1,\ ab>1+\frac{3}{2}\pi)$ をとり，$\varphi(r)=1+w(r)$

とおく)をとれば，$F_a\,(a \neq 0)$ は C^1 級でない。

一方フォン・ノイマンは，群自身の群演算に対しては，位相的な条件から解析的な結果が導かれる重要な場合があることを定理1,3によって示した。

以下，G をコンパクト位相群とする。G のハール測度は全体積有限だから，全体積＝1と正規化しておく。このハール測度の存在によって，ペーター-ワイルの理論が G に適用可能となる。フォン・ノイマンはペーター-ワイルの論文の一部を繰返して，$L^2(G)$ における右正則表現の有限次元既約表現への分解を与える $L^2(G)$ の正規直交基底の存在を示している。しかしそれはペーター-ワイルの論文の基本定理([17], p.751)に含まれているからそれを用いた方がわかり易い。

コンパクト群 G の既約ユニタリ表現(すべて有限次元)の同値類の集合を $\widehat{G}$ (G の双対)とし，各 $\lambda \in \widehat{G}$ に対して，一つづつユニタリ行列による表現 $A^\lambda \in \lambda$ をとっておく。A^λ の次数を $d(\lambda)$ とし，A^λ の (i,j) 成分を a^λ_{ij} と記す。このときシューアの直交関係から，函数系

$$\mathfrak{B} = \{\sqrt{d(\lambda)}\,a^\lambda_{ij} \,|\, \lambda \in \widehat{G},\ 1 \leqq i, j \leqq d(\lambda)\}$$

は，$L^2(G)$ の正規直交系であるが，ペーター-ワイルの基本定理は，「$\mathfrak{B}$ が $L^2(G)$ の完全正規直交系である」という内容の定理である。G の右正則表現 R は

$$(R_g f)(x) = f(xg), \quad x, g \in G, \quad f = L^2(G)$$

によって定義される。行列の積の定義からすぐわかるように

$$R_g a^\lambda_{ij} = \sum_{k=1}^{d(\lambda)} a^\lambda_{ik} a^\lambda_{kj}(g), \quad 1 \leqq i, j \leqq d(\lambda)$$

であるから，行列 A^λ の各行の成分 $(a^\lambda_{i1}, \cdots, a^\lambda_{id(\lambda)})$ の張るベクトル空間 V_i^λ は，R で不変で $R|V_i^\lambda \cong A^\lambda$ となる。従って右正則表現 R は G の各既約表現 A^λ を $d(\lambda)$ 回づつ重複して含む。

ペーター-ワイルは，上の基本定理からコンパクト群 G 上の任意の連続函数は表現函数($\mathfrak{B}$ の元の有限一次結合)で，G 上一様に近似できるという近似定理を導いた。G はコンパクト・ハウスドルフ空間だから正規空間であり，G の相異なる二点 g, h はある連続函数 f で分離される。すなわち $f(g) \neq f(h)$ となる。従って近似定理から g, h は表現函数でも分離される。そこである既約ユニタリ表現 A^λ で $A^\lambda(g) \neq A^\lambda(h)$ となる。このことを，コンパクト群 G は十分多くの既約ユニタリ表現を持つと表わす。

ここまでがペーター-ワイルの理論をコンパクト群に適用して得られる一般論である。フォン・ノイマンは一歩進めて，コンパクト群 G が局所ユークリッド的

であれば，即ち G が n 次元位相多様体であれば，G は忠実な有限次元表現 B を持つことを証明した。像 $B(G)$ は，ある $m=d(B)$ に対する $GL(m,\mathbb{C})$ のコンパクト部分群であるから，定理 1 により，リー群であり，B はコンパクト空間からハウスドルフ空間への一対一連続写像だから B^{-1} も連続であり，B は同相写像である準同型写像だから G と $B(G)$ は位相群として同型であり，G はリー群である。

忠実な表現 B の存在証明の粗筋は次の通りである。

先づ局所ユークリッド的コンパクト群は，コンパクト位相多様体だから第二可算公理をみたし，ヒルベルト空間 $L^2(G)$ は可分である。従ってその完備直交系は高々可算個の元から成る。そして以下 G が有限群の場合を除外することにすればそれは丁度可算個の元から成る。そこで上の完備直交系 $\mathfrak{B}$ において，$\widehat{G}=\mathbb{N}$ と同一視することができる。

このとき各自然数 $m\in\mathbb{N}$ に対して，G の有限次元表現 $B^{(m)}$ を

$$B^{(m)}=A^{(0)}\oplus A^{(1)}\oplus\cdots\oplus A^{(m)}=\begin{pmatrix}A^{(0)} & & 0\\ & \ddots & \\ 0 & & A^{(m)}\end{pmatrix}$$

によって定義する。$B^{(m)}$ の次数 $d(B^{(m)})=L(m)$ は $L(m)=\sum_{n=0}^{m}d(A^{(n)})$ である。$B^{(m)}(G)=G^{(m)}$ は，$GL(m,\mathbb{C})$ のコンパクト部分群だから，定理 1 によりリー群である。$\dim G^{(m)}=P_m$ とおきリー群 $G^{(m)}$ のリー環を $\mathfrak{g}^{(m)}$ とする。$G^{(m+1)}$ は，$G^{(m)}$ と同型なリー部分群を含むから，不等式

(1)　$P_m\leqq P_{m+1}$

が成立つ。フォン・ノイマンは(1)のリー群論を用いない初等的な証明を与えている。他に彼は，不等式

(2)　$P_m=\dim G^{(m)}=\dim(G/K^{(m)})\leqq\dim G=n$

であることを示した。フォン・ノイマンはこれを P_m 次元数空間 $\mathbb{R}^{P_m}$ のある領域 $\widetilde{K}^{(m)}$ から，G における単位元 1 のある開近傍 U の上への一対一連続写像 a を構成することによって証明した。不等式(1)，(2)によって

$$P_1\leqq P_2\leqq\cdots\leqq P_m\leqq\cdots\leqq n$$

であるから，上に有界な単調増加数列 $(P_m)_{m\geqq 1}$ はある $p\leqq n$ に収束する。(P_m) は整数列だからこれは次の(3)を意味する。

(3)　ある $\overline{m}\in N$ が存在して，すべての $m\geqq\overline{m}$ に対し，$P_m=P\leqq n$ である。

次にフォン・ノイマンは，K. メンガーの『次元論』[12]にある一般分解定理(ルベーグの敷石定理の拡張)およびその逆を用いて，

(4)　$\dim G^{(\infty)} \leqq P$

を証明した。右正則表現 $B^{(\infty)}$ は忠実な表現で，G はコンパクト，$L^2(G)$ のユニタリ群はハウスドルフ空間だから $B^{(\infty)}$ は G から $G^{(\infty)}$ への同相写像である。従って(4)から

(5)　$n = \dim G \leqq P$

が導かれ，(3)と合せて次の(6)が得られる。

(6)　$P = n, \forall m \geqq \overline{m}$ に対し，$P_m = n$ である。

このことから，求める次の結果が得られる。

(7)　自然数 $\overline{m}$ が存在して，すべての $m \geqq \overline{m}$ に対し $B^{(m)}$ は G の忠実な表現である。

(7)の証明の方針は次の通りである。先づ先に述べたように P_m 次元数空間 $\mathbb{R}^{P_m}$ のある領域 $\widetilde{K}^{(m)}$ から，G における単位元 1 のある近傍 U の上への一対一連続写像 a が存在する。$m \geqq \overline{m}$ とし $a, b \in U$ で $B^{(m)}(a) = B^{(m)}(b)$ であるとすると，$a = a(x_1, \cdots, x_n)$，$b = a(y_1, \cdots, y_n)$ となり，$a = \exp(x_1U_1^{(m)} + \cdots + x_nU_n^{(m)})$，$b = \exp(y_1U_1^{(m)} + \cdots + y_nU_n^{(m)})$ と表わされる。ここで $(U_i^{(m)})$ は $G^{(m)}$ のリー環の基底である。U を十分小さくとっておくと，上の指数函数による表示は一意的で $x_i = y_i\ (1 \leqq i \leqq n)$ となる。従って $a = b$ となり，次の(8)が証明された。

(8)　写像 $B^{(m)}\ (m \geqq \overline{m})$ は，1 の近傍 U 上では一対一である。

$B^{(m)}$ は準同型写像だから次の(9)も成立つ。

(9)　任意の $c \in G$ に対し，$U \cdot c$ 上で $B^{(m)}\ (m \geqq \overline{m})$ は一対一である。

G はコンパクトだから有限個の元 $a_1, \cdots, a_r$ が存在して

(10)　$G = \bigcup_{i=1}^{r} U \cdot a_i$

となる。(9)から各近傍 $U \cdot a_i$ の元 a で $B^{(m)}(a) = E_{L(m)}$ ($L(m)$ 次単位行列)となるものは，高々一つである。従って次の(11)が成立つ。

(11)　表現 $B^{(m)}$ の核 C_m は有限群である。

$B^{(m)}$ の定義から

(12)　$m < n,\ B^{(n)}(a) = E_{L(n)} \Longrightarrow B^{(m)}(a) = E_{L(m)}$

であるから，包含関係

(13)　$m < n \Longrightarrow C_m \supset C_n$

が成立つ。$C_{\bar{m}}$ は有限群だから単調減少列 $(C_m)_{m \geqq \bar{m}}$ はある $\bar{\bar{m}} \in \mathbb{N}$ から先は一定になる：

(14)　すべての $m \geqq \bar{\bar{m}}$ に対し，$C_m = C_{\bar{\bar{m}}}$ である。

任意の $a \in C_{\bar{\bar{m}}}$ と任意の $m \geqq \bar{\bar{m}}$ に対し (14) より $a \in C_m$ でもあり，$B^{(m)}(a) = E_{L(m)}$ だから $B^{(\infty)}(a) = B^{(\infty)}(1)$ となる。正則表現 $B^{(\infty)}$ は忠実表現だから $a = 1$ を得る。

これで次の(15)が証明された。

(15)　すべての $m \geqq \bar{\bar{m}}$ に対し，$C_m = \{1\}$ である。

C_m は表現 $B^{(m)}$ の核であるから次の(16)が成立つ。

(16)　すべての $m \geqq \bar{\bar{m}}$ に対し，コンパクト群 G の表現 $B^{(m)}$ は忠実である。

従ってコンパクト群 G は $GL(L(m), \mathbb{C})$ のコンパクト部分群と同型になるから，定理1によりリー群である。これで定理3が証明された。

§4　ポントリャーギンの研究

§3の初めに述べたように1930年代になると，位相群の研究が盛んになり，ハールやフォン・ノイマンの仕事が発表されたが，それに続いてポントリャーギンの局所コンパクト・アーベル群についての有名な研究[18]が発表された。この仕事のルーツについては，杉浦[26]で詳しく述べたので，ここでは第五問題に関係する部分を紹介するに留めよう。

ポントリャーギンはこの論文の第一基本定理で，第二可算公理をみたす任意のコンパクト・アーベル群とその指標群である離散アーベル群の間の双対定理を証明した後で，連結局所コンパクト・アーベル群の構造定理を第二基本定理として証明している。それは次のような内容である。

第二基本定理　第二可算公理をみたす任意の連結局所コンパクト・アーベル群 Ω は，コンパクト部分群 Δ と $\mathbb{R}^r$ と同型なベクトル群 N の直和である。Δ は Ω の最大コンパクト群で，Ω の任意のコンパクト部分群を含み Ω によって一意的に定まる。ベクトル群 N のとり方は一通りと限らないが，その次元 r は Ω によって一意的に定まる。

この定理の証明のために，ポントリャーギンは五個の補助定理を先づ証明している。その大略を次に紹介しよう。

Lemma 11 Ωを第二可算公理をみたす連結局所コンパクト可換群とするとき，Ωの高々可算個の元から成る離散部分群Aであって，剰余群Ω/Aがコンパクトとなるものが存在する。

証明（[20]第V章§35 Lemma 1） $U=-U$を，Ωにおける0の任意の対称開近傍で閉包$\bar{U}$がコンパクトとなるものとする。今Ωの元の有限集合$\Delta_r=\{a_1, a_2, \cdots, a_r\}$であって次の二条件(a), (b)をみたすものを考える：

(a) $\sum_{i=1}^{r} n_i a_i \in U \quad (n_i \in Z) \Longrightarrow n_i=0 \quad (1 \leqq i \leqq r)$

(b) $a_i \in U'=\bar{U}-U$ （Uの境界） $(1 \leqq i \leqq r)$

そしてΔ_rから生成されるΩの部分群をD_rとする。このとき次の二つの場合が生ずる：

（イ） Ω/D_rはコンパクト，

（ロ） Ω/D_rはコンパクトでない。

（イ）の場合には，$A=D_r$としてLemma 11が成立つ。仮定(a)から$U \cap D_r=\{0\}$となるから，D_rはΩの離散部分群となるからである。特に$\Omega=$コンパクトの場合には，$A=\{0\}$でLemma 11が成立つ（これは$r=0$, $\Delta_0=\emptyset$, $D_r=\{0\}$の場合である）。

Ωがコンパクトでないとき，(a), (b)をみたす$\Delta_1=\{a_1\}$が存在することは，Lemma 12として証明される。

一般にある自然数rに対し（ロ）が成立つとき$\Omega^*=\Omega/D_r$にLemma 12を適用すると，(a), (b)をみたす$\Delta_1^*=\{d^*\}$が存在する。$f: \Omega \longrightarrow \Omega^*$を標準準同型とし，$f(a_{r+1})=d^*$となる$a_{r+1}$をとり，$\Delta_{r+1}=\Delta_r \cup \{a_{r+1}\}$とおけば，$\Delta_{r+1}$は(a), (b)をみたすことがすぐわかる。こうして（ロ）の場合には，Δ_rをΔ_{r+1}に拡張できる。

しかしこの拡張は無限回続けることは不可能で，必らず有限回の拡張の後に（イ）の場合となってしまうのである。それを帰謬法で証明するために，無限列$\Delta_\infty=\{a_n | n \in \mathbb{N}\}$であって(a), (b)をみたすものが存在すると仮定して矛盾を導く。仮定(b)からΔ_∞はコンパクトな$U'=\bar{U}-U$に含まれるからΔ_∞の点列$\{a_{n_k} | k \in \mathbb{N}\}$で一点$a$に収束するものが存在する。このとき$a_{n_k}-a_{n_{k-1}} \rightarrow a-a=0$ $(k \rightarrow \infty)$となるから十分大きいkに対して，$a_{n_k}-a_{n_{k+1}} \in U$となるが，これは仮定(a)に反し矛盾である。こうしてある$s \in \mathbb{N}$に対し，$\Omega/D_s=$コンパクト

となり，$A=D_s$ として Lemma 11 が成立つ。

Lemma 13　T が連結な局所コンパクト可換群で，離散部分群 A による剰余群 $T/A=T'$ がトーラス群（$(\mathbb{R}/\mathbb{Z})^r$ と同型）とするとき T はベクトル群 M とトーラス群 Λ の直和となる。

証明　$r=\dim T'$ とし，$N=\mathbb{R}^r$ とすると N の離散部分群（$\cong\mathbb{Z}^r$）B であって $T'\cong N/B$ となるものが存在する。このとき N は群 T および T' の普遍被覆群である。シュライヤー[23]の被覆群の理論によって B の部分群 B' が存在して，$T\cong N/B'$ となる。B' は $N=\mathbb{R}^r$ の離散部分群なので，ベクトル空間 $N=\mathbb{R}^r$ の基底 $(e_1,\cdots,e_r)$ を適当にとるとき，

$$B'=\left\{\sum_{i=1}^{k}m_ie_i\ \middle|\ m_i\in\mathbb{Z}\,(1\leqq i\leqq k)\right\}$$

の形となる（ブルバキ『位相』第7章§1定理1）。従ってこのとき

$$T\cong N/B'\cong T^k\oplus\mathbb{R}^{r-k}$$

となる。

Lemma 14　Ω を第二可算公理をみたす連結局所コンパクト可換群で，U は Ω における 0 の近傍とする。このとき U に含まれるコンパクト部分群 Γ が存在して，$\Omega/\Gamma\cong T^k\oplus\mathbb{R}^{r-k}$ となる。

証明　A を Lemma 13 で与えられる Ω の離散部分群で $\Omega/A=\Omega'$ がコンパクトとなるものとする。A が離散群だから 0 の十分小さい近傍 W をとるとき

(1)　$W\cap A=\{0\}$

となる。今 0 の対称近傍 $V=-V$ で，$\bar{V}$ はコンパクトで，$\bar{V}\subset U$, $4\bar{V}\subset W$ となるものが存在する。

今，Ω が連結だから $\Omega'=\Omega/A$ も連結である。第一基本定理により，コンパクト可換群 Ω' はある離散可換群 G（Ω' の指標群）の指標群となる。Ω' が連結だから G は 0 以外の有限位数の元を含まない（この論文の Appendix 2, Theorem 1c）。G は可算可換群だから有限生成アーベル群の増加列 $\{H_n\mid n\geqq 1\}$ が存在して $G=\bigcup_{n=1}^{\infty}H_n$ となる。

いま Ω' における H_n の零化群を，$\Phi_n=(\Omega', H_n)$ とおけば，Φ_n はコンパクト群 Ω' の閉部分群で，やはりコンパクトである。$f:\Omega\longrightarrow\Omega'=\Omega/A$ を標準準同型写像とし，$f(V)=V'$ とおく。V' は Ω' における 0 の近傍で，$V\cap A=\{0\}$ だから f の V への限定 $f\,|\,V$ は一対一写像である。$\bigcap_{n=1}^{\infty}\Phi_n=\{0\}$ だから，十分大きな自然数 m に対し

(2)　$\Phi_m\subset V'$

となる。また指標群の理論により

(3)　$\Omega'/\Phi_m=H_m$ の指標群

となる(定理 3 として証明されている)。H_m は有限生成アーベル群で，0 以外の有限位数の元を含まないからある自然数 k に対し

(4)　$H_m\cong\mathbb{Z}^k$

となる。(3), (4) から

(5)　$T=\Omega'/\Phi_m\cong\mathbb{T}^k$　　(トーラス群)

となる。いま

(6)　$\Gamma'=f^{-1}(\Phi_m)$　　$\Gamma=\Gamma'\cap\bar{V}$

とおく。Γ' は Ω の閉部分群で準同型定理から

(7)　$\Omega/\Gamma'\cong\Omega'/\Phi_m$

である。さらに次式が成立つ。

(8)　$f(\Gamma')=\Phi_m=f(\Gamma)$

(8)の証明　Γ' の定義から $f(\Gamma')\subset\Phi_m$。また f は全写だから，Φ_m の任意の元 x' に対し $x'=f(x)$ となる $x\in f^{-1}(\Phi_m)=\Gamma'$ が存在するから $f(\Gamma')\supset\Phi_m$ であり，第一の等式が成立つ。また $\Gamma\subset\Gamma'$ 故 $f(\Gamma)\subset f(\Gamma')=\Phi_m$ である。逆に任意の $a'\in\Phi_m$ をとるとき，$\Phi_m\subset f(V)$ だから $a'=f(a)$ となる $a\in V$ が存在する。従って $a\in f^{-1}(a')\in f^{-1}(\Phi_m)=\Gamma'$ であるから，$a\in\Gamma'\cap V\subset\Gamma'\cap\bar{V}=\Gamma$ である。そこで $\Phi_m\subset f(\Gamma)$ も言えて，(8)が証明された。

(1)により $f|W$ は W から $f(W)$ の上への同相写像だから，$\Gamma\subset\bar{V}\subset W$ に対し，Γ と $f(\Gamma)=\Phi_m$ は同相であり，従って

(9)　Γ はコンパクトである。

(10) Γ は Ω の部分群である。

(10)の証明　任意の $x, y\in\Gamma$ に対し，$x-y\in\Gamma$ を言う。$f(x-y)=f(x)-$

$f(y)\in\Phi_m=f(\Gamma)$ だから，ある $z\in\Gamma$ が存在して $f(x-y)=f(z)$ となる。従って $f(x-y-z)=0$, $x-y-z\in\mathrm{Ker}\,f=A$ となる。一方 $x-y-z\in 3\bar{V}\subset\overline{W}$ だから(1)により $x-y=z\in\Gamma$ となる。

(11)　$\Gamma'=f^{-1}(\Phi_m)=\Gamma+A$

(11)の証明　$\Gamma\subset\Gamma'$ 故 $f(\Gamma)\subset f(\Gamma')=f(f^{-1}(\Phi_m))\subset\Phi_m$ で，$f(A)=\{0\}$ 故

(12)　$\Gamma+A\subset\Gamma'$

逆に $\Gamma'=f^{-1}(\Phi_m)$ の任意の元 x をとると，(8)により $f(x)\in\Phi_m=f(\Gamma)$ だから，$f(x)=f(r)$ となる $\gamma\in\Gamma$ が存在し，$f(x-\gamma)=0$ 故 $x-\gamma=a\in\mathrm{Ker}\,f=A$ となるから，$x=\gamma+a\in\Gamma+A$ で

(13)　$\Gamma+A\supset\Gamma'$

となる。(12), (13)から(11)が得られる。(11)と(5)から

(14)　$\Omega/(\Gamma+A)\cong\Omega'/\Phi_m\cong\mathbb{T}^k$

となる。

次に $\Omega/\Gamma=\Omega''$ とおき，$g:\Omega\longrightarrow\Omega''$ を標準準同型写像とし，$g(A)=A'$ とおく。このとき，次式が成立つ。

(15)　$g^{-1}(A')=T+A$

(15)の証明　$g(A+T)=g(A)=A'$ だから $A+\Gamma\subset g^{-1}(A')$ である。逆に $g^{-1}(A')$ の任意の元 b をとれば $g(b)\in A'=g(A)$ となるから，$a\in A$ が存在して $g(b)=g(a)$, $g(b-a)=0$, $b-a=\gamma\in\mathrm{Ker}\,g=\Gamma$ となるから $b=\gamma+a\in\Gamma+A$ となる。

(15)により，同型定理から

(16)　$\Omega/(\Gamma+A)\cong\Omega''/A'$

である。(14), (16)から，

(17)　$\Omega''/A'\cong\Omega'/\Phi_m=$ トーラス群

である。このとき次の(18)が成立つ。

(18)　A' は Ω'' の離散部分群である。

(18)の証明　$g(V)=V''$ とおくと，V'' は Ω'' における0の近傍であるがこのとき

(19)　$A' \cap V'' = \{0\}$

なぜならば，$A' \cap V''$ の任意の元 $x = g(a) = g(v)$, $a \in A$, $v \in V$ に対し，$g(a-v) = 0$ だから，$v_1 = a - v \in \mathrm{Ker}\, g = \Gamma \subset \bar{V}$ となり，$a = v + v_1 \in 2\bar{V} \subset W$, $a \in W \cap A = \{0\}$, $x = g(0) = 0$。(19)により(18)が証明された。

そこで(17), (18)と Lemma13 により次の(20)が成立つ。

(20)　$\Omega/\Gamma = \Omega'' =$ ベクトル群 $\oplus$ トーラス群

(9), (10), (20)により，Lemma14 が証明された。この論文では(10), (18)等の証明が欠けているので[20], [13]によりその証明を補った。

Lemma 15　第二可算公理をみたす任意の連結局所コンパクト可換群 Ω に対し，コンパクト部分群 Δ で剰余群 Ω/Δ がベクトル群となるものが存在する。このとき Ω の任意のコンパクト部分群 Δ' は Δ に含まれる。従って Δ は Ω の最大コンパクト部分群である。

証明　U を Ω における 0 の近傍で，閉包 $\bar{U}$ はコンパクトとなるものとする。Γ を Lemma 14 のコンパクト部分群とするとき，

(1)　$\Omega' = \Omega/\Gamma =$ ベクトル群 $M \oplus$ トーラス群 Λ

となる，いま $f : \Omega \longrightarrow \Omega'$ を，標準準同型写像とし，$\Delta = f^{-1}(\Lambda)$ とおく。$f(\Delta) = \Lambda$ だから準同型定理により

(2)　$\Delta/\Gamma \cong \Lambda$

であり，Γ, Λ は共にコンパクトだから

(3)　Δ はコンパクト部分群である。

そしてこのとき，同型定理により $f : \Omega \longrightarrow \Omega'$ を標準準同型写像とするとき

(4)　$\Omega/\Delta = f^{-1}(\Omega')/f^{-1}(\Lambda) \cong \Omega'/\Lambda \cong M$　　(ベクトル群)

となる。

いま Δ' を Ω の任意のコンパクト部分群とする。$f(\Delta')$ は Ω' のコンパクト部分群である。今(1)の右辺の直和分解における第一成分 M への射影を p とすると，p は $\Omega' \longrightarrow M$ の準同型であり，$p \circ f = \varphi$ は $\Omega \longrightarrow M$ の連続準同型写像である。実数論のアルキメデスの定理によりベクトル群 M のコンパクト部分群は $\{0\}$ のみである。従って $\varphi(\Delta') = \{0\}$, $f(\Delta') \subset \Lambda$ となるから

(5)　$\Delta' \subset f^{-1}(f(\Delta')) \subset f^{-1}(\Lambda) = \Delta$

となる。

第二基本定理の証明[20] いま$\varDelta$を$\varOmega$の最大コンパクト部分群とする。その存在は，Lemma 15で保証されて居り，

(1) $\varOmega/\varDelta=$ベクトル群

である。$\varOmega$は第二可算公理をみたすから，$\varOmega$における0の近傍の可算基$\{U_n \mid n \geqq 1\}$が存在する。これは単調減少列であるとしてよい。そこで

(2) $\varOmega=U_0 \supset U_1 \supset U_2 \supset \cdots \supset U_n \supset \cdots,\quad \bigcap_{n=1}^{\infty} U_n=\{0\}$

となる。また$\varOmega$は局所コンパクトだから各$\bar{U}_n$はコンパクトとしてよい。

次にnに関する帰納法によって，$\varOmega$の部分群の列$\{\varOmega_n \mid n \in \mathbb{N}\}$ $(\varOmega_0=\varOmega)$であって，任意の$n \in \mathbb{N}$に対し，次のa), b), c), d)をみたすものが存在することを示そう：

a) $\varOmega_{n+1} \subset \varOmega_n$

b) $\varOmega_n \cap \varDelta \subset U_n$

c) $\varOmega_n+\varDelta=\varOmega$

d) $\varOmega_n$は$\varOmega$の連結閉部分群

$\varOmega_0=\varOmega$はb), c), d)をみたす。いまb), c), d)をみたす$\varOmega_n$が存在したとき，a)-d)をみたす$\varOmega_{n+1}$を構成する。このとき先づ

(3) $\varDelta_n=\varOmega_n \cap \varDelta$は$\varOmega_n$の最大コンパクト部分群$\varGamma_n$と一致する。実際$\varDelta_n$は$\varOmega_n$のコンパクト部分群だから$\varDelta_n \subset \varGamma_n$，一方$\varGamma_n \subset \varOmega_n \cap \varDelta=\varDelta_n$も成立つから$\varDelta_n=\varGamma_n$である。

このとき同型定理と条件c)およびLemma 15により

(4) $\varOmega_n/\varDelta_n=\varOmega_n/\varOmega_n \cap \varDelta \cong (\varOmega_n+\varDelta)/\varDelta=\varOmega/\varDelta \cong \mathbb{R}^r$

となる。すなわち$\varOmega_n/\varDelta_n$の構造はnに依存しない。

Lemma 14により0の近傍U_{n+1}に含まれるコンパクト部分群$\varDelta'_{n+1}$が存在して

(5) $\varOmega_n/\varDelta'_{n+1}=$ベクトル群 $\oplus$トーラス群$\varLambda$

となる。ここでトーラス群$\varLambda$は，$\varOmega_n/\varDelta'_{n+1}$の最大コンパクト部分群である。いま$f_n : \varOmega_n \longrightarrow \varOmega_n/\varDelta'_{n+1}$を標準準同型写像とすれば，Lemma 15の証明からわかるように，$f_n^{-1}(\varLambda)$は$\varOmega_n$の最大コンパクト部分群$\varDelta_n=\varGamma_n$と一致する：すなわち

(6) $\varDelta_n=f_n^{-1}(\varLambda)$.

が成立つ。いま$\varOmega'_{n+1}=f_n^{-1}(M)$とおくとき，$M \cap A=\{0\}$だから

(7)　$\Omega'_{n+1} \cap \Delta_n = f_n^{-1}(M \cap \Lambda) = f_n^{-1}(\{0\}) = \Delta'_{n+1}$

である。いま

(8)　$\Omega_{n+1} = \Omega'_{n+1}$ の単位元連結成分，$\Delta_{n+1} = \Delta'_{n+1} \cap \Omega_{n+1}$

とおく。このとき Ω_{n+1} は条件 a), d) をみたす。また(7), (3)により

(9)　$\Delta_{n+1} = \Delta'_{n+1} \cap \Omega_{n+1} = \Omega'_{n+1} \cap \Delta_n \cap \Omega_{n+1} = \Delta_n \cap \Omega_{n+1} = \Delta \cap \Omega_n \cap \Omega_{n+1}$
$= \Delta \cap \Omega_{n+1}$

である。従って(8)により $\Omega_{n+1} \cap \Delta = \Delta_{n+1} \subset \Delta'_{n+1} \subset U_{n+1}$ であり，Ω_{n+1} は条件 b) をみたす。また(6)により

(10)　$\Omega'_{n+1} + \Delta_n = f_n^{-1}(M) + f_n^{-1}(\Lambda) = f_n^{-1}(M + \Lambda) = f_n^{-1}(\Omega_n / \Delta'_{n+1}) = \Omega_n$

となる。一方 $\Delta_n = \Omega_n \cap \Delta$ だから

(11)　$\Delta'_{n+1} = f_n^{-1}(\{0\}) = f_n^{-1}(M \cap \Lambda) = f_n^{-1}(M) \cap f_n^{-1}(\Lambda)$
$= \Omega'_{n+1} \cap \Delta_n = \Omega'_{n+1} \cap \Omega_n \cap \Delta = \Omega'_{n+1} \cap \Delta$

である。そこで(10), (11)から

(12)　$\Omega'_{n+1}/\Delta'_{n+1} = \Omega'_{n+1}/(\Omega'_{n+1} \cap \Delta_n) \cong (\Omega'_{n+1} + \Delta_n)/\Delta_n = \Omega_n/\Delta_n$

となる。一方

(13)　$\Omega'_{n+1}/\Delta'_{n+1} \cong \Omega_{n+1}/\Delta_{n+1}$

が成立つ。

そこで(13), (12), (4)により

(14)　$\Omega_{n+1}/\Delta_{n+1} \cong \Omega'_{n+1}/\Delta'_{n+1} \cong \Omega_n/\Delta_n \cong \Omega/\Delta = \mathbb{R}^r$

となる。いま $f : \Omega \longrightarrow \Omega/\Delta$ を標準準同型写像とするとき，(14)により

(15)　$f(\Omega_{n+1}) = (\Omega_{n+1} + \Delta)/\Delta \cong \Omega_{n+1}/\Omega_{n+1} \cap \Delta = \Omega_{n+1}/\Delta_{n+1} \cong \mathbb{R}^r$

である。従って $f(\Omega_{n+1})$ は，$\Omega/\Delta = \mathbb{R}^r$ の部分群で $\mathbb{R}^r$ と同型であるから，ユークリッド空間の次元の不変性により，$f(\Omega_{n+1}) = \Omega/\Delta$ となる。従って任意の $\alpha \in \Omega/\Delta$ に対して，$\beta \in \Omega_{n+1}$ が存在して $f(\alpha) = f(\beta)$ 即ち $\alpha - \beta = \gamma \in \mathrm{Ker}\, f = \Delta$ となるので，

(16)　$\Omega = \Omega_{n+1} + \Delta$

が成立つ。従って Ω_{n+1} は c) をみたす。以上によって，すべての自然数 n に対し条件 a), b), c), d) をみたす Ω の部分群 Ω_n が存在することが証明された。そこで

(17)　$N = \bigcap_{n=1}^{\infty} \Omega_n$

とおくと，N は Ω の閉部分群である。そして条件 b) により，$N \cap \Delta \subset \bigcap_{n=1}^{\infty} U_n = \{0\}$ で，

(18)　$N \cap \Delta = \{0\}$

が成立つ。次に条件 c)により，任意の $\alpha \in \Omega$ と $n \in \mathbb{N}$ に対し $\alpha = \beta_n + \gamma_n$ となる $\beta_n \in \Omega_n$, $\gamma_n \in \Delta_n$ が存在する。$(\gamma_n)_{n \in \mathbb{N}}$ はコンパクトな Δ の点列だから，ある元 $\gamma \in \Delta$ に収束する部分列 $(\gamma_{n_k})_{k \in \mathbb{N}}$ を持つ。このとき点列 $(\beta_{n_k})_{k \in \mathbb{N}} = (\alpha - \gamma_{n_k})_{k \in \mathbb{N}}$ は $\alpha - \gamma = \beta$ に収束する。各 $k \in \mathbb{N}$ を固定するとき条件 a)により

(19)　$\beta_{n_\ell} \in \Omega_{n_k} \qquad (\forall \ell \geqq k)$

である。Ω_{n_k} は閉部分群だから，(19)で $\ell \longrightarrow \infty$ として

(20)　$\beta \in \Omega_{n_k} \qquad (\forall k \in \mathbb{N})$　即ち　$\beta \in \bigcap_{k=1}^{\infty} \Omega_{n_k} = N$

となる。そこで $\alpha = \beta + \gamma$ から

(21)　$\Omega = N + \Delta$

が証明された。(18), (20)から $\Omega = N \oplus \Delta$ で(1)によって，$N = \Omega/\Delta$ はベクトル群である。Δ は Ω の最大コンパクト部分群として，Ω により一意的に定まる。また $\dim N = \dim(\Omega/\Delta)$ も Ω によって一意的に定まる。以上で第二基本定理が証明された。

なお，第二基本定理は，$G =$ 連結 という仮定を $G/G' =$ コンパクト(G' は G の単位元成分)という仮定に拡張された。ただしこのとき，結果は $\Omega = N \oplus \Delta \oplus F$ と有限アーベル群 F がつく([20]参照)。

第五問題にとって重要なのは，この第二基本定理を用いて証明される第三基本定理である。それは連結かつ局所連結な局所コンパクト・アーベル群の構造を与えるものであり，それから直ちに局所ユークリッド的な(つまり位相多様体である)アーベル群は，リー群であることがわかる。

第三基本定理　第二可算公理をみたす連結かつ局所連結な局所コンパクト・アーベル群 Ω は，有限または可算無限個の 1 次元トーラス群とベクトル群の直和である。

この定理の証明に用いた Lemma 17 はコンパクト・アーベル群が局所連結とならないための十分条件を与えたものであるが，その証明には一部誤りがある。またそれを訂正して局所連結となるための必要十分条件を与えたポントリャーギンの著書[20]第V章§36c)の証明にも不完全な所がある。しかし第三基本定理の

結果は正しいことは，著書の第二版[21]の定理として，連結性を仮定しない場合の定理が定理49として証明されていることからわかる。ただしこの第二版は，1954年の発行なので，それを1930年代の研究の証明として掲げることは，いささか時代錯誤的なので証明を省略する。

第三基本定理の系 アーベル群 Ω が第三基本定理の仮定の他に，さらに有限次元であれば(特に局所ユークリッド的ならば)，Ω は有限個のトーラス群 $\mathbb{T}$ と実数の加法群 $\mathbb{R}$ の直和と同型であり，リー群である。

こうして，位相群 Ω がリー群となるための必要十分条件が局所ユークリッド的であること(Ω が位相多様体であること)が，アーベル群の場合には証明されたのである。

このようにポントリャーギンは，局所コンパクト・アーベル群の構造定理から第五問題(フォン・ノイマンの意味の)を，アーベル群について解決した。そしてこの観点から，フォン・ノイマンのコンパクト群に対する結果の新しい証明を与えた。これはペーター-ワイルの定理を用いる点ではフォン・ノイマンと同じであるが，ノイマンの証明の後半をコンパクト群の構造定理として精密化し，任意の可算基を持つ有限次元コンパクト群 G は，局所的には局所リー群 L と完全不連結コンパクト群 Z の直積に同型であることを示したのである。そこで p 進体の単数群のような完全不連結コンパクト群 Z の存在が，G がリー群となるために障害となるのである。従ってそれを排除するために，局所連結という条件を導入すれば G はリー群となるのである。

この結果をポントリャーギンは1934年にパリのC. R. ノート[19]として先づ発表し，次いで著書[20]で詳細な証明を発表した。著書での主要定理は，次のようなものである。

定理 55 G を第二可算公理をみたす有限次元コンパクト群とする。このとき G は局所リー群である L と，完全不連結コンパクト正規部分群 Z を含み，積 $U=LZ$ は G における単位元 e の近傍となる。自然な写像 $(\ell,z)\longmapsto \ell z$ により，直積 $L\times Z$ と U は同相であり，L の元と Z の元は可換である。つまり G は局所には局所群として直積 $L\times Z$ と同型である。特に G が連結のとき，Z は G の中心に含まれる。

定理 56 Gが第二可算公理をみたすコンパクト群とする。さらにGが局所連結かつ有限次元とすればGはリー群である。

証明 Gが有限次元コンパクト群とすると，定理 55 によりGは局所的には局所リー群Lと完全不連結コンパクト正規部分群Zの直積となる。このとき次の(1)が成立つ。

(1) もしZが無限群ならば，Gは局所連結でない。

このときGが局所連結であると仮定して矛盾を導く。Gが局所連結ならば，Gにおけるeの近傍$U=LZ$は，連結なeの近傍Vを含む。今，仮定によりZは無限コンパクト群だから，eに収束するZの点列$(z_n)_{n\in\mathbb{N}}$ $(z_n \neq e)$がある。従って特に$Z\cap V \ni x \neq e$となるxがある。

定理 55 により，Uの任意の元uは，$u=\ell z$ $(\ell \in L,\ z\in Z)$と一意かつ連続的に分解される。このとき$Z(V)$は$e=Z(e)$を含むzの連結部分集合であり，一方Zは完全不連結だから$Z(V)=\{e\}$となる。一方上の$x\in Z\cap V$に対しては$Z(x)=x\neq e$となる。これは$Z(V)=\{e\}$に反し矛盾である。これで(1)が証明された。(1)の対偶をとるとGが局所連結ならばZは有限群となる。このときUは，Lと同相な有限個の集合の直和となるから，LはUの開集合となる。従ってL自身がGにおけるeの近傍となるので，Gは局所リー群であるような位相群だからGはリー群である。

ポントリャーギンは，定理 55 を証明するために，コンパクト群の列$(G_n)_{n\in\mathbb{N}}$とその間の準同型写像$g_n : G_{n+1} \longrightarrow G_n$から，$(G_n)$の(射影)極限という概念を導入した。ペーター-ワイルの定理から，任意のコンパクト群はコンパクト・リー群の列の射影極限となる。このようにリー群の射影極限となるような局所コンパクト群を考察することは，後に岩澤健吉[8]と A. M. グリースン[4]によって取上げられ，第五問題解決の鍵となった。

こうして 30 年代に，フォン・ノイマンとポントリャーギンによって，コンパクト群とアーベル群については局所ユークリッド的(位相多様体であること)であればリー群になることがわかった。より抽象的には，局所連結かつ有限次元ならばよいのである。

所でフォン・ノイマンもポントリャーギンも共に，ペーター-ワイルの定理を用いて居り，コンパクト群および局所コンパクト・アーベル群は十分多くの有限次元ユニタリ表現を持つことを用いている。つまり$g\neq e$となる群Gの元gに対

し $U(g) \neq 1$ となる有限次元ユニタリ表現 U が存在するという事実(このとき G は極大概周期的であるという)を用いている。

所で1936年にH. フロイデンタール[3]は，次の定理を証明した。

定理 連結な局所コンパクト群 G が極大概周期的ならば，G はベクトル群 $\mathbb{R}^n$ とコンパクト群 K の直積と同型である。

この定理は，十分多くのユニタリ表現の存在を基礎に第五問題を研究しようとする路線は，コンパクト群とアーベル群の外には本質的に出られないことを示している。この困難をどのように突破するかが40年代以後の第五問題研究の中心課題となったのである。その模様は次のIIで報告する。

文献

[1] L. E. J. Brouwer, Die Theorie der endlichen kontinuierlichen Gruppen unabhängig von den Axiomen von Lie, I, II, Math. Ann. 67(1909), 246-265 ; 69(1910), 181-203.
[2] L. E. J. Brouwer, Beweis des ebenen Translationssatzes, Math. Ann. 67(1912), 37-54.
[3] H. Freudenthal, Topologischen Gruppen mit genügend vielen fastperiodischen Funktionen, Ann. of Math. 37(1936), 57-77.
[4] A. M. Gleason, The structure of locally compact groups, Duke Math. J. 18(1951), 85-105.
[5] A. Haar, Der Massbegriff in der Theorie der kontinuierlichen Gruppen, Ann. of Math. 34 (1933), 147-169.
[6] D. Hilbert, Mathematische Probleme, Gött. Nachr., 1900, 253-297, Ges. Abh. III, 290-329.
[7] D. Hilbert, Über die Grundlagen der Geometrie, Math. Ann. 56(1902), 381-422. 寺阪英孝訳：『ヒルベルト幾何学の基礎』，現代数学の系譜 7，共立出版，1970.
[8] K. Iwasawa, On some types of topological groups, Ann. of Math. 50(1949), 507-558.
[9] B. Kerékjártó, Geometrische Theorie der zweigliedrigen kontinuierlichen Gruppen, Abh. Math. Sem. Hamburg 8(1931), 107-114.
[10] S. Lie, Über Gruppen von Transformationen, Gött. Nachr, 1874, 529-542.
[11] S. Lie, Theorie der Transformationsgruppen, I, II, III, Teubner, Leipzig, 1888, 1890, 1893.
[12] K. Menger, "Dimensionstheorie", Teubner, Leipzig, 1928.(p.251-266)
[13] 壬生雅道，『位相群論概説』，現代数学 3，岩波書店，1976.
[14] D. Montgomery, Analytic parameters in three-dimensional groups, Ann. of Math. 49 (1948), 118-131.
[15] D. Montgomery and L. Zippin, Four dimensional groups, Ann. of Math. 55(1952), 140-166.
[16] G. D. Mostow, The extensibility of local Lie groups of transformations and groups on surfaces, Ann. of Math. 52(1950), 606-635.
[17] F. Peter und H. Weyl, Die Vollständigkeit der primitiven Darstellungen einer

geschlossenen kontinuierlichen Gruppen, Math. Ann. 97(1927), 737-755.

[18] L. S. Pontrjagin, The theory of topological commutative groups, Ann. of Math. 35(1934), 361-388.

[19] L. S. Pontrjagin, Sur les groupes topologiques compacts et le cinquième problème de M. Hilbert, C. R. Paris 198(1934), 238-240.

[20] L. S. Pontrjagin, "Topological groups", Princeton Univ. Press, Princeton, 1939.(Original Russian edition appeared in 1938.)

[21] L.S. ポントリャーギン,『連続群論(上・下)』, 柴岡・杉浦・宮崎訳, 岩波書店, 1957・58 ([20]の第二版, ロシア版, 1954)

[22] O. Schreier, Abstrakt kontinuierlichen Gruppen, Abh. Math, Sem. Hamburg, 4(1925), 15-32.

[23] O. Schreier, Die Verwandschaft stetiger Gruppen im grossen, Abh. Math. Sem. Hamburg 5 (1926), 233-244.

[24] 杉浦光夫,「ヒルベルトの第五の問題」, 月報(後の『数学の歩み』)第1巻第5号 25-35, 1954, 連合機関紙, 新数学人集団他.

[25] 杉浦光夫,「ワイルの群論」, 津田塾大学数学・計算機科学研究所報 4(1992), 68-97.(本書第2章に所収)

[26] 杉浦光夫,「ポントリャーギン双対定理の生れるまで――位相幾何から位相群へ」, 津田塾大学数学・計算機科学研究所報 11(1996), 100-134.(本書第5章に所収)

[27] J. von Neumann, Über die analytischen Eigenschaften von Gruppen linearer Transformationen, Math. Zeit. 30(1929), 3-42.

[28] J. von Neumann, Die Einführung analytischer Parameter in topologischen Gruppen, Ann. of Math. 34(1933), 170-190.

[29] H. Weyl, "Die Idee der Riemannschen Fläche", Teubner, Leipzig, 1913.

[30] H. Weyl, Theorie der Darstellungen kontinuierlicher halbeinfacher Gruppen durch lineare Transformationen I, II, III und Nachtrag, Math. Zeit. 23(1924), 271-304 ; 24(1925), 328-395, 789-791.

[31] F. Hausdorff, "Grundzüge der Mengenlehre", Teubner, Leipzig, 1914.

[32] E. Cartan, "La théorie des groupes finis et continus et l'Analysis situs", Mémorial Sc. Math. XLII, Gauthier-Villars, Paris, 1930.

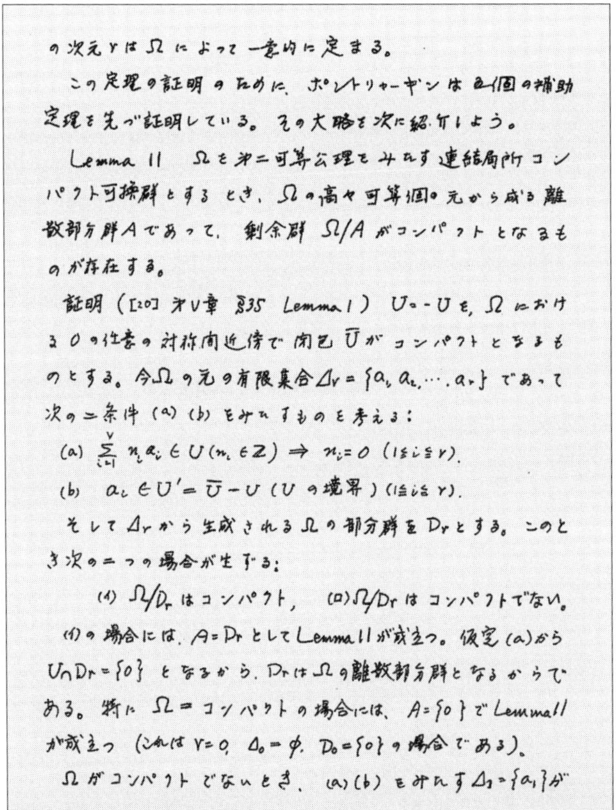

の次元 r は Ω によって一意的に定まる。

この定理の証明のために、ポントリャーギンは2個の補助定理を先ず証明している。その大略を次に紹介しよう。

Lemma 11 Ω を第二可算公理をみたす連結局所コンパクト可換群とするとき、Ω の高々可算個の元から成る離散部分群 A であって、剰余群 Ω/A がコンパクトとなるものが存在する。

証明（[20] 第V章 §35 Lemma 1） $U=-U$ を、Ω における 0 の任意の対称閉近傍で閉包 $\bar{U}$ がコンパクトとなるものとする。今 Ω の元の有限集合 $\Delta_r=\{a_1, a_2, \cdots, a_r\}$ であって次の二条件 (a) (b) をみたすものを考える:

(a) $\sum_{i=1}^{r} n_i a_i \in U \ (n_i \in \mathbb{Z}) \Rightarrow n_i=0 \ (1 \leqq i \leqq r)$.

(b) $a_i \in U' = \bar{U} - U$ (U の境界) $(1 \leqq i \leqq r)$.

そして Δ_r から生成される Ω の部分群を D_r とする。このとき次の二つの場合が生ずる:

(イ) Ω/D_r はコンパクト、 (ロ) Ω/D_r はコンパクトでない。

(イ)の場合には、$A=D_r$ として Lemma 11 が成立つ。仮定 (a) から $U \cap D_r=\{0\}$ となるから、D_r は Ω の離散部分群となるからである。特に Ω = コンパクトの場合には、$A=\{0\}$ で Lemma 11 が成立つ（これは $r=0$, $\Delta_0=\phi$, $D_0=\{0\}$ の場合である）。

Ω がコンパクトでないとき、(a) (b) をみたす $\Delta_1=\{a_1\}$ が

直筆原稿(第7章)

8 第五問題研究史II

§0 はじめに

Iで述べたように，位相群の概念が1920年代に導入され，1933年にフォン・ノイマンによって，第五問題は位相群がリー群となるための(位相的な)条件を求める問題として新しく定式化され直した。詳しく言えば，「局所ユークリッド位相群(位相多様体であるような位相群)はリー群か？」という形の問題が，第五問題の現代的な形として認められて研究されるようになったのである。そしてこの形の問題は，フォン・ノイマン[52]によってコンパクト群に対し，またポントリャーギン[45]によってアーベル群に対し，肯定的に解決されたのであった。

この二つの結果が第五問題に関する30年代の基本的結果であった。このIIでは，これに続く40年代以降の研究について述べる。1940年代前半は第二次大戦と重なり，戦争による混乱や亡命，軍隊や戦時研究への動員等があり，純粋数学の研究はかなり低調であった。ただしこのような時勢下にあっても数学の研究を続けた人々も存在し，それらの努力は戦後に花を咲かせたのであった。第五問題について言えば，41年に発表されたシュヴァレー[7]では，「可解な連結局所ユークリッド群はリー群である」ことが言明されている。この結果は以後の発展に大きな影響を与えた。第二次大戦が終ると，数学の各方面で新しい研究が次々に現われるようになった。第五問題ではモンゴメリの活躍が著しい。彼は戦前からジピンと共に変換群の研究を続けていたが，戦後変換群についての重要な仕事(後述)をした後，1947年から51年にかけて第五問題について単独でまたは協力者ジピンとの共著で[28]，[29]，[32]，[34]，[40]，[41]等を発表した。

また新しく日本でも，岩澤健吉，倉西正武，後藤守邦，山辺英彦等が第五問題の研究を開始し，この方面の研究が活溌になった。またモンゴメリは，彼の勤務していたプリンストンの高等研究所にこの方面の研究者を招いたので，このことも研究の進歩に役立った。またアメリカでも若手の有力研究者として，グリースンが現われた。このような状勢の中で上述の意味の第五問題は，1952–53 年に完全に解決したのであった。以下本稿では，この経過の中の主要な動きについて述べる。

最後で本稿では扱わない変換群についての第五問題に簡単に触れておこう。

1935 年に H. カルタン[5]は，$\mathbb{C}^n$ の有界領域の複素解析的自己同型群はリー群であることを示した。また 1939 年にマイヤース-スティーンロッド[44]は，リーマン多様体の等距離交換全体の群はリー群となることを示した。これらの結果を一般化して 1946 年にボホナー-モンゴメリ[1]は次の定理を証明した。

定理 局所コンパクト群 G が，C^2 級微分可能多様体 M に，効果的に(effectively)，位相変換群として作用し，かつ G の各元 g の引起す M の同相写像 $x \longmapsto g \cdot x$ が C^2 級微分同相写像ならば，G はリー群である。

この定理で C^2 級とある所は C^1 級でよいことを 1950 年に倉西[26]が証明した。このボホナー-モンゴメリ-倉西の定理が多様体の位相変換群がリー群となるための一般的定理としては現在でも最良のものである。ここでは各変換 $x \longmapsto g \cdot x$ が C^1 級と仮定されているので，ヒルベルトの要求するように連続性だけでは話はすまない。この点で完全に位相的な仮定にした次の問題が考えられる：

問題 A 局所コンパクト群 G が，位相多様体 M に効果的な位相変換群として作用するとき G はリー群となるか？

この問題 A は現在でも未解決である。問題 A の肯定的な解答は次の問題 B の否定的な解答と同値であることが知られている：

問題 B p 進体の加法群 $\mathbb{Q}_p$ は，位相多様体 M に効果的に作用できるか？

問題 B が肯定的な答を持つと仮定すると，いろいろ不自然な現象が生ずることが知られている(ヤン[57]，ブレドン-レイモンド-ウィリィアムズ[4])ので，問題Aは成立ちそうに思われるが，証明もできないし，反例も見つかって居ない状態である。このようにして現在でも変換群 G については，変換の微分可能性を仮定しないと G がリー群であることが結論できないのである。

なお第五問題と直接関係はないが，リー群の部分群が G の連結リー部分群となるための必要十分条件が位相的な条件で与えられるという次の定理も，日本の数学者によって証明された。

定理　リー群 G の部分群 H が G の連結リー部分群となるための必要十分条件は，H が弧状連結であることである。

必要性は明らかで十分性だけが問題である。$G=\mathbb{R}^n$ のときは多くの人によって種々の解が与えられた(後藤編[17])，一般の場合は倉西と山辺[53]によって独立な証明が与えられた。[53]は極めて簡潔であるが，後藤[18]は詳細な証明を与えた。

§1　岩澤の研究

岩澤は，第五問題の研究についてポントリャーギンのコンパクト群に対する研究[46]から位相群をリー群の族の極限と考えるという視点と，(第二可算公理をみたす)有限次元のコンパクト群は，局所的には局所リー群とコンパクト完全不連結正規部分群の直積と同型となるという構造定理を受け継いだ。勿論任意の位相群がリー群の極限となるわけではないので，岩澤は局所コンパクト群でリー群の族の極限となるような位相群のクラスを考え，それを考察の対象とし，このクラスの群を (L)-群と呼んだ。そして連結 (L)-群に対して，上のポントリャーギンの構造定理に類似の構造定理(Theorem 11)を得るのに成功した。この構造定理から連結 (L)-群が有限次元かつ局所連結(特に局所ユークリッド的)ならばリー群であることが導かれ，連結 (L)-群に対し第五問題が解決されたのであった。

岩澤の研究に影響を及ぼしたもう一つの結果は次のシュヴァレー[7]の定理であった。

定理(シュヴァレー)　有限次元で局所連結の連続局所コンパクト群 G が可解群ならば，G はリー群である。

可解群は，アーベル群から出発しアーベル群による拡大を有限回繰返して得られる群である。従ってアーベル群に対する第五問題が解けた後，その結果を可解群に拡張するためには，リー群であるという性質が群の拡大で保たれるかどうかを調べる必要がある。岩澤はこれについて，「局所コンパクト群 G の閉正規部分群 N と剰余群 G/N が共にリー群ならば，G もリー群である」という**リー群の拡大定理**を Theorem 7 として得た。この定理 7 は，岩澤論文で重要な役割を果している。(この拡大定理で $N=$ アーベル群の場合は倉西[25]によっても独立に得られグリースン[14]で一般化されている。)

岩澤健吉は，戦後第五問題の研究を始め，その結果は 1947 年秋の日本数学会秋季総合分科会で，特別講演として発表され，翌年発行の『数学』(第 1 巻第 3 号)に論説「Hilbert の第五の問題　可解位相群の構造について」という論説[22]で印刷公刊された。英文の論文としては，On some types of Topological groups[23]という題で Ann. Math. 50(1949)に発表された。英語版の[23]は日本語版の[22]の単なる翻訳でなく，この二つの論文の間には内容の出入がある。日本語版[22]は，副題にもあるように，可解群の場合が詳しく述べられ，その構造定理(定理 6, 7, 8)の後に，「可解な局所ユークリッド群はリー群である」という上述のシュヴァレーの定理が定理 9 として証明されている。これはこのシュヴァレーの定理の証明が，岩澤の最初の目標の一つであったことを示している。英語版[23]の方では，これらの定理は一般論に吸収されている。例えば上のシュヴァレーの定理は，[23]では「可解な連結局所コンパクト群は (L)-群である」という定理(Theorem 10)により「(L)-群が局所連結かつ有限次元ならば(特に局所ユークリッド的ならば)，リー群である」(Theorem 12)という一般的定理に帰着されている。

英語版[23]にあって日本語版にない重要な部分は，リー群の位相的構造に関する一般論で，半単純リー群の岩澤分解(Lemma 3.11)やそれに基づく岩澤-マリツェフの定理「任意の連結リー群 G は，その一つの極大コンパクト部分群 K とユークッド空間 $\mathbb{R}^r$ の直積に同相である」(Theorem 6)は，[23]にしかない。岩澤分解は半単純リー群の大域的構造定理として基本的なもので，表現論では常用されている。また岩澤-マリツェフの定理は，リー群の位相に関する基本定理で，位相的な見地からは，コンパクト・リー群のみを考えればよいことになる。

また Lemma 3.7 は，「局所コンパクト群 G を $\mathbb{R}^n$ と同型な閉正規部分群 N で割った剰余群 G/N がコンパクト・リー群ならば G は分裂する。すなわちコンパクト部分群 K で，$G=KN$, $K\cap N=e$ となるものが存在する」という定理で，後にブルバキ[2](第7章§3命題3, 4, 5), [3](第9章§1定理1)によって，ワイルの基本定理「Gが連結リー群で，そのリー環がコンパクト半単純ならば，Gはコンパクトで，その中心は有限群である」を，構造論に深入りすることなく証明するのに本質的な道具として用いられた。また岩澤は，上述のリー群の拡大定理をTheorem 7として証明している。

このように，リー群論に関する基本定理を含む岩澤の論文[23]は，リー群論の古典の一つである。以下では第五問題に直接関係する後半(第4節以下)の主要部分の概略を紹介する。

先づリー群で近似できる局所コンパクト群として，次のように(L)-群を定義する。

定義　局所コンパクト群Gは，その閉正規部分群の族$(N_\alpha)_{\alpha\in A}$であって次のi), ii)をみたすものが存在するとき，(L)-**群**と呼ぶ：

i)　各$\alpha\in A$に対し，剰余群G/N_αはリー群である。

ii)　$\bigcap_{\alpha\in A} N_\alpha=\{e\}$

この条件をみたす正規部分群の族$(N_\alpha)_{\alpha\in A}$を，(L)-群Gの**基準系**と呼ぶ。Gが連結のとき，この定義の条件は次のように言い換えることができる：

Lemma 4.1　連結局所コンパクト群Gが(L)-群となるための必要十分条件はGの単位元eの任意の近傍Uに対し，Uに含まれるコンパクト正規部分群Nであって，G/Nがリー群となるものが存在することである。

また次のLemmaが成立つ。

Lemma 4.2　任意の連結(L)-群Gは最大コンパクト正規部分群Nを含む，Gの任意のコンパクト正規部分群N_1はNに含まれる。そしてG/Nはリー群である。

(L)-群の部分群と剰余群については，次の定理が成立つ：

Theorem 8　1)　(L)-群 G の任意の閉部分群 H はまた (L)-群である。
2)　(L)-群 G が連結のときその任意の閉正規部分群 N による剰余群 G/N も (L)-群である。

次に (L)-群の拡大について，リー群の拡大定理（Theorem 7）を用いて次の定理が得られる：

Theorem 9（(L)-群の拡大定理）　G を連結局所コンパクト群，N をその閉正規部分群とする。このとき N と G/N が共に (L)-群ならば，G 自身も (L)-群である。

この定理を繰返し適用すると，「(L)-群から出発して (L)-群による拡大を有限回繰返して得られる群は (L)-群である」ことがわかる。特に可解群は，アーベル群から出発してアーベル群による拡大を有限回施して得られる群である。一方ポントリャーギンの構造定理により，局所コンパクト・アーベル群 G はコンパクト部分群 N による剰余群がリー群となるから Lemma 4.1 により (L)-群である。この二つの事実から次の定理が導かれる：

Theorem 10　可解な連結局所コンパクト群は (L)-群である。

次に岩澤は，この論文の頂点である (L)-群の構造定理を Theorem 11 として証明する。これは連結 (L)-群は，局所的には，局所リー群とコンパクト群の直積と同型となるという定理である。この定理から直ちに局所ユークリッド的な連結 (L)-群はリー群であることが導かれ，連結 (L)-群に対して，第五問題が肯定的に解決される。この定理を証明するために，著者は四つの Lemma（Lemma 4.6, 4.7, 4.8, 4.9）を新たに示す他に，第 2, 3 節のいくつかの結果を用いている。これらの結果を先づ掲げておこう。

Theorem 2　G を連結位相群，K をそのコンパクト正規部分群とする。今 K の中心化群 $C_G(K)$ を H とすれば，$G=HK$ である。

Theorem 3　G, K を Theorem 2 と同じとする。このとき K の任意の正規部

分群 K' は，G の正規部分群でもある。

Theorem 4　連結位相群 G のコンパクト可換正規部分群は，G の中心に含まれる。

Lemma 2.4　G を連結位相群，N をそのコンパクト正規部分群とする。N の交換子群 $[N, N]$ の閉包を，$D_1(N) = N_1$ とおき，N の中心を Z とするとき，$N = N_1 Z$ で，$N_1 \cap Z$ は完全不連結群である。

Lemma 3.6　G を n 次元連結可解リー群とするとき，G のリー部分群 $H_1, \cdots, H_n$ であって，次の 1), 2), 3) をみたすものが存在する：

1)　各 $H_i \cong \mathbb{R}$ or $\mathbb{T}$.
2)　$G_i = H_{i+1} \cdots H_n$ $(0 \leqq i \leqq n-1)$ は，G の $(n-i)$ 次元リー部分群で，G_i は G_{i-1} の正規部分群である。
3)　$G = G_0$ で G の任意の元 g は，連続かつ一意的に

$$g = h_1 h_2 \cdots h_n, \qquad h_i \in H_i$$

と表わされる。

Lemma 4.6　G を連結局所コンパクト群，N を G の完全不連結正規部分群，L' を $G' = G/N$ の局所リー部分群とする。このとき G の局所リー部分群 L で，$L \cap N = e$ かつ LN/N は L' の開集合となるものが存在する。

Lemma 4.7　G を連結局所コンパクト群，N をそのコンパクト正規部分群とし，N を含む G の部分群 H_1 で $H_1/N \cong \mathbb{R}$ となるものが存在すると仮定する。このとき G の部分群 H で，$H_1 = HN$, $H \cap N = e$, $H \cong \mathbb{R}$ となるものが存在する。

Lemma 4.8　G を連結 (L)-群，Z を G のコンパクト可換正規部分群とする。いま G/Z はリー群であるとし，G/Z の根基(最大可解正規部分群)が N/Z であるとする。N は Z を含む G のリー部分群である。このとき，G の半単純局所リー部分群 L であって，LN/N が G/N の開部分群となるようなものが存在する。

Lemma 4.9　Gを連結局所コンパクト群，MをGの閉正規部分群でG/Hが半単純リー群となるものとする。さらにNをMの部分群で，Gの中心に含まれるもので，1次元トーラス群$\mathbb{T}$の有限または無限個の直積$\mathbb{T}^{\Omega}$と同型となるものとする。今Gの局所リー部分群L_1であって，$L_1 \cap M = e$で$L_1 \cdot M/M$はG/Mの開部分群であり，Mは局所リー部分群L_2とNの直積と局所同型となるものが存在すると仮定する。このときGは，局所リー群LとNの部分群$N' = \mathbb{T}^{\Omega'}$（$\Omega'$は$\Omega$のある部分集合）の直積と局所同型となる。

これらの結果の証明をここで述べる余裕はないが，いづれも初等的な考察で証明できる。次の補助定理は Theorem 11 の証明中で岩澤が用いているものであるが，二回使われるので，便宜上ここにまとめておいた。

補助定理　Gを連結局所コンパクト群，Dをそのコンパクト完全不連結正規部分群とする。剰余群$G' = G/D$が単位元の任意の近傍$U' = U/D$に含まれる局所リー部分群L'とコンパクト正規部分群K'の直積に，局所同型であると仮定する。このとき，G自身も単位元の任意の近傍Uに含まれる局所リー部分群Lとコンパクト正規部分群Kの直積に局所同型となる。

証明　G'の正規部分群K'は，Dを含むGの正規部分群Kにより，$K' = K/D$の形に書ける。KはUに含まれる。D, K'がコンパクトだから，Kもコンパクトである。また Lem. 4.6 によって，このときGの局所リー部分群Lで，$L \cap D = e$, LD/DはL'の開集合となるようなものが存在する。そして$L'K'$がG'における単位元の近傍を含むことから，LKはGにおける単位元のある近傍を含む。さらに，$L' \cap K' = e$だから，$L \cap K \subset L \cap D = e$, $L \cap K = e$である。一般性を失うことなくLは連結と仮定してよい。このときLの元とKの元が常に可換であることを言えば，Gは局所的にLとKの直積と同型になる。

それを言うために交換子の集合

$$[L, K] = \{usu^{-1}s^{-1} \mid u \in L,\ s \in K\}$$

を考える。各$s \in K$に対し，$f_s(u) = usu^{-1}s^{-1}$とおくと，f_sは連続だから連結なLの像$f_s(L)$は連結で，$f_s(e) = e$を含む。従って，$[L, K] = \bigcup_{s \in K} f_s(L)$は連結である。

一方 L', K' は直積因子だから $[L', K'] = e$, $[L, K] \subset D$ となる。D は完全不連結, $[L, K]$ は連結で e を含むから $[L, K] = e$ となる。従って L の各元は K の各元と可換である。これですべてが証明された。

Theorem 11（連結 (L)-群の構造定理） G を連結 (L)-群とし, U を単位元 e の G における任意の近傍とする。このとき U に含まれる局所リー部分群 L とコンパクト正規部分群 K が存在して, G は局所的には L と K の直積と同型になる。逆に局所リー群とコンパクト群の直積に同型な連結位相群 G は, (L)-群である。

証明 ペーター-ワイルの定理によりコンパクト群は (L)-群であるから後半は明らかである。

前半を証明するのに三段階にわたってより単純な場合に帰着させる。G は連結 (L)-群であるから, Lem. 4.1 により e の任意の近傍 U に含まれるコンパクト正規部分群 N であって, G/N がリー群となるものが存在する。いま $N_1 = \overline{[N, N]}$ とおく。即ち N_1 は N の位相的交換子群である。Z を N の中心とするとき, Lem. 2.4 により, $Z_0 = N_1 \cap Z$ は完全不連結である。Z_0 は N の閉部分群だからコンパクトである。$N_1 = D_1(N)$ および Z は, N の特性部分群（N のすべての自己同型で不変）だから, G の正規部分群で, Z_0 もそうである。そこで (G, Z_0) は上の補助定理の条件をみたす。従って次の(1)が証明された。

(1)　G/Z_0 に対し, 定理 11（前半）が成立てば, G に対しても定理 11（前半）が成立つ。

これで問題は, G から G/Z_0 に還元された。群 G/Z_0 は一般論で $Z_0 = e$ となる場合であるから, 上の(1)は言い換えれば, 次の(1′)となる。

(1′)　定理 11（前半）を証明するには, $Z_0 = e$ となる場合に証明すれば十分である。

N_1 の中心を Z_1 とすると $Z_0 = N_1 \cap Z \subset Z_1$ である。一方 Theorem 2 により, $N = C_N(N_1)N_1$ だから $Z_1 \subset Z$ でもあるから $Z_1 \subset Z_0$ で, $Z_1 = Z_0$ である。そこで $Z_0 = e$ となる場合には $Z_1 = e$ でもある。このとき $G_1 = C_G(N_1)$ とすると $G_1 \cap N_1 = Z_1 = e$ であるから, Theorem 2 により,

$$G = G_1 \times N_1$$

である。ここで N_1 は, G のコンパクト正規部分群である。従って第二段の還元

として，次の(2)が成立つ。

(2)　$Z_0=e$ のとき，$G/N_1\cong G_1$ に対し，定理 11(前半)が成立てば，G に対しても定理 11(前半)が成立つ。

G_1 を改めて G とかけば，G_1 を考えることは，一般論で $N_1=D_1(N)=e$ となる場合即ち N が可換である場合を考えることである。つまり(2)は，次の(2′)と同値である。

(2′)　$Z_0=e$ のとき，定理 11(前半)を証明するには，N が可換なコンパクト正規部分群である場合を考えれば十分である。この場合 N は G の中心に含まれる(Theorem 4)。

さて，アーベル群の構造定理により，コンパクト・アーベル群 N を，適当な完全不連結部分群 N_0 で割れば，剰余群 N/N_0 はトーラス群の直積 $\mathbb{T}^{\Omega}$ と同型になる。

(G,N_0) は上の補助定理の条件をみたすから，第三段目の還元として，次の(3)が成立つ。

(3)　$Z_0=e$ のとき，G/N_0 に対し定理 11(前半)が成立てば，G に対しても定理 11(前半)が成立つ。

G/N_0 を考えることは，一般論で $N_0=e$, $N=\mathbb{T}^{\Omega}$ の場合を考えることだから，(3)は次の(3′)と同値である。

(3′)　$Z_0=e$ のとき定理 11(前半)を証明するには，$N=\mathbb{T}^{\Omega}$ のときに証明すれば十分である。

いま，連結リー群 G/N の根基(最大可解正規部分群)を M'/N とし，n 次元連結可解リー群 M'/N に対し，Lem. 3.6 の条件をみたす n 個の 1 次元リー群を $H_1'',\cdots,H_n''$ とする。各 H_i'' は N を含む G のリー部分群 H_i' により，$H_i''=H_i'/N$ の形になる。このとき $M'=M_0'=H_i'\cdots H_n'$ で，各 $M_i'=H_{i+1}'\cdots H_n'$ は M_{i-1}' の正規部分群である。各 $H_i'/N\cong\mathbb{R}$ or $\mathbb{T}$ である。$H_i'/N\cong\mathbb{R}$ のときは，Lem.4.7 により G の部分群 H_i で

$$H_i'=H_iN,\quad H_i\cap N=e,\quad H_i\cong\mathbb{R}$$

となるものが存在する。$H_i'/N\cong\mathbb{T}$ の場合も，今 $N=\mathbb{T}^{\Omega}$ であることを用いるとやはり G のリー部分群 H_i で

$$H_i'=H_iN,\quad H_i\cap N=e,\quad H_i\cong\mathbb{T}$$

となるものが存在する。従って次の関係が成立つ。

$$M_i'=H_{i+1}\cdots H_nN,\quad M_{i-1}'=H_iM_i',\quad H_i\cap M_i'=e\,.$$

一方，Lem. 4.8 により，G は局所リー部分群 L_1 で，$L_1 \cap M_0' = e$ で $L_1 M_0'/M_0'$ は G/M_0' の開集合となるものが存在する。そこで Lem. 4.9 を $M_{n-1}', \cdots, M_1', M_0'$, G に順次適用して行けば，結局 G の局所リー部分群 L とコンパクト正規部分群 $K \cong \mathbb{T}^{\Omega'}$($\Omega'$ は Ω のある部分集合)が存在して，G は局所的には，L と K の直積と同型となる。これで Theorem 11 は証明された。 ∎

この構造定理(Theorem 11)により，任意の連結 (L)-群 G は，局所的には，局所リー群とコンパクト群の直積である。所がコンパクト群に対しては，第五問題は肯定的に解決されていて，ポントリャーギン[47]によれば，有限次元かつ局所連結な(特に局所ユークリッド的な)コンパクト群はリー群である。従って Theorem 11 から直ちに次の Theorem 12 が導かれる。

Theorem 12(**(L)-群に対する第五問題の解決**)　(L)-群 G が，有限次元かつ局所連結ならば(特に局所ユークリッド的ならば)，G はリー群である。

上述の Theorem 12 の証明では，Theorem 11 を用いて，既知のコンパクト群の場合に帰着させたわけであるが，Theorem 12 のすぐ後で，岩澤は次のような注意をしている：

「注意　Theorem 12 だけを証明するためには，Theorem 11 の長い証明は必ずしも必要でない。すぐわかるように Lemma 4.1 を用いて，コンパクト群の場合と類似の議論(ポントリャーギン[47] §45)によって Theorem 12 を証明することができる。」 定理 12 によって，岩澤はそれまでに，第五問題が解決したコンパクト群，可換および可解局所コンパクト群に対して，統一的な視点を与えた。即ちこれらの三種の群は (L)-群であり，リー群によって近似され，その(射影)極限となる群である点に第五問題がこれらの群に対し解けたという事実に対する内在的根拠があることを示したのである。

こうして岩澤は，(L)-群という広いクラスの群に対し，第五問題を解決したが，岩澤はこの論文でさらに一歩踏み出した考察を行った。即ち岩澤は，この (L)-群が局所コンパクト群全体の中で，どのような位置を占めるのかという問題を考えたのである。先づ岩澤は次の二つの定理を証明した：

Theorem 22　任意の連結局所コンパクト群 G は，(L)-群である正規部分群の

中で最大のもの Q を含む。Q は G により一意的に定まる。G の任意の (L)-群である連結正規部分群は Q に含まれる。そして剰余群 G/Q は，e 以外の (L)-群である正規部分群を含まない。

Theorem 23 任意の連結局所コンパクト群 G の正規部分群 R_0 で G/R_0 が (L)-群であるようなものの中で，最小のもの R が一意的に定まる。R 以外の R の任意の正規部分群 R' に対しては，R/R' は (L)-群とならない。

この Q と R が，任意の連結局所コンパクト群 G の中で，(L)-群の理論が適用できる限界を与えているわけである。つまり G/Q および R に対しては (L)-群の理論は全く無効である。所が岩澤は，この限界は存在しないのではないかと考えた。つまり常に

$$Q=G, \quad R=e$$

であると予想したのである。すなわち岩澤は次の(C_1)を予想した。

予想(C_1) 任意の連結局所コンパクト群は (L)-群である。

またこの(C_1)と次の予想(C_2)が同値であることを岩澤は指摘した：

予想(C_2) 連結局所コンパクト群 G の単位元 e の近傍 U で，e 以外の正規部分群を含まないものが存在するとき(このとき G は**小さい正規部分群**を持たないという)，G はリー群である。

$(C_1)\Rightarrow(C_2)$**の証明** G が小さい正規部分群を持たない連結局所コンパクト群とする。いま U を e 以外の正規部分群を含まない G の単位元近傍とする。今(C_1)が成立つと仮定すると，G は (L)-群である。従って Lem. 4.1 により，U に含まれる閉正規部分群 N で，G/N がリー群となるものが存在する。所が U は e 以外の正規部分群を含まないのだから，$N=e$ で $G/N=G$ はリー群である。

$(C_2)\Rightarrow(C_1)$**の証明** 任意の連結局所コンパクト群 G をとる。Theorem 22 により，(L)-群である，G の正規部分群中最大のもの Q が存在し，G/Q は e 以外の (L)-群である正規部分群を持たない。特に G/Q のコンパクト正規部分群は e だ

けである。G/Qは局所コンパクト群だから，単位元の近傍の基としてコンパクト近傍がとれる。G/Qの単位元のコンパクト近傍Uに含まれる閉正規部分群はコンパクト正規部分群だからeとなる。従ってG/Qは小さい正規部分群を持たない連結局所コンパクト群である。そこで(C_2)が成立つと仮定するとG/Qはリー群従って(L)-群である。QとG/Qが共に(L)-群であるから，(L)-群の拡大定理(Theorem 9)により，Gも(L)-群である。これで$(C_2) \Rightarrow (C_1)$が証明された。

予想(C_1)が重要なのは，もし(C_1)が成立てば第五問題が一般に解決するからである。いま1930年代以後第五問題の解と考えられて来た次の命題を(V)とする：

(V)　任意の有限次元，局所連結な(特に局所ユークリッド的な)局所コンパクト群Gはリー群である。

$(C_1) \Rightarrow$(V)**の証明**　いまGを有限次元局所連結な局所コンパクト群とする。Gの単位元連結成分G_0は局所連結という仮定から，Gの開部分群である。

仮定(C_1)が成立つとき，連結局所コンパクト群G_0は(L)-群である。今，仮定によりG_0は有限次元かつ局所連結だから(L)-群G_0はTheorem 12により，リー群である。開部分群G_0がリー群だからGもリー群である。

後に山辺英彦[54]，[55]は，予想(C_1)，(C_2)が成立つことを証明し，(V)の形の第五問題を最終的に解決した。すなわち(V)の形の第五問題は岩澤の予想した形で解決したのである。

§2 グリースンの研究

グリースンは，1921年カリフォルニアに生れ，42年エール大学を卒業し，召集されて暗号解読の仕事に従事し，戦後ハーヴァード大学のフェローとなり第五問題の研究を始める。50年にハーヴァードの助教授となるが，朝鮮戦争が始まったため，再び暗号の仕事に召集された。第五問題についての彼の決定的な仕事[15](1952年)はこの間になされた。

グリースンは位相群Gの単位元eの近傍Uで，$\{e\}$以外の部分群が含まれないものが存在するとき，Gは**小さい部分群**を持たないと呼んだ。この性質に注目したのはシュヴァレーが最初で，彼は1933年にC. R. ノート[6]で，次のことを言明した：

「可分な局所コンパクト群 G が，局所連結で，小さい部分群を持たないとすれば G はリー群である。」

「しかし自分の証明は不十分だった」とシュヴァレーは間もなく友人H. カルタンに告げた（H. カルタン[5]序文脚註）。

このシュヴァレーの予想を，グリースンは改めて取上げ，彼の第五問題研究の鍵とした。グリースンのこの方面の最初の論文「局所ユークリッド群における平方根」[11]（1949年発表）において，彼は次の定理を証明した。

定理 A　小さい部分群を持たない局所ユークリッド群 G においては単位元 e の二つの近傍 M, N が存在して M の各元の平方根が N の中に唯一つ存在する。

さらにグリースンは，論文「局所コンパクト群における弧」[12]において，次の定理を証明した。

定理 B　二つ以上の元を含む連結局所コンパクト群は，弧を含む。次元が正の連結局所コンパクト群は，一径数部分群を含む。

シュヴァレーは，定理 A を用いて G の単位元のある近傍は一径数部分群で埋めつくされることを証明した（「グリースンの一定理について」[9]）。

これは小さな部分群を持たない局所ユークリッド群 G は，e のまわりでリー群と同様の状況となっていることを示している。しかし G がリー群であることを示すためには，G の群演算が e のまわりで解析的（少なくとも C^1 級）であることを示さなければならない。その方法は簡単には見つからなかった。

グリースンは，論文「局所コンパクト群の構造」[14]において，リー群の族で近似できる開部分群を含む位相群を考え，**一般化リー群**（generalized Lie group）と名づけた。正確な定義は次の通りである：

定義　位相群 G の単位元 e の任意の近傍 U に対して，G の閉部分群 G_1 と G_1 のコンパクト正規部分群 C で，$C \subset U$ かつ G_1/C はリー群となるものが存在するとき，G を**一般化リー群**という。

すなわち一般化リー群とは，リー群の族の射影極限となる開部分群を含む位相群のことである。岩澤の (L)-群とは，リー群の族の射影極限となる群のことであったから，この二つの概念は極めて近く，特に連結群に対しては一致する。

一般化リー群の方が，一般性においては優るが第五問題では連結群だけを考えればよいから (L)-群の方が直接的で便利だとも言える。要するに一長一短である。グリースンは[14]で，一般化リー群についてのいくつかの定理を証明した。それらは，岩澤の (L)-群についての結果と平行したものが多い。例えば一般化リー群 G の剰余群 G/N は，また一般化リー群である(定理 4.3)。N 及び G/N が共に一般化リー群ならば，G も一般化リー群である(拡大定理)(定理 4.7)。任意の局所コンパクト群の組成列の長さは有限である(定理 5.5)。可解な局所コンパクト群は，一般化リー群である(定理 6.4)。任意の連結局所コンパクト群 G は，最大可解正規部分群 R(根基)を持つ。R は G の閉集合で，G/R の根基は $\{e\}$ である。

最後にグリースンは，次の予想(C)を述べている：

予想(C)　任意の局所コンパクト群 G は，一般化リー群である。

これは岩澤の予想(C_1)に対応する予想であり，53 年に山辺[55]によって正しいことが証明された。この(C)から，前節で述べた(V)という第五問題の解決が直ちに導かれる。

しかし岩澤論文の中心である (L)-群の構造定理(Theorem 11)と (L)-群に対する第五問題の解決(Theorem 12)に対応する定理は[14]には見当らない。

グリースンの論文「小さい部分群を持たない群」[15]は，第五問題研究史上画期的な仕事である。フォン・ノイマン以後，研究者が皆「局所ユークリッド群(有限次元局所連結な局所コンパクト群と言っても殆ど同じ)はリー群か？」という形で第五問題をとらえていた時，グリースンはこれと異なる形の問題「小さい部分群を持たない有限次元局所コンパクト群はリー群か？」という問題を提出し，それを独自の方法で解いたのであった。これは岩澤の予想(C_2)よりも少し仮定が強くなっているが，同じ方向の予想が肯定的に解けるという発見であった。

グリースンの仕事の解説をする前に，「小さい部分群を持たない」という仮定の意味を考えて見よう。実数の加法群 $\mathbb{R}$ は，小さい部分群を持たない。それはアルキメデスの公理「任意の $a>0,\ b>0$ に対し，自然数 n が存在して $na>b$ となる」から直ちに導かれる。$\mathbb{R}$ の部分群 H が $\{0\}$ でなければ正の元 a を含むので，任意の $b>0$ に対し，0 の近傍 $(-b,b)$ は H を含まないからである。一般に次の定理が成立つ。

定理 D　任意のリー群 G は，小さい部分群を含まない。

証明　G のリー環を $\mathfrak{g}$ とする。指数写像 $\exp:\mathfrak{g}\longrightarrow G$ は，解析写像で，$\mathfrak{g}$ における 0 のある開近傍 N_0 を，G における単位元 e のある近傍 N の上に写す解析的同相写像を引起す。任意の $X\in\mathfrak{g},\ t\in\mathbb{R}$ に対し，$a(t)=\exp tX$ とすれば，a は $\mathbb{R}$ から G への解析的準同型写像である。a を G の**一径数部分群**という。G の任意の一径数部分群は，すべてこの形に表わされる。いま $\mathfrak{g}$ にノルム $\|\ \|$ を入れておく。N_0 は有界凸集合としてよい。$N^*=\exp\left(\frac{1}{2}N_0\right)$ とおくと，N^* も G における e の開近傍である。いま帰謬法により定理 D を証明するため，$N^*\supset S\neq\{e\}$ となる部分群 S が存在したと仮定して矛盾を導く。このとき $e\neq s\in S$ が存在する。$s\in N^*=\exp\left(\frac{1}{2}N_0\right)$ だから

(1)　$s=\exp X,\quad X\in\frac{1}{2}N_0$

となる X が唯一つ存在する。$e\neq s$ だから，$0\neq X$ で $\|X\|>0$ である。従って $\mathbb{R}$ におけるアルキメデスの公理により，次の(2)が成立つ。

(2)　集合 $A=\{\|kX\|=k\|X\|\mid k=1,2,\cdots\}$ は，上に有界でない。

$\frac{1}{2}N_0$ は有界集合だから，従って十分大きな自然数 m をとれば，$mX\notin\frac{1}{2}N_0$ となる。このような自然数 m の内最小のものを $k+1$ とすれば，

(3)　$X,2X,\cdots,kX\in\frac{1}{2}N_0,\ (k+1)X\notin\frac{1}{2}N_0$

となる。$X,kX\in\frac{1}{2}N_0$ だから

(4)　$X=\frac{1}{2}Y,\ kX=\frac{1}{2}Z$ となる $Y,Z\in N_0$ が存在する。

いま，N_0 は凸集合だから，その二点 Y,Z を結ぶ線分の中点 $W\in N_0$ である。

そこで

(5)　$N_0 \ni W = \frac{1}{2}(Y+Z) = X + kX = (k+1)X$

となる。今仮定 $S \subset N^*$ だから

(6)　$s^{k+1} = \exp(k+1)X \in N^* = \exp\left(\frac{1}{2}N_0\right)$

である。従って

(7)　$s^{k+1} = \exp(k+1)X = \exp V$ となる $V \in \frac{1}{2}N_0$ が存在する。

$(k+1)X = W \in N_0$ (5)かつ $V \in \frac{1}{2}N_0 \subset N_0$ (7)であり，exp は N_0 上一対一写像だから

(8)　$W = (k+1)X = V \in \frac{1}{2}N_0$

である。この(8)は(3)の $(k+1)X \notin \frac{1}{2}N_0$ と矛盾する。これで定理Dは証明された。(この証明はヘルガソン[21]p. 150, 552 のものを，アルキメデスの公理を強調する形に書直したものである)。

定理Dにより，小さい部分群を持たないことは，位相群がリー群となるための必要条件である。グリースンは適当な付加条件があれば，これが十分条件でもあることを証明した。すなわち彼は[15]において，次の定理を証明した。

グリースンの定理　小さい部分群を持たない有限次元局所コンパクト群 G はリー群である。

この定理を証明するためのグリースンのプロットは明快である。その主要なアイディアは，このような群 G に対し，リー群の場合の随伴表現に類似の有限次元線型表現 Φ を構成する点にある。このために，適当な条件をみたす G の一径数部分群 γ の集合 Γ を考え，各 $\gamma \in \Gamma$ の単位元 ε の接ベクトルにあたる元 $z_\gamma \in L^2(G)$ を定義し，その集合 $Z = \{z_\gamma \mid \gamma \in \Gamma\}$ は実ベクトル空間の構造を持つことを示す。G が有限次元ならば Z も有限次元である。G の各元 σ の引起す内部自己同型写像 $\alpha_\sigma : \tau \longmapsto \sigma\tau\sigma^{-1}$ は，Γ の変換を引起すから，$\Phi_\sigma(z_\gamma) = z_{\sigma\gamma\sigma^{-1}}$ により，G の Z 上の連続表現 Φ が定義される。

この計画の問題点は，一径数部分群 $\gamma \in \Gamma$ が微分可能で，接ベクトルに当る z_γ が定義できるという点にある。G は位相群で，微分構造はあらかじめ与えられてはいないので，微分可能ということの意味を与える所から出発する必要がある。そのため，グリースンは次のような工夫をした。

以下 G を小さい部分群を持たない局所コンパクト群とする。このとき G は第一可算公理をみたすから通常の点列による極限のみを考えればよい。点列 $(x_n)_{n\in N}$ がコンパクト集合 C に含まれるとき，その部分列で収束するものがある。この部分列の記述をはぶくため，グリースンは自然数の集合 $\mathbb{N}$(離散空間と考える)のチェック・コンパクト化 N^* を考えた。C 内の点列 $(x_n)_{n\in\mathbb{N}}$ を，$\mathbb{N}$ から C への連続写像 $x : n \longmapsto x_n = x(n)$ と考えるとき，x は $\mathbb{N}^* \longrightarrow C$ の連続写像 x^* に拡張できる。任意の $\xi \in \mathbb{N}^* - \mathbb{N}$ に対し，$x^*(\xi) = \lim_{n\to\xi} x_n$ と記す。これは元の点列 (x_n) の部分列の極限に外ならない。通常の極限 $\lim_{n\to\infty} x_n$ が存在するのは，すべての $\xi \in \mathbb{N}^* - \mathbb{N}$ に対し $\lim_{n\to\xi} x_n$ が存在して，その値が ξ によらないで一定のときに限る。f が C 上の連続写像ならば，$\lim_{n\to\xi} f(x_n) = f\left(\lim_{n\to\xi} x_n\right)$ が成立つ。特に $(\sigma_n), (\tau_n)$ がそれぞれ G のコンパクト集合 C, K 内の点列であるとき，$\lim_{n\to\xi} \sigma_n\tau_n = \left(\lim_{n\to\xi} \sigma_n\right)\left(\lim_{n\to\xi} \tau_n\right)$ が成立つ。

またグリースンは，位相群 G のコンパクト集合全体の集合 $\mathscr{C}$ に位相を入れ G のコンパクト集合の列 $(D_n)_{n\in\mathbb{N}}$ が $D \in \mathscr{C}$ に収束するということを定義した。

これはコンパクト対称集合の半群 $(U(s))_{s\geqq 0}$ を定義するのに用いられる。

$\mathbb{R}^n$ における 0 を中心とする半径 $s \geqq 0$ の閉球にあたる。コンパクト対称集合の族 $(U(s))_{s\geqq 0}$ で，半群性 $U(s)U(t) = U(s+t)$ をみたすものを一つ構成しておく。そして連続函数 $\alpha : [0,1] \longrightarrow G$ でリプシッツ条件 $\alpha(t)^{-1}\alpha(s) \in U(|s-t|)$ をみたすものを一つ構成する。

そして，G 上の左不変ハール測度に関する実数値 2 乗可積分函数全体の作る実ヒルベルト空間 $L^2 = L^2(G)$ を考える。そして G の各元 σ を σ の L^2 上に引起す左移動 $L_\sigma : f(\tau) \longmapsto f(\sigma^{-1}\tau)$ と同一視する。$L_\sigma f = \sigma f$ と記すことにする。

2.3　そして G 上の台がコンパクトな実数値連続函数 x で，$x(\varepsilon) > x(\sigma)$ $(\forall \sigma \neq \varepsilon)$, $|x(\sigma\tau) - x(\tau)| \leqq s \,|\, (\forall \sigma \in U(s))$ をみたすものを構成する。このとき $\|\sigma x - x\| \leqq s\ (\sigma \in U(s))$ が成立つ。

このとき上のリプシッツ条件をみたす $\alpha : [0,1] \longrightarrow G$ を用いると

$$\|\alpha(s)x-\alpha(t)x\|=\|\alpha(t)^{-1}\alpha(s)x-x\|\leqq|s-t|$$

である。$\alpha(1)\neq\alpha(0)$ だからある $y\in L^2$ に対し $(\alpha(1)x,y)\neq(\alpha(0)x,y)$ となる。そこで実数値函数 $f(s)=(\alpha(s)x,y)$ は，位数1のリプシッツ連続函数だから，特に絶対連続であり，従って殆ど到る所微分可能で，$f(s)=f(0)+\int_0^s f'(t)\,dt$ と表わされる。$f\neq$ 定数だから $f'\neq 0$ であり，ある $t\in[0,1]$ において $f'(t)\neq 0$ である。これは

$$(9)\quad \lim_{n\to\infty} n\left\{\left(\alpha\left(t+\frac{1}{n}\right)x,y\right)-(\alpha(t)x,y)\right\}\neq 0$$

を意味する。(有限な極限が存在し0でない。)　今，この t に対し

$$(10)\quad \sigma_n=\alpha(t)^{-1}\alpha\left(t+\frac{1}{n}\right)$$

とおくと $\sigma_n\in U\left(\frac{1}{n}\right)$, $\|\sigma_n x-x\|\leqq\frac{1}{n}$ となる。このとき点列 $(n(\sigma_n x-x))_{n\geqq 1}$ は L^2 の単位閉球 B に含まれる。B は $L^{2\alpha}$ 弱位相に関しコンパクトだから，ある $\xi\in\mathbb{N}^*-\mathbb{N}$ に対し，弱極限

$$z=\text{weak}\lim_{n\to\xi} n(\sigma_n x-x)$$

が存在する。(9)により

$$(z,\alpha(t)^{-1}y)=\lim_{n\to\xi} n\left\{(\alpha\left(t+\frac{1}{n}\right)x,y\right)-(\alpha(t)x,y)\right\}\neq 0$$

だから

$$(11)\quad z\neq 0$$

である。(10)の $\sigma_n\in U\left(\frac{1}{n}\right)$ から出発すると，任意の $s\in R$ に対し

$$(12)\quad \sigma_n^{[ns]}\in U\left(|[ns]|\cdot\frac{1}{n}\right)\subset U(|s|)$$

となる。ここで $[ns]$ は ns の整数部分を表わす。$U(|s|)$ はコンパクトだから，ある $\xi\in\mathbb{N}^*-\mathbb{N}$ に対し，極限

$$(13)\quad \gamma(s)=\lim_{n\to\xi}\sigma_n^{[ns]}\in U(|s|)$$

が存在する。任意の $s,t\in R$ に対して

$$e(n)=[(s+t)n]-[sn]-[tn]$$

とおくと，$e(n)=\pm1$ または0であるから，$\sigma_n\to\varepsilon$ $(n\to\infty)$ により $\sigma_n^{e(n)}\to\varepsilon$ で

あり，

$$\gamma(s+t)=\lim_{n\to\xi}\sigma_n^{[(s+t)n]}=\lim_{n\to\xi}\sigma_n^{[sn]}\lim_{n\to\xi}\sigma_n^{[tn]}\lim_{n\to\xi}\sigma_n^{e(n)}=\gamma(s)\gamma(t)$$

となる。すなわちγはGの一径数部分群である。(12)から

(14)　$\gamma(s)\in U(|s|)\qquad(\forall s\in\mathbb{R})$

が成立つ。いま$s\downarrow 0$のとき$U(s)\to\{\varepsilon\}$だから，$s_0>0$が存在して$0\leqq s\leqq s_0$となるすべてのsに対し，$\|U(s)z-z\|\leqq\dfrac{1}{2}\|z\|$となる。$U(s)z$の閉凸包を$K(s)$とすれば任意の$A\in K(s)$に対し$\|Az-z\|\leqq\dfrac{1}{2}\|z\|$が成立つから

(15)　$\|Az\|=\|Az-z+z\|\geqq\|z\|-\|Az-z\|\geqq\dfrac{1}{2}\|z\|>0\qquad(0\leqq s\leqq s_0)$

となる。γの定義から

(16)　$\dfrac{\gamma(s)x-x}{s}=\lim_{n\to\xi}\dfrac{n}{[ns]}\{\sigma_n^{[ns]}x-x\}=\lim_{n\to\xi}\{\phi_{ns}^n(\sigma_n x-x)\}$

ただし

(17)　$\phi_{n\cdot s}=\dfrac{1}{[ns]}\sum_{i=1}^{[ns]}\sigma_n^{i-1}\in K(s)$

である。Lemma 1.2.3 により$K(s)$はコンパクトだから，あるξに対し$\lim_{n\to\xi}\phi_{n\cdot s}=\phi_s$が存在する。(5)，(17)より$\|\phi_{n\cdot s}z\|\geqq\dfrac{1}{2}\|z\|$ $(0\leqq s\leqq s_0)$であるから，$\gamma(s)x-x=s\phi_s z\neq 0$ $(0<s\leqq s_0)$となる。特にγは自明でない一径数部分群である。すなわち次の2.6が示されたのである。

2.6　Gの自明でない一径数部分群で，$\gamma(s)\in U(|s|)$ $(\forall s\in\mathbb{R})$をみたすものが存在する。

このことを証明するのに用いたGの性質は，コンパクト対称集合の半群$U(s)$の存在だけである。グリースンが[12]で示したように，任意の局所コンパクト群はこのような半群$U(s)$を含むか，いくらでも小さい連結コンパクト部分群を含む。連結なコンパクト群は一径数部分群を含むから，次のことが成立つ。

定理　連結局所コンパクト群Gが$\{\varepsilon\}$でないとき，Gは自明でない一径数部分群を含む。

Gの一径数部分群γで定数$k>0$が存在して，すべての$t\in\mathbb{R}$に対して，$\gamma(t)\in U(k|t|)$となるもの(リプシッツ一径数部分群)の全体をΓと記す。このようなkの下限を$|\gamma|$と記す。

2.7 2.3で構成した連続函数$x\in L^2(G)$と任意の$\gamma\in\Gamma$に対しL^2内の弧γxは微分可能である。

$\gamma\left(-\frac{1}{n}\right)\in U\left(\frac{|\gamma|}{n}\right)$だから$\left\|n\left(x-\gamma\left(-\frac{1}{n}\right)x\right)\right\|\leqq|\gamma|$となる。$L^2$の閉球は弱コンパクトだから，従ってある$\xi\in\mathbb{N}^*-\mathbb{N}$に対し，弱極限

$$(18)\quad z=\text{weak}\lim_{n\to\xi}n\left(x-\gamma\left(-\frac{1}{n}\right)x\right)\in L^2$$

が存在する。$s>0$に対し，$\gamma(s)=\lim_{n\to\infty}\gamma\left(\frac{1}{n}\right)^{[ns]}=\lim_{n\to\xi}\gamma\left(\frac{1}{n}\right)^{[ns]}$だから

$$(19)\quad \begin{aligned}\frac{\gamma(s)x-x}{s}&=\lim_{n\to\xi}\frac{n}{[ns]}\left(\gamma\left(\frac{1}{n}\right)^{[ns]}x-x\right)\\&=\lim_{n\to\xi}\left\{\frac{1}{[ns]}\sum_{i=1}^{[ns]}\gamma\left(\frac{i}{n}\right)\right\}\left\{n\left(x-\gamma\left(-\frac{1}{n}\right)x\right)\right\}\\&=\int_0^1\gamma(st)dt\cdot z\end{aligned}$$

となる。この積分の被積分函数$\gamma(st)$は，(s,t)の連続函数であるから，$s\downarrow 0$のとき極限を積分記号下でとることができる(1.2.5による)。そこでL^2の強位相で

$$(20)\quad \lim_{s\downarrow 0}\frac{\gamma(s)x-x}{s}=\int_0^1\gamma(0)dt\cdot z=z$$

となる。$s<0$のときには，$\frac{(\gamma(s)x-x)}{s}=\gamma(s)\left(\frac{(\gamma(-s)x-x)}{(-s)}\right)$だから

$$(21)\quad \lim_{s\uparrow 0}\frac{\gamma(s)x-x}{s}=z$$

が成立つ。即ち弧$\gamma(t)$は$s=0$で微分可能で，導値(derivative)はzである。任意の$t\in\mathbb{R}$に対し$\lim_{s\to 0}\frac{\gamma(t+s)x-\gamma(t)x}{s}=\gamma(t)\lim_{s\to 0}\frac{\gamma(s)x-x}{s}=\gamma(t)z$であり，$\gamma z$は到る所微分可能である。いまこの$s=0$での導値を$z_\gamma$と記し，

$$(22)\quad Z=\{z_\gamma\,|\,\gamma\in\Gamma\}$$

とおく。

2.8 接ベクトルの集合 Z は実ベクトル空間の構造を持つ。

なぜならば，任意の $\gamma \in \Gamma$ と $t \in \mathbb{R}$ に対し，$\delta(s) = \gamma(ts)$ とおけば，$\delta \in \Gamma$ で

(23)　$tz_\gamma = z_\delta \in Z$

である。また任意の $\beta, \gamma \in \Gamma$ に対して

$$\delta(s) = \lim_{n \to \xi} \left(\beta\left(\frac{1}{n}\right)\gamma\left(\frac{1}{n}\right)\right)^{[ns]}$$

とおくと，$\delta \in \Gamma$ であり，数値函数の積の微分法と同様にして

(24)　$z_\beta + z_\gamma = z_\delta \in Z$

が成立つ。

またこのとき，次のことが証明される。

2.12 $\beta, \gamma \in \Gamma$, $z_\beta = z_\gamma$ ならば $\beta = \gamma$ である。

G の任意の元 σ による内部自己同型 $\tau \longmapsto \sigma\tau\sigma^{-1}$ によって，一径数部分群 $\gamma(s)$ からもう一つの一径数部分群 $\sigma\gamma(s)\sigma^{-1}$ が生ずる。また内部自己同型によってリプシッツ性は保たれるから $\gamma \in \Gamma$ ならば $\sigma\gamma\sigma^{-1} \in \Gamma$ である。そこで

$$\Phi_\sigma(z_\gamma) = z_{\sigma\gamma\sigma^{-1}}$$

によって，Z 上の変換 Φ_σ を定義すれば，Φ_σ は Z 上の線型変換で，写像 $\Phi : \sigma \longmapsto \Phi_\sigma$ は，G の Z 上の弱連続表現となる。

2.18 G が有限次元のとき，$\dim G = n$ とすれば，$\dim Z \leqq n$ である。

証明 帰謬法によって証明するために $\dim Z > n$ と仮定して矛盾を導く。このとき Z には $n+1$ 個の一次独立な元 $z_1, z_2, \cdots, z_{n+1}$ が含まれる。$Z_1 = \{z_\gamma \in Z \mid |\gamma| \leqq 1\}$ とおく。必要があれば，z_i をその実数倍で置換えて，$z_i \in Z_1$ $(1 \leqq i \leqq n+1)$ としてよい。Z_1 は凸集合である (2.17) から $0, z_1, \cdots, z_{n+1}$ を頂点とする $(n+1)$ 次元単体 S は，Z に含まれる：$S \subset Z_1 \subset Z$ であるから，次元の単調性により

$$n+1 = \dim S \leqq \dim Z = n$$

となるがこれは矛盾である。

2.19 定理 Gを小さい部分群を持たない有限次元連結局所コンパクト群で$G \neq \{\varepsilon\}$とする。今Gの中心は完全不連結であるとする。このときGは有限次元実ベクトル空間Z上に，自明でない連続線型表現Φを持つ。

証明 2.18によりZは有限次元だから，Z上の弱位相は，通常の位相と一致し，ΦはGのZ上の連続線型表現である。2.6によりGは自明でない一径数部分群$\gamma \in \Gamma$を含む。いまGの中心は完全不連結と仮定しているから，連結なγはGの中心には含まれない。従ってGのある元σに対し，$\sigma\gamma\sigma^{-1} \neq \gamma$となる。

従って，2.12により，$\Phi_\sigma(z_\gamma) \neq z_\gamma$, $\Phi_\sigma \neq I$（恒等変換）となり，Φは自明でない。

この定理2.19と既知の結果を組合せて，上に述べたグリースンの定理が証明される。

グリースンの定理 小さい部分群を持たない有限次元局所コンパクト群Gはリー群である。

証明 $n = \dim G$に関する帰納法で証明する。

第一段 $n=0$のとき。このときGは離散群であるか，完全不連結である。

後者の場合には，Gは小さい部分群を持ち，仮定に反する。従ってGは離散群で，0次元リー群である。

第二段 $n \geqq 1$でGは連結のとき，$n > m \geqq 0$となる自然数mに対し，m次元群に対しては定理は成立つと仮定する。二つの場合(A), (B)に分けて考える。

(A) Gの中心が完全不連結のとき

定理2.19により，このときGは有限次元実ベクトル空間Z上に自明でない連続表現Φを持つ。$K = \mathrm{Ker}\,\Phi$とおく。KはGの閉部分群だから，局所コンパクトで小さい部分群を持たない。局所コンパクト群$G/K \cong \Phi(G)$は，リー群$GL(Z)$の中への一対一連続準同型写像を持つからリー群である（シュヴァレー[8]ch.Ⅳ.§ⅩⅣ. 命題Ⅰ(p.130)）。Φは自明でないから，$\Phi(G)$は2点以上を含む弧状連結集合であり，

(25) $\dim G/K = \dim \Phi(G) \geqq 1$

である。一方$\dim K \leqq \dim G = n < +\infty$であり，モンゴメリの一定理（[34]定理7)により，もし$\dim K = \dim G$ならば，

(26) $\dim G/K = 0$

である。(26)は(25)と矛盾するから，$\dim K < \dim G$ である。従って帰納法の仮定が K に適用され，K はリー群である。G/K もリー群だから，リー群の拡大定理(岩澤[23]定理 7，グリースン[14](定理 3.1))により，G はリー群である。

(B)　G の中心が連結部分群 $C \neq \{\varepsilon\}$ を含むとき

このとき第一段からわかるように $\dim C \geqq 1$ である。C は局所コンパクト・アーベル群だから一般化リー群である。一方 G の部分群として，C は小さい部分群を持たないから，それ自身リー群である。従って $C \cong \mathbb{R}^k \times \mathbb{T}^{n-k}$ で，C はコンパクト・リー群 $\mathbb{T}^n$ の被覆群である。従ってグリースン[14]定理 4.2 により，G のコンパクト集合 D であって，標準写像 $\varphi : G \longrightarrow G/C$ により，G/C のある単位元近傍 E の上に同相に写されるものがある。そして G は $C \times D$ と同相な部分集合を含む。C は多様体だから，$\dim(C \times D) = \dim C + \dim D$ である。従って

$$\dim G \geqq \dim(C \times D) > \dim D = \dim G/C$$

となる。後藤-山辺[19]により，剰余群 G/C は小さい部分群を持たない局所コンパクト群だから，帰納法の仮定により，G/C はリー群である。C もリー群だから，再びリー群の拡大定理により，G はリー群である。

第三段　$n \geqq 1$ で G が連結でないとき。

G の単位元連結成分を G^* とする。第二段により，G^* はリー群である。一方 G/G^* は完全不連結局所コンパクト群であるから，一般化リー群である(ポントリャーギン[47]ch.Ⅲ §22E1)。従って一般化リー群の拡大定理(グリースン[13]定理 4.7)により，G 自身が一般化リー群である。G は小さい部分群を持たないから，定義により，G はリー群である開部分群 G_1 を含み，従って G 自身リー群である。

このグリースンの論文[15]は，局所ユークリッド群から小さい部分群を持たない局所コンパクト群へという視点の転換と，このような群に対し随伴表現に類似の有限次元表現 Φ を構成するというアイディアが際立っている。また一径数部分群の接ベクトルに当るものを考えるために $L^2(G)$ に埋め込んで考えるという工夫や，その際の微分可能性を保証するためにリプシッツ条件を導入することや，それを位相群 G 内で定義するためにコンパクト対称集合の半群を構成するなど種々の独創的なアイディアを打出している。

岩澤論文[23]が，リー群・位相群に対する深い学識の上に立って書かれているのに対し，グリースンの論文[15]は，アイディアの勝利という印象が強い。

ともあれ，この二つの論文によって，第五問題の研究は大きく転換し，最終的解決も視野に入って来たのであった。

§3 モンゴメリ-ジピンの論文

「小さい部分群を持たない有限次元局所コンパクト群はリー群である」というグリースンの定理は，リー群を位相群のカテゴリーの中で位相代数的に特徴付けて居り，第五問題の一つの解を与えていると言うことができる。

しかし 1930 年代以来，第五問題の標準的解釈とされて来た次の(V)および(V_0)は未解決であった。

(V)　有限次元・局所連結な局所コンパクト群はリー群であるか？

(V_0)　局所ユークリッド群(位相多様体である位相群)はリー群であるか？

これを解決したのがモンゴメリ-ジピンの論文「有限次元群の小さい部分群達」[42]であった。

[42]で扱う群は，有限次元の局所コンパクト群であって，可分距離群となるものである。便宜上このような群のクラスを，クラス M と呼ぶことにしよう。可分距離群であるという附加条件は，常に必要というわけではないが，モンゴメリのこれまでの論文では当時の次元論を適用するために常にこれを仮定していたので，ここでも仮定したのである。

前に岩澤の研究について述べた所の最後で，岩澤の予想(C_1)「任意の連結局所コンパクト群は，(L)-群である」から直ちに(V)が導かれることを注意した。グリースンの予想(C)「任意の局所コンパクト群は，一般化リー群である」からも同様に(V)が導かれる。[42]でモンゴメリ-ジピンが示したことは，(C)または(C_1)そのものでなく，多少の附加条件がついた命題から附加条件のついた(V)が導かれるということであった。彼等は，次元に関する帰納法がうまく働くような群のクラスとして，次の条件(I)をみたすクラス M の群 G を考え，それについて次の定理 A を証明した。

条件(I)　G はクラス M の群(有限次元・局所コンパクト可分距離群)であって，連結かつ局所連結であり，G と異なるすべての閉部分群は一般化リー群である。

定理 A　群 G が条件(I)をみたすとき，G の閉正規部分群 H であって一般化リー群であり，剰余群 G/H は条件(I)をみたしかつ小さい部分群を持たないようなものが存在する。

先づこの定理 A から導かれる結論をいくつか述べよう。

定理 B　局所連結なクラス M の群はすべてリー群である。

証明　帰謬法。局所連結なクラス M の群であって，リー群でないものが存在したと仮定して矛盾を導く。そのような群の内で次元最低の連結群を一つとり G とする。後藤守邦の結果[16]を用いると，G と異なる G のすべての閉部分群は，一般化リー群であり，G 群は条件(I)をみたす。従って定理 A により，G の閉正規部分群 H で一般化リー群であるものが存在し，G/H は(I)をみたしかつ小さい部分群を持たない。このときグリースンの定理[15]により，G/H はリー群。従って一般化リー群である。そこで一般化リー群の拡大定理([14]定理 4.7)により，G 自身も一般化リー群である。G は連結だから (L)-群である。G は有限次元かつ局所連結と仮定されているから，岩澤[23]の定理 12 により (L)-群 G はリー群である。これは G の仮定に反し矛盾である。これで定理 B は証明された。

これで可分距離群であるという附加条件の下に，(V)が証明されたわけである。[42]には書かれていないが，上の(V_0)の形の第五問題は，定理 B から導かれることを注意しておこう。

定理 C　G が局所ユークリッド位相群ならば，G はリー群である。

証明　G は局所ユークリッド群だから，有限次元かつ局所連結である。従って G の単位元連結成分 G_0 は，G の開部分群である。G_0 は有限次元連結局所コンパクト群である。局所ユークリッド性から G_0 は第一可算公理をみたすから，距離付け可能な位相群である(角谷[58])。さらに G_0 における単位元 e の近傍 $V = V^{-1}$ であって，$\mathbb{R}^n$ と同相なものが存在する。G_0 は連結だから V から生成され $G_0 = \bigcup_{n=1}^{\infty} V^n$ となる。V 従って V^n は可分だから，G_0 も可分である。従って

G_0は定理Bの仮定をみたすので，リー群である。開部分群G_0がリー群だから，Gもリー群である。

さらに定理Aとグリースン[15]から直ちに次の系が得られる。

定理A系　条件(I)をみたすクラスMの群Gはすべて一般化リー群である。

証明　定理Aにより，このときGの閉正規部分群Hであって，G/Hが小さい部分群を含まないものが存在する。G/Hは有限次元局所コンパクト群だから，グリースンの定理[15]によりG/Hはリー群である。仮定により，Hは一般化リー群だから一般化リー群の拡大定理([14]定理4.7)により，Gも一般化リー群である。■

さらにモンゴメリ-ジピンは，条件(I)は不必要で，一般に次の定理Dが成立つことを証明している。

定理D　(有限次元局所コンパクト群で可分距離群となる)クラスMの任意の群Gは，一般化リー群である。

証明　モンゴメリの論文「有限次元群」[34]には次の定理が証明されている。

定理(モンゴメリ[34])　Gをn次元局所コンパクト群とするとき，Gの単位元eの開近傍$V(e)$であって，0次元コンパクト集合Zとn次元の連結かつ局所連結な局所群Lで，Gの正規部分群となるものの，位相的直積となるものが存在する。

これはポントリャーギンの有限次元コンパクト群に対する構造定理[46], [47]および岩澤の(L)-群に対する構造定理[23]を，一般の有限次元局所コンパクト群に拡張したものである。ただしここでZは群であることは示されて居らず，その点で[47], [23]より弱い結果に終っている。このモンゴメリの定理により，クラスMの群Gがn次元のとき，連結かつ局所連結なn次元局所コンパクト群Lと，LからGへの一対一連続準同型写像fが存在して，$f(L)$はGの単位元成分

G_0 の中で稠密になる。定理 B により，L および $f(L)$ はリー群で，後藤の定理[16]によると $\overline{f(L)}=G_0$ は一般化リー群である。G は局所コンパクト群だから，開部分群 H であって，$H \supset G_0$ かつ H/G_0 がコンパクトとなるものが存在する(グリースン[14]補助定理 1.4)。そこで一般化リー群の拡大定理([14]定理 4.7)により，H は一般化リー群である。従って H を開部分群とする G も一般化リー群である。 ∎

この定理 D は，有限次元の可分距離群であるという附加条件の下で，グリースンの予想(C)が成立つことを示している。

最後に定理 A の証明の大筋を述べておこう。定理 A の結論は，G/H が条件(I)をみたすことと G/H が小さい部分群を持たないことの二つである。この内前半は一つの点を除いては一般論から直ちに導かれる。いま位相群 G の閉正規部分群 H による剰余群 G/H を考える。クラス M と条件(I)を定義する諸性質の内有限次元性を除く他のすべての性質(局所コンパクト，可分，距離づけ可能，連結，局所連結，一般化リー群であること)は，G で成立てば G/H でも成立つ。またモンゴメリ[34]により，H がアーベル群ならば，G が有限次元のとき G/H も有限次元となる。従って以下述べる三段階の還元により，定理 A の証明が次の定理 1, 2, 3 の証明に帰着される。ここでの要点は G/H が小さい部分群を持たないことを示す点にある。

第一段階では，G の中心 Z が $\{e\}$ である場合に帰着させる。Z は局所コンパクト・アーベル群であるから，一般化リー群であり，あるコンパクト 0 次元部分群 Z^* による剰余群 Z/Z^* はリー群となる。特に Z/Z^* は小さい部分群を持たない。従って $G=Z$ のときは，$H=Z^*$ として定理 A が成立つ。そこで以下 $G \neq Z$ とする。今 G/Z^* は[34]により有限次元である。このとき G/Z^* の中心 Z_0 は小さい部分群を持たないことが言えるから，グリースンの定理[15]により Z_0 は可換リー群である。$f: G \longrightarrow G/Z^*$ を標準写像とする。Z_0 が離散群のときは，$(G/Z^*)/Z_0 \cong G/f^{-1}(Z_0)$ は中心が $\{e\}$ となる。Z_0 が離散群でないときは，その単位元連結成分を Z_1 とするとき $\dim Z_1 > 0$ である。そして局所的切断面の存在から $G_1=(G/Z^*)/Z_1 \cong G/f^{-1}(Z_1)$ は，G/Z^* より低次元となることがわかる：

$$\dim G_1 = \dim G/Z^* - \dim Z_1 < \dim G/Z^*$$

そこで以上の操作を有限回繰返えすことにより，次の定理 1 が証明される。

定理 1　G が条件(I)をみたすクラス M の群であるとき，G の閉正規部分群 H であって H は一般化リー群で剰余群 G/H は(I)をみたしかつ小さい部分群を持たないようなものが存在する。

以下定理 1 の G/H を改めて G と置く。このとき G は(I)をみたすクラス M の群で中心は $\{e\}$ である。この新しい群 G が小さい部分群を持たないことを言えばよい。それを次の定理 2 と定理 3 に分けて証明する。

定理 2　G が(I)をみたすクラス M の群で中心が $\{e\}$ となるものとする。このとき正次元の G の部分群と可換であるようなコンパクト 0 次元無限群を，G は含まない。

定理の証明はかなり長く，ここで立入って紹介することはしないが，この定理 2 から次の三つの系が導かれる。

系 2.1　定理 2 の群 G は，コンパクト 0 次元無限可換群を含まない。

証明　なぜならばこのような無限群 A が G に含まれると仮定すると定理 2 に反するからである。実際このとき，A はコンパクト無限群だから離散群ではない。

$e \neq x \in A$ をとり，G_x を x の中心化群 $C_G(x)$ とすると，A は可換だから G_x に含まれる。従って G_x も離散ではない。モンゴメリ-ジピン[39]により，$\dim G_x = 0$ ならば，G_x は離散群となるから $\dim G_x > 0$ である。従って正次元群 G_x と可換なコンパクト 0 次元無限群 A が G に含まれることになり，定理 2 に反し矛盾。■

系 2.2　G と異なる正次元の G の部分群 F はすべてリー群である。

証明　なぜならば条件(I)により F は一般化リー群であり，局所的に $B \times R$ の形になる。ここで B はコンパクト 0 次元群で R は局所リー群であり，B と R は可換である。$\dim R = \dim F > 0$ だから，定理 2 により B は有限群である。従って F は局所リー群 R と局所同型な位相群だからリー群である。■

系 2.3 定理 2 の群 G の任意の元 x から生成される部分群 $\langle x\rangle$ の閉包 $\overline{\langle x\rangle}=H$ は，常にリー群である。

実際 $G=H$ ならば，G はアーベル群で $H=G=Z=\{e\}$ となり，H は 0 次元リー群である。以下 $H\neq G$ とする。$\dim H>0$ ならば系 2.2 により H はリー群である。$\dim H=0$ のとき，$\dim G=0$ ならば G は一般化リー群で定理 A が成立つ。そこで以下 $\dim G>0$ とする。

このとき $H\neq G$ だから条件(I)により H は一般化リー群で，H における e の開近傍 U は，$U=B\times R$ ($B=$ コンパクト 0 次元群，$R=$ 局所リー群) となる。いま $0=\dim H=\dim R$ だから R は離散群で U を小さくとれば，$R=\{e\}$，$U=B$ となり，H はコンパクト 0 次元アーベル群 B を開部分群に持つ。系 2.1 より B は有限群であり，B と H は離散群だから 0 次元リー群である。 ■

定理 3 G は条件(I)をみたすクラス M の群で，中心は $\{e\}$ であるとする。このとき G は小さい有限部分群を含まない。すなわち G における e の近傍 W で W に含まれる有限部分群は $\{e\}$ だけであるようなものが存在する。

次の定理 3 系は，[42] では定理 3 の末尾に記されているが証明がついていない。ここでは別記して証明をつけた。

定理 3 系 定理 3 の群 G は，小さい部分群を持たない。

証明 定理 3 により，G における e の近傍 W で $\{e\}$ 以外の有限部分群を含まないものが存在する。また補助定理 6.1 により e の近傍 V で $\{e\}$ 以外の連結リー部分群を含まないものが存在する。$U=V\cap W$ は e の近傍で，$\{e\}$ 以外の有限群も，連結リー群も含まない。さらに U はコンパクトであるとしてよい。今 U に含まれる任意の部分群 H をとり，$H=\{e\}$ であることを示そう。H の閉包 $\bar{H}$ は，$\bar{H}\subset\bar{U}=U$ だからコンパクト群である。$\dim\bar{H}>0$ ならば系 2.2 により $\bar{H}$ はリー群で U に含まれるから $\bar{H}=\{e\}$ となり，$\dim\bar{H}>0$ に反し矛盾である。従って $\dim\bar{H}=0$ であり，$\bar{H}$ はコンパクト 0 次元群である。$\bar{H}$ の任意の元 x を取り，x を含む G の最小閉部分群 $A=\overline{\langle x\rangle}$ を作る。A はコンパクト 0 次元アーベル群だから系 2.1 により有限群である。さらに $A\subset\bar{H}\subset U$ で U に含まれ

る有限群は $\{e\}$ のみであるから，$A=\{e\}$, $x=e$ である。そして x は $\bar{H}$ の任意の元だから $\bar{H}=H=\{e\}$ となる。これで定理3系は証明された。 ■

定理2.3を用いて定理3系が証明されたが，さらにそれと定理1を組合せて定理Aが証明される。実際定理1の部分群 H をとると，G/H は条件(I)をみたすクラス M の群で，中心は $\{e\}$ である。従って定理3系により，G/H は小さい部分群を持たない。これで定理Aが証明された。 ■

§4 山辺の研究

モンゴメリ-ジピンの論文[42]によって「(V_0) 任意の局所ユークリッド群はリー群である」という形での第五問題は解決した。しかし「(V) 任意の有限次元・局所連結な局所コンパクト群 G はリー群である」という命題は「G が可分距離群である」という附加条件の下でしか証明できなかった。この附加条件は，連結成分の個数が高々可算個のリー群では常に成立って居るので，特に強い限定条件ではないが，それだけにそれは不必要ではないかとも考えられる。

またグリースンの予想「(C) 任意の局所コンパクト群は，一般化リー群である」に対しても，「有限次元かつ可分距離群である」という附加条件の下で(C)が成立つことを，[42]は証明したのであった。ここでもこの附加条件をつけない。元来の(C)が成立つかが問題になる。

また岩澤の予想「(C_2) 小さい正規部分群を持たない任意の連結局所コンパクト群はリー群である」は，有限次元という附加条件をつけ，さらに「小さい正規部分群を持たない」という仮定を強めて，「小さい部分群を持たない」としたとき成立つことがグリースンによって証明された。これに対しても元来の(C_2)が成立つかどうかが問題となる。

これらの残された問題を解き，第五問題を最終的に解決したのが，山辺英彦が1953年に発表した二つの論文[55]「岩澤とグリースンの予想について」，[56]「グリースンの定理の拡張について」であった。山辺は，グリースンの方法を改良して次の二つの結果を得た。

定理A([55]定理) 連結局所コンパクト群 G が，小さい正規部分群を持たなければ，G は小さい部分群を持たない。

定理 B([56]定理 2 からの結論) 小さい部分群を持たない局所コンパクト群 G の任意の一径数部分群はリプシッツの条件をみたし，そのグリースンの意味の接ベクトルの空間 L は常に有限次元である。

定理 A, B の証明については，後で説明する。定理 B では，L の近傍が G の近傍と同相になること([56]定理 2)から，ノルム空間が局所コンパクトならば有限次元であるというリースの定理[59]に帰着させるのである。

定理 A,B によって，上に述べた第五問題について残された問題が解決することを説明しよう。先づ次の定理 3 の証明に用いるマリツェフの定理を掲げる。(山辺では岩澤[23]の Lemma を挙げているが，このマリツェフの定理の方が直接的である。)

マリツェフの定理([61]，[20]Lemma 28) A が局所コンパクト群 G の連結可換閉正規部分群で，A および G/A が共にリー群であるものとする。このとき $G' = G/A$ の任意の一径数部分群 $g'(t)$ に対し，G の一径数部分群 $g(t)$ であって，標準準同型写像 $f: G \longrightarrow G/A$ により，$f(g(t)) = g'(t)$ $(\forall\, t \in \mathbb{R})$ となるものが存在する。

定理 3([56]) 小さい部分群を持たない連結局所コンパクト群 G はリー群である。

証明 任意の $g \in G$ と，G の一径数部分群 $x = x(r)$ に対し，$y = y(r) = gx(r)g^{-1}$ はまた一径数部分群である。x, y の e における接ベクトルを $\tau(x), \tau(y)$ とすると，対応 $\Phi_g : \tau(x) \longmapsto \tau(y)$ は接ベクトル空間 L の一次変換である。そして $\Phi_{gh} = \Phi_g \cdot \Phi_h$ であるから，Φ は群 G の L 上の線型表現である。そして Lemma 10 により Φ は連続である。いま $\mathrm{Ker}\,\Phi = H$ とおくと，剰余群 G/H は局所コンパクト群で，リー群 $GL(L)$ の中への一対一連続準同型写像を持つから，G/H はリー群である。(シュヴァレー[8]p.130)。

以下 G がリー群であることを，次の(a)，(b)の二つの場合に分けて証明する。

(a) H が完全不連結のとき

G の閉部分群 H は，局所コンパクトである。従って H が離散群でなければ，H は小さい部分群を持つことになるから，G も小さい部分群を持ち，仮定に反する。従って H は離散群であるから，G はリー群 G/H と局所同型で，またリー群である。

(b)　H が完全不連結でないとき

このとき H の単位元成分 H_0 は，連結局所コンパクト群で二点以上を含む。そこでグリースンの結果([15]定理 2.6)により H_0 は自明でない一径数部分群 x を含む。$H = \mathrm{Ker}\,\Phi$ だから，H の各元 h は x と可換であり，x は H の中心 Z_H に含まれる。このとき H/Z_H は完全不連結となる。なぜならばそうでないと仮定すれば，上のグリースンの定理により，H/Z_H は自明でない一径数部分群を含む。このとき上述のマリツェフの定理により，H は Z_H に含まれない一径数部分群を含むこととなり，上に述べたことに反し矛盾である。

いま H は小さい部分群を持たないから，H/Z_H も小さい部分群を持たない(倉西[25]Lemma 6)。従って完全不連結局所コンパクト群 H/Z_H は，離散群でなければならない。そこでリー群 $G/H \cong G/Z_H \big/ H/Z_H$ は，G/Z_H と局所同型であり，G/Z_H はリー群である。一方 Z_H は局所コンパクト・アーベル群であるから，一般化リー群であり，かつ小さい部分群を持たないからリー群である。従ってリー群の拡大定理([23]定理 7, [14]定理 3.1)により，G はリー群である。 ■

定理 4　小さい正規部分群を持たない連結局所コンパクト群はリー群である。

証明　これは定理 A と定理 3 から直ちに導かれる。

定理 5　任意の局所コンパクト群は一般化リー群である。

証明　定理 4 は岩澤の予想(C_2)が正しいということであるから，岩澤の証明した(C_2)と(C_1)の同値性により，次の(C_1)が成立つ。

(C_1)　任意の連結局所コンパクト群は (L)-群である。

そこで今任意の局所コンパクト群 G をとるとき，その単位元連結成分 G_0 は連結 (L)-群であり，従って一般化リー群でもある。剰余群 G/G_0 は完全不連結局所コンパクト群であるから，コンパクト開部分群を持つ。コンパクト群は一般化リー群だから，G/G_0 は一般化リー群である。従って一般化リー群の拡大定理([14]定理 4.7)により，G は一般化リー群である。 ■

既に第1節の最後に述べたように，岩澤の予想(C_1)から，30年代以後，第五問題の標準的解釈とされてきた(V)が導かれる。すなわち次の定理Cが成立つ。

定理C 任意の有限次元・局所連結の局所コンパクト群はリー群である。

こうして，山辺の二つの論文[55], [56]によって，リー群自身に関する第五問題について，当時懸案となっていた問題はすべて肯定的に解決したのである。

次に[55], [56]の実質的内容である定理A, Bの証明の大筋を述べよう。

以下Gを連結局所コンパクト群とし，UをGにおけるeのコンパクト近傍とする。いまグリースンのコンパクト対称集合の半群を次のように構成する。Nを自然数列$(0, 1, 2, \cdots)$の一つの部分列とし，集合列$(D_n)_{n\in N}$で次の(i),(ii),(iii)をみたすものを考える：

(i) $D_n \to e \quad (n\to\infty)$,

(ii) $D_n^n \subset U,\ D_n^{n+1} \not\subset U$,

(iii) $D_n = D_n^{-1}$で，D_nはコンパクト。

(このような(D_n)が存在することはすぐ確められる。$0 \leqq i \leqq 2n$のとき，$D_n^i \subset D_n^{2n} = (D_n^n)^2 \subset U^2 =$ コンパクトだから，$0 \leqq s \leqq 2$となる任意の有理数$s \in \mathbb{Q}$に対し$(D_n^{[sn]})_{n\in N}$の適当な部分列をとったとき，極限$\lim D_n^{[sn]} = D(s)$が存在する。

$0 \leqq r \leqq 2$となる任意の実数rに対して，

$$(1)\quad E(r) = \bigcap_{s>r} D(s)$$

とおくとき，次の(2)が成立つ：

(2) $D(s_1)D(s_2) = D(s_1+s_2),\ E(r_1)E(r_2) = E(r_1+r_2)$,

$s_1, s_2 \in \mathbb{Q},\ r_1, r_2 \in \mathbb{R}$で，$s_1, s_2, r_1, r_2, s_1+s_2, r_1+r_2 \in [0, 2]$。

さらに$r_1 \in \mathbb{Q}$のとき次の(3)が成立つ。

$$(3)\quad E(r_1+r_2) = \bigcap_{s>r_1+r_2} D(s) = D(r_1)\bigcap_{s>r_2} D(s) = D(r_1)E(r_2)$$

さらに$D(1) \cap \partial U \neq \emptyset$ (∂UはUの境界)であることから$D(1) \neq \{e\}$であり，$D(s), E(r)$は自明でない半群である。さらに，$\partial D(1) = \emptyset$ならば$D(1)^2 = D(2) = D(1)$で，$D(1)^{-1} = D(1)$だから次の(4)が成立つ：

(4) $\partial D(1) = \emptyset$ならば，$D(2) = D(1)$は$G$の部分群である。

$\partial D(1)=\emptyset$ のとき，$\partial D'(1)\neq\emptyset$ となる半群 $(D'(s))$ を作ることができる。

そこで以下 D の代りに D' をとって，$\partial D(1)\neq\emptyset$ と仮定する。

Lemma 1 コンパクト対称集合の半群 $D(s), E(r)$ は $\partial D(1)\neq\emptyset$ をみたすと仮定する。このとき $L^2(G)$ の点列 $(\theta_n)_{n\in\mathbb{N}}$ と G の点列 $(x_n)_{n\in\mathbb{N}}$ で，次の(i),(ii)をみたすものが存在する。

(i) $(n(x_n\theta_n-\theta_n))_{n\in\mathbb{N}}$ の部分列で，ある $\tau\neq 0$ に弱収束するものが存在する。

(ii) 十分大きなすべての n に対し，$\operatorname{supp}\theta_n\subset U$（初めに与えた e のコンパクト近傍）。（ここで $x,y\in G$, $\theta\in L^2(G)$ に対し $(x\theta)(y)=\theta(x^{-1}y)$ とする。）

証明 一点 $p\in\partial D(1)\neq\emptyset$ をとる。このとき $p_n\in D_n^n$ となる点列 $(p_n)_{n\in\mathbb{N}}$ で p に収束するものがある。$pE\left(\frac{1}{3}\right)\in D(1)E\left(\frac{1}{3}\right)=E\left(\frac{4}{3}\right)$, $pE\left(\frac{1}{3}\right)\in\partial E\left(\frac{3}{4}\right)$, $E\left(\frac{1}{3}\right)\cap\partial E\left(\frac{4}{3}\right)=\emptyset$ から

(5) $pE\left(\frac{1}{3}\right)\cap E\left(\frac{1}{3}\right)=\emptyset$

G は T_2 空間で，$pE\left(\frac{1}{3}\right)$, $E\left(\frac{1}{3}\right)$ は交わらないコンパクト集合だから，それらの開近傍で交わらないものがある。それは e の開近傍 W により $pE\left(\frac{1}{3}\right)W$, $E\left(\frac{1}{3}\right)W$ の形のものとしてよい。さらに位相群は正則空間だから，e の任意の近傍 W に対し $\bar{V}\subset W$ となる e の近傍 V が存在する。従って(5)から次の(6)が成立つ。

(6) G における e の開近傍 $X\subset U$ であって，閉包 $\bar{X}$ はコンパクトで次の(7)をみたすものが存在する。

(7) $pE\left(\frac{1}{3}\right)\bar{X}\cap E\left(\frac{1}{3}\right)\bar{X}=\emptyset$,　$pE\left(\frac{1}{3}\right)\bar{X}\subset U$

このとき，十分大きいすべての $n\in\mathbb{N}$ に対し，次の(8)が成立つ。

(8) $pD_n^{[n/3]}X\cap D_n^{[n/3]}X=\emptyset$,　$D_n^{[n/2]}X\subset U$

今 G 上の連続函数 θ で次の(9)をみたすものを一つとる。

(9) $0\leqq\theta\leqq 1$,　$\operatorname{supp}\theta\subset X$,　$\theta\neq 0$.

いま各 $n\in\mathbb{N}$ に対し，G 上の実数値函数 $\varDelta_n, \theta_n$ を次のように定義する。

$$(10)\quad \Delta_n(x)=\begin{cases} 3i/n, & x\in D_n^i-D_n^{i-1}\text{のとき},\ 1\leqq i\leqq[n/3] \\ 0, & x=e\text{のとき} \\ 1, & x\notin D_n^{[n/3]}\text{のとき}, \end{cases}$$

Δ_n は，次の三角不等式をみたす。

(11)　$\Delta_n(xy)\leqq\Delta_n(x)+\Delta_n(y)$

また

$$\Delta_n(x^{-1})=\Delta_n(x)$$

である。この Δ_n と(9)をみたす連続函数 θ を用いて，θ_n を次式で定義する：

$$(12)\quad \theta_n(x)=\sup_{y\in G}(1-\Delta_n(y))\theta(y^{-1}x)$$

すぐわかるように

(13)　$0\leqq\theta(x)\leqq\theta_n(x)\leqq 1,\quad \mathrm{supp}\,\theta_n\subset D_n^{[n/3]}X\subset UX$

である。θ が G 上一様連続であることと，$0\leqq\Delta_n\leqq 1$ を用いて，θ_n が連続であることが直ちに確められる。

さらに，$(1-\Delta_n(y))\theta(y^{-1}x)$ の上半連続性，$0\leqq\theta\leqq 1$，Δ_n の三角不等式などを用いて

(14)　$|\theta_n(x)-u\theta_n(x)|\leqq\Delta_n(u),\ \ x,u\in G$

が成立つ。$\mathrm{supp}\,\theta_n\subset U$ だから，ハール測度 m を適当に定数倍して $m(U)\leqq 1$ とすれば，L^2-ノルムについて

(15)　$\|\theta_n-u\theta_n\|\leqq\Delta_n(u),\quad \|p_n\theta_n-\theta_n\|\leqq\Delta_n(p_n)\leqq 1$

が成立つ。(15)から L^2 の有界点列 $(p_n\theta_n-\theta_n)_{n\in\mathbb{N}}$ は弱コンパクトだから適当な部分列をとるとき，

(16)　$\text{weak lim}\,(p_n\theta_n-\theta_n)=\chi\in L^2$

が存在する。一方(8)により，$\mathrm{supp}(p_n\theta_n)\cap\mathrm{supp}\,\theta\subset p_nD_n^{[n/3]}X\cap X=\emptyset$ だから，(13)により

(17)　$(p_n\theta_n-\theta_n,\theta)=-(\theta_n,\theta)\leqq-\|\theta\|^2<0$

となるから，ここで(16)の弱極限をとると，$(\chi,\theta)\leqq-\|\theta\|^2<0$ で特に $\chi\neq 0$ である。従って(16)の収束部分列の番号として現われる十分大きなすべての n に対して

(18)　$(p_n\theta_n-\theta_n,\chi)>0$

となる。$p_n\in D_n^n$ であるから

(19)　$p_n=x_{n1}\cdot x_{n2}\cdot\cdots\cdot x_{nn},\quad x_{ni}\in D_n$

と表わされる。今，$q_n(j)=x_{n1}\cdot x_{n2}\cdot\cdots\cdot x_{nj}$, $q_n(0)=e$ と置く。このとき

(20) $0<(p_n\theta_n-\theta_n,\chi)\leqq\sum_{j=0}^{n-1}(q_n(j)(x_{nj+1}\theta_n-\theta_n),\chi)$

である。右辺の n 個の項の内最大のものを一つとり，

(21) $\Phi_n=(q_n(j_0)(x_{nj_0+1}\theta_n-\theta_n),\chi)$, $x_{n,j_0+1}=x(n)$

とおく。このとき，$x\in G$ に対し $\|x\psi\|=\|\psi\|$, $x(n)\in D_n$ だから

(22) $\|nq_n(j_0)(x(n)\theta_n-\theta_n)\|=\|n(x(n)\theta_n-\theta_n)\|\leqq n\varDelta_n(x(n))=3$

従って有界点列 $(a_n)=(nq_n(j_0)(x(n)\theta_n-\theta_n))$ のある部分列は τ' に弱収束する。(20)から

(23) $0<(p_n\theta_n-\theta_n,\chi)\leqq n\Phi_n=(a_n,\chi)$

だから，ここで部分列の極限をとれば

(24) $(\tau',\chi)\geqq\|\chi\|^2>0$, 特に $\tau'\neq 0$

を得る。$q_n(j_0)\in D_n^n\subset U=$ コンパクトだから，$(q_n(j_0))_n$ の部分列で，ある $q\in G$ に収束するものがある。このとき任意の $\psi\in L^2$ に対して

(25)
$$
\begin{aligned}
(q^{-1}\tau',q^{-1}\psi)=(\tau',\psi)&=\lim\,(nq_n(j_0)(x(n)\theta_n-\theta_n),\psi)\\
&=\lim\,(n(x(n)\theta_n-\theta_n),q_n(j_0)^{-1}\psi)\\
&=\lim\,(n(x(n)\theta_n-\theta_n),q^{-1}\psi)
\end{aligned}
$$

となる。従って L^2 の点列 $(n(x(n)\theta_n-\theta_n))_n$ は，$q^{-1}\tau'=\tau\neq 0$ に弱収束する。(13)と(25)により，Lemma 1 は証明された。 ■

以下 G は，小さい正規部分群を持たない連結局所コンパクト群とする。

角谷-小平[60]により，任意の局所コンパクト群 G に対し，閉正規部分群 N が存在して，G/N は第一可算公理をみたす。N はいくらでも小さくとれる。いま考えている G は小さい正規部分群を持たないから，$N=\{e\}$ であり，G 自身第一可算公理をみたす。そこで G の単位元 e の近傍の基底としてコンパクト近傍の可算系 $(V_n)_{n\in\mathbb{N}}$ が存在する。(V_n) は減小列 $(V_n\supset V_{n+1})$ としてよい。このとき次のように定義する。$x\in G$ から生成される G の部分群を $\langle x\rangle$ とし，各 $n\in\mathbb{N}$ に対し

(26) $S_n=\{x\in G\,|\,\langle x\rangle\subset V_n\}$, $T_n=\overline{\langle S_n\rangle}$

とおく。T_n は S_n を含む最小の閉部分群である。

Lemma 2 このとき，十分大きな n に対して，T_n はコンパクトである。

証明 「eの任意の近傍Vに対して，十分大きなnをとると$T_n \subset V$となる」ことを言えばよい。特にVをコンパクトにとればT_nはコンパクトとなる。

今この「　」内の命題が成立たないと仮定して矛盾を導く。このとき各$m \in \mathbb{N}$に対して，$n(m) \in \mathbb{N}$が存在して，

(27)　$S_m^{n(m)} \subset V,\quad S_m^{n(m)+1} \not\subset V$

となる。そこで最初のコンパクト対称集合D_nとして，$D_m = S_m$をとって半群$D(s)$を作る。

前と同様$\partial D(1) \neq \emptyset$としてよい。次の実数$\Gamma_n$を考える。

(28)
$$\Gamma_n = (x(n)^n\theta_n - \theta_n, \tau) = \left(n(x(n)\theta_n - \theta_n), \frac{1}{n}\sum_{k=0}^{n-1} x(n)^{-k}\tau\right)$$
$$= (n(x(n)\theta_n - \theta_n), \tau) + \left(n(x(n)\theta_n - \theta_n), \frac{1}{n}\sum_{k=0}^{n-1}(x(n)^{-k} - e)\tau\right)$$

$x(n) \in D_n \to e$ $(n \to \infty)$であるから，任意の整数kに対し，$(x(n)^k - e)\tau \to 0$ $(n \to \infty)$である。従ってある$n_1 \in \mathbb{N}$が存在して，

(29)
$$\|(x(n)^k - e)\tau\| \leqq \frac{1}{6}\|\tau\|^2 \qquad (\forall n \geqq n_1)$$

となる。また$(n(x(n)\theta_n - \theta_n))$は$\tau$に弱収束するから，ある$n_2 \in \mathbb{N}$が存在して

(30)
$$(n(x(n)\theta_n - \theta_n), \tau) \geqq \frac{3}{4}\|\tau\|^2 \qquad (\forall n \geqq n_2)$$

となる。また(29)と$\|\theta_n\| \leqq 1$ ($0 \leqq \theta_n \leqq 1$ (13)と$\mathrm{supp}\,\theta_n \subset U$, $m(U) \leqq 1$から導かれる)により，

(31)
$$\Gamma_n = (\theta_n, (x(n)^{-n} - e)\tau) \leqq \|\theta_n\| \cdot \|(x(n)^{-n} - e)\tau\| \leqq \frac{1}{6}\|\tau\|^2$$

である。一方(28)左辺からは(22)，(30)，(29)により

(32)
$$\Gamma_n = (n(x(n)\theta_n - \theta_n), \tau) + \frac{1}{n}\sum_{k=1}^{n-1}(n(x(n)\theta_n - \theta_n), (x(n)^{-k} - e)\tau)$$
$$\geqq \frac{3}{4}\|\tau\|^2 - \frac{1}{n}\sum_{k=1}^{n-1}\|n(x(n)\theta_n - \theta_n)\| - \|(x(n)^{-k} - e)\tau\|$$
$$\geqq \frac{3}{4}\|\tau\|^2 - \frac{n-1}{n}3 \cdot \frac{1}{6}\|\tau\|^2 > \left(\frac{3}{4} - \frac{1}{2}\right)\|\tau\|^2 = \frac{1}{4}\|\tau\|^2$$

(31)と(32)は明らかに矛盾する。従って帰謬法によりLemma 2が証明された。　■

以上の準備の下で定理 A が証明される。

定理 A 連結局所コンパクト群 G が小さい正規部分群を持たないとき，G は小さい部分群を持たない。

定理 A の証明(山辺[55]) Lemma 2 により，ある自然数 n_0 に対し，(26)で定義された部分群 T_{n_0} はコンパクトとなる。

コンパクト群の構造定理により，T_{n_0} は完全不連結なコンパクト部分群 N と局所リー群 R の直積となる。すなわち G における e の近傍 $V(\subset V_{n_0})$ を適当にとれば

(33) $T_{n_0}\cap V = N\times R$

となる。いま $W^2\subset V$ となる e の近傍 W をとる。$f(a,x)=axa^{-1}$ は連続で $f(e,x)=x$ だから，各 $x\in G$ に対し，e の対称開近傍 V_x が存在して，

(34) $f(V_x,x)\in W,\quad V_x^3\subset W$

となる。$(xV_x)_{x\in N}$ はコンパクト集合 N の開被覆だから，有限個の点 $x_1,\cdots,x_n\in N$ が存在して，$\bigcup_{i=1}^{n}x_iV_{x_i}\supset N$ となる。$\bigcap_{i=1}^{n}V_{x_i}=U_2=U_2^{-1}$ は，e の開近傍であり，(34)より

(35) 任意の $a\in V_2$ に対し，$ax_ia^{-1}=f(a,x_i)\in f(V_w,V_{x_i})\subset V_{x_j}^2\subset W$

となる。また任意の $x\in N$ をとると，$x=x_iv_i,\ v_i\in V_{x_i}$ の形になる。そして

(36) 任意の $a\in U_2$ に対し，$av_ia^{-1}=f(a,v_i)\in f(V_{x_i},V_{x_j})\subset V_{x_j}^3\subset W$

となる。(35), (36)から，任意の $a\in U_2$, $x\in N$ に対し，$axa^{-1}=ax_i a^{-1}\cdot av_i a^{-1}\in W^2\subset V\subset V_{n_0}$ となる。従って次の(37)が成立つ：

(37) 任意の $a\in U_2$ に対し，$aNa^{-1}\subset V\subset V_{n_0}$

次に山辺は，

(38) 任意の $a\in U_2$ に対し，$aN_0^{-1}\subset T_{n_0},\ aNa^{-1}\subset T_{n_0}\cap V=N\times R$

であると述べているが，T_{n_0} は部分群であって，正規部分群とは限らないからその理由がわからない。今この点を保留して，先へ進もう。

今 $N\times R$ から第二因子への射影を φ とする：$\varphi(n,r)=r$。このとき，$\varphi(aNa^{-1})$ は R の部分群だから，仮定により，$\varphi(aNa^{-1})=\{e\}$ となる。従って

(39) $aNa^{-1}\subset N \qquad (\forall a\in U_2)$

が成立つ。G は連結群だから，対称近傍 U_2 により生成される。従って G の任意

の元 g は，U_2 の元の有限個の積となるから，(39)から次の(40)が成立つ。

(40) $gNg^{-1} \subset N \ (\forall g \in G)$ で，N は G の正規部分群で，$N \subset V$。

V は単位元の近傍で，いくらでも小さくとることができる。いま帰謬法により定理 A を証明するために，次の(41)を証明しよう。

(41) G が小さい部分群を含むと仮定すれば，$N \neq \{e\}$ で，G は小さい正規部分群を含む。

(41)の証明　G が小さい部分群を含むとすれば，任意の $n \in \mathbb{N}$ に対し，e の近傍 V_n は，部分群 $H_n \neq \{e\}$ を含む。今，$(V_n)_{n \in \mathbb{N}}$ は，e の近傍の基底だから，e の近傍 V に対し，

(42) $\exists n_1 \in \mathbb{N}, \quad V_{n_1} \subset V$

となる。そこで $n_2 = \max(n_0, n_1)$ とおくと

(43) $V_{n_2} \subset V_{n_0} \cap V_{n_1}, \quad S_{n_2} \subset S_{n_0} \subset T_{n_0}, \quad S_{n_0} \subset T_{n_0} \cap V = N \times R$

である。V_{n_2} は部分群 $H \neq \{e\}$ を含むから，$e \neq x \in H$ をとり，$x = (n, r)$，$(n \in N,\ r \in R)$ とすると，任意の $k \in \mathbb{Z}$ に対し，$x^k = (n^k, r^k)$ であり，R は $\{e\}$ 以外の部分群を含まないから，$r = e,\ x \in N$ となる。従って $N \neq \{e\}$ となる。そこで(40)により，e の近傍 V は，$\{e\}$ 以外の正規部分群 N を含むことになる。V はいくらでも小さくとれるから，G は小さい正規部分群を含む。これで(41)が証明された。

(41)は定理 A の対偶であるから，これで定理 A が証明された。 ■

上の証明では(38)の証明を保留したので，その点不完全である。しかし(38)の成立するかどうかに拘らず，定理 A は正しい。それを示すために，定理 A を拡張した，次のグルシュコフの定理[20]（定理 4）を述べておく。

グルシュコフの定理　局所コンパクト群 G の単位元連結成分を G_0 とし，G/G_0 はコンパクトと仮定する。このとき G の単位元 e の任意の近傍 V は，G のコンパクト正規部分群 A で G/A は小さい部分群を含まないようなものを含む。

証明　G における e の任意近傍 U に対し，U に含まれるコンパクト正規部分群 B であって，G/B は第二可算公理をみたすものが存在する（[20]定理 3 系 1）。従って $G \supset A \supset B$ となるコンパクト正規部分群 A に対し，$G/A \cong G/B \big/ A/B$

だから G の代りに G/B を考えれば，始めから G は第二可算公理とみたすとしてよい。

G における e のコンパクト対称近傍 $U=U^{-1}$ を考える。このとき G のコンパクト部分群 $B\subset U$ と，G における e の近傍 $V\subset U$ であって，V に含まれる G の部分群はすべて B に含まれるようなものが存在する([20]Lemma 12)。必要があれば V をさらに小さい近傍と取り換えることにより，V は次の(44)をみたすとしてよい。

(44)　V は e の開近傍で，$V\cap B=N\times R$（直積）の形であり，N はコンパクト群，R は局所リー群で $\{e\}$ 以外の部分群を含まない。

このとき，(37)により次の(45)が成立つ。

(45)　e の対称近傍 U_2 が存在して，$aNa^{-1}\subset V\ (\forall a\in U_2)$

aNa^{-1} は V に含まれる部分群だから，B に含まれる：従って

$$aNa^{-1}\subset V\cap B=N\times R \qquad (\forall a\in U_2)$$

となる。R が $\{e\}$ 以外の部分群を含まないことから，上式より

(46)　$aNa^{-1}\subset N \qquad (\forall a\in U_2)$

となる。

そこで N の正規化群を $M=N_G(N)$ とするとき，$M\supset U_2=U_2^{-1}$ である。従って

(47)　M は G の開部分群であり，G/M は離散群である。

一方，開部分群 M は単位元成分 G_0 を含むから，仮定 $G/G_0=$ コンパクトより

(48)　G/M はコンパクト群である。

従って，(47), (48)から，G/M は有限群である。そこで

(49)　有限個の元 $g_1,\cdots,g_n\in G$ が存在して，$G=\bigcup_{i=1}^{m}g_iM$ となる。

上で(46)を導いたと同じ理由で，次の(50)が成立つ。

(50)　V に含まれる任意の部分群は $V\cap B=N\times R$ に含まれ，従って $V\cap N$ に含まれる。

このことから次の(51)が成立つ。

(51)　群 M/N における e の近傍 $V'=(V\cap M)N/N$ は $\{e\}$ 以外の部分群を含まない。

すなわち

(52)　群 M/N は小さい部分群を含まない。

いま次のように定義する。

(53) $M_i = g_i M g_i^{-1}, \quad N_i = g_i N g_i^{-1} \qquad (1 \leqq i \leqq m)$,

$$S = \bigcap_{i=1}^{m} M_i, \quad A = \bigcap_{i=1}^{m} N_i$$

M, M_i は G の開部分群，N, N_i は G のコンパクト部分群だから，

(54) S は G の開部分群，A は G のコンパクト部分群である。

N は M の正規部分群だから

(55) N_i は M_i の正規部分群である $(1 \leqq i \leqq m)$。

そして(52)から，

(56) M_i/N_i は小さい部分群を持たない $(1 \leqq i \leqq m)$ から直積 $\prod_{i=1}^{m} M_i/N_i$ も小さい部分群を持たない。

いま写像 $\varphi : S/A \longrightarrow \prod_{i=1}^{m} M_i/N_i$ を

$\varphi(sA) = (sN_1, \cdots, sN_m)$

によって定義するとき，すぐわかるように

(57) φ は S/A から $\prod_{i=1}^{m} M_i/N_i$ の中への一対一連続準同型写像である。

さて(56), (57)から

(58) S/A は小さい部分群を持たない。

(54)により，S/A は G/A の開部分群であるから，(58)により G/A は小さい部分群を持たない。これでグルシュコフの定理が証明された。 ■

定理 A の証明(グルシュコフの定理による)　今 G を連結局所コンパクト群とする。このとき $G_0 = G$ だから，グルシュコフの定理が適用される。従って G における e の近傍 U に含まれるコンパクト正規部分群 A が存在して，G/A は小さい部分群を持たない。いま G が小さい正規部分群を持たないとすれば，$A = \{e\}$ であって，G 自身が小さい部分群を持たない。 ■

次に[56]における定理 B の証明に移る。定理 B は二つの部分から成る。それを今，定理 B1, B2 としよう。

定理 B1　小さい部分群を持たない局所コンパクト群 G の任意の一径数部分群

はリプシッツの条件をみたす。

定理 B2　小さい部分群を持たない局所コンパクト群 G のグリースンの意味の接ベクトル空間は，常に有限次元である。

[56]では，定理 B1 は Lemma 4 で証明され，定理 B2 は定理 2 とそれに続く部分で証明されている。

以下では G を常に連結局所コンパクト群で小さい部分群を持たないとする。

定理 1　V_0 をこのような群 G の単位元 e のコンパクト対称近傍で，$\{e\}$ 以外の部分群を持たないものとする。このとき G における e のコンパクト対称近傍 V_1 で，$x, y \in V_1$，$x^2 = y^2$ ならば，$x = y$ となるものが存在する。

証明　X を e の近傍で，$X^2 \subset V_0$ となるものとし，e のコンパクト対称近傍 V_1 を十分小さくとり，次の(59)をみたすようにする：

(59)　$V_1(c^{-1}V_1c) \subset X \qquad (\forall c \in V_0)$

いま，$x, y \in V_1$，$x^2 = y^2$ とし，$x^{-1}y = a$ とおく。このとき $a \in V_1^2 \subset X \subset V_0$ であり，また

$$x^{-1}a^{-1}x = x^{-1} \cdot y^{-1}x \cdot x = x^{-1}y \cdot y^{-2}x^2 = x^{-1}y = a$$

である。従って任意の $m \in \mathbb{N}$ に対し

$$x^{-1}a^{-m}x = a^m, \quad a^{2m} = x^{-1}a^{-m}xa^m$$

となる。いま自然数 $n \geqq 1$ に対して，$\mathbb{N} \ni m \leqq n$ となるすべての m に対し，$a^m \in V_0$ とすれば，(59)により，$a^{2m} = x^{-1} \cdot a^{-m}xa^m \in V_1 \cdot a^{-m} \cdot V_1 \cdot a^m \subset X \subset V_0$ となり，従って $a^{2m+1} \in X^2 \subset V_0$ となる。従ってすべての $m \leqq 2n$ に対し，$a^m \in V_0$ である。そこで n に関する帰納法により，すべての $m \in \mathbb{N}$ に対し，$a^m \in V_0$ となる。$V_0 = V_0^{-1}$ だから，$\langle a \rangle = \{a^m \mid m \in \mathbb{Z}\} \subset V_0$ となる。V_0 に含まれる部分群は $\{e\}$ のみだから，$a = e$, $x = y$ となる。■

以下定理 1 の近傍 V_0, V_1 を一つ固定しておく。各 $\alpha \in \mathbb{N}$ に対し

(60)　$Q_\alpha = \{x \in G \mid x, x^2, \cdots, x^\alpha \in V_1\}$

とし，$n(\alpha) \in \mathbb{N}$ を

(61)　$Q_\alpha^{n(\alpha)} \subset V_1, \quad Q_\alpha^{n(\alpha)+1} \not\subset V_1$

となるような正整数とする。$V_1=V_1^{-1}$ は $\{e\}$ 以外の部分群を含まないからこのような $n(\alpha)\in\mathbb{N}$ が存在する。$n=n(\alpha)$ として，$D_n=Q_\alpha$ とおくと，$D_n^n\subset V_1$, $D_n^{n+1}\not\subset V_1$ だから，各 $s\in Q\cap[0,1]$ に対し，$D(s)=\lim_{m\to\infty}D_n^{[sn]}$ が存在し，$\forall r\in\mathbb{R}$ に対して $E(r)=\bigcup_{s>r}D(s)$ とおくと，コンパクト対称集合のグリースン半群 $D(s)$, $E(r)$ が得られる。

前に[55]の解説で述べたように，$L^2(G)$ の点列 $(n(x(n)\theta_n-\theta_n))_{n\in\mathbb{N}}$ は，ある $\tau\neq 0$ に弱収束する。このとき次のことが成立つ([56]p.357)。(以下述べる補助定理 1, 2, 3 は[56]の本文の中で証明されているが，命題番号がつけられていない命題に対し，便宜上このように番号をつけたものである。)

補助定理 1　ある十分小さい $\gamma>0$ が存在して，$k\leqq\gamma n$ をみたす任意の正整数 k に対し，次の(62)が成立つ：

(62)　$\|(x(n)^k-e)\tau\|\leqq\dfrac{1}{6}\|\tau\|^2$

証明　このような $\gamma>0$ が存在しないと仮定して矛盾を導く。この仮定から，このとき G の点列 $(y(n))$ と，自然数列 $(k(n))$ であって，次の(63)をみたすものが存在する。

(63)　$y(n)\in D_n$,　$y(n)^{k(n)}\notin V'=e$ のある近傍，$\dfrac{k(n)}{n}\to 0\ (n\to\infty)$。

$k(n)<n\ (\forall n\geqq n_0)$ だから $n\geqq n_0$ のとき $y(n)^{k(n)}\in D_n^n\subset V_1=$ コンパクトだから適当な部分列をとれば，$y(n)^{k(n)}\to\bar{y}\ (n\to\infty)$ となる。$\bar{y}\in\bar{V}_1=V_1\subset V_0$ である。$y(n)^{k(n)}\notin V'$ だから

(64)　$\bar{y}\neq e$

である。一方任意の $\ell\in\mathbb{Z}$ に対して，$\dfrac{\ell k(n)}{n}\to 0\ (n\to\infty)$ だから，十分大きなすべての n に対し，$\ell k(n)<n$ で，$y(n)^{\ell k(n)}\in D_n^n\subset V_1\subset V_0$ となるので，$\bar{y}^\ell\in V_0\ (\forall\ell\in\mathbb{Z})$ となるから，V_0 が $\{e\}$ 以外の部分群を含まないことから

(65)　$\bar{y}=e$

となる。(64)と(65)は矛盾する。これで上の補助定理は証明された。■

Lemma 3　$n(\alpha)$ を，$Q^{n(\alpha)}\subset V_1$ となる最大の整数とするとき，定整数 $k>0$ が

存在して，十分大きなすべての α に対し，次の(66)が成立つ：

(66)　$k\cdot n(\alpha)\geqq\alpha\qquad(\forall\,\alpha\geqq\alpha_0)$

証明　前に[55]の Lemma 2 の証明の中でも用いた次の量 Γ_n を考える：ここで γ は上の補助定理に現われる正数でる。

(67)　
$$\begin{aligned}\Gamma_n&=(x(n)^{[\gamma n]}\theta_n-\theta_n,\tau)\\&=\frac{[\gamma n]}{n}(n(x(n)\theta_n-\theta_n),\tau)\\&\quad+\frac{[\gamma n]}{n}\left(n(x(n)\theta_n-\theta_n),\frac{1}{[\gamma n]}\sum_{k=1}^{[\gamma n]}(x(n)^{-k}-e)\tau\right)\end{aligned}$$

右辺第一項 → $\gamma\|\tau\|^2$ $(n\to\infty)$ である。また右辺第二項の上極限 ≦ $\gamma\overline{\lim}\|n(x(n)\theta_n-\theta_n)\|\cdot\|(x(n)^{-k}-e)\tau\|\leqq\gamma\cdot3\cdot\frac{1}{6}\|\tau\|^2=\frac{\gamma}{2}\|\tau\|^2$ となる。((15) および(62)による。)　従って

(68)　$\underline{\lim}\,\Gamma_n\geqq\gamma\|\tau\|^2-\frac{\gamma}{2}\|\tau\|^2=\frac{\gamma}{2}\|\tau\|^2>0$

である。一方 $\gamma<1$，$x(n)^{[\gamma n]}\in D_n^n\subset V_1$ だから，点列 $(x(n)^{[\gamma n]})$ の適当な部分列は，ある $\bar{x}\in V_1$ に収束する。もし $\bar{x}=e$ ならば Γ_n の定義式((67)左辺)により

(69)　$\lim_{n\to\infty}\Gamma_n=(\theta-\theta,\tau)=0$

となり，(68)と矛盾する。従って

(70)　$\bar{x}\neq e$

である。$\bar{x}\in V_1\subset V_0$ だから

(71)　ある $h\in\mathbb{N}$ が存在して $\bar{x}^h\notin V_1$ となる。

なぜならこのような $h\in\mathbb{N}$ が存在せず，$\bar{x}^h\in V_1$ $(\forall\,h\in\mathbb{N})$ なら，V_0 に含まれる部分群が $\{e\}$ のみだから，$\bar{x}=e$ となり，(70)に反する。

(72)　$\bar{x}^h=\lim_{n\to\infty}x(n)^{h[\gamma n]}$

だから(71)，(72)から，ある $n_0\in\mathbb{N}$ が存在して，

(73)　すべての $n\geqq n_0$ に対し，$x(n)^{h[\gamma n]}\notin V_1$

となる。$x(n)\in D_n=Q_\alpha$ なので，$x(n),x(n)^2,\cdots,x(n)^\alpha\in V_1$ だから

(74)　$h[\gamma n]>\alpha$

となる。そこで $k=1+[k\gamma]$ とおけば $k\in\mathbb{N}$ で，$n=n(\alpha)$ に対し

$$kn(\alpha)=(1+[h\gamma])n \geqq h\gamma n \geqq \alpha$$

となる。これで Lemma 3 が証明された。 ■

定理 B1 の証明（[56] Lemma 4）　$x(r)\in V_1$ $(0\leqq \forall r \leqq 1)$ となる G の一径数部分群 $x(r)$ をとる。

今，任意の $r\in[0,1]$ に収束する有理数列 $\left(\dfrac{\ell(\alpha)}{\alpha}\right)_{\alpha\in\mathbb{N}}$ $(\alpha, \ell(\alpha)\in\mathbb{N})$ をとる。$\dfrac{\ell(\alpha)}{\alpha}\in[0,1]$ としてよい。このとき Lemma 3 により $kn(\alpha)\geqq\alpha$ だから

$$x(r)=\lim_{\alpha\to\infty} x\left(\frac{\ell(\alpha)}{\alpha}\right)\in\lim D_n^{\ell(\alpha)}=\lim D_n^{\frac{\ell(\alpha)}{\alpha}\cdot(\alpha)}$$

$$\subset \lim D_n^{\left[\frac{\ell(\alpha)}{\alpha}\cdot kn\right]}=E(kr)$$

となり，$x(r)$ は $E(r)$ に関し，リプシッツ条件をみたす。 ■

上の Lemma 3 の証明に登場した量 Γ_n は[55]でも用いられ，重要な役割を果していた。この Γ_n をとり出したことが山辺の研究[55]，[56]を成功させた技術的基盤の一つとなっている。

次に定理 B2 の証明の要点を述べよう。グリースンの所で述べたことは，省略し，山辺の方法の特色を強調する。山辺においても，G の接ベクトルの空間の作り方は，本質的にはグリースンの方法と一致する。しかしグリースンは G の（リプシッツ条件をみたす）一径数部分群 γ に対し，その e における接ベクトル z_γ を定義した。これに対して，山辺は G における e の近傍 V_1 の点 x で一径数部分群 $x(r)$ 上にあり，$x(1)=x$ となるものに対し，$x(r)$ の上における接ベクトルを，x の函数としてとらえて $\tau(x)$ と記す。そして $x\longrightarrow\tau(x)$ という写像が同相写像であることを示し，G の局所コンパクト性から，接ベクトル空間 L も局所コンパクトであることを示し，リースの定理[59]により，L が有限次元であることを示したのである。

もう少し正確に述べると接ベクトル $\tau(x)$ の定義は次の通りである。点 $x\in V_1$ が一径数部分群 $x(r)$ 上にあるとする。このとき V_1 の点列 (x_n) と自然数列 $(\nu(m))$ が $x_n, x_n^2, \cdots, x_n^{\nu(n)}\in V_1$ でかつ $\lim_{n\to\infty} x_n^{\nu(n)}=x$ であるとき，弱極限

$$w-\lim_{n\to\infty}\nu(n)(x_n\theta_n-\theta_n)=\tau(x) \tag{75}$$

が存在すれば，これを x に対応する**接ベクトル**という。この接ベクトル $\tau(x)$ は，

点列 (x_n) と自然数列 $(\nu(n))$ によって定義されるが，実は「接ベクトル $\tau(x)$ は，x のみで定まる」。すなわち二つの点列 (x_n) と (y_n) および二つの自然数列 $(\nu(n))$ と $(\rho(n))$ があり

$$w-\lim \nu(n)(x_n\theta_n-\theta_n)=\tau,\quad w-\lim \rho(n)(y_n\theta_n-\theta_n)=\tau'$$

が存在するとき，$\tau=\tau'$ である(Lemma 6)。

さらに $\|\theta_n\|\leqq 1$ だから，点列 (θ_n) の適当な部分列は，ある $\vartheta\in L^2$ に弱収束する。そこで以下この部分列を考え，$\theta_n\to\vartheta$ $(n\to\infty)$ とする。このとき強収束の意味で

(76)　$\displaystyle \lim_{r\to 0}\frac{1}{r}(x(r)\vartheta-\vartheta)=\tau(x)$

となる(Lemma 7)。このことから，山辺の接ベクトル $\tau(x)$ は，グリースンのものと一致することがわかる。

Lemma 7 系　$\|x\vartheta-\vartheta\|\leqq\left\|n\left(x\left(\dfrac{1}{n}\right)\vartheta-\vartheta\right)\right\|$ が成立つ。特に $x\neq e$ ならば $\tau(x)\neq 0$ である。

証明　$\|x\vartheta-\vartheta\|\leqq\left\|n\left(x\dfrac{1}{n}\right)\vartheta-\vartheta\right\|$ で $n\to\infty$ として前半が得られる。この不等式から $\tau(x)=0$ ならば，$x\vartheta=\vartheta$ である。(17)により $(\theta_n,\theta)\geqq\|\theta\|^2>0$ で $n\to\infty$ として，$(\vartheta,\theta)\geqq\|\theta\|^2>0$ だから特に $\vartheta\neq 0$ である。また(13)により $\mathrm{supp}\,\theta_n\subset D_n^{[n/3]}X\subset U$ である。$U\subset V_1^2$ としてよいから

(77)　$x\notin V_1^2$ ならば $\vartheta(x)=0$ である。

さらに次の(78)が成立つ：

(78)　$g\notin V_1^4$ ならば $\mathrm{supp}\,(g\vartheta)\cap\mathrm{supp}\,\vartheta=\varnothing$ 特に $g\vartheta\neq\vartheta$。

実際 $\mathrm{supp}\,(g\vartheta)\cap\mathrm{supp}\,\vartheta\ni x$ が存在すれば，$x=gv=w$, $v,w\in\mathrm{supp}\,\vartheta\subset V_1^2$ となる。従って $g=wv^{-1}\in V^2\cdot V^{-2}=V^4$ となる。対偶をとれば，$g\notin V^4$ ならば $\mathrm{supp}\,(g\vartheta)\cap\mathrm{supp}\,\vartheta=\varnothing$ となる。従って特に $g\vartheta\neq\vartheta$ である。

そこで $x\vartheta=\vartheta$ から，任意の $n\in\mathbb{Z}$ に対し $x^n\vartheta=\vartheta$ であり，従って

(79)　$\langle x\rangle=\{x^n\ (n\in\mathbb{Z})\}\subset V_1^4\subset V_0$

となる。V_0 に含まれる部分群は $\{e\}$ のみだから，(79)から $x=e$ が導かれる。これで $\tau(x)=0$ ならば $x=e$ が証明された。その対偶が後半である。　■

補助定理 2　$r\in\mathbb{R}$ に対し $x(r)$ が定義されるとき，$\tau(x(r))=r\tau(x)$ が成立つ。

証明　$x(1)=x$ である。今 $y(t)=x(rt)$ とおくと，$y=y(1)=x(r)$ である。$u=rt$ とおくと，$t\to 0 \Longleftrightarrow u\to 0$ である。(76)により次の等式が成立つ。

$$\tau(x(r))=\tau(y)=\lim_{t\to 0}\frac{1}{t}(y(t)\vartheta-\vartheta)=\lim_{u\to 0}\frac{r}{u}(x(u)\vartheta-\vartheta)=r\tau(x)\text{。}$$ ■

一径数部分群 $x(r)$ が，任意の $r\in[0,1]$ に対し，$x(r)\in V_1$ となることを，$x(r)<V_1$ と記すことにする。

Lemma 8　$x(r)<V_1$ ならば $\|\tau(x)\|\leqq 3k$（k は Lem. 3 の整数）。

証明　任意の $\alpha\in\mathbb{N}$ に対し，$x\left(\frac{1}{\alpha}\right)\in Q_\alpha=D_n$ であるから $\Delta_n\left(x\left(\frac{1}{\alpha}\right)\right)=\frac{3}{n}=\frac{3}{n(\alpha)}$ である。ここで $n=n(\alpha)$ は，$Q_\alpha^{n(\alpha)}\subset V_1$ となる最大の整数である。(15)と Lem. 3 の $kn(\alpha)\geqq\alpha$ により

$$\left\|\alpha\left(x\left(\frac{1}{\alpha}\right)\theta_n-\theta_n\right)\right\|\leqq\alpha\Delta_n\left(x\left(\frac{1}{\alpha}\right)\right)\leqq\frac{3\alpha}{n(\alpha)}\leqq 3k \tag{80}$$

となる。いま $\alpha\to\infty$ のとき $\alpha\left(x\left(\frac{1}{\alpha}\right)\theta_n-\theta_n\right)$ は，$\tau(x)$ に弱収束するから，

$$\|\tau(x)\|\leqq\varliminf_{\alpha\to\infty}\left\|\alpha\left(x\left(\frac{1}{\alpha}\right)\theta_n-\theta_n\right)\right\|\leqq 3k$$

が成立つ。 ■

Lemma 8 系　$x(r)<V_1$ のとき $\lim_{r\to 0}\tau(x(r))=0$。

証明　補助定理 2 から $\tau(x(r))=r\tau(x)$ である。Lem. 8 により

$$\|\tau(x(r))\|=|r|\,\|\tau(x)\|\leqq r\cdot 3k$$

だから，$r\to 0$ のとき，$\|\tau(x(r))\|\to 0$ となる。 ■

以下山辺は，次の四つの命題を証明する。ここでは結果だけを掲げる。

Lemma 9　任意の正数εに対し，eのコンパクトな近傍W_εが存在して次の(81)が成立つ。

(81)　$x \in W_\varepsilon$かつ$x(r) < V_1$ならば，$\|\tau(x)\| \leqq \varepsilon$である。

Lemma 10　定数$\gamma > 0$が存在して，任意の$g \in V_1$に対し，$\tau(x)$，$\tau(g^{-1}xg)$が定義され，$x(r) < V_1$であるとき，次の(82)が成立つ：

(82)　$\|\tau(g^{-1}xg)\| \leqq \gamma \|\tau(x)\|$

補助定理 3　Gの二つの点列(x_α)と(y_α)があり，$x_\alpha^\alpha \to x$，$y_\alpha^\alpha \to y$ $(\alpha \to \infty)$で，$x_\alpha, y_\alpha \in Q_\alpha$であるとする。このとき次の(a)，(b)，(c)が成立つ：

(a)　L^2の点列$(\alpha(x_\alpha y_\alpha \theta_n - \theta_n))$の適当な部分列は，ある$\tau(z)$に弱収束する。ここで$z$は$G$の点列$((x_\alpha y_\alpha)^\alpha)$の極限点である。ただし，$n = n(\alpha)$(61)である。

(b)　$z(r) = \lim_{\alpha \to \infty} (x_\alpha y_\alpha)^{[r\alpha]}$は，$G$の一径数部分群で，$z(1) = z$である。

(c)　$z \in V_1$でなくても$z\left(\dfrac{r}{2k}\right) < V_1$であり，$\tau\left(z\left(\dfrac{r}{2k}\right)\right) = \dfrac{r}{2k}\{\tau(x) + \tau(y)\}$が成立つ。

証明　(a)　(11)により$\Delta_n(x_\alpha y_\alpha) \leqq \Delta_n(x_\alpha) + \Delta_n(y_\alpha) \leqq \dfrac{6}{n(\alpha)}$だから，(15)とLemma 3により$\|\alpha(x_\alpha y_\alpha \theta_n - \theta_n)\| \leqq \dfrac{6\alpha}{n(\alpha)} \leqq 6k$である。従って$L^2$の有界点列$(\alpha(x_\alpha y_\alpha \theta_n - \theta_n))$の適当な部分列はある$\tau$に弱収束する。$(x_\alpha y_\alpha)^\alpha \in Q_\alpha^{2\alpha} \subset V_1^2 =$コンパクトだから$((x_\alpha y_\alpha)^\alpha)$のある部分列は$z \in V_1^2$に収束する。そして$\tau = \tau(z)$である。

(b)　このとき$z(r) = \lim_{\alpha \to \infty} (x_\alpha y_\alpha)^{[r\alpha]}$は，$G$の一径数部分群である(グリースン[15]Lemma 1.4.2.)。そして$z(1) = z$である。

(c)　
$$\begin{aligned} z(r/2k) &= \lim_{\alpha \to \infty} (x_\alpha y_\alpha)^{[r\alpha/2k]} \in \lim Q_\alpha^{2[r\alpha/2k]} \subset \lim D_n^{2[rn/2]} \\ &= E(r) \subset V_1 \end{aligned}$$

である。そして，この$z(r/2k)$に対し，次の等式が成立つ：

$$\begin{aligned} \tau(z(r/2k)) &= w-\lim [r\alpha/2k](x_\alpha y_\alpha \theta_n - \theta_n) \\ &= w-\lim [r\alpha/2k]\{x_\alpha(y_\alpha \theta_n - \theta_n) + (x_\alpha \theta_n - \theta_n)\} \\ &= \tau(x(r/2k)) + \tau(y(r/2k)) = \frac{r}{2k}(\tau(x) + \tau(y)) \end{aligned}$$ ■

Lemma 11　e の任意のコンパクト近傍 W に対して，e の近傍 $W^{\#}$ と自然数 α_0 が存在して，$x\in yW^{\#}$, $x(r)<V_1$, $y(r)<V_1$ であるとき，任意の $\alpha\geqq\alpha_0$ に対して，$\left(x\left(\frac{1}{\alpha}\right)y\left(\frac{1}{\alpha}\right)\right)^{\beta}\in W$ となる。ここでは β は $\beta\leqq\alpha$ となる任意の自然数である。

定理 2　$x(r)<V_1$ となる G の一径数部分群 $x(r)$ に対する $x=x(1)$ の全体の集合を M とする。$x\in M$ に対する接ベクトルを $\tau(x)$ とする。このとき写像 $\tau: M\longrightarrow L^2$ は，一対一写像でかつ両連続である。ただし L^2 には強位相を与えておく。

証明　任意の $\varepsilon>0$ に対し，Lem. 9 における e のコンパクト近傍 W_ε をとる。そして Lem. 11 により，W_ε に対し e の近傍 $W_\varepsilon^{\#}$ と自然数 α_0 が存在して，$x\in yW_\varepsilon^{\#}$, $x(r), y(r)<V_1$ に対して任意の整数 $\alpha\geqq\alpha_0$ と，任意の自然数 $\beta\leqq\alpha$ に対して

$$\left(x\left(\frac{1}{\alpha}\right)y\left(1-\frac{1}{\alpha}\right)\right)^{\beta}\in W_\varepsilon$$

が成立つ。従って

$$z\left(\frac{1}{2k}\right)=\lim_{\alpha\to\infty}\left(x\left(\frac{1}{\alpha}\right)y\left(-\frac{1}{\alpha}\right)\right)^{\left[\frac{\alpha}{2k}\right]}\in\overline{W_\varepsilon}=W_\varepsilon$$

となる。そこで，補助定理 3(c) と Lemma 9 により

$$(83)\quad \frac{1}{2k}\|\tau(x)-\tau(y)\|=\left\|\tau\left(z\left(\frac{1}{2k}\right)\right)\right\|\leqq\varepsilon$$

となる。k は定数 >0 だから，これで τ の連続性が証明された。

次に，τ^{-1} の連続性を示そう。いま $x(r), y(r)<V_1$ となる二つの一径数部分群を考え，$x=x(1)$, $y=(1)$ とする。このとき $z(r)=\lim_{\alpha\to\infty}\left(x\left(\frac{1}{\alpha}\right)y\left(-\frac{1}{\alpha}\right)\right)^{[r\alpha]}$ はまた一径数部分群である。$z=z(1)$ とすると補助定理 3(c) により $z'(r)=z\left(\frac{1}{2k}\right)$ は $z'(r)<V_1$ をみたす。今簡単のために $z(r)<V_1$ としよう。このとき，やはり補助定理 3(c) から

$$(84)\quad \tau(z)=\tau(x)-\tau(y)$$

である。いま任意の $\psi=L^2$ を一つとり

(85)　$\Gamma_n=(x\theta_n-y\theta_n,\psi)=\sum_{i=0}^{\alpha-1}\left(x\left(\frac{i+1}{\alpha}\right)y\left(\frac{\alpha-i-1}{\alpha}\right)\theta_n-x\left(\frac{i}{\alpha}\right)y\left(\frac{\alpha-i}{\alpha}\right)\theta_n,\psi\right)$

を考える。右辺の α 個の項の中で，絶対値最大のものを一つとり，

(86)　$\Phi_\alpha=\left(x\left(\frac{i_0+1}{\alpha}\right)y\left(\frac{\alpha-i_0-1}{\alpha}\right)\theta_n-x\left(\frac{i_0}{\alpha}\right)y\left(\frac{\alpha-i_0}{\alpha}\right)\theta_n,\psi\right)$

とする。$u_\alpha=y\left(\frac{(\alpha-i_0)}{\alpha}\right)$, $v_\alpha=u_\alpha^{-1}x\left(\frac{-i_0}{\alpha}\right)$ とおくと

(87)　$\Phi_\alpha=\left(u_\alpha^{-1}x\left(\frac{1}{\alpha}\right)y\left(-\frac{1}{\alpha}\right)u_\alpha\theta_n-\theta_n,v_\alpha\psi\right)$

である。$|\Gamma_n|\leqq\alpha|\Phi_\alpha|$ だから，ここで $n\to\infty$ として

(88)　$|(x\vartheta-y\vartheta,\psi)|\leqq\lim_{\alpha\to\infty}\alpha|\Phi_\alpha|=\lim_{\alpha\to\infty}\left|\left(\alpha\left(u_\alpha^{-1}x\left(\frac{1}{\alpha}\right)y\left(-\frac{1}{\alpha}\right)u_\alpha\vartheta-\vartheta,v_\alpha\psi\right)\right)\right|$

である。またここで $(u_\alpha),(v_\alpha)$ はコンパクトな V_1 の点列だから，適当な部分列は収束する。そこでこの部分列において

$$u_\alpha\to\bar{u},\quad v_\alpha\to\bar{v}\quad(\alpha\to\infty)$$

とする。(88)で $\alpha\to\infty$ として

$$\tau(z)=\lim_{\alpha\to\infty}\alpha\left(x\left(\frac{1}{\alpha}\right)y\left(-\frac{1}{\alpha}\right)\vartheta-\vartheta\right)$$

であることを用いると

(89)　$|(x\vartheta-y\vartheta,\psi)|\leqq|(\tau(\bar{u}^{-1}z\bar{u}),\bar{v}\psi)|\leqq\|\tau(\bar{u}^{-1}z\bar{u})\|\cdot\|\bar{v}\psi\|\qquad(\forall\psi\in L^2)$

となる。ここで $\psi=x\vartheta-y\vartheta$ とおくと，Lem. 10 と(84)により

(90)　$\|y^{-1}x\vartheta-\vartheta\|=\|x\vartheta-y\vartheta\|\leqq\gamma\|\tau(z)\|=\gamma\|\tau(x)-\tau(y)\|.$

が得られる。(90)から直ちに，次の(91)が得られる。

(91)　$\tau:M\longrightarrow L^2$ は一対一写像である

実際 $x,y\in M$, $\tau(x)=\tau(y)$ とすると(90)から $y^{-1}x\vartheta=\vartheta$ となるから

(92)　任意の整数 m に対し $(y^{-1}x)^m\vartheta=\vartheta$ である。

一方，(78)により，$g\notin V_1^4$ ならば $g\vartheta\neq\vartheta$ だから(92)より

(93)　すべての $m\in\mathbb{Z}$ に対し，$(y^{-1}x)^m\in V^4\subset V_0$

である。V_0 は $\{e\}$ 以外の部分群を含まないから，(93)により

$$x=y$$

となり，(91)が証明された。

最後に τ^{-1} の連続性の証明であるが，山辺は(90)の不等式を証明して，「これで τ^{-1} の連続性が証明された」と述べている。それは(90)から直ちに次の(94)が導かれることを意味する。

(94) e の任意の近傍 W に対して，$\varepsilon>0$ が存在して $\|\tau(x)-\tau(y)\|\leqq\varepsilon$ ならば $y^{-1}x\in W$ となる。

つまり

(95) $\|y^{-1}x\vartheta-\vartheta\|\leqq\gamma\varepsilon$ ならば $y^{-1}x\in W$ である

が成立つというのである。(95)の逆命題は，$L^2(G)$ における左正則表現の強連続性であって，よく知られた一般的事実であるが，(95)自身は函数 ϑ の性質に立入らなければ言えないように思われる。τ^{-1} の連続性はグルシュコフ[20]が証明している(後で紹介する)ので，定理2の正しさには疑問の余地はない。

(95)の証明は保留して，定理 B2 の山辺の証明を紹介しよう。

定理 B2 の山辺の証明　山辺は(95)の成立は当然としているようで，(95)を定理 B2 の証明でも用いている。(95)の W として V_1 をとると次の(96)が成立つ。

(96) e の近傍 V_1 に対し，正数 η が存在して $\|x\vartheta-\vartheta\|\leqq\eta\Longrightarrow x\in V_1$ が成立つ。

いまこの正数 η を用いて，G の部分集合 C を定義する：

(97) $C=\{x\in G\,|\,x(r)<V_1,\ x(1)=x,\ \|\tau(x)\|\leqq\eta\}$

このとき次の(98)が成立つ：

(98) $\tau(C)$ は凸集合である。

なぜならば任意の $r\in[0,1]$ に対し

$$\begin{aligned}\|z(r)\vartheta-\vartheta\|&\leqq 2k\left\|z\left(\frac{r}{2k}\right)\vartheta-\vartheta\right\|\leqq 2k\left\|\tau\left(z\left(\frac{r}{2k}\right)\right)\right\|\\&\leqq r\eta\leqq\eta\end{aligned}$$

だから，$z(r)<V_1$ であり，補助定理2と3により

$$\lambda\tau(x)+\mu\tau(y)=\tau(z)\in\tau(C)$$

となる。((98)証明終り)。

(99) $y\in C$, $\|\tau(y)\|<\eta$ ならば，ある正数 λ が存在して，$\|\tau(y(\lambda))\|=\eta$, $y(\lambda)\in C$ となる。

実際，$\lambda=\dfrac{\eta}{\|\tau(y)\|}$ とおくと，$\|\tau(y(\lambda))\|=\eta$ となる。そして Lem. 7 系と(96)か

ら，$\|y(\lambda)\vartheta-\vartheta\| \leqq \|\tau(y(\lambda))\|=\eta$ から $y(\lambda)\in V_1$ となる。同様にして任意の $r\in[0,1]$ に対し，$y(\lambda r)\in V_1$ であるから $y(\lambda)\in C$ となる。

また，$\tau(y(-r))=-\tau(y(r))$ だから，次の(100)が成立つ。

(100)　$\varphi\in\tau(C)$ ならば $-\varphi\in\tau(C)$

いま，$L=\bigcup_{\lambda>0}(\lambda\tau(C))$ とおくとき

(101)　L は実ベクトル空間(L^2 の部分空間)である。

実際，(100)と定義から任意の $t\in\mathbb{R}$ と $\varphi\in L$ に対し，$t\varphi\in L$ である。また任意の $\varphi,\psi\in L$ に対し，$\varphi=\lambda\varphi_1$, $\psi=\mu\psi_1$ となる $\varphi_1,\psi_1\in\tau(C)$ と $\lambda,\mu>0$ がある。$\nu=\lambda+\mu$ とおくとき，$\varphi+\psi=\nu\left(\frac{\lambda}{\nu}\varphi_1+\frac{\mu}{\nu}\varphi_1\right)$ であり，(98)から $\frac{\lambda}{\nu}\varphi_1+\frac{\mu}{\nu}\psi_1\in\tau(C)$ だから，$\varphi+\psi\in L$ となる。

$B=\{\varphi\in L^2 \mid \|\varphi\|\leqq\eta\}$ とおくとき

(102)　$B\cap L\subset\tau(C)$

が成立つ。実際任意の $\psi\in B\cap L$ をとるとき，$\psi=\lambda\varphi$, $\lambda>0$, $\varphi\in\tau(C)$ となる。

(99)により，$\mu>0$ が存在して，$\|\mu\varphi\|=\eta$, $\mu\varphi\in C$ となる。このとき $\psi\in B$ より

$$\eta\cdot\frac{\lambda}{\mu}=\|\mu\varphi\|\frac{\lambda}{\mu}=\|\lambda\varphi\|=\|\varphi\|\leqq\eta$$

となるから，$\frac{\lambda}{\mu}\leqq 1$ である。そこで

$$\psi=\lambda\varphi=\frac{\lambda}{\mu}\cdot\mu\varphi \text{ で，} \mu\varphi\in\tau(C),\ \frac{\lambda}{\mu}\leqq 1 \text{ だから，} \psi\in\tau(C)$$

となり，(102)が証明された。さて次の(103)が成立つ：

(103)　$\tau(C)$ は L^2 の強位相でコンパクトである。

この(103)の証明は，[56]には欠けている。今，その点を保留して先へ進むと(102)と(103)から，$\tau(C)$ の閉集合である $B\cap L$ について次の(104)が成立つ：

(104)　$B\cap L$ はコンパクトである。

この(104)により，実ノルム空間 L(L^2 の部分空間)の任意の閉球はコンパクトであり，従って L は強位相に関し，局所コンパクトである。そこで F. リースの定理[59]「局所コンパクトなノルム空間は有限次元である」によって

(105)　実ベクトル空間 L は，有限次元である。

これで定理 B2 の証明ができた。　■

以上の山辺の証明では，(95)と(103)の証明が欠けている。そこでこの gap を補うグルシュコフの証明[20]を紹介しておこう。

定理 B2 のグルシュコフの証明　[20]における補助定理を，山辺[56]にあるものと区別するために，レンマとして引用する。山辺[56]と異なる部分を重点的に示す。

G の一径数部分群 $x(r)$ 全体の集合を K とする。K は $\mathbb{R}$ から G への連続準同型写像全体の集合である。$M=\{x(1)|x\in K,\ x(r)<V_1\}$ とおく。

レンマ 20　M はコンパクトである。

証明　M はコンパクト集合 V_1 に含まれるから，M が閉集合であることを示せば十分である。それには M の点列 $(x_n)_{n\in\mathbb{N}}$ が，G 内で点 x に収束するとき，$x\in M$ であることを言えばよい。$x_n(r)<V_1$ であるから，$y_n=x_n\left(\dfrac{1}{n}\right)$ とおくと，$y_n, y_n^2, \cdots, y_n^n\in V_1$ であるから $y_n\in Q_n$ である。(Q_α の定義は(60)。)　$Q_n\to\{e\}$ であるから，$y_n\to e$ ($n\to\infty$) である。このとき一径数部分群 $x(r)$ が

$$x(r)=\lim_{n\to\infty} y_n^{[rn]}$$

によって定義される。

このとき

$$(106)\quad x(1)=\lim_{n\to\infty} y_n^n=\lim_{n\to\infty} x_n(1)=\lim_{n\to\infty} x_n=x$$

である。そして $y_n, y_n^2, \cdots, y_n^n\in V_1$ だから任意の $r\in[0,1]$ に対し，$x(r)\in\bar{V}_1=V_1$ である。そこで M の定義と(106)から，$x\in M$ となる。これでレンマは証明された。

任意の $x\in M$ に対し，接ベクトル $\tau(x)$ が定義される。Lemma 7 により

$$(107)\quad \tau(x)=\lim_{r\to 0}\frac{1}{r}(x(r)\vartheta-\vartheta)\in L^2$$

である。

レンマ 26　$\tau: M\longrightarrow L^2$ は，一対一連続写像で，τ^{-1} も連続である。

証明　前半は，山辺[56]Theorem 2の証明で証明されているからτ^{-1}の連続性を言えばよい。Mはコンパクトだから，Mの任意の閉集合Fはコンパクトであり，従って連続写像τによる像$\tau(F)$はコンパクト，従ってL^2の閉集合である。従ってτは閉写像であるから，逆写像$\tau^{-1}: \tau(M) \longrightarrow M$は連続である。■

Gの一径数部分群全体の集合Kは，実ベクトル空間の構造を持つ。

(a)　$t \in \mathbb{R}$, $x \in K$に対し，$(t\cdot x)(r) = x(tr)$ $(r \in \mathbb{R})$とすると$t\cdot x \in K$。

(b)　$x, y \in K$に対し

$$(108)\quad z(r) = \lim_{\alpha\to\infty}\left(x\left(\frac{1}{\alpha}\right)y\left(\frac{1}{\alpha}\right)\right)^{[r\alpha]}, \qquad r \in \mathbb{R}$$

とするとき，$z \in K$である。$z = x + y$と定義する。

この定義によって実際Kが実ベクトル空間となることは容易に確められる。

任意の$x \in K$に対し

$$(109)\quad r_x = \sup\{r \in \mathbb{R} \mid x(r) \in V_1\}$$

とおく。$x(r_x) \in \bar{V}_1 = V_1$である。$x(r_x)$は$V_1$の境界に含まれるから，次の(110)が成立つ。

(110)　$d = \inf_{x\in K}\|\tau(x(r_x))\|$とおくとき，$d > 0$である。

次に実ベクトル空間Kにノルムを導入する。

任意の一径数部分群$x(r)$に対し，$\varepsilon > 0$が存在して$|r| \leqq \varepsilon \Longrightarrow x(r) \in V_1$だから，$y(r) = x(\varepsilon r)$とすると，$0 \leqq r \leqq 1 \Longrightarrow y(r) \in V_1$であるから$x(\varepsilon) = y(1) \in M$となる。そこで$x(r_0) \in M$となる$r_0 > 0$を一つとり(例えば$r_0 = \varepsilon$)，一径数部分群$x = x(r)$のノルムを次の(111)によって定義する：

$$(111)\quad \|x\| = \left\|\frac{1}{r_0}\tau(x(r_0))\right\| \qquad (x(r_0) \in M,\ r_0 > 0)$$

(111)の右辺の値はr_0のとり方によらず一定である(補助定理2による)。そして実際に，K上のノルムを定義する。特に

(112)　$\|x\| = 0 \Longrightarrow x = 0$　　(すなわち$\forall r \in \mathbb{R}$に対し$x(r) = e$)

実際定義(111)により，$\|x\| = 0$のとき$x(r_0) \in M$となる$r_0 > 0$に対し$\|\tau(x_0(r_0))\| = 0$であるから，$\tau(x(r_0)) = 0$で，レンマ26により$x(r_0) = e$である。

このとき $|r| \leqq r_0$ となる任意の $r \in \mathbb{R}$ に対し，$x(r) \in M$ であるから，同様にして $x(r)=e$ となる。x は $\mathbb{R} \longrightarrow G$ の連続準同型写像だから，これから $x(r)=e$ $(\forall r \in \mathbb{R})$ が導かれる。

(110)の d の定義により

(113)　$x \in K, \|x\| \leqq d \Longrightarrow x(1) \in M$

が成立つ。いま(110)の $d>0$ に対し

(114)　$B=\{x \in K \mid \|x\| \leqq d\}$

とおく。また，

(115)　$K_1=\{x \in K \mid x(1) \in M\}$

とおく。

(116)　$f: K_1 \longrightarrow G$ を，$f(x)=x(1)$

によって定義する。K_1 にノルム空間 K の強位相を与えておく。

(117)　f は K_1 から $f(K_1)$ への同相写像である。

証明　$x, y \in K_1$ に対し，$z=x-y$ とおく。このとき補助定理3(c)により，$z\left(\dfrac{1}{2k}\right) \in M$ で $\tau\left(z\left(\dfrac{1}{2k}\right)\right)=\dfrac{1}{2k}\{\tau(x(1))+\tau(y(1))\}$ となるから，次の(118)が成立つ。

(118)　$\|x-y\|=\|z\|=2k\left\|z\left(\dfrac{1}{2k}\right)\right\|=\|\tau(x(1))-\tau(y(1))\|$
$=\|\tau(f(x))-\tau(f(y))\|$

これから，$f(x)=f(y) \Longrightarrow x=y$ が導かれるので

(119)　f は一対一写像である。

また，$\tau: M \longrightarrow L^2$ は連続である(レンマ26)から，次の(120)が成立つ。

(120)　$\forall \varepsilon>0$ に対し，e の近傍 U が存在して，$y^{-1}x \in U \Longrightarrow \|\tau(x)-\tau(y)\| \leqq \varepsilon$ となる。

(118), (120)から次の(121)が導かれる。

(121)　$f^{-1}: f(K_1) \longrightarrow K_1$ は連続である。

実際(120)により $\forall \varepsilon>0$ に対して e の近傍 U が存在して

(122)　$f(y)^{-1}f(x) \in U \Longrightarrow \|\tau(f(x))-\tau(f(y))\| \leqq \varepsilon$

が成立つ。一方，(118)により $\|x-y\|=\|\tau(f(x))-\tau(f(y))\| \leqq \varepsilon$ だから

(123)　$f(y)^{-1}f(x) \in U \Longrightarrow \|x-y\| \leqq \varepsilon$

が成立ち，f^{-1} は連続である。一方次の(124)が成立つ。

(124)　$f(K)$ はコンパクトである。

$f(K_1) \subset M =$ コンパクト(レンマ20)だから，$f(K_1)$ が G の閉集合であることを示せば十分である。今 $f(K_1)$ の点列 $(f(x_n))_{n \in \mathbb{N}}$ $((x_n \in K_1))$ が G 内で $\bar{x}$ に収束したとする。

$f(x_n) = x_n(1) \in M$ で，M はコンパクトだから，$\bar{x} = \lim_{n\to\infty} f(x_n) \in \overline{M} = M$ である。M の定義から，$x(r) < V_1$ となる $x \in K$ が存在して $x(1) = \bar{x} \in M$ となる。そこで $x \in K_1$ で，$\bar{x} = f(x) \in f(K_1)$ だから，$f(K_1)$ は閉集合である((124)証明終り)。

(125)　$f^{-1} : f(K_1) \longrightarrow K_1$ は閉写像である。

証明　$f(K_1)$ の任意の閉集合 C をとるとき，(124)により C はコンパクトだから，(121)により，その連続像 $f^{-1}(C)$ はコンパクト。従って T_2 空間である G の閉集合である((125)証明終り)。

(125)から直ちに次の(126)が導かれる。

(126)　$f : K_1 \longrightarrow f(K_1)$ は連続である。

(119)　(121),(126)により，直ちに次の(127)が導かれる。

(127)　$f : K_1 \longrightarrow f(K_1)$ は同相写像である。

(128)　K_1 はコンパクトである。

これは(124)と(127)から明らか。

(113)により，B はコンパクトな K_1 (128)の閉集合だから，

(129)　閉球 B はコンパクトである。

さて，実ノルマ空間 K の閉球 B がコンパクトだから，K は局所コンパクトであり，従って前述のリースの定理[59]により，

(130)　K は有限次元である。

$x \in K$ に対し，$\tau(x(1)) \in L$ を対応させると，これが全単写線型写像であり，(130)により L も有限次元となる(証明終り)。

§5　結び

以上述べたように，第五問題は，位相群の中でリー群を位相代数的に特徴付けるという，フォン・ノイマン[52]の設定した形では完全に解決した。すなわち次の定理が成立つ。

定理　位相群 G がリー群となるための必要かつ十分な条件は，次の(A)または(B)をみたすことである。

(A)　G は小さな部分群を持たない局所コンパクト群である。

(B)　G は有限次元かつ局所連結な，局所コンパクト群(特に位相多様体である位相群)である。

よく知られているように，微分可能構造を持たない位相多様体が存在するが位相群であるような位相多様体はすべて，微分可能多様体(実解析多様体)で群演算は，微分可能(解析的)となるのである。

しかし，この結果は決して，リー群論を位相群論の中に解消することを意味しない。リー群の作用から，微分することによってその無限小変換を導くというリーのアイディアなくしては，今日でもリー群論の豊かな結果を導くことはできないのである。この意味で，第五問題の解決は，リー群論に代わるものを提供したわけではない。しかし，岩澤の研究に見られるように，第五問題はリー群論の進歩に大いに貢献し，その解決は位相群論の中におけるリー群論の地位を明確にしたのであった。

最後に第五問題の応用の例として，フロイデンタールの論文「リーマン-ヘルムホルツ-リーの空間問題の新しいとらえ方」[10](1956年)に触れておこう。

[10]では，連結局所コンパクト T_2 空間 R 上に，位相変換群 F が推移的に作用しているものとし，(R, F) は次の三つの仮定(S)，(V)，(Z)をみたすものとする。

(S)　R の閉集合 A とコンパクト集合 B が交わらないとき，開集合 $U \neq \emptyset$ が存在して，任意の $f \in F$ に対し，$f(U) \cap A \neq \emptyset \Longrightarrow f(U) \cap B = \emptyset$ が成立つ。

(V)　位相群 F は完備である。

(Z)　$x \in R$ が存在して，$J = \{f \in F \mid f \cdot x = x\}$ とおくとき，$R - J \cdot x$ は連

結でない。

[10]では，この三条件をみたすRとFの組を数え上げている。この場合Fはリー群となるのであるが，その証明に第五問題の最終的な解となった次の定理を用いている：

山辺の定理5 任意の局所コンパクト群Gは一般化リー群Gである。すなわちGの単位元eの任意のコンパクト近傍Uに対し，Uに含まれるGのコンパクト正規部分群Nが存在して，G/Nはリー群となる。

この定理を用いて，上のFの単位元成分F_0がリー群であることを帰謬法で証明する。もしF_0がリー群でないとすると，山辺の定理5により，F_0のコンパクト正規部分群N_rの無限減少列

(1)　$N_1 \supsetneqq N_2 \supsetneqq \cdots \supsetneqq N_r \supsetneqq \cdots$

が存在して，F_0/N_rはすべてリー群で，N_rはどれもリー群でないようなものが存在する。所が上の三条件をみたすFでは，(1)のような無限列は存在しないことがわかるのである。実は(1)のような列の長さは高々5以下となるのである。このフロイデンタールの研究は，第五問題の他分野への応用として特筆すべきものである。このフロイデンタールの定理については，長野[63]は別証を与え，応用として「長さの等しい二つの線分は常に合同である」という条件をみたすリーマン多様体は，階数1の対称リーマン空間であることを証明した。

References

[1] S. Bochner and D. Montgomery, Locally compact groups of differential transformations, Ann. of Math. 47(1946), 639-653.

[2] N. Bourbaki, Integration, Ch. 7 et 8, Hermann, Paris, 1963.

[3] N. Bourbaki, Groupes et Algebres de Lie, Ch. 9, Masson, Paris, 1982.

[4] G. E. Bredon, F. Raymond and R. F. Williams, p-adic groups of transformations, Trans. AMS 99(1961), 488-498.

[5] H. Cartan, Sur les groupes de transformations analytiques, Hermann, Paris, 1935.

[6] C. Chevalley, Generation d'un groupe topologique par des transformations infinitesimales, C. R. Acad. Sci. Paris, 196(1933), 744-746.

[7] C. Chevalley, Two theorems on solvable topological groups, Lectures in Topology, edited by Wilder and Ayres, University of Michigan Press, Ann Arbor, 1941.

[8] C. Chevalley, "Theory of Lie Groups I", Princeton Univ. Press, Princeton, 1946.

[9] C. Chevalley, On a theorem of Gleason, Proc. AMS 2(1951), 122-125.

[10] H. Freudenthal, Neuere Fassungen der Riemann-Helmholtz-Lieschen Raumproblems, Math. Zeitschr. 63(1956), 374-405.

[11] A. M. Gleason, Square roots in locally compact groups, Bull. AMS 55(1949), 446-449.

[12] A. M. Gleason, Arcs in a locally compact groups, Proc. Nat. Acad. Sci. U.S.A., 36(1950), 663-667.

[13] A. M. Gleason, Spaces with a compact group of transformations, Proc. AMS 1(1950), 35-43.

[14] A. M. Gleason, On the structure of locally compact groups, Duke Math. J. 18(1951), 85-104.

[15] A. M. Gleason, Groups without small subgroups, Ann. of Math. 56(1952), 193-212.

[16] M. Goto, On local Lie groups in a locally compact groups, Ann. of Math. 54(1951), 94-95.

[17] 後藤守邦編,「Vector 群の arcwise connected subgroup について」,『数学』第2巻2号(1949), 180-183.

[18] M. Goto, On an arcwise connected subgroups of a Lie group, Proc. AMS 20(1969), 157-162.

[19] M. Goto and H. Yamabe, On continuous isomorphisms of topological groups, Nagoya Math. J. 1(1950), 109-111.

[20] V. M. Gluškov, The structure of locally compact groups and Hilbert's fifth problem, Uspehi Mat. Nauk, 12(1957)2, 3-41. English translation, AMS Translations, 15(1960), 55-93.

[21] S. Helgason, Differential Geometry, Lie Groups and Symmetric Spaces, Acad. Press, New York, 1978.

[22] 岩澤健吉,「Hilbert の第五問題, 可解位相群の構造について」,『数学』第1巻3号(1948), 161-171.

[23] K. Iwasawa, On some types of topological groups, Ann. of Math. 50(1949), 507-557.

[24] I. Kaplansky, "Lie algebras and locally compact groups",Univ. of Chicago Press, Chicago, 1971.

[25] M. Kuranishi, On locally euclidean groups satisfying certain conditions, Proc. AMS 1(1950), 372-380.

[26] M. Kuranishi, On conditions of differentiability of locally compact groups, Nagoya Math. J. 1(1950), 71-81.

[27] D. Montgomery, Topological groups of differentiable transformations, Ann. of Math. 46(1945), 382-387.

[28] D. Montgomery, A theorem on locally euclidean groups, Ann. of Math. 48(1947), 650-659.

[29] D. Montgomery, Connected one-dimensional groups, Ann. of Math. 49(1948), 110-117.

[30] D. Montgomery, Analytic parameters in three dimensional groups, Ann. of Math. 49(1948), 118-131.

[31] D. Montgomery, Subgroups of locally compact groups, Amer. J. Math. 70(1948), 327-332.

[32] D. Montgomery, Theorems on the topological structure of locally compact groups, Ann. of Math. 50(1949), 570-580.

[33] D. Montgomery, Connected two dimensional groups, Ann. of Math. 51(1950), 262-277.

[34] D. Montgomery, Finite dimensional groups, Ann. of Math. 52(1950), 591-605.
[35] D. Montgomery, Locally homogeneous spaces, Ann. of Math. 52(1950), 261-271.
[36] D. Montgomery, Simply connected homogeneous spaces, Proc. AMS 1(1950), 467-449.
[37] D. Montgomery and L. Zippin, Compact abelian transformation groups, Duke Math. J. 4 (1936), 363-373.
[38] D. Montgomery and L. Zippin, Topological transformation groups, Ann. of Math. 41(1940), 778-791.
[39] D. Montgomery and L. Zippin, Existence of subgroups isomorphic to the real numbers, Ann. of Math. 53(1951), 298-326.
[40] D. Montgomery and L. Zippin, Two-dimensional subgroups, Proc. AMS 2(1951), 822-838.
[41] D. Montgomery and L. Zippin, Four-dimensional groups, Ann. of Math. 56(1952), 140-166.
[42] D. Montgomery and L. Zippin, Small subgroups of finite-dimensional groups, Ann. of Math. 56(1952), 213-241.
[43] D. Montgomery and L. Zippin, "Topological Transformation Groups", Interscience Publ. Inc., New York, 1955.
[44] S. B. Myers and N. E. Steenrod, The groups of isometries of a Riemannian manifold, Ann. of Math. 40(1939), 400-416.
[45] L. S. Pontrjagin, The theory of topological commutative groups, Ann. of Math. 35(1934), 361-388.
[46] L. S. Pontrjagin, Sur les groupes topologiques compacts et le cinquieme probleme de M. Hilbert, C. R. Acad. Sci. Paris, 198(1934), 238-240.
[47] L. S. Pontrjagin, "Topological Groups", Princeton Univ. Press, Princeton, 1939.
[48] J. P. Serre, Le cinquième probleme de Hilbert, État de la question en 1951, Bull. Soc. Math. France, 79(1951), 1-10.
[49] J. P. Serre, "Lie Algebras and Lie Groups", W. A. Benjamin, New York, 1965.
[50] 杉浦光夫,「第五問題研究史 I」, 津田塾大学数学・計算機科学研究所報 13(1997), 67-105.（本書第 7 章所収）
[51] J. von Neumann, Über der analytische Eigenschaften von Gruppen linearer Transformationen und ihrer Darstellung, Math. Zeitsch. 30(1929), 3-42.
[52] J. von Neumann, Die Einführung analytischer Parameter in topologischen Gruppen, Ann. of Math. 34(1933), 170-190.
[53] H. Yamabe, On an arcwise connected subgroups of a Lie groups, Osaka Math. J. 2(1950), 13-14.
[54] H. Yamabe, Note on locally compact groups, Osaka Math. J. 3(1951), 77-82.
[55] H. Yamabe, On the conjecture of Iwasawa and Gleason, Ann. of Math. 58(1953), 48-54.
[56] H. Yamabe, Generalization of a theorem of Gleason, Ann. of Math. 58(1953), 351-365.
[57] C. T. Yang, p-adic transformation groups, Mich. Math. J. 7(1960), 201-218.
[58] S. Kakutani, Über die Metrisation der topologischen Gruppen, Proc. Imp. Acad. Japan, 12 (1936), 82-84.
[59] F. Riesz, Über lineare Funktionalgleichungen, Acta Math. 41(1918), 71-98.
[60] S. Kakutani and K. Kodaira, Über das Haarsche Mass in der lokal bikompakten Gruppen,

Proc, Imp. Acad. Japan, 20(1944), 444-450.
[61]　A. I. Malc'cev, On solvable topological groups, Mat. Sbornik N. S. 19(1946), 165-174.(Russian)
[62]　山辺英彦,「Chevalley の問題について」,『数学』第 4 巻 1 号(1952), 17-21.
[63]　長野正,「Wang-Tits-Freudenthal の空間問題について――線分の合同定理による古典的空間の特徴づけ」,『数学』第 11 巻 4 号(1960), 205-217.

9 リー群の極大コンパクト部分群の共軛性

§0 はじめに

任意の連結リー群Gは，極大コンパクト部分群Kを持つ。これは自明な事実ではなく，Kの存在は証明を要する。その証明はG内にG/Kの断面を構成することでなされる。例えばGが連結線型半単純リー群ならば，Kの存在は次のようにして示される。Gのリー環を$\mathfrak{g}$とし，その複素化$\mathfrak{g}^{\mathbb{C}}$における$\mathfrak{g}$に関する複素共軛をとる写像を$\sigma$とする。このとき$\mathfrak{g}^{\mathbb{C}}$のコンパクト実形$\mathfrak{g}_n$で，それに関する複素共軛写像$\tau$が，$\sigma$と可換$(\sigma\tau=\tau\sigma)$となるものが存在する。([7] Ⅲ.Th.7.1)

$$\mathfrak{k}=\mathfrak{g}\cap\mathfrak{g}_n,\quad \mathfrak{p}=\mathfrak{g}\cap i\mathfrak{g}_n$$

とおくと，

(1)　$\mathfrak{g}=\mathfrak{k}\oplus\mathfrak{p},\quad [\mathfrak{k},\mathfrak{k}]\subset\mathfrak{k},\quad [\mathfrak{k},\mathfrak{p}]\subset\mathfrak{p},\quad [\mathfrak{p},\mathfrak{p}]\subset\mathfrak{k}$

をみたす。(1)の分解を，$\mathfrak{g}$の**カルタン分解**という。$\mathfrak{k}$は$\mathfrak{g}$の部分リー環であり，$\mathfrak{k}$をリー環とするGの連結リー部分群をKとする。カルタンは，KをGの**特性部分群**(sous-groupe caractéristique)と呼んでいる。Gが実n次元ベクトル空間V上の一次変換群とするとき，$\mathfrak{g}^{\mathbb{C}}\subset\mathfrak{gl}(V^{\mathbb{C}})$と考えることができる。そしてワイルの基本定理によりコンパクトリー環$\mathfrak{g}_n$をリー環とする$GL(V^{\mathbb{C}})$の連結リー部分群G_nはコンパクトである。一方半単純リー環$\mathfrak{g}$は代数的リー環(シュヴァレー[5], [6])だから，Gは$GL(V)$のある実代数部分群の連結成分であり，従って$GL(V)$の閉部分群である。そこで$G\cap G_n$はコンパクトであり，その連結成分Kもコンパクトである。一方連結線型半単純リー群は，岩澤分解できる。すなわち，Gの単連結可解リー部分群Lが存在して，

(2)　$G=K\cdot L,\quad K\cap L=\{1\}$

となる。L は単連結可解リー群だから，そのコンパクト部分群は $\{1\}$ のみである。今，$K \subset K' \subset G$ となるコンパクト部分群 K' があれば，(2)により

(3)　$K' = K \cdot (K' \cap L)$

となる。このとき $K' \cap L$ は L のコンパクト部分群だから，$K' \cap L = \{1\}$ であり，従って(3)から $K = K'$ となる。これは K が G の極大コンパクト部分群であることを示している。

岩澤[10]とマリツェフ[12]は，これを一般化して任意の連結リー群 G に対し，次の定理 A, B を証明した(マリツェフでは，極大連結コンパクト部分群が共軛という形になっている)。

定理 A　任意の連結リー群 G は，極大コンパクト部分群 K を持ち，G は K とユークリッド空間の直積と同相になる。

定理 B　連結リー群 G の任意の二つの極大コンパクト部分群は G 内で共軛である。G の任意のコンパクト部分群は，ある極大コンパクト部分群に含まれる。

本稿は，定理 B の証明で，最も本質的な半単純リー群の場合の証明を解説することを目標にしている。定理 B を証明した岩澤の論文[10]では，半単純リー群の随伴群の場合は，E. カルタンの論文[2]を引用してすませて居り，それを仮定して定理 B の証明を与えているのである。ここでは，本質的に同じであるが随伴群でなく，一般の線型連結半単純リー群に対する定理 B を，定理 B′ として §1 で証明する。この証明はカルタンのアイディアに基づくもので，対称リーマン空間の理論を用いている。これに対し，シュヴァレーは，対称空間や微分幾何を全く用いない定理 B′ の証明を与えた。この結果は公刊されなかったためあまり知られていないと思われるので，岩堀[9]に従って，§2 で紹介する。

定理 B は，一般の連結リー群 G について成立つが，いくつかの典型群の場合には，極大コンパクト群の共軛性は，簡単な初等幾何的事実から導かれる。

そのことを §3 と §4 で示した。§3 では，$G = GL(n, \mathbb{R})$ の場合を扱う。$GL(n, \mathbb{R})$ の極大コンパクト部分群は，$\mathbb{R}^n$ 上の任意の定符号二次形式の直交群であり，その共軛性は，弥永-安倍[11]の自由可動性の公理と同値である。また §4 では，不定符号の二次形式，エルミット形式の直交群，ユニタリ群を扱う。この場合，極大コンパクト部分群の共軛性はシルヴェスターの慣性律の系である。

§1　カルタンの証明

E. カルタンは，[2]16 節(p. 19)で次のように述べている(原文イタリック)。

「開(非コンパクト)単純リー群 G の，任意の閉(コンパクト)部分群 K' は G のある特性部分群 K の部分群 K_1 と共軛である」(記号を変更した)。

すなわち G のある元 g により $gK'g^{-1}=K_1\subset K$ となるというのである。つまりこれは G がコンパクトでない単純リー群の場合の定理 B(§1)である。

カルタンは，等質空間 G/K が，後の彼の用語を用いるとき，**対称リーマン空間**であって，G 不変なリーマン計量を持ちその断面曲率は，非正 $\leqq 0$ であることを用いる。カルタンは次のように述べている。

「有限な距離の所には特異点のないリーマン空間 M が単連結で(断面)曲率が $\leqq 0$ とする。M の上の有限個の点を与えたとき，それらを全体として不変にし，その有限の点の置換を引起す M のすべての等距離変換の共通の不動点 A が存在する。この点 A は，与えられた有限個の点への距離の自乗の和が最小になるような点である(2)。この性質は有限個の点の代りに，M の閉(コンパクト)部分多様体を作る無限個の点に対しても成立つ。従って G の任意の閉(コンパクト)部分群 K' は，M の閉(コンパクト)部分多様体 V [p を $G\longrightarrow G/K$ の射影とするとき $P(K')=V$]を不変にするから，K' は M の中に不動点 A を持つ。」

ここで(2)の示す脚注は次のようなものである：「(2) E. Cartan, Leçon sur la Géométrie des espaces de Riemann, p. 267 (Paris, Gauthiers-Villars, 1928)」

そこで書架から，この本を取出して見ると，p. 267 には上述のようなことは全く書いてないではないか。その近くのページも調べて見たが，引用してあるような内容の文章を見つけることができなかった。その内に気付いたのは，私の本は 1946 年刊の第二版であるが，上に引用されているのは 1928 年刊の初版だという点である。そこで東大の図書室に行くと，そこも第二版だけだったが，カードで初版もあることがわかったので，別置してあった初版を借りることができた。比較して見ると，初版の 9 章が第 2 版では 13 章に増え，巻末のノートも三つから五つになり，総ページ数も 273 ページが 378 ページに増えている。さて，初版の

p.267を見るとそこには，確かに引用された内容があった(第2版ではp.354)。これはノートⅢの「リーマンの曲率(断面曲率)が負または0の空間について」において，単連結なこのような空間は，ユークリッド空間と同相であり，そこで余弦不等式 $c^2 \geqq a^2+b^2-2ab\cos C$ が成立つことなどが述べられている。(ここで実は完備性の仮定が必要なのであるが，リーマン空間の完備性は，H. ホップ-リノウの論文[8](1931年)で初めて注目されたのである。) そしてこのノートⅢの最後に，リーマンの曲率が $\leqq 0$ のリーマン空間 $\mathscr{E}$ で，単連結でないものが考察されて居り，$\mathscr{E}$ の単連結被覆リーマン空間 $\mathscr{E}'$ を考えるとき，$\mathscr{E}'$ の被覆変換群 $\mathscr{G}$ は無限群であることが証明されている。それを帰謬法で証明するために，$\mathscr{G}$ が有限群であるとするとどうなるかが調べられている。この文脈の中で，引用された内容が証明されているのである。それを若干パラフレーズして記すと，次のようになる。

定理C(E. カルタン) 断面曲率が常に $\leqq 0$ であるような単連結(完備)リーマン空間 M において，有限個の点 O_i $(1 \leqq i \leqq h)$ が与えられたとき，動点 P と O_i の距離を r_i とし，$f(P)=\sum_{i=1}^{h} r_i^2$ とおく。このとき f が最小となる点 A(有限集合 $B=\{O_1, O_2, \cdots, O_h\}$ の重心)が唯一つ存在する。φ が M の等距離変換で，$\varphi B=B$ をみたすとき，点 A は φ の不動点である：$\varphi(A)=A$.

証明 リーマン計量による M の二点 p, q の距離(p, q を結ぶすべての区分的 C^1 級曲線の弧長の下限)を $d(p, q)$ とする。今定点 $O \in M$ を一つとるとき

(1) $d(P, O) \to +\infty \Longrightarrow r_i(P)=d(P, O_i) \geqq d(P, O)-d(O_i, O) \to +\infty$

$(1 \leqq i \leqq h)$

である。従って任意の $N>0$ に対し，$R>0$ を十分大きくとるとき

(2) $d(P, O)>R \Longrightarrow f(P)>N$

が成立つ。今，$N=f(O)$ に対して，(2)をみたす $R>0$ を一つとり，$K=\{P \in M \mid d(P, O) \leqq R\}$ とおく。K は有界閉集合だから，M の完備性によりコンパクトである。従って連続函数 f は，K のある点 A で，K 上の f の最小値 $a>0$ に達する。

点 O は K に属するから

(3) $a \leqq f(O)=N$

である。(2), (3)から，a は M 上における f の最小値でもある。

動点 $P \neq A$ と A を結ぶ測地線 (AP) の弧 γ が，弧長 t をパラメタとして $t \longmapsto q_t\ (0 \leqq t \leqq L)$, $q_0 = A$ と表わされるとする。そして γ が O_i と交わらないとする $(1 \leqq i \leqq h)$ 。

測地線 (AO_i) と (AP) が A でなす角の大きさを α_i とするとき，

(4) $$\left[\frac{d}{dt} d(q_t, A)\right]_{t=0} = \cos \alpha_i$$

となる（後に述べるヘルガソン[7]の第1章 Lemma 13.6 を見よ）。そこで点 A が函数 f の極小点であるから，$\left[\dfrac{d}{dt} f(q_t)\right]_{t=0} = 0$ となるので，(4)から

(5) $$\sum_{i=1}^{h} r_i(A) \cos \alpha_i = 0$$

を得る。一方 M の断面曲率が常に $\leqq 0$ であることから，$d = d(A, P)$ とおくとき，余弦不等式

(6) $$r_i(P)^2 \geqq r_i(A)^2 + d^2 - 2\,dr_i(A) \cos \alpha_i, \quad 1 \leqq i \leqq h$$

が成立つ。(6)を i について加え合せて，(5)を用いると，不等式

(7) $$f(P) = \sum_{i=1}^{h} r_i(P)^2 \geqq f(A) + hd > f(A) = a \qquad (P \neq A)$$

が得られる。即ち A は f の唯一つの最小点であり，f はA においてのみの最小値 a に達する。

$B = \{O_i \mid 1 \leqq i \leqq h\}$ とし，M の等距離変換 φ が，$\varphi(B) = B$ をみたすとき

(8) $$f(\varphi(A)) = \sum_{i=1}^{h} d(\varphi(A), O_i)^2 = \sum_{i=1}^{h} d(A, \varphi^{-1}(O_i))^2 = f(A)$$

となるから，$\varphi(A)$ も f の最小点であり，前半より $\varphi(A) = A$ である。 ■

Lemma 13.6（ヘルガソン[7]第1章 p.77） M は完備単連結リーマン空間で，その断面曲率は常に $\leqq 0$ とする。今 $\gamma : t \longmapsto q_t\ (0 \leqq t \leqq L)$ は，点 p を通らない微分可能曲線で $\dot{\gamma}(t) \neq 0\ (\forall t \in [0, L])$ となるものとする。このとき曲線 γ と測地線 (pq_0) が q_0 でなす角の大きさを α とするとき，次の等式が成立つ：

$$\left[\frac{d}{dt} d(q_t, p)\right]_{t=0} = \cos \alpha$$

証明は[7]を参照されたい。

さてカルタンは上の定理が，有限集合 B でなく，このリーマン空間 M の等距離変換群 $I(M)$ のコンパクト部分群 K の軌跡 $K\cdot p$ に対しても成立つと主張しているが，その詳しい証明は述べていない。カルタンのアイディアに沿ったこの定理の証明は，A. ボレル[1]，G.D. モストウ[13]，ヘルガソン[7]等によって与えられた。モストウ[13]の証明は，リーマン幾何学の知識をできるだけ用いないで，行列の計算によって初等的に証明している点で興味がある。ヘルガソン[7]は逆に必要なリーマン幾何の知識をすべて準備した上で，証明を行っている。その証明は，K が有限群の場合の上述のカルタンの証明と平行して居り，カルタンのアイディアに最も忠実であると思われるので，その要点を紹介しよう。

定理 D(ヘルガソン[7]第 1 章定理 13.5)　M を単連結完備リーマン空間で，その断面曲率は常に $\leqq 0$ とする。K が M のコンパクトなリー変換群で，K の各元は M の等距離変換であるとき，K の元の共通の不動点が存在する。

証明　dk をコンパクト群 K の $\int_K dk=1$ と正規化されたハール測度とする。リーマン計量による M の二点 p,q の距離を $d(p,q)$ とし，一点 p を固定して，M 上の函数

(1)　$J(q)=\int_K d(q,k\cdot p)^2 dk$

とおく。J は M 上の連続函数 $\geqq 0$ である。p を通る K の軌跡 $k\cdot p$ はコンパクトであるから，有界であり，ある $R>0$ が存在して

(2)　$d(p,k\cdot p)\leqq R \qquad (\forall k\in K)$

となる。任意の $q\in M$ に対して，$d(q,p)\leqq d(q,k\cdot p)+d(k\cdot p,p)$ であるから，(2)により

(3)　$d(q,k\cdot p)\geqq d(q,p)-d(k\cdot p,p)\geqq d(q,p)-R$

となる。(3)の両辺の 2 乗を K 上で積分して

(4)　$J(q)=\int_K d(q,k\cdot p)^2 dk\geqq\int_K (d(q,p)-R)^2 dk\geqq(d(q,p)-R)^2$

となるから

(5)　$d(q,p)\to+\infty\Longrightarrow J(q)\to+\infty$

である。特に次の(6)が成立つ：

(6)　$(\exists r>0)(d(q,p))>r \Longrightarrow J(q)>J(p))$

今，$B_r(p)=\{q\in M \mid d(q,p)\leqq r\}$ とおくと，$B_r(p)$ はコンパクトだから，実数値連続函数 $J(q)$ は，$B_r(p)$ 上の最小値 a を，ある点 $q_0\in B_r(p)$ でとる。このとき

(7)　$J(q_0)\leqq J(q) \qquad (\forall q\in B_r(p))$　特に　$J(q_0)\leqq J(p).$

である。(6), (7)により，q_0 は M 上における J の最小点である。即ち

(8)　$J(q_0)\leqq J(q) \qquad (\forall q\in M)$

となる。そこで今，

(9)　$J(q_0)<J(q) \qquad (\forall q\neq q_0)$

が言えたとすれば，任意の $k\in K$ に対し

(10)　$J(kq_0)=\int_K d(kq_0,k\cdot p)^2dk_1=\int_K d(q_0,k^{-1}k_1\cdot p)^2dk_1=J(q_0)$

だから，(9)により

(11)　$k\cdot q_0=q_0 \qquad (\forall k\in K)$

となり，定理 D は証明された。以下(9)を証明しよう。

M が完備な単連結リーマン空間で断面曲率が常に $\leqq 0$ ということから，M の任意の二点 $p,q\ (p\neq q)$ に対して，p と q を結ぶ測地線の弧が唯一つ存在し，その弧長は距離 $d(p,q)$ に等しい([7]定理 13.3 による)。また負曲率空間 M 上の任意の測地三角形において，三辺の長さが a,b,c で，その対角の大きさが A,B,C であるものに対して，余弦不等式

(12)　$a^2+b^2-2ab\cos C\leqq c^2$

が成立つ(系 13.2)。

今，$q\neq q_0$ とし，写像 $t\longmapsto q_t\ (0\leqq t\leqq d(q_0,q))$ が，q_0 と q を結ぶ測地線の弧を定義するとしよう。任意の $k\in K$ に対し，$k\cdot p\neq q_t$ とし，二つの測地線 (q_t,q) と $(k\cdot p,q_t)$ が点 q_t でなす角を $\alpha_t(k)$ とする。このとき上述の Lemma 13.6 により

(13)　$$\frac{d}{dt}d(q_t,k\cdot p)^2=\begin{cases}2d(q_t,k\cdot p)\cos\alpha_t(k), & k\cdot p\neq q_t \text{のとき}\\ 0, & k\cdot p=q_t \text{のとき}\end{cases}$$

となる。

次に

(14)　函数 $F(t,k)=\dfrac{d}{dt}d(q_t,k\cdot p)^2$ は各 $(0,k_0)$ $(k_0\in K)$ で連続である

ことを証明しよう。K を分割して

(15)　$K_1=\{k\in K\,|\,k\cdot p=q_0\}$,　$K_2=\{k\in K\,|\,k\cdot p\neq q_0\}$

とおく。

$k_0\in K_2$ のとき，写像 $(t,k)\longmapsto\cos\alpha_t(k)$ は，点 $(0,k_0)$ で連続であり，従って F も連続である。

$k_0\in K_1$ すなわち $k_0\cdot p=q_0$ のとき，$(t_n,k_n)\to(0,k_0)$ $(n\to\infty)$ とすると，(13)により

(16)　$|F(t_n,k_n)|\leqq 2d(q_{t_n},k_n\cdot p)$

であり，かつ

(17)　$d(q_{t_n},k_n\cdot p)\to d(q_0,k_0\cdot p)=d(q_0,q_0)=0$　$(n\to\infty)$

であるから

(18)　$\displaystyle\lim_{n\to\infty}F(t_n,k_n)=0=F(0,k_0)$

であり，F は $(0,k_0)$ で連続である。これで(14)は証明された。そこで $F(t,k)=\dfrac{d}{dt}d(q_t,k\cdot p)^2$ は $[0,d(q_0,q)]\times K$ 上の連続函数である。従って径数を含む積分に関する周知の定理から，函数 $t\longmapsto J(q_t)$ は微分可能で

(19)　$\displaystyle\frac{d}{dt}J(q_t)=\int_K\frac{d}{dt}d(q_t,k\cdot p)^2dk$

となる。q_0 が J の最小点だから，函数 $t\longmapsto J(q_0)$ は $t=0$ で極小となるから $\displaystyle\left[\frac{d}{dt}J(q_t)\right]_{t=0}=0$ である。従って(13),(19)から

(20)　$\displaystyle\int_{K_2}d(q_0,k\cdot p)\cos\alpha_t(k)\,dk=0$

となる。余弦不等式(12)により，$k\in K_2$ に対して

(21)　$d(q,k\cdot p)^2\geqq d(q,q_0)^2+d(q_0,k\cdot p)^2-2d(q,q_0)d(q_0,k\cdot p)\cos(\pi-\alpha_0(k))$

が成立つ。

この不等式の両辺を k について，K_2 上で積分すると(20)により，右辺第三項の積分は0で

(22)　$\displaystyle\int_{K_2}d(q,k\cdot p)^2dk\geqq d(q,q_0)^2\int_{K_2}dk+\int_{K_2}d(q_0,k\cdot p)^2dk$

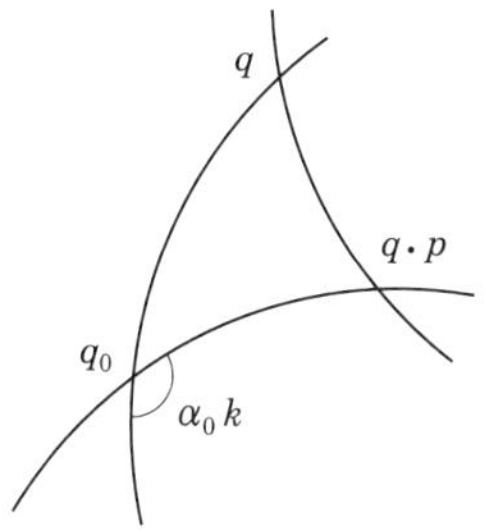

を得る。残りの K_1 上でも(21)の両辺を積分すると

(23) $\int_{K_1} d(q, k\cdot p)^2 dk \geqq d(q, q_0)^2 \int_{K_1} dk + \int_{K_1} d(q_0, k\cdot p)^2 dk$

となる。(22), (23)を辺々相加えて

(24) $J(q) \geqq d(q, q_0)^2 + J(q_0)$

を得る。従って(24)から

(25) $q \neq q_0 \Longrightarrow d(q, q_0) > 0 \Longrightarrow J(q) > J(q_0)$

が得られ，q_0 が J の唯一つの最小点であること，すなわち(9)が証明された。以上で定理Dは証明された。 ■

定理Cと定理Dの証明が完全に平行しているので，上の証明はカルタンのアイディアに沿ったものと言えよう。

さて定理Dから，G が線型連結リー群である場合の定理Bが証明できる。その証明のためには，対称リーマン空間に関する二，三の基本的結果が必要である。ここでは，ヘルガソンの教科書[7]から，これらの結果を引用することにする。

定理 B′ G を線型連結半単純リー群とし，K をその特性部分群(§0の冒頭を見よ)とするとき，次のことが成立つ。

1) K は G の極大コンパクト部分群である。

2) G の任意のコンパクト部分群 K' に対し，G の元 g が存在して，$g^{-1}K'g \subset K$ となる。

3) 特に G の任意の極大コンパクト部分群 K' は，K と G 内で共軛である。

証明 1) §0で証明されている。

2) このとき $M=G/K$ は，G 不変なリーマン計量により，対称リーマン空間となり，かつ M は $\mathbb{R}^n$ と同相である([7] ch.Ⅵ.Th.1.1)。そして M の断面曲率は，常に $\leqq 0$ である([7] ch.Ⅴ.Th.3.1)。そこで定理Dが M に対して適用される。今 K' を G の任意のコンパクト部分群とするとき，各 $k\in K'$ は，M 上の等距離変換 $\tau(k): gk \longmapsto kgK$ を引起す。従って定理Dにより，M において K' の不動点 q_0 が存在する：$k\cdot q_0=\tau(k)q_0=q_0\ (\forall k\in K')$。今 G のリー環 $\mathfrak{g}$ のカルタン分解(§0を見よ) $\mathfrak{g}=\mathfrak{k}\oplus\mathfrak{p}$ から，$G=\exp\mathfrak{p}\cdot K$ となる([7] ch.Ⅵ.Th.1.1)。そこである $X\in\mathfrak{p}$ により，$q_0=(\exp X)K$ となる。そこで $g=\exp X$ とおくと，$g\in G$ で $kgK=gK,\ g^{-1}kgK=K$ となる。従って $g^{-1}kg\in K\ (\forall k\in K')$ であり，

(1) $g^{-1}K'g\subset K$

が成立つ。

3) 特に2)の K' が G の極大コンパクト部分群であるとき，$g^{-1}K'g$ も極大コンパクト部分群であり，(1)において等式が成立つ：従って $g^{-1}K'g=K$ であり，K' は K と G 内で共軛である。 ■

§2 シュヴァレーの証明

この節ではシュヴァレーによる定理B′の証明を紹介する。この証明は，解析と線型代数の初歩しか用いない点に特色がある。

最初に，後で必要となる解析に関するLemma 3を証明しておこう。

Lemma 1 $\mathbb{R}^n$ の点列 $(a_n)_{n\in\mathbb{N}}$ が収束部分列を持ち，すべての収束部分列の極限が一定値 a に等しいとき，数列 (a_n) は a に収束する。

証明 実数列 (a_n) の収束部分列の極限の最大値(最小値)が，(a_n) の上極限(下極限)であるから，この場合には，仮定より (a_n) の上極限と下極限は共に a に等しい。従って数列 (a_n) は収束して，極限は a に等しい。$\mathbb{R}^n$ の点列の場合は成分をとることにより，実数列の場合に帰着する。

Lemma 2 (a_n) が $b\in\mathbb{R}^n$ に収束しない，$\mathbb{R}^n$ の有界点列ならば，(a_n) の部分列 $(a_{n_k})_{k\in\mathbb{N}}$ であって，ある $a\ (\neq b)$ に収束するものが存在する。

証明 (a_n) は有界数列だから収束部分列を持つ(ボルツァーノ-ワイヤストラ

スの定理)。(a_n) の収束部分列の極限がすべて b に等しければ，Lemma 1 により，(a_n) は b に収束する。従ってこの場合には，(a_n) の収束部分列 $(a_{n_k})_{k\in\mathbb{N}}$ であって，その極限が $a\,(\neq b)$ となるものが存在する。

Lemma 3　$A\subset\mathbb{R}^n$, $B\subset\mathbb{R}^n$ で，A, B は共にコンパクトとする。今函数 $f: A\times B\longrightarrow\mathbb{R}$ は連続であるとし，各 $y\in B$ に対し，$g(y)=\max_{x\in A} f(x,y)$ とおく。このとき函数 g は，B 上連続である。

証明　今帰謬法で証明するために，函数 g は，ある点 $y^*\in B$ で不連続であると仮定して矛盾を導く。そこで今次の(1)および(2)をみたす B の点列 $(y_n)_{n\in\mathbb{N}}$ が存在すると仮定して，矛盾を導く。

(1)　$\lim_{n\to\infty} y_n = y^*$

(2)　数列 $(g(y_n))_{n\in\mathbb{N}}$ は，$g(y^*)$ に収束しない。

このとき，Lemma 2 により，

(3)　$(g(y_n))_{n\in\mathbb{N}}$ の部分列 $(g(y_{n_k}))_{k\in\mathbb{N}}$ であって，$\lim_{k\to\infty} g(y_{n_k}) = a \neq g(y^*)$
となるものが存在する。

このとき，

(4)　各 $n\in\mathbb{N}$ に対し，$g(y_n)=f(x_n, y_n)$ となる $x_n\in A$ が存在する。

x_n は一つとは限らないが，各 $n\in\mathbb{N}$ に対し一つづつ選んでおく(選択公理)。このとき $(x_{n_k})_{k\in\mathbb{N}}$ は，コンパクトな A の点列だから，収束部分列 $(x_{n_{k_\ell}})_{\ell\in\mathbb{N}}$ が存在する。

今この収束部分列の極限を

(5)　$\lim_{\ell\to\infty} x_{n_{k_\ell}} = x^* \in A$

とする。このとき，$(y_{n_{k_\ell}})_{\ell\in\mathbb{N}}$ は，y^* に収束する点列 $(y_n)_{n\in\mathbb{N}}$ の部分列だから，

(6)　$\lim_{\ell\to\infty} y_{n_{k_\ell}} = y^* \in B$

となる。このとき函数 f は連続だから

(7)　$a \underset{(3)}{=} \lim_{\ell\to\infty} g(y_{n_{k_\ell}}) \underset{(4)}{=} \lim_{\ell\to\infty} f(x_{n_{k_\ell}}, y_{n_{k_\ell}}) \underset{(5)(6)}{=} f(x^*, y^*)$

となる。また g の定義から，$y^*\in B$ に対し

(8)　$g(y^*)=f(x^{**},y^*)$ となる $x^{**}\in A$ が存在する。

(3)および(7), (8)により，

(9)　$f(x^{**},y^*)=g(y^*)\neq a=f(x^*,y^*)$

である。特に $x^{**}\neq x^*$ である。一方

(10)　$f(x^{**},y^*)=g(y^*)=\max\limits_{x\in A} f(x,y^*)\geqq f(x^*,y^*)$

だから

(11)　$f(x^{**},y^*)-f(x^*,y^*)=\varepsilon>0$

となる。今 $A\times B$ の点 (x^*,y^*), (x^{**},y^*) で f は連続であるから(11)の $\varepsilon>0$ に対し，$\delta>0$ が存在して，次の(12)(13)が成立つ：

(12)　$|x-x^*|<\delta, |y-y^*|<\delta \Longrightarrow |f(x,y)-f(x^*,y^*)|<\varepsilon/2$

(13)　$|x-x^{**}|<\delta, |y-y^*|<\delta \Longrightarrow |f(x,y)-f(x^{**},y^*)|<\varepsilon/2$

今(5), (6)により，この $\delta>0$ に対し，$\ell_0\in\mathbb{N}$ が存在して，

(14)　$\forall \ell\geqq\ell_0$ に対し，$|x_{n_{k_\ell}}-x^*|<\delta, |y_{n_{k_\ell}}-y^*|<\delta$

となる。(12)と(14)から

(15)　$\forall \ell\geqq\ell_0$ に対し，$|f(x_{n_{k_\ell}},y_{n_{k_\ell}})-f(x^*,y^*)|<\varepsilon/2$

となる。また(13), (14)から

(16)　$\forall \ell\geqq\ell_0$ に対し，$|f(x^{**},y_{n_{k_\ell}})-f(x^{**},y^*)|<\varepsilon/2$

となる。また(4)により

(17)　$g(y_n)=\max\limits_{x\in A} f(x,y_n)\geqq f(x^{**},y_n) \qquad (\forall n\in\mathbb{N})$

が成立つ。以上により，すべての $\ell\geqq\ell_0$ に対して次の不等式が成立つ。ここで次の(18)の各等式の下に，その成立つ根拠となる式の番号を記しておいた。

(18)　$$g(y_{n_{k_\ell}})\underset{(14)}{=}f(x_{n_{k_\ell}},y_{n_{k_\ell}})\underset{(15)}{<}f(x^*,y^*)+\frac{\varepsilon}{2}\underset{(11)}{=}f(x^{**},y^*)-\frac{\varepsilon}{2}$$
$$\underset{(16)}{<}f(x^{**},y_{n_{k_\ell}})\underset{(17)}{\leqq}g(y_{n_{k_\ell}})$$

が成立つが，これは明らかに矛盾である。これで Lemma 3 は証明された。

このLemma 3の証明は，笠原乾吉氏によるものである。御教示下さった笠原氏に感謝する。

さてシュヴァレーの証明した定理は，定理 B′ と若干仮定がずれている。すな

わち，定理B′では，Gは線型連結半単純リー群であるが，シュヴァレーは，線型連結自己随伴群に対し，定理B′と同じ結論が成立つことを証明したのである。以下自己随伴群について若干基礎的なことを述べておこう。

体Fを実数体$\mathbb{R}$または複素数体$\mathbb{C}$に応じ，$V\times V$上の対称双一次形式またはエルミート形式(x,y)で正値なもの，すなわち次の(19)が成立つものである：

(19)　$\forall x\in V$に対し，$(x,x)\geqq 0$で，符号は$x=0$のときのみ，

このような内積が一つ与えられたとき，V上の各一次変換Aに対し，もう一つの一次変換A^*で

(20)　$(Ax,y)=(x,A^*y)\qquad(\forall x,\forall y\in V)$

が成立つものが唯一つ定まる。A^*をAの**随伴**一次変換という。写像$A\longmapsto A^*$は

(21)　$(A+B)^*=A^*+B^*,\quad(\alpha A)^*=\overline{\alpha}A^*,\quad(AB)^*=B^*A^*,\quad A^{**}=A$

をみたす。V上の一次変換の作るある集合Gは，

(22)　$G^*=G\qquad$（すなわち$A\in G\Longleftrightarrow A^*\in G$）

をみたすとき，**自己随伴**であるという。

Vの部分空間WがGで不変であるとき，Wの直交補空間$W^{\perp}$はG^*で不変である。従ってGが自己随伴のとき，VはGに関し完全可約である。Gが$GL(V)$のリー部分群で自己随伴であるとき，Gのリー環$\mathfrak{g}$も自己随伴であり，従ってVは$\mathfrak{g}$に関し完全可約である。従って$\mathfrak{g}$は完約(reductive)リー環であり，半単純リー環$[\mathfrak{g},\mathfrak{g}]$と中心$\mathfrak{z}$の直和となる。

一方，実半単純リー環$\mathfrak{g}$の随伴群$G=\mathrm{Int}\,\mathfrak{g}$は，連結な自己随伴線型リー群である。$F=\mathbb{R}$のとき，$\mathfrak{g}$に関する$\mathfrak{g}^{\mathbb{C}}$の複素共軛を$\sigma$とすると，$\mathfrak{g}$は$\sigma$の不動点の全体$\mathfrak{g}_{\sigma}$と一致する。§0で述べたように，$\mathfrak{g}^{\mathbb{C}}$のコンパクト実形$\mathfrak{g}_{\tau}$で，$\mathfrak{g}_{\tau}$に関する複素共軛$\tau$が$\sigma$と可換なもの$(\sigma\tau=\tau\sigma)$が存在する。今$X,Y\in\mathfrak{g}^{\mathbb{C}}$に対し，

(23)　$H(X,Y)=B(X,\tau Y)$

とおく。（Bは$\mathfrak{g}^{\mathbb{C}}$のキリング形式$B(X,Y)=\mathrm{Tr}(\mathrm{ad}\,X\,\mathrm{ad}\,Y)$）。このとき$H$は$\mathfrak{g}^{\mathbb{C}}\times\mathfrak{g}^{\mathbb{C}}$上の正値エミート形式（内積）で，$H_0=H\,|\,\mathfrak{g}\times\mathfrak{g}$とすれば$H_0$は$\mathfrak{g}\times\mathfrak{g}$上の内積である。

$\tau\mathfrak{g}=\mathfrak{g}$だから，$\tau|\mathfrak{g}=\tau_0$とすると，$\tau_0\in\mathrm{Aut}\,\mathfrak{g}$で，$\tau_0^{-1}\circ\mathrm{ad}\,X\circ\tau_0=\mathrm{ad}(\tau_0X)$ $(X\in\mathfrak{g})$となるので，$H_0((\exp\mathrm{ad}\,X)Y,Z)=H_0(Y,(\exp\mathrm{ad}\,\tau_0X)Z)$ $(\forall Y\forall Z\in\mathfrak{g})$となるから

(24)　$(\exp\mathrm{ad}\,X)^*=\exp\mathrm{ad}(\tau_0X),\quad X\in\mathfrak{g}$

である。$\mathrm{Int}\,\mathfrak{g}$ の各元は，$\exp \mathrm{ad}\, X$ $(X \in \mathfrak{g})$ の形の元の有限個の積だから，$\mathrm{Int}\,\mathfrak{g}$ は，内積 H_0 に関し，自己随伴である。

前にも述べたように，一般の連結リー群 G に対する定理 B の証明は，G が実半単純リー環 $\mathfrak{g}$ の随伴群 $\mathrm{Int}\,\mathfrak{g}$ のときに帰着される（岩澤[10]）。そこで，上述のことから，一般の $\mathbb{R}$ または $\mathbb{C}$ 上の連結自己随伴線型群 G に対し，定理 B を証明すれば，岩澤の結果により，一般の連結リー群 G に対し，定理 B が証明される。

一方モストウ[13]によれば，「任意の実または複素ベクトル空間 V 上の線型代数群 G が V 上で完全可約ならば，V のある内積に関して，G は自己随伴となる」。従って特に，G が半単純代数群ならば，完全可約性の仮定をみたすから，G は自己随伴となる。

さて V の内積を一つ固定し，次のように定義する。

$$U(V)=\{u \in GL(V) \mid u^*u=1\},$$
$$H(V)=\{X \in \mathfrak{gl}(V) \mid X^*=X\},$$
$$P(V)=\{p \in H(V) \mid p \gg 0\}.$$

ただし $p \gg 0$ は，p が正値であること $((px, x)>0\ (\forall x \in V-\{0\}))$ を意味する。

さて次の命題 1 はよく知られている（シュヴァレー[4]，1 章 § V 命題 1，命題 3，§ Ⅳ命題 5）。

命題 1　1）　任意の $g \in GL(V)$ は，$g=u \cdot p$, $u \in U(V)$, $p \in P(V)$ と一意的に表わされる。

2）　1）の記号で写像 $g \longmapsto (u, p)$ は，$GL(V)$ から $U(V) \times P(V)$ の上への同相写像である。

3）　$X \longmapsto \exp X$ は，$H(V)$ から $P(V)$ の上への同相写像である。

4）　$GL(V) \approx U(V) \times H(V)$.

命題 2（シュヴァレー[4] Ⅵ章 § Ⅸ Lemma 2）　V は $F=\mathbb{R}$ or $\mathbb{C}$ 上の有限次元ベクトル空間，G は V 上の線型代数群で，V の一つの内積 (x, y) に関し自己随伴であるとする。このとき，次のことが成立つ。$\mathfrak{g}$ を G のリー環とする。

1）　$q \in G \cap P(V)$ ならば，$q=\exp X$, $X \in \mathfrak{g} \cap H(V)$ と表わされる。そして任意の $t \in \mathbb{R}$ に対し

$$q^t=\exp tX \in G \cap P(V)$$

となる。

2) 任意の $g \in G$ は，$g = u \cdot p$, $u \in G \cap U(V)$, $p \in G \cap P(V)$ と一意的に表わされる。

3) $f : (u, p) \longmapsto u \cdot p = g$ は，$(G \cap U(V)) \times (G \cap P(V))$ から G の上への同相写像である。

4) $X \longmapsto \exp X$ は，$\mathfrak{g} \cap H(V)$ から $G \cap P(V)$ の上への同相写像である。

5) $K = G \cap U(V)$ は，G の極大コンパクト部分群である。

証明 1) 今，$q \in G \cap P(V)$ は，命題1, 3)により，$q = \exp X$, $X \in H(V)$ とかける。$X \in H(V)$ は，V のある正規直交基底 $(x_i)_{1 \leqq i \leqq n}$ によって，対角行列で表わされる：

(25) $Xx_i = h_i x_i, \quad h_i \in \mathbb{R}, \quad qx_i = e^{h_i} x_i, \quad 1 \leqq i \leqq n$

となる。以下 $g \in GL(V)$ を，基底 (x_i) に関する g の行列 (g_{ij}) と同一視する。G は代数群だから，n^2 個の変数 x_{ij} $(1 \leqq i, j \leqq n)$ に関する F 係数多項式の集合 Φ が存在して，次の(26)が成立つ。

(26) $g = (g_{ij}) \in GL(V)$ に対し，$g \in G \Longleftrightarrow \varphi(\cdots, g_{ij}, \cdots) = 0 \quad (\forall \varphi \in \Phi)$

今，x_{ij} $(1 \leqq i, j \leqq n)$ に関する多項式 $\varphi(\cdots, x_{ij}, \cdots)$ において

(27) $x_{ij} \to 0 \quad (i \neq j), \qquad x_{ii} \to x_i \quad (1 \leqq i, j \leqq n)$

という置き換えを行って得られる多項式を $\varphi_1(x_1, \cdots, x_n)$ とする。このとき上の $q \in G \cap P(V)$ は，任意の $k \in \mathbb{Z}$ に対し，$q^k \in G$ だから

(28) $\varphi_1(e^{kh_1}, \cdots, e^{kh_n}) = 0 \qquad (\forall k \in \mathbb{Z}, \forall \varphi \in \Phi)$

となる。(28)から次の(29)が導かれる：

(29) $\varphi_1(e^{th_1}, \cdots, e^{th_n}) = 0 \qquad (\forall t \in \mathbb{R}, \forall \varphi \in \Phi)$

(29)を帰謬法で証明しよう。今(29)が成立たないと仮定すると，(29)の左辺は t に関し，恒等的に0ではない。φ_1 は多項式だから，このとき

(30) $\varphi_1(e^{th_1}, \cdots, e^{th_n}) = \sum_m b_m e^{ta_m}, \quad a_m \in \mathbb{R}, \ \exists\, b_m \neq 0$

となる。今必要があれば添字を書き換えて，(30)において，

(31) $a_1 > a_2 > a_3 > \cdots, \qquad \forall\, b_m \neq 0$

としてよい。このとき $|k|$ が十分大きなすべての $k \in \mathbb{Z}$ に対して

(32) $|b_1 e^{ka_1}| > \left| \sum_{m>1} b_m e^{ka_m} \right|$

となる。(32)は(28)と矛盾する。これで(29)が証明された。(29)は $q^t = \exp tX$

$\in G\,(\forall t\in\mathbb{R})$ を意味する。従ってこのとき $X\in\mathfrak{g}\cap H(V)$ である。

2)　命題1により，任意の $g\in G$ は，$g=u\cdot p$, $u\in U(V)$, $p\in P(V)$ と一意的に分解される。このとき $p^2=(u\cdot p)^*(u\cdot p)=g^*g\in G$ である。そこで $q=p^2$ とすると，$q\in G\cap P(V)$ であるから，$q=\exp X$, $X\in H(V)$ とするとき，1)により $X\in\mathfrak{g}\cap H(V)$ で，任意の $t\in\mathbb{R}$ に対し，$q^t=\exp tX\in G\cap P(V)$ である。そこで特に $p=q^{\frac{1}{2}}\in G\cap P(V)$ で，$u=g\cdot p^{-1}\in G\cap U(V)$ である。実際 $u^*u=p^{-1}\cdot g^*g\cdot p^{-1}=p^{-1}\cdot p^2\cdot p^{-1}=1$ だから $u\in G\cap U(V)$ となる。分解の一意性は，命題1, 1)による。

3)　$f(u,p)\longmapsto u\cdot p$ は，2)により $(G\cap U(V))\times(G\cap P(V))$ から G への全単写である。行列の乗法の定義により，f は連続で命題1, 2)により f^{-1} も連続である。

4)　exp は，$\mathfrak{g}\cap H(V)$ から $G\cap P(V)$ への連続写像である。そこで任意の $p\in G\cap P(V)$ に対し，命題1, 3)により，$p=\exp X$ となる $X\in H(V)$ が存在する。そして 1) により，任意の $t\in\mathbb{R}$ に対し，$p^t=\exp tX\in G$ だから $X\in\mathfrak{g}\cap H(V)$ である。従って exp は $\mathfrak{g}\cap H(V)$ から $G\cap P(V)$ の上への写像である。そして命題1, 3)によりこの写像は単写でもあり，逆写像は連続である。従って exp は $\mathfrak{g}\cap H(V)$ から $G\cap P(V)$ の上への同相写像を引起す。

5)　$U(V)$ は $GL(V)$ のコンパクト部分群であり，代数群 G は $GL(V)$ の閉部分群であるから，$K=G\cap U(V)$ は，G のコンパクト部分群である。$K\subset K'$ となる G の任意のコンパクト部分群 K' をとる。K の任意の元 k を，2)により，$k=u\cdot p$, $u\in G\cap U(V)=K$, $p\in G\cap P(V)$ と分解するとき，$p=u^{-1}k\in K'\cap P(V)$ となる。K' はコンパクトだから，p のすべての固有値の絶対値は1であり，一方で $p\in P(V)$ の固有値はすべて >0 である。従って p はすべての固有値が1の対角型一次変換だから，$p=1$, $k=u\in K$ となる。k は K' の任意の元だから，$K'\subset K$ 従って $K'=K$ となる。これで K は G の極大コンパクト部分群であることが示された。

命題2系　命題2の自己随伴代数群 G の(リー群としての)単位元連結成分を G_0 とするとき，次のことが成立つ。

1)　任意の $g\in G_0$ は，$g=u\cdot p$, $u\in G_0\cap U(V)$, $p\in G_0\cap P(V)$ と一意的に表わされる。

2)　$f:(u,p)\longmapsto u\cdot p$ は $(G_0\cap U(V))\times(G_0\cap P(V))$ から G_0 の上への同相

写像である。

3)　$G_0 \cap P(V) = G \cap P(V) = \exp(\mathfrak{g} \cap H(V))$ である。

4)　$G_0 \cap U(V)$ は，G_0 の極大コンパクト部分群であり，$G \cap U(V)$ の単位元連結成分に等しい。

証明　1)　命題 2, 2) により，$g \in G_0$ は $g = u \cdot p$, $u \in G \cap U(V)$, $p \in G \cap P(V)$ と一意的に分解される。そして命題 2, 1) により，任意の $t \in \mathbb{R}$ に対し $p^t \in G$ だから，$p \in G_0$ であり，従って $u = g \cdot p^{-1} \in G_0$ でもある。

2)　1) により f は全写で，1) の一意性から単写でもある。命題 2, 3) により f は同相写像である。

3)　1) の証明から $G \cap P(V) = G_0 \cap P(V)$ であり，$p = \exp X$, $X \in H(V)$ とかくとき，任意の $t \in \mathbb{R}$ に対し，$p^t = \exp tX \in G$ だから，$X \in \mathfrak{g} \cap H(V)$ である。そこで $\exp(\mathfrak{g} \cap H(V)) = G \cap P(V) = G_0 \cap P(V)$ である。

4)　$K_0 = G_0 \cap U(V)$ が G_0 の極大コンパクト群であることの証明は，命題 2, 5) の証明と同じでよい。

後半を示すために，一般にリー群 H のリー環を $L(H)$ と記すとき，$L(G_0) = L(G)$ だから，$L(G_0 \cap U(V)) = L(G_0) \cap L(U(V)) = L(G) \cap L(U(V)) = L(G \cap U(V))$ である。（杉浦[17]命題 3.5.5, 3)）　$G_0 \cap U(V)$ は $G \cap U(V)$ の連結リー部分群でリー環が一致するから，開部分群である。従って $G_0 \cap U(V)$ は $G \cap U(V)$ の単位元成分である。■

さて本節の目標は，次のシュヴァレーの定理の証明を紹介することにある。

定理 D′（**シュヴァレー**）　F を $\mathbb{R}$ または $\mathbb{C}$ とし，F 上の有限次元ベクトル空間 V に対し $GL(V)$ の代数部分群 G が，V のある内積 (x, y) に関し自己随伴であるとする。さらに G は次の仮定(A)をみたすものとする：

(A)　$\det g = 1 \qquad (\forall g \in G)$.

1)　今までの記号を用いて，$K = G \cap U(V)$ とするとき，G の任意のコンパクト部分群 K' は，等質空間 $G/K = M$ 上に不動点 p_0 を持つ：すなわち $k \cdot p_0 = p_0$ $(\forall k \in K')$ となる。

2)　G の任意のコンパクト部分群 K' は，K の共軛部分群に含まれる。特に G の任意の極大コンパクト部分群は，K と共軛である。

証明　$\varphi: G \longrightarrow G/K = M$ を，$\varphi(g) = gK$ で定義される標準写像とするとき，

(33)　$f(t) = \varphi(a \exp tX)$,　$a \in G$,　$X \in \mathfrak{p} = \mathfrak{g} \cap H(V)$,　$t \in \mathbb{R}$

の形の，M 内の曲線を，簡単のために**測地線**と呼び，t を測地パラメタという（これは便宜上名前をつけただけで，微分幾何学における測地線の概念を前提としているわけではない）。

1）　1°　M の任意の二点 p_0, p_1 に対し，M の測地線 $f(t)$ $(0 \leqq t \leqq 1)$ であって，$f(0) = p_0$, $f(1) = p_1$ となるものが唯一つ存在する。

∵）　G は $M = G/K$ 上に推移的に作用するから，G のある元 g に対して，$g p_0 = \varphi(e)$ となる。$g \cdot p_0$ と $g \cdot p_1$ を結ぶ測地線 $f_1(t) = \varphi(a \exp tX)$ $(0 \leqq t \leqq 1)$ であって，$f_1(0) = g \cdot p_0$, $f_1(1) = g \cdot p_1$ となるものが存在すれば，

$$f(t) = \varphi(g^{-1} a \exp tX),\quad 0 \leqq t \leqq 1$$

とおけば，$f(0) = g^{-1} \cdot f_1(0) = p_0$, $f(1) = g^{-1} \cdot f_1(1) = p_1$ となる。そこで以下 $p_0 = \varphi(e)$ として 1° を証明すればよい。$X \longmapsto \varphi(\exp X)$ が，$\mathfrak{p} = \mathfrak{g} \cap H(V)$ から M への全単写である（命題 2）から，M の点 p_1 に対し，$p_1 = \varphi(\exp X)$ となる $X \in \mathfrak{p}$ が唯一存在する。このとき，$f(t) = \varphi(\exp tX)$ とすれば，f は M の測地線で，$f(0) = p_0 = \varphi(e)$, $f(1) = p_1$ となる。

規約　全単写 $\exp X \longmapsto \varphi(\exp X)$ により，$\exp \mathfrak{p}$ と M を同一視する。

定義　写像 $Q: M \times M \longmapsto \mathbb{R}$ を，

$$Q(p, q) = \mathrm{Tr}(p^{-2} q^2) = \mathrm{Tr}(q^2 p^{-2}),\qquad p, q \in M = \exp \mathfrak{p}$$

によって定義する。

2°　Q は連続で，かつ G 不変 $(Q(g \cdot p, g \cdot q) = Q(p, q), \forall g \in G, \forall p, \forall q \in M)$ である。

∵）　$(p, q) \longmapsto p^{-2} q^2$ および $a \longmapsto \mathrm{Tr}\, a$ が連続だから，Q も連続，次に Q の G 不変性は三つの場合に分けて証明する。

イ）　$g = k \in K$ のとき，

$(\mathrm{Ad}\, k)\mathfrak{p} = \mathfrak{p}$ だから，$p = \exp X$ $(X \in \mathfrak{p})$ のとき，$p_1 = kpk^{-1} = k(\exp X)k^{-1} = \exp((\mathrm{Ad}\, k)X) \in \exp \mathfrak{p} = M$ であるから，$\tau_k: aK \longmapsto kaK$ とするとき，$k \cdot pK = kpk^{-1}K = p_1 K$ だから，$\tau_k p = p_1 = kpk^{-1}$ である。同様に $\tau_k q = kqk^{-1}$ だから，$Q(kp, kq) = \mathrm{Tr}((kpk^{-1})^{-2}(kqk^{-1})^2) = \mathrm{Tr}(kp^{-2}q^2k^{-1}) = \mathrm{Tr}(p^{-2}q^2) = Q(p, q)$ とな

る。

ロ)　$g=\exp X$, $X\in\mathfrak{p}$ のとき，

$gp=p_1\cdot u$, $p_1\in\exp\mathfrak{p}$, $u\in K$ とすると，$M=\exp\mathfrak{p}$ と考えるとき，$g\cdot p=\tau_g p=p_1$ である。また $g^*=g$, $p^*=p$ だから，$pg=(gp)^*=(p_1u)^*=u^{-1}p_1$ となり，$gp^2g=(gp)(pg)=p_1u\cdot u^{-1}p_1=p_1^2=(g\cdot p)^2$ である。同様にして $(g\cdot q)^2=gq^2g$ である。

従って，$Q(gp,gq)=\mathrm{Tr}((gp^2g)^{-1}\cdot(gq^2g))=\mathrm{Tr}(g^{-1}\cdot p^{-2}\cdot g^{-1}\cdot gq^2g)=\mathrm{Tr}(g^{-1}p^{-2}q^2g)=\mathrm{Tr}(p^{-2}q^2)=Q(p,q)$ である。

ハ)　g が G の任意の元のとき，

命題2により $G=K\exp\mathfrak{p}$ だから，G の任意の元 g は，$g=k\exp X$, $k\in K$, $X\in\mathfrak{p}$ とかける。そこでイ)，ロ)の場合から，$Q(gp,gq)=Q(k\exp Xp,k\exp Xq)=Q(\exp Xp,\exp Xq)=Q(p,q)$ となる。

3°　任意の $p,q\in M$ に対し，$Q(p,q)\geqq n\ (=\dim V)$ であり，ここで等号の成立つのは，$p=q$ のときのみである。

∵)　$\tau_{p^{-1}}\cdot q=q_1$ とおくと，2°により，

(34)　$Q(p,q)=Q(\tau_{p^{-1}}\cdot p,\tau_{p^{-1}}\cdot q)=Q(e,q_1)=\mathrm{Tr}\,q_1^2$

となる。今 q_1^2 の固有値を $\lambda_1,\cdots,\lambda_n$ とおくと，$q_1^2\in\exp\mathfrak{p}\subset P(V)$ だから，$\lambda_i>0$ $(1\leqq i\leqq n)$ であり，また仮定(A)により

(35)　$\lambda_1\lambda_2\cdots\lambda_n=\det q_1^2=1$

である。従って 算術平均 ≧ 幾何平均 の関係から

(36)　$$\frac{1}{n}(\lambda_1+\cdots+\lambda_n)\geqq\sqrt[n]{\lambda_1\cdots\lambda_n}=1$$

であるから，(34)により

(37)　$Q(p,q)=\mathrm{Tr}\,q_1^2=\lambda_1+\cdots+\lambda_n\geqq n$

となる。ここで等号が成立つのは，$\lambda_1=\cdots=\lambda_n=1$ の場合だけである。$q_1^2\in P(V)$ は対角型一次変換だから，これは $q_1^2=1$, $1=q_1=p^{-1}q$ すなわち $p=q$ の場合だけに起る。

4°　$p(t),g(t)\ (t\in\mathbb{R})$ が M の測地線であるとき，実変数 t の実数値函数

(37)　$F(t)=Q(p(t),q(t)),\qquad t\in\mathbb{R}$

は，凸函数である。すなわち

(38)　$F''(t)\geqq 0,\qquad\forall t\in\mathbb{R}$

が成立つ。

∵）最初に測地線 $p(t)$ に対して，半正値な $A_1, \cdots, A_m \in H(V)$ と実数 $\lambda_1, \cdots, \lambda_m$ が存在して

(39)　$p(t)^2 = \sum_{i=1}^{m} A_i e^{2\lambda_i t}, \qquad t \in \mathbb{R}$

と表わされることを示そう。測地線 $p(t)$ は，(33)の形であるとし，さらに $a \in G$ を $a = p_1 u$, $p_1 \in \exp \mathfrak{p}$, $u \in K$ と表わす。このとき，2°の証明から

(40)　$p(t) = \tau_{p_1}\tau_u(\exp tX) = \tau_{p_1}u(\exp tX)u^{-1} = \tau_{p_1}(\exp(tuXu^{-1}))$

となるから $Y = uXu^{-1} = (\mathrm{Ad}\, u)X \in (\mathrm{Ad}\, u)\mathfrak{p} = \mathfrak{p}$ とすると，また2°の証明から

(41)　$p(t) = p_1(\exp Y)^2 p_1 = p_1(\exp 2tY)p_1$

となる。今 Y の相異なる固有値を $\lambda_1, \cdots, \lambda_m \in \mathbb{R}$ $(\lambda_i \neq \lambda_j\ (i \neq j))$ とする。また V から Y の固有空間 $V(\lambda_i) = \{x \in V \mid Yx = \lambda_i x\}$ への直交射影を E_i とするとき

(42)　$\sum_{i=1}^{m} E_i = 1, \quad E_iE_j = 0 \qquad (i \neq j), \qquad E_i^2 = E_i = E_i^*$

であって，$\exp(2tY) = \sum_{i=1}^{m} e^{2\lambda_i t}E_i\ (t \in \mathbb{R})$ となる。従って(41)から

(43)　$p(t)^2 = p_1\left(\sum_{i=1}^{m} e^{2\lambda_i t}E_i\right)p_1 = \sum_{i=1}^{m} A_i e^{2\lambda_i t}, \qquad A_i = p_1E_ip_1 \qquad (1 \leqq i \leqq m)$

となる。

(44)　$A_i^* = p_i^*E_i^*p_i^* = p_1E_ip_1 = A_i, \qquad 1 \leqq i \leqq m$

だから，$A_i \in H(V)$ である。そして任意の $x \in V$ に対して

(45)　$(A_ix, x) = (p_1E_ip_1x, x) = (E_i^2p_1x, p_1x) = \|E_ip(x)\|^2 \geqq 0$

だから A_i は半正値である。同様にして半正値な $B_j \in H(V)$ と実数 $\mu_j\ (1 \leqq j \leqq \ell)$ により

(46)　$q(t)^2 = \sum_{j=1}^{\ell} B_j e^{2\mu_j t}, \qquad t \in \mathbb{R}$

と表わされる。Q の G 不変性(2°)により，必要があれば，$(p(t), q(t))$ の代りに，$(g \cdot p(t), g \cdot q(t))$ をとることにより，$p(0) = 1$ と仮定してよい。このとき $p(t) = \exp tX\ (X \in \mathfrak{p})$ だから，$p(-t)^2 = (\exp(-tX))^2 = \exp(-2tX) = p(t)^{-2}$ である。従って

(47)　$$F(t) = \mathrm{Tr}(p(-t)^2q(t)^2) = \mathrm{Tr}\left(\left(\sum_{i=1}^{m} A_i e^{-2\lambda_i t}\right)\cdot\left(\sum_{j=1}^{\ell} B_j e^{2\mu_j t}\right)\right)$$
$$= \sum_{i=1}^{m}\sum_{j=1}^{\ell} \mathrm{Tr}(A_iB_je^{2(\mu_j - \lambda_i)t})$$

となる。従って，t について微分して

(48) $F'(t)=\sum_{i=1}^{m}\sum_{j=1}^{\ell}2(\mu_j-\lambda_i)\operatorname{Tr}(A_iB_j)e^{2(\mu_j-\lambda_i)t}$

(49) $F''(t)=\sum_{i=1}^{m}\sum_{j=1}^{\ell}4(\mu_j-\lambda_i)^2\operatorname{Tr}(A_iB_j)e^{2(\mu_j-\lambda_i)t}$

となる。今 V の正規直交基底 $(x_k)_{1\leqq k\leqq n}$ を適当にとって，A_i が (x_k) に関し対角行列(対角要素 $\alpha_1,\cdots,\alpha_n$)で表わされるとする。A_i は半正値だから，$\forall\alpha_i\geqq 0$ である。B_j の (x_k) に関する行列を (β_{pq}) とすると，$\beta_{pq}=(B_jx_q,x_p)$ であるから，特に B_j の半正値であることから $\beta_{pp}=(B_jx_p,x_p)\geqq 0$ となる。従って

(50) $\operatorname{Tr}(A_iB_j)=\sum_{p=1}^{n}\alpha_p\beta_{pp}\geqq 0$

となる。(49), (50)から，$F''(t)\geqq 0$ $(\forall t\in\mathbb{R})$ で，F は凸函数である。

5° 4° の函数 $F(t)=Q(p(t),q(t))$ に対して，次の二つの条件(a), (b)は同値である：

(a) $F(t)$ は $\mathbb{R}$ 上定数である。

(b) ある $t_0\in\mathbb{R}$ に対して，$F''(t_0)=0$ である。

∵) (a) ⇒ (b)は明らか。(a)ならばすべての $t\in\mathbb{R}$ に対し，$F''(t)=0$.

(b) ⇒ (a) 4° の(49)式により，(b)が成立つとき

(51) $(\mu_j-\lambda_i)\operatorname{Tr}(A_iB_j)=0,\qquad 1\leqq\forall i\leqq m,\ 1\leqq\forall j\leqq\ell$

となる。(51)は $\mu_j-\lambda_i=0$ または，$\operatorname{Tr}(A_iB_j)=0$ $(\forall i,\forall j)$ と同値だから，結局(b)は

(52) $(\mu_j-\lambda_i)^2\operatorname{Tr}(A_iB_j)=0,\qquad 1\leqq\forall i\leqq m,\ 1\leqq\forall j\leqq\ell$

と同値である。4° の(48)式により，(52)は

(53) $F'(t)=0\qquad(\forall t\in\mathbb{R})$

と同値であり，結局(a)と同値になる。

6° $p(t),q(t)$ が共に M の測地線で，4° の函数 $F(t)=Q(p(t),q(t))$ は定数で，$p(0)=1$ であるとすれば，V の適当な正規直交系 $(v_i)_{1\leqq i\leqq n}$ に関して，$p(t)^2$ と $q(t)^2$ は次の(54)の形に同時に対角行列で表わされ，その際，次の(55)が成立つ：

(54)
$$p(t)^2=\begin{pmatrix} e^{2\lambda_1 t} & & & 0 \\ & e^{2\lambda_2 t} & & \\ & & \ddots & \\ 0 & & & e^{2\lambda_n t} \end{pmatrix},$$
$$q(t)^2=\begin{pmatrix} a_1 e^{2\lambda_1 t} & & & 0 \\ & a_2 e^{2\lambda_2 t} & & \\ & & \ddots & \\ 0 & & & a_n e^{2\lambda_n t} \end{pmatrix}$$

(55)　$\lambda_1, \cdots, \lambda_n \in \mathbb{R}$;　　$a_1 > 0$,　$\cdots$,　$a_n > 0$.

$\because$)　$p(0)=1$ だから，$p(t)=\exp tX$ $(X \in \mathfrak{p})$ の形である。$X \in \mathfrak{p} \subset H(V)$ は，V のある正規直交基底 (x_i) に関して，対角化される。以下一次変換と (x_i) に関するその行列を同一視する。このとき，

(56)　$$X=\begin{pmatrix} \lambda_1 & & & 0 \\ & \lambda_2 & & \\ & & \ddots & \\ 0 & & & \lambda_n \end{pmatrix}, \qquad \lambda_1, \cdots, \lambda_n \in \mathbb{R}$$

であるから，

(57)　$$p(t)^2=\exp(2tX)=\begin{pmatrix} e^{2\lambda_1 t} & & & 0 \\ & e^{2\lambda_2 t} & & \\ & & \ddots & \\ 0 & & & e^{2\lambda_n t} \end{pmatrix}=\sum_{i=1}^{n} E_{ii} e^{2\lambda_i t}$$

となる。一方 $q(t)^2$ は，4° (46) により

(46)　$q(t)^2=\sum_{j=1}^{\ell} B_j e^{2\mu_j t}$,　$t \in \mathbb{R}$,　$B_j^* = B_j$ は半正値 $(1 \leqq j \leqq \ell)$

となる。今 B_j の基底 (x_i) に関する行列 $(b_{j,k\ell})$ と置くとき，

(58)
$$\begin{aligned} F(t) &= Q(p(t), q(t)) = \mathrm{Tr}\,(p(t)^{-2} q(t)^2) \\ &= \sum_{i=1}^{n}\sum_{j=1}^{\ell} \mathrm{Tr}\,(E_{ii} B_j) e^{2(\mu_j-\lambda_i)t} = \sum_{i=1}^{n}\sum_{j=1}^{\ell} e^{2(\mu_j-\lambda_i)t} b_{j,ii} \end{aligned}$$

ここで $B_j=(b_{j,k\ell})$ は半正値だから

(59)　$b_{j,ii} \geqq 0$,　$1 \leqq j \leqq \ell$,　$1 \leqq i \leqq n$

である。今 X の固有値 $\lambda_1, \cdots, \lambda_n$ において，等しいものはまとめて

$$(60)\quad \begin{aligned} &\lambda_1=\cdots=\lambda_{r_1}\neq\lambda_{r_1+1}=\cdots=\lambda_{r_1+r_2}\neq\cdots\neq\lambda_{r_1+\cdots+r_{s-1}+1}=\cdots=\lambda_n \\ &n=r_1+r_2+\cdots+r_s \end{aligned}$$

とする。このとき次の

$$(61)\quad \lambda_k\neq\lambda_r \Longrightarrow b_{j,kr}=0 \qquad (1\leqq j\leqq \ell)$$

が成立つ。今 μ_j は λ_k, λ_r の少なくとも一方とは等しくないから，$\mu_j\neq\lambda_k$ としよう。このとき 5° の証明と $F(t)=$ 定数 という仮定により，$(\mu_j-\lambda_k)\operatorname{Tr}(E_{kk}B_j)=0$ だから，次の(62)が成立つ。

$$(62)\quad \operatorname{Tr}(E_{kk}B_j)=0$$

$E_{kk}=(x_{pq})_{1\leqq p,q\leqq n}$ とすると，$x_{pq}=\delta_{pk}\delta_{qk}$ だから，$0=\operatorname{Tr}(E_{kk}B_j)=\sum_{p,q=1}^{n}\delta_{pk}\delta_{qk}b_{j,qp}$ $=b_{j,kk}$ である。これで

$$(63)\quad \mu_j\neq\lambda_k \Longrightarrow b_{j,kk}=0$$

が証明された。同様にして

$$(64)\quad \mu_j\neq\lambda_r \Longrightarrow b_{j,rr}=0$$

が成立つ。従って次の(65)が成立つ。

$$(65)\quad \lambda_k\neq\lambda_r \Longrightarrow b_{j,kk}=0 \quad \text{または} \quad b_{j,rr}=0 \qquad (1\leqq j\leqq \ell)$$

今，$V_{k,r}=Fv_k+Fv_r$ なる 2 次元部分空間上で，B_j は半正値だから，(64)により

$$0\leqq\begin{vmatrix} b_{j,kk} & b_{j,kr} \\ b_{j,rk} & b_{j,rr} \end{vmatrix}=b_{j,kk}b_{j,rr}-|b_{j,kr}|^2=-|b_{j,kr}|^2$$

となる。従ってこのとき $b_{j,kr}=0$ であり，(61)が証明された。

そこで X の固有値が，(60)のような s 個のブロックに分れるとき，$q(t)^2$ も大きさが $r_1, r_2, \cdots, r_s$ のブロックに分解し，しかも(61)により対角ブロック以外は 0 となり

$$(66)\quad q(t)^2=\begin{array}{c} \begin{matrix} r_1 & r_2 & \cdots & r_s \end{matrix} \\ \begin{array}{|c|c|c|c|} \hline * & 0 & 0 & 0 \\ \hline 0 & * & 0 & 0 \\ \hline 0 & 0 & * & 0 \\ \hline 0 & 0 & 0 & * \\ \hline \end{array} \end{array} \begin{matrix} r_1 \\ r_2 \\ \vdots \\ r_s \end{matrix}$$

の形になる。すなわち V を X の固有空間に直和分解したものを

$$(67)\quad V=V(\lambda_{r_1})\oplus\cdots\oplus V(\lambda_{r_s})$$

とするとき，$q(t)^2$ は，各固有空間 $V(\lambda_{r_i})$ を不変にする。正値エルミート変換 $q(t)^2\in P(V)$ は，各 $V(\lambda_{r_i})$ 上で対角化できる。このときの $V(\lambda_{r_i})$ の正規直交基底を合わせたものを $(v_i)_{1\leqq i\leqq n}$ とすれば，(v_i) は V の正規直交基底で，これに関し $p(t)^2$ と $q(t)^2$ は同時に対角化される。今 (v_i) に関し，$p(t)^2$ は(56)の形とし，

$q(t)^2$ は正値だから

$$(68)\quad q(t)^2=\begin{pmatrix} a_1e^{2\mu_1 t} & & & 0 \\ & a_2e^{2\mu_2 t} & & \\ & & \ddots & \\ 0 & & & a_ne^{2\mu_n t} \end{pmatrix} \qquad t\in\mathbb{R},\ a_i>0 \quad (1\leqq i\leqq n)$$

の形になる。このとき

$$(69)\quad F(t)=\mathrm{Tr}(p(t)^{-2}q(t)^2)=\sum_{i=1}^{n}a_ie^{2(\mu_i-\lambda_i)t},\quad t\in\mathbb{R}$$

である。今 $F(t)=$ 定数 と仮定しているから

$$0=F''(t)=\sum_{t=1}^{n}a_i\cdot 4((\mu_i-\lambda_i))^2e^{2(\mu_i-\lambda_i)t},\quad t\in\mathbb{R}$$

ここで $a_i>0$ だから，$\mu_i-\lambda_i=0\ (1\leqq i\leqq n)$ となる。これで(54)，(55)が証明された。

7°　M の二つの測地線 $p(t), q(t)$ に対し，$F(t)=Q(p(t), q(t))$ が定数ならば，次の(a)，(b)の内の一方が成立つ：

(a)　$p(t)=q(t)$，　$(\forall t\in\mathbb{R})$

(b)　$2Q(p(0), p(1))<Q(p(0), q(1))+Q(q(0), p(1))$

∵）Q の G 不変性により，必要があれば $(p(t), q(t))$ を $(g(p(t)), g(q(t)))$ で置き換えることにより，始めから $p(0)=1$ であるとしてよい。6° の記号を用いるとき，もし(a)が成立たなければ，ある $i_0\in\{1,2,\cdots,n\}$ に対し，$0<a_{i_0}\neq 1$ となる。このとき

$$\frac{1}{2}(a_{i_0}+a_{i_0}^{-1})>\sqrt{a_{i_0}a_{i_0}^{-1}}=1,\quad \frac{1}{2}(a_j+a_j^{-1})\geqq\sqrt{a_j\cdot a_j^{-1}}=1 \qquad (j\neq i_0)$$

となるから

$$\begin{aligned}2Q(p(0), p(1)) &= 2\,\mathrm{Tr}(p(1)^2)=2\sum_{i=1}^{n}e^{2\lambda_i}<\sum_{i=1}^{n}(a_i+a_i^{-1})e^{2\lambda_i}\\ &= Q(p(0), q(1))+Q(q(0), p(1))\end{aligned}$$

となり，(b)が成立つ。

8°　G の任意のコンパクト部分群 K' に対して，$\alpha=\max_{k\in K'}Q(1, \tau_k 1)$ とおく。このとき $B_\alpha=\{P\in M\mid Q(1, P)\leqq\alpha\}$ とすれば，次の 1)，2)が成立つ。

1)　B_α はコンパクトである。

2) B_αは「凸」集合である。すなわちB_αの任意の2点p, qに対し，pとqを結ぶ測地線$p(t) \in B_\alpha$ $(0 \leqq \forall t \leqq 1,\ p(0)=p,\ p(1)=q)$となる。

∵) Qは$M \times M$上の連続実数値函数である(1°)。従って$Q(1, \tau_k 1)$はコンパクトなK'上で最大値$\alpha \in \mathbb{R}$に達する。

1) $h(p)=Q(1,p)$はpの連続函数であるから，$\mathbb{R}$の閉集合$(-\infty, a]$のhによる逆像であるB_αはMの閉集合である。$\exp : \mathfrak{p} \longrightarrow \exp \mathfrak{p} = M$は，$\mathfrak{p}$から$M$の上への同相写像である。$P=\exp X$，$X \in \mathfrak{p}$とし，$X$の固有値を$\lambda_1, \cdots, \lambda_n$とするとき

$$Q(1,P)=\mathrm{Tr}\,(p^2)=\mathrm{Tr}\,(\exp 2X)=\sum_{i=1}^{n} e^{2\lambda_i} \geqq e^{2\lambda_i} \qquad (1 \leqq i \leqq n)$$

である。そこで今$0 < p_i \leqq \alpha^{1/2}$ $(1 \leqq i \leqq n)$をみたす$p_1, \cdots, p_n$を対角要素とする対角行列全体の集合をAとする。Aは$M_n(\mathbb{C})$の有界集合である。$U(n)$をn次ユニタリ群とし，$B=\{upu^{-1} \mid p \in A,\ u \in U(n)\}$とおくとき，$B$も$M_n(\mathbb{C})$の有界集合である。そして$B_\alpha \subset B$であるから，$B_\alpha$も有界である。従って$B_\alpha$は有界閉集合だからコンパクトである。

2) B_αが「凸」集合であることは，4°により$F(t)=Q(1,p(t))$が凸函数であることから直ちに導かれる。すなわち$p(0)=p$，$p(1)=q \in B_\alpha$であるとき任意の$t \in (0,1)$に対して

$$\begin{aligned} Q(1,p(t)) &= F(t) = F((1\cdot t)\cdot 0 + t\cdot 1) \leqq (1-t)F(0)+tF(1) \\ &= (1-t)Q(1,p)+tQ(1,q) \leqq (1-t)\alpha + t\alpha = \alpha \end{aligned}$$

となるから，$p(t) \in B_\alpha$ $(0 \leqq \forall t \leqq 1)$となる。

9° 8°の記号を用いて，$E=\bigcap_{k \in K'} \tau_k B_\alpha$とおく。ただし$K'$は$G$のコンパクト部分群である。

1) このとき，$1 \in E$で，$kE=E$ $(\forall k \in K')$である。またEはコンパクトな「凸集合」である。

2) E上の実数値函数$f(p)=\max Q(p, \tau_k p)$は，E上連続である。

∵) 1) $Q(1,1) \leqq \max_{k \in K'} Q(1, \tau_k \cdot 1)=\alpha$だから$1 \in B_\alpha$である。従って任意の$k \in K'$に対し，$\tau_k 1 \in \tau_k B_\alpha$となる。一方2°の証明から$\tau_k 1 = k\cdot 1 \cdot k^{-1}=1$だから$1 \in \tau_k B_\alpha$ $(\forall k \in K')$，$1 \in \bigcap_{k \in K'} \tau_k B_\alpha = E$となる。また任意の$k_0 \in K'$に対して，

$$k_0 E = \bigcap_{k \in K'} k_0 k B_\alpha = \bigcap_{k' \in K'} k' B_\alpha = E \qquad (\forall k_0 \in K')$$

となる。一方 B_α が「凸」集合だから，任意の $k \in K'$ に対し $\tau_k B_\alpha$ も「凸」集合となることは，「凸」集合の定義から直ちに導かれる。そして「凸」集合の交わりとして，$E = \bigcap_k \tau_k B_\alpha$ もまた「凸」集合である。

2)　$\varphi(k,p) = Q(p, \tau_k p)$ は，$K' \times E$ 上で連続であり，K', E は $M_n(\mathbb{C})$ のコンパクト部分集合である。そこで前に述べた Lemma 3 により $f(p) = \max_{k \in K'} \varphi(k,p)$ は E 上連続である。

10°　コンパクトな E 上の実数値連続函数 $f(p) = \max_{k \in K'} Q(p, \tau_k p)$ は，ある点 $p_0 \in E$ で E 上の最小値に達する。このとき p_0 は K' の不動点である。すなわち $k \cdot p_0 = p_0\ (\forall k \in K')$.

∵)　$p_0 = 1$ としてよいことを先づ示す。$K_1 = p_0^{-1} K' p_0$, $E_1 = \tau_{p_0^{-1}} \cdot E$ とおくと，E_1 は K_1 で不変なコンパクト「凸」集合である。そして任意の $p_1 = \tau_{p_0^{-1}} p \in E_1$ に対して

$$\begin{aligned} f_1(p_1) &= \max_{a \in K_1} Q(p_1, \tau_a p_1) = \max_{k \in K'} Q(p, \tau_k p) \geqq \max_{a \in K_1} Q(p_0, \tau_a p_0) \\ &= \max_{k \in K'} Q(\tau_{p_0^{-1}} \cdot p_0, \tau_{p_0^{-1} k p_0} \cdot p_0^{-1} \cdot p_0) = \max_{a \in K_1} Q(1, \tau_a 1) = f_1(1) \end{aligned}$$

となる。すなわちコンパクト群 K_1 に対しては，函数 f_1 は 1 において最小値に達する。このとき，以下の証明により 1 は K_1 の不動点となる。$p_0^{-1} K' p_0 \cdot 1 = 1$ だから，$K' p_0 = p_0$ となり，p_0 は K' の不動点となる。

そこで以下 1 において $f(p)$ が最小値に達するとして，1 が K' の不動点となることを示す。今

(70)　$f(1) = \max_{k \in K'} Q(1, \tau_k 1) = Q(1, \tau_{k_0} 1)$　$(= m$ とおく$)$

となる $k_0 \in K'$ が存在する。

次に 1 と $\tau_{k_0} \cdot 1$ を結ぶ測地線を $p(t)$ とし，

(71)　$p(0) = 1$,　$p(1) = \tau_{k_0} \cdot 1$

とする。E は「凸」集合だから，$\gamma = \{p(t) \mid 0 \leqq t \leqq 1\}$ とおくと $\gamma \in E$ である。今 K' の任意の元 k_1 に対して $q(t) = \tau_{k_1} p(t)$ とおく。このとき

(72)　$Q(p(0), q(0)) = Q(1, \tau_{k_1} \cdot 1) \leqq m$

(73)　$Q(p(1), q(1)) = Q(\tau_{k_0} \cdot 1, \tau_{k_1 k_0} \cdot 1) = Q(1, \tau_{k_0^{-1} k_1 k_0} \cdot 1) \leqq m$

である。4° により $F(t) = Q(p(t), q(t))$ は，t の凸函数であるから，(72), (73) により

(74) $Q\left(p\left(\frac{1}{2}\right), q\left(\frac{1}{2}\right)\right) = F\left(\frac{1}{2}\right) \leqq \frac{1}{2}(F(0)+F(1))$

$$= \frac{1}{2}\{Q(p(0), q(0)) + Q(p(1), q(1))\} \leqq m$$

となる。今，特に $k_1 \in K'$ として

(75) $Q\left(p\left(\frac{1}{2}\right), \tau_{k_1} p\left(\frac{1}{2}\right)\right) = \max_{k \in K'} Q\left(p\left(\frac{1}{2}\right), \tau_k p\left(\frac{1}{2}\right)\right) = f\left(p\left(\frac{1}{2}\right)\right)$

となるものをとると，(74)により，(75)左辺 $\leqq m$ であり，他方では m は $f(p)$ の E 上の最小値であるから(75)右辺 $\geqq m = f(1)$ となるので，

(76) $Q\left(p\left(\frac{1}{2}\right), q\left(\frac{1}{2}\right)\right) = m$

である。これは $F(t) = Q(p(t), q(t))$ の凸であることを示す不等式(74)において，等号が成立つことを示す。従ってこの場合凸函数 $F(t)$ は狭義凸ではない。従って $F''(t) \geqq 0$ $(\forall t \in \mathbb{R})$ であるが，実は次の(77)が成立つ：

(77) ある $t_0 \in \mathbb{R}$ が存在して，$F''(t_0) = 0$ となる。

このとき，5°により

(78) $F(t) =$ 定数　　$(\forall t \in \mathbb{R})$

が成立つ。(78)から，次の

(79) $p(t) = q(t)$　　$(\forall t \in \mathbb{R})$

が導かれる。実際(79)が成立たないと仮定すると，7°により

(80) $2Q(p(0), p(1)) < Q(p(0), q(1)) + Q(q(0), p(1))$

となる。このとき(70)により

(81) (80)左辺 $= 2Q(1, \tau_{k_0} 1) = 2m$

である。一方 m の定義(70)により

(82) (80)右辺 $= Q(1, \tau_{k_1}\tau_{k_0} 1) + Q(\tau_{k_1} 1, \tau_{k_0} 1) = Q(1, \tau_{k_1 k_0} 1) + Q(1, \tau_{k_1^{-1} k_0} 1)$

$$\leqq m + m = 2m$$

となるから，(80)から $2m < 2m$ なる矛盾を生ずる。従って(79)が成立たないという仮定は誤りであり，(79)が成立つ。

さて(79)で特に $t = \frac{1}{2}$ とすると $\tau_{k_1} p(t) = q(t) = p(t)$ だから

(83) $p\left(\frac{1}{2}\right) = \tau_{k_1} p\left(\frac{1}{2}\right)$

となる。従って3°により，$n=\dim V$とするとき

(84)　$Q\left(p\left(\frac{1}{2}\right), \tau_{k_1}p\left(\frac{1}{2}\right)\right)=n$

となる。一方，k_1は(75)をみたすようにとったから

(85)　$f\left(p\left(\frac{1}{2}\right)\right)=\max_{k\in K'} Q\left(p\left(\frac{1}{2}\right), \tau_k p\left(\frac{1}{2}\right)\right)=Q\left(p\left(\frac{1}{2}\right), \tau_{k_1}p\left(\frac{1}{2}\right)\right)=n$

である。そこで

(86)　$n \leqq \max_{k\in K'} Q(1, \tau_k 1)=f(1)=\min_{p\in E} f(p) \leqq f\left(p\left(\frac{1}{2}\right)\right) \underset{(85)}{=} n$

となるから，任意の$k\in K'$に対し

(87)　$n \underset{3^\circ}{\leqq} Q(1, \tau_k 1) \leqq \max_{k_1\in K'} Q(1, \tau_{k_1}1) \underset{(86)}{=} n$

であるから

(88)　$Q(1, \tau_k 1)=n \qquad (\forall k\in K')$

となる。そこで3°の等号の成立つ場合だから

(89)　$\tau_k \cdot 1=1 \qquad (\forall k\in K')$

となり，1はK'の不動点となる。

2)　Gの任意のコンパクト部分群K'に対し，Mの点p_0でK'の不動点となるものがある。$p_0\in\exp\mathfrak{p}=M=G/K$は，剰余類$p_0K\in G/K$であるから，$K'\cdot p_0=p_0$は$G/K$で言えば，$K'p_0K=p_0K$，$p_0^{-1}K'p_0K=K$すなわち，$p_0^{-1}K'p_0\subset K$となる。特に$K'$が$G$の極大コンパクト部分群ならば，$p_0^{-1}K'p_0$もそうだから，$p_0^{-1}K'p_0=K$となる。 ■

定理 D′ 系　Gを実または複素自己共軛代数群，$K=G\cap U(V)$，$M=G\cap P(V)=\exp(\mathfrak{g}\cap H(V))$とし，$G$のリー群としての単位元連結成分を$G_0$とする。

1)　$K_0=G_0\cap U(V)$はG_0の極大コンパクト部分群である。

2)　G_0の任意のコンパクト部分群K'は，$M=G/K=G_0/K_0$上に不動点p_0を持つ。

3)　G_0の任意のコンパクト部分群K'はG_0におけるK_0の共軛$p_0^{-1}K_0p_0$に含まれる。特にG_0の任意の極大コンパクト部分群K'は，K_0と共軛である。

証明　定理 D′ で，G が自己共軛代数群であるという仮定は，命題 2 が G に対し成立つという所にしか用いていない。命題 2 系により，(G, K) に対するのと平行な結果が (G_0, K_0) に対しても成立つから，定理 D′ の証明と平行した論法によって定理 D′ 系が証明された。 ■

注意　岩堀[9]では，定理 D′ にあたる定理は，「$GL(V)$ の，自己随伴な連結閉部分群 G の任意のコンパクト部分群 K' が $M = G/K$ 上に不動点を持つ」という形に述べられている。しかしそれの前提となる定理 2 において，$GL(V)$ の自己随伴な連結リー部分群 G は，V 上完全可約だから，G のリー環 $\mathfrak{g}$ は完約(reductive)で，$\mathfrak{g} = \mathfrak{g}_1 \oplus \mathfrak{z}$，$\mathfrak{g}_1 = \mathscr{D}\mathfrak{g}$ は半単純イデアルで $\mathfrak{z}$ は中心となる。そして線型半単純リー環 $\mathfrak{g}_1 \subset \mathfrak{gl}(V)$ は，代数的リー環で $GL(V)$ のある代数部分群のリー環となることを用いている。ここでは代数群であるという性質が本質的であると考え，定理 D′ の形に結果を述べた。連結群を扱うときには，定理 D′ 系で大抵の場合間に合う。例えば半単純リー環の随伴群の場合は，定理 D′ 系の特別な場合である。

§3　$GL(n, \mathbb{R})$ の極大コンパクト群と自由可動性の公理

この節では，$G = GL(n, \mathbb{R})$ の極大コンパクト部分群の特徴付けと，その共軛性が，弥永-安倍[11]の自由可動性の公理と同値であることを示す。詳しい証明は，杉浦[16]で与えたので，ここでは証明の方針のみを述べて置いた。

1°　$G = GL(n, \mathbb{R})$ の岩澤部分群

$$T = \left\{ t = \begin{pmatrix} t_i & & t_{ij} \\ & \ddots & \\ 0 & & t_n \end{pmatrix} \middle| \; t_i > 0,\; t_{ij} \in \mathbb{R}\ (i < j) \right\}$$

のコンパクト部分群は $\{1\}$ のみである。

∵)　$t^n\ (n \in \mathbb{N})$ の (i, j) 成分を計算して見ると，それが有界集合となるための条件は $t_i = 1\ (1 \leqq i \leqq n)$，$t_{ij} = 0\ (i < j)$ となる。

2°　$K_0 = O(n) = \{g \in G \mid {}^t gg = 1\}$ とするとき，

1)　$G = K_0 T$, $K_0 \cap T = \{1\}$.

2)　K_0 は $G = GL(n, \mathbb{R})$ の極大コンパクト部分群である。

∵) 1) シュミットの直交化法で，$g \in G$ の列ベクトル $(x_1, \cdots, x_n)$ から $\mathbb{R}^n$ の正規直交基底 $u_1, \cdots, u_n$ を作り，$k = (u_1, \cdots, u_n)$ とすると，$k \in K_0$ で，$k = gs$, $s \in T$ とかけるから，$s^{-1} = t \in T$ で，$g = kt$, $G = K_0 T$ となる。$K_0 \cap T = \{1\}$ は 1° による。

2) K_0 は G のコンパクト部分群である。今 $K_0 \subset K$ となる G の任意のコンパクト部分群 K をとると，1) から $K = K_0 \cdot (K \cap T)$ となるが，1° から $K \cap T = \{1\}$ だから，$K = K_0$ となる。これは K_0 が G の極大コンパクト部分群であることを示す。

3° B を正値実対称行列とし，B に関する直交群を $O(B) = \{g \in G \mid {}^t gBg = B\}$ とする。このとき T の元 t が存在して，$K_0 = O(n)$ に対して，$O(B) = t^{-1} K_0 t$ となる。

∵) $B = H^2$ となる正値実対称行列 H が存在する。2°，1) により，$H = k_0 t$, $k_0 \in K_0$, $t \in T$ と表わされる。このとき，$B = H^2 = {}^t H \cdot H = {}^t t\, {}^t k_0 \cdot k_0 t = {}^t t \cdot t$ となる。従って，

$$g \in O(B) \Longleftrightarrow {}^t gBg = B \Longleftrightarrow {}^t g\, {}^t t t g = {}^t t t \Longleftrightarrow {}^t(tgt^{-1}) \cdot (tgt^{-1}) = 1$$
$$\Longleftrightarrow tgt^{-1} \in K_0 \Longleftrightarrow g \in t^{-1} K_0 t$$

となるから，$O(B) = t^{-1} K_0 t$ である。

定義 $\mathbb{R}^+ = \{t \in \mathbb{R} \mid t > 0\}$ とし，$\mathbb{R}^n$ の k 次元部分線型空間 V_k の $k-1$ 次元部分線型空間 V_{k-1} と，$x_k \in V_k$ で $x_k \notin V_{k-1}$ となるものに対し，集合

$$V_k' = V_{k-1} + \mathbb{R}^+ x_k$$

を，V_k の k 次元**半空間**という。

$\mathbb{R}^n$ の k 次元半空間 $(1 \leqq k \leqq n)$ の単調増加列

(1) $V : V_1' \subset V_2' \subset \cdots \subset V_n'$

を，$\mathbb{R}^n$ の**旗**という。$\mathbb{R}^n$ の旗全体の集合 $\mathcal{F}$ を，$\mathbb{R}^n$ の**旗多様体**という。

$\mathbb{R}^n$ の旗 V が(1)で与えられるとき，$x_k \in V_k'$ かつ $x_k \notin V_{k-1}'$ となる元 x_k $(1 \leqq k \leqq n)$ を一つづつ取って得られる列 $(x_1, \cdots, x_n)$ は，$\mathbb{R}^n$ の基底である。この基底 (x_i) を旗 V に**付随する基底**という。逆に $\mathbb{R}^n$ の任意の基底 $(x_1, \cdots, x_n)$ から，各 $k \in \{1, 2, \cdots, n\}$ に対し，k 次元半空間 V_k' を

(2)　$V'_k = \sum_{i=1}^{k-1} \mathbb{R} x_i + \mathbb{R}^+ x_k, \qquad 1 \leqq k \leqq n$

によって定義すれば，旗 V が(1)によって定義される。この旗 V を，$\mathbb{R}^n$ の基底 (x_i) に**付随する旗**という。

今，$e_1 = {}^t(1, 0, \cdots, 0)$，$\cdots$，$e_n = {}^t(0, \cdots, 0, 1)$ を，$\mathbb{R}^n$ の自然基底とする。この自然基底に付随する旗 E を，$\mathbb{R}^n$ の**自然な旗**という。

旗 V が(1)で与えられるとき，$G = GL(n, \mathbb{R})$ の任意の元 g に対し，新しい旗

(3)　$gV : gV'_1 \subset gV'_2 \subset \cdots \subset gV'_n$

が生ずる。こうして G は旗多様体 $\mathcal{F}$ に左から作用する変換群となる。

4°　1)　$G = GL(n, \mathbb{R})$ は $\mathbb{R}^n$ の旗多様体 $\mathcal{F}$ 上に推移的に作用する。

2)　G の岩澤部分群 T は，$\mathcal{F}$ の変換群 G の自然な旗 E の固定部分群である。

3)　G の部分群 K は，自然に $\mathcal{F}$ の変換群となる。このとき K に対する次の二つの条件(a)と(b)は互いに同値である：

(a)　K は $\mathcal{F}$ 上に単純推移的に作用する。

(b)　$G = KT$，かつ $K \cap T = \{1\}$

∵）　1)　$\mathcal{F}$ の任意の二つの元 V, W に対し，付随する $\mathbb{R}^n$ の基底 $(x_i), (y_i)$ を一つづつとる。このとき $gx_i = y_i \ (1 \leqq i \leqq n)$ となる正則一次変換 g が定まり，$gV = W$ となる。

2)　任意の $t \in T$ は，$te_k = \sum_{i=1}^{k-1} t_{ik} e_i + t_k e_k$, $t_k > 0$, $t_{ik} \in \mathbb{R}$ となるから，$tE'_k = E'_k$ $(1 \leqq k \leqq n)$ 即ち $tE = E$ となる。逆に $tE = E$ となる任意の $t \in G$ は T に属する。

3)　(4)　（イ）$G = KT \Longleftrightarrow$（ロ）$K$ は $\mathcal{F}$ 上に推移的に作用する。

実際 $G = KT$ ならば，$\mathcal{F} \underset{1)}{=} GE = KTE \underset{2)}{=} KE$ だから，K は $\mathcal{F}$ に推移的に作用する。逆に(ロ)ならば，任意の $g \in G$ に対し，$gE = kE$ となる $k \in K$ が存在するから $k^{-1}gE = E$ であり，2)から $k^{-1}g = t \in T$, $g = kt$ となるから，$G = KT$ である。また次の(5)が成立つ。

(5)　（ハ）$K \cap T = \{1\} \Longleftrightarrow$（ニ）$f : k \longmapsto kE$ は $K \longrightarrow \mathcal{F}$ の単写である。

実際(ハ)が成立つとき，$k, k' \in E$ に対し，$kE = k'E$ ならば，$k'^{-1}kE = E$ だから，$k'^{-1}k \in K \cap T = \{1\}$ となり，$k = k'$ である。逆に(ニ)が成立つとき，$k = t \in K \cap T$ ならば $kE = tE \underset{2)}{=} E = 1 \cdot E$ となる。$k, 1 \in K$ だから仮定(ニ)により

$k=1$ となるから $K\cap T=\{1\}$ である。

(4), (5) により (a)⇔(b) は証明された。

定理 E　$G=GL(n,\mathbb{R})$ の閉部分群 K に対する次の五つの条件 (1), (2), (3), (4), (5) は互いに同値である。

(1)　正値実対称行列 B が存在して　$K=O(B)$ である。

(2)　$K=t^{-1}K_0t$ となる $t\in T$ が存在する。ただし $K_0=O(n)$。

(3)　$G=KT$ かつ $K\cap T=\{1\}$　　(岩澤分解)

(4)　K は G の極大コンパクト部分群である。

(5)　K は $\mathbb{R}^n$ の旗多様体 $\mathcal{F}$ 上に単純推移的に作用する (自由可動性の公理)。

証明　(3)⇔(5)　4°, 3) による。

(1)⇒(2)　3°

(2)⇒(3)　2° により

(6)　$G=K_0T,\quad K_0\cap T=\{1\}$

が成立つ。今仮定 (2) により，$K=t^{-1}K_0t$ だから (6) の二式の両辺に G の内部自己同型写像 $x\longmapsto t^{-1}xt$ を作用させれば (3) の二式が得られる。

(3)⇒(4)　$f_0(k)=kT$ で定義される写像 $f_0:K_0\longrightarrow G/T$ は，2° により全単写である。f_0 は連続，$K_0=$ コンパクト だから G/T もコンパクトであり，$T=$ 閉集合 故 G/T はハウスドルフ空間である。

K が G の閉部分群とするとき，K は局所コンパクト群で可算基を持つ。今，特に K が条件 (3) をみたすとすれば，4°, 3) により K は G/T 上に単純推移的に作用する。K がコンパクト・ハウスドルフ空間 G/T に連続に作用するから，ベールの定理により，$f:K\longrightarrow G/T$ $(f(k)=kT)$ は開写像である (ヘルガソン [7] ch.II.Th.3.2)。従って f は同相写像で，K はコンパクトである。今 $K\subset K_1$ となる G の任意のコンパクト部分群 K_1 をとると，条件 (3) から $K_1=K\cdot(K_1\cap T)$ で，1° から $K_1\cap T=\{1\}$, $K=K_1$ となるから，K は G の極大コンパクト部分群である。

(4)⇒(1)　今 K が条件 (4) をみたすとし，dk を K 上の正規化したハール測度とする。(x,y) を $\mathbb{R}^n$ の自然な内積とし，$\langle x,y\rangle=\int_K(kx,ky)\,dk$ とすると，$\langle x,y\rangle$ は $\mathbb{R}^n$ 上の K 不変な内積である。$\langle x,y\rangle=(Bx,y)$ $(\forall x,\forall y\in\mathbb{R}^n)$ となる正値実

対称行列 B が存在する。内積 $\langle x,y\rangle$ が K 不変だから，$K\subset O(B)$ となる。$O(B)$ は G のコンパクト部分群，K は G の極大コンパクト部分群だから，$K=O(B)$ となる。 ∎

§4　慣性律とユニタリ群・直交群の極大コンパクト部分群

F を $\mathbb{R},\mathbb{C},\mathbb{H}$(4 元数体)の内の一つとし，$V$ を F 上の n 次元左ベクトル空間とし，H を $V\times V$ 上の不定符号正則エルミート形式($F=\mathbb{R}$ のときは対称双一次形式)とする。V 上の任意の一次変換 g に対し，その H に関する随伴変換を g^* とする。

(1)　$H(gx,y)=H(x,g^*y)\qquad(\forall x,\forall y\in V)$

が成立つ。$G=U(H)=\{g\in GL(V)\mid g^*=g^{-1}\}$ を H の**ユニタリ群**($F=\mathbb{R}$ のときは**直交群**)という。$Q(x)=H(x,x)$ とおく。

V の部分空間 $W\neq 0$ は，$0\neq\forall x\in W$ に対し，$Q(x)>0\ (<0)$ となるとき，**正値部分空間**(負値部分空間)という。

W が V の極大正値部分空間

$\Longleftrightarrow W^\perp=\{x\in V\mid H(x,W)=0\}$ は極大負値部分空間。

そしてこのとき，次の直和分解が成立つ。

(2)　$V=W\oplus W^\perp$

今 V の任意の二つの元 x,v を分解(2)により

(3)　$x=y+z,\ \ v=w+u,\ \ y,w\in W,\ \ z,u\in W^\perp$

と表わすとき，$H_W:V\times V\longrightarrow F$ を

(4)　$H_W(x,v)=H(y,w)-H(z,u)$

によって定義するとき，H_W はエルミート形式で，次の(5)，(6)，(7)が成立つ。

(5)　$H_W(W,W^\perp)=0$。

(6)　$H_W\mid W\times W=H\mid W\times W,\ \ H_W\mid W^\perp\times W^\perp=-H\mid W^\perp\times W^\perp$ は共に正値。

(7)　H_W は正値エルミート形式である。

命題 3　W が H に関する V の極大正値部分空間で，$K(W)=\{k\in G=U(H)\mid kW=W\}$ とおくとき，$K(W)=G\cap U(H_W)$ であって，$K(W)$ は G のコンパクト部分群である。

証明 $k\in K(W)$ とすると，$kW=W$, $kW^{\perp}=W^{\perp}$ だから，$x=y+z$, $y\in W$, $z\in W^{\perp}$ に対し，次の(8), (9)が成立つ。ここで $Q_W(x)=H_W(x,x)$ である：

(8) $Q_W(kx)=Q_W(ky+kz)=Q(ky)-Q(kz)=Q(y)-Q(z)=Q_W(x)$.

∴ (9) $K(W)\subset G\cap U(H_W)$

逆に任意の $k\in G\cap U(H_W)$ と $y\in W$ に対し，$ky=w+v$, $w\in W$, $v\in W^{\perp}$ とすると

$$Q(w)-Q(v)=Q_W(ky)=Q_W(y)=Q(y)=Q(ky)=Q(w)+Q(v)$$

となるから，$Q(v)=0$, $v=0$, $ky=w\in W$ となり，$k\in K(W)$ である。

∴ (10) $G\cap U(H_W)\subset K(W)$

が成立つ。(9), (10) から，$K(W)=G\cap U(H_W)$ となる。H_W は正値だから $U(H_W)$ はコンパクト，$G=U(H)$ は $GL(V)$ の閉部分群だから，$G\cap U(H_W)$ はコンパクト部分群である。 ■

命題 4 W を H の極大正値部分空間とするとき，$G=U(H)$ は，内積 H_W に関し，自己随伴である。

証明 正則エルミート形式 H に対し，正則一次変換 $A\in GL(V)$ であって内積 H_W に対し

(11) $H(x,y)=H_W(Ax,y) \qquad \forall x, \forall y\subset V$

が成立つものが唯一つ存在する。H, H_W はエルミート形式だから

(12) $A^*=A$

である。$(W, W^{\perp})$ の H_W に関する正規直交基底を $((u_i)_{1\leqq i\leqq p}, (u_j)_{p+1\leqq j\leqq n})$ とするとき，基底 $(u_i)_{1\leqq i\leqq n}$ に関する A の行列は $\begin{pmatrix} 1_p & 0 \\ 0 & -1_q \end{pmatrix}$ $(p+q=n)$ であるから

(13) $A^2=1$

である。$g\in GL(V)$ に対し，次の(14)が成立つ：

(14) $g\in G=U(H)\Longleftrightarrow g^*Ag=A$

今，等式 $g^*Ag=A$ に，左から gA，右から $g^{-1}A$ をかけると，(13)により

(15) $gA\cdot g^*Ag\cdot g^{-1}A=gAg^*$, $gA\cdot A\cdot g^{-1}A=gg^{-1}A=A$

となる。従って

(16) $g\in G=U(H)\Longleftrightarrow g^*Ag=A\Longleftrightarrow gAg^*=A\Longleftrightarrow g^*\in G$

となる。従って $G^*=G$ で，G は自己随伴である。

定義　W を H に関する極大正値部分空間とし，X^* を H_W に関する X の随伴一次変換とする。次のように定義する。ただし $p^* = p \gg 0$ は，p が正値エルミート変換であることを表わす。

(17)　$H(W) = \{X \in \mathfrak{gl}(V) \mid X^* = X\}$,　$P(W) = \{p \in GL(V) \mid p^* = p \gg 0\}$

(18)　$\mathfrak{g} = \{X \in \mathfrak{gl}(V) \mid X^*A + AX = 0\}$,

$\mathfrak{p}(W) = \{X \in \mathfrak{g} \mid X^* = X\} = \mathfrak{g} \cap H(W)$

命題 5　1)　$\mathfrak{g}$ は $G = U(H)$ のリー環であり，自己随伴である。

2)　$G \cap P(W)$ の任意の元 p は，$p = \exp X$, $X \in \mathfrak{p}(W) = \mathfrak{g} \cap H(W)$ と一意的に表わされる。従って任意の $t \in \mathbb{R}$ に対し，$p^t = \exp tX \in G \cap P(W)$ である。$X \longmapsto \exp X$ は $\mathfrak{p}(W) = \mathfrak{g} \cap H(W)$ から $G \cap P(W)$ の上への同型写像である。

証明　1)　$G = \{g \in GL(V) \mid g^*Ag = A\}$ だから $\mathfrak{g} = \{X \in \mathfrak{gl}(V) \mid (\forall t \in \mathbb{R})\ (\exp tX^*)A(\exp tX) = A\}$ である。この条件式の $t = 0$ における導関数の値から，$X^*A + AX = 0$ が導かれる。逆にこの条件を X がみたせば，$\forall t \in \mathbb{R}$ に対し，$\exp tX \in G$ となる。

2)　命題 4 の証明中の正規直交基底 (u_j) をとり，V 上の一次変換 g と，(u_i) に関するその行列 (g_{ij}) を同一視する。任意の $p \in P(W)$ をとるとき，p は正値エルミート行列だから，あるユニタリ行列により，

(19)　$$u^*pu = \begin{pmatrix} p_1 & & & 0 \\ & p_2 & & \\ & & \ddots & \\ 0 & & & p_n \end{pmatrix}, \qquad p_i > 0,\quad 1 \leqq i \leqq n$$

と対角化される。今 $\log p_i = t_i \in \mathbb{R}\ (1 \leqq i \leqq n)$ とし

(20)　$$X = u\begin{pmatrix} t_1 & & & 0 \\ & t_2 & & \\ & & \ddots & \\ 0 & & & t_n \end{pmatrix}u^*$$

とおくと，$X^* = X$, $\exp X = p$ となる。今

(21)　$T = u^*Xu$,　$B = u^*Au$

とおくとき，

(22)　$p^*Ap = A \Longleftrightarrow (\exp T)B = B(\exp(-T))$

となる。従って $X \in H(W)$ に対し，次の同値関係が成立つ。

(23)　
$$
\begin{aligned}
p = \exp X \in G \cap P(W) &\Longleftrightarrow p^*Ap = A \Longleftrightarrow (\exp T)B = B(\exp(-T)) \\
&\Longleftrightarrow (e^{t_i} - e^{-t_j})b_{ij} = 0,\ 1 \leqq i, j \leqq n \\
&\Longleftrightarrow (e^{t_i + t_j} - 1)b_{ij} = 0,\ 1 \leqq i, j \leqq n \\
&\Longleftrightarrow t_i + t_j = 0 \text{ or } b_{ij} = 0,\ 1 \leqq i, j \leqq n \\
&\Longleftrightarrow (t_i + t_j)b_{ij} = 0,\ 1 \leqq i, j \leqq n \\
&\Longleftrightarrow TB + BT = 0 \\
&\Longleftrightarrow u^*Xuu^*Au + u^*Auu^*Xu = 0 \\
&\Longleftrightarrow XA + AX = 0 \\
&\Longleftrightarrow X^*A + AX = 0 \quad (\because\ X^* = X) \\
&\Longleftrightarrow X \in \mathfrak{p}(W) = \mathfrak{g} \cap H(W)
\end{aligned}
$$

(23)は $\exp \mathfrak{p}(W) = G \cap P(W)$ となることを示している。また任意の $t \in \mathbb{R}$ に対し $p^t = \exp tX \in G \cap P(W)$ である。$p_1, \cdots, p_m$ を p の相異なる固有値の全体とし，$V(p_i) = \{x \in V \mid px = p_i x\}$ とおくと，

(24)　$V = V(p_1) \oplus \cdots \oplus V(p_m)$

である。$X \in H(W)$ で，$\exp X = p$ となるものは，各 $V(p_i)$ を不変にする一次変換 X で $X|V(p_i) = (\log p_i)1_{V(p_i)}$ となるものとして一意的に定まる。従って exp は $\mathfrak{p}(W)$ から $G \cap P(W)$ の上への全単写で，命題1により同相写像である。

■

命題6　1)　$G = U(H)$ の任意の元 g は，一意的に次の(25)のように分解される。ただし W は H に関する極大正値部分空間である。

(25)　$g = u \cdot p,\quad u \in K(W) = G \cap U(H_W),\quad p \in G \cap P(W)$

2)　K' を G の任意のコンパクト部分群とするとき，$K' \cap P(W) = \{1\}$ である。

3)　$K(W) = G \cap U(H_W)$ は，G の極大コンパクト部分群である。

証明　1)　G は自己随伴だから，$q = g^*g \in G \cap P(W)$ となるので，命題5により $q^{\frac{1}{2}} = p \in G \cap P(W)$ である。$u = gp^{-1}$ とおくと，$u^*u = p^{-1}g^*gp^{-1} = p^{-1} \cdot p^2 \cdot p^{-1} = 1$ 故 $u \in G \cap U(H_W) = K(W)$ であり，(25)が成立つ。一意性は $g = u \cdot p = u_1 \cdot p_1$ とすると $p^2 = g^*g = p_1^2$ だから $p = p_1$ である。(p^2 の相異なる固有値を $\lambda_1, \cdots, \lambda_m > 0$ とすると，$V = V(\lambda_1) \oplus \cdots \oplus V(\lambda_m)$ となり，p は固有空間

$V(\lambda_i)$ 上で，$\sqrt{\lambda_i}\,1_{V(\lambda_i)}$ となる一次変換として p^2 から一意的に定まる。）

2） 任意の $g \in K' \cap P(W)$ をとると，一方から K' は V 上のある正値エルミート形式 H_0 を不変にするから，g はユニタリ変換であり，g の固有値はすべて絶対値 $=1$ であり，一方 g は正値エルミート変換だから固有値はすべて >0 である。従って g は，固有値がすべて1の対角型変換だから，$g=1$ であり，$K' \cap P(W) = \{1\}$ が成立つ。

3） $K(W)$ は命題3により，G のコンパクト部分群である。$K(W) \subset K'$ となる G の任意のコンパクト部分群 K' をとると，1)により，

(26)　$K' = K(W) \cdot (K' \cap P(W))$ で $K' \cap P(W) = \{1\}$

だから，$K' = K(W)$ となる。これは $K(W)$ が G の極大コンパクト部分群であることを示す。 ■

命題7　K を $G = U(H)$ の部分群で，ある正値エルミート形式 H_0 を不変にし，かつ K は，V 上既約であるとする。このとき0でない実数 c_1 が存在して，$H = c_1 H_0$ となる。

証明　$H(x, y) = H_0(Ax, y)$ $(\forall x, y \in V)$ となる一次変換 A が定まる。そして H_0 に関し $A^* = A$ となる。A の相異なる固有値の全体を $c_1, \cdots, c_m$ とする。H は正則（非退化）であるから，すべての $c_i \neq 0$ である。c_i に対する A の固有空間を $V(c_1)$ とするとき，

(27)　$V = V(c_1) \oplus \cdots \oplus V(c_m)$,　$H_0(V(c_i), V(c_j)) = 0$　　$(i \neq j)$

となる。H および H_0 は共に K に不変であるから，K の各元 k と A は可換である。従って，A の各固有空間 $V(c_i)$ は，K で不変となる。今 V は K に関し既約と仮定しているから，(27)の直和因子は1個だけであり，$V = V(c_i)$, $A = c_1 1$ となるから $H = c_1 H_0$ である。 ■

命題8（慣性律）　V のエルミート形式 H の，任意の二つの極大正値部分空間 W と U の次元は一致する。

証明　$U^\perp$ は負値部分空間だから，$W \cap U^\perp = 0$ である。従って，$n = \dim V$ とするとき，次の不等式が成立つ。

(27)　$\dim W + \dim W^\perp = n \geqq \dim(W + U^\perp) = \dim W + \dim U^\perp$

従って，$\dim W^{\perp} \geqq \dim U^{\perp}$ となるから

(28)　$\dim W \leqq \dim U$

である。W と U を入れ換えて考えると，逆向きの不等式

(29)　$\dim U \leqq \dim W$

も成立つから，$\dim W = \dim U$ である。■

定理 F　$F = \mathbb{R}, \mathbb{C}$ or $\mathbb{H}$ とし，F 上の有限次元ベクトル空間 V 上の正則な不定符号エルミート形式を H とする。このとき，次のことが成立つ：

1)　$G = U(H)$ の任意のコンパクト部分群 K に対し，H の極大正値部分空間 W が存在して，$K \subset K(W)$ となる。特に K が G の極大コンパクト部分群ならば $K = K(W)$ である。

2)　$G = U(H)$ の任意の二つの極大コンパクト部分群 K, K' は G 内で共軛である。

証明　1)　dk を K のハール測度とし，任意の $x \in V$ に対し

(30)　$Q_0(x) = \int_K H(kx, kx)\,dk$

とおき，Q_0 から polarizastion によって，エルミート形式 $H_0(x, y)$ を作るとき，H_0 は正値で，K 不変である。$H(x, y) = H_0(Ax, y)$ $(\forall x, \forall y \in V)$ となる一次変換 $A = A^*$ をとるとき，A は K の各元と可換である。A の固有値 a は，すべて実数で固有空間 $V(a)$ は K 不変である。H, A は正則だから，A の固有値 a はすべて $\neq 0$ である。今，K は正値な H_0 を不変にするから，V は K 加群として完全可約である。そこで，V は既約 K 加群の直和となるので，それを

(31)　$V = V_1 \oplus \cdots \oplus V_m$,　　$K \,|\, V_i$ は既約　　$(1 \leqq i \leqq m)$

とする。命題 7 により，各既約空間 V_i に対し，実数 $c_i \neq 0$ が存在して，

(32)　$H \,|\, V_i \times V_i = c_i (H_0 \,|\, V_i \times V_i)$,　$1 \leqq i \leqq m$

となる。今

(33)　$W = \sum_{c_i > 0} V_i$,　$W' = \sum_{c_j < 0} V_j$

とおくとき

(34)　$V = W \oplus W'$

である。$i \neq j$ のとき V_i と V_j は，H に関し直交する。従って W, W' はそれぞれ

H に関する正値部分空間，負値部分空間となる。そこで(34)より W は H に関する極大正値部分空間である。K は各 V_i を不変にするから，$KW\subset W$ となる。

従って，$K\subset K(W)=\{k\in G\,|\,kW=W\}$ である。命題6により $K(W)$ は G の極大コンパクト部分群だから，特に K が G の極大コンパクト部分群ならば，$K=K(W)$ である。

2) 1)により，$K=K(W)$, $K'=K(U)$ となる，H に関する極大正値部分空間 W と U が存在する。慣性律(命題8)により，$\dim W=\dim U=p$ だから，$\dim W^{\perp}=\dim U^{\perp}=q=n-p$ でもある。$W^{\perp}, U^{\perp}$ は H に関する極大負値部分空間である。そこで V の基底 (w_i), (u_i) であって，

$$
(35)\quad
\begin{aligned}
&H(w_i, w_j)=\delta_{ij}=H(u_i, u_j), && 1\leqq i, j\leqq p\\
&H(w_k, w_\ell)=-\delta_{k\ell}=H(u_k, u_\ell), && p+1\leqq k, \ell\leqq n\\
&H(w_i, w_k)=0=H(u_i, u_k), && 1\leqq i\leqq p, p+1\leqq k\leqq n
\end{aligned}
$$

をみたすものが存在する。このとき，$gw_i=u_i\,(1\leqq i\leqq n)$ をみたす正則一次変換 g が存在し，任意の $\ell, m\in\{1,2,\cdots,n\}$ に対し，$H(w_\ell, w_m)=H(u_\ell, u_m)$ となるから，$g\in G=U(H)$ となる。そして $gW=U$ であるから

$$(36)\quad K'=K(U)=K(gW)=gK(W)g^{-1}=gKg^{-1}$$

となり，K と K' は G 内で共軛である。 ■

注意 $F=\mathbb{R}$ or $\mathbb{C}$ のとき，$G=U(H)$ に対し，$G_1=\{g\in G\,|\,\det g=1\}$ とし，G_0 を G の単位元連結成分とする。このとき，$G_i\,(i=0,1)$ の任意の極大コンパクト部分群は，ある H の極大正値部分空間 W に対する $K_i(W)=G_i\cap K(W)$ と一致する。そして G_i の任意の二つの極大コンパクト部分群は，G_i 内で共軛である(杉浦[15]Th.2)。

References

[1] A. Borel, Sous-groupes compacts maximaux des groups de Lie, Séminaire Bourbaki, 1950, no.33.

[2] E. Cartan, Groupes simples clos et ouverts et géométrie riemannienne, J. Math. pures et appl. 8(1929), 1-33.

[3] E. Cartan, “Leçon sur la géométrie des espaces de Riemann”, Gauthier-Villars, Paris, 1928. 2^{e}ed. 1946.

[4] C. Chevalley, “Theory of Lie groups I”, Princeton Univ. Press, Princeton, 1946.

[5] C. Chevalley, “Théorie des groupes de Lie II, III”, Hermann, Paris, 1951, 1955.

[6] C. Chevalley and Hsio-Fu Tuan, On algebraic Lie algebras, Proc. Nat. Acad. Sci. U.S.A, 31

(1945), 195-196.
[7] S. Helgason, "Differential Geometry, Lie Groups and Symmetric Spaces", Academic Press, New York, 1978.
[8] H. Hopf and W. Rinow, Über den Begriff der vollständigen differetialgeometrischen Fläche, Comm. Math. Helv. 3(1931), 209-225.
[9] 岩堀長慶,「対称リーマン空間の不動点定理」, 数学振興会第 I 集 "微分幾何学の基礎とその応用", (1956), 40-60.
[10] K. Iwasawa, On some types of topological groups, Ann. of Math. 50(1949), 509-558.
[11] S. Iyanaga und M. Abe, Über das Helmholtzsche Raumproblem, I, II, Proc. Imp. Acad. (Japan), 19(1943), 174-180, 540-543.
[12] A. I. Malcev, On the theory of the Lie groups in the large, Mat. Sbornik, 16(1945), 163-190.
[13] G. D. Mostow, Some new decomposition theorems for semi-simple groups, Memoirs of AMS, 14(1955), 31-54.
[14] G. D. Mostow, Self-adjoint groups, Ann. of Math. 62(1955), 44-55.
[15] M. Sugiura, The conjugacy of maximal compact subgroups for orthogonal, unitary and unitary symplectic groups, Sci. Papers of Coll. Gen. Education, Univ. of Tokyo, 32(1982), 101-108.
[16] M. Sugiura, On the space problem of Helmholtz, 数理研講究録 1064 "数学史の研究", (1998), 6-14.
[17] 杉浦光夫,『リー群論』, 共立出版, 1999.

10 実単純リー環の分類(故 村上信吾氏に)

はじめに

実単純リー環の分類論は，E. カルタンに始まる。彼は1914年の論文[5]において，実単純リー環は，複素単純リー環 $\mathfrak{g}$ を実リー環 $\mathfrak{g}_{\mathbb{R}}$ と考えたものと，$\mathfrak{g}$ の実形 $\mathfrak{l}$ となるもの($\mathfrak{l}^c = \mathfrak{g}$ となるもの)の二種類があることを示した。複素単純リー環 $\mathfrak{g}$ の分類は，キリング[21]とカルタン[4]によって与えられているから，前者は既知であり，問題となるのは，$\mathfrak{g}$ の実形 $\mathfrak{l}$ の分類である。カルタンはこの実形の分類を，$\mathfrak{l}$ に関する $\mathfrak{g}$ の複素共役写像の形を決定することによって実行した。ただしこの決定は，計算によって共役写像の可能な形を定めたのであって，これを遂行したカルタンの計算能力は強力であることが実証されたが，理論的には共役写像の定まり方が，計算というブラックボックス中に隠れていて明示されていないという不満が後になって提出された。このカルタンの研究によって，実単純リー環がどれだけあるかは確定したのであるが，実単純リー環の分類論は，これによって終りにはならなかった。上記の不満を追求して行くことになり，新しい分類の方法がいくつか発見されて行ったからである。

カルタン自身も後になってもう一つの実形の分類法を発見した。彼は[7]において，対称リーマン空間の概念を発見し，その組織的研究に乗出し，数年の間に大きな理論を建設した。

それによると，運動群が半単純群である，既約対称リーマン空間では，コンパクトなものと，非コンパクトなものとが対になっているのである。非ユークリッド空間に楕円型のものと双曲型のものとがあるという発見は，このカルタンの見出した相対性の最初の例なのであった。もう少し具体的に述べると，この対になっている空間の運動群のリー環の間には次の関係がある。コンパクトな既約対称空間 M の運動群 U はコンパクト半単純群で，そのリー環 $\mathfrak{u}$ の位数 2 の自己同型 τ が存在し，τ の固有値 $+1, -1$ に対応する固有空間を $\mathfrak{u}_0, \mathfrak{u}_1$ とするとき，$\mathfrak{u} = \mathfrak{u}_0 \oplus \mathfrak{u}_1$ であり，$\mathfrak{u}_0$ は U の一点に関する固定部分群のリー環である。このとき，$\mathfrak{l} = \mathfrak{u}_0 \oplus i\mathfrak{u}_1$ を作ると，これは $\mathfrak{u}$ の複素化 $\mathfrak{g}$ の非コンパクト実形であり，$\mathfrak{l}$ はカルタンの双対性により M に対応する非コンパクト対称空間の運動群のリー環となる。このとき $\mathfrak{u}$ が単純でないのは，上の $\mathfrak{l}$ が複素単純リー環を実リー環と見たものであるときに限る。それ以外のときは $\mathfrak{u}$ は単純リー環で，対応する $\mathfrak{l}$ は，$\mathfrak{u}^c = \mathfrak{g}$ の非コンパクト実形となる。

このように運動群が半単純であるような既約対称リーマン空間の分類は，実単純リー環の分類と一対一に対応しているのであった。

このことから，カルタンは[10]において，複素単純リー環 $\mathfrak{g}$ の非コンパクト実形 $\mathfrak{l}$ を同型を除いてすべて決定するには，$\mathfrak{g}$ の一つのコンパクト実形 $\mathfrak{u}$ の位数 2 の自己同型 τ による固有空間分解 $\mathfrak{u} = \mathfrak{u}_0 \oplus \mathfrak{u}_1$ から，$\mathfrak{l} = \mathfrak{u}_0 \oplus i\mathfrak{u}_1$ を作ればよいことを指摘した。

さらにこうして得られる二つの非コンパクト実形 $\mathfrak{l}, \mathfrak{l}'$ が同型となるのは，出発点の対合的自己同型 τ, τ' が $\mathrm{Int}\,\mathfrak{u}$ 内で共役であるときでまたそのときに限ることもカルタンは示している。このコンパクト実形 $\mathfrak{u}$ の位数 2 の自己同型を定めるというのが，カルタンによる実形分類の第二の方法である。($\mathfrak{g}$ のコンパクト実形は，$\mathrm{Int}\,\mathfrak{g}$ により互いに共役で $\mathfrak{g}$ により同型を除いて一意に定まることは，ワイル[51]が示した。)

本稿では，実単純リー環の分類について重要な研究をした次の五人の分類の方法を紹介することを目的としている。

1. E. カルタン
2. ガントマッヘル
3. 村上信吾
4. 荒木捷朗
5. カッツ

この内カルタンの第一の方法である，実形に関する複素共役写像 σ の決定を用いているのは，荒木[1]である。荒木は $\mathfrak{l}$ のベクトル部分最大のカルタン部分環に関するルート系に対する σ の作用（ガロア群 $\mathrm{Gal}(\mathbb{C}/\mathbb{R})$ の作用と考えられる）を考え，それをルート系のディンキン図形への σ の作用として可視化した佐武図形を用いて分類を実行した。これによってカルタン[5]のブラックボックスの部分はなくなり，どのような機構によって，共役写像の可能な形が決定されるのかが明示されるようになったのである。

ガントマッヘル，村上，カッツの三人は，カルタンの第二の方法に従い，コンパクト実形の位数2の自己同型を共役を除き決定している。またこの三人は，非コンパクト実形のトーラス部分最大のカルタン部分環に対応する$\mathfrak{u}$のカルタン部分環に関するルートを考えている。この三人の方法を比較すると共通な点も多いが，後の著者程整理されて居り，リー群の構造に対する依存度が少なくなっている。詳しくは各人の項を見られたい。

本稿では，複素単純リー環の理論は既知として話を進めているが，実単純リー環の理論は複素単純リー環と密接に関連して居り，前者の理論の進展は直ちに後者に影響を与えることを注意しておきたい。例えばガントマッヘルの研究[16]，[17]には，ワイル[51]の影響が著しい。またディンキン[14]の単純ルートとディンキン図形の概念は，以降の三人の研究全部の基礎となっている。ガントマッヘルには，まだ単純ルートの概念がないので，それに近い概念を導入しているが，単純ルート程うまくは働いていない。またカッツ[23]では，複素半単純リー環の生成元とその間の基本関係に関するシュヴァレー[12]，ハリッシ-チャンドラ[19]，セール[37]の定理が重要な役割りを演じている。

荒木[1]の方法は，佐武[33]やティッツ[46]の，代数的閉体でない体上の単純線型代数群の分類理論の実数体の場合と見なすことができる。またカッツ[2]の方法は，アフィン型のカッツ-ムーディ・リー環(以下アフィン・リー環という)の理論に基づいている。

1914年にカルタン[5]が実単純リー環がどれだけあるかを決定したとき，実単純リー環の分類理論は終結したのではなく，その後にも多くの研究が行われたことの必然性を，読者が了解して下されば，本稿の第一の目的は達せられたことになる。

第3節の村上の方法の記述は，村上氏が阪大で講義をされたときのノートに基づいている。村上の原論文[29]では，特に前半の内部自己同型の対合に関する部分では，ボレルード-ジーベンタール[2]の結果だとして証明が省略されているが，村上の証明は[2]と異なって居るので，記録して置くことも無駄ではないと考える。ただし命題1.21は杉浦が補ったものである。

村上氏は昨年亡くなられたので，記念に本稿を村上氏に捧げる。

3, 4, 5 節では，細部の証明まで書いたので大変長くなったことを読者にお詫びする。

§1 E. カルタン

E. カルタンは，1914 年に発表した論文「有限次元実単純連続群」[5]において，今日の言葉で言えば，実単純リー環の分類に成功した。カルタンの結果が正しいことは，テルディ[26]が検算して確かめた。2 節以下で述べる諸研究もこれを確認した。

カルタンの 1925 年以前の論文で「有限次元連続群」という時には，実際に扱っているのは，リーの理論によってそれを定める無限小変換達なのである。群が r 次元であるとき，r 個の無限小変換が現われるが，その 1 次結合の全体が，今日のリー環を作るのである。リー環という言葉は，ワイルが『典型群』(1939)の中で始めて用いたので，1914 年のカルタンの論文に用いるのは，時代錯誤なのだが，便宜上簡単のために，ここでこの言葉を用いる。カルタンの実際やっていることは，今日リー環でやっているのと同じなので，言葉だけ群と言って見ても始まらないからである。

カルタンの出発点は，キリングの研究[24]の不完全な所や誤りを訂正した彼の学位論文[4]において，複素単純リー環の分類を手中にしていたことであった。カルタンは最初に次のことに注意する。

定理　任意の r 次元複素単純リー環 M に対し，M を実リー環と考えたものを $M_{\mathbb{R}}$ とすれば，$M_{\mathbb{R}}$ は $2r$ 次元実単純リー環である。

カルタンの証明は，ルート空間への分解を用いるものであるが，初等的に証明できる。($M_{\mathbb{R}}$ のイデアル $\neq 0$ 中次元最小のもの J を一つとるとき，$J+iJ=M$ となる。iJ も $M_{\mathbb{R}}$ のイデアルだから $B=J\cap iJ$ もそうで $B\subset J$ だから，$B=0$ または $B=J$ である。$B=0$ とすると，$[J,iJ]=J\cap iJ=0$ となり，$M=J+iJ$ は可換となり単純という仮定に反する。従って $B=J$ だから，$iJ=J$ となり，J は単純な M のイデアル $\neq 0$ 故，$J=M=M_{\mathbb{R}}$ で，$M_{\mathbb{R}}$ は単純。)

こうして実単純リー環の大きなクラスとして，複素単純リー環を実リー環と見なしたものがあることがわかった。これは既知のものである。

別の形の実単純リー環も存在する。$SL(n,\mathbb{C})=\{g\in M_n(\mathbb{C})\mid \det g=1\}$ のリー環 $\mathfrak{sl}(n,\mathbb{C})=\{X\in M_n(\mathbb{C})\mid \mathrm{Tr}\,X=0\}$ は，複素単純リー環であるが，ここで行列成分をすべて実数として得られる実部分リー環 $\mathfrak{sl}(n,\mathbb{R})=\{X\in M_n(\mathbb{R})\mid \mathrm{Tr}\,X=0\}$ は，実単純リー環である。

一般に次のように定義する。

定義　複素リー環 M に対して，L が次の(a)，(b)をみたすとき，L は M の**実形**であるという：

(a)　L は実リー環 $M_{\mathbb{R}}$ の部分リー環である。

(b)　実ベクトル空間として，$M_{\mathbb{R}}=L\oplus iL$（直和）である。

これは L の複素化が M と一致するということに他ならない。

カルタンは，キリングの与えた複素単純リー環 M の基底 (X_i) $(1\leqq i\leqq r)$ の間の構造定数 $c_{ij}^k\left([X_i,X_j]=\sum_{k=1}^{r}c_{ij}^kX_k\right)$ がすべて実数であることに注意し，この基底 (X_i) の実係数一次結合の全体 L は，実単純リー環になることを知った。L は M の実形の一つであり，カルタンはこれを**正規実形**と呼んだ。$\mathfrak{sl}(n,\mathbb{R})$ は，$\mathfrak{sl}(n,\mathbb{C})$ の正規実形である。

しかし正規実形以外の実形も存在する。カルタンは，M の種々の実形を区別するための数値不変量として**特性数**(caractire)を導入した。これはキリング形式 $Q(X)=\mathrm{Tr}(\mathrm{ad}\,X)^2$ の符号定数を (p,q) とするとき，その差 $\delta=p-q$ のことである。

正規実形の特性数は，その階数 ℓ に等しい。一方カルタンは，各複素単純リー環 M(r 次元とする)は，特性数が $-r$ であるような実形 L_u を持つことを注意している。L_u は，そのキリング形式が負値定符号となるような M の実形であり，今日**コンパクト実形**と呼ばれているものである。

カルタンは，「同一の複素単純リー環の実形達は，一般に(en général)その特性数によって完全に分類される」と述べている。

大部分の場合同型でない二つの実形の特性数は異なるが，ヘルガソン[20]は，$O(18,\mathbb{C})$ の二つの実形 $O(12,6)$ と $so^*(18)$ は，共に特性数は -9 であるが同型でないことを注意した。

さてカルタンのこの論文での基本方針は，任意の実単純リー環 L は，次の(a)

または(b)のどちらかであり，(a)の場合は学位論文[4]によって既知だから，(b)の場合だけを考えるというのである。

(a) L は複素単純リー環 M を実リー環と考えたものである。

(b) L は複素単純リー環 M の実形である：$L^C = M$。

つまりカルタンは，実単純リー環は(a)または(b)のどちらかだといっているのである。

このことはそれ程難しいことではなく初等的に証明できるので，次にその証明を述べておこう。これは本質的にカルタンの証明と同じである。

これを示すには，任意の実単純リー環 L に対し，その複素化 L^C を考えればよい。L^C は次の(c)，(d)の一方をみたす。

(c) L^C は複素単純リー環である。

(d) L^C は複素単純リー環ではない。

(c)の場合には，L は(b)をみたす。(d)の場合には

$$L^C = A \oplus B, \quad A, B \text{ は単純イデアル}$$

となる。そして A または B のどちらかを $\mathbb{R}$ 上のリー環と考えたものが，最初に与えた L と同型になる。従ってこの場合 L は(a)をみたす。

そこで以下では(b)の場合を考える。(b)の場合 $L^C = M$ だから，M の任意の元 Z は，前の実形の定義の条件(b)により

$$Z = X + iY, \quad X, Y \in L$$

と一意的に表わされる。このとき写像 $\sigma : M \longrightarrow M$ を

$$\sigma Z = X - iY, \quad X, Y \in L$$

によって定義する。このとき σ は半線型写像で

(1) $\sigma(Z+W) = \sigma Z + \sigma W, \quad \sigma(aZ) = \bar{a}(\sigma Z), \quad a \in \mathbb{C}$

をみたす。さらに

(2) $\sigma([Z, W]) = [\sigma Z, \sigma W], \quad \sigma^2 = I$

をみたすことも直ちに確かめられる。この σ を，実形 L に関する $L^C = M$ の**複素共役写像**という。σ によって，$L^C = M$ の中で L は

(3) $L = \{Z \in M \mid \sigma Z = Z\}$

によって特徴付けられる。逆に $\sigma: M \longrightarrow M$ が(1), (2)をみたせば，σ は(3)によって定義される M の実形 L に関する複素共役写像である。

そこでカルタンは，各複素単純リー環 M の実形をすべて求めることを，M の可能な複素共役写像をすべて求めることにより実行したのである。ただし M の実形を同型を除きすべて求めることが目標であるから，M の実形中同型でないものを求めればよい。

具体的には，M のルート空間分解を用いて，共役写像 σ を基底によって表現し，σ の引起すルートの互換(位数2の置換)と，ルート・ベクトル X_α の因子 λ_α $(\sigma X_\alpha = \lambda_\alpha X_{\sigma\alpha})$ によって σ を捕える。

今複素単純リー環 M とその一つの実形 L を考える。L のあるカルタン部分環 L_0 の複素化 L_0^C は，M の一つのカルタン部分環 M_0 である。一次形式 $\alpha: M_0 \longrightarrow \mathbb{C}$ で $M_\alpha = \{X \in M \mid [H, X] = \alpha(H)X \ (\forall H \in M_0)\} \neq 0$ となるものを，M の M_0 に関するルートといい，その全体を $\varDelta$ とすると，次の直和分解(ルート空間分解)が生ずる：

(4)　$M = M_0 \oplus \sum_{\alpha \in \varDelta} \oplus M_\alpha, \quad \dim M_\alpha = 1 \qquad (\forall \alpha \in \varDelta)$

(5)　このとき $[M_\alpha, M_\beta] \subset M_{\alpha+\beta} \qquad (\forall \alpha, \forall \beta \in \varDelta_0 = \varDelta \cup \{0\})$

が成立つ。特に

(6)　$[H, X_\alpha] = \alpha(H) X_\alpha \qquad (\forall H \in M_0,\ \forall X_\alpha \in M_\alpha)$

である。今特に $B(X, Y) = \mathrm{Tr}(\mathrm{ad}\, X\, \mathrm{ad}\, Y)$ を M のキリング形式とし，

(7)　$X_\alpha \in M_\alpha$，$X_{-\alpha} \in M_{-\alpha}$ を $B(X_\alpha, X_{-\alpha}) = 1$

をみたすようにとるとき，

(8)　$[X_\alpha,\ X_{-\alpha}] = H_\alpha \in M_0$

となるが，$B([X, Y], Z) = B(X, [Y, Z])$ であるから，(6), (7)により

(9)　$B(H, H_\alpha) = B([H, X_\alpha], X_{-\alpha}) = \alpha(H) \qquad (\forall H \in M_0,\ \forall \alpha \in \varDelta)$

となる。今 M の実形 L に関する共役写像を σ とし，各 $\alpha \in \varDelta$ に対して，$\sigma\alpha: M_0 \longrightarrow \mathbb{C}$ を

(10)　$(\sigma\alpha)(H) = \overline{\alpha(\sigma H)} \qquad (\forall H \in M_0)$

によって定義するとき，(6)の両辺に σ を作用させて，

(11)　$\sigma\alpha \in \varDelta \quad (\forall \alpha \in \varDelta)$，$\sigma M_\alpha = M_{\sigma\alpha}$

となることがわかる。そこで各 $\alpha \in \varDelta$ に対して(7)をみたすように $0 \neq X_\alpha \in M_\alpha$ を選んでおくとき，

(12)　$\sigma X_\alpha = \lambda_\alpha X_{\sigma\alpha},\quad 0 \neq \lambda_\alpha \in \mathbb{C} \qquad (\forall \alpha \in \Delta)$

となる λ_α が定まる。すぐわかるように，(2)から

(13)　$\mathrm{ad}(\sigma X) = \sigma \circ \mathrm{ad}\, X \circ \sigma^{-1}$

である。そして $\mathrm{ad}\, X$ の M の基底 (X_i) に関する行列が $A = (a_{ij})$ であるとすれば，$\mathrm{ad}(\sigma X)$ の基底 (σX_i) に関する行列は $\bar{A} = (\overline{a_{ij}})$ である。このことから

(14)　$B(\sigma X, \sigma Y) = \overline{B(X, Y)} \qquad (\forall X, \forall Y \in M)$

となる。従って(7)，(12)から

(15)　$\lambda_\alpha \lambda_{-\alpha} = 1 \qquad (\forall \alpha \in \Delta)$

である。また $\sigma^2 = I$ だから

(16)　$\bar{\lambda}_\alpha \lambda_{\sigma\alpha} = 1,\quad \lambda_\alpha \cdot \bar{\lambda}_{\sigma\alpha} = 1 \qquad (\forall \alpha \in \Delta)$

となる。さらに

(17)　$B(H, \sigma H_\alpha) = \overline{B(\sigma H, H_\alpha)} = \overline{\alpha(\sigma H)} = (\sigma\alpha)(H) = B(H, H_{\sigma\alpha})$
$(\forall H \in M_0)$

である。$B \mid M_0 \times M_0$ は正則だから，(17)より

(18)　$\sigma H_\alpha = H_{\sigma\alpha} \qquad (\forall \alpha \in \Delta)$

が成立つ。$V = \sum_{\alpha \in \Delta} \mathbb{R} H_\alpha$ は M_0 の一つの実形である。そこで σ の M_0 上への作用は，(18)により，σ の引起す Δ の互換(位数2の置換) $\alpha \longmapsto \sigma\alpha$ によって一意的に定まる。また σ の $\sum_{\alpha \in \Delta} M_\alpha$ 上への作用は，互換 $\alpha \longmapsto \sigma\alpha$ と，(12)の因子 λ_α $(\alpha \in \Delta)$ で定まる。

そこでカルタンは，可能な互換 $\alpha \longmapsto \sigma\alpha$ の因子系 (λ_α) を定めて行くのであるが，それは相当面倒な計算と場合分けを必要とする。以下最小次元の単純リー環 $M = \mathfrak{sl}(2, \mathbb{C}) = \{X \in M_2(\mathbb{C}) \mid \mathrm{Tr}\, X = 0\}$ に対して，σ の決定される様子を見てみよう。

$M = \mathfrak{sl}(2, \mathbb{C})$ の基底として

(19)　$H = \dfrac{1}{2}\begin{pmatrix} 1 & 0 \\ 0 & -1 \end{pmatrix},\quad X = \dfrac{1}{2}\begin{pmatrix} 0 & 1 \\ 0 & 0 \end{pmatrix},\quad Y = \begin{pmatrix} 0 & 0 \\ 1 & 0 \end{pmatrix}$

をとることができる。その間の括弧積は，次のようになる。

(20)　$[H, X] = X,\quad [H, Y] = -Y,\quad [X, Y] = H$

従って $M_0 = \mathbb{C}H$ が，M のカルタン部分環で，(19)第一式の H に対して

(21)　$\alpha(H) = 1$ となる M_0 上の一次形式をとると $\Delta = \{\alpha, -\alpha\}$ がルート系である。

今 M の実形 L を一つとり，L に関する M の共役写像を σ とする。このとき(11)により $\sigma\alpha\in\varDelta=\{\alpha,-\alpha\}$ だから，

(22) (a) $\sigma\alpha=\alpha$,
(b) $\sigma\alpha=-\alpha$

のどちらかになる。

(a)の場合

(23) $\sigma X=\lambda_\alpha X$, $\sigma Y=\lambda_{-\alpha}Y$, $0\neq\lambda_{\pm\alpha}\in\mathbb{C}$

となる。このとき(15)，(16)が成立つ。今 $\sigma\alpha=\alpha$ だから(16)は

(24) $\bar{\lambda}_\alpha\lambda_\alpha=1$, $|\lambda_\alpha|=1$

λ_α の平方根の一つを ρ_α とすると ρ_α^{-1} は $\lambda_{-\alpha}$ の平方根である。

(25) $U=\rho_\alpha X$, $V=\rho_\alpha^{-1}Y$

とおくとき，(H,U,V) は M の基底で，σ で不変である。そして

(26) $[H,U]=U$, $[H,V]=-V$, $[U,V]=H$

となる。そこでこの場合の実形 L は

(21) $L=\mathbb{R}U+\mathbb{R}V+\mathbb{R}H$

であり，(26)の括弧積の形が(20)と同じだから

(22) $L\cong\mathfrak{sl}(2,\mathbb{R})=\mathbb{R}X+\mathbb{R}Y+\mathbb{R}H$

である。

(b)の場合

今度は，$\sigma M_\alpha=M_{-\alpha}$, $\sigma M_{-\alpha}=M_\alpha$ となるから，

(23) $\sigma X=\lambda_\alpha Y$, $\sigma Y=\lambda_{-\alpha}X$, $0\neq\lambda_{\pm\alpha}\in\mathbb{C}$

となる。$\lambda_{\pm\alpha}$ がある。この $\lambda_{\pm\alpha}$ も(15) $\lambda_\alpha\lambda_{-\alpha}=1$ と(16) $\bar{\lambda}_\alpha\lambda_{-\alpha}=1$ をみたすから，$\lambda_\alpha/\bar{\lambda}_\alpha=1$，すなわち

(24) $\lambda_\alpha=\bar{\lambda}_\alpha\in\mathbb{R}-\{0\}$

をみたす。従ってこの場合

（イ） $\lambda_\alpha>0$, （ロ） $\lambda_\alpha<0$

の二つの場合がある。

（イ）の場合

(25) $U=\dfrac{1}{\sqrt{\lambda_\alpha}}X=\sqrt{\lambda_{-\alpha}}\,X$, $V=\dfrac{1}{\sqrt{\lambda_{-\alpha}}}Y=\sqrt{\lambda_\alpha}\,Y$

(26) $\sigma U=V$, $\sigma V=U$, $\sigma H=-H$

となるから，

(27) $W=\frac{1}{\sqrt{2}}(U+V),\quad Z=\frac{i}{\sqrt{2}}(U-V)$

とおくとき，

(28) $\sigma W=W,\quad \sigma Z=Z,\quad \sigma(iH)=iH$

となる。従ってこのとき，σ に対応する M の実形 L_1 は

(29) $L_1=\mathbb{R}W+\mathbb{R}Z+\mathbb{R}\cdot iH$

である。そして基底の間の括弧積は

(30) $[iH,W]=Z,\quad [iH,Z]=-W,\quad [W,Z]=-iH$

となる。

この場合の実形 L_1 は，不定符号エルミット形式 $z_1\overline{z_1}-z_2\overline{z_2}$ を不変にする $\mathbb{C}^2$ の 1 次変換全体の作る群 $U(1,1)$ の交換子群 $SU(1,1)$ のリー環 $\mathfrak{su}(1,1)$ と同型である。$H=\begin{pmatrix}1&0\\0&-1\end{pmatrix}$ とおくとき，

(31) $\mathfrak{su}(1,1)=\{X\in M_2(\mathbb{C})\mid X^*H+HX=0,\ \mathrm{Tr}X=0\}$

$$=\left\{\begin{pmatrix}ia&b+ic\\b-ic&-ia\end{pmatrix}\middle|\,a,b,c\in\mathbb{R}\right\}$$

となるから，

(32) $A=\frac{1}{2}\begin{pmatrix}i&0\\0&-i\end{pmatrix},\quad B=\frac{1}{2}\begin{pmatrix}0&1\\1&0\end{pmatrix},\quad C=\frac{1}{2}\begin{pmatrix}0&i\\-i&0\end{pmatrix}$

が，$\mathfrak{su}(1,1)$ の基底であり，その間の括弧積は，

(33) $[A,B]=C,\quad [A,C]=-B,\quad [B,C]=-A$

となる。(30) と (33) を比較すると，$\varphi:\mathfrak{su}(1,1)\longrightarrow L_1$ を，

(34) $\varphi(A)=iH,\quad \varphi(B)=W,\quad \varphi(C)=Z$

と成る一次写像 φ が，リー環の同形写像となる：

(35) $\mathfrak{su}(1,1)\cong L_1$

実は $n=2$ の場合の特殊性により，

(36) $\mathfrak{su}(1,1)\cong\mathfrak{sl}(2,\mathbb{R})$

が成立つ。よく知られているように $SL(2,\mathbb{R})$ は上半平面のポアンカレ計量による運動群で，$SU(1,1)$ は単位円板のポアンカレ計量による運動群である。上半平面と単位円板は，いわゆるケイリー変換 $w=\frac{z-i}{z+i}$ によって写り合う。そこでその運動群のリー環について，次の関係が成立つ：

(37)　$C=\begin{pmatrix}1 & -i\\ 1 & i\end{pmatrix}$ とするとき，$C^{-1}\circ\mathfrak{su}(1,1)\circ C=\mathfrak{su}(2,\mathbb{R})$

(ロ)のとき，

(38)　$U=-\sqrt{-\lambda_{-\alpha}}X,\quad V=-\sqrt{-\lambda_{\alpha}}Y$

とおくと，$\sigma U=-V$，$\sigma V=-U$，$\sigma H=-H$ となるので

(39)　$P=\dfrac{1}{\sqrt{2}}(U-V),\quad Q=\dfrac{i}{\sqrt{2}}(U+V),\quad R=iH$

とおくとき

(40)　$\sigma P=P,\quad \sigma Q=Q,\quad \sigma R=R$

となるから，

(41)　$L_2=\mathbb{R}P+\mathbb{R}Q+\mathbb{R}R$

は，M の一つの実形である。そしてその間の括弧積は

(42)　$[R,P]=Q,\quad [R,Q]=-P,\quad [P,Q]=R$

この実形 L_2 は，定符号エルミット形式 $z_1\overline{z_1}+z_2\overline{z_2}$ を不変にする $\mathbb{C}^2$ の 1 次変換の全体 $U(2)$ の交換子群 $SU(2)$ のリー環 $\mathfrak{su}(2)$ と同型である。

(43)　$\mathfrak{su}(2)=\{X\in M_2(\mathbb{C})\mid X^*+X=0,\ \mathrm{Tr}\,X=0\}$

$$=\left\{\begin{pmatrix}ia & b+ci\\ -b+ci & -ia\end{pmatrix}\middle|\, a,b,c\in\mathbb{R}\right\}$$

であるから

(44)　$D=\dfrac{1}{2}\begin{pmatrix}i & 0\\ 0 & -i\end{pmatrix},\quad E=\dfrac{1}{2}\begin{pmatrix}0 & 1\\ -1 & 0\end{pmatrix},\quad F=\dfrac{1}{2}\begin{pmatrix}0 & i\\ i & 0\end{pmatrix}$

が $\mathfrak{su}(2)$ の基底である。その間の括弧積は，

(45)　$[D,E]=F,\quad [D,F]=-E,\quad [E,F]=D$

となる。従って(42)，(45)を比較すると

$$\varphi(R)=D,\quad \varphi(P)=E,\quad \varphi(Q)=F$$

となる 1 次変換 φ により，

(46)　$L_2\cong\mathfrak{su}(2)$

となることがわかる。以上により $\mathfrak{sl}(2,\mathbb{C})$ の実形は，$\mathfrak{sl}(2,\mathbb{R})$ か $\mathfrak{su}(2)$ のどちらかに同型になることが証明された。$\mathfrak{sl}(2,\mathbb{R})$ は $\mathfrak{sl}(2,\mathbb{C})$ の正規実形で，$\mathfrak{su}(2)$ はコンパクト実形(キリング形式が負値定符号)である。この二つの実形の特性数は，それぞれ $\delta=1$，$\delta=-3$ であり，この二つは同型でない。

カルタンは，すべての複素単純リー環 M の可能な共役写像 σ をすべて決定す

ることに成功した。それは彼の強靭な計算力によるものであった。計算は確かに強力であるが，見透しがきかないという難点があった。キリング-カルタンの理論では，複素単純リー環を決定する不変量として，ルート系またはカルタン整数という単純明快なものを提出することができた。複素単純リー環の実形を分類する問題では，カルタンは，実形を決定するものとして共役写像を取上げたのであったが，これは実形の概念を言い換えたものにすぎず，ルート系のような明証性を持たない。後の研究者が，カルタンのこの論文の結果には感嘆しながらも，その方法に不満を抱いたのは，専らこの点にあった。彼等は実形の分類を，複素単純リー環 M のルート系と直接結びついた形で，明快に記述する道を求めた。以下の数節でそのような研究を紹介する。

一方カルタンの計算自体を，現代化し分かり易くした研究としてハウスナー-J. T. シュワルツ[53]の本がある。

ここではカルタンの得た結果だけを述べておこう。各実形を区別するために，カルタンが後に対称リーマン空間に関する論文[9]で導入し，現在でも用いられる AI, AII 等の記号を用いる。(細いことを言うと[9]では，運動群が単純リー群であるような非コンパクト既約対称リーマン空間を対象としているので，コンパクト実形が入っていない。ここでは便宜上例えばコンパクト実形 $\mathfrak{su}(2)$ は AIII 型の中に入れておく。)

A 型

$\mathfrak{sl}(n,\mathbb{C})$ $(n \geqq 2)$ の実形には，次の三つのタイプのものがある。

AI　$\mathfrak{sl}(n,\mathbb{R}) = \{X \in M_n(\mathbb{R}) \mid \mathrm{Tr}X = 0\}$　　正規実形

AII　$n = 2m$ (偶数)のときのみ，4元数一般線型群 $GL(m,\mathbb{H})$ の交換子群 $SL(m,\mathbb{H})$ のリー環，$\mathbb{H}^m = \mathbb{C}^{2m} = \mathbb{C}^n$ と考えて $\mathfrak{sl}(n,\mathbb{C})$ の部分リー環として実現される。

AIII$_p$　$p+q=n$ とする $p, q \geqq 0$ に対し，エルミット形式 $\sum_{k=1}^{p} z_k\overline{z_k} - \sum_{j=p+1}^{n} z_j\overline{z_j}$ を不変にする1次変換全体の作る群 $U(p,q)$ の交換子群 $SU(p,q)$ のリー環 $= \{X \in M_n(\mathbb{C}) \mid X^* H_p + H_p X = 0, \mathrm{Tr}X = 0\}$，$H_p = \begin{pmatrix} I_p & 0 \\ 0 & -I_q \end{pmatrix}$，$X^* = {}^t\overline{X}$，$SU(p,q) \cong SU(q,p)$ だから $\left[\frac{n}{2}\right] \geqq q \geqq 0$ の範囲だけでよい。

B 型

$O(2n+1,\mathbb{C})=\{X\in M_{2n+1}(\mathbb{C})\mid {}^tX+X=0\}$ の実形。

$B\mathrm{I}_p$ $p+q=2n+1$ となる整数 $p,q\geqq 0$ に対し，2 次形式 $\sum_{j=1}^{p}x_j^2-\sum_{k=p+1}^{n}x_k^2$ を不変にする実 1 次変換全体の作る群 $O(p,q)$ のリー環 $=\{X\in M_{2n+1}(\mathbb{R})\mid {}^tXH_p+H_pX=0\}$，$H_p=\begin{pmatrix}I_p & 0\\ 0 & -I_q\end{pmatrix}$。

C 型

n 次複素斜交群 $S_p(n,\mathbb{C})$ のリー環 $\mathfrak{sp}(n,\mathbb{C})=\{X\in M_{2n}(\mathbb{C})\mid {}^tXJ+JX=0\}$ の実形。ただし $J=\begin{pmatrix}0 & I_n\\ -I_n & 0\end{pmatrix}$ （I_n は n 次単位行列）

$C\mathrm{I}$ $\mathfrak{sp}(n,\mathbb{R})=\{X\in M_{2n}(\mathbb{R})\mid {}^tXJ+JX=0\}$ 正規実形

$C\mathrm{II}$ $\mathbb{H}^n$ 上の符号定数 (p,q) のエルミット形式を不変にする 1 次変換全体の作る群 $S_p(p,q)$ のリー環，カルタンは $\mathbb{C}^{2n}$ 上で一つの正則交代双一次形式と一つのエルミット形式を不変にする一次変換群としてとらえている。

D 型

$O(2n,\mathbb{C})$ の実形

$D\mathrm{I}$ $\mathbb{R}^{2n}$ 上で符号定数 (p,q) の正則 2 次形式を不変にする 1 次変換全体の作る群 $O(p,q)$ のリー環。

$D\mathrm{III}$ $\mathbb{H}^n$ 上の正則交代エルミット形式を不変にする一次変換全体の作る群のリー環。カルタンは $\mathbb{C}^{2n}$ 上の，極大指数の正則 2 次形式および正則エルミット形式を不変にする 1 次変換全体の作る群のリー環としてとらえている。

（カルタンは，$D\mathrm{I}$ の中で $p=1$ または $q=1$ となるものを $D\mathrm{II}$ として，これは対応する対称リーマン空間が定曲率となるため，特別扱いにしたのである。）

例外リー環

カルタンは，各複素例外単純リー環 M に対して，その実形 L を具体的にすべて与えている。これはカルタンの大きな業績であるが，ここでは結果のみを記す。

Lの内部自己同型群の一つの極大コンパクト部分群のリー環をK，キリング形式Bに関するその直交空間をPとするとき$L = K \oplus P$で，BはK上負値，P上正値定符号である（カルタン分解）。

例外リー環の実形の表

L	L^c	$\dim K$	$\dim P$	δ	$\dim L$
E I	E_6	36	42	6	78
E II		38	40	2	78
E III		46	32	−14	78
E IV		52	26	−26	78
e_6		78	0	−78	78
E V	E_7	63	70	7	133
E VI		69	64	−5	133
E VII		79	54	−25	133
e_7		133	0	−133	133
E VIII	E_8	120	128	8	248
E IX		136	112	−24	248
e_8		248	0	−248	248
F I	F_4	24	28	4	52
F II		36	16	−20	52
f_4		52	0	−52	52
G I	G_2	6	8	2	14
g_2		14	0	−14	14

例外リー群およびリー環を，ケイリー環，ジョルダン環等の非結合環を用いて具体的に構成することについては，フロイデンタール[15]，ジェイコブソン[21]，シェファー[34]，横田[52]等を見られたい。

カルタンは1926年に「平行移動が曲率を不変にするリーマン空間について」[7]という論文を発表したが，これは彼の対称リーマン空間についての大きな研究の始まりであった。この第一論文において既にカルタンは，既約な対称リーマン空間がどれだけあるかという問題は，実単純リー群がどれだけあるかという問題と同値であることを指摘している。これによって彼の1914年の論文は，新たに重要な意義を持つことが示されたのであった。

また対称空間の理論は，実単純リー環の分類に関して，新しい方法を与えた。ユークリッド空間のような平坦な空間を除くと，対称リーマン空間の運動群は，半単純リー群である。

そしてそのような空間の中で，既約なもの（局所的に直積に分解できないもの）は，断面曲率が正のものと負のものとが（局所同型類として）一対一に対応して居り，前者はコンパクト，後者は非コンパクトである。楕円型と双曲型の非ユークリッド空間は，この対応の最初の例なのであった。これが対称リーマン空間の**双対性**と呼ばれる事実である。この双対性によって対応する空間 X, X' の運動群 G, G' のリー環を L, L' とするとき，L と L' の間には次のような著しい関係がある。適当に X, X' の原点 p, p' を選ぶとき，p, p' に関する G, G' の固定部分群のリー環は一致する。それを K とし，L, L' におけるキリング形式に関する直交空間を N, P とするとき，次の(47), (48)

(47)　$L = K \oplus N, \quad L' = K \oplus P, \quad P = \sqrt{-1}\,N$

(48)　$[K, K] \subset K, \quad [K, N] \subset N, \quad [N, N] \subset K, \quad [K, P] \subset P, \quad [P, P] \subset K$

このことは，L, L' の直和分解(47)が，L, L' の位数 2 の自己同型写像 τ, θ の固有値 $1, -1$ に対する固有空間分解となっていることを意味する。そしてコンパクト半単純群 G のリー環の任意の位数 2 の自己同型写像 τ の固有空間分解は，必らずあるコンパクト対称リーマン空間に上のような関係で対応する。

L がコンパクト単純リー環（キリング形式が負値定符号であるような実単純リー環）であるとき，上の(47), (48)をみたすような L' は，L の複素化 $L^C = M$ の非コンパクト実形である（$\tau \neq 1$ とする）。

そして M のすべての非コンパクト実形は，上のようにコンパクト実形 L の位数 2 の自己同型写像から，L' として得られる。それは 1914 年の論文との関連で言えば，L' に関する M の共役写像 σ は必らず M のあるコンパクト実形 U を不変にし，かつ M の二つのコンパクト実形 U と L は，M の内部自己同型群 $\mathrm{Int}\,M$ のある元 α によって，$\alpha U = L$ となることから導かれる。

このことをカルタンは，1929 年の論文「閉単純群と開単純群」[10]で示した。こうして複素単純リー群 M のすべての非コンパクト実形を求める問題は，M のコンパクト実形の位数 2 の自己同型を定める問題に帰着された。しかしカルタンは，この方法で実形を分類するやり方を[10]では示していない。この第二の方法を実行することは後の数学者にまかされたのである。

§2　ガントマッヘル

前節に述べたようなカルタンの実単純リー環 L の分類論の欠点を克服し，分類を L の複素化の構造特にそのルート系に結びつけて記述するという方向は，1939

年のF. ガントマッヘルの論文[17]で，第一歩が踏み出された。

[17]ではリー環という言葉は用いられていないが，無限小リー群という言葉で，リー環が代数系として定義されているので，リー環という言葉を用いる。

ガントマッヘルの出発点は，カルタン[5]でも事実上基礎となっていた次の定理1である。

定理1 任意の複素単純リー環 M に対して，次のA)またはB)という操作を施すことによって，すべての実単純リー環 L が得られる：

A) M のすべての相異なる実形を求める。

B) M を $\mathbb{R}$ 上のリー環 $M_{\mathbb{R}}$ と考える。

M はカルタンの学位論文[4]により，分類されているから，M の実形をすべて求めればよい。以下ガントマッヘルはA)の答を与える。その原理はカルタンが[10]で与えた定理で，前節最後に述べたように，M のすべての実形を求めるのに，M の一つのコンパクト実形 L_u の位数2の自己同型写像をすべて求めることに帰着させる。ガントマッヘルは，この原理を対称空間の理論によらず，線型代数だけから導いた。

$\mathbb{C}$ 上の半単純リー環 M の一つのコンパクト実形 L_u を固定する。M のキリング形式を $B(X, Y) = \mathrm{Tr}(\mathrm{ad}\, X\, \mathrm{ad}\, Y)$ とする。B を $L_u \times L_u$ 上に限定したものは，L_u のキリング形式で，負値定符号である。いま L_u の B に関する正規直交基底 $e_1, \cdots, e_n$ をとる。

(1) $B(e_i, e_j) = -\delta_{ij}, \quad 1 \leqq i, j \leqq n$

である。

今任意の正則一次変換 $P \in GL(M)$ をとり，$g_i = Pe_i\,(1 \leqq i \leqq n)$ とすると，$(g_i)_{1 \leqq i \leqq n}$ は，M のもう一つの基底である。この基底 (g_i) に関する構造定数 $c_{ik}^{\ell}\,(1 \leqq i, k, \ell \leqq n)$ が

(2) $$[g_i, g_k] = \sum_{\ell=1}^{n} c_{ik}^{\ell} g_{\ell}$$

によって定義される。一般に $c_{ik}^{\ell} \in \mathbb{C}$ であるが，特にすべての $c_{ik}^{\ell} \in \mathbb{R}$ となる場合には，$L = \sum_{i=1}^{n} \mathbb{R} g_i$ は M の実形である。また M のすべての実形はこうして得られる。

ここで二つの問題が生ずる。

1. 1次変換 P に対し，PL_u が M の実形となる条件は何か。
2. 二つの1次変換 P, P_1 が同型な実形を与える条件は何か。

この二つの問題の答は，それぞれ定理2，定理3で与えられる。

1次変換 $P \in GL(M)$ の，L_u の正規直交基底 (e_i) に関する行列表示を (p_{ki}) とする：

(3) $Pe_i = \sum_{k=1}^{n} p_{ki} e_k$

以下基底 (e_i) を固定し，1次変換 P と行列 (p_{ki}) を同一視する：

$P = (p_{ki})$

今この1次変換 P から，もう一つの1次変換 $\bar{P}$ を

(4) $\bar{P}e_i = \sum_{k=1}^{n} \bar{p}_{ki} e_k$

によって定義する。$\bar{P}e_i = h_i$ $(1 \leqq i, \leqq n)$ とし，(h_i) に関する構造定数を (d_{ik}^{ℓ}) とする：

(5) $[h_i, h_k] = \sum_{\ell=1}^{n} d_{ik}^{\ell} h_{\ell}$

L_u の基底 (e_i) に関する構造定数を a_{ik}^{ℓ} とするとき，L_u は実形だから $a_{ik}^{\ell} \in \mathbb{R}$ である。

$(p_{ki})^{-1} = (q_{ki})$ とおくとき，

(6) $c_{ik}^{s} = \sum_{j,r,\ell=1}^{w} p_{ji} p_{rk} a_{jr}^{\ell} q_{s\ell}$

となる。d_{ik}^{s} も同様の式で表わされるが，p_{ji} の代りに $\overline{p}_{ji}$，$q_{s\ell}$ の代りに $\overline{q}_{s\ell}$ が入る。そこで $a_{jr}^{\ell} \in \mathbb{R}$ から

(7) $d_{ik}^{\ell} = \bar{c}_{ik}^{\ell}$, $1 \leqq i, k, \ell \leqq n$

となる。従って特に $PL_u = L$ が M の実形である場合には，すべての $c_{ik}^{\ell} \in \mathbb{R}$ であるから，(7)より

(8) $d_{ik}^{\ell} = c_{ik}^{\ell} \in \mathbb{R}$, $1 \leqq i, k, \ell \leqq n$

となる。このとき，$P^{-1}g_i = e_i$ $(1 \leqq i \leqq n)$ だから

(9) $\bar{P}P^{-1}g_i = \bar{P}e_i = h_i$, $1 \leqq i \leqq n$

である。従ってこのとき，正則1次変換 $A = \bar{P}P^{-1}$ は，$L = \sum_{i=1}^{n} \mathbb{R}g_i$ を $L_1 =$

$\sum_{i=1}^{n}\mathbb{R}h_i$ に写す。この場合(8)から L_1 も M の実形で構造定数が等しいから，L と同型であって，A は L を L_1 に写す同型写像であり，従って M の自己同型写像である。

定理 2　次の(a)と(b)は同値である。

(a)　$P \in GL(M)$ に対し，PL_u は M の実形である。

(b)　$\bar{P}\cdot P^{-1} = A$ は，M の自己同型写像である：$A \in \mathrm{Aut}\,M$

証明　(a)⇒(b)は上述。

(b)⇒(a)　(a)により $A = \bar{P}\cdot P^{-1}$ は (g_i) を (h_i) に写す。$A \in \mathrm{Aut}\,M$ だから，A は構造定数を変えない。従って $c_{ik}^{\ell} = d_{ik}^{\ell} = \bar{c}_{ik}^{\ell}\,(1 \leqq i, k, \ell \leqq n)$ となるから，PL_u は M の実形である。 ■

次に上の問題 2 の答を与える。二つの正則一次変換 $P, P_1 \in GL(M)$ が L_u の基底 (e_i) を $(g_i), (h_i)$ に写すとする：

(10)　$Pe_i = g_i,\quad P_1e_i = h_i,\quad 1 \leqq i \leqq n$

いま $(g_i), (h_i)$ に関する構造定数をそれぞれ $(c_{ik}^{\ell}), (d_{ik}^{\ell})$ とする(すなわち(2), (5)が成立つとする)。いま次の(11)を仮定する：

(11)　$L = \sum_{i=1}^{n}\mathbb{R}g_i,\quad L_1 = \sum_{i=1}^{n}\mathbb{R}h_i$ は M の実形で，$L \cong L_1$ である。

従って L_1 の基底

(12)　$\ell_i = \sum_{j=1}^{n} r_{ij}h_i,\quad 1 \leqq i \leqq n,\quad r_{ij} \in \mathbb{R}$

を適当にとれば，(ℓ_i) に関する構造定数は，(c_{ik}^{ℓ}) となる：

(13)　$[\ell_i, \ell_k] = \sum_{t=1}^{n} c_{ik}^{t}\ell_t$

(10), (13)から

(14)　$\ell_i = P_1\left(\sum_{i=1}^{n} r_{ij}e_i\right),\quad 1 \leqq i \leqq n$

である。いま

(15)　$Re_i = \sum_{j=1}^{n} r_{ji} e_j$

となる1次変換 $R \in GL(M)$ をとると，$r_{ji} \in \mathbb{R}$ だから $\bar{R} = R$ である。(14), (15) から，次の(16)が成立つ：

(16)　$\ell_i = P_1 Re_i$，　$1 \leqq i \leqq n$

$P^{-1} g_i = e_i$ だから，(16)は次の(17)になる：

(17)　$\ell_i = P_1 RP^{-1} g_i$，　$1 \leqq i \leqq n$

(g_i) と (ℓ_i) に関する構造定数は，共に (c_{ik}^{ℓ}) であるから

(18)　$P_1 RP^{-1} = A_1 \in \mathrm{Aut}\, M$

となる。$A_1^{-1} = A$ とおくと $A \in \mathrm{Aut}\, M$ であって，次の(19)が成立つ：

(19)　$P = AP_1 R$，　$A \in \mathrm{Aut}\, M$，　$R = \bar{R} \in GL(M)$

そこで次の定理3の(a) ⇒ (b)が証明された。

定理3　$P, P_1 \in GL(M)$ が，共に定理2の条件(b)をみたしているものとする。$PL_u = L$，$P_1 L_u = L_1$ とおくとき，次の条件(a), (b)は同値である：

(a)　二つの実形 L と L_1 は同型である：$L \cong L_1$

(b)　$P = AP_1 R$，$A \in \mathrm{Aut}\, M$，$R = \bar{R} \in GL(M)$ となる A と R が存在する。

証明　(a) ⇒ (b) 上述。

(b) ⇒ (a)　いま条件(b)から $\bar{R} = R$ だから，$\bar{R}R^{-1} = I \in \mathrm{Aut}\, M$ である。従って定理2により，RL_u は M の実形である。一方 $\bar{R} = R$ だから，$Re_i \in L_u$ $(1 \leqq i \leqq n)$ となるので，$RL_u = L_u$ である。

そこで条件(b)から

$$L_1 = P_1 L_u = P_1 RL_u,\quad AL_1 = AP_1 RL_u = PL_u = L$$

となる。ここで $A \in \mathrm{Aut}\, M$ だから $AL_1 \cong L_1$ であり，従って上式(第二式)より $L_1 \cong L$ となる。■

次に複素半単純リー環 M の実形の分類に関するカルタン[10]の基本定理を定理6として，線型代数により初等的に証明する。準備として定理2に現われた $A = \bar{P} \cdot P^{-1}$ の形の自己同型写像の極表示を証明する。

任意の $A \in \mathrm{Aut}\, M$ は，キリング形式を不変にするから，L_u（従って M）の正規

直交基底 (e_i) に関して行列表示すれば

(20)　$\mathrm{Aut}\, M \subset O(n, \mathbb{C})$

となる。いま $A \in \mathrm{Aut}\, M$ が，定理 2 の条件(b)をみたすとする：

(21)　$A = \bar{P} \cdot P^{-1} \in \mathrm{Aut}\, M$,　$P \in GL(M)$

このとき，$A \cdot \bar{A} = \bar{P}P^{-1}P\bar{P}^{-1} = I$ だから

(22)　$\bar{A} = A^{-1}$

となる。一方(20)により，$A \in O(n, \mathbb{C})$ だから

(23)　${}^tA = A^{-1}$

であるから，(22), (23)より ${}^tA = \bar{A}$ である。${}^t\bar{A} = A^*$ とおくと

(24)　$A^* = A$

である。すなわち A はエルミット行列であり，(23)から複素直交行列でもある。$H(n)$ で n 次エルミット行列全体の集合を表わす。

定理 4　任意の $A \in H(n) \cap O(n, \mathbb{C})$ は，

(25)　$A = Se^{i\Phi}$,　$S = \bar{S}$,　${}^tS = S^{-1}$,　$S^2 = I$

$\Phi = \bar{\Phi}$,　${}^t\Phi = -\Phi$,　$\Phi S = S\Phi$

と表すことができる。

証明　$A = F + iK$,　$F, K \in M_n(\mathbb{R})$ と分解するとき，$A^* = F^* - iK^*$ だから，実行列 F, K は，次の(26)をみたす。

(26)　${}^tF = F$,　${}^tK = -K$

となる。すなわち F は実対称行列，K は実交代(反対称)行列である。

一方(22)により，$A\bar{A} = I$ だから，$(F+iK)(F-iK) = F^2 + K^2 + i(KF - FK) = I$ となるから，次の(27)が成立つ。

(27)　$F^2 + K^2 = I$,　$KF = FK$

F, K は可換な実正規行列だから，ある一つの実直交行列 Q によって標準形に変換できる：すなわち次の(28), (29)が成立つ：

(28)　$F_0 = QFQ^{-1} = \begin{pmatrix} f_1 & & & 0 \\ & f_2 & & \\ & & \ddots & \\ 0 & & & f_n \end{pmatrix}$,　$f_m \in \mathbb{R}$,　$1 \leqq m \leqq n$

$$(29)\quad K_0 = QKQ^{-1} = \begin{pmatrix} K_1 & & & & & 0 \\ & \ddots & & & & \\ & & K_\nu & & & \\ & & & 0 & & \\ & & & & \ddots & \\ 0 & & & & & 0 \end{pmatrix},\quad K_m = \begin{pmatrix} 0 & -k_m \\ k_m & 0 \end{pmatrix},$$

$$0 \neq k_m \in \mathbb{R} \qquad (1 \leqq m \leqq \nu)$$

$F_0^2 + K_0^2 = Q(F^2 + K^2)Q^{-1} = QQ^{-1} = I$ だから

$$K_m^2 \begin{pmatrix} -k_m^2 & 0 \\ 0 & -k_m^2 \end{pmatrix},\quad \begin{pmatrix} f_{2m-1} & 0 \\ 0 & f_{2m} \end{pmatrix}^2 = \begin{pmatrix} f_{2m-1}^2 & 0 \\ 0 & f_{2m}^2 \end{pmatrix}$$

により，次の(30)が成立つ：

$$(30)\quad \begin{aligned} & f_{2m-1}^2 - k_m^2 = 1 = f_{2m}^2 - k_m^2, \quad (1 \leqq m \leqq \nu) \\ & f_{2m-1}^2 = 1 + k_m^2 = f_{2m}^2, \quad f_{2m} = \pm f_{2m-1} \end{aligned}$$

さらに $F_0 K_0 = K_0 F_0$ だから，$\begin{pmatrix} f_{2m-1} & 0 \\ 0 & f_{2m} \end{pmatrix}$ と $\begin{pmatrix} 0 & -k_m \\ k_m & 0 \end{pmatrix}$ が可換なので $f_{2m} k_m = f_{2m-1} k_m$ となり，$k_m \neq 0$ により，次の(31)が成立つ。

$$(31)\quad f_{2m-1} = f_{2m}, \quad 1 \leqq 2m \leqq \nu$$

また次の(32)が成立つ。

$$(32)\quad 2\nu < m \text{ のとき},\ f_m^2 = 1, \quad f_m = \pm 1$$

そこで行列 F_0 は次の形になる：

$$(33)\quad F_0 = D(f_1, f_1, f_3, f_3, \cdots, f_{2\nu-1}, f_{2\nu-1}, \pm 1, \cdots, \pm 1) \qquad (\text{対角行列})$$

そこで今 $\begin{pmatrix} A & 0 \\ 0 & B \end{pmatrix} = A \dotplus B$ のように書くとき，次の(34)が成立つ：

$$(34)\quad A_0 = F_0 + iK_0 = \begin{pmatrix} f_1 & -ik_1 \\ ik_1 & f_1 \end{pmatrix} \dotplus \cdots \dotplus \begin{pmatrix} f_{2\nu-1} & -ik_\nu \\ ik_\nu & f_{2\nu-1} \end{pmatrix} \dotplus (\pm 1) \dotplus \cdots \dotplus (\pm 1)$$

いま(30)により $f_{2m-1}^2 - k_m^2 = 1$ だから

(35)　$|f_{2m-1}| = \cosh\varphi_m$，　$\pm k_m = \sinh\varphi_m$ となる $\varphi_m \in \mathbb{R}$ が唯一つ存在する。
　　ただし $\pm 1 = \mathrm{sign}\, f_{2m-1}$ である。

このとき，

$$(36)\quad \begin{pmatrix} f_{2m-1} & -ik_m \\ ik_m & f_{2m-1} \end{pmatrix} = \pm \exp\left(i \begin{pmatrix} 0 & -\varphi_m \\ \varphi_m & 0 \end{pmatrix} \right)$$

となる。従って(34)，(36)から，次の(37)が成立つ。

(37) $$A_0=\left(\pm\exp\left(i\begin{pmatrix}0 & -\varphi_1\\ \varphi_1 & 0\end{pmatrix}\right)\right)\dotplus\cdots\dotplus\left(\pm\exp\left(i\begin{pmatrix}0 & -\varphi_\nu\\ \varphi_\nu & 0\end{pmatrix}\right)\right)$$
$$\dotplus(\pm1)\dotplus\cdots\dotplus(\pm1)$$

いま(37)の $\pm$ をそのままとって

(38) $$S_0=\begin{pmatrix}\pm1 & & & 0\\ & \pm1 & & \\ & & \ddots & \\ 0 & & & \pm1\end{pmatrix}$$

とおき，また

(39) $$\Phi_0=\begin{pmatrix}0 & -\varphi_1\\ \varphi_1 & 0\end{pmatrix}\dotplus\cdots\dotplus\begin{pmatrix}0 & -\varphi_\nu\\ \varphi_\nu & 0\end{pmatrix}\dotplus 0_{n-2\nu}$$

とおく。このとき，次の(40), (41)が成立つ：

(40) $$S_0\Phi_0=\Phi_0S_0$$

(41) $$A_0=S_0e^{i\Phi_0}$$

S_0, Φ_0, A_0 を，S, Φ, A にもどして

(42) $$Q^{-1}A_0Q=A,\quad Q^{-1}S_0Q=S,\quad Q^{-1}\Phi_0Q=\Phi$$

とすると，(41), (40)から

(43) $$A=Se^{i\Phi}$$

(44) $$S\Phi=\Phi S$$

となる。$\overline{S}_0=S_0$, ${}^tS_0=S_0=S_0^{-1}$ だから，$Q\in O(n)$ により

(45) $$\overline{S}=S,\ {}^tS=S^{-1}=S,\quad S^2=I$$

となる。また $\overline{\Phi}_0=\Phi_0$, ${}^t\Phi_0=-\Phi_0$ から

(46) $$\overline{\Phi}=\Phi,\ {}^t\Phi=-\Phi$$

となる。(43)-(46)により，定理4は証明された。 ∎

定理4の S に対し，行列

(47) $$T=\frac{1-i}{2}S+\frac{1+i}{2}I$$

を考える。この T の定義から

(48) $$T^2=\frac{1-1-2i}{4}S^2+\frac{1-1+2i}{4}I+2\frac{1+1}{4}S$$
$$=\frac{2i}{4}(I-S^2)+S=S$$

となる。すなわち T は S の平方根である。以下

(49) $\sqrt{S}=\dfrac{1-i}{2}S+\dfrac{1+i}{2}I$

と記す。いま $\overline{\sqrt{S}}\sqrt{S}$ を計算すると，$\bar{S}=S$ だから

(50) $$\overline{\sqrt{S}}\sqrt{S}=\left(\frac{1+i}{2}S+\frac{1-i}{2}I\right)\left(\frac{1-i}{2}S+\frac{1+i}{2}I\right)$$
$$=\frac{1+1}{4}S^2+\frac{1+1}{4}I+\frac{-2i}{4}S+\frac{2i}{4}S=I$$

となる。従って次の(51)が成立つ：

(51) $\overline{\sqrt{S}}=\sqrt{S}^{-1}$

定理5　複素半単純リー環 M の自己同型写像 $A\in\mathrm{Aut}\,M$ に対し，

(52) $\bar{P}\cdot P^{-1}=A,\quad P\in GL(M)$

となる P が存在するための必要十分条件は，

(53) $A=Se^{i\Phi}$

の形であって，かつ S,Φ は，次の(54), (55)をみたすことである：

(54) $S\in\mathrm{Aut}\,M,\quad \Phi\in\mathrm{ad}\,L_u$

(55) $S^2=I,\quad \bar{S}=S,\quad {}^tS=S^{-1},\quad \bar{\Phi}=\Phi=-{}^t\Phi,\quad S\Phi=\Phi S$

S,Φ が(53), (54), (55)をみたすとき，(52)をみたす任意の P は，

(56) ある $R\in GL(n,\mathbb{R})$ により $P=e^{-i\Phi/2}\sqrt{S}R$ によって与えられる。

証明　十分条件であることは直ちに確かめられる。実際このときは(56)によって P を定義すれば，(51), (53), (55)と $S^2=I$ により，

$$\bar{P}\cdot P^{-1}=e^{-i\Phi/2}\overline{\sqrt{S}}R\cdot R^{-1}\sqrt{S}^{-1}e^{i\Phi/2}=\sqrt{S}^{-1}\sqrt{S}^{-1}e^{i\Phi}=S^{-1}e^{i\Phi}=Se^{i\Phi}=A$$

となり，(52)がみたされる。

(53), (55)が必要であることは，定理4とその前の注意によって既に証明されている。後は(52)をみたす P が存在するとき，A は(53)の形になるが，そこに生ずる S と Φ が(54)をみたすことを示せばよい。以下

(57) $\Phi\in\mathrm{ad}\,L_u$

であることを示す。(57)が成立つとき $e^{i\Phi}\in\mathrm{Aut}\,M$ だから，(53)より，$S=Ae^{-i\Phi}\in\mathrm{Aut}\,M$ となり，(54)が証明される。

(57)の証明　$G=\mathrm{Aut}\,M$ の単位元連結成分は，$G_0=\mathrm{Int}\ M$(exp ad M から生

成されるGの部分群)である。G/G_0は有限群である(ガントマッヘル[16] p.117)。

$|G/G_0|=k>0$とおくと，$A\in G$は$A^k\in G_0$, $A^{2k}\in G_0$をみたす。SとΦは可換だから，Sと$e^{i\Phi}$も可換であり，$S^2=I$だから

(58)　$G_0\ni A^{2k}=S^{2k}\cdot e^{2ki\Phi}=e^{2ki\Phi}$

となる。Φは実反対称行列だから正規行列で対角型行列である。従って$2ki\Phi$, $e^{2ki\Phi}$も対角型行列である。従って$e^{2ki\Phi}$は，連結半単純リー群G_0のあるカルタン部分群(極大複素トーラス)Cに含まれる。Cのリー環を$\mathfrak{h}$とするとき，

(59)　$e^{2ki\Phi}=\exp H,\quad H=\mathrm{ad}\,h,\quad h\in\mathfrak{h}$

の形になる。$\sum_{\alpha\in R}\mathbb{R}H_\alpha=\mathfrak{h}_0$, $i\mathfrak{h}_0=\mathfrak{h}_u$とすると，$\mathfrak{h}_u$はMのあるコンパクト実形のカルタン部分環になる。Mのすべてのコンパクト実形は，G_0の元によって互いに移り得るから，共役なものに移ることにより，$\mathfrak{h}_u$は初めに固定したコンパクト実形L_uのカルタン部分環であるとしてよい。$\mathfrak{h}=\mathfrak{h}_u\oplus i\mathfrak{h}_u$であるから

(60)　$H=H_1+iH_2,\quad H_1,H_2\in\mathrm{ad}\,\mathfrak{h}_u$

となる。$\mathfrak{h}$は可換だから，$[H_1,H_2]=0$となるので，

(61)　$B_1=\exp H_1,\quad B_2=\exp iH_2$

とするとき，

(62)　$e^{2ki\Phi}=B_1B_2$

となる。

$H_1,H_2\in\mathrm{ad}\,L_u$は，$L_u$のキリング形式(定符号)を，無限小の意味で不変にする：$B(H_mX,Y)+B(X,H_mY)=0\ (m=1,2)$。従って

(63)　${}^tH_m=-H_m,\quad m=1,2$

となる。従ってH_mは正規行列で，その固有値はすべて純虚数の対角行列である。従ってB_1,B_2も対角型行列で，B_1の固有値はすべて絶対値が1であり，B_2の固有値はすべて>0である。B_1とB_2は可換だから，同時に対角化されるので，B_1B_2の固有値は，B_1とB_2の固有値の積である。一方$2ki\Phi$はエルミット行列だから，$e^{2ki\Phi}$の固有値はすべて>0である。従って(62)から，B_1の固有値はすべて1でなければならない。B_1は対角型行列だから，これより

(64)　$B_1=I,\quad e^{2ki\Phi}=B_2=e^{iH_2}$

が導かれる。エルミット行列iH_2の固有空間で固有値$e^t\ (t\in\mathbb{R})$に対応するものは，e^{iH_2}の固有値e^tに対する固有空間と一致する。従って(64)第二式から，

(65)　$2ki\Phi = iH_2$

となるので

(66)　$\Phi = \dfrac{1}{2k} H_2 \in \mathrm{ad}\, \mathfrak{h}_u \subset \mathrm{ad}\, L_u$

となり，(57)が証明された。

最後に，(52)に解があるとき，任意の解 P は(56)で与えられることを示そう。このとき(53)が成立つから，(53)の S, Φ を用いて，

(67)　$R = \sqrt{S}^{-1} e^{i\Phi/2} P$

とおく。(51)により，$\overline{\sqrt{S}} = \sqrt{S}^{-1}$ であり，かつ $S^2 = I$ だから $S = S^{-1}$ であることを用いると，(52)から

(68)　$\bar{R} = \sqrt{S} e^{-i\Phi/2} \bar{P} = \sqrt{S} e^{-i\Phi/2} S e^{i\Phi} P = \sqrt{S} \cdot S^{-1} e^{i\Phi/2} P = R$

となり，P は(56)をみたす。これで定理5はすべて証明された。

以上の準備によって，カルタンの基本定理が直ちに得られる。

定理6 (E. カルタン[10]p.27)　M を複素半単純リー環とするとき，次の1), 2)が成立つ。

1)　M の一つのコンパクト実形 L_u を固定し，S を位数2の L_u の自己同型写像とする。このとき $\sqrt{S} L_u$ は M の実形であり，M の任意の実形 L は，$\sqrt{S} L_u$ の形のものと同型である。

2)　S の固有値 ± 1 に対する L_u の固有空間をそれぞれ K, N とするとき，$L_u = K \oplus N$ である。これに対し，

(69)　$\sqrt{S} L_u = K \oplus P,\quad P = iN$

となる。K, P は次の(70), (71)をみたす。

(70)　$[K, K] \subset K,\quad [K, P] \subset P,\quad [P, P] \subset P$

(71)　$\delta = \dim P - \dim K$

証 明　1)　(51)により $\overline{\sqrt{S}} = \sqrt{S}^{-1}$ だから，$\overline{\sqrt{S}} \cdot S^{-1} = (\sqrt{S})^{-2} = S^{-1} = S \in \mathrm{Aut}\, M$ となるので，定理2により $\sqrt{S} L_u$ は M の実形である。また M の任意の実形 L に対して，$PL_u = L$ となる $P \in GL(M)$ をとると，定理2により，$\bar{P} \cdot P^{-1} = A \in \mathrm{Aut}\, M$ となり，さらに定理5により，このとき，$A = Se^{i\Phi}$,

$S^2 = I$，$\bar{S} = S$，$S \in \mathrm{Aut}\, M$ となる。従って S は L_u を不変にし，その自己同型を引起す。そしてこのとき，$P = e^{-i\Phi/2}\sqrt{S}R$，$\bar{R} = R$ となる。従って $RL_u = L_u$ であるから，$L = PL_u = e^{-i\Phi/2}\sqrt{S}L_u$ となる。$\Phi \in \mathrm{ad}\, L_u$ で $e^{-i\Phi/2} \in \mathrm{Aut}\, M$ だから，L は $L_1 = \sqrt{S}L_u$ と同型な M の実形である。

2)　$X \in L_u$ に対し，次の同値が成立つ：

(72)　$X \in K \Longleftrightarrow SX = X$，　$X \in N \Longleftrightarrow SX = -X$

従って

(73)　$SX = X \Longrightarrow \sqrt{S}X = \dfrac{1-i}{2}SX + \dfrac{1+i}{2}X = \left(\dfrac{1-i}{2} + \dfrac{1+i}{2}\right)X = X$

(74)　$SX = -X \Longrightarrow \sqrt{S}X = \dfrac{-1+i}{2}X + \dfrac{1+i}{2}X = iX$

が成立つ。そこで，S, N はそれぞれ M における $\sqrt{S}$ の固有値 $1, i$ に対する固有空間に含まれる。$L_u = K \oplus N$ だから

$$\sqrt{S}L_u = \sqrt{S}(K \oplus N) = K \oplus P, \quad P = iN$$

となる。S は自己同型写像だから，群 $\{\pm 1\}$ の乗法より

(75)　$[K, K] \subset K$，　$[K, N] \subset N$，　$[N, N] \subset K$

となる。$P = iN$ だから，(75)から直ちに(70)が導かれる。

L_u はコンパクト実形だから，M のキリング形式 B は L_u 上で負値定符号である。$K \subset L_u$, $P \subset iL_u$ だから，B は K 上で負値定符号，P 上で正値定符号である。従って $\sqrt{S}L_u$ の特性数 δ は，(71)で与えられる。これで定理 6 は証明された。　■

以上で[17]の基礎理論の基本的な部分は終りである。以下この理論に基づいて，どのようにして具体的に実形の分類がなされるのかを述べよう。[17]では，定理 6 の対合的自己同型 S が，内部自己同型($G = \mathrm{Aut}\, L_u$ の単位元成分 $G_0 = \mathrm{Int}\ L_u$ の元)であるか，外部自己同型($G - G_0$ の元)であるかによって扱いが異なる。

A　内部自己同型の場合の分類

M を複素半単純リー環，$\mathfrak{h}$ を M の一つのカルタン部分環とする。$\mathfrak{h}$ は M の極大可換部分リー環で，$\mathrm{ad}_M \mathfrak{h}$ は対角型一次変換のみから成る。$\mathrm{ad}_M \mathfrak{h}$ を同時対角化するとき，現われる 0 でない同時固有値を，$(M, \mathfrak{h})$ の**ルート**といい，その全体を

Rとする。$\alpha \in \mathrm{R}$は，$\mathfrak{h} \longrightarrow \mathbb{C}$の一次写像で，$M_\alpha = \{X \in M \mid [H, X] = \alpha(H)X\ (\forall H \in \mathfrak{h})\}$とおくとき，$M_\alpha \neq 0$となるものである。

(76)　$M = \mathfrak{h} \oplus \sum_{\alpha \in R} \oplus M_\alpha, \quad \dim\ M_\alpha = 1$

Mのキリング形式を，$B(X,Y) = \mathrm{Tr}(\mathrm{ad}\,X\,\mathrm{ad}\,Y)$とするとき，$B$の$\mathfrak{h} \times \mathfrak{h}$への限定$B|\mathfrak{h} \times \mathfrak{h}$は正則(非退化)である。従って各ルート$\alpha$に対し

(77)　$\alpha(H) = B(H_\alpha, H) \qquad (\forall H \in \mathfrak{h})$

となる$H_\alpha \in \mathfrak{h}$が唯一つ存在する。$\mathfrak{h}_0 = \sum_{\alpha \in R} \mathbb{R} H_\alpha$は，複素可換リー環$\mathfrak{h}$の実形である。$i\mathfrak{h}_0 = \mathfrak{h}_u$をカルタン部分環とする$M$のコンパクト実形$L_u$が存在する。各ルート$\alpha \in R$は，$\mathfrak{h}_u$上で純虚数値をとる。$B|\mathfrak{h}_u \times \mathfrak{h}_u$は負値定符号である。そこで各$\alpha \in R$に対し，$h_\alpha \in \mathfrak{h}_u$であって，次の(78)をみたすものが唯一つ存在する：

(78)　$\alpha(H) = \pi i (h_\alpha, H) \qquad (\forall H \in \mathfrak{h}_u)$

いま$\mathfrak{h}_u$の二つの元X, Yの内積を

(79)　$(X, Y) = \dfrac{1}{(\pi i)^2} B(X, Y)$

で定義すると，$\mathfrak{h}_u$はユークリッド・ベクトル空間になる。そこで(78)により，$h_\alpha \in \mathfrak{h}_u$と$\alpha \in R$を同一視するとき，ルート$\alpha$は，$\mathfrak{h}_u$内の一つのベクトルとなる。各$\alpha \in R$に対し，$\alpha$を法線ベクトルとする$\mathfrak{h}_u$の超平面$\pi_\alpha = \{H \in \mathfrak{h}_u \mid (\alpha, H) = 0\}$に関する鏡映を$s_\alpha : x \longmapsto x - \dfrac{2(a, x)}{(a, a)} a$とし，$\{s_u \mid \alpha \in R\}$から生成される$GL(\mathfrak{h}_u)$の部分群を$W = W(R)$とする。**ワイル群**$W$は有限群である。さらに$A(R) = \{\tau \in GL(\mathfrak{h}_u) \mid \tau R = R\}$を$R$の**自己同型群**という。$W(R)$は$A(R)$の正規部分群で，$A(R)$も有限群である。

自己同型写像$A \in \mathrm{Aut}\,M$が，$\mathfrak{h}$を不変にする$(A\mathfrak{h} = \mathfrak{h})$ならば，$A$はルートの置換を引起す。今$\alpha \in R$に対し，$(A\alpha)(H) = \alpha(A^{-1}H)\,(H \in \mathfrak{h})$とおけば，$A\alpha \in R$である。($\forall H \in \mathfrak{h}$, $\forall X \in M_\alpha$に対し，$[A^{-1}H, X] = \alpha(A^{-1}H)X$，$[H, AX] = (A\alpha)(H)AX$だから$AM_\alpha = M_{A\alpha}$となる。)

このとき$A|\mathfrak{h}_u = \tau$とおけば，$\tau \in A(R)$である。逆に任意の$\tau \in A(R)$に対し，$A \in \mathrm{Aut}\,M$，$A\mathfrak{h}_u = \mathfrak{h}_u$，$A|\mathfrak{h}_u = \tau$となる$A$が存在する(ガントマッヘル[16]定理20. p.129)。

ここで定理6にもどり，Mのコンパクト実形L_uの位数2の自己同型写像Sが

内部自己同型であるとする。すなわち$S \in G_0 = \mathrm{Int}\, L_u$とする。$G_0$は連結コンパクト・リー群だから，その元$S$は$G_0$のある極大トーラス$T$に含まれる。$T$のリー環は$G_0$のリー環$\mathrm{ad}\, L_u$のカルタン部分群環(この場合は$L_u$の極大可換部分環)である。$G_0$の任意の二つの極大トーラスは，$G_0$内で共役である。そこで始めから$T$のリー環は，上で考えた$\mathfrak{h}_u$の adjoint 表現の像$\mathrm{ad}_{L_u}\mathfrak{h}_u$であるとしてよい。そこである$h \in \mathfrak{h}_u$が存在して

(80)　$S = \exp H,\quad H = \mathrm{ad}\, h,\quad h \in \mathfrak{h}_u$

としてよい。このとき(78)により，

(81)　$SX = e^{\alpha(H)}X = e^{\pi i(\alpha, H)}X \qquad (\alpha \in R,\ X \in M_\alpha)$

が成立つ。$S^2 = I$だから，(81)より

(82)　$(\alpha, H) \in \mathbb{Z} \qquad (\forall \alpha \in R)$

となる。

今もう一つの位数2の自己同型写像S'が

(83)　$S' = \exp H',\quad H' = \mathrm{ad}\, h',\quad h' \in \mathfrak{h}_u$

で与えられるとする。

定義　$H, H' \in \mathfrak{h}_u$が，次の(84)をみたすとき，**合同**であるといい，$H \equiv H'$と記す：

(84)　$(\alpha, H) = (\alpha, H') \mod 2 \qquad (\forall \alpha \in R)$

さらに$H, H' \in \mathfrak{h}_u$は，次の(85)をみたすとき，**相似**であるといい，$H \backsim H'$と記す：

(85)　$\exists \tau \in A(R),\quad \tau H \equiv H'$

いま(80), (83)で与えられる二つの自己同型S, S'に対し，

(86)　$H \equiv H'$ならば，$S = S'$である。

が成立つ。実際このとき，任意の$\alpha \in R$に対し，$(\alpha, H) = (\alpha, H') + 2n$となる整数$n$が存在するから，(81)により$S | M_\alpha = S' | M_\alpha\ (\forall \alpha \in R)$である。また$S, S'$は$\mathfrak{h}_u$上では共に恒等写像に等しいから，(76)により，$S = S'$である。($S, S'$は$M$上の自己同型に一意的に拡張できるから，$M$上で考えた。)

後で具体的に実形を分類するとき，次の定理 A が有用である。

定理 A　(80), (83)で与えられる，二つのL_uの位数2の自己同型写像 $S =$

$\exp \mathrm{ad}\, h$, $S' = \exp \mathrm{ad}\, h'$ に対し，$h \backsim h'$ であれば，ある $A \in \mathrm{Aut}\, L_u$ で，$A\mathfrak{h}_u = \mathfrak{h}_u$ となるものが存在し，次の 1), 2), 3) が成立つ：

1)　$S' = ASA^{-1}$

2)　$\sqrt{S'} = A\sqrt{S}A^{-1}$

3)　$\sqrt{S'}L_u \cong \sqrt{S}L_u$

証明　$\backsim$ の定義から，このとき，ある $\tau \in A(R)$ が存在して，(85) が成立つ。また上に述べたように，このとき $A \in \mathrm{Aut}\, L_u$ で $A\mathfrak{h}_u = \mathfrak{h}_u$, $A|\mathfrak{h}_u = \tau$ となるものが存在する。従って $\tau h = h'$ だから，次の (87) が成立つ：

(87)　$$ASA^{-1} = \exp(A \circ \mathrm{ad}\, h \circ A^{-1}) = \exp \mathrm{ad}(Ah) = \exp \mathrm{ad}(\tau h) = \exp\ H' = S'$$

2)　$$A\sqrt{S}A^{-1} = A\left(\frac{1-i}{2}S + \frac{1+i}{2}I\right)A^{-1} = \frac{1-i}{2}S' + \frac{1+i}{2}I = \sqrt{S'}$$

3)　$AL_u = L_u$ なので，$\bar{A} = A$ だから $\overline{A^{-1}} = A^{-1}$ である。従って 2) から定理 3 により，$\sqrt{S'}L_u \cong \sqrt{S}L_u$ となる。　■

この定理 A を用いて，具体的に実形を分類する手続きを，B_n 型複素単純リー環 M に対して実行して見よう。B_n のルート系 R は，次の形である。

(88)　$R = \{\pm e_i\ (1 \leqq i \leqq n), \pm e_i \pm e_j\ (1 \leqq i < j \leqq n)\}$,　$(e_i, e_j) = \delta_{ij}$

今 $\mathfrak{h}_u$ の元 $H = \sum_{i=1}^{n} h_i e_i$ に対し，$(e_i, H) = h_i\ (1 \leqq i \leqq n)$ である。従って $S^2 = I$ を表わす条件 (82) は，この場合

(89)　$h_i \in \mathbb{Z}$　　$(1 \leqq i \leqq n)$

となる。またもう一つの元 $H' = \sum_{i=1}^{n} h'_i e_i$ に対し

(90)　$$H \equiv H' \Longleftrightarrow (\alpha, H) \equiv (\alpha, H') \mod 2 \qquad (\forall \alpha \in R)$$
$$\Longleftrightarrow h_i \equiv h'_i \mod 2 \qquad (1 \leqq i \leqq n)$$

従って L_u の位数 2 の自己同型 $S = \exp \mathrm{ad}\, H$ となる H としてはすべての $h_i = 0$ または 1 となるものだけを考えればよい。さらにワイル群 $W(R)$ の元 $S_{e_i - e_j}$ は e_i と e_j の互換であるから H の座標を置換して得られる H' をとるとき，$S = \exp \mathrm{ad}\, H$ と $S' = \exp \mathrm{ad}\, H'$ は同型の実形を定める（定理 A）。そこで M の実形を同型を除いてすべて求めるためには

(91)　$H=\sum_{i=1}^{n} h_i e_i=(h_1,\cdots,h_n)=(\underbrace{0,0,\cdots,0}_{n-\ell\text{個}},\underbrace{1,1,\cdots,1}_{\ell\text{個}})=H_\ell,\quad 0\leqq \ell \leqq n$

となる $n+1$ 個の元 H_ℓ だけを考えれば十分である。この $n+1$ 個の H_ℓ から定められる実形は，ℓ が異なるとき同型でないことは，特性数を計算して確かめられる。H_ℓ の定める M の実形は，2 次形式 $x_1^2+\cdots+x_{2\ell}^2-x_{2\ell+1}^2-\cdots-x_{2n+1}^2$ を不変にする $\mathbb{R}^{2n+1}$ 上の一次変換全体の作る群 $O(2\ell,2(n-\ell)+1)$ のリー環として実現される。

このガントマッヘルの方法は，これ以外に実形がないという理由がはっきりしている点でカルタンの方法よりすぐれている。

B　外部自己同型の場合の分類

リー群，リー環の外部自己同型についての最初の研究は，E. カルタンの 1925 年の論文[6]においてなされた。M を複素単純リー環，$G=\mathrm{Aut}\,M$，$G_0=\mathrm{Int}\ M$ とする。G_0 は $\exp\mathrm{ad}\,M$ から生成される G の正規部分群で，G の単位元連結成分である。

カルタンは，G/G_0 が有限群であることを示し，その位数を決定した。その結果は次の通りである。

定理（カルタン[6]）　複素単純リー環 M に対し，有限群 G/G_0 の位数 N は次の通りである：

1)　$M=A_n$　$(n\geqq 2)$，D_n　$(n\geqq 5)$，E_6 のとき，$N=2$

2)　$M=D_4$ のとき，$N=6$

3)　1), 2) 以外のとき，すなわち $M=A_1,B_n,C_n,E_7,E_8,F_4,G_2$ のとき，$N=1$

ガントマッヘル[16]では，この定理を

(92)　$G/G_0\cong A(R)/W(R)$

を示すことによって，新たに証明した。

その後 1947 年にディンキン[14]が，単純ルートとディンキン図形の概念を導入したので，それを用いることにより，上のカルタンの定理の結果は極めて見やすいものとなった。

ある順序に関する単純ルートの全体を B とし，$P=P(B)=\{\tau\in A(R)\mid$

$\tau B = B\}$ とおく。P は $A(R)$ の部分群で，$A(R)$ は，P と正規部分群 $W(R)$ の半直積となるから，(92)の右辺は P と同型になる。P は R のディンキン図形 $\mathscr{D}$ の自己同型群と見なせる。このことと，ルート系のディンキン図形の形から，上のカルタンの定理は，直ちに導かれる(Séminaire "Sophus Lie" [36]，松島[27]参照)。

今簡単のために，ディンキンの単純ルート系 B をとり，$P = P(B) = \{\tau_0 = I, \tau_1, \cdots, \tau_{k-1}\}$ とする。このとき $A(R)$ の $W(R)$ に関する coset 分解は，$A(R) = \bigcup_{i=0}^{k-1} \tau_i W(R)$ となる。(92)によりこのとき G の G_0 に関する coset も k 個あり，$G = \bigcup_{i=0}^{k-1} A_i G_0$ のようになる。coset $A_i G_0$ に含まれる対角型一次変換は，次の形の自己同型写像 Z と共役になる：ある $H \in \mathfrak{h}$, $\tau_i H = H$ が存在して

(93)　$Z|\mathfrak{h} = \tau_i,\quad ZX_\alpha = \kappa_\alpha e^{(\alpha, H)} X_{\tau_i \alpha},\quad \kappa_\alpha = \pm 1$

この(93)の表示を，$A_i G_0$ に含まれる対角型自己同型の規準表示(canonical representation)という。このような外部自己同型 $(i \geqq 1)$ Z で，位数 2 となるものを定めることは容易である。その中で同型な実形を生ずるものを見出すことにより，S が外部自己同型の場合の M の実形を定めることにガントマッヘル[17]は成功した。その結果は，カルタン[5]と一致する。特に D_4 型複素単純リー環($SO(8, \mathbb{C})$ のリー環)は，例外的に多くの外部自己同型をもつけれども，実形の分類は，一般の偶数次元直交群のリー環の場合と同じであって，DI 型とDIII 型の二つのタイプの実形しか存在しないことが示される。(次節命題 21 に示してある)。

§3　村上信吾

第二次大戦後 30 年程は，リー群論は大きく発展した。無限次元表現論が大きな分野として登場し，位相幾何，微分幾何との交流も盛んであった。この期間中に，理論の基礎についても見直しが行われた。シュヴァレー[11]は，リー群とリー環の対応を与えるリーの理論を，大域的な立場から構成することに成功した。また与えられたカルタン行列またはルート系に対し複素単純リー環が存在することを示すのに，個別に構成する外はなかったが，シュヴァレー[12]とハリッシ・チャンドラ[19]は，統一的な証明を与えた。この証明は後にセール[37]によって，複素半単純リー環の生成元と基本関係を与えるという形に整理され明確化さ

れた。

この論文で扱っている実単純リー環の分類についても1960年代に，荒木捷朗[1](1962)，村上信吾[29](1965)，V. Kač[22](1969)の三つの異なる方法が提示された。

時間的には荒木の研究が先行するが，前節のガントマッヘルの仕事との関連が深いので，本節では村上の研究を取上げる。

村上は，ガントマッヘルと同じく，カルタン[10]の結果から出発する。村上はこれを次のように要約している。

カルタンの定理([10], p.27)　複素半単純リー環 M の実形は，すべて次の L_θ の形で得られる。M のコンパクト実形 L_u を一つとり，L_u の位数2の自己同型写像 θ の $+1, -1$ という固有値に対する固有空間を K, N とし，$P = iN$, $L_\theta = K \oplus P$ とおくとき，L_θ は M の非コンパクト実型である。$\theta = I$ のとき，$L_I = L_u$ はコンパクト実形である。M の二つの実形 L_θ と L_φ が同型となるための必要十分条件は，θ と φ が $\mathrm{Aut}\, L_u$ の中で共役となることである。

村上は，ガントマッヘルと同様 θ が内部自己同型である場合と，外部自己同型である場合に分けて考える。この内 θ が内部自己同型である場合の分類は，実質的に，A. ボレルとJ. ド・ジーベンタールの共著論文[2]において与えられていたのであった。[2]の目標は実形の分類ではなく，連結コンパクト・リー群 G の連結閉部分群 K で，$\mathrm{rank}\, G = \mathrm{rank}\, K$ となるものを，共役を除きすべて求めることにあった。村上は，この結果が，θ が内部自己同型の場合の実形の分類と同値であることを注意し，分類論として必要な補足をしたのであった。また村上は，θ が外部自己同型の場合の実形の分類を独自の方法で与えた。この村上の研究は，ガントマッヘル[17]の研究を，洗練したものと言うことができる。

以下，次の記号を用いる(村上の用いた記号と異なる点がある)。

リー環 L のキリング形式 B を，$B(X, Y) = \mathrm{Tr}(\mathrm{ad}\, X\, \mathrm{ad}\, Y)$ とする。B が正則(非退化)のとき，L は半単純である。特に $\mathbb{R}$ 上のリー環 L に対し，B が負値定符号のとき，L を**コンパクト・リー環**という。以下 L をコンパクトとする。T を L の極大可換部分環とする。L の複素化 L^c を M とすれば，M は複素半単純リー環で，$\mathfrak{h} = T^c$ は M のカルタン部分環である。$(M, \mathfrak{h})$ の**ルート系**を R とし，ルート $\alpha \in R$ に対するルート空間を $M_\alpha = \{X \in M \mid [H, X] = \alpha(H)X\ (\forall H \in \mathfrak{h})\}$ とす

る。B は L 上負値定符号だから，

(1)　$(X, Y) = \dfrac{1}{(2\pi i)^2} B(X, Y)$，　$X, Y \in L$

とおくと，(X, Y) は $L \times L$ 上の正値定符号の内積である。各ルート $\alpha \in R$ は，T 上で純虚数値をとる $(\alpha(T) \subset i\mathbb{R})$ から，

(2)　$\alpha(H) = 2\pi i (h_\alpha, H)$　　$(\forall H \in T)$

となる $h_\alpha \in T$ が一意的に定まる。以下 α と h_α を同一視し，$R \subset T$ と考える。内積(1)を用いて，ルートの間の内積が定義され，

(3)　$(\alpha, \beta) = (h_\alpha, h_\beta)$，　$\alpha, \beta \in R$

となる。L の任意の自己同型写像 S は，$L^C = M$ の自己同型写像に一意的に拡張されるから，$\mathrm{Aut}\, L \subset \mathrm{Aut}\, M$ と考える。以下 $G = \mathrm{Aut}\, L$，$G_0 = \mathrm{Int}\ L$（G の単位元連絡成分）とする。また $G(T) = \{g \in G \mid gT = T\}$ とおく。各 $g \in G(T)$ に対し，$\tau = g \mid T$ とおくとき，$\tau \in A(R) = \{g \in GL(T) \mid gR = R\}$ となる。$F : g \longmapsto \tau$ は，$G(T) \longrightarrow A(R)$ の全写準同型写像である（ガントマッヘル[16]定理 21）。各 $\alpha \in R$ に対し，α を法線ベクトルとする超平面 $D_\alpha = \{H \in T \mid (\alpha, H) = 0\}$ に関する鏡映を s_α とし，$\{s_\alpha \mid \alpha \in R\}$ から生成される $A(R)$ の部分群を $W(R) = W$ とする。W を R の**ワイル群**，$A(R)$ を R の**自己同型群**という。L の自己同型写像は，キリング形式 B を不変にするから，内積(1)も不変にする。従って $A(R)$ の各元は T の内積を変えない。R の基底（ある順序に関する単純ルートの全体）B に対し，$A(B) = \{\tau \in A(R) \mid \tau B = B\}$ とおくとき，$A(R)$ は正規部分群 W と部分群 $A(B)$ の半直積である。$A(B)$ は R のディンキン図形の対称群と見なせる。

命題 1　1)　$g \in G$ が $gH = H$ $(\forall H \in T)$ をみたすとき，ある $H_0 \in T$ が存在して，$g = \exp \mathrm{ad}\, H_0 \in G_0$ となる。

2)　任意の $\sigma \in W(R)$ に対し，$g \in G_0 \cap G(T) = G_0(T)$ で，$\sigma = g \mid T$ となるものが存在する。

3)　$F(G_0 \cap G(T)) = W'$ とおくとき，$W \subset W'$，$W' \cap A(B) = \{I\}$ である。

4)　$W' = W(R)$

5)　$g \in G(T)$ に対し，次の(a)と(b)は同値である。

(a)　$g \in G_0$，(b)　$g \mid T \in W(R)$

証明　1)　ガントマッヘル[16]定理 19，

2) [16]定理 22,

3) 松島[27]補題 8.7,

4) 松島[27]補題 8.8,

5) (a)⇒(b) 3)と 4), (b)⇒(a) [16]定理 19 と 22 の系。

命題 2 $\tau \in A(R)$ に対し，次の条件(a)と(b)は同値である：

(a) ルート系 R のある基底 B に対し，$\tau \in A(B)$ である。

(b) T の正則元 H で，$\tau H = H$ となるものが存在する。

証明 (a)⇒(b) $B=\{\alpha_1, \cdots, \alpha_\ell\}$ とし，$(\alpha_i, H)=c>0\ (1 \leqq i \leqq \ell)$ となる $H \in T$ をとる。$\tau B = B$ だから，$\tau^{-1}\alpha_i = \alpha_{i'}\ (1 \leqq i \leqq \ell)$ とおくとき，$(\alpha_i, \tau H) = (\tau^{-1}\alpha_i, H) = (\alpha_{i'}, H) = c > 0\ (1 \leqq i \leqq \ell)$ だから，$\tau H = H$ である。また $(\alpha_i, H) > 0\ (1 \leqq i \leqq \ell)$ だから，H は T の正則元である。

(b)⇒(a) 正則元 H は，$H \notin D_\alpha\ (\forall \alpha \in R)$ をみたすから，ワイル領域($T - \bigcup_{\alpha \in R} D_\alpha$ のある連結成分) C に含まれる。$\tau \in A(R)$ だから τC もまた一つのワイル領域である。$\tau H = H \in \tau C \cap C$ だから $\tau C = C$ となる。C の境界の超平面の内向き法線ベクトルとなるルートを $\alpha_1, \cdots, \alpha_\ell$ とすれば，これは R の一つの基底 B を作り，$\tau C = C$ だから $\tau B = B$ となる。 ■

命題 3 $S \in \mathrm{Aut}\, L$, $S^2 = I$ に対し，$K = \{X \in L \mid SX = X\}$ とおく。また K の一つの極大可換部分環 T_1 をとるとき，次の 1), 2)が成立つ。

1) L の極大可換部分環 T で，条件

(a) $T \supset T_1$ をみたすものは，$ST = T$

をみたす。このような T は唯一つ存在する。

2) T_1 は L の正則元 X を含む。K はコンパクト・リー群 K_0 のリー環である。

証明 1) T_1 を含む L の可換部分環中次元最大のものを一つとって T とする。T は(a)をみたす L の極大可換部分環である。$\forall X \in T$, $\forall Y \in T_1$ に対し $[X, Y] \in [T, T] = 0$ で，$SY = Y$ だから，$[X+SX, Y] = [X, Y] + S[X, Y] = 0$ である。$X + SX \in K$ で，T_1 は K の極大可換部分環だから，$X + SX \in T_1$ である。そこで

$$SX=(X+SX)-X\in T_1+T=T,\quad ST\subset T$$

となる。Sは正則だから$ST=T$となる。

Tの一意性　$S|T$の固有値±1に対する固有空間を，$T(\pm1)$とする。$S^2=I$だから$T=T(1)\oplus T(-1)$となる。このとき$T_1\subset T(1)$であり，$T(1)$はKの可換部分環だから，T_1の極大性により，

(4)　$T(1)=T_1$

となる。いまT'を，(a)をみたす任意のLにおける極大可換部分環とする。このとき$ST'=T'$となるから，上述のことから

(5)　$T'=T'(1)\oplus T'(-1),\quad T'(1)=T_1\subset T$

となる。このとき次の(6)が成立つことを示そう：

(6)　$T'(-1)\subset T$

実際，$\forall Z\in T'(-1)$，$\forall X\in T(-1)$をとるとき，$S[X,Z]=[SX,SZ]=[-X,-Z]=[X,Z]$だから，$[X,Z]\in K$である。そこで$\forall Y\in T_1$に対し，$X,Y\in T$，$[X,Y]=0$，$Z,Y\in T_1$だから$[Z,Y]=0$であり，従って

(7)　$[[X,Z],Y]=[[X,Y],Z]+[X,[Z,Y]]=0$

となる。T_1はKの極大可換部分環で，$[X,Z]\in K$だから，(7)より

(8)　$[X,Z]\in T_1$

となる。Xは$T(-1)$の任意の元だから，(8)は

(9)　$[Z,T(-1)]\subset T_1$

となることを意味する。一方任意の$Y\in T_1$に対し，(5)から$Y\in T_1=T'(1)\subset T'$となる。一方$Z\in T'(-1)\subset T'$だからT'の可換性により，$[Y,Z]=0$となる。YはT_1の任意の元だから

(10)　$[Z,T_1]=0$

である。(9)，(10)と$T_1=T(1)$から，

(11)　$[Z,T]=[Z,T_1]+[Z,T(1)]\subset T_1\subset T$

となる。従って$Z\in N(T)$（Tの正規化環）である。一方TはLのカルタン部分環だから$N(T)=T$である。従って

(12)　$Z\in T$

となる。Zは$T'(-1)$の任意の元だから，これで(6)が証明された。

(5)，(6)から，$T'\subset T$となるから，T'の極大性により$T'=T$である。これでTの一意性が証明された。

2)　$L=\mathrm{ad}\,L$と同一視すると，Lはリー群$G_0=\mathrm{Int}\ L$のリー環である：$L=$

$L(G_0)$。L の部分リー環 K, T_1 に対し，G_0 の連結リー部分群 K_0, T_0 でそのリー環がそれぞれ K, T_1 となるものが一意的に存在する。いま G_0 の単連結被覆群を G^* とする。$S \in \mathrm{Aut}\, L$ に対し単連結群 G^* の自己同型写像 φ で，その微分自己同型写像 φ_* が S となるものが唯一つ存在する（シュヴァレー[11]p.113 定理 2）。

G^* の中心を Z とするとき，G^* の自己同型 φ は Z を不変にする：$\varphi(Z) = Z$。$G_0 = \mathrm{Ad}\, G^* = G^*/Z$ であるから，φ から G_0 の自己同型 $\psi \in \mathrm{Aut}\, G_0$ が $\psi(g^*Z) = \varphi(g)$ により一意的に定まる。そして φ の微分自己同型写像 ψ_* は

(13)　$\psi_* = \varphi_* = S$

をみたす。このとき，$\psi(\exp X) = \exp \psi_*(X) = \exp\ S(X)\ (\forall X \in L)$ となるので，特に任意の $X \in K$ に対し

(14)　$\psi(\exp X) = \exp X \qquad (\forall X \in K)$

となる。連結リー部分群 K_0 は，$\exp K$ から生成されるから，

(15)　$\psi(k) = k \qquad (\forall k \in K_0)$

となる。そこで $K_1 = \{g \in G_0 \mid \psi(g) = g\}$ とおくとき，

(16)　$K_0 \subset K_1$

である。一方リー環を考えると，$L(K_1) = K = L(K_0)$ だから，

(17)　K_0 は K_1 の単位元連結成分である。

K_1 はコンパクト群 G_0 の閉部分群だからコンパクトであり，その連結成分は有限個である。K_0 は K_1 の閉部分群だからコンパクトであり，T_0 は K_0 の極大トーラスである。クロネッカーの近似定理（杉浦『リー群論』[42]定理 4.3.11）により，次の(18)が成立つ。

(18)　T_1 のある元 X に対し，$\{\exp tX \mid t \in \mathbb{R}\} = P$ は，T_0 内で稠密である。

(18)の X を含む，L の極大可換部分環 T' を任意に一つとる。そして T' をリー環とする G_0 の連結リー部分群を T_0' とする。任意の $Y \in T'$ に対し，$[X, Y] = 0$ だから，任意の $t, s \in \mathbb{R}$ に対し，$\exp tX, \exp sY$ は可換である。そこで(18)により $\exp sY$ は T_0 の各元と可換となるから，$[Y, T_1] = 0$ すなわち

(19)　$[T', T_1] = 0$

となる。T' は L の極大可換部分環だから，(19)から

(20)　$T_1 \subset T'$

が導かれる。すなわち T' は 1)の条件(a)をみたすから，1)における T の一意性により，

(21)　$T_1 = T$

が成立つ。従って次の(22)が証明されたことになる：

(22) X を含む L の極大可換部分環は T だけである。

この(22)から，次の(23)が導かれる。

(23) X は L の正則元である。

(L^c, T^c) のルート空間 M_α の元 $X_\alpha \neq 0$ を適当にとるとき，

(24) $L = T \oplus \sum_{\alpha \in R^+} \{\mathbb{R}(X_\alpha - X_{-\alpha}) + \mathbb{R}i(X_\alpha + X_{-\alpha})\}$

となる。このとき，次の(25)が成立つ：

(25) $\alpha(X) \neq 0 \qquad (\forall \alpha \in R)$

なぜならば，ある $\alpha \in R$ に対し，$\alpha(X) = 0$ となったとすれば，T の超平面 $D_\alpha = \{H \in T \mid (\alpha, H) = 0\}$ を用いて，$T' = D_\alpha + \mathbb{R}(X_\alpha - X_{-\alpha})$ とおくと，T' は L の可換部分環で，$X \in D_\alpha \subset T'$ であってしかも T と異なる L の極大可換部分環で X を含むものが存在することになり，(22)に反し矛盾である。

(25)により，X は L の正則元である。 ■

命題 4 $S \in \mathrm{Aut}\, L = G$, $S^2 = I$, $K = \{X \in L \mid SX = X\}$ に対し，次の条件(a)と(b)は同値である：

(a) $S \in \mathrm{Int}\, L = G_0$

(b) $\mathrm{rank}\, K = \mathrm{rank}\, L$

証明 (a)⇒(b) K の極大可換部分環 T_1 を含む L の極大可換部分環 T をとる。このとき命題3により $ST = T$ である。そして $S \in G_0$ だから，$S|T = \sigma \in W(R)$ となる(命題1, 5))。一方命題3, 2)により，T_1 は L の正則元 X を含む。このとき $\sigma X = SX = X$ だから，命題2により，R のある基底 B に対し $\sigma \in A(B)$ となる。そこで $\sigma \in W(R) \cap A(B) = \{1\}$ だから，任意の $H \in T$ に対し，$\sigma H = H$ となる。そこで $T \subset T_1 \subset T$, $T = T_1$ となるから，

$$\mathrm{rank}\, K = \dim T_1 = \dim T = \mathrm{rank}\, L$$

となる。

(b)⇒(a) $\mathrm{rank}\, K = \mathrm{rank}\, L$ ならば，K の極大可換部分環 T_1 は，L の極大可換部分環でもあるから，$T_1 = T$ である。このとき $S|T = S|T_1 = I \in W(R)$ だから，命題1, 2)により $S \in G_0$ である。 ■

定義 1 以下の記号を固定して用いる。

1) S, $S\in\mathrm{Aut}\,L$, $S^2=I$

2) T, T は L の極大可換部分環, $ST=T$ をみたす。

3) p, $p=S|T, p\in A(B)$ となるルート系 R の基底 B がある。

4) K,N, K,N は S の固有値 $1,-1$ に対する固有空間。

5) $T_{\pm1}$, $T_1=T\cap K$, $T_{-1}=T\cap N$, $T=T_1\oplus T_{-1}$ となる。
T_1 は K の極大可換部分環である。

命題 5 定義 1 の記号の下に次のことが成立つ。

1) $H\in T$ と $A_p\in\mathrm{Aut}\,L$ で, $S=A_p\exp H$, $A_p|T=p$ となるものが存在する。

2) $B=\{\alpha_1,\cdots,\alpha_\ell\}$ とするとき, $A_pX_{\alpha_j}=X_{p\alpha_j}$, $1\leqq j\leqq \ell$ となる。$\{X_\alpha|\alpha\in R\}$ はワイル基底。

3) S を G 内で共役な S' で置換えれば, 1), 2)の外にさらに

$$pH_+=H_+ \qquad (\forall H_+\in T_1)$$

をみたす。

4) 3)をみたす S に対し, $A_p^2=I=(\exp H)^2$, $p^2=1$, A_p と $\exp H$ は可換。

証明 (26) $SX_\alpha=\kappa_\alpha X_{p\alpha}$, $(\forall\alpha\in R)$
となる。ここで $B(X_\alpha,X_{-\alpha})=-1$ だから, 次の(27)が成立つ:

(27) $\kappa_\alpha\kappa_{-\alpha}=1$

一方 $SL=L$ なので, $L\ni S(X_\alpha-X_{-\alpha})=\kappa_\alpha X_{p\alpha}-\kappa_{-\alpha}X_{-p\alpha}$ だから

(28) $\kappa_{-\alpha}=\overline{\kappa_\alpha}$ $\quad(\forall\alpha\in R)$

となる。(27), (28)により次の(29)が成立つ。

(29) $|\kappa_\alpha|=1$, $\log\kappa_\alpha\in i\mathbb{R}$ $\quad(\forall\alpha\in R)$

いま多価函数 $\log\kappa_{\alpha_j}$ $(1\leqq j\leqq\ell)$ の値を定めておき, ℓ 個の一次独立な連立一次方程式 $\alpha_j(H)=\log\kappa_{\alpha_j}$ $(1\leqq j\leqq\ell)$ の唯一つの解 $H\in T$ を定める。そして $S\cdot(\exp H)^{-1}=A_p$ とおけば, 1)が成立つ。

2) $A_pX_{\alpha_j}=S\exp(-H)X_{\alpha_j}=e^{-\alpha_j(H)}\kappa_{\alpha_j}X_{p\alpha_j}=\kappa_{\alpha_j}^{-1}\kappa_{\alpha_j}X_{p\alpha_j}=X_{p\alpha_j}$, $1\leqq j\leqq\ell$

3) 定義 1.5)により, $H=H_1+H_{-1}$, $H_{\pm1}\in T_{\pm1}$ (複号同順)となる。
$L=\mathrm{ad}\,L$ と同一視しているから $\mathrm{Ad}\exp X=\exp\mathrm{ad}\,X=\exp X$ $(\forall X\in L)$ である。そこで $\mathrm{Ad}\,g=g$ $(\forall g\in G_0)$ である。また $\forall g\in G=\mathrm{Aut}\,L$ に対し

$g(\mathrm{ad}\,H)g^{-1}=\mathrm{ad}\,(gH)=gH$ であるから，次の(30), (31)が成立つ。

(30) $A_p\cdot\exp\frac{1}{2}H_{-1}\cdot A_p^{-1}=\exp\left(\frac{1}{2}A_pH_{-1}\right)=\exp\left(\frac{1}{2}(A_p\exp H)H_{-1}\right)$

$$=\exp\left(\frac{1}{2}SH_{-1}\right)=\exp\left(\frac{1}{2}(-H_{-1})\right)$$

$$=\left[\exp\left(\frac{1}{2}H_{-1}\right)\right]^{-1}$$

(31) $S=A_p\exp H=A_p\exp H_1\cdot\exp H_{-1}=A_p\exp\frac{1}{2}H_{-1}\cdot\exp H_1\cdot\exp\frac{1}{2}H_{-1}$

$$=\left(\exp\frac{1}{2}H_{-1}\right)^{-1}(A_p\exp H_1)\left(\exp\frac{1}{2}H_{-1}\right)$$

そこで $S'=A_p\exp H_1$ とおけば，S' と S は G 内で共役であり，$h=\exp\frac{1}{2}H_{-1}$ とおくと，$S'=hSh^{-1}$ だから $S'T=hSh^{-1}T=hST=hT=T$ で，

(32) $S'|T=A_p\exp H_1|T=A_p|T=p$

だから S' は1)をみたす。また S' の形から2)もみたす。さらに

(33) $\forall H_+\in T_1$ に対し，$pH_+=S'H_+=hSh^{-1}H_+=hSH_+=hH_+=H_+$

となるから，3)が成立つ。

4) $S=A_p\exp H$ で，$pH=H\in T_1$ とするとき，

$$A_p\cdot\exp H\cdot A_p^{-1}=\exp\,(A_pH)=\exp\,(pH)=\exp H$$

だから

(34) A_p と $\exp\ H$ は可換である。

$p=S|T$ で，$S^2=I$ だから，$p^2=I$ である。そこで2)により

(35) $A_p^2X_{\alpha_j}=X_{p^2\alpha_j}=X_{\alpha_j},\quad A_p^2X_{-\alpha_j}=X_{-\alpha_j},\quad 1\leqq j\leqq \ell$

である。$\{X_{\alpha_j},X_{-\alpha_j}\,|\,1\leqq j\leqq\ell\}$ が L^c を生成するから，(35)により

(36) $A_p^2=I$

を得る。(34), (36)から，

(37) $(\exp H)^2=A_p^2(\exp H)^2=S^2=I$

となる。(36), (37)から，$P^2=A_p^2|T=I$ である。 ■

定義2 以下 S は命題5, 1), 2), 3), 4)をみたすとする。

命題6 $S=A_p\exp H$, $S'=A_p\exp H'$ が $G=\mathrm{Aut}\,L$ 内で共役であるとすれば，ある $A\in G(T)$ が存在して，$S'=A^{-1}SA$ となる。

証明 S, S' の固有値 $1, -1$ に対する固有空間を，$(K, N), (K', N')$ とする。いま S, S' は G 内で共役であるから，

(38) ある $B \in G$ に対し，$BS' = SB$ となる。

このとき，$BK' = B\{X \in L \mid S'X = X\} = \{BX \mid SBX = BS'X = BX\} = K$ で

(39) $BK' = K, \quad BN' = N$

となる。$S \mid T = p = S' \mid T$ だから

(40) $K \cap T = \{X \in T \mid SX = X\} = \{X \in T \mid S'X = X\} = K' \cap T$

である。$T_1 = K \cap T$ は K の極大可換部分環で，(40), (39)により，

(41) $BT_1 = B(K \cap T) = B(K' \cap T) = K \cap BT$

である。BT_1 はまた K 内の可換部分環で，$\dim BT_1 = \dim T_1$ だから BT_1 はまた K の極大可換部分環である。従って BT_1 は T_1 と $\mathrm{Int}\, K$ において，共役で次の(42)が成立つ。

(42) ある $C \in \mathrm{Int}\, K = K_0 \subset G_0$ により，$CBT_1 = T_1$ となる。

そこで

(43) $A = CB \in \mathrm{Aut}\, L = G$ は，$AT_1 = T_1$ をみたす。

このとき AT は $AT_1 = T_1$ を含む L の極大可換部分環だから，命題3の T の一意性により

(44) $AT = T$，　即ち　$A \in G(T)$

をみたす。いま $\mathrm{Ad}\, A = A$, $\mathrm{ad}\, L = L$ と同一視しているから

(45) $ATA^{-1} = T$

である。$A = CB$, $C \in \mathrm{Int}\ K$ であるから，(39)により

(46) $AK' = CBK' = CK = K, \quad AN' = CBN' = CN = N$

となる。これから次の(47)が導かれる：

(47) $AS' = SA$

実際 $\forall X \in K'$, $\forall Y \in N'$ に対し，(46)から $SAX = AX = AS'X$, $SAY = -AY = AS'Y$ となるから(47)が成立つ。 ■

定義 3 $e = \exp \mid T : T \longrightarrow T_0 = \exp T$ は，リー群の準同型写像である。$T \cong \mathbb{R}^\ell$, $T_0 \cong \mathbb{T}^\ell$ だから，$\Gamma = \mathrm{Ker}\, e = \{X \in T \mid \exp X = 1\}$ は，階数 ℓ の離散部分群で，$\Gamma \cong \mathbb{Z}^\ell$ である。$H \in T$ による平行移動を $t(H) : X \longmapsto X + H$ とし，$t(\Gamma) = \Gamma_0$ とおく。Γ_0 と $A(R)$ から生成される T の合同交換群 $I(T)$ の部分群を Q とおく。

命題 7　1)　Γ は $A(R)$ で不変である。

2)　Γ_0 は Q の正規部分群で，Q は Γ_0 と $A(R)$ の半直積である。

3)　$S=\exp H$, $S'=\exp H'$, $H, H' \in T$ に対し，次の(a)と(b)は同値。

(a)　$S'=A^{-1}SA, \quad \exists A \in G(T),$

(b)　$H \equiv H' \mod Q$

4)　$S=\exp H$, $H \in T$ に対して，次の(c)と(d)は同値である。

(c)　$S^2=I,$

(d)　$2H \in \Gamma \left(\Longleftrightarrow H \in \dfrac{1}{2}\Gamma \right)$

証明　1)　任意の $\tau \in A(R)$ に対し，$\exists A \in G(T)$ で，$A \mid T=\tau$ となるものが存在する。命題 3, 2)の証明中に示したように，G_0 の単連結被覆群 G^* を仲介に用いることにより，$G_0=\mathrm{Int}\ L$ の自己同型 ψ で ψ の微分自己同型 $\psi_*=A$ となるものが存在する。

$X \in T$ に対し，次の同値が成立つ：

$$X \in \Gamma \Longleftrightarrow \exp X=1 \Longleftrightarrow \psi(\exp X)=1$$
$$\Longleftrightarrow \exp A(X)=1 \Longleftrightarrow \tau(X)=A(X) \in \Gamma$$

であるから，$\tau\Gamma=\Gamma$ で，Γ は $A(R)$ で不変である。

2)　任意の $\tau \in A(R)$ に対し，1)により $\tau t(\Gamma)\tau^{-1}=t(\tau\Gamma)=t(\Gamma)$ だから，$\Gamma_0=t(\Gamma)$ は Q の正規部分群である。そこで Γ_0 と $A(R)$ から生成される Q は，$Q=\Gamma_0 A(R)=A(R)\Gamma_0$ となる。また $\Gamma_0 \cap A(R) \subset t(T) \cap GL(T)=\{1\}$ だから，Q は Γ_0 と $A(R)$ の半直積である。

3)　(a) $\exp H'=A \circ \exp H \circ A^{-1} \qquad (\exists A \in G(T))$

$$\Longleftrightarrow \exp H'=\exp A(H)=\exp \tau H \qquad (\tau=A \mid T)$$
$$\Longleftrightarrow H'=\tau(H)+H_0=(t(H_0)\circ\tau)(H), \exists H_0 \in \Gamma$$
$$\Longleftrightarrow \text{(b)}\ H' \equiv H \mod Q$$

4)　(c) $S^2=I \Longleftrightarrow \exp 2H=I \Longleftrightarrow$ (d) $2H \in \Gamma$

定義 4　任意の $\alpha \in R$, $k \in \mathbb{Z}$ に対して，T の超平面

$$D_\alpha(k)=\{H \in T \mid (\alpha, H)=k\}$$

を考える。

$$D=\bigcup_{k \in \mathbb{Z}} \bigcup_{\alpha \in R} D_\alpha(k)$$

を**ルート図形**という。

命題 8　$T-D$ の連結成分の集合 $\mathscr{C}$ 上に，$Q_0=W\cdot\Gamma_0$ は推移的に作用する。従って $Q=A(R)\cdot\Gamma_0$ も $\mathscr{C}$ 上に推移的に作用する。

証明　(48)　$\Gamma=\{H\in T\mid e^{\alpha(H)}=1\ (\forall\alpha\in R)\}$
$=\{H\in T\mid(\forall\alpha\in\mathbb{R})(\exists k\in\mathbb{Z})((\alpha,H)=k)\}$

である。従って

(49)　D は $\Gamma_0=t(\Gamma)$ で不変である。

(50)　$sD_\alpha(k)=\{sH\in T\mid(\alpha,H)=k\}=\{H\in T\mid(\alpha,s^{-1}H)=k\}=D_{s\alpha}(k)$
$(\forall s\in W)$

(51)　D は W により不変である。

(52)　D は $Q_0=W\cdot\Gamma_0$ で不変である。

従って $T-D$ 上に Q_0 は作用する。Q_0 の任意の元 φ は T の同相写像だから，$T-D$ の一つの連結成分をもう一つの連結成分に写す。従って Q_0 は連結成分の集合 $\mathscr{C}$ に作用する。すぐわかるように，$D_\alpha(k)$ に関する鏡映 S は，$D_\alpha(0)$ に関する鏡映 s_α を用いて，

(53)　$S=t\left(\dfrac{2k\alpha}{(\alpha,\alpha)}\right)s_\alpha$

と表わされる。$2k\alpha/(\alpha,\alpha)\in\Gamma$ であるから，$S\in Q_0$ である。$\mathscr{C}$ の任意の二つの元 P,P' に対し，超平面達 $\{D_\alpha(k)\mid(\alpha\in R,\ k\in\mathbb{Z})\}$ に関する鏡映の有限個の積 S により，$SP=P'$ となるから，Q_0 は $\mathscr{C}$ 上に推移的に作用する。(後の命題 10 と同様な論法で証明される)。

命題 8 の証明中に次の系の成立つことが示されている。　■

命題 8 系　1)　R の零化群 $R^0=\{H\in T\mid(\alpha,H)\in\mathbb{Z}\ (\forall\alpha\in R)\}$ は Γ に等しい。

2)　$\Gamma\supset R^V=\left\{\alpha^V=\dfrac{2\alpha}{(\alpha,\alpha)}\,\middle|\,\alpha\in R\right\}$

次に $D-T$ の連結成分の形を具体的に与えよう。準備として

命題9 1) 既約ルート系(直交する二つの部分に分解しないルート系) R の基底 $B=\{\alpha_1,\cdots,\alpha_\ell\}$ により定まる字引式順序を考える。この順序に関し最大な正のルート β が唯一つ存在する。

2) $\beta=\sum_{i=1}^{\ell} m_i\alpha_i$ とするとき，任意の正のルート $\alpha=\sum_{i=1}^{\ell} n_i\alpha_i$ に対し $m_i \geqq n_i$ $(1\leqq i\leqq \ell)$ である。

3) $m_i>0\ (1\leqq i\leqq \ell)$

証明 1) 字引式順序は全順序だから，有限集合 R の中に唯一つ最大元 β が存在する。

2) R が既約ルート系だから，L の複素化 L^C は単純リー環で，その随伴表現 ad は既約である。

その最高のウエイトが β である。任意のルート α は随伴表現のウエイトだから，最高ウエイト β との間に

$$\alpha=\beta-\sum_{i=1}^{\ell} p_i\alpha_i,\quad p_i\in\mathbb{N}\qquad (1\leqq i\leqq \ell)$$

となる関係がある(松島[27]定理9.1)。従って $n_i=m_i-p_i$, $p_i\geqq 0$ だから $m_i\geqq n_i$ $(1\leqq i\leqq \ell)$ となる。

3) 2)で特に $\alpha=\alpha_i$ とすると，$m_i\geqq 1\ (1\leqq i\leqq \ell)$ となる。 ∎

定義5 命題9の β を，R の(B に関する)**最大ルート**という。

命題10 L をコンパクト単純リー環，T を L の極大可換部分環，R を (L^C, T^C) に関するルート系，$B=\{\alpha_1,\cdots,\alpha_\ell\}$ を R の一つの基底，$\beta=\sum_{i=1}^{\ell} m_i\alpha_i$ を B に関する R の最大ルートとする。

1) このとき ℓ 次元閉単体

$$P=\{H\in T\,|\,(\alpha_i,H)>0\ (1\leqq i\leqq \ell),\ (\beta,H)<1\}$$

は $T-D$ の一つの連結成分である。

2) $0\in\bar{P}$ 　(P の閉包)

3) $\forall H\in T$ は，ある $H_0\in\bar{P}$ に Q の元 q により移る：$qH=H_0$

証明 1) (54) $P\cap D_\alpha(k)=\emptyset$ 　$(\forall\alpha\in R,\ \forall k\in\mathbb{Z})$, $P\subset T-D$

これを帰謬法で証明するために，

(55)　$P \cap D_\alpha(k) \ni \exists H$

を仮定して矛盾を導く。最初にこのとき次の(56)が成立つことを示す。

(56)　$\alpha \in R^+(B)$

いま(56)が成立たないと仮定すると，$\alpha \in R^-(B) = -R^+(B)$ となるから，$\alpha = -\sum_{i=1}^{\ell} n_i \alpha_i,\ \forall n_i \geqq 0$ となる。このとき $H \in T$ に対し

(57)　$(\alpha, H) = -\sum_{i=1}^{\ell} n_i (\alpha_i, H)$

となる。特に $H \in P$ とすると，$(\alpha_i, H) > 0\ (1 \leqq i \leqq \ell)$ でかつ，$n_i \geqq 0\ (\forall i),\ \exists n_{i_0} > 0$ だから，(57)により $k = (\alpha, H) < 0$ となる。一方 $H \in P$ 故

(58)　$1 > (\beta, H) = \sum_{i=1}^{\ell} m_i (\alpha_i, H) > 0$

となる。そこで

(59)　$0 < -k = -(\alpha, H) = \sum_{i=1}^{\ell} n_i (\alpha_i, H) \leqq \sum_{i=1}^{\ell} m_i (\alpha_i, H) = (\beta, H) < 1$

となる。一方 $H \in D_\alpha(k)$ だから，$(\alpha, H) = k \in \mathbb{Z}$ であるが，これは(59)と矛盾する。これで(56)が証明された。

そこで正のルート α は，$\alpha = \sum_{i=1}^{\ell} n_i \alpha_i,\ n_i \in \mathbb{N}$ の形になり，命題 9 により，$m_i \geqq n_i \geqq 0\ (1 \leqq i \leqq \ell)$ で，$\exists n_{i_0} > 0$ である。このとき

(60)　$0 < k = (\alpha, H) = \sum_{i=1}^{\ell} n_i (\alpha_i, H) \leqq \sum_{i=1}^{\ell} m_i (\alpha_i, H) = (\beta, H) < 1$

となるが，$k \in \mathbb{Z}$ だから(60)は矛盾である。これで帰謬法により，(54)が証明された。

P は凸集合だから弧状連結であり，$T-D$ に含まれるから，

(61)　$P \subset P_1 \in \mathscr{C}$

となる $T-D$ の連結成分 P_1 が存在する。実はこのとき，

(62)　$P = P_1$

となる。(62)を帰謬法によって証明するために，

(63)　$\exists H \in P_1 - P$

と仮定して矛盾を導く。このとき $H \notin P$ であるから

(64)　$(\alpha_i, H) < 0 \qquad (\exists i \in \{1, 2, \cdots, \ell\})$　または，$(\beta, H) > 1$

となる。すなわちHは，Pの$\ell+1$個の境界超平面の内の一つΠに対し，Pと反対側にある。そこでHとPの一点H_1をT内で結ぶ連続曲線Cは，超平面Πと交わらなければならない。従って$C\cap D\neq\emptyset$となるから，$C\not\subset T-D$である。$H, H_1\in P_1$だから，このことはP_1は弧状連結ではないことを示す。P_1は$T\cong\mathbb{R}^\ell$の開集合だから，弧状連結であることと連結であることは同値である。従ってP_1は連結でないことになり，P_1が$T-D$の連結成分であるという仮定に反し矛盾である。これで(62)が証明された。

2)　任意の$H\in P$と任意の$t\in(0,1)$ $(0<t<1)$に対し$tH\in P$だから，$0=\lim_{t\to+0} tH\in\bar{P}$となる。

3)　$T=\bigcup_{P\in\mathcal{C}}\bar{P}$だから，任意の$H\in T$は，$T-D$のある連結成分$P_0$の閉包$\bar{P}_0$に含まれる：$H\in\bar{P}_0$。命題8により，ある$q\in Q_0$によって，$qP_0=P$（1)で与えた連結成分）となる。$q$は$T\longrightarrow T$の同相写像だから，$qH\in q\bar{P}_0=\overline{qP_0}=\bar{P}$となる。そこである$H_0\in\bar{P}$に対し，$qH=H_0$となる。■

命題10系　$T-D$の連結成分P_1が，$0\in\bar{P}_1$をみたすとき，ワイル群$W=W(R)$の元sであって，$sP_1=P$となるものが存在する。

証明　$x_0\in P$, $y\in P_1$をとっておく。有限集合$Y=\{sy\,|\,s\in W\}$の元でx_0に一番近いものを$y_1=sy$とおく。このとき次の(65)が成立つ：

(65)　$y_1\in P$

$y_1\notin P$と仮定して矛盾を導くことで(65)を証明する。$y_1\notin P$であるから，このときy_1と$x_0\in P$は，Pの一つの境界超平面Πに関して反対側にある。この超平面Πは$\Pi_0:(\beta,x)=1$ではない。$\Pi=\Pi_0$とすると，$(\beta,x_0)<1$だから$(\beta,y_1)>1$となる。任意の$s\in W$に対し$sP_1=P_2$は凸集合であり，$0\in\overline{P_1}$, $y\in P_1$だから，$0<t\leqq1$となる任意の$t\in\mathbb{R}$に対し，$ty_1\in P_1$であるから

(66)　$(\beta,ty)>1,\ \ 0<t\leqq1$

となる。ここで$t\to+0$とすると，$0>1$となり矛盾である。従って$\Pi\neq\Pi_0$であり，ある$i\in\{1,2,\cdots,\ell\}$に対し

(67)　$\Pi:(\alpha_i,x)>0$

となる。いまy_1とx_0はΠに関し反対側にある。このときΠに関する鏡映$s_i=s_{\alpha_i}$に対し，$\overline{s_iy_1\cdot x_0}<y_1\cdot x_0$（「三角形の二辺の和は他の一辺より大」を用い

る)。これは y_1 が x_0 に一番近い Y の点という仮定に反し矛盾である。これで(65)が証明された。このとき sP_1 と P は共に $T-D$ の連結成分で，$sP_1 \cap P \ni y_1$ だから，$sP_1 = P$ である。 ■

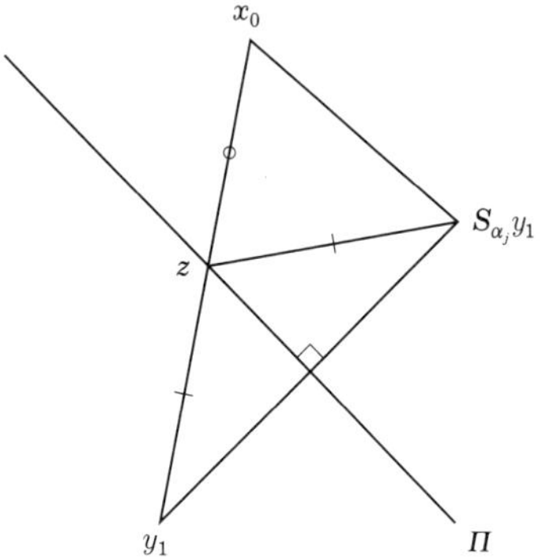

定義 6 以下，L を単純とし，命題 10 の単体 P を考える。ルート系 R の基底 $B=\{\alpha_1, \cdots, \alpha_\ell\}$ に対する T の双対基底 $(e_1, \cdots, e_\ell)$ をとる。すなわち

(68)　$(\alpha_1, e_j) = \delta_{ij},\quad 1 \leqq i, j \leqq \ell$

とする。そして T の点 t の座標 $(t_1, \cdots t_\ell)$ として，基底 (e_j) に関する成分をとる。すなわち

(69)　$$t = \sum_{i=1}^{\ell} t_i e_i = (t_1, \cdots t_\ell),\quad t_i = (\alpha_i, t)$$

とする。そして

(70)　$$\beta = \sum_{i=1}^{\ell} m_i \alpha_i$$

を，R の B に関する最大ルートとする。また

(71)　$$P_i = \frac{1}{m_i} e_i = \Bigl(0, \cdots, 0, \overset{i}{\frac{1}{m_i}}, 0, \cdots, 0\Bigr),\quad 1 \leqq i \leqq \ell$$

とおくと，

(72)　$$(\alpha_i, P_j) = \delta_{ij} \frac{1}{m_j},\quad (\beta, P_j) = 1,\quad 1 \leqq i, j \leqq \ell$$

従って $(0, P_1, \cdots, P_\ell)$ が ℓ 次元単体 P の頂点である。

内部自己同型による実形の分類

以下内部自己同型であるLの位数2の元SをGにおける共役を除いて決定する。G_0の任意の元は，極大トーラスT_uの元と共役だから，Sは次の(73)の形としてよい。

(73)　$S = \exp H = \exp \operatorname{ad} H$

命題7, 4)により，$S^2 = 1$から

(74)　$H \in \frac{1}{2}\Gamma$

である。このようなSのG内の共役類を定めることは，命題6，命題7, 3)により，$\frac{1}{2}\Gamma$の二元が$Q = A(R) \cdot \Gamma_0$によって移り得るとき同値と定めたときの同値類を定めることに帰着する。

命題10, 3)により，Tの任意の元Hは，Qの元によってある$H_0 \in \bar{P}$に移されるから，求むべき同値類の代表元は$\bar{P}$の中に存在する。$\bar{P}$はコンパクトで，$\frac{1}{2}\Gamma$は離散集合だから$\bar{P} \cap \frac{1}{2}\Gamma$は有限集合であり，同値類は有限個しかないことがわかる。

命題8系1)により次の(75)が成立つ：

(75)
$$\begin{aligned}\Gamma &= \{H \in T \mid (\alpha, H) \in \mathbb{Z}\ (\forall \alpha \in R)\}\\ &= \{H \in T \mid (\alpha_i, H) \in \mathbb{Z}\ (1 \leqq i \leqq \ell)\}\\ &= \left\{H = \sum_{j=1}^{\ell} t_j e_j \,\middle|\, t_j \in \mathbb{Z}\ (1 \leqq j \leqq \ell)\right\} = \sum_{j=1}^{\ell} \mathbb{Z} e_j\end{aligned}$$

従ってまた次の(76)が成立つ：

(76)
$$\frac{1}{2}\Gamma = \left\{\frac{1}{2}\sum_{j=1}^{\ell} t_j e_j \,\middle|\, t_j \in \mathbb{Z}\ (1 \leqq j \leqq \ell)\right\}$$

命題11　定義6の記号を用いる。$H = \frac{1}{2}\sum_{i=1}^{\ell} n_i e_i \in \frac{1}{2}\Gamma\ (n_i \in \mathbb{Z}\ (1 \leqq i \leqq \ell))$とする。

1)　$H \in \frac{1}{2}\Gamma \cap \bar{P}$となるための必要十分条件は次の(a), (b)が成立つことである。ただし$\beta = \sum_{i=1}^{\ell} m_i \alpha_i$は最大ルートとする。

(a)　$\mathbb{Z} \ni n_i \geqq 0 \qquad (1 \leqq i \leqq \ell)$

(b)　$\sum_{i=1}^{\ell} n_i m_i \leqq 2$

2)　H が(a), (b)をみたすとき，とり得る $(n_1, \cdots, n_\ell)$ の値は，次の(1), (2), (3), (4)のいづれかである。

(1)　$n_i=0 \quad (1 \leqq \forall i \leqq \ell)$　すなわち　$H=0$

(2)　$n_i=n_j=1 \quad (i \neq j),\quad n_k=0 \quad (k \neq i, j),\quad H=\frac{1}{2}(e_i+e_j)$

これは $m_i=m_j=1$ のときのみ存在する。

(3)　$n_i=1,\quad n_j=0 \quad (\forall j \neq i),\quad H=\frac{1}{2}e_i$

これは（イ）$m_i=1$ または（ロ）$m_i=2$ のときのみ存在する。

(4)　$n_i=2,\quad n_j=0 \quad (\forall j \neq i),\quad H=e_i$

このとき $m_i=1$ でなければならない。

証明　1)　必要性。$H=\frac{1}{2}\Gamma$ から $n_i \in \mathbb{Z}$，$H \in \bar{P}$ から $0 \leqq (\alpha_i, H)=\frac{1}{2}n_i$ および $\frac{1}{2}\sum_{i=1}^{\ell} n_i m_i=(\beta, H) \leqq 1$ でなければならない。十分性は2)の後で示す。

2)　H が(a), (b)をみたすとき，$(n_1, \cdots, n_\ell)$, $(m_1, \cdots, m_\ell)$ は(1), (2), (3), (4)に述べたものしかないことを示そう。(a), (b)から導かれる条件を列挙して行くことにする。

(77)　0でない n_i は二つ以下である。

$\forall m_i \geqq 1$，$0 \leqq n_i \in \mathbb{Z}$ だから $n_i, n_j, n_k \neq 0$ (i, j, k は互いに異なる)とするとき，$\sum_{i=1}^{\ell} n_i m_i \geqq m_i n_i+m_j n_j+m_k n_k \geqq n_i+n_j+n_k \geqq 3$ となり(b)に反する。

(78)　$n_i \neq 0$，$n_j \neq 0$ $(i \neq j)$ ならば，$n_i=n_j=1$ である。

例えば $n_i \geqq 2$ とすると，$\sum_{i=1}^{\ell} m_i n_i \geqq m_i n_i+m_j n_j \geqq n_i+n_j \geqq 2+1=3$ となり，やはり(b)に反する。

(79)　$n_i \neq 0$，$n_j \neq 0$ $(\forall j \neq i)$ ならば，$n_i=1$ または2である。

このとき $\sum_{i=1}^{\ell} m_i n_i \geqq m_i n_i \geqq n_i$ だから，$n_i \geqq 3$ ならば(b)に反する。

(80)　$n_i=1$，$n_j=0$ $(\forall j \neq i)$ ならば，$m_i=1$ または2である。

$\sum_{i=1}^{\ell} m_i n_i=m_i \leqq 2$ から明らかである。

(81)　$n_i=2$，$n_j=0$ $(\forall j \neq i)$ ならば，$m_i=1$ である。

$\sum_{i=1}^{\ell} m_i n_i = 2m_i \leqq 2$ から，$m_i = 1$ である。

(77)-(81)から $(n_i), (m_i)$ のとり得る値は(2)-(4)に限ることがわかる。

1)　十分性。2)の証明から(a),(b)をみたす $(n_i), (m_i)$ は(1)-(4)に挙げた値のみが可能である。従ってこの四つの場合に $H \in \frac{1}{2}\Gamma \cap \bar{P}$ であることを確めればよい。

(1)　$0 \in \frac{1}{2}\Gamma \cap \bar{P}$

(2)　$H = \frac{1}{2}(e_i + e_j) \in \frac{1}{2}\Gamma \cap \bar{P}, \qquad (\alpha_i, H) = (\alpha_j, H) = \frac{1}{2} > 0,$

$(\alpha_k, H) = 0 \qquad (k \neq i, j) \qquad (\alpha_0, H) = 1$

(3)　$H = \frac{1}{2}e_i \in \frac{1}{2}\Gamma \cap \bar{P}, \qquad (\alpha_i, H) = \frac{1}{2} > 0, \qquad (\alpha_j, H) = 0 \qquad (j \neq i)$

$(\beta, H) = \frac{1}{2}m_i \leqq 1$

(4)　$H = e_i \in \frac{1}{2}\Gamma \cap \bar{P}, \qquad (\alpha_i, H) = 1 > 0, \qquad (\alpha_j, H) = 0 \qquad (j \neq i)$

$(\beta, H) = m_i = 1$ ■

命題11系　$\frac{1}{2}\Gamma \cap \bar{P}$ の元の内

(1)　$H = 0$

(4)　$H = e_i$

は Γ に属する。(2), (3)の H は Γ に属さない。

命題12　$T - \Gamma = \Gamma^c$ とおく。$\frac{1}{2}\Gamma \cap \bar{P} \cap \Gamma^c$ の任意の点 H は，次の 1), 2)に挙げる高々 ℓ 個の点 H_i $(1 \leqq i \leqq \ell)$ のどらか一つと，群 Q の元 q によって移される：$H_i = qH$ 。最大ルートを $\beta = \sum_{i=1}^{\ell} m_i \alpha_i$ とする。

1)　$m_i = 1$ のときは，$H_i = \frac{1}{2}e_i = \frac{1}{2}P_i$

2)　$m_i = 2$ のときは，$H_i = \frac{1}{2}e_i = P_i$

証明　命題11, 2)において，(1), (4)の場合は $H \in \Gamma$ だから除く。

(2)　$H=\frac{1}{2}(e_i+e_j)\ (i\neq j),\ m_i=m_j=1$ の場合，H は単体 $\bar{P}$ の頂点 $P_i=e_i$ と $P_j=e_j$ を結ぶ稜の中点である。$P_i, P_j\in\Gamma$ だから，平行移動 $t(P_i), t(P_j)\in\Gamma_0\subset Q$ である。$P_1=t(-P_i)P$ とおくとき，P_1 も $T-D$ の一つの連結成分である(命題8)。一方 $0=t(-P_i)P_i\in t(-P_i)\bar{P}=\bar{P}_1$ だから，命題10系により，ある $s\in W$ に対し，

(82)　$sP_1=P,\ \ s\in W$

となる。従ってこのとき

(83)　$\tau=st(-P_i)\in Q_0=W\cdot\Gamma_0$ に対し，$\tau P=P$ となる。

(84)　$\tau(P_i)=st(-P_i)P_i=s\cdot 0=0$

である。$i\neq j$ だから $\tau(P_i)$ は，$\bar{P}$ の0以外の頂点である。従って

(85)　$\tau(P_j)=P_k$ で，$P_j=e_j\in\Gamma$ だから $P_k\in\Gamma$ である。

(命題7, 1)により Γ は $A(R)$ で不変だから，$Q=A(R)\cdot t(\Gamma)$ でも不変)。

H は P_i と P_j を結ぶ線分の中点だから，合同変換 τ の像として，

(86)　$\tau(H)$ は $\tau(P_i)=0$ と $\tau(P_j)=P_k$ を結ぶ線分の中点である。

すなわち

(87)　$\tau(H)=\frac{1}{2}e_k$

である。すなわち次の(88)が成立つ：

(88)　$H=\frac{1}{2}(e_i+e_j)$ は，$H_k=\frac{1}{2}e_k\ (m_k=1)$ と Q に関し合同である。

(85)により $P_k\in\Gamma$ だから，$P_k=\frac{1}{m_k}e_k$ から $m_k=1$ である。

従って命題11, 2)の(2)場合の H に対し，命題12は証明された。

命題11, 2)の(3), (イ)の場合は，$H=\frac{1}{2}e_i$ で $m_i=1$ だから $H=H_i$ である。従ってこの場合は，$q=1$ で命題12が成立つ。

最後に命題11, 2)の(3), (ロ)の場合は，$H=\frac{1}{2}e_i$ で，$m_i=2$ だから $H_i=\frac{1}{2}e_i$ で $H=H_i$ であり，この場合も命題12は自明である。■

注意1　$H\in\Gamma$ に対しては $\exp H=1$ であり，$S=\exp H$ は L の非コンパクト実形を定義しない。そこで命題12では Γ^C の元だけを考えたのである。例外リー環では $m_i\geqq 3$ となる係数がある。そこで命題7と命題12から，単純な Γ^C

の非コンパクト実形で，内部自己同型 $S\,(S^2=I)$ から生ずるものの同型類の個数は $\leqq \ell$ である。

2 命題 12 に挙げた $H_i, H_j\,(i\neq j)$ の中には，同型な実形を生ずるものがあり得る。それらはある $\varphi\in G(T)$ により，$\varphi(H_i)=H_j$ となるものである。G_0 の単連結被覆群を G^* とすると，$\psi\in \mathrm{Aut}\,G^*$ で $\psi_*=\varphi$ となるものが存在する。G^* の中心を Z とするとき $G^*/Z=G_0$ で，$\psi(Z)=Z$ だから，$\theta\in\mathrm{Aut}\,G$, $\theta_*=\psi_*=\varphi$ となるものが存在し，$\theta(\exp H_i)\theta^{-1}=\exp(\theta_* H_i)=\exp(\varphi(H_i))=\exp H_j$ となる。

定義 7 P を $T-D$ の一つの連結成分とするとき，群 $Q(P), Q_0(P)$ を

$$Q(P)=\{\tau\in Q=A(R)\cdot\Gamma_0\,|\,\tau P=P\}$$

$$Q_0(P)=\{\tau\in Q_0=W(R)\cdot\Gamma_0\,|\,\tau P=P\}$$

と定義する。

命題 13 命題 12 の $H_i=\dfrac{1}{2}e_i$ に対し，次の(89)が成立つ：

(89) $H_i\equiv H_j \mod Q \Longrightarrow H_i\equiv H_j \mod Q(P)$

証明 命題 8 より $T-D$ の各連結成分は命題 10 の単体 P と合同で，合同変換 $\tau\in Q$ は各単体の頂点を頂点に，稜を稜に移す。いま

(90) $\tau H_i=H_j,\quad \tau\in Q$

とする。$m_i=2$ または $m_i=1$ に応じて，$H_i=\dfrac{1}{2}e_i$ は，単体 $\bar{P}$ の頂点または稜の中点である。単体 $\bar{P}$ の稜 $L_i=\overline{OP_i}$ は，τ により $L_j=\overline{OP_j}$ に移る。すなわち

(91) $\tau L_i=L_j$

である。いま L_j を含む直線 ℓ_j は，$\ell-1$ 個の一次方程式

(92) $(\alpha_k, H)=0,\quad k\neq j$

を連立させた方程式の解である。今 $\{s_{\alpha_k}\,|\,k\neq j\}$ から生成されるワイル群 W の部分群を

(93) $W_j=\langle s_{\alpha_k}\,|\,k\neq j\rangle$

とおくとき，

(94) W_j の各元 s は，直線 ℓ_j の各点を動かさない。

いま二点

(95)　$x \in P,\ x_1 \in I(P)$

をとっておく。そして $M = \{\varphi(x_1) \mid \varphi \in W_j\}$ という有限集合の点で，x に一番近いものを一つとり，$x_2 = \varphi(x_1)$ $(\varphi \in W_j)$ とする。

(96)　このとき $x_2 \in P$ である。

(96)の証明　帰謬法。$x_2 \notin P$ とすれば P の境界を含む $\ell+1$ 個の超平面の一つ $\mathbb{T}$ に対し，x と x_2 は反対側にある。$x_2 = \varphi(x_1) \in \varphi(\tau(P))$ である。そして(94)，(91)により次の(97)が成立つ：

(97)　$L_j = \varphi(L_j) = \varphi(\tau(L_i))$

単体 $\varphi(\tau(P))$ は $L_j = \varphi(\tau(L_i))$ の一部を稜とする。特に $P_j \in (\varphi \circ \tau)(P)$ であるから，次の(98)が成立つ：

(98)　超平面 $(\alpha_j, H) = 0$ に関し，点 P_j は単体 $(\varphi \circ \tau)(P)$ と同じ側にある。

$x_2 \in (\varphi \circ \tau)(P)$ だから，x_2 と P_j は $(\alpha_j, H) = 0$ の同じ側にある。$(\alpha_j, P_j) > 0$ だから，次の(99)が成立つ：

(99)　$(\alpha_j, x_2) > 0$

$0 \in (\varphi \circ \tau)(\bar{P})$ と $x_2 \in (\varphi \circ \tau)(P)$ は，超平面 $(\beta, H) = 1$ の同じ側にある。$(\beta, 0) = 0 < 1$ だから，次の(100)が成立つ：

(100)　$(\beta, x_2) < 1$

(99)，(100)により，x_2 と P は二つの超平面 $(\alpha_j, H) = 0$ と $(\beta, H) = 1$ に関し同じ側にある。今 $x_2 \notin P$ と仮定しているから，x_2 は P の境界を含むある超平面に関し P と反対側にある。(99)，(100)から

(101)　$(\alpha_k, x_2) < 0 \qquad (k \neq j,\ 1 \leqq k \leqq \ell)$

となる。すなわち x_2 は，$D_{\alpha_k}(0)$ に関し P と反対側にある。そこで $D_{\alpha_k}(0)$ に関する鏡映 s_{α_k} による像 $s_{\alpha_k} x_2$ は，x_2 より x に近くなる。これは M の中で x_2 が一番近いという仮定に反し矛盾である。これで帰謬法により(96)が証明された。

$(\varphi \circ \tau)(P)$ と P は共に $T - D$ の連結成分で $x_2 \in (\varphi \circ \tau)P \cap P$ だから

(102)　$(\varphi \circ \tau)P = P$

となる。φ は L_j の各点を不変にするから

(103)　$\varphi(H_j) = H_j$

である。そこで $\theta = \varphi \circ \tau$ とおけば，$\theta \in Q$, $\theta(P) = P$ すなわち，$\theta \in Q(S)$ で，(90)，(103)から，$\theta(H_i) = (\varphi \circ \tau)(H_i) = H_j$ となる。 ■

命題 14　任意の $\varphi \in Q(S)$ を，$\varphi = t(Z) \circ \tau$ $(z \in \Gamma,\ \tau \in A(R))$ と記すとき，$\tau = \widehat{\varphi}$ とおけば，$f : \varphi \longmapsto \widehat{\varphi} = \tau$ は，$Q(S)$ から $A(R)$ の中への同型写像である。

証明　(a)　f は $Q(S) \longrightarrow A(R)$ の準同型写像である。

実際 $\Gamma_0 = t(\Gamma)$ は，Q の正規部分群だから

$$\varphi_i = t(z_i)T_i,\quad i = 1, 2,\quad z_i \in \Gamma,\quad \tau_i \in A(R)$$

に対し

$$\varphi_1\varphi_2 = t(z_1)\tau_1 t(z_2)\tau_2 = t(z_1)\tau_1 t(z_2)\tau_1^{-1} \cdot \tau_1\tau_2 = t(z_1 + \tau_1 z_2)\tau_1\tau_2$$

だから

$$f(\varphi_1\varphi_2) = \tau_1\tau_2 = f(\varphi_1)f(\varphi_2)$$

(b)　f は一対一写像である。

$f(\varphi_1) = f(\varphi_2)$ とすると，$t(z_1)\tau_1 = t(z_2)\tau_2$ だから

$$t(z_1 - z_2) = \tau_2\tau_1^{-1} \in \Gamma_0 \cap A(R) = \{1\}$$

だから，$z_1 = z_2$，$\tau_1 = \tau_2$，$\varphi_1 = \varphi_2$ であり，f は一対一である。■

命題 15　1)　任意の $p \in A(B)$ は最大ルート β を不変にする：$p\beta = \beta$

2)　$Q(P) = A(B) \cdot Q_0(P) = Q_0(P)A(B)$

3)　$\widehat{Q}(P) = \{\widehat{\varphi} \mid \varphi \in Q(S)\}$（$\widehat{\varphi}$ は命題 14 の定義），$-\beta = \alpha_0$ とおくとき，$\widehat{Q}(P) = \{\tau \in A(R) \mid \tau(B \cup \{\alpha_0\}) = B \cup \{\alpha_0\}\}$ となる。従って $\widehat{Q}(P)$ は拡大ディンキン図形の対称群である。

証明　1)　$p \in A(B)$ は，$pB = B$ をみたすから，B の置換 $\alpha_i \longmapsto \alpha_{i'}$ $(p\alpha_i = \alpha_{i'})$ を引き起す。$R^+(B)$ の最大ルートを $\beta = \sum_{i=1}^{\ell} m_i\alpha_i$ とすると

(104)　$p\beta = \sum_{i=1}^{\ell} m_i\alpha_{i'}$

(105)　$\beta = \sum_{i=1}^{\ell} m_i\alpha_i = \sum_{i=1}^{\ell} m_{i'}\alpha_{i'}$

となる。$pR^+(B) = R^+(B)$ だから，(104)，(105) を比較して，命題 9, 1) から

(106)　$m_{i'} \geqq m_i \qquad (1 \leqq i \leqq \ell)$

となる。一方 (105) から

(107)　$\sum_{i=1}^{\ell} m_{i'} = \sum_{i=1}^{\ell} m_i$

となるので(106), (107)により，$m_{i'}=m_i\ (1\leqq i\leqq \ell)$ となるから，(104), (105)より $p\beta=\beta$ となる。

2) 基本単体 P は

(107) $P=\{H\in T\,|\,(\alpha_i,H)>0\ (1\leqq i\leqq \ell),\ (\beta,H)<1\}$

で定義される。そこで任意の $p\in A(B)$ に対し，$p\alpha_i=\alpha_{i'}$, $p\beta=\beta$ だから

(108) $pP=P \qquad (\forall\, p\in A(B))$

となるので

(109) $A(B)\subset Q(P)$

である。また

(110) $A(B)\cdot Q_0(P)\subset Q(P)$

である。

$Q=A(R)\cdot\Gamma_0=A(B)\cdot W\cdot\Gamma_0$ だから，任意の $\varphi\in Q(P)$ は

(111) $\varphi=p\circ s\circ t(z),\quad p\in A(B),\quad s\in W,\quad z\in\Gamma$

と表わされる。このとき(109)により，$s\circ t(z)=p^{-1}\circ\varphi\in Q(P)\cap Q_0=Q_0(P)$ となる。従って $\varphi=p\circ s\circ t(z)\in A(B)Q_0(P)$ が，$\forall\,\varphi\in Q(P)$ に対し成立つから

(112) $Q(P)\subset A(B)\cdot Q_0(P)$

となる。(110), (112)から，

(113) $Q(P)=A(B)\cdot Q_0(P)$

となる。

Q_0 は Q の正規部分群だから，$Q_0(P)$ は $Q(P)$ の正規部分群であり，

(114) $A(B)\cdot Q_0(P)=Q_0(P)\cdot A(B)$

が成立つ。これで2)が証明された。

3) (a) $\varphi\in Q(P)$ ならば，$\hat{\varphi}$ は $B\cup\{\alpha_0\}$ を不変にする。

証明 $\varphi\in Q$ だから，$\varphi=t(z)\cdot\tau$, $z\in\Gamma$, $\tau\in A(R)$ とかける。そして $\varphi(P)=P$ だから，$\tau P+z=P$ である。φ は $T\longrightarrow T$ の同相写像だから，$\tau\bar{P}+z=\bar{P}$ となる。そこで $\forall\,H\in\bar{P}$ に対し $\tau H+z\in\bar{P}$ となる。特に $H=0$ として，次の(115)が成立つ。

(115) $z\in\bar{P}\cap\Gamma$

$\bar{P}=\{H\in T\,|\,(\alpha_i,H)\geqq 0\ (1\leqq i\leqq \ell),\ (\beta,H)\leqq 1\}$ で，$(\beta,H)=\sum_{i=1}^{\ell}m_i(\alpha_i,H)\geqq 0$ だから，次の(116)が成立つ：

(116)　$H \in \bar{P} \Longrightarrow 0 \leqq (\alpha_0, H) \leqq 1$

特に $\Gamma = R^0$ (命題8系, 1)) だから，次の(117)が成立つ：

(117)　$z \in \bar{P} \cap \Gamma \Longrightarrow (\alpha_0, z) = 0$ または1

そこで (β, z) の値によって二つの場合が生ずる：

(A)　$(\beta, z) = 0$ のとき

$\sum_{i=1}^{\ell} m_i(\alpha_i, z) = 0$ で $m_i \geqq 1$, $(\alpha_i, z) \geqq 0$ だから $(\alpha_i, z) = 0$ $(\forall i)$, $z = 0$ である。

(B)　$(\beta, z) = 1$ のとき

$\sum_{i=1}^{\ell} m_i(\alpha_i, z) = 1$ で $m_i \geqq 1$, $(\alpha_i, z) \geqq 0$ だから，$\exists k$ に対し $(\alpha_k, z) = 1$，$(\alpha_0, z) = 0$ $(i \neq k)$ で，$m_k = 1$ となる。$\therefore z = e_k = P_k$ である。

(A)の場合　$\varphi = \tau \in A(R) \cap Q(P)$ だから，$\varphi(0) = 0$ である。そこで φ は単体 $\bar{P}$ の0を通る面をまたもう一つの0を通る面(超平面)に写す。0を通る $\bar{P}$ の面は，$(\alpha_i, H) = 0$ $(1 \leqq i \leqq \ell)$ の ℓ 個である。従って $\varphi(B) = B$, $\varphi \in A(B)$ であり，1)により $\varphi(-\alpha_0) = -\alpha_0$ となる。

従って(A)の場合，$\varphi(B \cup \{\alpha_0\}) = B \cup \{\alpha_0\}$ である。

(B)の場合　このとき $z = P_k \in \Gamma$, $m_k = 1$ である。$\varphi = t(P_k)\tau$ $(\tau \in A(R))$ だから $\bar{P} = \varphi(\bar{P}) = \tau(\bar{P}) + P_k$, $\tau(\bar{P}) = \bar{P} - P_k$ となる。そこで，$H' = H - P_k = H - e_k$ とおくと，$H \in \bar{P} \Longleftrightarrow H' \in \tau(\bar{P})$ となる。そして，$(\alpha_i, P_k) = (\alpha_i, e_k) = \delta_{ik}$, $(\beta, P_k) = m_k = 1$ だから，次の(118), (119)が成立つ。

(118)　$(\alpha_i, H) \geqq 0 \Longleftrightarrow (\alpha_i, H') + (\alpha_i, P_k) \geqq 0 \Longleftrightarrow (\alpha_i, H') \geqq 0 \qquad (i \neq k)$,
$(-\alpha_k, H') \leqq 1$

(119)　$(\beta, H) \geqq 0 \Longleftrightarrow (\beta, H') + (\beta, P_k) \leqq 1 \Longleftrightarrow (\beta, H') \leqq 0 \Longleftrightarrow (\alpha_0, H') \leqq 0$

従ってこのとき，$-\beta = \alpha_0$ とすると

(120)　$\tau(\bar{P}) = \{H' \in T \mid (\alpha_j, H') \geqq 0 \ (j \neq k), (-\alpha_k, H') \leqq 1, (\alpha_0, H') \geqq 0\}$

となる。そこで $B_k = (B - \{\alpha_k\}) \cup \{\alpha_0\}$ とおくとき，$\tau(\alpha_k) = \alpha_0$, $\tau(\alpha_0) = \alpha_k$, $\tau B = B_k$ となる。従ってこのとき

$$\hat{\varphi}(B \cup \{\alpha_0\}) = \tau(B \cup \{\alpha_0\}) = B_k \cup \{\alpha_k\} = B \cup \{\alpha_0\}$$

であり，$\hat{\varphi}$ は $B \cup \{\alpha_0\}$ を不変にする。

(b)　逆に $\tau \in A(B)$ が $B \cup \{\alpha_0\}$ を不変にすれば，$\tau \in \hat{Q}(P)$ である。すなわちある $\varphi \in Q(P)$ が存在して，$\hat{\varphi} = \tau$ となる。

証明　$\tau = ps$, $p \in A(B)$, $s \in W$ とする。2)により $p \in Q(P)$, $\hat{p} = p$ だから，$\tau = p$ のとき(b)は成立つ。そこで次の(121)を考える。

(121)　$s \in W$ が $B \cup \{-\alpha_0\}$ を不変にすれば，$s \in \widehat{Q}(P)$ である。

(121) ⇒ (b) を示そう。$\tau \in A(B)$ が $B \cup \{-\alpha_0\}$ を不変にすれば，$\tau = ps$，$p \in A(B)$，$s \in W$ のとき，p も $B \cup \{\alpha_0\}$ を不変にするから，$s = p^{-1}$ とも $B \cup \{\alpha_0\}$ を不変にする。そこで (121) により，$s \in \widehat{Q}(P)$ となる。$p \in \widehat{Q}(P)$ だから，$\tau = ps \in \widehat{Q}(P)$ となり (b)が成立つ。

そこで後は(121)を証明すればよい。

(121)の証明　$s = 1$ のとき (121) は明らかであるから，以下 $s \neq 1$ とする。$W \cap A(B) = \{1\}$ だから，このとき $s \notin A(B)$ である。従って $sB \neq B$ である。一方 s は $B \cup \{\alpha_0\}$ を不変にするから，ある $\alpha_k \in B$ が存在して，$s\alpha_k = \alpha_0$ となる。そこで $s^{-1}(\alpha_0) = \alpha_k$ であり，$B_k = (B - \{\alpha_k\}) \cup \{\alpha_0\}$ とおくとき，

(122)　$sB = B_k$

となる。

今(121)の仮定から，s は $B \cup \{\alpha_0\}$ をそれ自身に写す全単写であるから，(122) より，次の(123)が成立つ：

(123)　$s(\alpha_0) = \alpha_k$

$sB = B_k$ は，R のもう一つの基底である。B に関する最大ルートが β であるから，$sB = B_k$ に関する最大ルートは，$sB = -\alpha_k$ である。そこで命題 9 により，

(124)　$-\alpha_k = \sum_{j \neq k} n_j \alpha_j + n \cdot \beta, \qquad 1 \leqq n_j,\ \ n \in N$

の形に表わされる。$\beta = \sum_{i=1}^{\ell} m_i \alpha_i$ の α_k に (124) × (−1) は代入すると，

(125)　$\beta = \sum_{j \neq k} m_j \alpha_j + m_k \alpha_k = \sum_{j \neq k} m_j \alpha_j + m_k \left(-n\beta - \sum_{j \neq k} n_j \alpha_j \right)$

となる。$B_k = sB$ は基底だから一次独立であるので(125)から

(126)　$m_k n = 1$ で $\mathbb{Z} \ni m_k$，$n \geqq 1$ なので，$m_k = n = 1$ となる。

(127)　$m_k = 1$ だから $P_k = e_k \in \Gamma$ である。

(128)　そこで $\varphi = t(P_k)s \in Q$ である。

(129)　さらに $\varphi \in Q(P)$，すなわち $\varphi(P) = P$ である。

∵)　(122),(128)から，$\varphi(\bar{P}) = s(\bar{P}) + P_k$ だから，$H' = H + P_k$ とおくと $H \in \bar{P} \Longleftrightarrow H' \in \varphi(\bar{P})$ であるから，$\varphi(\bar{P}) = \{H' \in T \mid (\alpha_j, H') \geqq 0\ \ (j \neq k),\ (\alpha_k, H') \geqq 0,\ (\alpha_0, H') \leqq 1\} = \bar{P}$ となるから，$\varphi \in Q(P)$ であり (129)が証明された。

$\varphi = t(P_k)s$，$P_k \in \Gamma$，$s \in W$ だから，$\widehat{\varphi} = s$ であり，$s \in \widehat{Q}(P)$ となり，(121)が

証明された。 ■

命題15の証明の中で次の系が証明されている。

命題15系 $\varphi=t(z)\tau$ ($z\in\Gamma$, $\tau\in A(R)$) が $Q(P)$ に属するとき，次の(A)，(B)のどちらかが成立つ：

(A) $z=0$, $\varphi=\tau\in A(B)$

(B) $z=P_k\in\Gamma$, $\tau B=B_k$ ($B_k=(B-\{\alpha_k\})\cup\{\alpha_0\}$) で，$\tau\alpha_0=\alpha_k$, $m_k=1$

命題16 命題12の点 $H_i=\dfrac{1}{2}e_i$ に対し，$H_i\equiv H_j \mod Q(P)$ となるための必要十分条件は，次の(a)，(b)，(c)の内の一つが成立つことである：

(a) $H_i\equiv H_j \mod A(B)$

(b) $m_i=m_j=2$ で，α_i と α_j は $\widehat{Q}(P)$ の元で移り合う。

(c) $m_i=m_j=1$ で，$\exists\tau\in\widehat{Q}(P)$, $\tau\alpha_i=\alpha_0$, $\tau(\alpha_0)=\alpha_j$ となる。

証明 必要性 $\varphi\in Q(P)$ により $\varphi H_i=H_j$ となったとする。命題15系により，次の(A)，(B)のどちらかが成立つ：

(A) $z=0$, $\varphi=\tau\in A(B)$

(B) $z=P_k\in\Gamma$, $m_k=1$ で，$\tau B=B_k$, $\tau(\alpha_0)=\alpha_k$

(130) (A) ⇒ (a)

∵) (A)が成立つとき，$\varphi=\tau\in A(B)$ だから，$H_i\equiv H_j \mod A(B)$ となる。

次に(B)の場合を考える。$\tau=\widehat{\varphi}$ は $B\cup\{\alpha_0\}$ を不変にする(命題15)から，$\tau\alpha_i$ ($1\leqq i\leqq \ell$) については，次の二つの場合がある：

(α) $\tau\alpha_i=\alpha_p$ ($\exists p\in\{1,2,\cdots,\ell\}$) ($\beta$) $\tau\alpha_i=\alpha_0$

(131) (B)かつ(α) ⇒ (b)

証明 このとき，次の(132)が成立つ：

(132) $\alpha_0=-\alpha_0=\tau\alpha_s$ となる $s\in\{1,2,\cdots,\ell\}$, $s\neq p$ が存在する。

(133) $(\beta,\tau H_i)=\left(-\tau\alpha_s,\tau\left(\dfrac{1}{2}e_i\right)\right)=-\dfrac{1}{2}(\alpha_s,e_i)=0$, $(s\neq i)$

∵) $s=i$ とすると，$\alpha_0=\tau\alpha_s=\tau\alpha_i=\alpha_p$ となって矛盾が生ずる。

一方(B)から $\tau(H_i)=\varphi(H_i)-P_k$ かつ $m_k=1$ だから

(134)　$(\beta, \tau H_i) = (\beta, H_j - P_k) = \frac{1}{2}m_j - m_k = \frac{1}{2}m_j - 1$

となる。(133), (134)から，次の(135)が得られる：

(135)　$m_j = 2,\quad j \neq k$

またこのとき $1 \leqq t \leqq \ell$ となる任意の $t \in \mathbb{Z}$ に対して

(136)　$(\alpha_t, \tau H_i) = \left(\alpha_t, \frac{1}{2}e_j - e_k\right) = \begin{cases} 0, & t \neq j, k \\ 1/2, & t = j \\ -1, & t = k \end{cases}$

である。一方

(137)　$(\alpha_p, \tau H_i) = (\tau\alpha_i, \tau H_i) = \left(\alpha_i, \frac{1}{2}e_i\right) = \frac{1}{2}$

が成立つから，(136)と(137)を比較して，

(138)　$p = j,\quad \tau\alpha_i = \alpha_j,\quad \tau = \widehat{\varphi} \in \widehat{Q}(P)$

となる。またこのとき(B)と(135) $m_j = 2,\ j \neq k$ により，

(139)　$m_i = (\alpha_0, e_i) = -(\tau(-\alpha_0), 2\tau H_i) = -2\left(\alpha_k, \frac{1}{2}e_j - e_k\right) = 2$
$= m_j$

が成立つ。(138), (139)により，(131)が証明された。

(140)　(B)かつ(β)⇒(c)

仮定(β)から

(141)　$\tau\alpha_i = -\alpha_0$

である。また(B)から

(142)　$\tau B = B_k = (B - \{\alpha_k\}) \cup \{-\alpha_0\}$

である。そこで次の(143)が成立つ：

(143)　$(\forall r \neq k)(\exists t \neq i)(\alpha_r = \tau\alpha_t)$

このとき $t \neq i$ だから

(144)　$(\alpha_r, \tau H_i) = (\tau\alpha_t, \tau H_i) = \left(\alpha_t, \frac{1}{2}e_i\right) = 0 \qquad (r \neq k,\ t \neq i)$

となる。これから，次の(145)が導かれる：

(145)　$k = j$

(145)の証明　$k \neq j$ と仮定して矛盾を導く。このとき(144)の r として j がと

れるから，(B)より $\tau H_i=\varphi(H_i)-P_k=H_j-P_k=\dfrac{1}{2}e_j-e_k$ で

(146)　$0=(\alpha_j,\tau H_i)=\left(\alpha_j,\dfrac{1}{2}e_j-e_k\right)=\dfrac{1}{2}$ 　　($j\neq k$ と仮定している)

これは矛盾である。従って帰謬法のより，(145)が証明された。

またこのとき，上の(145)により，次の(147)が成立つ：

(147)　$\tau H_i=\dfrac{1}{2}e_j-e_k=\dfrac{1}{2}e_j-e_j=-\dfrac{1}{2}e_j=-H_j$

このとき，仮定(β) $\tau\alpha_i=-\alpha_0$ と(147)により，次の(148)が成立つ：

(148)　$m_j=(\alpha_0,e_j)=(-\tau\alpha_i,-\tau e_i)=(\alpha_i,e_j)=1$

(B)と(145)により，

(149)　$\tau(\alpha_0)=\alpha_j$

であるから，次の(150)が成立つ：($\tau H_i=\dfrac{1}{2}e_j-e_k=\dfrac{1}{2}e_j$ と(145)を用いる)

(150)　$m_j=(\beta,e_i)=(\tau\beta,\tau e_i)=-2(\tau(\alpha_0),\tau H_i)=-2\left(\alpha_j,\dfrac{1}{2}e_j\right)=1$

(141), (149), (148), (150)により，(140)が証明された。

十分性。(a)　命題15により，$A(B)\subset Q(P)$ だから，$H_i\equiv H_j \bmod A(B)$ ならば，$H_i\equiv H_j \bmod Q(P)$ となる。

前に証明された(A)⇒(a)と合わせて(A)⇔(a)が言えたわけである。そこで以下(B)の場合だけを考えればよい。

(B)により，$\varphi=t(z)\tau\in Q(P)$ のとき，$z=P_k\in\Gamma$ で $m_k=1$ であり，かつ $\tau B=B_k$。$\tau(\alpha_0)=\alpha_k$ となる。いま次の条件 (α), (β), (α'), (β') を考える。

(α)　$\tau\alpha_i=\alpha_p$,　$\exists\, p\in\{1,2,\cdots,\ell\}$,　($\alpha'$)　$k\neq j$

(β)　$\tau\alpha_i=\alpha_0$,　　　　　　　　　　(β')　$k=j$

上の必要性の証明から，命題の仮定と(B)の下で，

(151)　(α)⇒(b)，(α)⇒(α')，(β)⇒(c)，(β)⇒(β')

が成立つことが証明されている。(b)と(c)は両立せず，(α), (β)は起り得る場合をつくしているから，転換法により逆向きの ⇐ も成立つので

(152)　(α)⇔(b)，(β)⇔(c)

が成立つ。同様に

(153)　(α)⇔(α')，(β)⇔(β')

が成立つ。

(b)の十分性の証明　今(b)が成立つとする。このとき $m_i = m_j = 2$ で，$\tau\alpha_i = \alpha_j$ となる $\tau \in \widehat{Q}(P)$ が存在する。τ に対し $\varphi \in Q(P)$ が存在し $\varphi = t(z)\tau$, $z \in \Gamma$ となるが，(B)により $z = P_k \in \Gamma$ であるから $m_k = 1$ で，$\tau B = B_k = (B - \{\alpha_k\}) \cup \{\alpha_0\}$ である。また(152), (153)から次の(154)が成立つ。

(154)　(α)　$\tau\alpha_i = \alpha_p$　($\exists\, p \in \{1, 2, \cdots, \ell\}$),　($\alpha'$)　$k \neq j$

今 $m_k = 1$ だから，$P_k = e_k$ である。そこで

(155)　$H' = \tau H_i + P_k = \tau H_i + e_k$ とおくとき，$H' = H_j$ である

ことを示す。このとき $\tau B = B_k$ は B と同じく T の基底であるから，(155)を示すためには次の(156)を証明すれば十分である：

(156)　$(\alpha_t, H') = (\alpha_t, H_j)$　　$(\forall\, \alpha_t \in B_k)$

実際次の(157)-(159)が成立つ。$t \neq j, k$ のとき，$\alpha_t = \tau\alpha_s$ となる $s \neq i$ がある。

(157)　$$(\alpha_t, H') = (\alpha_t, \tau H_i + e_k) = (\tau\alpha_s, \tau H_i) + (\alpha_t, e_k) = (\alpha_s, H_i) = \left(\alpha_s, \frac{1}{2}e_i\right)$$
$$= 0 = \left(\alpha_t, \frac{1}{2}e_j\right) = (\alpha_t, H_j), \quad t \neq j, k$$

(158)　$$(\alpha_j, H') = (\alpha_j, \tau H_j) + (\alpha_j, e_k) = (\tau\alpha_j, \tau H_i) = \left(\alpha_i, \frac{1}{2}e_i\right) = \frac{1}{2}$$
$$= \left(\alpha_j, \frac{1}{2}e_j\right) = (\alpha_j, H_j)$$

いま $\tau B = B_k$ だから，$\alpha_1 = \tau\alpha_p$, $p \in \{1, 2, \cdots, \ell\}$, $p \neq i$ が存在するから，

(159)　$$(\alpha_0, H') = (\tau\alpha_p, \tau H_i) + (\alpha_0, e_k) = \left(\alpha_p, \frac{1}{2}e_i\right) - m_k = -1 = -\frac{m_j}{2}$$
$$= \left(\alpha_0, \frac{1}{2}e_j\right) = (\alpha_0, H_j)$$

これで(155)が証明されたから，$\varphi = t(P_k)\tau \in Q(P)$ より，$\varphi(H_i) = (t(P_k))H_i = \tau(H_i) + P_k = H_j$ となるから $H_i \equiv H_j \mod Q(P)$ である。

(c)の十分性の証明　今(c)が成立つとする。このとき $m_i = m_j = 1$ で，ある $\tau \in \widehat{Q}(P)$ に対し $\tau\alpha_i = \alpha_0$, $\tau\alpha_0 = \alpha_j$ となる。このとき(152), (153)から

(160)　(β)　$\tau\alpha_i = \alpha_0$,　(β')　$k = j$

が成立つ。そこで(b)の場合と同様次の(161)を証明すればよい。

(161)　$H' = \tau H_i + e_j$ とおくとき，$H' = H_j$ である。

$B_i = (B - \{\alpha_0\}) \cup \{\alpha_0\}$ は，T の基底であるから，(161)を示すには

(162)　$(\alpha_t, H') = (\alpha_t, H_j)$　　$(\forall\, \alpha_t \in B_i)$

を示せば十分である。$\tau\alpha_i=\alpha_0$ だから，$t\neq i,j$ として次の(163)-(165)を示せばよい。$\alpha_t=\tau\alpha_s\ (s\neq i)$ となる α_s があるから

$$(163)\quad (\alpha_t, H')=(\alpha_t, \tau H_i)+\left(\alpha_t, \frac{1}{2}e_j\right)=\left(\alpha_s, \frac{1}{2}e_i\right)=0 \qquad (t\neq i, j)$$
$$=\left(\alpha_t, \frac{1}{2}e_j\right)=(\alpha_t, H_j)$$

$$(164)\quad (\alpha_j, H')=(\tau\alpha_0, \tau H_i)+(\alpha_j, e_j)=-\frac{m_i}{2}+1=-\frac{1}{2}+1=\frac{1}{2}$$
$$=\left(\alpha_j, \frac{1}{2}t_j\right)=(\alpha_j, H_j)$$

$$(165)\quad (\tau\alpha_i, H')=(\tau\alpha_i, \tau H_j)+(\alpha_0, e_j)=\left(\alpha_0, \frac{1}{2}e_i\right)-m_j=\frac{1}{2}-1=\frac{-1}{2}$$
$$=\left(\alpha_0, \frac{1}{2}e_j\right)=(\alpha_0, H_j)$$

これで(161)が証明されたから，後は(b)の場合と同様にして，$\varphi H_i=H_j$, $\varphi=t(P_j)\tau\in Q(P)$ が示される。■

以上をまとめて，次の定理1を得る。

定理1 (a) コンパクト半単純リー環 L の位数2の任意の自己同型 S に対し，L の極大可換部分リー環 T で，$S(T)=T$ となるものが存在する。

(b) S は $S=A_p\exp\operatorname{ad}H$, $H\in T$ の形にかけ，$A_p(T)=T$, $A_p|T=p\in A(B)$ (B は R の基底)となる。さらに S は命題5の条件1)-4)をみたす。

(c) S が L の内部自己同型ならば，$S=\exp\operatorname{ad}H$, $H\in\frac{1}{2}\Gamma=\frac{1}{2}\{H\in T\,|\,\exp H=1\}$ とかける。

(d) $S\in\operatorname{Aut}L$, $S^2=I$ に対し，S の固有値 ±1 に対する L 内の固有空間を K, N とすると $L=K\oplus N$ で，$L(S)=K\oplus P$, $P=iN$ は L の複素化 L^{C} の非コンパクト実形であり，L^{C} の非コンパクト実形はすべて，この形で得られる。

(e) $S, S'\in\operatorname{Aut}L$ が共に位数2とするとき，次の同値が成立つ：

(イ) $L(S)\cong L(S')\Longleftrightarrow$ (ロ) S と S' は $\operatorname{Aut}L^{\mathrm{C}}$ の中で共役である。

さらに $S=\exp\operatorname{ad}H$, $S'=\exp\operatorname{ad}H'\ (H, H'\in T)$ のときは次の(ロ)$\Leftrightarrow$(ハ)が成立つ。

(ロ)$\Longleftrightarrow$(ハ) $H\equiv H' \mod Q=t(\Gamma)\cdot A(R)$

(f) 任意の$S=\exp \operatorname{ad} H, H\in T\ (S^2=I,\ S\neq I)$に対して，$H$は次の(Ⅰ)，(Ⅱ)の$H_i$と，$Q$に関し合同である：ただし最大ルートを$\beta=\sum_{i=1}^{\ell} m_i\alpha_i$とする。

(Ⅰ) $m_i=1$で，$H_i=\dfrac{1}{2}e_i$

(Ⅱ) $m_i=2$で，$H_i=\dfrac{1}{2}e_i$

ただし$(e_1,\cdots,e_\ell)$は，$B=(\alpha_1,\cdots,\alpha_\ell)$の双対基底：$(\alpha_i,e_j)=\delta_{ij}$

(g) H_i, H_jは(f)の(Ⅰ)または(Ⅱ)をみたすとき，$H_i\equiv H_j \mod Q(P) \Longleftrightarrow$ (a)または(b)または(c)。ただし

(a) $H_i\equiv H_j \mod A(B)$，$\exists p\in A(B)$，$p\alpha_i=\alpha_j$

(b) $m_i=m_j=2$で，$\exists \tau\in \widehat{Q}(P)$，$\tau\alpha_i=\alpha_j$

(c) $m_i=m_j=1$で，$\exists \tau\in \widehat{Q}(P)$，$\tau\alpha_i=\alpha_0$，$\tau\alpha_0=\alpha_j$，ただし$\alpha_0=-\beta$

証明 (a) 命題3。

(b) 命題5。

(c) 命題1,5)により，$s\in \operatorname{Int} L=G_0 \Longleftrightarrow S\,|\,T\in W(R)$。一方$S=A_p\cdot \exp\operatorname{ad} H$のとき，$S\,|\,T=A_p\,|\,T=p\in A(B)$であり，$A(B)\cap W(R)=\{I\}$だから，$S$が内部自己同型ならば$p\in A(B)\cap W(R)=\{I\}$，$A_p=I$，$S=\exp\operatorname{ad} H$となる。

(d) (イ)⇒(ロ) $L(S)\cong L(S')$ならば，$\exists A\in \operatorname{Aut} L^{\mathbb{C}}$，$AL(S)=L(S')$となる。$AK=K''$，$AP=P''$とすると$L(S')=K''\oplus P''$は$L(S')$のカルタン分解である。($B|K''\times K''$は負値定符号，$B|P''\times P''$は正値定符号)。$L(S')$の二つのカタル分解は，ある$B\in \operatorname{Int}\ L(S')$で共役だから，$BK''=K', BP''=P'$となる。このとき$C=AB\in \operatorname{Aut} L^{\mathbb{C}}$は，$CK=K'$，$CP=P'$となる。$CSX=CX \Longleftrightarrow SX=X \Longleftrightarrow X\in K \Longleftrightarrow CX\in K' \Longleftrightarrow S'CX=CX\ (X\in K)$であるから，$CSX=S'CX\ (\forall X\in K)$。同様に$CSX=S'CY\ (\forall Y\in N)$だから$CS=S'CS'=CSC^{-1}\ (C\in \operatorname{Aut} L^{\mathbb{C}})$となる。

(ロ)⇒(イ) $S'=A^{-1}SA$，$A\in \operatorname{Aut} L^{\mathbb{C}}$とする。$X\in K' \Longleftrightarrow S'X=X \Longleftrightarrow SAX=AX \Longleftrightarrow AX\in K$だから，$AK'=K$。同様に$AN'=N$であるから，$AL(S)=A(K'\oplus iN')=K\oplus iN=L(S)$で，$A\in \operatorname{Aut} L^{\mathbb{C}}$だから$L(S')\cong L(S)$である。

(ロ)⇒(ハ)　命題6と命題7, 3)

(e)　命題10, 11, 12による。

(f)　命題16による。特に(a)の場合ある $p\in A(B)$ に対し $pH_i=H_j$ である。このとき $(p\alpha_i, e_j)=(p\alpha_i, 2H_j)=(p\alpha_i, 2pH_i)=(\alpha_i, e_i)=1=(\alpha_j, e_j)$ である。

さらに $k\neq j$ に対し $e_k=pe_t$ となる $t\in\{1,2,\cdots,\ell\}$ があり，$k\neq j$ だから $t\neq i$ である。従って $(p\alpha_i, e_k)=(p\alpha_i, pe_t)=(\alpha_i, e_t)=1=(\alpha_j, e_k)$ となる。これで $p\alpha_i=\alpha_j$ が証明された。■

定理1により内部自己同型で定まる $L^{\mathbb{C}}$ の実形で同型でないものの個数は，定理1(f)の H_i の群 $Q(P)$ に関し合同でないものの個数に等しく，$\ell=\mathrm{rank}\,L$ より大きくはない。

また内部自己同型 S_i で定まる $L^{\mathbb{C}}$ の実形 $L(S_i)$ に対し，$K(S_i)=\{X\in L(S_i)\mid S_iX=X\}$ は，$L(S_i)$ の随伴群 $G_0(L(S_i))=\mathrm{Int}\ L(S_i)$ の極大コンパクト部分群のリー環である。$K(S_i)$ を $L(S_i)$ の**特性部分環**という。

複素単純リー環 M の二つの実形 L_1, L_2 の特性部分環を K_1, K_2 とするとき，$K_1\cong K_2\Longleftrightarrow L_1\cong L_2$ である(第5節B定理3)。

すなわち特性部分環 K は実形 L を特徴付けるのである。

この特性部分環の構造は，次の定理2で与えられる。

定理2　(0)　定理1の内部自己同型 $S_i=\exp\mathrm{ad}\,H_i$ の定める $L^{\mathbb{C}}$ の実形 $L(S_i)$ における S_i の固定点の作るリー環 $K(S_i)=\{X\in L\mid S_iX=X\}$ は完約リー環(reductive Lie Algebra)である。$K(S_i)$ の極大可換部分環 T は L の極大可換部分環でもある(命題4)。$(L^{\mathbb{C}}, T^{\mathbb{C}})$ のルート系を R，R の一つの基底を $B=\{\alpha_1,\cdots,\alpha_\ell\}$ とする。いま

$$R(K(S_i))=\left\{\alpha\in R\,\middle|\,\alpha=\pm\sum_{i=1}^{\ell}n_j\alpha_j,\ n_i\in 2\mathbb{N}\right\}$$

とおくとき，次の(166)が成立つ。

(166)　$K(S_i)^{\mathbb{C}}=T^{\mathbb{C}}+\sum_{\alpha\in R(K(S_i))}\mathbb{C}X_\alpha$

(I)　$m_i=1$ のとき　$K(S_i)$ の中心は1次元で $\mathbb{R}H_i$ に等しい。半単純リー環 $[K(S_i), K(S_i)]^{\mathbb{C}}$ のルート系の基底は $B-\{\alpha_i\}$ で与えられる。

(II)　$m_i=2$ のとき　$K(S_i)$ は半単純リー環であり，複素化 $K(S_i)^{\mathbb{C}}$ のルート

系の基底は，$B_i=(B-\{\alpha_i\})\cup\{\alpha_0\}$ で与えられる。ただし β を $R^+(B)$ の最大ルートで $\beta=\sum_{i=1}^{\ell}m_j\alpha_j$ とするとき，$-\beta=\alpha_0$ である。

証明　(0)　命題 7 の証明にあるように，$S_i\in\mathrm{Aut}\,L$ に対し，随伴群 $G_0=\mathrm{Int}\ L$ の自己同型 ψ であって，その微分自己同型 ψ_* が S_i に等しいものが存在する。$K_0(S_i)=\{g\in G_0\,|\,\psi(g)=g\}$ は，G_0 の閉部分群だから，コンパクト・リー部分群であり，そのリー環は $K(S_i)$ である。従って $K(S_i)$ は完約リー環である。

命題 4 により，$K=K(S_i)$ とするとき $K\supset T$ だから，$[T,K]\subset K$ である。また $N=\{X\in L\,|\,S_iX=-X\}$ に対しても $[T,N]\subset N$ となる。従って完全可約な $\mathrm{ad}\,T^{\mathbb{C}}$ の既約部分空間の直和として $K^{\mathbb{C}}$ および $N^{\mathbb{C}}$ は表わされる。特に各ルート $\alpha\in R$ に対するルート空間 $M_\alpha=\{X\in L^{\mathbb{C}}=M\,|\,[H,X]=\alpha(H)X\ (\forall H\in T^{\mathbb{C}})\}$ は，$K^{\mathbb{C}}$ または $N^{\mathbb{C}}$ に含まれる($\dim M_\alpha=1$ に注意)。$X\in M_\alpha$ のとき，

(167)　$S_iX=\exp(2\pi i(\alpha,H_i))X$

であるから，次の(168)が成立つ：

(168)　$M_\alpha\subset K(S_i)^{\mathbb{C}}\Longleftrightarrow(\alpha,H_i)\in\mathbb{Z}$

$$(\alpha,H_i)=\left(\alpha,\frac{1}{2}e_i\right)=\frac{1}{2}\left(\sum_{j=1}^{\ell}n_j\alpha_j,e_i\right)=\frac{1}{2}n_i \text{ だから}$$

(169)　$(\alpha,H_i)\in\mathbb{Z}\Longleftrightarrow n_i\in2\mathbb{Z}$

である。(168)，(169)により，(166)が成立つ。

(I)　$K(S_i)$ の中心 Z は，極大可換部分環 T に含まれる。このとき複素化 $Z^{\mathbb{C}}$ は $K(S_i)^{\mathbb{C}}$ の中心であり，$H\in T^{\mathbb{C}}$ に対して(166)から

(170)　$H\in Z^{\mathbb{C}}\Longleftrightarrow\alpha(H)=0\qquad(\forall\alpha\in R(K(S_i)))$

が成立つ。いま $\alpha\in R^+(B)$ を，$\alpha=\sum_{j=1}^{\ell}n_j\alpha_j$ と表わすとき，命題 9 により，$1=m_i\geqq n_i\geqq0$ だから $n_i=1$ または 0 である。従って(0)における $\alpha\in R(K(S_i))$ となるための条件 $n_i\in2\mathbb{Z}$ は，この場合 $n_i=0$ となる。従ってこの場合

(171)　$$R(K(S_i))=\left\{\pm\sum_{j=1}^{\ell}n_j\alpha_j\in R\,|\,n_i=0\right\}$$

となる。従ってこのとき $B-\{\alpha_i\}$ がルート系 $R(K(S_i))$ の基底となる。$B-\{\alpha_i\}$ は一次独立な $\ell-1$ 個の元から成るから，$K(S_i)$ の半単純部分(その導イデアル)は，階数 $\ell-1$ である。従って $K(S_i)$ の中 Z は 1 次元である。任意の $\alpha\in R(K(S_i))$ は，(171) により，$\alpha=\pm\sum_{j\neq i}n_j\alpha_j$ の形になるから，$(\alpha,H_i)=$

$\pm\sum_{j\neq i} n_j\left(\alpha_j, \dfrac{1}{2}e_i\right)=0$ となるから，(170)により，$H_i\in Z$ である。従って $Z=\mathbb{R}H_i$ となる。

(Ⅱ) 任意の $\alpha\in R^+(B)$ を，$\alpha=\sum_{j=1}^{\ell} n_j\alpha_j$ と表わすとき，$m_j\geqq n_j\geqq 0$ である。特に今 $m_i=2$ であるから，$2\geqq n_i\geqq 0$ となる。従ってこの α が $R(K(S_i))$ の属するための条件 $n_i\in 2\mathbb{Z}$ は，この場合

(172)　$n_i=2$ または 0

となる。今任意の $\alpha\in R(K(S_i))$ は B_i の元の同符号整係数１次結合となることを示す。

(イ)　$n_i=2$ のとき

$\beta=\sum_{j\neq i} m_j\alpha_j+2\alpha_i$ だから，このとき

(173)　$-\alpha=-\sum_{j\neq i} n_j\alpha_j-2\alpha_i=\sum_{j\neq i}(m_j-n_j)\alpha_j+\alpha_0$

となり，$m_j-n_j\in\mathbb{N}\ (j\neq i)$ である。

(ロ)　$n_i=0$ のとき

(174)　$\alpha=\sum_{j\neq i} n_j\alpha_j,\quad n_j\in\mathbb{N}$

である。これで $R(K(S_i))$ の任意の元 α は，$B_i=(B-\{\alpha_i\})\cup\{\alpha_0\}$ の同符号整係数１次結合となることが示された。従って B_i はルート系 $R(K(S_i))$ の基底である。B_i は ℓ 個の元からなるので，ルート系 $R(K(S_i))$ の階数は ℓ であり，$\dim T=\mathrm{rank}\,K(S_i)$ に等しいから，$K(S_i)$ は半単純リー環である。■

各単純リー環 L に対し，最大ルート $\beta=-\alpha_0$，拡大ディンキン図形 h_i（本文の H_i），$LK(S_i), L(S_i)$ の表を次頁に掲げておく。(村上[29]を引用)

外部自己同型による実形の分類

以下 $S=A_p\exp\mathrm{ad}\,H\ (H\in T_1)$ の形の，L の位数２の自己同型 S を考え，S は命題５の1), 2), 3), 4)をみたすものとする。

いま S は外部自己同型とする。従って S は次の(175)をみたす：

(175)　$A(B)$ の元 $p=A_p|T$ は恒等変換 I ではない：$p\neq I,\ p^2=I$

このとき，S について次の二つの可能性(Ⅰ), (Ⅱ)がある：

(176)　(Ⅰ)　$H=0,\quad S=A_p$；
　　　(Ⅱ)　$T_1\ni H\neq 0,\quad S\neq A_p$

表 1　内部自己同型 $S_i=\exp\ h_i$ で定まる実形の表

L	最大ルート $\beta=-\alpha_0$	拡大ディンキン図形	$h_i=H_i$	$K(S_i)$	$L(S_i)$
A_ℓ $(\ell\geqq 1)$	$\alpha_1+\alpha_2+\cdots+\alpha_\ell$	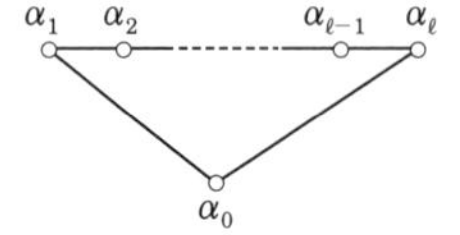	$h_i\left(1\leqq i\leqq\left[\dfrac{\ell-1}{2}\right]+1\right)$	$A_i\times A_{\ell-i-1}\times T$	AIII
B_ℓ $(\ell\geqq 2)$	$\alpha_1+2\alpha_2+\cdots+2\alpha_\ell$	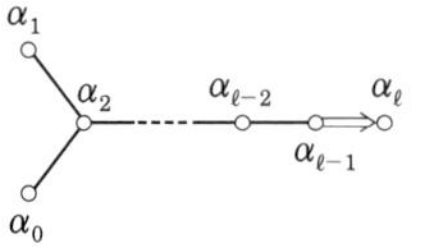	h_1	$B_{\ell-1}\times T$	BI
			$h_\ell\ (2\leqq i\leqq\ell)$	$D_i\times B_{\ell-i}$	
C_ℓ $(\ell\geqq 3)$	$2\alpha_1+2\alpha_2+\cdots+2\alpha_{\ell-1}+\alpha_\ell$	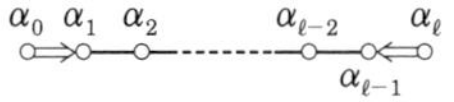	h_ℓ	$A_{\ell-i}\times T$	CI
			$h_i\left(1\leqq i\leqq\left[\dfrac{\ell-1}{2}\right]+1\right)$	$C_i\times C_{\ell-i}$	CII
D_ℓ $(\ell\geqq 4)$	$\alpha_1+2\alpha_2+\cdots+2\alpha_{\ell-2}+\alpha_{\ell-1}+\alpha_\ell$	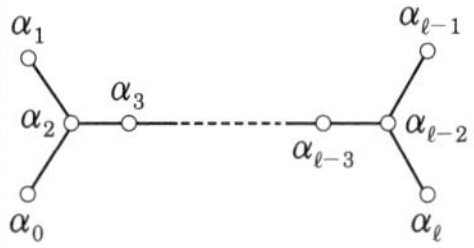	h_1	$D_{\ell-1}\times T$	DI
			$h_i\left(2\leqq i\leqq\left[\dfrac{\ell}{2}\right]\right)$	$D_i\times D_{\ell-i}$	
			$h_\ell\ (si\,\ell>4)$	$A_{\ell-1}\times T$	DII
E_6	$\alpha_1+2\alpha_2+3\alpha_3+2\alpha_4+\alpha_5+2\alpha_6$	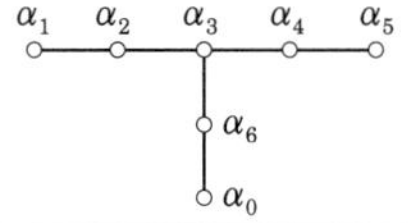	h_1	$D_5\times T$	EIII
			h_2	$A_1\times A_5$	EII
E_7	$2\alpha_1+3\alpha_2+4\alpha_3+3\alpha_4+2\alpha_5+\alpha_6+2\alpha_7$	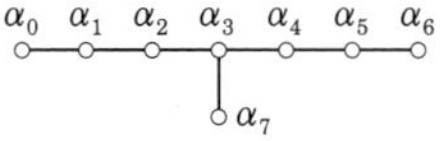	h_1	$A_1\times D_6$	EVI
			h_6	$E_6\times T$	EVII
			h_7	A_7	EV
E_8	$2\alpha_1+4\alpha_2+6\alpha_3+5\alpha_4+4\alpha_5+3\alpha_6+2\alpha_7+3\alpha_8$	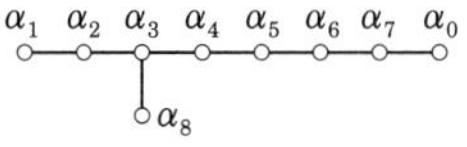	h_1	D_8	EVIII
			h_7	$A_1\times E_7$	EIX
F_4	$2\alpha_1+3\alpha_2+4\alpha_3+2\alpha_4$	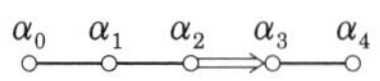	h_1	$A_1\times C_3$	FI
			h_4	B_4	FII
G_2	$2\alpha_1+3\alpha_2$	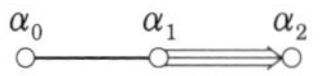	h_1	$A_1\times A_1$	G

(I)の場合

$I \neq p \in A(B)$ を一つとり，命題5をみたす L の自己同型 A_p を考える。A_p は p によって一意的に定まる。各 $\alpha \in R$ に対し $p\alpha = \alpha^*$ とおく。

ワイル基底 $(X_\alpha)_{\alpha \in R}$ に対し，次のようにおく：

(177)　$A_p X_\alpha = \nu_\alpha X_{\alpha^*}$，$\nu_\alpha \in \mathbb{C} - \{0\}$

このとき $A_p^2 = I$ だから，$\nu_\alpha \nu_{\alpha^*} = 1$ となる。従って

(178)　$\alpha = \alpha^*$ ならば，$\nu_\alpha = \pm 1$

である。

定義8　(178)により，ルート系 R は，次の R_1, R_2, R_3 に分割される：

$$(179)\quad \begin{cases} R_1 = \{\alpha \in R \mid \alpha^* = \alpha,\ \nu_\alpha = 1\} \\ R_2 = \{\beta \in R \mid \beta^* = \beta,\ \nu_\beta = -1\} \\ R_3 = \{\xi \in R \mid \xi^* \neq \xi\} \end{cases}$$

命題17　命題5の条件をみたす L の位数2の外部自己同型 A_p ($p \in A(B)$, $p^2 = I$, $p \neq I$) に対し，$K = \{X \in L \mid A_p X = X\}$，$N = \{X \in L \mid A_p X = -X\}$ とおく。このとき次の1)，2)，3)が成立つ。

1)　(179)の R_1, R_2, R_3 に対し，$R = R_1 \cup R_2 \cup R_3$（集合の直和）となる。$R_3 \neq \emptyset$ である。

2)　$L^{\mathbb{C}}$ のワイル基底 $(X_\alpha)_{\alpha \in R}$ により，$K^{\mathbb{C}}, N^{\mathbb{C}}$ は，次の(180)で与えられる：

$$(180)\begin{cases} K^{\mathbb{C}} = T_1^{\mathbb{C}} + \sum_{\beta \in R_1} \mathbb{C} X_\beta + \sum_{\xi \in R_3} \mathbb{C}(X_\xi + \nu_\xi X_{\xi^*}) \\ N^{\mathbb{C}} = T_{-1}^{\mathbb{C}} + \sum_{\gamma \in R_2} \mathbb{C} X_\gamma + \sum_{\xi \in R_3} \mathbb{C}(X_\xi - \nu_\xi X_{\xi^*}) \end{cases}\quad（直和）$$

3)　各 $\alpha \in R$ に対し，$\alpha' = \alpha \mid T_1^{\mathbb{C}}$ とおけば，$(K^{\mathbb{C}}, T_1^{\mathbb{C}})$ のルート系 $R(K)$ は，次の(181)で与えられる：

(181)　$R(K) = \{\beta' \mid \beta \in R_1\} \cup \{\xi' \mid \xi \in R_3\}$

証明　1)　(178)により，$\alpha^* = \alpha$ ならば，$\nu_\alpha = \pm 1$ であるから，(179)の R_1, R_2, R_3 の定義から，

$$R = R_1 \cup R_2 \cup R_3$$

が成立つ。また R_i $(i = 1, 2, 3)$ の定義から，$R_i \cap R_j = \emptyset$ $(i \neq j)$ である。$p \neq I$，$p^2 = I$，$pB = B$ だから $p\alpha = \beta$，$\alpha \neq \beta$ となる $\alpha, \beta \in B$ があるので $R_3 \neq \emptyset$。

2) $\beta\in R_1$ ならば，$A_pX_\beta=\nu_\beta X_{\beta^*}=X_\beta$ であり，$X_\beta\in K^{\mathbb{C}}$ である。また $\gamma\in R_2$ ならば，$A_pX_\gamma=-X_\gamma$ であり，$X_\gamma\in N^{\mathbb{C}}$ である。さらに $\xi\in R_3$ ならば，$A_p^2=I$，$A_p\neq I$ だから，$(I+A_p)X_\xi=X_\xi+\nu_\xi X_{\xi^*}\in K^{\mathbb{C}}$，$X_\xi-\nu_\xi X_{\xi^*}\in N^{\mathbb{C}}$ となる。さらに $T_1\subset K$，$T_{-1}\subset N$ だから，まとめて次の(180)を得る：

$$
(180)\quad \begin{cases} K^{\mathbb{C}}=(I+A_p)L^{\mathbb{C}}=T_1^{\mathbb{C}}+\sum_{\alpha\in R}\mathbb{C}(X_\alpha+A_pX_\alpha) \\ \qquad =T_1^{\mathbb{C}}+\sum_{\beta\in R_1}\mathbb{C}X_\beta+\sum_{\xi\in R_3}\mathbb{C}(X_\xi+\nu_\xi X_{\xi^*}) \\ N^{\mathbb{C}}=T_{-1}^{\mathbb{C}}+\sum_{\gamma\in R_2}\mathbb{C}X_\gamma+\sum_{\xi\in R_3}\mathbb{C}(X_\xi-\nu_\xi X_{\xi^*}) \end{cases}
$$

3) (182) $[H,X_\xi+\nu_\xi X_{\xi^*}]=\xi'(H)(X_\xi+\nu_\xi X_{\xi^*})\qquad(\forall H\in T_1^{\mathbb{C}})$

だから，(180)により，(181)が得られる。

命題 18 ルート系 R の基底 B に関する正のルートの集合を $R^+(B)$ とする。

1) $R^+(B)\cap R_i=R_i^+(B)$ とするとき，$B\subset R_1^+(B)\cup R_3^+(B)$ である。

2) $p\in A(B)$ だから $pB=B$。従って B は

(183) $B=\{\beta_1,\cdots,\beta_p,\xi_1,\xi_1^*,\cdots,\xi_q,\xi_q^*\}$，$\beta_i\in R_1$，$\xi_j,\xi_j^*\in R_3$

の形になる。このとき

(184) $B(K)=\{\beta_1',\cdots,\beta_p',\xi_1',\cdots,\xi_q'\}$

がルート系 $R(K)$ の基底となる。

3) $K,K^{\mathbb{C}}$ は半単純リー環である。

証明 1) 命題 5, 2)から任意の $\alpha_i\in B$ に対し $A_pX_{\alpha_i}=X_{p\alpha_i}$ だから，$B\subset R_1\cup R_3$ である。B は正のルートだから，$B\subset R_1^+(B)\cup R_3^+(B)$。

2) 任意の $\alpha\in(R_1\cup R_3)^+(B)$ は，非負整数 $n_1,\cdots,n_{p+2q}$ により，

(185) $\alpha=n_1\beta_1+\cdots+n_p\beta_p+n_{p+1}\xi_1+n_{p+2}\xi_1^*+\cdots+n_{p+2q-1}\xi_q+n_{p+2q}\xi_q^*$

と表わされる。$\alpha'=\alpha\,|\,T_1^{\mathbb{C}}$ は，従って

(186) $\alpha'=n_1\beta_1'+\cdots+n_p\beta_r'+(n_{p+1}+n_{p+2})\xi_1'+\cdots+(n_{p+2q-1}+n_{p+2q})\xi_q'$

と表わされる。さらに次の(187)が成立つ。

(187) $B(K)$ は R 上一次独立である。

証明 $B'=\left\{\beta_1,\cdots,\beta_p,\dfrac{1}{2}(\xi_1+\xi_1^*),\cdots,\dfrac{1}{2}(\xi_q+\xi_q^*)\right\}$ とおくとき，

(187) $B'\,|\,T_1^{\mathbb{C}}=B(K)$

である。いま $B(K)$ の元の間の一次関係

(188)　$\sum_{i=1}^{p} c_i\beta_i' + \sum_{j=1}^{q} d_j\xi_j' = 0 \qquad (c_i, d_j \in \mathbb{R})$

があったとすると，これは

(189)　$\left(\sum_{i=1}^{p} c_i\beta_i + \sum_{j=1}^{q} d_j \frac{1}{2}(\xi_j + \xi_j^*)\right)(H) = 0 \qquad (\forall H \in T_1^{\mathbb{C}})$

を意味する。一方 $\delta = \sum_{i=1}^{p} c_i\beta_i + \frac{1}{2}\sum_{j=1}^{q} d_j(\xi_j + \xi_j^*) \in T_1^{\mathbb{C}} \subset T_{-1}^{\perp}\ (T_{-1} = T \cap N)$ だから

(190)　$\delta(H) = 0 \qquad (\forall H \in T_{-1}^{\mathbb{C}})$

も成立つ。(189), (190) から，$\delta(H) = 0\ (\forall H \in T^{\mathbb{C}})$ だから $\delta = 0$ である。一方 B は R の基底で一次独立だから，$\delta = 0$ から

(191)　$c_i = 0 \qquad (1 \leqq i \leqq p)$ ；　$d_j = 0 \qquad (1 \leqq j \leqq q)$

が導かれる。これで (187) は証明された。(186), (187) により $B(K)$ は $R(K)$ の基底であることが証明された。

3)　命題 3, 2) により，K はコンパクト群 K_0 のリー環であるから，K は完約リー環 (reductive Lie algebra) である。

従って K が半単純であることを示すには，次の (192) を示せばよい：

(192)　K の中心 Z は 0 である。

Z は K の極大可換部分環 T_1 に含まれる。$[Z, K] = 0$ だから特に

(193)　$H \in Z \Longleftrightarrow (\alpha, H) = 0 \quad (\forall \alpha \in B(K))$

となるので，(192) を示すためには，

(194)　$H \in T_1,\ (\alpha, H) = 0 \quad (\forall \alpha \in B(K)) \Longrightarrow H = 0$

を言えば十分である。$\forall \alpha \in B(K)$ は，$\alpha = \beta_i'$ または $\alpha = \xi_j'$ と表わされるから，このとき $\beta_i(H) = 0\ (1 \leqq i \leqq p)$，$(\xi_j + \xi_j^*)(H) = 0\ (1 \leqq j \leqq q)$ である。そこで

(195)
$$
\begin{aligned}
(\alpha + p\alpha)(H) = 0 \quad (\forall \alpha \in B) &\Longleftrightarrow \alpha(H + pH) = 0 \quad (\forall \alpha \in B) \\
&\Longleftrightarrow H + pH = 0 \\
&\Longleftrightarrow H \in T_{-1} = T \cap N
\end{aligned}
$$

H は T_1 の元であったから，$H \in T_1 \cap T_{-1} = 0$, $H = 0$ となり，(194), (192) が証明された。 ∎

定義 9　各ルート $\alpha' \in R(K)$ に対し

(196)　$\alpha'(H) = 2\pi i(h_\alpha', H) \qquad (\forall H \in T_1)$

となる $h'_\alpha \in T_1$ が定まる。α' と h'_α を同一視し，$R(K) \subset T_1$ と考える。

命題 19　1)　$\beta \in R_1 \Longrightarrow \beta' = \beta$

2)　$\xi \in R_3 \Longrightarrow \xi' = \dfrac{1}{2}(\xi + \xi^*)$

証明　1)　p は $T = T_1 \oplus T_{-1}$ なる直交分解に関する $T \longrightarrow T_1$ の直交射影である。$p\beta = \beta$ だから，$\beta \in T_1$ となり従って $h'_\beta = \beta = h_\beta$ で $\beta' = \beta$ である。

2)　任意の $H \in T_1$ に対し $pH = H$（命題 5, 3)）だから，$\xi^*(H) = (p\xi)(H) = \xi(pH) = \xi(H)$ となる。従って $\dfrac{1}{2}(\xi + \xi^*)(H) = \xi(H) = \xi'(H)$ $(\forall H \in T_1)$ となる。

命題 20　1)　$(\beta'_i, \beta'_j) = (\beta_i, \beta_j)$,　$\beta_i, \beta_j \in B_1 = R_1 \cap B$

2)　$(\xi'_i, \xi'_j) = \dfrac{1}{2}\{(\xi_i, \xi_j) + (\xi_i, \xi^*_j)\}$,　$\xi_i, \xi_j \in B_3 = R_3 \cap B$

3)　$\cos^2 \widehat{\beta'_i \beta'_j} = \cos^2 \widehat{\beta_i \beta_j}$

4)　$(\xi_j, \xi^*_j) = 0$ のとき，$\cos^2 \widehat{\beta'_i \xi'_j} = 2\cos^2 \widehat{\beta'_i \xi'_j}$,

5)
$$\cos^2 \widehat{\xi'_i \cdot \xi'_j} = \begin{cases} 0, & (\xi_i, \xi_j) = (\xi_i, \xi^*_j) = 0 \text{ のとき} \\ \cos^2 \widehat{\xi_i \cdot \xi_j}, & (\xi_i, \xi^*_i) = (\xi_j, \xi^*_j) = (\xi_i, \xi^*_j) = 0 \text{ のとき} \\ \cos^2 \widehat{\xi_i \cdot \xi_j} \cdot \dfrac{1}{1 + \dfrac{(\xi_j, \xi^*_j)}{(\xi_j, \xi_j)}}, & (\xi_i, \xi^*_j) = (\xi_i, \xi^*_i) = 0, \\ & \text{かつ} (\xi_j, \xi^*_j) < 0 \text{ のとき} \end{cases}$$

証明　1), 3) は命題 19, 1) から明らか。

2)　命題 19, 2) より，次式が成立つ：

$$\begin{aligned}(\xi'_i, \xi'_j) &= \frac{1}{4}(\xi_i + \xi^*_i, \xi_j + \xi^*_j) \\ &= \frac{1}{4}\{(\xi_i, \xi_j) + (\xi_i, \xi^*_j) + (\xi^*_i, \xi_j) + (\xi^*_i, \xi^*_j)\} \\ &= \frac{1}{2}\{(\xi_i, \xi_j) + (\xi_i, \xi^*_j)\}, \quad (p = p^{-1} \text{ は内積を変えない})\end{aligned}$$

4)　1), 2) により次式が成立つ：

$$\cos^2 \widehat{\beta'_i \xi'_j} = \frac{(\beta'_i, \xi'_j)^2}{(\beta'_i, \beta'_i)(\xi'_j, \xi'_j)} = \frac{\left(\beta_i, \frac{1}{2}(\xi_j + \xi_j^*)\right)^2}{(\beta_i, \beta_i)\cdot\frac{1}{2}\{(\xi_j, \xi_j) + (\xi_j, \xi_j^*)\}} = 2\frac{(\beta_i, \xi_j)^2}{(\beta_i, \beta_i)(\xi_j, \xi_j)}$$

$$= 2\cos^2 \widehat{\beta_i \xi_j} \qquad ((\xi_j, \xi_j^*) = 0 \text{ のとき})$$

$\because$) $(\beta_i, \xi_j^*) = (\beta_i, p\xi_j) = (p^{-1}\beta_i, \xi_j) = (p\beta_i, \xi_j) = (\beta_i, \xi_j)$

5) $$4\cos^2 \widehat{\xi'_i \xi'_j} = \frac{(\xi_i + \xi_i^*, \xi_j + \xi_j^*)^2}{\{(\xi_i, \xi_i) + (\xi_i, \xi_i^*)\}\{(\xi_j, \xi_j) + (\xi_j, \xi_j^*)\}}$$

$$= \begin{cases} 0, & (\xi_i, \xi_j) = (\xi_i, \xi_j^*) = 0 \text{ のとき} \\ 4\cos^2 \widehat{\xi_i \xi_j} & (\xi_i, \xi_j^*) = (\xi_i, \xi_i^*) = (\xi_j, \xi_j^*) = 0 \text{ のとき} \\ 4\cos^2 \widehat{\xi_i \xi_j} \cdot \dfrac{1}{1 + \dfrac{(\xi_j, \xi_j^*)}{(\xi_j, \xi_j)}}, & (\xi_i, \xi_j^*) = (\xi_i, \xi_i^*) = 0 \\ & \text{かつ } (\xi_j, \xi_j^*) < 0 \end{cases}$$

これで命題20は証明された。 ■

具体的に各単純リー環について実形を考えるとき，A_ℓ $(\ell \geqq 2)$，$D(\ell \geqq 5)$，E_6 に対しては $A(B) = \mathbb{Z}_2$（位数2の巡回群）であるが，D_4 に対しては $A(B) = S_3$（3次対称群）となる。従って前のタイプの群に対しては，$A(B)$ の位数2の元 p が唯一つ定まる。これに対し $A_p \in \mathrm{Aut}\, L$ が定まり，この位数2の自己同型に対し，$L^{\mathbb{C}}$ の非コンパクト実形 $L(A_p)$ が定まる。これに対し D_4 に対しては，$A(B)$ は位数2の元を三つ含む。しかしこの場合にも三つの異なる実形が存在するわけではなく，三つの位数2の元は同型な実形を定める。

命題 21　コンパクト単純リー環 $L = D_4$ に対し，$A(B)$ の三つの位数2の元 p_1, p_2, p_3 に対する位数2の自己同型 $A_{p_1}, A_{p_2}, A_{p_3}$ は $L^{\mathbb{C}}$ の同型な実形を定義する。

証明　$A(B) = S_3$ と同一視するとき，S_3 の位数2の元は，$p_1 = (1,2)$，$p_2 = (1,3)$，$p_3 = (2,3)$ の三つである。そしてこのとき $p_3 p_1 p_3^{-1} = p_2$ である。各 $i \in \{1,2,3\}$ に対し，$A_{p_i} \in \mathrm{Aut}\, L$ で，$A_{p_i} | T = p_i$ となるもので命題5の条件をみたすものが存在する。$A_{p_i} = A_i$ と略記し，$A_3 A_1 A_3^{-1} = A$ とおくと，$A | T = p_3 p_1 p_3^{-1} = p_2 = A_2 | T$ である。そこで命題1,1)により，$A = A_{p_2} \exp H$ $(H \in T)$ となる。A_i は命題5,2)の条件をみたすから，次の(197)が成立つ。

(197)　$e^{2\pi i(\alpha_j, H)} X_{p_2 \alpha_j} = (A_2 \exp \mathrm{ad}\, H) X_{\alpha_j} = A X_{\alpha_j} = X_{p_2 \alpha_j}, \quad 1 \leqq j \leqq \ell$

従って

(198)　$(\alpha_j, H) \in \mathbb{Z} \quad (1 \leqq j \leqq \ell) \Longleftrightarrow H \in \Gamma$

となる。そこで $\exp \operatorname{ad} H = I$ で，$A_3 A_1 A_3^{-1} = A = A_2$ となり，A_1 と A_2 は Aut $L = G$ で共役であり，従って同型の実形を定義する。A_1 と A_3，A_2 と A_3 も同様に共役で同型の実形を定義する。■

以上をまとめて，(I) $S = A_p$ の場合の実形の分類は，次の定理 3 で与えられる。

定理 3　$L = A_\ell\,(\ell \geqq 2), D_\ell\,(\ell \geqq 4), E_6$ に対し，そのディンキン図形の対称群 $A(B)$ の位数 2 の元 p をとるとき，命題 5,1)-4) をみたす位数 2 の自己同型 A_p が存在する。A_p の定める $L^{\mathbb{C}}$ の実形 $L(A_p)$ の特性部分リー環 $K(A_P)$ は，次のようにして定められる。$(L^{\mathbb{C}}, T^{\mathbb{C}})$ のルート系 R の基底 B は，

(199)　$B = \{\alpha_1, \cdots, \alpha_p, \xi_1, \xi_1^*, \cdots, \xi_q, \xi_q^*\}, \quad \alpha_1 \in R_1, \quad \xi_j, \xi_j^* \in R_3$

の形である。このとき $K(A_p)$ は半単純リー環で，$(K(A_p)^{\mathbb{C}}, T_1^{\mathbb{C}})$ のルート系 $R(K(A_p))$ の基底 $B(K(A_p))$ は，次の (200) で与えられる。

(200)　$B(K(A_p)) = \{\alpha_1', \cdots, \alpha_p', \xi_1', \cdots, \xi_q'\}$

ただし α' はルート $\alpha \in R$ の T_1 への直交射影である。$K(A_p)^{\mathbb{C}}$ のディンキン図形は，命題 20 により，$L^{\mathbb{C}}$ のディンキン図形から求められる。

例 1　$L = A_{2f}$

このとき，$A(B)$ の位数 2 の元 p は，ディンキン図形 $\mathscr{D}$ の中心に関する点対称である。従って $\mathscr{D}$ は次のようになる。

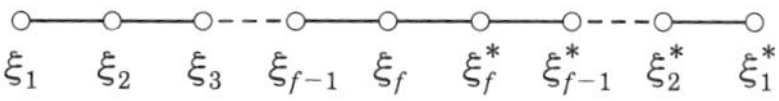

このとき $B(K(A_P)) = \{\xi_1', \xi_2', \cdots, \xi_f^*\}$ である。ξ_1 と $\xi_i\,(i \geqq 3)$ および ξ_j^* とは稜で結ばれていない。従って $(\xi_1, \xi_i) = (\xi_1, \xi_j^*) = 0$ である。従って命題 20, 5) の第一の場合により，$(\xi_1', \xi_i') = 0 \;\,(i \geqq 3)$ である。すなわち頂点 ξ_1' は ξ_2' 以外の頂点とは稜で結ばれない $(f \geqq 2)$ $(f = 1$ のときは ξ_1' だけが頂点)。$f \geqq 3$ ならば命題 20, 5) の第二の場合により $n(\xi_1', \xi_2')^2 = n(\xi_1, \xi_2)^2 = 1$，$(\xi_1', \xi_2') = -1$ である。従って $K(A_p)^{\mathbb{C}}$ のディンキン図形において ξ_1' と ξ_2' は一重稜で結ばれる。同様にして $i \leqq f-1$ のとき，ξ_{i-1}' と ξ_i' の間は一重稜で結ばれる。ξ_{f-1}' と ξ_f' の間の関係は，

命題 20, 5) の第三の場合である。ξ_f と ξ_f^* は一重稜で結ばれているから，$n(\xi_f, \xi_f^*)^2 = 1$ であり，$(\xi_f, \xi_f^*) < 0$ だから $\cos\widehat{\xi_f \xi_f^*} = -1/2$ である。いま A_r のルートはすべて同じ長さであるから，必要あれば定数倍して，$\|\alpha\| = 1\ (\forall \alpha \in R)$ としてよい。このとき $(\xi_f, \xi_f^*) = -\dfrac{1}{2}$ である。そこで命題 20, 5) により，

$$n(\xi'_{f-1}, \xi'_f)^2 = n(\xi_{f-1}, \xi_f)^2 \cdot \frac{1}{1+(\xi_f, \xi_f^*)} = 1 \cdot \frac{1}{1-\dfrac{1}{2}} = 2$$

となる。そして命題 20, 2) により

$$(\xi'_{f-1}, \xi'_{f-1}) = \frac{1}{2}(\xi_{f-1}, \xi_{f-1}) = \frac{1}{2} \qquad (1 \leqq i \leqq f-1)$$

$$(\xi'_f, \xi'_f) = \frac{1}{2}\{(\xi_f, \xi_f) + (\xi_f, \xi_f^*)\} = \frac{1}{2}\left\{1 - \frac{1}{2}\right\} = \frac{1}{4}$$

であるから ξ'_{f-1} と ξ'_f は二重稜で結ばれ，$\|\xi'_{f-1}\| > \|\xi'_f\|$ である。従って $B(K(A_p))$ のディンキン図形は，次のようになる。

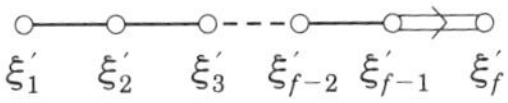

従って $K(A_p)^{\mathbb{C}}$ は，この場合 B_f 型の単純リー環である。

$L^{\mathbb{C}}$ を $SL(2f+1, \mathbb{C})$ のリー環 $\mathfrak{sl}(n+1, \mathbb{C})$ で実現するとき，この実形は $\mathfrak{sl}(2f+1, \mathbb{R})$ であり，その特性部分環 $K(A_p)$ は，$SL(2f+1, \mathbb{R})$ の極大コンパクト部分群 $SO(2f+1)$ のリー環である。——

$\mathrm{A}_{2f-1}\ (f \geqq 2)$, $D_\ell\ (\ell \geqq 4)$, E_6 に対しても，上の例 1 と同様にして，$B(K(A_p))$ のディンキン図形を求めることができる。

その結果は，次ページの表の左の欄に示してある。この表は，村上[29]から引用した。ただしカルタンの記号の EI と EIV の位置が誤っていたのを訂正した。

表 2　外部自己同型 $S_j = A_p \exp \operatorname{ad} H_j$ で定まる実形の表

L	B_p / $B(K_p)$	K_p	$L(A_p)$	K_p の最大ルート υ	S_j	η' / $B(S_j)$	$K(S_j)$	$L(S_j)$
A_{2f}	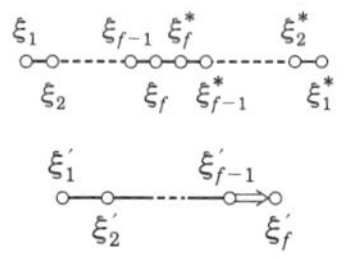	B_f	AⅠ	$\xi_1'+2\xi_2'+\cdots+2\xi_f'$				
A_{2f-1} (＊)	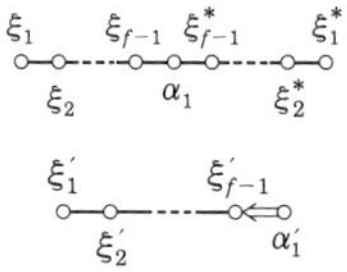	C_f	AⅡ	$2\xi_1'+\cdots+2\xi_{f-1}'+\alpha_1'$	S_1	$\alpha_1'+\xi_{f-1}'$ 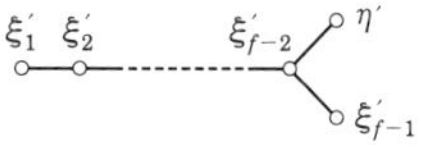	D_f	AⅠ
D_ℓ	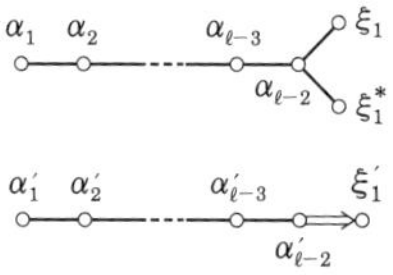	$B_{\ell-f}$	DⅠ	$\alpha_1'+2\alpha_2'+\cdots+2\alpha_{\ell-2}'+2\xi_f'$	S_j (＊＊)	$\alpha_i'+\alpha_{i+1}'+\cdots+\alpha_{\ell-2}'+\xi_1'$ 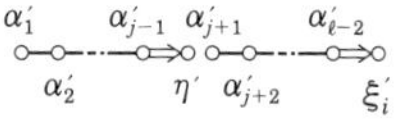	$B_j\times B_{\ell-j-1}$	DⅠ
E_6	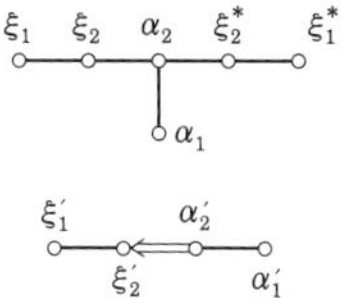	F_4	EⅣ	$2\alpha_1'+3\alpha_2'+4\xi_2'+2\xi_1'$	S_1	$\alpha_1'+\alpha_2'+\xi_2'$ 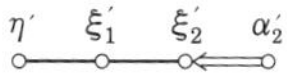	C_4	EⅠ

（＊）（$f \geqq 2$）　（＊＊）$S_j\left(1 \leqq j \leqq \left[\frac{\ell}{2}\right]\right)$

（Ⅱ）の場合

以下 $S = A_p \exp \operatorname{ad} H$，$p \neq 1$，$0 \neq H \in T_1$ の形の位数 2 の自己同型が定める $L^{\mathbb{C}}$ の実形を考える。

以下次の記号を用いる。$K(A_p) = K_p$ と略記する。

$$K = \{X \in L \mid SX = X\}, \qquad N = \{X \in L \mid SX = -X\},$$
$$K_p = \{X \in L \mid A_p X = X\}, \quad N_p = \{X \in L \mid A_p X = -X\}$$

また $G = \operatorname{Aut} L$ の連結リー部分群で，K, K_p をリー環とするものを，それぞれ $\mathfrak{K}, \mathfrak{K}_p$ とする。$\mathfrak{K}_p$ は，G 内における A_p の中心化群 $C(A_p) = \{g \in G \mid A_p g = g A_p\}$ の単位元連結成分である。

命題 22 $T_1 = \{H \in T \mid SH = H\} = T \cap K$ は，K_p の極大可換部分環である。

証明 $S \mid T = A_p \mid T$ だから，$T_1 = \{H \in T \mid A_p H = H\} \subset K_p$ である。T_1 を含む K_p の極大可換部分環を C とする。C を含む L の極大可換部分環 D が存在する。一方命題 3, 1) により，T_1 を含む L の極大可換部分環 T は唯一つであるから，$D = T$ である。このとき $T \cap K_p$ は，K_p の可換部分環で，$C \subset D = T$ だから，$C \subset T \cap K_p$ である。そこで C の極大性により，$C = T \cap K_p = \{H \in T \mid A_p H = H\} = T_1$ である。これで T_1 が K_p の極大可換部分環であることが証明された。 ■

命題 23 1) $H, H' \in T_1$ に対し，$\exp H$ と $\exp H'$ が $\mathfrak{K}_p$ の中で共役ならば，$A_p \exp H$ と $A_p \exp H'$ は $\mathrm{Aut}\, L$ の中で共役である。

2) L が単純のとき，K_p も単純である。そして $\mathfrak{K}_p$ の中心 Z は $\{1\}$ である。このとき随伴表現により，$\mathfrak{K}_p \cong \mathrm{Int}\ K_p$ となる。

証明 1) $k \in \mathfrak{K}_p$ により，$k(\exp H)k^{-1} = \exp H'$ とすると，$\mathfrak{K}_p = C(A_p)_0$ だから，$kA_p k^{-1} = A_p$ であり，$k(A_p \exp H)k^{-1} = A_p \exp H'$，となる。

2) L が単純のとき，命題 18, 3) により K_p は半単純である。

L が単純のとき $L^{\mathbb{C}}$ のディンキン図形は連結である。そこで命題 20 により $K_p^{\mathbb{C}}$ のディンキン図形も連結となる。これは $K_p^{\mathbb{C}}$ が単純リー環であることを示す。従って K_p も単純である。

$z \in \mathbb{Z}$ とする。$z = \exp H$, $H \in T_1$ とかける。$\mathrm{Ad}_{K_p} z = I$ だから，任意のルート $\alpha' \in R(K_p)$ に対し，$(\alpha', H) \in \mathbb{Z}$ となる。特に $R(K_p)$ の基底 $B(K_p) = \{\beta'_1, \cdots, \beta'_p, \xi'_1, \cdots, \xi'_q\}$ の各元に対し，

(201) $(\beta'_i, H) \in \mathbb{Z}$, $(\xi'_j, H) \in \mathbb{Z}$, $1 \leqq i \leqq p$, $1 \leqq j \leqq q$

となる。一方 $H \in T_1$ だから，$pH = H$ である（命題 5, 3)）。従って $(\beta'_i, H) = (\beta_i, H), (\xi'_j, H) = (\xi_j, H) = (\xi^*_j, H)$ である。そこで (201) は

(202) $(\beta_i, H) \in \mathbb{Z} \quad (1 \leqq i \leqq p)$; $\quad (\xi_j, H) = (\xi^*_j, H) \in \mathbb{Z} \quad (1 \leqq j \leqq q)$

となる。$B = \{\beta_1, \cdots, \beta_p, \xi_1, \xi^*_1, \cdots, \xi_q, \xi^*_q\}$ が R の基底であるから，(202) は，次の (203) と同値である（命題 8 系, 1)）。

(203) $(\alpha, H) \in \mathbb{Z} \quad (\forall \alpha \in R) \Longleftrightarrow H \in \Gamma$

従って $z = \exp H = I$ である。z は Z の任意の元故 $Z = \{I\}$ となる。$\mathfrak{K}_p$ の K_p

上での随伴表現を Ad と記すとき，Ker Ad $= Z = \{I\}$ だから，

(204)　$\mathfrak{K}_p \cong \mathrm{Ad}\,\mathfrak{K}_p$

である。一方 $\mathfrak{K}_p$ は連結リー群だから $\{\exp X \mid X \in K_p\}$ から生成される。そして

(205)　$\mathrm{Ad}(\exp X) = \exp \mathrm{ad}\, X,\quad X \in K_p$

だから

(206)　$\mathrm{Ad}\,\mathfrak{K}_p = \mathrm{Int}\,K_p$

となる(杉浦『リー群論』[42] 命題 4.4.5)。(204)，(206) から，$\mathfrak{K}_p \cong \mathrm{Int}\ K_p$ となる。 ■

K_p はコンパクト半単純リー環である(命題 18, 5))。従って，$S = A_p \exp \mathrm{ad}\, H$ $(H \in T_1)$ の形の位数 2 の自己同型で，同型でない実形を与える代表元を定めるのに，内部自己同型による実形の決定に関する定理 1 を用いることができる(命題 23, 1))。そのためには，ルート系 $R(K_p)$ の最大ルート ν を知る必要がある。

定義 10　ルート系 $R(K_p)$ の基底 $B(K_p) = \{\beta'_1, \cdots, \beta'_p, \xi'_1, \cdots, \xi'_q\}$ に関する正ルートの集合 $R^+(B(K_p))$ の最大ルート ν は，次の (207) の形である。

(207)　$\nu = n'_1\beta'_1 + \cdots + n'_p\beta'_p + n''_1\xi'_1 + \cdots + n''_q\xi'_q,\qquad n'_i, n''_j \in N$

いま $(\beta'_1, \cdots, \beta'_p, \xi'_1, \cdots, \xi'_q)$ は T_1 の基底である。この基底の双対基底を $(e'_1, \cdots, e'_p, e''_1, \cdots, e''_q)$ とする。すなわち

(208)　$(\beta'_i, e'_j) = \delta_{ij},\quad (\xi'_k, e'_j) = 0\,;\qquad (\xi'_k, e''_m) = \delta_{km},\quad (\beta'_i, e''_m) = 0$

とする。

命題 24　1)　$H_0 \in T$，$(\exp \mathrm{ad}\, H_0)^2 = I$，$H_0 + pH_0 = H$ とすれば，$S = A_p \exp \mathrm{ad}\, H$ は A_p と Aut L 内で共役である。

2)　定義 10 の $e''_k \in T_1$ に対し，$A_p \exp \mathrm{ad}\left(\frac{1}{2}e''_k\right)$ と A_p は Aut L 内で共役である。

証明　1)　$S = \exp \mathrm{ad}\, H \cdot A_p = \exp \mathrm{ad}\, H_0 \cdot A_p \cdot A_p^{-1} \exp \mathrm{ad}\, pH_0 \cdot A_p$

$$= \exp \mathrm{ad}\, H_0 \cdot A_p \cdot \exp \mathrm{ad}\,(p^{-1}pH_0) = (\exp \mathrm{ad}\, H_0) A_p (\exp \mathrm{ad}\, H_0)^{-1}$$

であるから，S と A_p は共役である。($\alpha \in \mathrm{Aut}\, L$ に対して，$\alpha \circ \mathrm{ad}\, H_0 \circ \alpha^{-1} = \mathrm{ad}\,(\alpha H_0)$)

2) $e''_k \in T_1$ だから　$pe''_k = e''_k$ だから，$\frac{1}{2}e''_k = H_0 + pH_0$，$H_0 = \frac{1}{4}e''_k$ となる。従

って 1)により 2)が成立つ。

命題 25 L の外部自己同型 S で位数 2 であり，$S=A_p \exp \operatorname{ad} H\ (0 \neq H \in T_1)$ の形のものは，定義 10 の記号で，$n'_j=1$ または 2 となる $j \in \{1, 2, \cdots, p\}$ に対する $H'_j=\frac{1}{2}e'_j$ に対応する $S_j=A_p \exp \operatorname{ad} H'_j$ と $\operatorname{Aut} L$ 内で共役である。

証明 定理 1 と命題 23, 1) 及び命題 24 から明らかである。 ∎

そこで以下 S_j の形の自己同型だけを考えればよい。前に注意した(定理 2 の直前)ように，特性部分環 $K(S_i)$ は実形 $L(S_i)$ を定める。以下 $K(S_i)$ の構造を決定しよう。前と同様 $S_i X_\alpha=\nu_\alpha X_{\alpha^*}$ とするとき $\nu_\alpha \nu_{\alpha^*}=1$ だから，$\alpha^*=\alpha$ ならば $\nu_\alpha=\pm 1$ である。そこで

$$
\begin{aligned}
& R_1(S_j)=R_1=\{\alpha \in R \mid \alpha^*=\alpha,\ \nu_\alpha=1\} \\
(205)\quad & R_2(S_j)=R_2=\{\beta \in R \mid \beta^*=\beta,\ \nu_\beta=-1\} \\
& R_3(S_j)=R_3=\{\xi \in R \mid \xi^* \neq \xi\}
\end{aligned}
$$

とおくと

(210) $R=R_1 \cup R_2 \cup R_3$ (集合の直和)

となる。このとき次の命題 26 が成立つ。

命題 26 $\alpha, \beta, \alpha+\beta \in R$ かつ $\alpha^*=\alpha$，$\beta^*=\beta$ とするとき，次の 1), 2)が成立つ。

1) $\alpha \in R_1,\ \beta \in R_1 \Longrightarrow \alpha+\beta \in R_1$;

2) $\alpha \in R_1,\ \beta \in R_2 \Longrightarrow \alpha+\beta \in R_2$

証明 $[X_\alpha, X_\beta]=N_{\alpha,\beta} X_{\alpha+\beta}\ (N_{\alpha,\beta} \neq 0)$ に S_j を作用させて

(211) $\nu_\alpha \nu_\beta=\nu_{\alpha+\beta}$

を得る。従って次の(212)が成立つ：

$$
(212)\quad
\begin{aligned}
& 1)\quad \nu_\alpha+\nu_\beta=1 \Longrightarrow \nu_{\alpha+\beta}=1; \\
& 2)\quad \nu_\alpha=1,\ \nu_\beta=-1 \Longrightarrow \nu_{\alpha+\beta}=-1
\end{aligned}
$$
∎

定義 11 R の基底 B に対し

$$(213)\quad \begin{cases} B\cap R_1=\{\alpha_1,\cdots,\alpha_p\} \\ B\cap R_2=\{\beta_1,\cdots,\beta_q\} \\ B\cap R_3=\{\xi_1,\xi_1^*,\cdots,\xi_r,\xi_r^*\} \end{cases}$$

とおく。従って(210)から，次の(214)，(215)が成立つ。

(214) $B=\{\alpha_1,\cdots,\alpha_p,\beta_1,\cdots,\beta_q,\xi_1,\xi_1^*,\cdots,\xi_r,\xi_r^*\}$

(215) $p+q+2r=\ell=\dim T$

$A(B)\ni p\neq I$，$p^2=I$ だから $p\alpha=\beta\,(\alpha\neq\beta)$ となる $\alpha,\beta\in\beta$ が存在する。
従って $\alpha,\beta\in R_3$ で，$R_3\neq\emptyset$ である。
各ルート $\alpha\in R$ に対し，その T_1 への限定を，$\alpha'=\alpha|T_1$ とおく。

命題 27（ラグナタン[30]Lemma 16） 1) $\alpha\in R_1\cup R_3$ ならば，$\alpha'\in R(K(S_j))$ で $X_\alpha+S_jX_\alpha$ はそのルート・ベクトル。

2) $\alpha\in R_2\cup R_3$ ならば，α' は $K(S_j)$ の表現 $\sigma=\mathrm{ad}_L K(S_j)|N(S_j)$ のウェイトで，$X_{\alpha^*}-S_jX_{-\alpha}$ がそのウェイト・ベクトルである。

3) $\alpha,\beta\in R$ に対し，$\alpha'=\beta'$ ならば，$\alpha=\beta$ または $\alpha=\beta^*$ である。

4) $\alpha\in R$ ならば $\alpha'\neq 0$ である。

証明 1) 任意の $H\in T_1$ に対し，$\alpha(H)=\alpha^*(H)=\alpha'(H)$ で $S_jX_\alpha\in M_{\alpha^*}$ 故

(222) $[H,X_\alpha+S_jX_\alpha]=\alpha(H)X_\alpha+\alpha^*(H)S_jX_\alpha=\alpha'(H)(X_\alpha+S_jX_\alpha)$

2) 1)と同様。命題 17, 2)と同様の分解ができることに注意。

3) a) $\alpha,\beta\in R_1\cup R_2$ のとき，$\alpha(T_{-1})=\beta(T_{-1})=0$，$\alpha=\alpha'=\beta'=\beta$

b) $\alpha,\beta\in R_1\cup R_3$ とする。仮定 $\alpha'=\beta'$ により，α',β' は $K(S_i)^{\mathrm{C}}$ の同一のルートである。1)により $X_\alpha+S_jX_\alpha$ および $X_\beta+S_jX_\beta$ は共に α' のルート・ベクトルであり，ルート空間は 1 次元だから，この二つのベクトルは一方が他方のスカラー $(\neq 0)$ 倍である。従って X_α が X_β のスカラー倍であるが，X_α が S_jX_β のスカラー倍となる。これは $\alpha=\beta$ または $\alpha=\beta^*$ となることを意味する。

c) $\alpha\in R_2$, $\beta\in R_3$ のとき，$\alpha(T_{-1})=0$ だから $\alpha=\alpha'$ で $(\alpha,\beta)=(\alpha',\beta')=(\alpha',\alpha')>0$ だから，$\alpha-\beta\in R$ である。$\alpha\in R_2$, $\beta\in R_3$ だから $\alpha^*=\alpha$，$\beta^*\neq\beta$ なので $(\alpha-\beta)^*\neq\alpha-\beta$ である。従って $\alpha-\beta\in R_3$ で，1)により $(\alpha-\beta)'\in R(K(S_i))$ である。一方 $(\alpha-\beta)'=\alpha'-\beta'=0$ であるから矛盾する。従ってこの場合 $\alpha'=\beta'$ となることはあり得ない。

4) a) $\alpha \in R_1 \cup R_2$ のとき，$\alpha(T_{-1})=0$ だから，$\alpha'=0$ と仮定すれば $\alpha=0$ となり矛盾である。従って $\alpha' \neq 0$ である。

b) $\alpha \in R_3$ のとき，1)により $\alpha' \in R(K(S_i))$ だから $\alpha' \neq 0$。

命題 28 1) 正のルート $\alpha \in R_1 \cup R_3$ に対し，$\alpha'=\beta'+\gamma'$ $(\beta', \gamma' \in R(K(S_j)))$ となる β', γ' が存在すれば，R の正ルート β, γ で次の(a), (b)をみたすものが存在する：

(a) $\alpha=\beta+\gamma$,

(b) $\beta'=\beta \mid T_1$, $\quad \gamma'=\gamma \mid T_1$

2) 特に $\alpha \in B$ ならば，$\alpha'=B(K(S_j))$ である。

証明 1) 命題 27, 1)により $\alpha' \in R(K(S_j))$ である。今 $\alpha'=\beta'+\gamma'$ となる正のルート $\beta', \gamma' \in R(K(S_j))$ が存在したとする。このとき自己同型 S_j に対しても，A_p と同じく命題 17, 2)の分解(180)が成立つので，

(223) $\beta, \gamma \in R_1 \cup R_3$ が存在して，$\beta \mid T_1=\beta'$, $\gamma \mid T_1=\gamma'$

となる。一方命題 27, 1)により $X_\beta+S_jX_\beta, X_\gamma+S_jX_\gamma \neq 0$ はそれぞれルート β', γ' に対するルート・ベクトルであり，$\alpha'=\beta'+\gamma' \in R(K(S_j))$ から

(224) $[X_\beta+S_jX_\beta, X_\gamma+S_jX_\gamma] \neq 0$

となる。一方 X_α も α' のルート・ベクトルであり，ルート空間は1次元だから，次の(225)が成立つ。

(225) (224)左辺は，X_α のスカラー $(\neq 0)$ 倍

である。一方，

(226) (224)左辺 $=[X_\beta, X_\gamma]+S_j[X_\beta, X_\gamma]+[X_\beta, S_jX_\gamma]+S_j[X_\beta, S_jX_\gamma]$

であるから，$[X_\beta, X_\gamma] \neq 0$ または $[X_\beta, S_jX_\gamma] \neq 0$ である。これは，

(227) $\beta+\gamma \in R$ または $\beta+\gamma^* \in R$

を意味する。必要ならば γ を γ^* で置換えて $\beta+\gamma \in R$ としてよい。

このとき $\alpha'=(\beta+\gamma)'$ だから，命題 27, 3)により，

(228) $\alpha=\beta+\gamma$ または $\alpha^*=\beta+\gamma$ である。

が成立つ。後の場合には，β, γ を β^*, γ^* で置換えれば，1)が成立つ。

2) 特に $\alpha \in B$ のときは，β, γ は正のルートだから α が単純ルートであることに反し矛盾である。従って $\alpha'=\beta'+\gamma'$ と正のルートの和になることはなく，α' も単純ルートである。(T_1, T_{-1} の基底をこの順序にとって字引式順序を入れる

と，β', γ' が正のルートであるとき，β, γ も正のルートとなる)。 ∎

命題 29 R を既約(＝二つの直交する部分集合 $\neq \emptyset$ に分れない)ルート系とし，$B = \{\alpha_1, \alpha_2, \cdots, \alpha_\ell\}$ をその一つの基底とする。いま $B_0 = \{\alpha_{i_1}, \cdots, \alpha_{i_m}\}$ を，B の相異なる m 個の元から成る部分集合で次の条件(R)をみたすものとする：

(R) $1 \leqq k \leqq m$ となる任意の $k \in \mathbb{N}$ に対し，$\alpha_{i_1} + \alpha_{i_2} + \cdots + \alpha_{i_k} \in R$ である。今 $\alpha = \alpha_{i_1} + \cdots + \alpha_{i_m}$ とするとき，α と $\alpha_j \in B - B_0$ に対する次の二つの条件(a)と(b)は互いに同値である。

(a) $\alpha + \alpha_j \in R$

(b) ある $\alpha_{i_u} \in B_0$ に対して，$(\alpha_j, \alpha_{i_u}) \neq 0$ である。

証明 R は既約ルート系であるから，そのディンキン図形 $\mathfrak{D}$ は，次の(229)をみたす：

(229) $\mathfrak{D}$ は連結である。

また B は R の基底であるから，次の(230)が成立つ：

(230) $(\alpha_i, \alpha_k) \leqq 0 \qquad (i \neq k)$

(b)⇒(a) (b)と(230)から，次の(231)が成立つ：

(231) $(\alpha_j, \alpha_{i_n}) < 0 \qquad (\exists\, \alpha_{i_n} \in B_0)$

そこで，$(\alpha_j, \alpha) = \sum_{k=1}^{m} (\alpha_j, \alpha_{i_k}) < 0$ となる。従ってルート系の良く知られた性質(ブルバキ[3] VI章 §1 定理 1 系)により $\alpha + \alpha_j \in R$ となる。

(a)⇒(b) $\alpha_j \notin B_0$ だから，$\alpha - \alpha_j = \alpha_{i_1} + \cdots + \alpha_{i_m} - \alpha_j$ は，係数が同符号でないから，$\alpha - \alpha_j \notin R$ である。ルート α に α_j の整数倍を加減して得られる列 $\{\alpha + k\alpha_j\}_{k \in \mathbb{Z}}$ の元 β で $\beta \in R$ となるものが，$-q \leqq k \leqq p$ となる k に対する $\beta = \alpha + k\alpha_j$ だけであるとき，

(232) $2(\alpha, \alpha_j)/(\alpha_j, \alpha_j) = q - p$

である(ブルバキ[3] VI章命題 9 系)。今 $q = 0$ であり，仮定(a)により $p \geqq 1$ である。従って(232)から

(233) $(\alpha, \alpha_j) < 0$

となる。一方 $(\alpha, \alpha_j) = \sum_{k=1}^{m} (\alpha_{i_k}, \alpha_j)$ であるから，ある k に対し，$\alpha_{i_k} \in B_0$ が，$(\alpha_{i_k}, \alpha_j) < 0$ をみたすことになり(b)が成立つ。

命題 30 $S_j=A_p\exp\operatorname{ad}H'_j$ の特性部分環 $K(S_j)$ に対し次の 1), 2), 3) が成立つ。定義 10 の記号で $B(K_p)=\{\beta'_1,\cdots,\beta'_p,\xi'_1,\cdots,\xi'_q\}$ とする。

1) $\beta_j\in R_2(S_j)$ である。従って $\beta'_j\notin R(K(S_j))$ である。

2) $i\neq j$, $1\leqq i\leqq p$ のとき, $\beta'_i\in R_1(S_j)$ である。

3) $1\leqq k\leqq q$ のとき, $\xi_k,\xi_k^*\in R_3(S_j)$ である。

4) $B_0=\{\beta'_1,\cdots,\hat{\beta}_j,\cdots,\beta'_p,\xi'_1,\cdots,\xi'_q\}\subset B(K(S_j))$ である。

証明 1) このとき, $\beta_j^*=\beta_j$ であって, しかも

(234) $$S_jX_{\beta_j}=(\exp\operatorname{ad}H'_j)A_pX_{\beta_j}=(\exp\operatorname{ad}H'_j)X_{\beta_j}=e^{2\pi i(\beta_j,\frac{1}{2}e'_j)}X_{\beta_j}=e^{\pi i}X_{\beta_j}=-X_{\beta_j}$$

だから, $\nu_{\beta_j}=-1$ となるので $\beta_j\in R_2(S_j)$ である。従って $X_{\beta_j}\in N^{\mathrm{C}}(S_j)$ である(命題 17, 2) の分解(180)が S_j に対しても成立つ。) 故に $\beta_j\notin R(K(S_j))$。

2) 1) と同様, 今度は $(\beta_i,H'_j)=0$ $(i\neq j)$ だから, $S_jX_{\beta_i}=X_{\beta_i}$ となるから, $\beta_i\in R_1(S_j)$ である。

3) これは ξ_k の定義から明らかである。

4) 1), 2), 3) と命題 28, 2) から 4) が導かれる。 ■

$\operatorname{rank}K(S_j)=\dim T_1=\operatorname{rank}K_p=p+q$ であり, B_0 は $p+q-1$ 個の元から成る。従って $B(K(S_j))=B_0\cup\{\eta'\}$ となる η' がある。この η' は次の命題 31 で与えられる。

命題 31 $L=$ 単純とするとき次の 1), 2), 3) が成立つ。

1) このとき $B_p=B(L(A_p))=\{\beta_1,\cdots,\beta_p,\xi_1,\xi_1^*,\cdots,\xi_q,\xi_q^*\}$ (命題 18) のディンキン図形 $\mathfrak{D}=\mathfrak{D}(B_p)$ は連結であり, $\exists\xi_k\in B\cap R_3$ (命題 17,1)) がある。そこで β_j と ξ_k は $\mathfrak{D}$ 内で稜で結ばれている。いま ξ_k は β_j から出発して最初に到達した $B\cap R_3$ の元だとする。このとき途中の頂点はすべて R_1 の元だからそれを $\beta_{i_1},\cdots,\beta_{i_t}$ とする。このとき

(235) $$(\beta_j,\beta_{i_1})\neq 0,\quad (\beta_{i_k},\beta_{i_{k+1}})\neq 0,\quad (1\leqq k\leqq t-1),\quad (\beta_{i_t},\xi_k)\neq 0$$

である。

(236) $$\eta=\beta_j+\beta_{i_1}+\beta_{i_2}+\cdots+\beta_{i_t}+\xi_k$$

とおくとき, $\eta\in R$ である。

2) $\eta'=\eta\,|\,T_1$ は, $R(K(S_j))$ の単純ルートである。

3) $B(K(S_j))=\{\eta', \beta'_1, \cdots, \widehat{\beta'_j}, \cdots, \beta'_p, \xi'_1, \cdots, \xi'_q\}$ である。ただし $\widehat{\beta'_j}$ は，β'_j を除くことを意味する。

4) $K(S_j)$ は半単純リー環である。

証明 1) 条件(235)がみたされるから，命題 29 により，η はルートである：$\eta \in R$。

2) $\beta_i^* = \beta_i$, $\xi_k^* \neq \xi_k$ だから，$\eta^* \neq \eta$ であり，$\eta \in R_3$ である。従って命題 27, 1)により，$\eta' \in R(K(S_j))$ である。さらに η' は $R(K(S_j))$ の単純ルートである。それを示すために，η' が単純ルートでないと仮定して，矛盾を導く。今 $\eta \in R^+(B)$ だから命題 28 の証明の最後に述べた字引式順序によるとき，η' も正のルートである。今 η' は単純ルートでないとしているのだから，

(237) $\eta' = \gamma' + \delta'$, γ', δ' は $R(K(S_j))$ の正のルート

となる。このとき，命題 28, 1)により

(238) $\eta = \gamma + \delta, \quad \gamma | T_1 = \gamma', \quad \delta | T_1 = \delta'$

となる正のルート $\gamma, \delta \in R_1 \cup R_3$ が存在する。η は(236)の形の和であるから，γ, δ は $\{\beta_j, \beta_{i_1}, \cdots, \beta_{i_t}, \xi_k\} = B_1$ のいくつかの元の和である。

γ の和の因子として ξ_k が含まれるとしてよい(そうでなければ，γ と δ を入れ換えればよい)。このとき β_j が γ の和因子でないとするとき，δ は β_j といくつかの β_{i_k} の和となる。このとき命題 30 により，$\beta_j \in R_2$, $\beta_{i_k} \in R_1$ であるから，命題 26 により，$\delta \in R_2$ となる。これは $\delta \in R_1 \cup R_3$ という仮定に反し矛盾である。

3) これは 2)と命題 30, 3)から明らかである。

4) $B(K(S_j))$ の元の個数が $p+q=\dim T_1$ だから完約リー環 $K(S_j)$ は半単純である。 ■

以上をまとめて，(II)の場合の実形をすべて与える次の定理 4 を得る。ここでは $S=A_p$ に対する実形 $L(A_p)$ の特性部分環 $K(A_p)$ のルート系 $R(K(A_p))$ の基底 $B(K_p)$ は命題 18 で与えられたように

(239) $B(K_p)=\{\beta'_1, \cdots, \beta'_p, \xi'_1, \cdots, \xi'_q\}$

である。$K_p=K(A_p)$ の $B(K_p)$ に関する最大ルートを

(240) $\nu = n'_1\beta'_1 + \cdots + n'_p\beta'_p + n''_1\xi'_1 + \cdots + n''_q\xi'_q$

とする。また定義 10 の記号 e'_j に対し，$H'_j = \dfrac{1}{2}e'_j$ とする。

定理4 L をコンパクト単純リー環とする。L の位数2の自己同型写像 S で，$S=A_p \exp \operatorname{ad} H\ (0 \neq H \in T_1)$ の形のものは，$n'_j=1$ または2となる j に対する $\dfrac{1}{2}e'_j=H'_j$ を用いて生ずる $S_j=A_p \exp \operatorname{ad} H'_j$ または A_p に共役である。この S_j により定まる $L^{\mathbb{C}}$ の実形 $L(S_j)$ の特性部分環 $K(S_j)$ は，半単純リー環で，T_1 を極大可換部分環とする。$(K(S_j)^{\mathbb{C}}, T_1^{\mathbb{C}})$ のルート系 $R(K(S_j))$ の基底 $B(K(S_j))$ は，次の(241)で与えられる。

(241)　$B(K(S_j))=\{\eta', \beta'_1, \cdots, \widehat{\beta'_j}, \cdots, \beta'_p, \xi'_1, \cdots, \xi'_q\}$

ただし $\eta=\beta_j+\beta_{i_1}+\cdots+\beta_{i_t}+\xi_k \in R$ は，命題31,1)で与えられるルートである。

証明　命題25, 24, 31による。■

例2　$L=D_\ell=sQ(2\ell)\ (\ell \geqq 4)$

ルート系の基底 β のディンキン図形は次の形である。

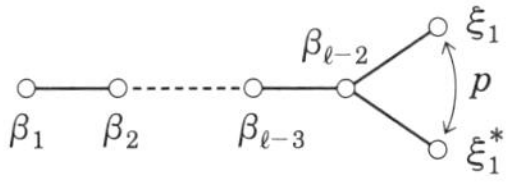

このとき，$(\xi_1, \xi_1^*)=0, (\beta_{\ell-2}, \xi_1)=(\beta_{\ell-2}, \xi_1^*) \neq 0$ だから命題20, 4)により，$\cos^2 \widehat{\beta_{\ell-2}\,\xi'_1}=2\cos^2 \widehat{\beta_{\ell-2}\,\xi_1}$ であるから，

(241)　$\|\beta'_{\ell-2}\|^2/\|\xi'_1\|^2=2\|\beta_{\ell-2}\|^2/\|\xi_1\|^2=2$

である。また命題20, 1)により $(\beta'_i, \beta'_j)=(\beta_i, \beta_j)$ だから $K_p=K(A_p)$ のルート系の基底 $B(K_p)$ のディンキン図形は，次の(242)で与えられる。

(242)　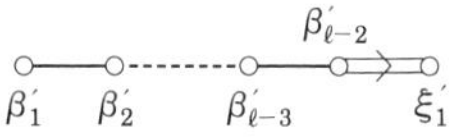

従って $K_p=K(A_p)$ は $\beta_{\ell-1}$ 型のコンパクト・リー環である。$R^+(B(K_p))$ の最大ルート ν は表1から，次の(243)で与えられる：

(243)　$\nu=\beta'_1+2(\beta'_2+\cdots+\beta'_{\ell-2})+\xi'_1$

そこで $S_j=A_p \exp \operatorname{ad} H'_j\ (1 \leqq j \leqq \ell-2)$ が(II)型の外部自己同型の代表元である。このとき $\eta'=\beta'_j+\cdots+\beta'_{\ell-2}+\xi'_1$ である。$R=\{\pm e_i \pm e_j\}$ とすると，$\eta'=e_j$，$\beta'_k=e_k-e_{k+1}$ だから η' は直交しない $B(K(S_j))=\{\eta', \beta'_1, \cdots, \widehat{\beta_j}, \cdots, \beta'_{\ell-2}, \xi'_1\}$ の元は，$\beta'_{j-1}=e_{j-1}-e_j$ のみである。そして $2\|\eta'\|^2=\|\beta'_{j-1}\|^2$ だから，$B(K(S_j))$ のディンキン図形は，次の(244)で与えられる。

(244) 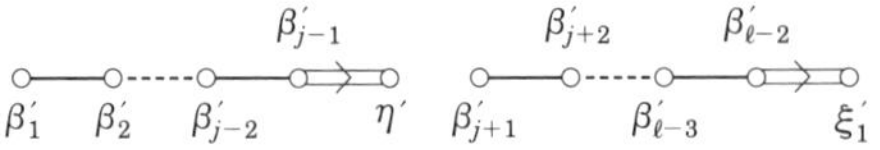

従って $K(S_j)$ は，$B_j \times B_{\ell-j-1}$ 型のコンパクト・リー環である。

S_j に対応する D_ℓ の実形は，$SO_0(2j+1,\ 2\ell-2j-1)$ のリー環で実現される DI_j 型の実単純リー環である。

A_p に対する D_ℓ の実形は，$SO_0(1, 2\ell-1)$ のリー環で実現される DI 型のリー環である。——

村上の論文[29]の末尾に，「校正中の追加」として，N.R. ウォラックがセント・ルイスのワシントン大学で埴野順一教授の指導下で書いた学位論文[48]で，村上の方法の類似のやり方で実形の分類がなされていることが注意されている。ウォラックの学位論文の要点は，その後「ルート系の極大閉部分系について」という題で公刊された[49]。そこでは実形の分類についても，要点が説明されている。

§4 荒木捷朗

荒木[1]は，佐武[32]および Tits[46]等によって導入された，佐武図形による単純リー環の実形の分類を行った。佐武[33]およびティツが示したように，この方法は単純線型代数群の k-form の分類論にも用いられるが，ここでは実数体に限り，また代数群でなくリー環の分類論として話を進めることにする。

荒木の方法は，実単純リー環 L の，ベクトル部分最大のカルタン部分環を基礎にしている。この点でトーラス部分最大のカルタン部分環を基礎にする村上の方法と対照的である。

荒木の方法は，任意の完全体 k に対する単純群 G の k-form G_k の分類にも使えるという普遍性が特長である。一方荒木の方法では，実形の特性部分環 K の構造は別に求める必要があり，村上の方法のように，分類定理が K の構造を自動的に支える形になっていない。

以下荒木の方法を紹介する。ただし第1節の制限階数1の佐武図形の決定は，杉浦[40]の方法を用いた。荒木の方法は制限ルートについての計算を用いるものであった。これについては荒木の原論文[1] §4 を見られたい。

1 対合ルート系と佐武図形

L を実半単純リー環とする。

定義1 L の部分環 C が，次の(a),(b)をみたすとき，C を L の**カルタン部分環**(Cartan subalgebra 略して CSA)という：

(a) C は L の極大可換部分環である。

(b) 任意の $H \in C$ に対し，$\mathrm{ad}_L H$ は半単純一次変換である。

定義2 C を L のカルタン部分環とする。このとき複素化 $C^{\mathbb{C}}$ は $L^{\mathbb{C}}$ のカルタン部分環である。一次写像 $\alpha : C^{\mathbb{C}} \longrightarrow \mathbb{C}$ に対し，$M = L^{\mathbb{C}}$ の部分空間 $M_\alpha = \{X \in M \mid [H, X] = \alpha(H)X \ (\forall H \in C^{\mathbb{C}})\}$ とおく。

$$R = \{\alpha : C^{\mathbb{C}} \longrightarrow \mathbb{C} \mid M_\alpha \neq 0,\ \alpha \neq 0\}$$

を $(L^{\mathbb{C}}, C^{\mathbb{C}})$ の**ルート系**という。各 $\alpha \in R$ に対し，$\dim M_\alpha = 1$ で

$$M = C^{\mathbb{C}} + \sum_{\alpha \in R} M_\alpha \quad (\text{直和})$$

となる。いま $L^{\mathbb{C}} = M$ のキリング形式を $B(X, Y) = \mathrm{Tr}(\mathrm{ad}\, X\, \mathrm{ad}\, Y)$ とすると，$B \mid C^{\mathbb{C}} \times C^{\mathbb{C}}$ は非退化双一次形式である。従って

$$\alpha(H) = B(H_\alpha, H) \qquad (\forall H \in C^{\mathbb{C}})$$

が成立つ $H_\alpha \in C^{\mathbb{C}}$ が唯一つ存在する。以下 $\alpha = H_\alpha$ と同一視する。$C_0 = \sum_{\alpha \in R} \mathbb{R} H_\alpha$ は $C^{\mathbb{C}}$ の一つの実形であり，$B \mid C_0 \times C_0$ は正値定符号である。$H, H' \in C_0$ の内積を $(H, H') = B(H, H')$ によって定義するとき，C_0 はユークリッド・ベクトル空間となる。特にルート α, β の間の内積を $(\alpha, \beta) = B(H_\alpha, H_\beta)$ で定義し，$n(\alpha, \beta) = 2(\alpha, \beta)/(\beta, \beta)$ とおく。

二つのルート系 R, R' の張るベクトル空間を C_0, C_0' とし，全単写一次写像 $\phi : C_0 \longrightarrow C_0'$ が任意の二つのルート $\alpha, \beta \in R$ に対し，$n(\alpha, \beta) = n(\phi(\alpha), \phi(\beta))$ をみたすとき，ϕ をルート系の**同型写像**という。

特に $R \longrightarrow R$ の同型写像全体の作る群を，R の**自己同型群**といい，$A(R)$ と記す。いま L に関する $\overline{L^{\mathbb{C}} = M}$ の複素共役写像を σ とする。任意のルート $\alpha \in R$ に対し，$(\sigma\alpha)(H) = \overline{\alpha(\sigma H)}$ とおくとき，$\sigma\alpha \in R, \sigma M_\alpha = M_{\sigma\alpha}$ である。$\sigma_0 = \sigma \mid C_0$ とおくとき，$\sigma_0 \in A(R)$ で，$\sigma_0^2 = I$ である。

定義 3　ルート系 R と，$\sigma \in A(R)$，$\sigma^2 = I$，$\sigma \neq I$ の対 (R, σ) を**対合ルート系**という。

こうして実半単純リー環 L とそのカルタン部分環 C を定めたとき，一つの対合ルート系 (R, σ_0) が定まる。この際 L を固定したときでも，C のとり方によって一般に異なる対合ルート系が生ずる。

定義 4　対合ルート (R, σ) に対し，$R_0 = \{\alpha \in R \mid \sigma\alpha = -\alpha\}$ とおく。R_0 は R の部分ルート系である。以下 $W_0 = \langle s_\alpha \mid \alpha \in R_0 \rangle$ とおく。W_0 は W の部分群である。R の基底 B に対し，B の元の非負整係数一次結合となるルート $\alpha \in R$ の集合を $R^+(B)$ とおく。B は

$$\sigma(R^+(B) - R_0) = R^+(B) - R_0$$

をみたすとき，σ-**基底**という。

σ-基底は存在する。$C_0^+ = \{H \in C_0 \mid \sigma H = H\}$，$C_0^- = \{H \in C_0 \mid \sigma H = -H\}$ の基底をこの順序に従ってとり，それに関する字引式順序に関する単純ルート（二つの正ルートの和に分解されない正ルート）の全体 B は，σ-基底である。

R の自己同型群 $A(R)$ は，$W(R)$ と $A(B)$ の半直積だから，

(0)　$\sigma = sp$，$s \in W(R)$，$p \in A(B)$

と一意的に分解される。(0) を σ の**標準分解**という。

命題 1　(R, σ) を対合ルート系，上の (0) を σ の標準分解とするとき，次の 1)，2) が成立つ。

1)　次の (a)，(b) は互いに同値な条件である：

　(a)　B は，σ-基底である。

　(b)　(i) $B_0 = B \cap R_0$ は R_0 の基底である。かつ (ii) $s \in W_0$

2)　B が σ-基底であるとき，次のイ)-ホ) が成立つ：

　イ)　$R_0^+(B_0) = R^+(B) \cap R_0$

　ロ)　s は B_0 を $-B_0$ に移す W_0 の唯一の元

　ハ)　$sp = ps$，$s^2 = p^2 = I$

　ニ)　$pR_0 = R_0$，$pB_0 = B_0$，$p(B - B_0) = B - B_0$

　ホ)　$B = \{\alpha_1, \cdots, \alpha_\ell\}$，$B_0 = \{\alpha_{\ell-\ell_0+1}, \alpha_{\ell-\ell_0+2}, \cdots, \alpha_\ell\}$ とする。p は B の互

換を引起す。それを $\alpha_i \longrightarrow \alpha_{i'}$ $(1 \leqq i \leqq \ell)$ とするとき，

$$\sigma\alpha_i = \alpha_{i'} + \sum_{j > \ell - \ell_0} c_{ij}\alpha_j \qquad (1 \leqq i \leqq \ell - \ell_0), \quad c_{ij} \in \mathbb{N}$$

となる。

証明 1) (a) ⇒ (b) B を σ-基底とする。$R^+(B)$ は和に関し閉じており，$R = R^+(B) \cup (-R^+(B))$, $R^+(B) \cap (-R^+(B)) = \emptyset$ である。従って $R_0^+ = R^+(B) \cap R_0$ も，同じ性質を持つ。そこで $R_0^+ = R_0^+(B_0')$ となる R_0 の基底 B_0' が存在する。B_0' は R_0^+ の中の単純ルートの全体で，B は $R^+(B)$ 内の単純ルートの全体である。そこで $R_0^+ \subset R^+(B)$ かつ

(1) $B_0 = B \cap R_0 \subset B_0'$

が成立つ。一方逆向きの包含関係

(2) $B_0 \supset B_0'$

も成立つ。

∵) 任意の $\alpha \in B_0'$ をとる。$\alpha = \beta + \gamma$, $\beta, \gamma \in R^+(B)$ と仮定すれば，β, γ の内少なくとも一方は R_0 の元ではない(そうでなければ α は R_0^+ の単純ルートではなくなり，$\alpha \in B_0'$ に反する)。いま $\beta \notin R_0$ とすると，$\gamma \notin R_0$ でもある。なぜならば $\gamma \in R_0$ ならば $\alpha \in R_0$ だから，$\beta = \alpha - \gamma \in R_0$ となり仮定に反する。そこで $\beta, \gamma \in R^+(B) - R_0$ だから，B が σ-基底という仮定により，$\sigma\beta, \sigma\gamma \in R^+(B) - R_0$ であり，$\sigma\beta > 0$, $\sigma\gamma > 0$ となる。一方 $\alpha \in B_0' \subset R_0$ だから，$\sigma\beta + \sigma\gamma = \sigma\alpha = -\alpha < 0$ となり矛盾である。これで α は $R^+(B)$ の単純ルートであり，$\alpha \in B$ が証明された。一方 $\alpha \in R_0$ だから，$\alpha \in B \cap R_0 = B_0$ であり，(2) が証明され，$B_0 = B_0'$ である。

従って $B_0 = B \cap R_0$ は，R_0 の基底であり，(b), (i) がみたされる。

(ii) $B_0, -B_0$ は R_0 の二つの基底であるから，ある $w \in W_0$ が存在して，$w(-B_0) = B_0$ となる。このとき $w^2 B_0 = B_0$ だから $w^2 \in W_0 \cap A(B_0) = \{I\}$ だから，$w^2 = I$ である。$w\sigma B_0 = w(-B_0) = B_0$ だから

$$w\sigma \in A(B_0)$$

である。従って次の(3)が成立つ：

(3) $\alpha \in R^+(B) \cap R_0 = R_0^+(B_0) \Longrightarrow w\sigma\alpha \in R_0^+(B_0)$

一方 B は σ-基底だから，次の(4)が成立つ：

(4) $\alpha \in R^+(B) - R_0 \Longrightarrow \sigma\alpha \in R^+(B) - R_0$

いま$B=\{\alpha_i \mid 1\leqq i\leqq \ell\}$, $B_0=\{\alpha_j \mid \ell-\ell_0<j\leqq \ell\}$とすると,

(5)　$\sigma\alpha=\sum_{i=1}^{\ell} m_i\alpha_i,\ m_i\in\mathbb{N}$で, $\exists i\leqq \ell-\ell_0,\ m_i>0$

となる。いま$w\in W_0=\langle s_{\alpha_j} \mid j>\ell-\ell_0\rangle$だから

(6)　$w\alpha_i=\alpha_i+\sum_{j>\ell-\ell_0} d_{ij}\alpha_j,\quad d_{ij}\in\mathbb{N},\ 1\leqq i\leqq \ell-\ell_0$

となる。そこで(5), (6)から

(7)　$w\sigma\alpha=\sum_{i\leqq \ell-\ell_0} m_i\alpha_i+\sum_{j>\ell-\ell_0} n_j\alpha_j,\quad n_j\in\mathbb{Z}$

の形になる。いま$\exists m_i>0\ (i\leqq \ell-\ell_0)$だから, (7)により$w\sigma\alpha>0$であり, $\forall n_j\geqq 0$でもある。そこで次の(8)が証明された：

(8)　$\alpha\in R^+(B)-R_0 \Longrightarrow w\sigma\alpha\in R^+(B)$

(4)と(8)から, $R^+(w\sigma B)=w\sigma R^+(B)=R^+(B)$である。従って

(9)　$w\sigma B=B$

となる。いま$\sigma=sp$, $s\in W(R)$, $p\in A(B)$を(0)の分解とすると, (7)より

(10)　$wsB=wspB=w\sigma B=B$

となり, $ws\in W$だから, $ws=I$, $s=w^{-1}=w\in W_0$となり(b), (ii)が成立つ。

(b) ⇒ (a)　Rの基底Bが(b)をみたすとする。任意の$\alpha\in R_0$に対して$\sigma\alpha=-\alpha$となるから

(11)　$\sigma s_\alpha\sigma^{-1}=s_{\sigma\alpha}=s_{-\alpha}=s_\alpha$

である。今$\sigma=sp$という(0)の分解に対し, 条件(b), (ii)により, $s\in W_0=\langle s_\alpha \mid \alpha\in R_0\rangle$であるから, sは有限個のR_0の元$\beta_1,\cdots,\beta_n$に対するs_{β_i}の積であるから, (11)により

(12)　$\sigma s=s\sigma$

である。従ってまたsと$s^{-1}\sigma=p$も可換である：

(13)　$sp=ps$

従ってまた

(14)　$s^2p^2=\sigma^2=I$,　従って　$s^2=I=p^2$

となる。(13)から$p\sigma=\sigma p$だから. $R_0=\{\alpha\in R \mid \sigma\alpha=-\alpha\}$は$p$で不変で

(15)　$pR_0=R_0$

(16)　$pB_0=p(B\cap R_0)=B\cap R_0=B_0$

(17)　$p(B-B_0)=B-B_0$

が成立つ。また仮定(b), (i)により B_0 は R_0 の基底であるから，

(18)　$s\in W_0$ は，有限個の $s_{\alpha_j}\,(j>\ell-\ell_0)$ の積である。

従って，任意の $i\leqq \ell-\ell_0$ に対し

(19)　$\sigma\alpha_i=sp\alpha_i=s\alpha_{i'}=\alpha_{i'}+\sum_{j>\ell-\ell_0}c_{ij}\alpha_j \qquad (\forall i\leqq \ell-\ell_0)$

となる。ここで $c_{ij}\in\mathbb{Z}$ であるが，(17)により，$i'\leqq \ell-\ell_0$ だから

(20)　$\sigma\alpha_i\in R^+(B),\ \ \forall i\leqq \ell-\ell_0,\ \ c_{ij}\in\mathbb{N}$

である。となる。そこで任意の $\alpha\in R^+(B)-R_0$ ならば，

(21)　$\alpha=\sum_{i=1}^{\ell}m_i\alpha_i, m_i\in\mathbb{Z}$ とするとき，$\exists m_i>0\,(i\leqq \ell-\ell_0)$

だから，$\sigma\alpha=\sum_{i\leqq \ell-\ell_0}m_i\alpha_{i'}+\sum_{j>\ell-\ell_0}n_j\alpha_j$ の形で，$\exists m_i>0\,(i\leqq \ell-\ell_0)$ だから

(22)　$\sigma(R^+(B)-R_0)\subset R^+(B)-R_0$

となり，σ は全単写だから

(23)　$\sigma(R^+(B)-R_0)=R^+(B)-R_0$

となる。従って B は R の σ-基底である。

2)　イ)　(1), (2)から $B_0=B_0'$ だから，$R_0^+(B_0)=R_0^+(B_0')=R_0^+=R^+(B)\cap B_0$。

ロ)　(10)から $ws=I,\ s=w^{-1}=w\in W_0$ であり，$sB_0=-B_0$ で，$s\in W_0$ だから，W_0 は R_0 の基底上に単純推移的に作用するから，s は B_0 を $-B_0$ に移す W_0 の唯一の元である。

ハ)　(13)と(14)による。

ニ)　(15), (16), (17)による。

ホ)　(19), (20)による。

これで命題1は証明された。　■

定義5　(R,σ) を対合ルート系とし，$R_0=\{\alpha\in R\mid \sigma\alpha=-\alpha\}$ とおく。σ-基底 B に対し $B_0=B\cap R_0$ とし，$\sigma=sp$ を σ の標準分解とするとき，三つ組 (B,B_0,p) を (R,σ) の**佐武図形**という。命題1, 2), ニ)により，位数2の群 $\{I,p\}$ が集合 $B-B_0$ に作用する。このとき $B-B_0$ における群 $\{I,p\}$ の軌跡の個数 m を，(R,σ) の**制限階数**という。

基底 B をそのディンキン図形 $\mathfrak{D}=\mathfrak{D}(B)$ で図示し，B_0 の元に対応する $\mathfrak{D}$ の頂点を黒丸●で図示し，$B-B_0$ の元に対応する頂点を白丸○で図示する。そして B

の元の置換 p は $p^2=I$ だから互換である。$p\alpha_i=\alpha_{i'}$, $p\alpha_{i'}=\alpha_i$ となるとき $\mathscr{D}$ において $\alpha_i, \alpha_{i'}$ に対応する二つの頂点を矢印 $\curvearrowleft\!\!\curvearrowright$ で $\overset{\alpha_i}{\circ}\;\overset{\alpha_{i'}}{\circ}$（矢印で結ぶ）のように結ぶ。この図示によって佐武図形 (B, B_0, p) は同型を除き一意的に定まる。従って佐武図形とはこの図示のことと考えてよい。

定義 6　二つの対合ルート系 (R_1, σ_1) と (R_2, σ_2) が同型であるとは全単写 $\varphi: R_1 \longrightarrow R_2$ であってルート系の同型写像であるものが存在して，$\varphi\circ\sigma_1=\sigma_2\circ\varphi$ をみたすことをいう。——

定義 7　二つの佐武図形 (B, B_0, p) と (B', B_0', p') が同型であるとは，全単写 $\varphi: B \longrightarrow B'$ であって，$n(\varphi(\alpha), \varphi(\beta))=n(\alpha, \beta)$ $(\forall\alpha, \beta\in B)$ をみたすものが存在して，$\varphi(B_0)=B_0'$, $\varphi\circ p=p'\circ\varphi$ となることをいう。——

命題 2　対合ルート系 (R, σ) は，その佐武図形で同型を除き定まる。

証明　ルート系 R は，その基底 $B=\{\alpha_1, \cdots, \alpha_\ell\}$ またはそのディンキン図形 $\mathscr{D}$ で同型を除いて定まる。$B_0=\{\alpha_j \mid j>\ell-\ell_0\}$ とするとき，命題 1, 2), ホ) により，$\sigma\alpha_j=\alpha_{j'}+\sum_{j>\ell-\ell_0} c_{ij}\alpha_j$ だから，$V=\sum_{i=1}^{\ell}\mathbb{R}\alpha_i$ とするとき，$V^-=\{x\in V \mid \sigma x=-x\}$ は，次の(24)で与えられる。

$$V^-=(1-\sigma)V=\sum_{i=1}^{\ell}\mathbb{R}(1-\sigma)\alpha_i=\sum_{i\leqq\ell-\ell_0}\mathbb{R}(\alpha_i-\alpha_{i'})+\sum_{j>\ell-\ell_0}\mathbb{R}\alpha_j \tag{24}$$

(24)右辺は $p\alpha_i=\alpha_{i'}$ と $B_0=\{\alpha_j \mid j>\ell-\ell_0\}$ によって定まるから，佐武図形により，V^- が定まり，従って $\sigma x=\begin{cases}-x, & x\in V^-\\ x, & x\in V^+\end{cases}$ が定まる。 ■

可能な佐武図形のタイプを決定するため，佐武図形を一般化した，次の概念を導入する。

定義 8　三つ組 (B, B_0, p) が**一般佐武図形**であるとは，次の 1), 2), 3) をみたすことをいう：

1)　B はあるルート系 R の基底である。

2) B_0 は B のある部分集合である。

3) $p \in A(B)$, $p^2 = I$

定理 1 一般佐武図形 $\mathscr{S} = (B, B_0, p)$ に対し，次の条件(a)と(b)は同値である：

(a) $\mathscr{S}$ はある対合ルート系 (R, σ) の佐武図形である。

(b) (i) $pB_0 = B_0$, $p(B - B_0) = B - B_0$

(ii) (B_0, B_0, p_0) は $(R_0, -1)$ の佐武図形である。ただし $R_0 = R \cap [B_0]_{\mathbb{R}}$, $p_0 = p \,|\, [B_0]_{\mathbb{R}}$ である。

証明 (a) ⇒ (b) (i) 命題 1, 2), ニ)による。

$B_0 = \{\alpha_j \,|\, \ell - \ell_0 \leqq j \leqq \ell\}$ とすると，(i)により $pB_0 = B_0$ だから $[B_0]_{\mathbb{R}} = \sum_{j > \ell - \ell_0}^{\ell} \mathbb{R}\alpha_j$ は p で不変である。$[B_0]_{\mathbb{R}}$ 上で σ は -1 に等しいから，$[B_0]_{\mathbb{R}}$ は σ でも不変。従って $\sigma p = s$ でも不変である。そこで $p_0 = p \,|\, [B_0]_{\mathbb{R}}$, $s_0 = s \,|\, [B_0]_{\mathbb{R}}$ とすると，$\sigma \,|\, [B_0]_{\mathbb{R}} = -I = s_0 p_0$ が $-I \in A(R_0)$ の標準分解である。また命題 1, 1)により，$B_0 = B \cap R_0$ は R_0 の基底であるから，(B_0, B_0, p_0) は対合ルート系 $(R_0, -1)$ の佐武図形である。

(b) ⇒ (a) $\mathscr{S} = (B, B_0, p)$ が条件(b)をみたす一般佐武図形であるとする。条件(b)(ii)により，$\mathscr{S}_0 = (B_0, B_0, p_0)$ は $(R_0, -1)$ の佐武図形である。従って B_0 は $R_0 = R \cap [B_0]_{\mathbb{R}}$ の基底であり，$p_0 \in A(B_0)$, $p_0^2 = I$ である。そして佐武図形の定義から，$-I \in A(R_0)$ の標準分解は

(25) $-I = s_0 p_0$, $s_0 \in W(R_0)$

の形になる。そして命題 1, 2), ハ)により

(26) $s_0 p_0 = p_0 s_0$, $s_0^2 = p_0^2 = I$

となる。いま $V = [B]_{\mathbb{R}}$ 上の 1 次変換 s を，次の(27)で定義する。

(27) $s = \begin{cases} s_0, & [B_0]_{\mathbb{R}} \text{ 上で} \\ I, & [B_0]_{\mathbb{R}}^{\perp} \text{ 上で} \end{cases}$

特に s_0 が $[B_0]_{\mathbb{R}}$ の一つのベクトル $a \neq 0$ に直交する $[B_0]_{\mathbb{R}}$ の超平面に関する鏡映であるとき，s は a に直交する V の超平面に関する鏡映である。従って $s_0 \longmapsto s$ という写像は $W(R_0)$ から W_0 の上への同型写像を与える。従って次の(28), (29)が成立つ：

(28)　$s \in W_0,\ \ s^2 = I,\ \ sp = ps$

(29)　$\sigma = sp$ とおくとき，$\sigma \in A(R)$

($s \in W_0 \subset W(R)$ であり，$p \in A(B)$ だから，$sp \in W(R) \cdot A(B) = A(R)$)。従って

(30)　$\sigma^2 = spsp = sp \cdot ps = s^2 = I$

(31)　(R, σ) は対合ルート系である。

いま

(32)　$R_0' = \{\alpha \in R \mid \sigma\alpha = -\alpha\}$

とおくとき，

(33)　$R_0' = R_0$

であることを示そう。$\sigma \mid [B_0]_{\mathbb{R}} = -I$ だから，次の(34)が成立つ：

(34)　$R_0' \supset R_0$

逆向きの包含関係を示そう。いま $B = \{\alpha_i \mid 1 \leqq i \leqq \ell\}$, $B_0 = \{\alpha_j \mid \ell - \ell_0 < j \leqq \ell\}$ とする。条件(b)(i)により $pB_0 = B_0$ であり，p は $B \longrightarrow B$ の全単写だから，$p(B - B_0) = B - B_0$ である。そこで $p\alpha_i = \alpha_{i'}$ $(1 \leqq i \leqq \ell)$ とすると

(35)　$1 \leqq i \leqq \ell - \ell_0 \Longleftrightarrow 1 \leqq i' \leqq \ell - \ell_0$

となる。いま任意の $\alpha \in R_0'$ をとる。$\alpha = \sum_{i=1}^{\ell} m_i \alpha_i$ とすると，次の(a), (b)のどちらか一方が成立つ：

(36)　(a)　$\forall m_i \geqq 0$,
　　　(b)　$\forall m_i \leqq 0$

最初に(a)の場合であるとしよう。$s \in W_0$ だから次の(37)が成立つ：

(37)　$$-\sum_{i=1}^{\ell} m_i \alpha_i = -\alpha = \sigma\alpha = sp\alpha = s\left(\sum_{i=1}^{\ell} m_i \alpha_{i'}\right) = \sum_{i \leqq \ell - \ell_0} m_i \alpha_{i'} + \sum_{j > \ell - \ell_0} n_j \alpha_j$$

(37)の両辺で $i \leqq \ell - \ell_0$ となる i に対する α_i の係数は，(37)左辺ではすべて $\leqq 0$ であり，右辺ではすべて $\geqq 0$ である。基底 B は1次独立だから，$m_i = 0$ $(1 \leqq \forall i \leqq \ell - \ell_0)$ となる。従って

(38)　$$\alpha = \sum_{j > \ell - \ell_0} m_j \alpha_j \in R \cap [B_0]_{\mathbb{R}} = R_0$$

である。α は R_0' の任意の元であったから，次の(39)が証明された：

(39)　$R_0' \subset R_0$

(34), (39)により，(33)が証明された。

またこのとき，次の(40)が成立つ：

(40)　$B_0 = B \cap R_0$

$B_0 \subset B$，$B_0 \subset [B_0]_{\mathbb{R}} \cap R = R_0$ だから

(41)　$B_0 \subset B \cap R_0$

である。一方 B は一次独立だから，$B \cap [B_0]_{\mathbb{R}} \subset B_0$ であるから

(42)　$B \cap R_0 = B \cap [B_0]_{\mathbb{R}} \cap R \subset B_0 \cap R = B_0$

となる。(41)と(42)から(40)が成立つ。

一般佐武図形の定義から $p \in A(B)$ で，(28)から $s \in W_0$ であるから

(43)　$\sigma = sp$ は σ の標準分解である。

(44)　B は σ-基底である。

実際任意の $\alpha \in R^+(B) - R_0$ をとるとき

(45)　$\alpha = \sum_{i=1}^{\ell} m_i \alpha_i,\quad \forall m_i \geqq 0,\quad \exists m_{i_0} > 0,\quad 1 \leqq i_0 \leqq \ell - \ell_0$

となる。このとき

(46)　$\sigma\alpha = sp\alpha = \sum_{i \leqq \ell - \ell_0} m_i \alpha_{i'} + \sum_{j > \ell - \ell_0} n_j \alpha_j$

となる。(45)により $m_{i_0} > 0$ となる $i_0 \in \{1, 2, \cdots, \ell - \ell_0\}$ が存在するから，$\sigma\alpha \in R^+(B) - R_0$ である。従って $\sigma(R^+(B) - R_0) \subset R^+(B) - R_0$ が成立つが，σ は有限集合 R の全単写だから $\sigma(R^+(B) - R_0) = R^+(B) - R_0$ となる。従って(43)が成立つ。

(40)，(43)，(44)により $\mathscr{S} = (B, B_0, p)$ が (R, σ) の σ- 基底であることが証明された。　■

定義 9　ルート系 R が互いに直交する二つの部分集合 $R_1, R_2\ (\neq \emptyset)$ の合併となるとき**可約**であるといい，可約でないとき**既約**という。可約ルート系 R は，互いに直交する有限個の既約部分系の合併となる。この既約部分系を R の**既約成分**という。

命題 3　R を既約ルート系とする。

1)　ルート系 R が，$A_n\ (n \geqq 2), D_{2n+1}, E_6$ のいずれか一つであるとき，$-I$ の標準分解(定義 4, (0))は，次の形となる：

(47)　$-I = w_0 \cdot p,\quad w_0 \in W,\quad p$ は $A(B)$ の位数 2 の元。

2)　R が上の三種のルート系でないときは，次の(48)が成立つ：

(48)　$-I \in W$

証明　1)　$R = A_n\,(n \geqq 2)$ のとき $n = 2m$ または $2m+1$ に応じて

(48)　$$-I = \begin{cases} s_{e_1-e_{n+1}} \cdot s_{e_2-e_n} \cdots s_{e_m-e_{m+1}} \cdot p, & n = 2m \\ s_{e_1-e_{n+1}} \cdot s_{e_2-e_n} \cdots s_{e_{m+1}-e_{m+2}} \cdot p, & n = 2m+1 \end{cases}$$

となる。ここで p は $A(B)$ の位数 2 の元である，ディンキン図形の中心に関する対称写像である。

$R = D_{2n+1}$ のときは

(49)　$-I = s_{e_1-e_2} \cdot s_{e_1+e_2} \cdots s_{e_{2n-1}-e_{2n}} \cdot s_{e_{2n-1}+e_{2n}} \cdot p$

ここで p は $\alpha_{2n} = e_{2n} - e_{2n+1}$ を $\alpha_{2n+1} = e_{2n} + e_{2n+1}$ に写し，$p\alpha_i = \alpha_i\ (1 \leqq i \leqq 2n-1)$ となる $A(B)$ の位数 2 の元である。

$R = E_6$ のディンキン図形は次の形になる：

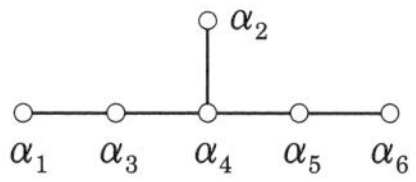

p をこのディンキン図形の左右対称写像 $(p\alpha_1 = \alpha_6,\ p\alpha_3 = \alpha_5,\ p\alpha_4 = \alpha_4,\ p\alpha_2 = \alpha_2)$ とし，$w_0 \in W$ を $w_0 B = -B$ となる唯一つの元とするとき，

(50)　$-I = w_0 p$

となる。(48), (49), (50)により 1)が示された。

2)　R が 1)の三種のルート系でないとき，すなわち $R = A_1, B_n, C_n, D_{2n}, E_7, E_8, F_4, G_2$ のときを考える。先ず $R = D_{2n}$ のときは，

(51)　$-I = s_{e_1-e_2} \cdot s_{e_1+e_2} \cdots s_{e_{2n-1}-e_{2n}} \cdot s_{e_{2n-1}+e_{2n}} \in W$

である。

$R = A_1, B_n, C_n, E_7, E_8, F_4, G_2$ のときはディンキン図形に対称性がなく $A(R)/W(R) = \{I\}$，$A(R) = W(R)$ となるから，

(52)　$-I \in A(R) = W(R)$

となる。(51), (52)により 2)が証明された。　■

命題 3 系　既約ルート系 R に対し，対合ルート系 $(R, -I)$ の佐武図形は，表 3 で与えられる。

表 3　既約ルート系 R に対する $(R, -I)$ の佐武図形

R	佐武図形
A_1 A_ℓ $(\ell \geqq 2)$	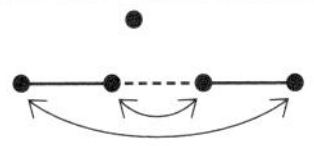
B_ℓ $(\ell \geqq 2)$	
C_ℓ $(\ell \geqq 3)$	
D_{2n} D_{2n+1}	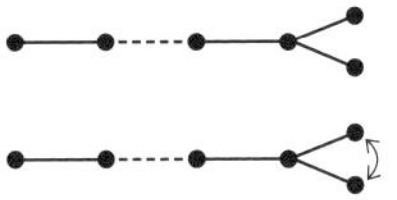
E_6	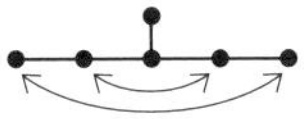
E_7	
E_8	
F_4	
G_2	

証明　命題 3 の内容を佐武図形で図示したものである。■

命題 3 系を用いて，定理 1 の内容を佐武図形の言葉で述べることができる。それを次に定理 2 として述べる。

定理 2　一般佐武図形 $\mathscr{S} = (B, B_0, p)$ に対し，次の (a) と (b′) は同値である：

(a)　$\mathscr{S}$ はある対合ルート系 (R, σ) の佐武図形である。

(b′)
- (i)　$\mathscr{S}$ の矢印 ↖︶↗ は黒丸と黒丸，白丸と白丸を結ぶ。
- (ii)　$\mathscr{S}$ の黒丸の頂点とその間を結ぶ稜および矢印から成る一般佐武図形 $\mathscr{S}_0$ は，その既約成分が表 3 の 11 種の佐武図形のどれかと一致する。

証明　定理 1 と命題 3 系から直ちに導かれる。■

定理 2 の特別な場合として $p = I$ すなわち一般佐武図形 $\mathscr{S}$ に矢印 ↖︶↗ が現

われない場合を考えると，次の系が得られる。

定理２系　一般佐武図形 $\mathscr{S}=(B, B_0, I)$ に対し，次の(c)と(d)は同値である。

(c)　$\mathscr{S}=(B, B_0, I)$ は，ある対合ルート系 (R, σ) の佐武図形である。

(d)　B_0 の既約成分に，$A_n\ (n \geqq 2)$, D_{2n+1}, E_6 は含まれない。

証明　定理１と命題３により，次の同値が成立つ。

(c) $\iff$ (B_0, B_0, I) は $(R_0, -I)$ の佐武図形である。

$\iff$ $-I \in W(R_0)$

$\iff$ (d)　R_0（または B_0）の既約成分には，$A_n\ (n \geqq 2)$, D_{2n+1}, E_6 は含まれない。　■

定義 10　対合ルート系 (R, σ) は，σ で不変な R の部分ルート系 $R_1 \neq \emptyset$ が R しか存在しないとき，σ-**既約**という。

例１　R が既約ならば，(R, σ) は σ-既約である。

命題４　対合ルート系 (R, σ) に対して，次の条件(a),(b),(c)は互いに同値である。

(a)　(R, σ) は σ-既約で，R は既約でない。

(b)　$R_0=\{\alpha \in R \mid \sigma\alpha=-\alpha\}$ は空集合で，R の既約部分ルート系 $R_1, R_2 \neq \emptyset$ であって，$R=R_1 \cup R_2$, $R_1 \perp R_2$, $\sigma R_1=R_2$ となるものが存在する。

(c)　(R, σ) の佐武図形は，$\mathscr{S}=(B_1 \cup B_2, \emptyset, \sigma)$ で，$B_1 \cap B_2=\emptyset$, $\sigma B_1=B_2$, $B_1 \perp B_2$ で，B_1, B_2 のディンキン図形は連結である。

証明　(b)⇒(c)　$R=R_1 \cup R_2$, $R_1 \perp R_2$ だから，R_i の基底を B_i とする $(i=1, 2)$ とき，R の基底 B は，$B=B_1 \cup B_2$, $B_1 \cap B_2=\emptyset$ となる。

そして $R_0=\emptyset$ だから，$B_0=B \cap R_0=\emptyset$ でありかつ $W_0=\{I\}$ だから，σ の標準分解は，$\sigma=I \cdot p=p$ となる。従って $\mathscr{S}=(B_1 \cup B_2, \emptyset, \sigma)$ である。また $\sigma R_1=R_2$ から $\sigma B_1=\sigma(B \cap R_1)=\sigma B \cap \sigma R_1=B \cap R_2=B_2$ となる。

(c)⇒(b)　$\sigma=p \in A(B)$ だから，$\sigma B=B$ である。$B=B_1 \cup B_2, B_1 \perp B_2, B_1 \cap B_2=\emptyset$ だから，$R_1 \cup R_2=R, R_1 \perp R_2$ となる。また $B_0=\emptyset$ だから $R_0=\emptyset$ とな

る。そして$\sigma B_1 = B_2$から，$\sigma R_1 = R_2$となる。

(b)⇒(a)　$R = R_1 \cup R_2$，$R_1 \perp R_2$，$R_1, R_2 \neq \emptyset$ だからRは既約でない。

一方R_1, R_2は既約ルート系だから，Rの部分ルート系は，R, R_1, R_2の三つのみである。そして$\sigma R_1 = R_2$だから，σで不変なRの部分ルート系はRのみである。従って(R, σ)はσ-既約である。

(a)⇒(b)　Rの既約成分への分解を，$R = R_1 \cup R_2 \cup \cdots \cup R_n$とする。$R$は既約でないから$n \geqq 2$である。この既約成分への分解は，順序を除いて一意的である。いま$\sigma \in A(R)$だから，σR_jもまたRの既約成分の一つであるから，$\sigma R_j = R_{\sigma(j)}$となる。これにより，$\{1, 2, \cdots n\}$の置換$j \longmapsto \sigma(j)$が定まる。$\sigma^2 = I$だから，この置換は互換である。$R_j \cup \sigma R_j$は$\sigma$で不変な，$R$の部分ルート系であるから，$(R, \sigma)$が$\sigma$-既約であることから$R = R_j \cup \sigma R_{\sigma(j)}$となる。$\sigma(j) = j$ならば$R = R_j$となり，$R$は既約となって仮定に反するから$\sigma(j) \neq j$である。従って$n = 2$で，$R = R_1 \cup R_2, R_2 = \sigma R_1$となる。$R = R_1 \cup R_2$は$R$の既約分解だから，$R_1 \perp R_2$である。$R_1, R_2$は$R$の既約成分だから，$R_1, R_2 \neq \emptyset$である。最後に次の(53)を示そう。

(53)　$R_0 = \emptyset$

今帰謬法で(53)を証明するために，$\alpha \in R_0$となるルートαが存在すると仮定して矛盾を導く。$\alpha \in R = R_1 \cup R_2$だから，$\alpha \in R_1$または$\alpha \in R_2$である。どちらでも同じであるから，$\alpha \in R_1$としよう。このとき，$\sigma\alpha \in \sigma R_1 = R_2$である。一方$\alpha \in R_0$だから$\sigma\alpha = -\alpha \in R_1$となる。従って$\sigma\alpha \in R_1 \cap R_2 = \emptyset$となり矛盾である。 ■

例2　複素単純リー環Mを，実リー環と考えたものを$L = M_{\mathbb{R}}$とする。Lの複素化$L^{\mathbb{C}} \cong M \oplus M$となる。$M$のカルタン部分環$C$を一つとるとき，$C_{\mathbb{R}}$は$L = M_{\mathbb{R}}$のカルタン部分環で$C_{\mathbb{R}}^{\mathbb{C}} \cong C \oplus C$である。$(L^{\mathbb{C}}, C_{\mathbb{R}}^{\mathbb{C}})$のルート系$R$は，$\sigma$-既約であるが，既約でない。$(M, C)$のルート系を$R_1$とすると，$R$は$R_1$と$R_1$の直交する直和となる。——

以上の結果を用いて，制限階数$= 1$の対合ルート系を定めることができる。命題2により，そのためには，対応する佐武図形を定めればよい。

定理3　制限階数が1でσ-既約な対合ルート系(R, σ)は，その佐武図形が表4

表 4　制限階級 1 の佐武図形

No.	R	佐武図形	正規	正規拡大可能
1	A		+	+
2			+	+
3			−	−
4		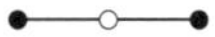	+	+
5			+	+
6	B		+	+
7			−	−
8	C		−	−
9			+	+
10	D_{2n} $(n \geqq 2)$		+	+
11			+	−
12	D_{2n+1} $(n \geqq 2)$		+	+
13			+	−
14	E_6	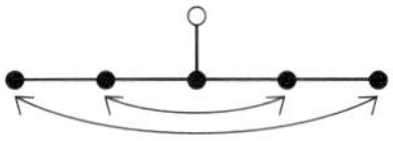	+	−
15	E_7	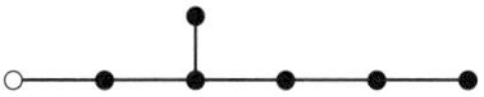	+	−
16	E_8		+	−
17	F_4		−	−
18			+	+
19	G_2		−	−
20			−	−

にある 20 種類の図形の一つとなるものしかない。

証明　次の二つの場合(イ), (ロ)に分けて考える。

(54)
　(イ)　$R \neq$ 既約のとき,
　(ロ)　$R =$ 既約のとき

(イ)の場合　(R, σ) は σ- 既約としているから, 命題 4 により, 次の(55)が成立つ：

(55)　$R_0=\emptyset,\quad R=R_1\cup R_2,\quad R_1\perp R_2,\quad \sigma R_1=R_2,\quad R_1,R_2\neq\emptyset$

今制限階数 $=1$ だから，佐武図形 $\mathscr{S}$ の白丸は二つで，それが矢印  で結ばれている。それ以外に頂点はないから，この場合 $\mathscr{S}$ は，となる。すなわち表4の No.1 の図形である。

(ロ)の場合　具体的に $R=A_n$ のときを考えよう。$\sigma=sp$ を標準分解とするとき，次の二つの場合に分けて考える：

(56)　(a)　$p=I,$
　　　(b)　$p\neq I$

つまり佐武図形 $\mathscr{S}$ で，矢印  が，(a)ない場合，(b)ある場合の二つに分けて考える。

(a)の場合　制限階数が I としているから，白丸の頂点は唯1個である。従って $\mathscr{S}$ は，このとき次の形になる。

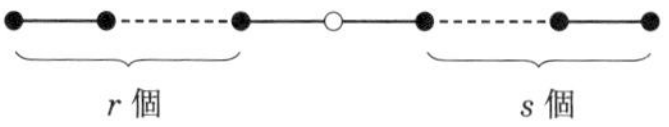

$r+s+1=n$
$r,s\geqq 0$

このとき $R_0=A_r\oplus A_s$ となる。今 $p=1$ だから定理2系の条件(d)により，このとき $r\leqq 1,\ s\leqq 1$ でなければならない。従ってこの場合可能な場合は，次の三つである。

1. $r=s=0$,
2. $r=1,\ s=0$ または $r=0,\ s=1$,
3. $r=s=1$

この三つの場合は，それぞれ表4の No.2，No.3，No.4 の図形に対応する。

(b)の場合　A_n 型ディンキン図形 $\mathfrak{D}$ の対称写像 $p\neq 1$ は，$\mathfrak{D}$ の中心に関する左右対称写像である。今 $p\neq 1$ で制限階数が1だから，白丸の頂点は二つで，それが矢印  で結ばれている。そしてこの二つの頂点は $\mathfrak{D}$ の中心に関し対称の位置にある。そこでこの場合の佐武図形は，次のような形になる。

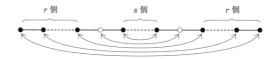

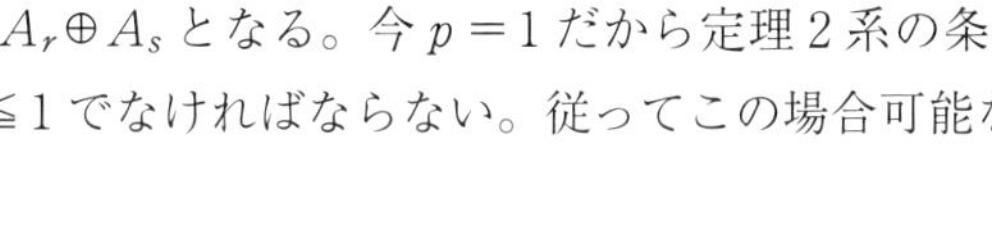

このとき，$R_0=A_r\oplus A_s\oplus A_r$ である。定理2により，黒丸の頂点とそれを結ぶ稜および矢印から成る一般佐武図形 $\mathscr{S}_0$ は，その各既約成分が表3の11種類の図

形の内の一つでなければならない。今上の $\mathscr{S}$ において，$r>0$ であると仮定すると表3にない図形が生ずるので定理2に反する。従って $r=0$ であり，このとき $\mathscr{S}$ は表4のNo.5の図形になる。

R が A_n 型以外の既約ルート系の場合にも，同様にして表4にある図形しか可能でないことがわかる。

制限階数一般の対合ルート系とその佐武図形を考えることもできるが，我々の目標である実形の分類には定理4で十分なので，話を本来のテーマにもどす。

2　佐武図形による実形の分類

前節では，実半単純リー環 L の任意のカルタン部分環 C をとるとき，$(L^{\mathbb{C}}, C^{\mathbb{C}})$ のルート系 R に，L に関する $L^{\mathbb{C}}$ の複素共役写像 σ によって対合(位数2の自己同型写像)σ_0 が定義され，対合ルート系 (R, σ_0) が生ずることを述べた。一般に L には複数の $\mathrm{Int}\ L$ で共役でないカルタン部分環が存在し，C のとり方によって異なる(同型でない)対合ルート系が生ずる。荒木[1]の方法では，C としてベクトル部分最大のカルタン部分環をとる。

定義 11　実半単純リー環 L のカルタン部分環(定義1) C に対し，

$C_t=\{H\in C \mid \mathrm{ad}_L H$ のすべての固有値は純虚数である$\}$,

$C_V=\{H\in C \mid \mathrm{ad}_L H$ のすべての固有値は実数である$\}$

とおく。C_t, C_V は C の部分リー環で

(57)　$C=C_t\oplus C_V$

となる。随伴群 $G_0=\mathrm{Int}\ L$ の中に，C_t, C_V が生成する連結リー部分群 T_t, T_V は，それぞれトーラス群 $\mathbb{T}^p$，ベクトル群 $\mathbb{R}^q$ と同型である。C_t, C_V を C の**トーラス部分**，**ベクトル部分**と呼ぶ。$p+q=\ell=\dim C=\mathrm{rank}\, L$ である。

いま L に関する $L^{\mathbb{C}}$ の複素共役写像を σ とするとき，σ で不変な $L^{\mathbb{C}}$ のコンパクト実形 L_u が存在する：$\sigma L_u=L_u$。このとき L_u に関する $L^{\mathbb{C}}$ の複素共役写像を τ とするとき，τ により L は不変である(ヘルガソン[20]Ⅲ章 定理7. 1)。このとき

(58)　$K=\{X\in L \mid \tau X=X\}=L\cap L_u,\quad P=\{X\in L \mid \tau X=-X\}=L\cap iL_u$

とおくとき，次の(59)が成立つ：

(59)　$L=K\oplus P,\quad [K,K]\subset K,\quad [K,P]\subset P,\quad [P,P]\subset K$

$L=K\oplus P$ なる直和分解を，L の**カルタン分解**という。$L\cong \mathrm{ad}\, L$ だから，L を

$G_0 = \mathrm{Int}\ L$ のリー環と考えるとき，G_0 の連結リー部分で K をリー環とするものは，G_0 の極大コンパクト部分群である。

定義 12 上の記号をそのまま用いる。P に含まれる可換部分環中極大なものを一つとり，A とする。A を含む，L の任意の極大可換部分環を C とするとき，C は L のカルタン部分環で

(60) $C_t = C \cap K$, $C_V = C \cap P = A$

となる（杉浦[39]命題 4）。

このようにして得られたカルタン部分環 C は，L のカルタン部分環の中で，$\dim C_V$ が最大のものである。また逆に $\dim C_V$ が最大の L のカルタン部分環はすべてこのようにして得られ，それらはすべて $G_0 = \mathrm{Int}\ L$ で共役である（杉浦[39]定理 2）。$\dim C_V$ が最大のカルタン部分環を，L の**正規**カルタン部分環という。

定義 13 対合ルート系 (R, σ) は，任意の $\alpha \in R$ に対し，

(61) $\sigma\alpha - \alpha \notin R$

となるとき，**正規**であるという。

以下荒木[1]で証明されている命題については，証明を省略し，荒木論文のどの命題であるかだけを記す。荒木の基本定理は次の定理 4 である。

定理 4 複素半単純リー環 M の二つの実形 L, L' に関する M の複素共役写像を σ, σ' とする。また C, C' をそれぞれ L, L' の正規カルタン部分環とし，$(M, C^{\mathbb{C}}), (M, C'^{\mathbb{C}})$ のルート系を R, R' とする。σ, σ' から対合ルート系 (R, σ), (R', σ') が生ずる。このとき次の条件(a)と(b)は同値である：

(a) $L \cong L'$

(b) $(R, \sigma_0) \cong (R', \sigma_0')$

証明 荒木[1]系 2.15。

さて荒木の方法では正規カルタン部分環から生ずる対合ルート系によって実形

の分類を行うのであるから，一般の対合ルート系の中で，このようなものを特定する必要がある。そこで次のように定義する。

定理 14　対合ルート系 (R, σ_0) は，次の条件(a), (b)をみたすとき，**正規拡大可能**(normally extendable)という。

(a)　実半単純リー環 L とその正規カルタン部分環 C が存在し，

(b)　$(L^{\mathbb{C}}, C^{\mathbb{C}})$ のルート系が R で，L に関する $L^{\mathbb{C}}$ の複素共役写像 σ が引起す R の対合(位数 2 の自己同型写像)(定義 2)が σ_0 である。

以下，次の記号を固定して話を進める。

定義 15　M を複素半単純リー環，L_τ を M の一つのコンパクト実形で L_τ に関する M の複素共役写像を τ とする。T を L_τ の一つのカルタン部分環とし，$(M, T^{\mathbb{C}})$ のルート系を R，各ルート $\alpha \in R$ に対するルート空間を M_α とする。各 $\alpha \in R$ に対し，$H_\alpha \in T^{\mathbb{C}}$ で，$\alpha(H) = B(H_\alpha, H)$ $(\forall H \in T^{\mathbb{C}})$ となるものが唯一つ存在する。以下 α と H_α を同一視する。$T_0 = \sum_{\alpha \in R} \mathbb{R} H_\alpha$ は $T^{\mathbb{C}}$ の一つの実形であり，$B | T_0 \times T_0$ は正値定符号だから，$(\alpha, \beta) = B(H_\alpha, H_\beta)$ によりルート α と β の間の内積を定義する。**ワイル基底** $(X_\alpha)_{\alpha \in \beta}$ は $M \bmod C^{\mathbb{C}}$ の基底で次の三条件(a), (b), (c)をみたすものをいう：

(a)　$X_\alpha \in M_\alpha$,　$[X_\alpha, X_{-\alpha}] = H_\alpha$,　$(\forall \alpha \in R)$

(b)　$\alpha, \beta, \alpha+\beta \in R$ のとき，$[X_\alpha, X_\beta] = N_{\alpha,\beta} X_{\alpha+\beta}$ とするとき，$N_{\alpha,\beta} = -N_{-\alpha,-\beta}$ である。

(c)　$U_\alpha = X_\alpha - X_{-\alpha}$,　$V_\alpha = i(X_\alpha + X_{-\alpha}) \in L_\tau$　　$(\forall \alpha \in R)$

ワイル基底はいつも存在する。それを一つ固定しておく。$N_{\alpha,\beta} \in \mathbb{R}$ である。M を $\mathbb{R}$ 上のリー環と考えたものを $M_{\mathbb{R}}$ と記す。

命題 5　定義 15 のルート系 R の対合 σ_0 と，$\ell = \operatorname{rank} M$ 個の絶対値 1 の複素数 u_i $(1 \leqq i \leqq \ell)$ が任意に一つ支えられるとき，次の 1)-6) をみたす φ が唯一つ存在する：

1)　$\varphi \in \operatorname{Aut} M_{\mathbb{R}}$

2) φ は半線型写像である($\forall X, Y \in M_{\mathbb{R}}$, $a \in \mathbb{C}$ に対し，$\varphi(X+Y) = \varphi(X) + \varphi(Y)$, $\varphi(aX) = \bar{a}\varphi(X)$)

3) $\varphi(T^{\mathbb{C}}) = T^{\mathbb{C}}$,　$\varphi \mid T_0 = \sigma_0$

4) $\varphi \circ \tau = \tau \circ \varphi$

5) $\varphi(X_\alpha) = \rho_\alpha X_{\sigma_0\alpha}$,　$|\rho_\alpha| = 1$　　$(\forall \alpha \in R)$

6) $B = \{\alpha_1, \cdots, \alpha_\ell\}$ を R の一つの基底とするとき，$\rho_{\alpha_i} = u_i$ $(1 \leqq i \leqq \ell)$

証明　荒木[1](3.1), (3.2), (3.3)。

定義16　R を定義15のルート系，σ_0 を R の対合とし，$R_0 = \{\alpha \in R \mid \sigma_0\alpha = -\alpha\}$ とする。また B を R の σ-基底(定義4)とする。命題5の φ が

(a)　$\rho_\alpha = 1$　　$(\forall \alpha \in B_0 = B \cap R_0)$

をみたすとき，φ を σ_0 の**正規拡大**という。

命題6　定義15,16と命題5の記号，定義の下で，次の条件(a), (b), (c)は互いに同値である。

(a)　(R, σ_0) は，正規拡大可能である。

(b)　σ_0 の正規拡大 φ で，$\varphi^2 = I$ となるものが存在する。

(c)　σ_0 の正規拡大 φ で，$\bar{\rho}_\alpha \rho_{\sigma_0\alpha} = 1$ $(\forall \alpha \in B - B_0)$ となるものが存在する。

証明　荒木[1]命題3.1。

命題6の条件(c)は，次の命題7により対合ルート系の性質として表現される。

命題7　(R, σ_0) を対合ルートとし，φ を σ の正規拡大とする。また B を R の σ-基底とするとき，次の1), 2)が成立つ。

1)　$\alpha \in B - B_0$ に対して，$\gamma, \delta \in R_0$ であって次の条件(a), (b), (c)をみたすものが存在するとき，$\bar{\rho}_\alpha \cdot \rho_{\sigma\alpha} = 1$ である：

　(a)　$\alpha + \gamma$, $\alpha + \delta \in R$

　(b)　$\gamma + \delta \notin R \cup \{0\}$

　(c)　$\sigma\alpha = \alpha + \gamma + \delta$

2)　$\alpha \in B - B_0$ に対し，$\gamma, \delta, \varepsilon \in R_0$ であって次の(a), (b), (c)をみたすものが

存在するとき，$\bar{\rho}_\alpha \cdot \rho_{\sigma\alpha} = -1$ である。

(a) $\alpha+\gamma,\ \alpha+\delta,\ \alpha+\varepsilon,\ \sigma\alpha-\gamma,\ \sigma\alpha-\delta,\ \sigma\alpha-\varepsilon \in R$

(b) $\gamma+\delta,\ \gamma+\varepsilon,\ \delta+\varepsilon \notin R \cup \{0\}$

(c) $\sigma\alpha = \alpha+\gamma+\delta+\varepsilon$

証明　荒木[1]Lemma 4.6, 4.7。

以上の準備の下で，次の定理5が証明される。定理5の中では，各既約ルート系の具体的な形を用いるが，ルート系の記述はここでは，ブルバキ[3]に従い，そこでの記号をそのまま用いる。ただし[3]で (ε_i) と記されている正規直交系をここでは (e_i) と記す。

定理5(荒木[1] §4)　表4に与えられている。20個の制限階数1の対合ルート系 (R, σ) の中で，正規拡大可能であるのは，No.1, 2, 4, 5, 6, 9, 10, 12, 18 の9個の系に限る。詳しくは次の1), 2), 3)が成立つ。

1)　表4の対合ルート系の内で，No.1, 2, 4, 5, 6, 9, 10, 12, 18 の9個の系は正規拡大可能である。

2)　表4の内でNo.3, 7, 8, 17, 19, 20 の6個の対合ルート系は正規ではなく，従って正規拡大可能ではない。

3)　表4の中でNo.11, 13, 14, 15, 16 の5個の対合ルート系は正規拡大可能ではない。

証明　1)　命題6,(c)の条件(c) $\bar{\rho}_\alpha \rho_{\sigma\alpha} = -1$ を $\alpha \in B - B_0$ に対し，みたすことを示せばよい。

No.1　$B = \{\alpha_1, \alpha_2\}$，　$\sigma\alpha_1 = \alpha_2$

このとき $L^{\mathrm{C}} = M$ は同型な二つのイデアルの直和であるから，$\rho_{\alpha_1} = \rho_{\alpha_2}$ となるように $X_{\alpha_1}, X_{\alpha_2}$ をとることができる。命題5, 5)により，$|\rho_{\alpha_i}| = 1\ (i = 1, 2)$ であるから

$$\bar{\rho}_{\alpha_1} \rho_{\sigma\alpha_1} = \bar{\rho}_{\alpha_1} \cdot \rho_{\alpha_2} = \bar{\rho}_{\alpha_1} \cdot \rho_{\alpha_1} = |\rho_{\alpha_1}|^2 = 1$$

である。同様に $\bar{\rho}_{\alpha_2} \cdot \rho_{\sigma\alpha_2} = 1$ であるから，条件がみたされる。

No.2　$B = \{\alpha_1\}$，　$p = I$

このとき σ の標準分解から，$\sigma = s \in W = \{I, s_{\alpha_1}\}$ である。いま $\sigma = s_{\alpha_1}$ である

と仮定すると，$\sigma\alpha_1=-\alpha_1$ であるから $\alpha_1\in R_0\cap B=B_0=\emptyset$ となり矛盾である。従って $\sigma=I$ である。そこで $\bar{\rho}_{\alpha_1}\rho_{\sigma\alpha_1}=|\rho_{\alpha_1}|^2=1$ となり，命題6,(c)の条件がみたされる。

No.5 $B=\{\alpha_1,\alpha_2,\cdots,\alpha_n\}$, $B-B_0=\{\alpha_1,\alpha_n\}$, $p\alpha_1=\alpha_n$

今 $\alpha_i=e_i-e_{i+1}\ (1\leqq i\leqq n)$ である。$\beta=\alpha_2+\cdots+\alpha_{n-1}=e_2-e_n\in R$ とおくとき，$\sigma\beta=\sigma\alpha_2+\cdots+\sigma\alpha_{n-1}=-\beta$ であり，$\beta\in R_0$ である。いま $T_0^+=\{x\in T_0\mid\sigma x=x\}$, $T_0^-=\{x\in T_0\mid\sigma x=-x\}$ とする。$p\alpha_1=\alpha_1=\alpha_n$ だから命題の証明中の(24)式により，T_0^+, T_0^- は次式で与えられる。

$$T_0^-=\mathbb{R}(\alpha_n-\alpha_1)+\sum_{i=1}^{n-1}\mathbb{R}\alpha_i$$

$$\begin{aligned}T_0^+&=T_0^{-\perp}\\&=\left\{x=\sum_{i=1}^{n+1}\xi_ie_i\,\middle|\,\sum_{i=1}^{n+1}\xi_i=0,\ (x,\alpha_i)=0\ (2\leqq i\leqq n-1),\ (x,\alpha_n-\alpha_1)=0\right\}\\&=\left\{x=\sum_{i=1}^{n+1}\xi_ie_i\,\middle|\,\sum_{i=1}^{n+1}\xi_i=0,\ \xi_i=\xi_{i+1}\ (2\leqq i\leqq n-1),\ \xi_1-\xi_2-\xi_n+\xi_{n+1}=0\right\}\\&=\Big\{x=\sum_{i=1}^{n+1}\xi_ie_i\,\Big|\,\xi_1+(n-1)\xi_2+\xi_{n+1}=0,\\&\qquad\qquad \xi_1-2\xi_2+\xi_{n+1}=0,\ \xi_i=\xi_{i+1}\ (2\leqq i\leqq n-1)\Big\}\\&=\left\{x=\sum_{i=1}^{n+1}\xi_ie_i\,\middle|\,\xi_i=0\ (2\leqq i\leqq n),\ \xi_{n+1}=-\xi_1\right\}\\&=\{\xi(e_1-e_{n+1})\mid\xi\in\mathbb{R}\}=\mathbb{R}(e_1-e_{n+1})\end{aligned}$$

従って $x\in T_0$ の T_0^+ への射影 $x\longmapsto\frac{1}{2}(H\sigma)x$ は，$x=\alpha_1$ に対しては

$$\frac{1}{2}(H\sigma)\alpha_1=\left(e_1-e_2,\frac{e_1-e_{n+1}}{\sqrt{2}}\right)\frac{e_1-e_{n+1}}{\sqrt{2}}=\frac{1}{2}(e_1-e_{n+1})$$

となる。従って $\sigma\alpha_1$, $\sigma\alpha_n$ は

(62) $$\begin{aligned}\sigma\alpha_1&=(e_1-e_{n+1})-(e_1-e_2)=e_2-e_{n+1}=(e_2-e_n)+(e_n-e_{n+1})\\&=\beta+\alpha_n\end{aligned}$$

(63) $$\sigma\alpha_n=\alpha_1-\sigma\beta=\alpha_1+\beta$$

となる。いま $[X_{\alpha_n},X_\beta]=N_{\alpha_n,\beta}X_{\sigma\alpha_1}$ に，命題5の φ を作用させて，

(64) $$\rho_{\alpha_n}N_{\alpha_1+\beta,-\beta}=N_{\alpha_n,\beta}\rho_{\sigma\alpha_1}$$

を得る。命題5により，$\rho_{\alpha_1},\rho_{\alpha_n}$ としては絶対値1の任意の複素数をとることができるから，今 $|u_1|=1$ となる $u_1\in\mathbb{C}$ を任意にとり，

(65)　$\rho_{\alpha_1}=u_1, \quad \rho_{\alpha_n}=\rho_{\alpha_1}\dfrac{N_{\alpha_n,\beta}}{N_{\sigma\alpha_n,\sigma\beta}}$

とおくことができる。($\varphi\in \mathrm{Aut}\,M_{\mathbb{R}}$ だから，$N^2_{\alpha_1,\beta}=N^2_{\sigma\alpha_n,\beta}$ だから，$|\rho_{\alpha_n}|=|\rho_{\alpha_1}|=1$ となる)。そして $\sigma\alpha_1=\beta+\alpha_n$, $\varphi X_{\alpha_1}=\rho_{\alpha_1}X_{\sigma\alpha_1}$ だから

(66)　$\bar{\rho}_{\alpha_1}\rho_{\sigma\alpha_1}=\bar{\rho}_{\alpha_1}\rho_{\alpha_n}\dfrac{N_{\sigma\alpha_n,\sigma\beta}}{N_{\alpha_n,\beta}}=\bar{\rho}_{\alpha_1}\cdot\rho_{\alpha_1}\dfrac{N_{\alpha_n,\beta}\cdot N_{\sigma\alpha_n,\sigma\beta}}{N_{\sigma\alpha_n,\sigma\beta}\cdot N_{\alpha_n,\beta}}=|\rho_{\alpha_1}|^2=1$

となる。同様にして

(67)　$\bar{\rho}_{\alpha_n}\cdot\rho_{\sigma\alpha_n}=1$

も証明される。(ただし荒木[1](4.5.1)を用いる)。

残りの6個の系 No.4, 6, 9, 10, 12, 18 が正規拡大可能であることの証明には，命題7,1)の条件(a), (b), (c)をみたすルート $\gamma,\delta\in R_0$ が存在することを示すことによって，命題6の条件(c)がみたされることを示す。次の表で γ,δ およびそれらが条件をみたすことを示す。

ルート ＼ No.	4	6	9	10, 12	18
α	e_2-e_3	e_1-e_2	e_2-e_3	e_1-e_2	$2^{-1}(e_1-e_2-e_3-e_4)$
σ	$s_{e_1-e_2}\cdot s_{e_3-e_4}$	$s_{e_2}s_{e_3}\cdots s_{e_n}$	$s_{e_1-e_2}\cdot s_{2e_3}\cdots s_{2e_n}$	(68)	$s_{e_2}\cdot s_{e_3}\cdot s_{e_4}$
$\sigma\alpha$	e_1-e_4	e_1+e_2	e_1+e_3	e_1+e_2	$2^{-1}(e_1+e_2+e_3+e_4)$
γ	e_1-e_2	e_2	e_1-e_2	e_2-e_3	e_2
δ	e_3-e_4	e_2	$2e_3$	e_2+e_3	e_3+e_4
$\alpha+\gamma+\delta$	e_1-e_4	e_1+e_2	e_1+e_3	e_1+e_2	$2^{-1}(e_1+e_2+e_3+e_4)$
$\alpha+\gamma$	e_1-e_3	e_1	e_1-e_3	e_1-e_3	$2^{-1}(e_1+e_2-e_3-e_4)$
$\alpha+\delta$	e_2-e_4	e_1	e_2+e_3	e_1+e_3	$2^{-1}(e_1-e_2+e_3+e_4)$
$\gamma+\delta$	$e_1-e_2+e_3-e_4$	$2e_1$	$e_1-e_2+2e_3$	$2e_2$	$e_2+e_3+e_4$

(68)　No.10, 12 では，$T_0^-=\sum_{i=2}^{\ell}\mathbb{R}e_i$, $T_0^+=\mathbb{R}e_1$, $\sigma x=\begin{cases}-x, & x\in T_0^-\\ x, & x\in T_0^+\end{cases}$

2)　$\sigma\alpha-\alpha\in R$ となるルート $\alpha\in R$ の存在を示す(次ページ上の表を見よ)。

3)　No.11, 13, 14, 15, 16 の対合ルート系に対しては，$B-B_0$ の唯一つの元 α に対し命題7, 2)の条件

(a)　$\alpha+\gamma, \alpha+\delta, \alpha+\varepsilon, \sigma\alpha-\gamma, \sigma\alpha-\delta, \sigma\alpha-\varepsilon\in R$

および

(b)　$\gamma+\delta, \gamma+\varepsilon, \delta+\varepsilon\notin R\cup\{0\}$

(c)　$\sigma\alpha=\alpha+\gamma+\delta+\varepsilon$ をみたす $\gamma,\delta,\varepsilon\in R_0$ が存在する

ルート / No.	σ	α	$\sigma\alpha$	$\sigma\alpha-\alpha$
3	$s_{e_2-e_3}$	e_1-e_2	e_1-e_3	e_2-e_3
7	$s_{e_1-e_2}\cdot s_{e_3}\cdot s_{e_4}\cdots s_{e_n}$	e_2	e_1	e_1-e_2
8	$s_{2e_2}\cdot s_{2e_3}\cdots s_{2e_n}$	e_1+e_2	e_1-e_2	$-2e_2$
17	$s_{e_1-e_2}\cdot s_{e_3}\cdot s_{e_4}$	e_1	e_2	e_2-e_1
19	$s_{-2e_1+e_2+e_3}$	e_1-e_3	$-e_1+e_2$	$-2e_1+e_2+e_3$
20	$s_{e_1-e_2}$	e_1-e_3	e_2-e_3	e_2-e_1

No. / ルート	11, 13	16	15	14
α	e_2-e_3	e_7-e_6	$\alpha_1=2^{-1}\left[e_1+e_8-\sum_{i=2}^{7}e_i\right]$	$\alpha_2=e_1+e_2$
σ	(69)	(70)	(72)	$-s_\beta$ (75)
$\sigma\alpha$	e_1+e_3	e_8+e_6 (71)	$-2^{-1}\left[e_7-e_8+e_1-\sum_{i=2}^{6}e_i\right]$	$\alpha+\gamma+\delta+\varepsilon$ (76)
γ	e_1-e_2	e_6-e_1	e_4-e_1	e_3-e_2
δ	e_3-e_ℓ	e_1+e_6	e_2+e_3	e_4-e_1
ε	e_3+e_ℓ	e_8-e_7	e_5+e_6	$\alpha_1+e_5-e_1$
$\alpha+\gamma+\delta+\varepsilon$	e_1+e_3	e_8+e_6	$-2^{-1}\left[e_7-e_8+e_1-\sum_{i=2}^{6}e_i\right]$	$\sigma\alpha$ (76)
$\alpha+\gamma$	e_1-e_3	e_7-e_1	$-2^{-1}\left[-e_1+e_8+e_4-\sum_{i=2,3,5,6,7}e_i\right]$	e_1+e_3
$\alpha+\delta$	e_2-e_ℓ	e_7+e_8	$-2^{-1}\left[e_1+e_8+e_2+e_3-\sum_{i=4,5,6,7}e_i\right]$	e_4+e_2
$\alpha+\varepsilon$	e_2+e_ℓ	e_8-e_6	$-2^{-1}\left[e_1+e_8+e_5+e_6-\sum_{i=2,3,4,7}e_i\right]$	$\alpha_1+e_5+e_2$
$\sigma\alpha-\gamma$	e_2+e_3	e_8+e_1	$\alpha+\delta+\varepsilon$	$\alpha+\delta+\varepsilon$
$\sigma\alpha-\delta$	e_1+e_ℓ	e_8-e_1	$\alpha+\gamma+\varepsilon$	$\alpha+\gamma+\varepsilon$
$\sigma\alpha-\varepsilon$	e_1-e_ℓ	e_6+e_7	$\alpha+\gamma+\delta$	$\alpha+\gamma+\delta$
$\gamma+\delta$	$e_1-e+e_3-e_\ell$	$2e_6$	$-e_1+e_2+e_3+e_4$	$e_4+e_3-e_2-e_1$
$\gamma+\varepsilon$	$e_1-e_2+e_3+e_\ell$	$e_8+2e_6-e_1$	$-e_1+e_4+e_5+e_6$	$\alpha_1-e_2+e_3+e_5$ (77)
$\delta+\varepsilon$	$2e_3$	$e_1+e_6+e_8-e_7$	$e_2+e_3+e_5+e_6$	$\alpha_1-2e_1+e_4+e_5$ (79)

ことを示す。

No.16　8次元実ユークリッド・ベクトル空間 W の正規直交基底 $(e_i)_{1\leqq i\leqq 8}$ をとる。E_8 型ルート系 R は，次式で支えられる：

$$R=\left\{\pm e_i\pm e_j\ (1\leqq i<j\leqq 8)\ ;\ 2^{-1}\sum_{i=1}^{8}(-1)^{\nu(i)}e_i\ \left(\sum_{i=1}^{8}\nu(i)\text{は偶数}\right)\right\},$$

R の基底は

$$B=\{\alpha_1=2^{-1}\{(e_1+e_8)-(e_2+e_3+e_4+e_5+e_6+e_7)\},\alpha_2=e_1+e_2,\ \alpha_3=e_2-e_1,\ \alpha_4=e_3-e_2,\ \alpha_5=e_4-e_3,\ \alpha_6=e_5-e_4,\ \alpha_7=e_6-e_5,\ \alpha_8=e_7-e_6\}$$

No.16 の佐武図形は

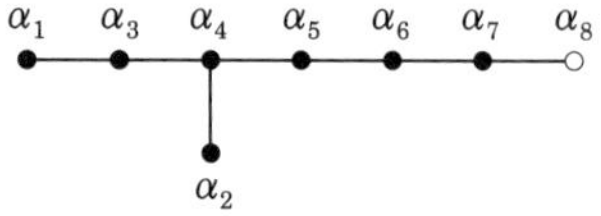

$$W^-=\{x\in W\,|\,\sigma x=-x\}=\sum_{i=1}^{7}\mathbb{R}\alpha_i=\mathbb{R}\alpha_1+\sum_{i=1}^{6}\mathbb{R}e_i=\mathbb{R}(e_7-e_8)+\sum_{i=1}^{6}\mathbb{R}e_i,$$
$$W^+=\mathbb{R}(e_7+e_8)$$

(70) $\sigma x=\begin{cases}-x, & x\in W^-\\ x, & x\in W^+\end{cases}$

で定義される $\sigma\in GL(W)$ は，$A(R)$ の元で R の対合である。

$x=(e_7-e_8)\in W^-$，$y=e_7+e_8\in W^+$ だから $e_7=\dfrac{1}{2}(x+y)$, $\sigma e_7=\dfrac{1}{2}(-x+y)$ $=e_8$。

∴ (71) $\alpha=\alpha_8=e_7-e_6$ とすると，$\sigma\alpha=e_8+e_6$ である。

No.15　No.16 の 8 次元空間 W において $V=\{x\in W\,|\,(x,e_7+e_8)=0\}$ とおく。V 内に E_7 型ルート系 R が次式で与えられる：

$$R=\left\{\pm e_i\pm e_j\,(1\leqq i<j\leqq 6)\,;\,\pm(e_7-e_8),\ \pm 2^{-1}\left(e_7-e_8+\sum_{i=1}^{6}(-1)^{\nu(i)}e_i\right)\right\}$$

ただし，$\sum_{i=1}^{6}\nu(i)=$ 奇数 とする。R の基底 B は，E_8 の基底から α_8 を除いたものである。No.15 の佐武図形は次のようになる。

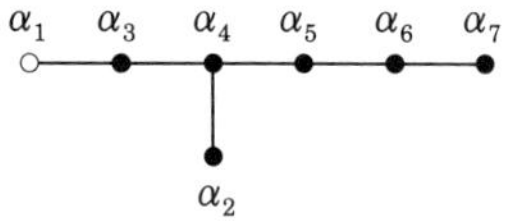

(72) $V^-=\sum_{i=2}^{7}\mathbb{R}\alpha_i=\sum_{i=1}^{6}\mathbb{R}e_i,\quad V^+=\mathbb{R}(e_7-e_8),\quad \sigma x=\begin{cases}-x, & x\in V^-\\ x, & x\in V^+\end{cases}$

$\alpha=\alpha_1$ が $B-B_0$ の唯一の元である。σ の定義から次式を得る。

(73)　$\sigma\alpha = 2^{-1}\left\{(e_8 - e_7) + \left(-e_1 + \sum_{i=2}^{6} e_i\right)\right\}$

いま，$\gamma = \alpha_3 + \alpha_4 + \alpha_5 = e_4 - e_1$, $\delta = \alpha_2 + \alpha_4 + \alpha_3 = e_2 + e_3$, $\varepsilon = \alpha_3 + 2\alpha_4 + 2\alpha_5 + 2\alpha_6 + \alpha_7 + \alpha_2 = e_5 + e_6$ とすると

(74)　$\alpha + \gamma + \delta + \varepsilon = -2^{-1}\{e_7 - e_8 + e_1 - e_2 - e_3 - e_4 - e_5 - e_6\} = \sigma\alpha$

No.14　E_8 の 8 次元空間 W の 6 次元部分空間 $U = \left\{\sum_{i=1}^{8} \xi_i e_i = W \,\middle|\, \xi_i \in \mathbb{R}, \xi_6 = \xi_7 = -\xi_8\right\}$ において，E_6 型ルート系 R は，次式で定義される。

$$R = \left\{\pm e_i \pm e_j \ (1 \leqq i < j \leqq 5), \right.$$
$$\left. \pm 2^{-1}\left(e_8 - e_7 - e_6 + \sum_{i=3}^{6} (-1)^{\nu(i)} e_i\right) \ \left(\sum_{i=1}^{5} \nu(i) = \text{偶数}\right)\right\}$$

基底 $B = \{\alpha_1, \alpha_2, \alpha_3, \alpha_4, \alpha_5, \alpha_6\}$　　(E_8 の基底から α_7, α_8 を除いたもの)

このとき，$U^{-1} = \mathbb{R}\alpha_1 + \sum_{i=1}^{5} \mathbb{R}\alpha_i$,　$U^{+} = U^{-\perp}$ となる。いま

$$\beta = \frac{1}{2}(e_1 + e_2 + e_3 + e_4 + e_5 - e_6 - e_7 + e_8) \in R$$

とすると，$(\beta, \alpha_1) = 0$, $(\beta, \alpha_i) = 0 \ (3 \leqq i \leqq 6)$ だから，$U^{+} = \mathbb{R}\beta$ である。

∴ (75)　$\sigma x = \begin{cases} -x, & x \in U^{-} \\ x, & x \in U^{+} \end{cases}$　とするとき，$\sigma = -s_\beta$ である。

そして，$\gamma = \alpha_4 = e_3 - e_2$, $\delta = \alpha_3 + \alpha_4 + \alpha_5 = e_4 - e_1$, $\varepsilon = \alpha_1 + \alpha_3 + \alpha_4 + \alpha_5 + \alpha_6 = \alpha_1 + e_5 - e_1$ とするとき，次の(76)が成立つ。$\alpha = \alpha_2 \in B - B_0$。

(76)　$\sigma x = \dfrac{1}{2}(-e_1 - e_2 + e_3 + e_4 + e_5 - e_6 - e_7 + e_8)$

$\qquad = \alpha + \gamma + \delta + \varepsilon$

(77)　$\gamma + \varepsilon = \alpha_1 + \alpha_3 + 2\alpha_4 + \alpha_5 + \alpha_6$,　$\delta + \varepsilon = \alpha_1 + 2(\alpha_3 + \alpha_4 + \alpha_5) + \alpha_6 \notin R$

∵)　ブルバキ[3]Planche V にあるように，正のルート $\sum_{i=1}^{6} m_i \alpha_1$ において係数 $m_i \geqq 2$ が存在するとき，必ず $m_2 = 1$ である。$\gamma + \varepsilon, \delta + \varepsilon$ に対しては $m_2 = 0$ だから，この二つはルートでない。

以上により No.11, 13, 14, 15, 16 の対合ルート系に対しては，$B - B_0$ の唯一つの元 α に対し，命題 7,2)の条件をみたす $\gamma, \delta, \varepsilon$ が存在するから，$\bar{\rho}_\alpha \rho_{\sigma\alpha} = -1$ となる。従って命題 6 の条件(c)がみたされないので，(R, σ) は正規拡大可能でない。

■

上の定理5により，制限階数が1の実単純リー環は分類された。残された問題は，制限階数が一般の場合の分類である。

荒木は佐武のB_0-連結という概念を用いて，一般の場合を制限階数1の場合に帰着させる方法を発見した。これは荒木の方法の中で特に巧妙な部分である。以下これを紹介しよう。

定義 17　(R,σ)を対合ルート系，$R_0=\{\alpha\in R\mid\sigma\alpha=-\alpha\}$とし，$B$を$R$の一つの$\sigma$-基底，$B_0=B\cap R_0$とする。$\alpha,\beta\in B$が$B_0$-**連結**とは，次の条件1), 2), 3)をみたすBの元の列

$\alpha_0,\alpha_1,\alpha_2,\cdots,\alpha_m$

が存在することを言う：

1)　$\alpha_0=\alpha$，$\alpha_m=\beta$

2)　$\alpha_i\in B_0$　　$(1\leqq i\leqq m-1)$

3)　$(\alpha_i,\alpha_{i+1})\neq 0$　　$(0\leqq i\leqq m-1)$

命題 8（佐武[32]Lemma 3）　対合ルート系(R,σ)のσ-基底を$B=\{\alpha_1,\alpha_2,\cdots,\alpha_\ell\}$，$B_0=\{\alpha_j\mid\ell-\ell_0<j\leqq\ell\}$とし，$\sigma$の標準分解を$\sigma=sp$ $(p\in A(B),\ s\in W)$とし，$p\alpha_i=\alpha_{i'}$とする。命題1, 2), ホ)により

(78)　$\sigma\alpha_i=\alpha_{i'}+\sum_{j>\ell-\ell_0}c_{ij}\alpha_j,\quad c_{ij}\in\mathbb{N}\quad(1\leqq i\leqq\ell-\ell_0)$

となる。$1\leqq i\leqq\ell-\ell_0$, $\ell-\ell_0<j\leqq\ell$となる整数i,jに対し，次の条件(a)と(b)は同値である：

(a)　$c_{ij}\neq 0$

(b)　α_jはα_iまたは$\alpha_{i'}$とB_0-連結である。

証明　佐武[32]Lemma 3。

命題 9　対合ルート系(R,σ)において，各$\alpha_i\in B-B_0$に対し，

(79)　$B_0(\alpha_i)=\{\alpha_j\in B_0\mid\alpha_j$は$\alpha_i$または$\alpha_{i'}$と$B_0$-連結$\}$,

$B(\alpha_i)=\{\alpha_i,\alpha_{i'}\}\cup B_0(\alpha_i)$

(80)　$R(\alpha_i)=(B(\alpha_i))_{\mathbb{R}}\cap R$

$((B(\alpha_i))_{\mathbb{R}}$は$B(\alpha_i)$から$\mathbb{R}$より成される実線型空間)

とおくとき，次の 1), 2), 3) が成立つ：

1) $R(\alpha_i)$ はルート系である。

2) $\sigma_i = \sigma | R(\alpha_i)$ は，ルート系 $R(\alpha_i)$ の対合で，$(R(\alpha_i), \sigma_i)$ は制限階数 1 で，$B(\alpha_i)$ はその σ-基底 である。

3) $\sigma = sp$ を σ の標準分解（定義 4），$p_i = p | R(\alpha_i)$ とすれば $\mathscr{S}_i = (B(\alpha_i), B_0(\alpha_i), p_i)$ が，$(R(\alpha_i), \sigma_i)$ の佐武図形である。

証明 1) $\alpha, \beta \in R(\alpha_i)$ のとき，R がルート系だから $n(\beta, \alpha) = 2(\alpha, \beta)/(\alpha, \alpha) \in \mathbb{Z}$, $2\alpha \notin R$，従って $\notin R(\alpha_i)$ である。また $s_\alpha \beta = \beta - n(\beta, \alpha)\alpha \in R \cap (B(\alpha_i))_{\mathbb{R}}$ である。

2) 命題 8 により，$\sigma\alpha_i \in (B(\alpha_i))_{\mathbb{R}} \cap R = R(\alpha_i)$ だから σ は $R(\alpha_i)$ を不変にする。$\sigma \in A(R)$ だから，$\sigma_i = \sigma \mid R(\alpha_i) \in A(R(\alpha_i))$ で，$\sigma^2 = I$ 故 $\sigma_i^2 = I$ である。このとき $B(\alpha_i)$ はルート系 $R(\alpha_i)$ の基底である（ブルバキ[3]6 章§1 命題 20）。任意の $\alpha \in R(\alpha_i)^+(B(\alpha_i)) - R(\alpha_i)_0$ に対し，

$$\alpha = m\alpha_i + n\alpha_{i'} + \sum_{\alpha_j \in B_0(\alpha_i)} m_j \alpha_j$$

とするとき，m または n の少なくとも一方 >0 である。このとき

$$\sigma\alpha = m\alpha_{i'} + n\alpha_i + \sum_{\alpha_j \in B_0(\alpha_i)} [(m+n)c_{ij} - m_j]\alpha_j$$

となるが，m または $n > 0$ だから，$\sigma\alpha > 0$ となる。従って $B(\alpha_0)$ は $R(\alpha_i)$ の σ_i-基底である。$B_0(\alpha_i) \subset R(\alpha_i)_0$ だから，$B(\alpha_i) - B_0(\alpha_i) = \{\alpha_i, \alpha_{i'}\}$ である。$\alpha_i \neq \alpha_{i'}$ のときは，$p_i\alpha_i = p\alpha_i = \alpha_{i'}$ だから，$(R(\alpha_i), \sigma_0)$ の制限階数は 1 である。

3) 1) と 2) から明らか。 ■

命題 9 系 $\alpha_j, \alpha_{j'} \in B(\alpha_i)$，$j \neq j'$ のとき $p\alpha_j = \alpha_{j'} \Longleftrightarrow p_i\alpha_j = \alpha_{j'}$。

∵) $p\alpha_j = p_i\alpha_j$。

定理 6（荒木[1]定理 3, 6） 対合ルート系 (R, σ) に対し，次の条件 (a), (b), (c) は同値である。

(a) (R, σ) は正規拡大可能である。

(b) 各 $\alpha_i \in B - B_0$ に対し，$(R(\alpha_i), \sigma_i)$ は正規拡大可能である。

(c) 各 $\alpha_i \in B - B_0$ に対し，$(R(\alpha_i), \sigma_i)$ の佐武図形は，表 4 の No.1, 2, 4, 5, 6, 9,

10, 12, 18 のいずれか一つと同型である。

証明 (a)⇒(b) (a)を仮定すると命題6により，σ の正規拡大 φ で $\varphi^2=I$ となるものが存在する。今各 $\alpha_i \in B-B_0$ に対し，

$$T_0^{\mathbb{C}}(\alpha_i)=\sum_{\alpha\in R(\alpha_i)}\mathbb{C}H_\alpha,\quad M(\alpha_i)=T_0^{\mathbb{C}}(\alpha_i)+\sum_{\alpha\in R(\alpha_i)}M_\alpha$$

とおく。$\varphi M_\alpha=M_{\sigma\alpha}$, $\varphi(H_\alpha)=H_{\sigma\alpha}$ だから，φ は $M(\alpha_i)$ を不変にする。このとき $\varphi_i=\varphi\,|\,M(\alpha_i)$ は，σ_i の正規拡大で，$\varphi_i^2=I$ である。

そこで $(R(\alpha_i),\sigma_i)$ は正規拡大可能である。

(b)⇒(a) 各 $\alpha_i\in B-B_0$ に対し，$(R(\alpha_i),\sigma_i)$ が正規拡大可能であるとすると，σ_i の $M(\alpha_i)$ への正規拡大 φ_i で $\varphi_i^2=I$ となるものが存在する。このとき $\varphi_i X_\alpha=\rho_\alpha^i X_{\sigma\alpha}\ (\forall\alpha\in R(\alpha_i))$ とすると命題6より

(81) $\bar{\rho}_\alpha^i\rho_{\sigma\alpha}^i=1 \qquad (\alpha=\alpha_i,\alpha_{i'})$

となる。いま σ の正規拡大を

(82) $\rho_\alpha=\begin{cases}1, & \alpha\in B_0\\ \rho_\alpha^i, & \alpha=\alpha_i\in B-B_0\end{cases}$

となるようにとると，$\bar{\rho}_\alpha\rho_{\sigma\alpha}=1\ (\forall\alpha\in B)$ であるから，命題6により (R,σ) は正規拡大可能である。

(b)⇒(c) 定理5。 ■

さて以下で佐武図形により，複素単純リー環の実形の分類を実行するのであるが，その前に，佐武図形と対合ルート系が一対一に対応することを確かめておく必要がある。佐武図形により対合ルート系が定まることは命題2で示したが，対合ルート系 (R,σ) を一つ定めたとき，その σ-基底 B のとり方によって一般には異なる佐武図形が生ずる。しかし (R,σ) が正規拡大可能のときは，佐武図形は (R,σ) により同型を除き一意的に定まる。

命題 10 (R,σ) が正規拡大可能な対合ルート系であるとき，次の 1), 2)が成立つ：

1) $W_\sigma=\{w\in W\,|\,w\sigma=\sigma w\}$ は，R の σ-基底の全体 $\mathfrak{B}_\sigma$ の上に単純推移的に作用する。

2) R の二つの σ-基底 B, B' に関する佐武図形 $\mathscr{S}=(B,B_0,p)$ と $\mathscr{S}'=$

(B', B'_0, p') は同型(定義7)である。

証明 1) W_σ が $\mathfrak{B}_\sigma$ に推移的に作用することは，佐武[32]Appendix 命題 A. W が R の基底全体 $\mathfrak{B}$ 上に単純推移的に作用するから，$W_\sigma \neq \mathfrak{B}_\sigma$ に単純推移的に作用する。

2) 1)より，$wB = B'$ となる $w \in W_\sigma$ が存在する。$\alpha \in R_0$ に対し $\sigma w\alpha = w\sigma\alpha = -w\alpha$ だから $w\alpha \in R_0$, $wR_0 = R_0$ である。従って

$$B'_0 = B' \cap R_0 = wB \cap wR_0 = w(B \cap R_0) = wB_0$$

となる。また σ の B, B' に関する標準分解をそれぞれ，$\sigma = sp = s'p'$ とすると，$w \in W_\sigma$ は σ と可換だから，

$$s'p' = \sigma = w\sigma w^{-1} = wsw^{-1} \cdot wpw^{-1}$$

$$wsw^{-1} \in W, \quad wpw^{-1} \in A(wB) = A(B')$$

だから，標準分解の一意性から

$$s' = wsw^{-1}, \quad p' = wpw^{-1}$$

である。従って定義7の条件をみたすから，$\mathscr{S} \cong \mathscr{S}'$ である。 ■

カルタンの章で述べたように，実単純リー環は，次の二つのカテゴリーのいずれかに属する。

Ⅰ 任意の複素単純リー環 M を $\mathbb{R}$ 上のリー環 $M_\mathbb{R}$ と考えたもの。

Ⅱ 任意の複素単純リー環 M の実形 L($L^\mathbb{C} = M$ となる実リー環)。

Ⅰのクラスでは M と $M_\mathbb{R}$ は一対一に対応するから，複素単純リー環の分類に帰着するから既知としてよい。佐武図形の分類の立場では，このクラスの実単純リー環は，σ-既約で既約でない佐武図形と対応する。このとき既約成分は2個あり，互いに同型である。この場合 $R_0 = \emptyset$ で $W_0 = \{I\}$ であり，従って $\sigma = p \in A(B)$ である。具体的には，既約(連結)な互いに同型なディンキン図形を二つ並べ，対応する頂点を矢印 で結んだものが，$M_\mathbb{R}$ の佐武図形である(例2)。

例3 $M = O(2n+1, \mathbb{C})$ に対し，$M_\mathbb{R}$ の佐武図形は次のようになる。

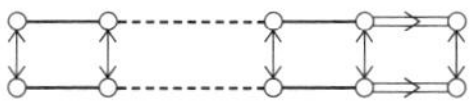

従って以下IIのクラスの実単純リー環のみを考えれば十分である。M の実形中にコンパクト(キリング形式が負値定符号)であるものが存在し，それらすべて互いに $\mathrm{Int}\ M$ で共役である。

従って複素単純リー環とコンパクト実単純リー環の同型類は一対一に対応する。従ってコンパクト実単純リー環の同型類も既知としてよい。コンパクト単純リー環のすべてのカルタン部分環は正規であり，その佐武図形は表3で支えられる。

そこで以下では，複素単純リー環 M の非コンパクト実形を同型を除いて分類すればよい。それは B が連結で $B \neq B_0$ となるような佐武図形 $S=(B, B_0, p)$ で正規拡大可能なものの同型類の分類と同値である(定理4, 5, 6, 命題10)。この分類は定理5により，制限階数が1の場合には既に与えられているので，定理6によって，一般の制限階数の場合の分類を制限階数1の場合に帰着させる作業を実行することだけが残された問題である。この作業は定理7の証明で実行されるが，その際繰返し持ちいられる論法を，次の命題11,12,13で明示しておくのが便利である。

命題11　B, B' がそれぞれ対合ルート系 $(R, \sigma), (R', \sigma')$ の σ-基底，σ'-基底であるとき，それらの佐武図形を，$S=(B, B_0, p)$, $S'=(B', B_0', p')$ とする。いま $(R, \sigma) \cong (R', \sigma')$ (定義6)であるとき，次の1), 2), 3)が成立つ。

1)　S, S' の土台となるディンキン図形を $\mathfrak{D}_S, \mathfrak{D}_{S'}$ とするとき，
　$\mathfrak{D}_S \cong \mathfrak{D}_{S'}$

2)　$S_0=(B_0, B_0, p_0)$, $S_0'=(B_0', B_0', p_0')$ とすると $S_0 \cong S_0'$

3)　$p \neq I \Longleftrightarrow p' \neq I$

証明　いま仮定により，ルート系の同型写像である全単写 $\varphi: R \longrightarrow R'$ が存在して

(83)　$\varphi \circ \sigma = \sigma' \circ \varphi$

をみたす。

1)　φ がルート系の同型写像だから，$\mathfrak{D}_S \cong \mathfrak{D}_{S'}$ である。

2)　(83)により，$\varphi(R_0)=R_0'$ であるから $\varphi_0 = \varphi \mid (R_0)_{\mathbb{R}}$ により，

(84)　$(R_0, -I) \cong (R_0', -I)$

となる。R_0 の任意の基底 B_0 は $(-I)$-基底で，それらの全体の上に $W(R_0)$ が推

移的に作用する。従って$(R_0, -I)$の佐武図形は，基底のとり方によらずすべて互いに同型であり，(84)から$S_0 \cong S_0'$となる。

3) 2)から次の(85)が成立つ：

(85) $p_0 \neq I \Longleftrightarrow p_0' \neq I$

そして2)から$|B_0|=|B_0'|$，$|B-B_0|=|B'-B_0'|$である。一方$V=(R)_{\mathbb{R}}$とし，$V^-=\{x \in V \mid \sigma x=-x\}$とすると，命題2, (24)式から

(86) $$V^- = \sum_{\alpha_j \in B_0} \mathbb{R}\alpha_j + \sum_{\alpha_i \in B-B_0} \mathbb{R}(\alpha_{i'}-\alpha_i)$$

となり，$V'=(R')_{\mathbb{R}}$，V'^-についても同様の式が成立つ。そこで

(87) $p \mid B-B_0=I \Longleftrightarrow p' \mid B'-B_0'=I$

(88) $p \mid B-B_0 \neq I \Longleftrightarrow p' \mid B'-B_0 \neq I$

が成立つ。(85)と(88)から，$p \neq I \Longleftrightarrow p' \neq I$である。 ■

命題11系 命題11の記号の下に次の1), 2), 3)が成立つ：

1) $\mathfrak{D}_s \not\cong \mathfrak{D}_{s'} \Longrightarrow (R, \sigma) \not\cong (R', \sigma')$

2) $S_0 \not\cong S_0' \Longrightarrow (R, \sigma) \not\cong (R', \sigma')$

3) $p=I \Longrightarrow p'=I$

証明 命題11の対偶。 ■

定義18 今迄通り，$B=\{\alpha_i \mid 1 \leqq i \leqq \ell\}$，$B_0=\{\alpha_j \mid \ell-\ell_0+1 \leqq j \leqq \ell\}$，$p\alpha_i=\alpha_{i'}$とする。各$\alpha_i \in B-B_0$に対し，$B(\alpha_i)$を命題9の(79)式で定義する。このとき

(89) $$B^c(\alpha_i)=\bigcup_{j \neq i} B(\alpha_j)$$

とおく。そして佐武図形$S_i=(B(\alpha_i), B_0(\alpha_i), p_i)$に対し

(90) $S_i^c=(B^c(\alpha_i), B^c(\alpha_i) \cap B_0, p_i^c)$，　$p_i^c=p \mid (B^c(\alpha_i))_{\mathbb{R}}$

とおく。

命題12 次の(a)と(b)は同値である。

(a) 佐武図形$S=(B, B_0, p)$は正規拡大可能である。

(b) ある$i \in \{1, 2, \cdots, \ell-\ell_0\}$に対し，$S_i$と$S_i^c$は共に正規拡大である。

証明　(a) ⇒ (b)　σ の $L^{\mathbb{C}}$ への正規拡大 φ で $\varphi^2=I$ となるものが仮定(a)の下で存在する(命題6)。S_i 及び S_i^c に対応する $L^{\mathbb{C}}$ の部分リー環 $L^{\mathbb{C}}(S_i)=\sum_{\alpha\in R(\alpha_i)}\mathbb{C}H_\alpha+\sum_{\alpha\in R(\alpha_i)}M_\alpha$ および同様に定義される $L^{\mathbb{C}}(S_i^c)$ への φ の限定 φ_i, φ_i^c は，σ_i, σ_i^c の $L^{\mathbb{C}}(S_i), L^{\mathbb{C}}(S_i^c)$ への正規拡大で $\varphi_i^2=I$，$\varphi_i^{c2}=I$ だから，S_i および S_i^c は共に正規拡大可能である(命題6)。

(b) ⇒ (a)　S_i および S_i^c が共に正規拡大可能であるとすると

(91)　$\bar{\rho}_\alpha\rho_{\sigma\alpha}=1 \qquad (\forall\alpha\in(B(\alpha_i)-B_0(\alpha_i))\cup(B^c(\alpha_i)-B_0^c(\alpha_i)))$

が成立つ。$B(\alpha_i)\cup B^c(\alpha_i)=B$，$B_0(\alpha_i)\cap B_0^c(\alpha_i)=B_0$ であるから，

(92)　$\bar{\rho}_\alpha\rho_{\sigma\alpha}=1 \qquad (\forall\alpha\in B-B_0)$

が成立つことになる。従って命題6により S は正規拡大可能である。■

命題 13　前と同じく $S_i=(B(\alpha_i), B_0(\alpha_i), p_i)$，$p_i=p|(B(\alpha_i))_{\mathbb{R}}$ とする。このとき次の(a)と(b)は同値である。ただし $B\neq B_0$ とする。

(a)　$p\neq I$

(b)　ある $i\in\{1,2,\cdots,\ell-\ell_0\}$ に対し，$p_i\neq I$

証明　(b) ⇒ (a)　p_i の定義から，$p=I\Longrightarrow(\forall i)(p_i=I)$ である。従って対偶をとると $(\exists i)(p_i\neq I)\Longrightarrow p\neq I$ である。

(a) ⇒ (b)　(a)であるとすると，$p\alpha_i=\alpha_{i'}$ となる $\alpha_i, \alpha_{i'}$ $(i\neq i')$ がある。このとき $\alpha_i\in S_j$ となる $j\in\{1,2,\cdots,\ell-\ell_0\}$ があるので，$p_j\alpha_i=\alpha_{i'}$ となり，$p_j\neq I$ である。■

定理 7(荒木[1] §5)　複素単純リー環 M の非コンパクト実形 L の正規カルタン部分環から作られる対合ルート系 (R,σ) の佐武図形 S は，表5で与えられるものでつくされる。表5の佐武図形の同型類は，複素単純リー環の非コンパクト実形の同型類と一対一に対応する。

表 5　非コンパクト実形の佐武図形

Notation	ℓ	r　制約階数	Satake diagram
$A_\ell \mathrm{I}$	$\ell \geqq 1$	$\ell = r$	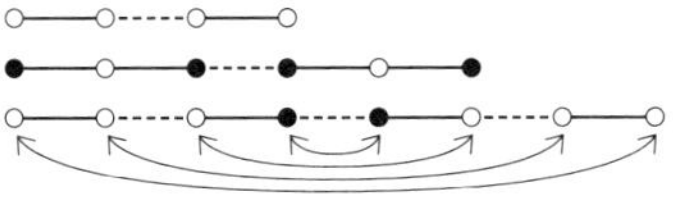
$A_{2n+1}\mathrm{II}$	$\ell = 2n+1 \geqq 3$	$r = n$	
$A_\ell \mathrm{III}_r$	$\ell \geqq 2$	$\left[\frac{\ell}{2}\right] \geqq r$	
$B_r \mathrm{I}_r$	$\ell \geqq 2$	$\ell \geqq r$	
$C_\ell \mathrm{I}$	$\ell \geqq 3$	$\ell = r$	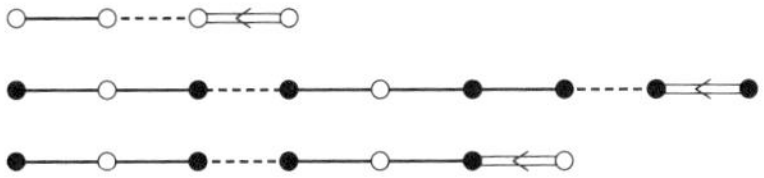
$C_\ell \mathrm{II}_r$	$\ell \geqq 3$	$\left[\frac{\ell}{2}\right] \geqq r$	
	$\ell \geqq 4$	$\ell = 2r$	
$D_\ell \mathrm{I}_r$	$\ell \geqq 4$	$\ell - r = 2m \geqq 2$	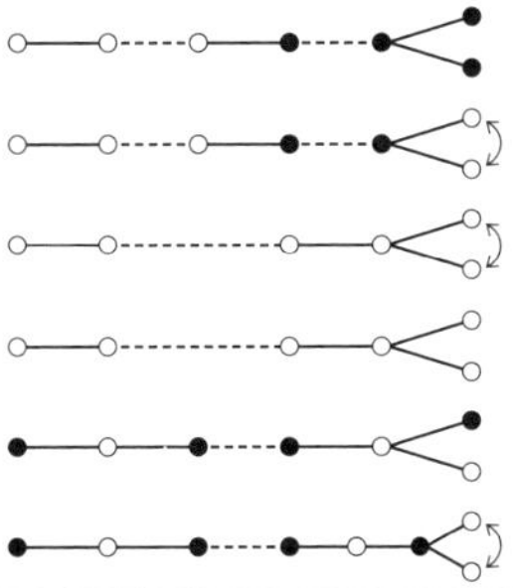
	$\ell \geqq 5$	$\ell - r = 2m+1 \geqq 3$	
	$\ell \geqq 4$	$\ell - r = 1$	
	$\ell \geqq 4$	$\ell - r = 0$	
$D_{2n}\mathrm{III}$	$\ell = 2n \geqq 6$	$r = n$	
$D_{2n+1}\mathrm{III}$	$\ell = 2n+1 \geqq 5$	$r = n$	
$E\,\mathrm{I}$	6	6	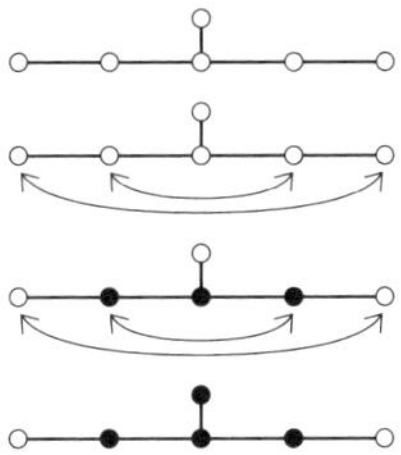
$E\,\mathrm{II}$	6	4	
$E\,\mathrm{III}$	6	2	
$E\,\mathrm{IV}$	6	2	
$E\,\mathrm{V}$	7	7	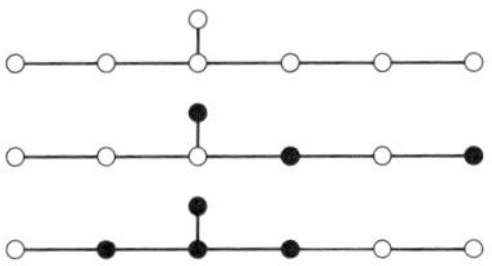
$E\,\mathrm{VI}$	7	4	
$E\,\mathrm{VII}$	7	3	
$E\,\mathrm{VIII}$	8	8	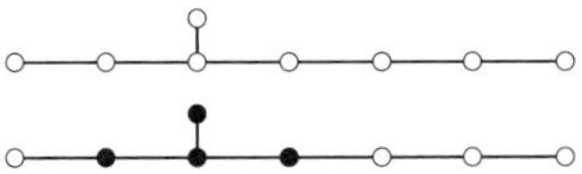
$E\,\mathrm{IX}$	8	4	
$F\,\mathrm{I}$	4	4	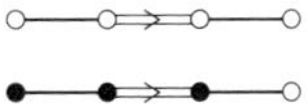
$F\,\mathrm{II}$	4	1	
$G\,\mathrm{I}$	2	2	

証明 前半の証明は，S の土台となるディンキン図形 $\mathfrak{D}_s$ 毎にまとめて行う。

A_ℓ 型 $(\ell \geqq 1)$

各 $\alpha_i \in B - B_0$ に対し，$B(\alpha_i)$ のディンキン図形は，分岐点，二重稜・三重稜を持たないから，A 型である。従って $(R(\alpha_i), \sigma_i)$ の佐武図形 S_i は表 4 の No.1, 2, 4, 5 のいずれかである。いま S のディンキン図形 $\mathfrak{D}_s$ の端の頂点 α_1 をとる。このとき次の(a), (b)のどちらかである。

$$(93) \quad \begin{array}{ll} \text{(a)} & \alpha_1 \in B_0, \\ \text{(b)} & \alpha_1 \in B - B_0 \end{array}$$

(a)のとき　表 4 の No.1, 2, 4, 5 の内 $\alpha_1 \in B_0$ となるのは No.4 だけである。このとき $\alpha_1 \in B(\alpha_2)$ で，$S_2 = A_3\mathrm{II}$ である。もしも $\ell \geqq 4$ ならば，$\alpha_4 \in B - B_0$ である。なぜならば $\alpha_4 \in B_0$ ならば，$B(\alpha_2) \ni \alpha_4$ となり $S_2 = A_3\mathrm{II}$ であることに反するからである。このとき $S_4 = A_3\mathrm{II}$ となる。これを繰返すと，(a)のとき $S = A_\ell\mathrm{II}$ であることがわかる。

(b)のとき　このとき S_1 は次の三つの内のいづれかである：

（イ）　No.1 $= A_1 \times A_1$,

（ロ）　No.2 $= A_1\mathrm{I}$,

（ハ）　No.5 $= A_\ell\mathrm{III}_1$

（イ）のとき　$\ell = 2$ とすると，$\mathfrak{D}_s$ は連結でないから，$L^{\mathbb{C}} \neq$ 単純となり，定理 7 で考えている範囲に入らない。従って $\ell > 2$ でなければならない。このとき $\alpha_2 \in B - B_0$ である。∵）　$\alpha_2 \in B_0$ とすると $\alpha_2 \in B(\alpha_1)$ となり S_1 は黒丸の頂点 α_2 を含むことになり，$S_1 =$ No.1 という仮定に反する。今 $p_1 \neq I$ だから命題 13 により $p \neq I$ である。いま $\alpha_i \in B - B_0$ $(1 \leqq i \leqq r)$，$\alpha_{r+1} \in B_0$ とすれば，$p\alpha_i = \alpha_{\ell-i+1}$ $(1 \leqq i \leqq r)$, $\alpha_{\ell-r} \in B_0$ となり，$S = A_\ell\mathrm{III}_r$ である。

（ロ）のとき　$\ell > 1$ ならば $\alpha_2 \in B - B_0$ である。∵）　$\alpha_2 \in B_0$ なら $\alpha_2 \in B(\alpha_1) \cap B_0 = B_0(\alpha_1) = \emptyset$ となり矛盾，今 $p_1 = I$ だから，A 型のディンキン図形の対称変換の形から $p = I$ である。従って $\forall \alpha_i \in B - B_0$ に対し，S_i は表 4 の No.2 または No.4 である。今 $\alpha_1, \alpha_2 \in B - B_0$ だから，$S_2 =$ No.2 でなければならない。同じ理由で $\forall i$ に対し $S_i =$ No.2 で，$S = A_\ell\mathrm{I}$ となる。

（ハ）のとき　このとき $p \neq I$ だから $p\alpha_1 = \alpha_\ell \in B - B_0$ であり，$\alpha_i \in B_0$ $(2 \leqq i \leqq \ell - 1)$ である。従って α_i $(2 \leqq i \leqq \ell - 1)$ はすべて α_1 に B_0-連結であり，$B(\alpha_1)$ に含まれる。従って $S = S_1 = A_\ell\mathrm{III}_1$ である。

以上で $\mathfrak{D}_s = A$ 型のとき，正規拡大可能な佐武図形は，表 5 の $A_\ell\mathrm{I}$,

A_{2n+1}II, A_ℓIII$_r$ のいずれかであることが証明された。また逆にこの三種の佐武図形は正規拡大可能であることは，定理 6 により保証される。

B_ℓ 型 ($\ell \geqq 2$)

B 型のディンキン図形 $\mathfrak{D}$ の，既約(＝連結)な部分ディンキン図形 $\mathfrak{D}'$ は，

(a)　$\mathfrak{D}$ の二重稜の部分を含めば B 型であり，

(b)　含まれなければ A 型である。

$\bigcup_{i \leqq \ell-\ell_0} B(\alpha_1) = B$ だから，ある $i \in \{1, 2, \cdots, \ell-\ell_0\}$ に対して $\mathfrak{D}_{s_i}$ が B 型となる。表 4 で B 型で正規拡大可能となるものは唯一つ(No.6)である。従って S_i の階数を m とすれば，$S_i = B_m\mathrm{I}_1$ となる。このとき $\mathfrak{D}_{B(\alpha_i)}$ の左端の頂点 $\alpha_{\ell-m+1} \in B - B_0$ である。$\ell = m$ ならば $S = S_i = B_\ell\mathrm{I}_1$ である。$\ell > m$ ならば $\alpha_{\ell-m} \in B - B_0$ である。($\alpha_{\ell-m} \in B_0$ なら $\alpha_{\ell-m} \in B(\alpha_{\ell-m+1})$ となり $S_i = B_m\mathrm{I}_1$ であることに反する)。このとき $S_{\ell-m}$ は A 型で矢印 $\nwarrow\!\!\smile\!\!\nearrow$ がなくかつ端に黒丸がないから，表 4 の No.2 でなければならぬ。$\ell - m > 1$ ならば $\alpha_{\ell-m-1} \in B - B_0$ で，同じ理由で $S_{\ell-m-1} =$ No.2 となる。これを繰返して，このとき $S = B_\ell\mathrm{I}_{\ell-m}$ となる。これは定理 6 により正規拡大可能である。

C_ℓ 型 ($\ell \geqq 3$)

このとき S_i は A 型または C 型である。C 型の時は $A(R) = W(R)$ で $p = I$ だから，$p_i = I$ である(命題 13)。従って次の(94)が成立つ：

(94)　$S_i =$ No.2, No.4, No.9

$\mathfrak{D}_S$ の左端の頂点 α_1 は，

(a)　$\alpha_1 \in B - B_0$

(b)　$\alpha_1 \in B_0$

のどちらかをみたす。

(a)のとき　No.4，No.9 では端点はすべて黒丸だから，$S_1 =$ No.2 である。従って $\alpha_2 \in B - B_0$ で同じ理由で $S_2 =$ No.2 である。これを続けてこの場合には，$S = C_\ell\mathrm{I}$ となる。

(b)のとき　端点 α_1 が黒丸だから，$\alpha_1 \in B_0(\alpha_i)$ となる $\alpha_i \in B - B_0$ がある。そして

(95)　(イ)　$S_i =$ No.9,
　　　(ロ)　$S_i =$ No.4

のどちらかが成立つ。どちらの場合でも $\alpha_1 \in B_0(\alpha_2)$ である。

(イ)の場合には，$\mathfrak{D}_{S_2}$ は端点 α_1 と他の端点 α_ℓ (二重積の端点)を共に含む連結集合だから，$\mathfrak{D}_{S_2}=\mathfrak{D}_S$, $S=S_2=C_\ell \mathrm{II}_1$ である。

(ロ)の場合には，$\alpha_4 \in B-B_0$ である。S_4 について上と同じ議論をすると，$S_4=$ No.9 のとき，$S=C_\ell \mathrm{II}_2$ である。$S_4=$ No.4 のときは S_6 について同じ事を繰返す。r 回の後に No.9 が現われるとき，$S=C_\ell \mathrm{II}_r$ である。最後まで No.9 が現われない場合は $\ell=2r$ で $S=C_{2r}\mathrm{II}_r$ となる。こうして C 型の場合は $C\mathrm{I}$ と $C\mathrm{II}$ の二つのタイプが現われる。どちらも定理 6 により正規拡大可能である。

$D_\ell \ (\ell \geqq 4)$

各 S_i は A 型または D 型である。表 4 で正規拡大可能な D_ℓ 型の佐武図形で矢印 $\nwarrow\!\!\smile\!\!\nearrow$ を持つのは No.10 のみで，このとき矢印は α_ℓ と $\alpha_{\ell-1}$ を結ぶものだけである。いま $\ell \geqq 4$ としている($D_3=A_3$, $D_2=B_2$ だから)から，No.5 では矢印が二つ以上ある。従って S_i として No.5 が現われることはない。従って次の(96)が成立つ：

(96)　$\forall S_i=$ No.1, 2, 4, 10, 12 のいずれか。

(a)　$\alpha_1 \in B-B_0$,

(b)　$\alpha_1 \in B_0$

のどちらかである。

(a)のとき　No.4 は端が黒丸だから，この場合

(イ)　$S_1=$ No.2,

(ロ)　$S_1=$ No.10 または 12,

(ハ)　$S_1=$ No.1

の三つの場合がある。

(a)のとき　$\alpha_2 \in B-B_0$ であり，S_2 についても上と同じ三つの可能性がある。どこかで No.10 または 12 の形の S_i が現われると終りになる(No.10, 12 は D 型の特徴である最後の部分を含んでいる)。そこで場合分けして見ると次の 1,2,3,4 の四つの場合がある。

1. $S_i=$ No.2　$(1 \leqq i \leqq r-1)$,　$S_r=$ No.10

このとき，$S=D_\ell \mathrm{I}_r$,　$\ell-r=2m \geqq 2$ である。

2. $S_i=$ No.2　$(1 \leqq i \leqq r-1)$,　$S_r=$ No.12

このとき，$S=D_\ell \mathrm{I}_r$,　$\ell-r=2m+1 \geqq 3$ である。

3. $S_i=$ No.2　$(1 \leqq i \leqq \ell-2)$,　$S_{\ell-1}=S_\ell=$ No.1

このとき，$S=D_\ell \mathrm{I}_{\ell-1}$,　$\ell-r=1$ である。

4. $S_1 =$ No.2 $(1 \leqq i \leqq \ell)$

このとき，$S = D_\ell \mathrm{I}_\ell$（正規実形）である。

(b)のとき $\alpha_1 \in B_0$ だからある i に対し $\alpha_1 \in B(\alpha_i)$ となる。S_i は(96)の五個の系の内で端点 α_1 が黒丸のものだから，$S_i =$ No.4 で $i = 2$, $\alpha_1 \in B(\alpha_2)$ である。このとき $\alpha_4 \in B - B_0$ で，$S_4 =$ No.4 となることも同様にしてわかる。これを繰返すと，$\mathfrak{D}_s$ は ℓ の偶奇に従って最後の1個または2個の頂点を除き，No.4 $= A_3\mathrm{II}$ 型の図形が並んでいることがわかる。

(α) $\ell = 2n$ のとき

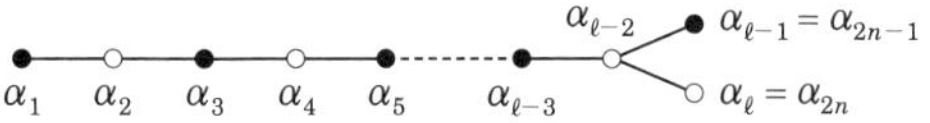

このとき $\alpha_{\ell-3} \in B_0$, $\alpha_{\ell-2} \in B - B_0$ である。もし $\alpha_{\ell-1}, \alpha_\ell \in B - B_0$ なら，

が $S_{\ell-2}$ となる。しかしこれは表4 No.3で正規拡大可能でない図形である。従って $\alpha_{\ell-1}, \alpha_\ell$ の少なくとも一方は黒丸である。$\alpha_{\ell-1}, \alpha_\ell \in B_0$ ならば $S_{\ell-2} =$ 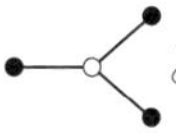 となる。これは表4のNo.11で $\ell = 4$ の場合であり正規拡大可能でない。従って $\alpha_{\ell-1}, \alpha_\ell$ の内一方は白丸，他方は黒丸である。そしてどちらが白丸でも同型の図形になる。従ってこのとき，$S = D_{2n}\mathrm{III}$ である。

(β) $\ell = 2n+1$ のとき

このとき $S_{2i} =$ No.4 $(1 \leqq i \leqq n-1)$ である。このとき

(i) $\alpha_{2n}, \alpha_{2n+1} \in B_0$

(ii) $\alpha_{2n}, \alpha_{2n+1}$ の内の一方のみ $\in B_0$

(iii) $\alpha_{2n}, \alpha_{2n+1} \in B - B_0$

の三つの可能性がある。

(i), (ii)のときは，S_{2n-1} は正規拡大可能でない。

(i) $S_{2n-1} =$  表4 No.13

(ii) $S_{2n-1} =$  表4にない。

従ってこの場合可能なのは(iii)の場合だけである。(iii)のとき

$S =$ 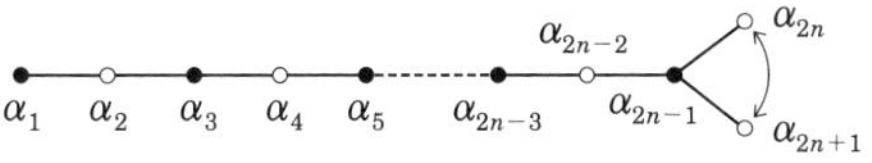

となり，$S = D_{2n+1}\mathrm{III}$ である。

以上の $DI, D\mathrm{III}$ が正規拡大可能であることは定理6からわかる。

E_6

E_6 型ディンキン図形 $\mathfrak{D}$ の部分ディンキン図形 $\mathfrak{D}_1(\neq\mathfrak{D})$ は，

(97)　$\mathfrak{D}_1 = A_\ell$　$(1 \leqq \ell \leqq 5)$　または　D_m　$(4 \leqq m \leqq 5)$

である。$\forall\alpha_i \in B - B_0$ に対し

(98)　$S_i =$ 表4の No.1, 2, 4, 5, 10, 12 のいずれか

である。$\mathfrak{D}$ の端のルート α_1 は，次の(a), (b)のいずれかである。

(a)　$\alpha_1 \in B - B_0$,

(b)　$\alpha_1 \in B_0$

(a)のとき　表4の No.4 は $\alpha_1 \in B_0$ だから，この場合には S となり得ない。このとき S_1 となり得るのは次の四つの場合である：

（イ）　$S_1 =$ No.2

（ロ）　$S_1 =$ No.1

（ハ）　$S_1 =$ No.5

（ニ）　$S_1 =$ No.10 or 12

（イ）のとき　α_1 の隣りの $\alpha_3 \in B - B_0$ でなければならない。No.2 には矢印がないから，S にも矢印がない（命題13）。従って $B(\alpha_1) = \{\alpha_1\}$ である。従って $B^c(\alpha_1) = \{\alpha_2, \alpha_3, \alpha_4, \alpha_5, \alpha_6\}$ で，そのディンキン図形は D_5 型である。今 α_3 が白丸だから，矢印がないことと合わせて，既述の D 型の S の分類と比較すると，$S^c(\alpha_1) = D_5\mathrm{I}_5$ でなければならない。従ってこのとき S は表5の $E\mathrm{I}$（E_6 の正規実形）である。

（ロ）のとき　このとき $p\alpha_1 = \alpha_6$, $p\alpha_3 = \alpha_5$ であるから $\alpha_6 \in B - B_0$, $\alpha_6 \in B(\alpha_1)$ である。

$S_1 =$ No.1 だから α_1, α_6 の隣の $\alpha_3, \alpha_5 \in B - B_0$ である。いま $p \neq I$ だから，S_3 としては次の三つの可能性がある。

(α)　$S_i =$ No.1 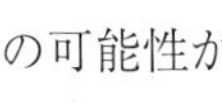

(β)　$S_3 =$ No.5 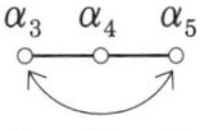

(γ) 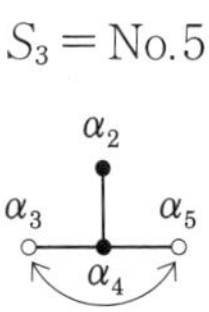

(α)のとき　$\alpha_4 \in B - B_0$ で，$p_4 = I$，$\alpha_3, \alpha_5 \in B - B_0$ だから，$\alpha_2 \in B - B_0$ でな

ければならぬ。($\overset{\alpha_4}{\circ}\!\!-\!\!\!-\!\!\overset{\alpha_2}{\bullet}$ は正規拡大可能でない) 従ってこのとき，$S=E\text{II}$ となる。

(β)のとき　$\alpha_2 \in B-B_0$ となるがこのとき $S_2=$ $\circ\!\!-\!\!\!-\!\!\bullet$ (表 4 の No.3)となり正規拡大可能でない。

(γ)　このとき S_3 は土台が D_4 型であるが，表 4 にない。従ってこの場合は実形に対応しない。従って(ロ)のとき可能なのは $E\text{II}$ だけで，これは定理 6 から正規拡大可能である。

(ハ)のとき　このとき S_1 の制限階数が 1 で No.5 の形から，$\alpha_3, \alpha_5 \in B_0$ でありかつ $\alpha_4 \in B_0$ でもある。そして $\alpha_2 \in B-B_0$ だから $S=E\text{III}$ である。このとき $S_1=$ No.5，$S_2=D_4\text{I}_1$ は正規拡大可能だから，定理 6 により $E\text{III}$ も正規拡大可能である。

(ニ)のとき　このとき $\mathfrak{D}_{S_1}$ は D 型だから $\alpha_2, \alpha_3, \alpha_4, \alpha_5 \in B_0$，$\alpha_6 \in B-B_0$ でなければならない。このとき $S_1=D_5\text{I}_1$ で矢印はない。S_6 も同じ。従ってこのとき，$S=E\text{IV}$ (表 5)である。$S_1=S_6=$ No.12 は正規拡大可能だから，$E\text{IV}$ も正規拡大可能である(定理 6)。

以上で E_6 の非コンパクト実形は，$E\text{I}, E\text{II}, E\text{III}, E\text{IV}$ の四つに限ることが示された。

E_7

E_7 のディンキン図形 $\mathfrak{D}$ の部分ディンキン図形 $\mathfrak{D}_1$ $(\neq \mathfrak{D})$ は，

(99)　$\mathfrak{D}_1=A_n \quad (1 \leqq n \leqq 6)$，$D_n \quad (4 \leqq n \leqq 6)$，$E_6$

のいずれかである。

E_7 に対しては $A(E_7)=W(E_7)$ だから佐武図形に矢印はない。従って各 S_i においても $p_i=I$ である。表 4 の No.10 には矢印があるから，E_7 の S_i としては No.10 は現われない。従ってこのとき

(100)　$S_i=$ 表 4 の No.2, 4, 12 のいずれかである。

今 S_i として No.12 の図形が現われる場合を考えよう。このとき S_i の土台のディンキン図形は D_5 である。D 型ディンキン図形の特徴は，分岐点とそこから出る二本の長さ 1 の稜である。E_7 の分岐点は α_4 のみである。従ってそこから出る二本の長さ 1 の稜の他の端点は，α_2, α_3 であるか α_2, α_5 である。そこで $S_i=$ No.12 となる S_i は，次の(A)，(B)図の枠内の図形しかない：

(A) 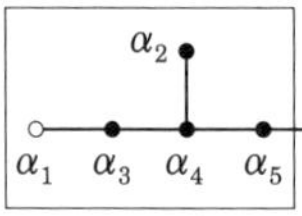

(B) 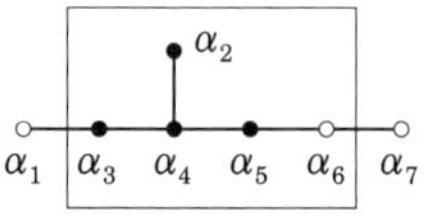

(A), (B)どちらでも α_6 は白丸である。従って次の(101)が成立つ：

(101)　土台が E_7 の佐武図形の S_i として表 4 の No.12 が含まれるとき，$\alpha_6 \in B - B_0$ である。

いまこのとき，α_7 に対し次の二つの場合がある。

(a)　$\alpha_7 \in B_0$,

(b)　$\alpha_7 \in B - B_0$

(a)のとき　このとき $\alpha_7 \in B(\alpha_i)$ となる $\alpha_i \in B - B_0$ がある。このとき S_i は黒丸 α_7 を含むから表 4 の No.2 ではない。従って(100)からこの場合

（イ）　$S_i =$ No.12,

（ロ）　$S_i =$ No.4

の二つの可能性しかない。

（イ）の場合　(101)から $\alpha_6 \in B - B_0$ だから，$\alpha_7 \in B(\alpha_6)$ で $i = 6$ である。上の(B)の場合は $\alpha_7 \in B - B_0$ だから，このとき S_6 は(A)の場合である。

この場合 S_6 は表 4 の No.11 で正規拡大可能でない。

（ロ）の場合　このとき $\alpha_6 \in B - B_0$ で $\alpha_7 \in B(\alpha_6)$ である。表 4 により制限階数が 1 の E_7 型正規拡大可能な佐武図形は存在しない。従って $\alpha_i \neq \alpha_6$ で $\alpha_i \in B - B_0$ となるものが存在する。従ってこのとき $B^C(\alpha_6) = \{\alpha_1, \alpha_2, \alpha_3, \alpha_4, \alpha_5\}$ であり，S_6^C の土台は D_5 である。そこで既に分類のできている D_5 型の正規拡大可能な佐武図形の表(表 5)を用いて S_6^C として可能なものを定めることができる。S_6^C に矢印がないから，表 5 の D_5Ⅲ, $D_5 \mathrm{I}_4$, $D_5 \mathrm{I}_2$ は S_6^C となり得ない。また S_6^C は黒丸の頂点 α_5 を含むから，$D_5 \mathrm{I}_5$ でもない。従って

(102)　$S_6^C = D_5 \mathrm{I}_r$ で，(α) $r = 3$, (β) $r = 1$ の二つのみが可能。

が成立つ。

(α)のとき，$S_6^C =$ 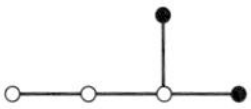 で，$S = E$Ⅵ(表 5)である。

(β)のとき，$S_6^C =$  で，これは表 4 の No.11 で正規拡大可能では

ない。

EVIでは，$S_1 = S_3 =$ No.2，$S_4 = S_6 =$ No.4 であるから正規拡大可能である。

(b)のとき　S_7^C の土台のディンキン図形は E_6 である。そして E_7 に矢印がないから S_7^C にも矢印はない。従って表5の E_6 の部分から

(103)　$S_7^C = E$I　または　EIV　である。

従って白丸1個の S_7 を合わせて，(b)の場合の S は

(104)　$S = E$V または　EVII である。

EV は E_7 の正規実形である。また EVII では，$S_1 = S_6 =$ No.12 (表 9)，$S_7 =$ No.2であるから正規拡大可能である。

以上により E_7 の非コンパクト実形は，EV, EVI, EVII の三種である。

E_8

E_8 には矢印がなく，二重稜，三重稜がない。従って E_7 のときと同様にして，次の(104)が成立つ：

(104)　$S_i =$ 表4の No.2, 4, 12 のいずれかである。

(a)　$\alpha_8 \in B - B_0$,

(b)　$\alpha_8 \in B_0$

の二つの場合に分けて考える。

(a)のとき　S_8 は端点 α_8 が白丸だから No.4 ではない。従って

(イ)　$S_8 =$ No.2

または

(ロ)　$S_8 =$ No.12

のどちらかである。

(イ)のとき，S_8^C は E_7 型で，$\alpha_7 \in B - B_0$ だから，既述の E_7 型の分類(表5)により，$S_8^C \neq E$VI である。従って

(105)　$S_8^C = E$V　または　EVII である。

この二つの場合に応じて，

(106)　$S = E$VIII　または　EIX である。

EVIII は E_8 の正規実形である。また EIX では，$S_1 = S_6 =$ No.12，$S_7 = S_8 =$ No.2 であるから正規拡大可能である。

F_4

F_4 のディンキン図形は，$\mathfrak{D} =$ であるから，$\mathfrak{D}$ の連結な部分ディンキン図形で，階数3のものは，

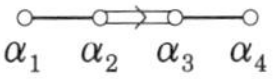

(A)　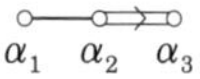

B_3

(B)　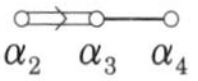

C_3

の二つしかない。(A)は B_3 型，(B)は C_3 型である。

F_4 の佐武図形 S は分岐点を含まず，矢印  を持たない。従って S から作られる制限階数 1 の部分佐武図形 S_i は，表 4 の正規拡大可能な 9 個の図形 No.1, 2, 4, 5, 6, 9, 10, 12, 18 の内の No.1, 5, 10, 12 で有得ない。従って考えるべきものは，

(107)　S_i は表 4 の No.2, 4, 6, 9, 18

だけである。いま

(a)　$\alpha_4 \in B - B_0$,

(b)　$\alpha_4 \in B_0$

の二つの場合に分けて考える。

(a)のとき　No.4 および No.9 では，両端点が共に黒丸だから S_4 になり得ない。従って(107)の 5 個の系の内残る三つ：

(108)
（イ）　$S_4 =$ No.18,
（ロ）　$S_4 =$ No.6,
（ハ）　$S_4 =$ No.2

を考えればよい。

（イ）のときは，$S_4 = S$ であり，S は表 5 の FII $=$ 表 4 の No.18 であり正規拡大可能である。

（ロ）　No.6 は B 型だから $\alpha_2, \alpha_3 \in B_0(\alpha_4)$, $\alpha_1 \in B - B_0$ となる。従って $S_4 = B_3$ となるが上の(A)で示したように，$\mathscr{D}$ の部分図形で B_3 型となるのは(A)のみで α_4 を含まないから，この場合は起り得ない。

（ハ）　$S_4 =$ No.2 だから，このとき $\alpha_3 \in B - B_0$ である。このとき $S_4^C = S - \{\alpha_4\}$ は B_3 型で，短いルート $\alpha_3 \in B - B_0$ だから，表 5 の $B_3\mathrm{I}_r$ の $r = 3$ の場合である。従ってこのとき S の頂点はすべて白丸で，$S = F$I である。これは F_4 の正規実形である。

(b)のとき　$\alpha_4 \in B_0$ だから，$\alpha_4 \in B(\alpha_i)$ となる $i \in \{1, 2, 3\}$ がある。S_i は端点 α_4 が黒丸だから，表 4 の No.2，No.18 ではない。また表 4 の No.4 は階数 3 であって二重稜を含まないから，F_4 の S_i とは成り得ない。また表 4 の No.6 が S_i だとすると，S_i は B 型で α_4 を含むから，rank $S_i \geqq 3$ となる。従って S_i は(A)の形

になるから α_4 を含まず矛盾が生ずる。従って $S_i = \text{No.}6$ となることはない。

$S_i = \text{No.}9$ の場合は C 型だから，$\alpha_2, \alpha_3 \in B(\alpha_i)$ であり，$\alpha_1 \notin B(\alpha_i)$ である。そこで S_i は C_3 型の No.9 だから，$S_i = S_3 =$ 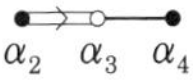

となる。このとき $\alpha_1 \in B_0$ とすると $\alpha_1 \in S_3$, $S_3 = S$ となるが，この S は $S =$  となるが，これは表4に含まれないから起こり得ない。そこで $\alpha_1 \in B - B_0$ となるがこのとき $S_1 =$  すなわち表4の No.3 となり正規拡大可能でない。

以上で F_4 の非コンパクト実形は，表5の $F\mathrm{I}$ と $F\mathrm{II}$ の二つに限ることが証明された。

G_2

非コンパクト実形に対応する佐武図形 S では，$B \neq B_0$ である。従って G_2 の基底 $B = \{\alpha_1, \alpha_2\}$ ($\|\alpha_1\| > \|\alpha_2\|$) に対し，可能なのは

(a)　$\alpha_1, \alpha_2 \in B - B_0$

(b)　$\alpha_1 \in B - B_0$, $\alpha_2 \in B_0$,

(c)　$\alpha_1 \in B_0$, $\alpha_2 \in B - B_0$

の三つの場合のみである。(a)は表5の $G\mathrm{I}$ であり，G_2 の正規実形に対応する。(b), (c)の場合は制限階数1の一般佐武図形であるが，表4に含まれていないので，正規拡大可能ではない。

従って G_2 の非コンパクト実形は，$G\mathrm{I}$ だけである。

後半の証明をしよう。複素単純リー環の実形 L の同型類の集合を $\mathfrak{L}$ とし，L の正規カルタン部分環を C，$(L^{\mathbb{C}}, C^{\mathbb{C}})$ のルート系を R，L に関する複素共役写像が引起す R の対合を σ とし，(R, σ) の同型類の集合を $\mathfrak{R}$ とする。L の同型類 (L) に，(R, σ) の同型類 $((R, \sigma))$ を対応させる写像 f は，定理4により，$\mathfrak{L}$ から $\mathfrak{R}$ への全単写 $\mathfrak{F}$ を引起す。$\mathfrak{R}$ は正規拡大可能な対合ルート系の同型類 $\mathfrak{R}'$ と同一視できる。またコンパクト実形に対する対合ルート系は，$\sigma = -I$ となり，逆も成立つ。従って複素単純リー環の非コンパクト実形の同型類の集合 $\mathfrak{L}_0$ から，$\sigma \neq -I$ となる正規拡大可能な対合ルート系の同型類の集合 $\mathfrak{R}_0$ への全単写 $\mathcal{F}_0 = \mathcal{F} | \mathfrak{L}_0$ が存在する。

次に命題10により，正規拡大可能な対合ルート系 (R, σ) に対し，その佐武図形 S が同型を除いて定まる。そこで写像 $\varphi : ((R, \sigma)) \longmapsto (S)$ は，$\mathfrak{R}_0$ から正規拡大可能な佐武図形の同型類 $\mathcal{S}_0$ への全写である。また一方 (R, σ) と (R', σ') の佐武図形を S, S' とするとき，$S \cong S'$ ならば命題2により $(R, \sigma) \cong (R', \sigma')$ である

から，φは単写である。そこでφは$\mathfrak{R}_0$から$\mathscr{S}_0$への全単写である。従って$\varphi\circ\mathscr{F}_0$は$\mathfrak{L}_0$から$\mathscr{S}_0$への全単写である。

これで定理7は，すべて証明された。 ■

荒木の方法は，実形Lに関する複素共役写像をルート系に対する作用によってとらえたものである。この点でカルタン[5]の共役写像による分類を現代化し可視化したものといえる。

§5　カッツ

V. G. カッツは[22]において，複素単純リー環$\mathfrak{g}$の有限位数の自己同型写像σを定める方法を与えた。このような自己同型写像は，$\mathfrak{g}$のあるコンパクト実形$\mathfrak{u}$を不変にする(Lenrma 2)。従って特にσの位数が2のときを考えれば，$\mathfrak{u}$の位数2の自己同型が定められることになり，ガントマッヘル[17]または村上[29]と同じく，$\mathfrak{g}$の非コンパクト実形が分類される。

この分類を実行するのに，カッツはリー環の次数付けと，被覆リー環という考えを利用した。後者はアフィン型のカッツ-ムーディ・リー環(以下アフィン・リー環という)で，その分類は知られていた。アフィン・リー環は，数学・物理学のいくつかの分野に登場することがわかり，現在盛んに研究されている。このように新しい分野との関連を発見したことはカッツの功績である。カッツは実形のトーラス部分が極大となるカルタン部分環(の複素化)を取ってその上のルートを考えている点で，ガントマッヘル，村上と同じであり，村上の方法と平行した部分を持つ。しかしカッツは，$\mathfrak{g}$のディンキン図形の自己同型から引起される$\mathfrak{g}$の自己同型νの定める$\mathfrak{g}$の被覆リー環$L(\mathfrak{g},\nu)$上で考えることにより，分類を統一的に実行することに成功したのであった。勿論村上の方法をより好む人も有り得る。

カッツ[22]では，結果と考え方が簡潔に記されているだけであるが，カッツ[23]，ヘルガソン[20]に証明付きの説明がある。ここでは[20]に従ってこの方法を紹介しよう。ただし[20]の証明をそのまま写しても意味がないので，[20]の定義と命題を記し，前半の証明は大体省略し，具体的な分類の手順を説明することにした。

A 有限位数自己同型の分類

定義1 $\mathbb{C}$ 上のリー環 $\mathfrak{g}$ に対し，ある加法アーベル群 A の各元 i に対し，A の部分空間 $\mathfrak{g}_i$ が対応して，

(1) $\mathfrak{g}=\bigoplus_{i\in A}\mathfrak{g}_i,\quad [\mathfrak{g}_i,\mathfrak{g}_j]\subset\mathfrak{g}_{i+j}$

をみたすとき，$\mathfrak{g}$ は A を次数群とする**次数付け**(gradation)を持つという。

例1 $\mathfrak{g}=\mathfrak{K}\oplus\mathfrak{p}$ が，$[\mathfrak{K},\mathfrak{K}]\subset\mathfrak{K}$，$[\mathfrak{K},\mathfrak{p}]\subset\mathfrak{p}$，$[\mathfrak{p},\mathfrak{p}]\subset\mathfrak{K}$ をみたすとき，これは位数2の巡回群 $\mathbb{Z}_2$ を次数群とする次数付けを与える。――

$\mathfrak{g}$ が(1)をみたすとき，$\mathfrak{g}_0$ は $\mathfrak{g}$ の部分リー環である。また $X\in\mathfrak{g}_0$，$Y\in\mathfrak{g}_i$ に対し $p_i(X)Y=[X,Y]$ とおくとき，$(p_i,\mathfrak{g}_i)$ は $\mathfrak{g}_0$ の $\mathfrak{g}_i$ 上における表現である。

以下 $\mathfrak{g}$ を有限次元の複素単純リー環とし，σ を $\mathfrak{g}$ の自己同型写像で位数が $m\in\mathbb{N}$ であるとする。σ の固有値は1の m 乗根の全体である。σ は $\mathfrak{g}$ 上の対角型一次変換である。いま ε を1の原始 m 乗根とし，各 $i\in\mathbb{Z}_m=\mathbb{Z}/m\mathbb{Z}$ に対し，

(2) $\mathfrak{g}_i=\{X\in\mathfrak{g}\,|\,\sigma X=\varepsilon^i X\}$

とおくとき，

(3) $\mathfrak{g}=\bigoplus_{i\in\mathbb{Z}_m}\mathfrak{g}_i,\quad [\mathfrak{g}_i,\mathfrak{g}_j]\subset\mathfrak{g}_{i+j}$

となる。これは $\mathfrak{g}$ の $\mathbb{Z}_m$ を次数群とする次数付けである。

いま文字 x のローラン多項式環 $\mathbb{C}[x,x^{-1}]$ と $\mathfrak{g}$ の，$\mathbb{C}$ 上のベクトル空間としてのテンソル積を作る。以下 $x^j\otimes Y=x^jY$ と記す。

(4) $\mathbb{C}[x,x^{-1}]\otimes\mathfrak{g}=\bigoplus_{j\in\mathbb{Z}}x^j\mathfrak{g}$

となる。いまここでこのベクトル空間における括弧積を，$[x^jY,x^kZ]=x^{j+k}[Y,Z]$ によって定義するとき，これは $\mathbb{Z}$ を次数群とする $\mathbb{C}$ 上のリー環となる。いま $\mathfrak{g}$ の位数 m の自己同型 σ に対し，(2)より $\mathfrak{g}_i$ を定義して

(5) $L(\mathfrak{g},\sigma)=\bigoplus_{j\in\mathbb{Z}_m}x^j\mathfrak{g}_{j\bmod m}$

とおく。これは(4)の部分リー環である。

定義2 (5)の $L(\mathfrak{g},\sigma)$ を，$\mathfrak{g}$ の**被覆リー環**という。またリー環の準同型写像

$\varphi : L(\mathfrak{g}, \sigma) \longrightarrow \mathfrak{g}$ が，$\varphi(x^k Y) = Y$ によって定義される。φ を**被覆準同型写像**という。

以下 B を $\mathfrak{g}$ のキリング形式とする：$B(X, Y) = \mathrm{Tr}(\mathrm{ad}\, X\, \mathrm{ad}\, Y)$。

Lemma 1　1)　$B(\mathfrak{g}_i, \mathfrak{g}_j) = 0$ for $i, j \in \mathbb{Z}_m,\ i + j \neq 0$

2)　任意の $X \in \mathfrak{g}_i,\ X \neq 0$ に対し，$Y \in \mathfrak{g}_{-i}$ で $B(X, Y) \neq 0$ となるものが存在する。特に $B|\mathfrak{g}_0 \times \mathfrak{g}_0$ は非退化である。――

Lemma 5.2　$\mathfrak{g}$ の任意の有限位数自己同型写像 σ に対して，σ で不変な，$\mathfrak{g}$ のコンパクト実形 $\mathfrak{u}_1$ が存在する。

証明　$\mathfrak{g}$ のコンパクト実形 $\mathfrak{u}$ を任意に一つとり，

(6)　$G = \mathrm{Aut}\, \mathfrak{g},\quad G_0 = \mathrm{Int}\, \mathfrak{g},\quad U = \mathrm{Aut}\, \mathfrak{u},\quad U_0 = \mathrm{Int}\, \mathfrak{u}$

とおく。G_0, U_0 はそれぞれ G, U の単位元連結成分である。

シュヴァレー[11] VI 章の用語を用いると G は U の，G_0 は U_0 の associated algebraic group である。このとき次の(7)が成立つ。

(7)　$G = U \cdot \exp(i\mathfrak{u}) \approx U \times \mathfrak{u},\quad G_0 = U_0 \cdot \exp(i\mathfrak{u}) \approx U_0 \times \mathfrak{u},\quad U_0 = U \cap G_0$

G_0 は G の正規部分群だから，任意の $g \in G$ に対し次の(8)が成立つ：

(8)　$gG_0 = G_0 g$

また $\exp(i\mathfrak{u}) \approx \mathfrak{u}$ は連結だから，次の(9)が成立つ：

(9)　$\exp(i\mathfrak{u}) \subset G_0$

(7), (8), (9)から次の(10), (11)が成立つ：

(10)　$G_0 U = U G_0 = U_0 \exp(i\mathfrak{u}) G_0 = U_0 G_0 = G_0 U_0$

(11)　$G = U \exp(i\mathfrak{u}) \subset U G_0 \subset G,\quad G = U G_0 = G_0 U$

そこで次の(12)が成立つ：

(12)　$G/U = G_0 U/U \approx G_0/G_0 \cap U = G_0/U_0$

以下(12)により $G/U = G_0/U_0$ と同一視する。

(13)　$M = G_0/U_0$ は，大域的リーマン対称空間で非コンパクト型，従ってその断面曲率は $\leqq 0$ である。

(14)　任意の $g \in G$ は，$G/U = G_0/U_0 = M$ 上に，$\tau_g : xU \longrightarrow gxU$ によって作用する。τ_g は M の等距離変換である。

(15) $\mathfrak{g}$ の位数 m の自己同型写像 σ が与えられたとき，$\{\tau_{\sigma k} \mid 1 \leqq k \leqq m\}$ は，対称リーマン空間 M 上の等距離変換の作る有限群だから M 上に不動点 xU を持つ $(x \in G)$。(cf. 杉浦[43]，定理 C または定理 D')

このとき　$\sigma^k xU = xU\ (1 \leqq k \leqq m)$ だから，$x^{-1}\sigma^k xU = U$

(16) $x^{-1}\sigma^k x \in U,\quad \sigma^k \in xUx^{-1} = \mathrm{Aut}\, x(\mathfrak{u}) \qquad (1 \leqq k \leqq m)$

となる。従って σ は $\mathfrak{g}$ のコンパクト実形 $x(\mathfrak{u}) = \mathfrak{u}_1$ を不変にする。 ∎

以下 $\sigma\mathfrak{u} = \mathfrak{u}$ とする。$\mathfrak{g}$ の $\mathbb{Z}_m$-次数付け(3)から，$\mathfrak{u}$ の $\mathbb{Z}_m$ 次数付け

(17) $\mathfrak{u} = \bigoplus_{i \in \mathbb{Z}_m} \mathfrak{u}_i,\quad \mathfrak{u}_i = \mathfrak{u} \cap \mathfrak{g}_i$

が与えられる。コンパクト実系 $\mathfrak{u}$ の部分リー環だから $\mathfrak{u}_0$ は完約であり，導来イデアル $[\mathfrak{u}_0, \mathfrak{u}_0]$ と中心 $\mathfrak{z}_{\mathfrak{u}_0}$ の直和となる。

(18) $\mathfrak{u}_0 = [\mathfrak{u}_0, \mathfrak{u}_0] \oplus \mathfrak{z}_{\mathfrak{u}_0},\quad \mathfrak{g}_0 = \mathfrak{u}_0^{\mathbb{C}} = [\mathfrak{g}_0, \mathfrak{g}_0] \oplus \mathfrak{z}_{\mathfrak{g}_0}$

いま $[\mathfrak{u}_0, \mathfrak{u}_0]$ の極大可換部分環 $\mathfrak{t}_0'$ をとり，$\mathfrak{t}_0 = \mathfrak{t}_0' + \mathfrak{z}_{\mathfrak{u}_0}$ とすれば，$\mathfrak{t}_0$ は $\mathfrak{u}_0$ の極大可換部分環で $\mathfrak{h} = \mathfrak{t}_0^{\mathbb{C}}$ は $\mathfrak{g}_0$ のカルタン部分環である。

Lemma 3　$\mathfrak{h}$ の $\mathfrak{g}$ における中心化環 $\mathfrak{z}(\mathfrak{h}) = \{X \in \mathfrak{g} \mid [X, \mathfrak{h}] = 0\}$ は，$\mathfrak{g}$ のカルタン部分環である。――

いま $\alpha \in \mathfrak{h}^*$(すなわち α は $\mathfrak{h} \longrightarrow \mathbb{C}$ の一次写像)，$i \in \mathbb{Z}_m$ に対し $\bar{\alpha} = (\alpha, i)$ なる pair を考え，$\mathrm{ad}_{\mathfrak{g}}\,\mathfrak{h}$ の同時固有空間

$$\mathfrak{g}^{\bar{\alpha}} = \{X \in \mathfrak{g}_i \mid [H, X] = \alpha(H)X\ (\forall H \in \mathfrak{h})\}$$

を考える。そして $\mathfrak{g}^{\bar{\alpha}} \neq 0$ のとき，$\bar{\alpha} = (\alpha, i)$ を $\mathfrak{g}$ の $\mathfrak{h}$ に関する**ルート**という。$(\alpha, i) + (\beta, j) = (\alpha + \beta, i + j)$ と定義するとき，$[\mathfrak{g}^{\bar{\alpha}}, \mathfrak{g}^{\bar{\beta}}] \subset \mathfrak{g}^{\bar{\alpha} + \bar{\beta}}$ となる。$(\mathfrak{g}, \mathfrak{h})$ のルート $\neq (0, 0)$ の全体を $\bar{\Delta}$ とし，$\bar{\Delta}^{\circ} = \{(0, i) \in \bar{\Delta} \mid i \in \mathbb{Z}_m\}$ とおく。このとき次の直和分解が成立つ：

(19) $\mathfrak{g} = \mathfrak{h} + \sum_{\bar{\alpha} \in \bar{\Delta}} \mathfrak{g}^{\bar{\alpha}},\quad \mathfrak{h} = \mathfrak{g}^{(0,0)}$

(20) $\mathfrak{z}(\mathfrak{h}) = \sum_{\bar{\alpha} \in \bar{\Delta}^{\circ}} \mathfrak{g}^{\bar{\alpha}}$

(21) $\mathfrak{g} = \mathfrak{z}(\mathfrak{h}) + \sum_{\bar{\alpha} \in \bar{\Delta} - \bar{\Delta}^{\circ}} \mathfrak{g}^{\bar{\alpha}}$

半単純リー環の通常のルート理論と平行に，次の Lemma 4, 5, 6 が成立つ。

Lemma 4 1) 各 $\bar{\alpha} \in \bar{\Delta} - \bar{\Delta}^\circ$ に対し $\dim \mathfrak{g}^{\bar{\alpha}} = 1$

2) $B|\mathfrak{h}\times\mathfrak{h}$ は非退化である。各 $\alpha \in \mathfrak{h}^*$ に対し次の(22)をみたす $H_\alpha \in \mathfrak{h}$ が唯一つ存在する：

(22) $B(H_\alpha, H) = \alpha(H) \qquad (\forall H \in \mathfrak{h})$

$\langle \alpha, \beta \rangle = B(H_\alpha, H_\beta)$ とおく。

3) $\bar{\alpha} \in \bar{\Delta} - \bar{\Delta}^\circ$ ならば，$-\bar{\alpha} \in \bar{\Delta} - \bar{\Delta}^\circ$ であって

$$[\mathfrak{g}^{\bar{\alpha}}, \mathfrak{g}^{-\bar{\alpha}}] = \mathbb{C}H_\alpha, \quad \alpha(H_\alpha) \neq 0$$

である。

Lemma 5 $\bar{\beta} \in \bar{\Delta}$，$\bar{\alpha} \in \bar{\Delta} - \bar{\Delta}^\circ$ のとき，次のことが成立つ。

1) $\{\bar{\beta} + n\bar{\alpha} \in \bar{\Delta} \mid n \in \mathbb{Z}\} = \{\bar{\beta} + n\bar{\alpha} \mid p \leqq n \leqq q\}$ となる整数 p, q が存在する。そしてこのとき次の(23)が成立つ：

(23) $$-2\frac{\beta(H_\alpha)}{\alpha(H_\alpha)} = p + q$$

2) $t\bar{\alpha} \in \bar{\Delta}, t \in \mathbb{R} \Longleftrightarrow t = \pm 1, 0$

3) $\bar{\alpha} + \bar{\beta} \in \bar{\Delta}$ ならば，$X \in \mathfrak{g}^{\bar{\alpha}}$，$Y \in \mathfrak{g}^{\bar{\beta}}$ で $[X, Y] \neq 0$ となるものが存在する。特に次の(24)が成立つ：

(24) $\bar{\alpha} + \bar{\beta} \in \bar{\Delta} - \bar{\Delta}^\circ$ ならば，$[\mathfrak{g}^{\bar{\alpha}}, \mathfrak{g}^{\bar{\beta}}] = \mathfrak{g}^{\bar{\alpha}+\bar{\beta}}$ である。

Lemma 6 $\mathfrak{h}_{\mathbb{R}} = \sum_{\bar{\alpha} \in \bar{\Delta} - \bar{\Delta}^\circ} \mathbb{R}H_\alpha$ とおくとき，次の 1), 2) が成立つ：

1) B は $\mathfrak{h}_{\mathbb{R}} \times \mathfrak{h}_{\mathbb{R}}$ 上で実数値をとり，かつ正値定符号である。

2) $\mathfrak{h} = \mathfrak{h}_{\mathbb{R}} \oplus i\mathfrak{h}_{\mathbb{R}}$ ——

定義 3 $\mathfrak{g}$ の被覆リー環 $L(g, \sigma) = \bigoplus_{j \in \mathbb{Z}} L_j$，$L_j = x^j \mathfrak{g}_{j \bmod m}$ を，$\mathbb{Z}$ を次数群とする次数付きリー環と考える。このとき自然に L_0 は $\mathfrak{g}_0$ と同一視される。以下上述の $(\mathfrak{g}, \mathfrak{h})$ のルート系と平行して，$(L(\mathfrak{g}, \sigma), \mathfrak{h})$ のルート系 $\tilde{\Delta}$ が定義される。$\alpha \in \mathfrak{h}^*$ と j の pair $\tilde{\alpha} = (\alpha, j)$ に対し，同時固有空間

(25) $L^{\tilde{\alpha}} = \{X \in L_j \mid [H, X] = \alpha(H)X \ (\forall H \in \mathfrak{h})\}$

が $\neq 0$ となるとき，$\tilde{\alpha} = (\alpha, j) \neq 0$ を $L(\mathfrak{g}, \sigma)$ の $\mathfrak{h}$ に関する**ルート**といい，その全

体を $\tilde{\Delta}$ と記す。$(\alpha, j)+(\beta, k)=(\alpha+\beta, j+k)$ として和を定義する。また

(26) $\tilde{\Delta}^\circ=\{(0, j)\in\tilde{\Delta} \mid j\in\mathbb{Z}\}$

とおく。このとき，次の(27)，(28)，(29)が成立つ：

(27) $[L^{\tilde{\alpha}}, L^{\tilde{\beta}}]\subset L^{\tilde{\alpha}+\tilde{\beta}}$

(28) $L(\mathfrak{g}, \sigma)=\mathfrak{h}+\sum_{\tilde{\alpha}\in\tilde{\Delta}} L^{\tilde{\alpha}}$ （直和）

(29) $(\alpha, j)\in\tilde{\Delta},\quad j\cong j' \mod m \Longrightarrow (\alpha, j')\in\tilde{\Delta}$

写像

(30) $f: \tilde{\alpha}=(\alpha, j)\longmapsto(\alpha, j \bmod m)=\bar{\alpha}$

は，$L(\mathfrak{g}, \sigma)$ の $\mathfrak{h}$ に関するルート系 $\tilde{\Delta}$ を，$\mathfrak{g}$ の $\mathfrak{h}$ に関するルート系 $\bar{\Delta}$ の上に写す。そしてこのとき

(31) $L^{\tilde{\alpha}}=x^j\mathfrak{g}^{\bar{\alpha}}$

となる。また $f(\tilde{\Delta}^\circ)=\bar{\Delta}^\circ$ となる。この関係により，Lemma 4，Lemma 5 から，次の Lemma 4′，Lemma 5′ が得られる。

Lemma 4′ 1) $\dim L^{\tilde{\alpha}}=1 \qquad (\forall\tilde{\alpha}\in\tilde{\Delta}-\tilde{\Delta}^\circ)$

2) $\tilde{\alpha}\in\tilde{\Delta}-\tilde{\Delta}^\circ\Longrightarrow-\tilde{\alpha}\in\tilde{\Delta}-\tilde{\Delta}^\circ$ で，$[L^{\tilde{\alpha}}, L^{-\tilde{\alpha}}]=\mathbb{C}H_\alpha$ となる。

Lemma 5′ $\tilde{\alpha}\in\tilde{\Delta}-\tilde{\Delta}^\circ,\ \tilde{\beta}\in\tilde{\Delta}$ のとき，次のことが成立つ：

1) $\{\tilde{\beta}+n\tilde{\alpha}\in\tilde{\Delta} \mid n\in\mathbb{Z}\}=\{\tilde{\beta}+n\tilde{\alpha} \mid p\leqq n\leqq q\}$ となる整数 p, q が存在し，次の(32)が成立つ：

(32) $-2\dfrac{\beta(H_\alpha)}{\alpha(H_\alpha)}=p+q$

さらに $0\neq e_{\tilde{\alpha}}\in L^{\tilde{\alpha}}$ に対して，次の(33)が成立つ：

(33) $(\mathrm{ad}\, e_{\tilde{\alpha}})^{q-p}(L^{\tilde{\beta}+p\tilde{\alpha}})\neq 0$

2) $t\tilde{\alpha}\in\tilde{\Delta},\quad t\in\mathbb{R}\Longleftrightarrow t=\pm 1, 0$

3) $\tilde{\beta}, \tilde{\alpha}+\tilde{\beta}\in\tilde{\Delta}$ ならば，$e_{\tilde{\alpha}}\in L^{\tilde{\alpha}}, e_{\tilde{\beta}}\in L^{\tilde{\beta}}$ で，$[e_{\tilde{\alpha}}, e_{\tilde{\beta}}]\neq 0$ となるものが存在する。特に

(34) $[L^{\tilde{\alpha}}, L^{\tilde{\beta}}]=L^{\tilde{\alpha}+\tilde{\beta}}$ （$\tilde{\alpha}+\tilde{\beta}\notin\tilde{\Delta}^\circ$ と仮定する）。——

$L_0=\mathfrak{g}_0=\mathfrak{u}_0^{\mathbb{C}}$ は完約，$[L_0, L_0]$ は半単純である。$\mathfrak{h}$ は $\mathfrak{g}_0=L_0$ のカルタン部分環だから，$\mathfrak{h}_0=\mathfrak{h}\cap[L_0, L_0]$ は $[L_0, L_0]$ のカルタン部分環である。いま Δ_0 を $(L_0, \mathfrak{h}_0)$ のルート系である。Δ_0 の基底を一つとり，それに関する Δ_0 の正のルートの全体を Δ_0^+ とする。各 $\alpha\in\Delta_0$ を L_0 の中心上では 0 と定義すると，$\mathfrak{h}$ 上の一次形式となる。これをまた α と記す。この α とルート $(\alpha, 0)\in\tilde{\Delta}$ を同一視する。

$(\beta, 0)$ の形の $\tilde{\Delta}$ の任意の元は，こうして Δ_0 の元から得られる。

定義 4　(35)　$\tilde{\Delta}^+=\Delta_0^+\cup\{(\alpha, j)\in\tilde{\Delta}\mid j>0\}$

とおき，$\tilde{\Delta}^+$ の元を**正のルート**と呼ぶ。$\tilde{\Delta}=\tilde{\Delta}+\cup(-\tilde{\Delta}^+)$ であり，$\tilde{\Delta}^+$ は閉じている $(\tilde{\alpha}, \tilde{\beta}, \in\tilde{\Delta}^+,\ \tilde{\alpha}+\tilde{\beta}\in\tilde{\Delta}\Longrightarrow\tilde{\alpha}+\tilde{\beta}\in\tilde{\Delta}^+)$。正のルート $\tilde{\alpha}$ が $\tilde{\Delta}^+$ の二つの元の和とならないとき，**単純**であるという。$\tilde{\Pi}=\{(\alpha_0, s_0), (\alpha_1, s_1), \cdots\}$ を，$\tilde{\Delta}$ の単純ルートの全体とし，それに対し，$\Pi=\{\alpha_0, \alpha_1, \cdots\}$ とおく。次の Lemma 7, 4) により，$\alpha_0, \alpha_1, \cdots$ はどの二つも等しくない。いま $\mathfrak{g}$ は有限次元としているから α_i は有限個しかない。従って $\tilde{\Pi}, \Pi$ は有限集合である。その元の個数を N とする。

Lemma 7　1)　$\tilde{\Delta}$ の各元 $\tilde{\alpha}$ は，$\tilde{\alpha}=\pm\sum_i k_i\tilde{\alpha}_i\ (k_i\in\mathbb{N},\ \tilde{\alpha}_i\in\tilde{\Pi})$ と表わされる。

2)　$\tilde{\Pi}\subset\tilde{\Delta}-\tilde{\Delta}_0$

3)　Π は $\mathfrak{h}$ の双対空間 $\mathfrak{h}^*$ の一次従属な集合である。

4)　$i\neq j$ のとき

(36)　$$a_{ij}=2\frac{\langle\alpha_i, \alpha_j\rangle}{\langle\alpha_j, \alpha_j\rangle}\in(-\mathbb{N})$$

である。特に $\alpha_i\neq\alpha_j\ (i\neq j)$ である。

5)　$\tilde{\alpha}\in\tilde{\Delta}^+$ が単純でなければ，ある $\tilde{\alpha}_i\in\tilde{\Pi}$ に対して $\tilde{\alpha}-\tilde{\alpha}_i\in\tilde{\Delta}$ となる。——

$0\leqq i\leqq N-1$ となる各整数 i に対し，

(37)　$h_i=2\langle\alpha_i, \alpha_i\rangle^{-1}H_{\alpha_i}$

とおく。Lemma 4′, 2) によりこのとき，

(38)　$e_i\in L^{\tilde{\alpha}_i},\ f_i\in L^{-\tilde{\alpha}_i}$ で，$[e_i, f_i]=h_i$ となるものがある。

このとき，次の関係(39)が成立つ。

(39)　$[h_i, h_j]=0,\quad [e_i, f_j]=\delta_{ij}h_i,\quad [h_i, e_j]=a_{ji}e_j,\quad [h_i, f_j]=-a_{ji}f_j$

定義 5　(36) の a_{ij} を (i,j) 要素とする N 次行列 $A=(a_{ij})_{0\leqq i, j\leqq N-1}$ をリー環

$L(\mathfrak{g},\sigma)$ の**一般カルタン行列**という。$\tilde{\alpha}_0,\cdots,\tilde{\alpha}_{N-1}$ から生成されるアーベル群を M とする。次の直和分解(40)は，$L(\mathfrak{g},\sigma)$ の M を次数群とする次数付けである。

$$(40)\quad L(\mathfrak{g},\sigma)=\bigoplus_{\tilde{\alpha}\in M}L^{\tilde{\alpha}}$$

ここで $L^0=\mathfrak{h}$ で，$\tilde{\alpha}\notin\tilde{\Delta}$ ならば $L^{\tilde{\alpha}}=0$ である((28)を見よ)。

Lemma 8　1)　(37), (38)で与えられる $3N$ 個の元 $(e_i,f_i,h_i)_{0\leqq i\leqq N-1}$ は $L(\mathfrak{g},\sigma)$ を生成する。

2)　M を次数群とする次数付きリー環 $L(\mathfrak{g},\sigma)$ は，0 以外の M-graded ideal I ($I=\bigoplus_{\tilde{\alpha}\in M}(I\cap L^{\tilde{\alpha}})$ となるイデアル)を持たない。ただし I は $I\cap\sum_{i=0}^{N-1}\mathbb{C}e_i=0$ をみたすものとする。

3)　σ が $\mathfrak{g}$ の分解不能な自己同型である(すなわち $\mathfrak{g}$ は σ 不変なイデアルの直和とならない)とき，Π は既約である(即ち空でない直交する二つの部分集合の合併とならない)。——

系　以下の σ を分解不能な $\mathfrak{g}$ の自己同型とする($\sigma^m=I$ とする)。

定義 4 の Π の元を $\Pi=\{\alpha_0,\alpha_1,\cdots,\alpha_{N-1}\}$ とし，$E=\sum_{i=1}^{N-1}\mathbb{R}\alpha_i$, $\dim E=n$ とおく。内積 $\langle\ ,\ \rangle$ は E 上正値定符号である。Π は次の (Π_1), (Π_2), (Π_3) をみたす。

(Π_1)　$i\neq j$ ならば $a_{ji}=2\langle\alpha_i,\alpha_j\rangle/\langle\alpha_j,\alpha_j\rangle\in(-\mathbb{N})$

(Π_2)　Π は既約(＝直交分解不能)である。

(Π_3)　Π は一次従属で，E を生成する。特に $\det(a_{ij})=0$

(Π_1) は Lem. 5, (Π_2) は Lem. 8, (Π_3) は Lem. 7。$\alpha_0,\cdots,\alpha_N$ を E のある正規直交基底に関して数ベクトルで表わし，それを列ベクトルとする行列を P とする。Π が一次従属だから $\det P=0$ である。一方 ${}^tPP=(\langle\alpha_i,\alpha_j\rangle)_{0\leqq i,j\leqq N-1}$ となるから，$\det A=2^N\prod_{j=0}^{N-1}\langle\alpha_j,\alpha_j\rangle^{-1}(\det P)^2=0$ となる。

Lemma 9　1)　Π の任意の真部分集合 $\neq\emptyset$ は，一次独立である。特に $N=n+1$ である。

2)　集合 $\widetilde{\Pi}$ は $\mathbb{Z}$ 上独立である。すなわち $\sum_{i=0}^{N-1} c_i\tilde{\alpha}_i = 0\ (\forall c_i \in \mathbb{Z})$ ならば，$\forall c_i = 0$ となる。——

Lemma 10　リー環 $L(\mathfrak{g}, \sigma)$ と $L(\mathfrak{g}', \sigma')$ に対し，$\mathfrak{g}_0, \mathfrak{g}_0'$ の極大可換部分環 $\mathfrak{h}, \mathfrak{h}'$ をとり，それに関するルート系 $\widetilde{\Delta}, \widetilde{\Delta}'$ と，単純ルートの全体

(41)　$\widetilde{\Pi} = (\tilde{\alpha}_0, \tilde{\alpha}_1, \cdots, \tilde{\alpha}_n)$,　$\widetilde{\Pi}' = (\tilde{\alpha}_0', \tilde{\alpha}_1', \cdots, \tilde{\alpha}_{n'}')$

が与えられたとする。いま $n = n'$ であるとし，写像 $\tilde{\alpha}_1 \longmapsto \tilde{\alpha}_i'\ (0 \leqq i \leqq n)$ により M から M' への全単写 τ が引起されるものとし，それにより一般カルタン行列 A と A' は一致すると仮定する。

このとき次のことが成立つ：

1)　同型写像

(42)　$\tilde{\varphi} : L(\mathfrak{g}', \sigma') \longrightarrow L(\mathfrak{g}, \sigma)$

であって，それによって M', M による次数付けが対応するようなものが存在する。すなわち $L = L(\mathfrak{g}, \sigma)$, $L' = L(\mathfrak{g}', \sigma')$ とするとき，$\tilde{\varphi}((L')^{\tau(\tilde{\alpha})}) = L^{\tilde{\alpha}}$ となる。$(\forall \tilde{\alpha} \in \widetilde{\Delta})$

2)　いま $\tilde{\varphi} : L' \longrightarrow L$ を 1) をみたす任意の同型写像とする。いま $\mathfrak{g}, \mathfrak{g}'$ は共に単純とするとき，同型写像 $\psi : \mathfrak{g}' \longrightarrow \mathfrak{g}$ と，定数 $c \in \mathbb{C} - \{0\}$ が存在して，次の図式は可換となる：

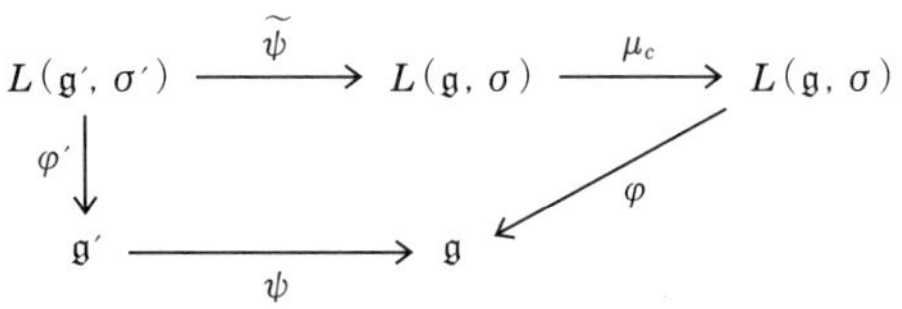

ここで φ, φ' は被覆準同型写像であり，μ_c は $x \longmapsto cx$ なる変換に対応する $L(\mathfrak{g}, \sigma)$ の自己同型写像である。(μ_c はローラン多項式環 $\mathbb{C}[x, x^{-1}]$ の自己同型だから，$\mathbb{C}[x, x^{-1}] \otimes \mathfrak{g}$ の自己同型を引起し，それは $L(\mathfrak{g}, \sigma)$ を不変にする。)——

定義 6　通常の半単純リー環のルート系またはカルタン行列から，そのディンキン図形が定義されるのと同様に，被覆リー環 $L(\mathfrak{g}, \sigma)$ のルート系 $\widetilde{\Delta}$ とその一般カルタン行列 $A = (a_{ij})$ から，ディンキン図形 $S(A)$ が定義される。$\widetilde{\Delta}$ の単純ルートの全体 $\widetilde{\Pi} = \{\tilde{\alpha}_0, \cdots, \tilde{\alpha}_n\}$ の各元 $\tilde{\alpha}_i$ に対し，平面上に小円を描き，**頂点** $\tilde{\alpha}_i$ と $\tilde{\alpha}_j$

の間を$\alpha_{ij}\cdot a_{ji}$本の線分(これを**稜**という)で結ぶ。$|a_{ij}|<|a_{ji}|$のときこの積に不等号＜を，$\overset{\widetilde{\alpha}_j}{\circ}\!\Rightarrow\!\overset{\widetilde{\alpha}_i}{\circ}$のように 短いルート＜長いルート となるように記す。

図形$S(A)$の分類は，ルート系のディンキン図形の分類と同様な方法で実行される。ただし今度はルート系の場合には現われなかったサイクルや4重稜が可能であり，既約ルート系の場合には，分岐点や多重稜は高さ一つだったのに対し，二つまで許されるというような違いがある。この分類は，次のLemma 11で実行される。

Lemma 11　Lemma 8系の三条件(Π_1), (Π_2), (Π_3)をみたすΠに対する図形$S(A)$は表6にあるものでつくされる。頂点α_iに記してある数字a_iは行列Aの第i行ベクトルをc_iとするとき，$\sum_{i=0}^{n} a_i c_i = 0$をみたす。

図形$S(A)$によって一般カルタン行列は一意的に定まる。

証明　ここでは既約ルート系の分類は既知とする(ヘルガソン[20]，松島[27]等を見よ)。図形$S(A)$は，次の条件(a)-(k)をみたす。

(a)　$S(A)$の真部分図形の各連結成分は，既約ルート系のディンキン図形である。((Lemma 9.1)による。任意の$i\in\{0,1,\cdots,n\}$に対し行列Aの第i行と第i列を除いた行列A_iは$\det A_i\neq 0$でカルタン行列である)。

(b)　$S(A)$は連結である。((Π_2)による)。

(c)　$S(A)$の部分図形Sがℓ個の頂点$\{\beta_1,\cdots,\beta_\ell\}$ (β_kはあるα_iに一致する)とその間の稜から成るとき，$b_{ij}=2\langle\beta_i,\beta_j\rangle/\langle\beta_j,\beta_j\rangle$とおくとき，$\sum_{i<j}(b_{ij}b_{ji})^{1/2}\leqq\ell$である。

$\because$)　$\varepsilon_i=\beta_i/\|\beta_i\|$，$\alpha=\sum_{i=1}^{\ell}\varepsilon_i$ とおくと，$\langle\alpha,\alpha\rangle\geqq 0$ から，$\sum_{i<j}(b_{ij}b_{ji})^{1/2}=-2\sum_{i<j}\langle\varepsilon_i,\varepsilon_j\rangle\leqq\ell$となる。

(d)　$S(A)$がサイクルCを含むとき，CはN個の頂点から成り，稜はすべて一重である。そして$S(A)=C$となる。すなわち$S(A)$は表6(次ページ)のTable 1にある$\mathfrak{a}_n^{(1)}$である。((c)による)　従って$S(A)\neq\mathfrak{a}_n^{(1)}$ならば，$S(A)$はサイクルを含まない。

(e)　$S(A)$が三重稜を含むときは，他の稜はすべて一重である。((c)による。$3^{\frac{1}{2}}+2^{\frac{1}{2}}>3$だから三重稜と二重稜を含むと(c)に反する)

表6　table of Diagrams $S(A)$（ヘルガソン[20]より引用）

TABLE 1

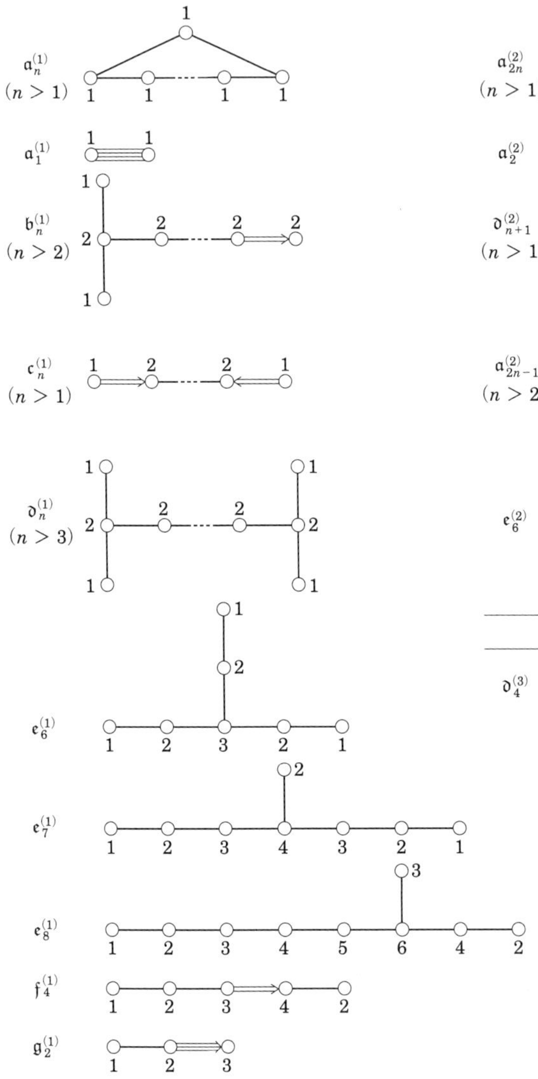

$\mathfrak{a}_n^{(1)}$ $(n>1)$

$\mathfrak{a}_1^{(1)}$

$\mathfrak{b}_n^{(1)}$ $(n>2)$

$\mathfrak{c}_n^{(1)}$ $(n>1)$

$\mathfrak{d}_n^{(1)}$ $(n>3)$

$\mathfrak{e}_6^{(1)}$

$\mathfrak{e}_7^{(1)}$

$\mathfrak{e}_8^{(1)}$

$\mathfrak{f}_4^{(1)}$

$\mathfrak{g}_2^{(1)}$

TABLE 2

$\mathfrak{a}_{2n}^{(2)}$ $(n>1)$

$\mathfrak{a}_2^{(2)}$

$\mathfrak{d}_{n+1}^{(2)}$ $(n>1)$

$\mathfrak{a}_{2n-1}^{(2)}$ $(n>2)$

$\mathfrak{e}_6^{(2)}$

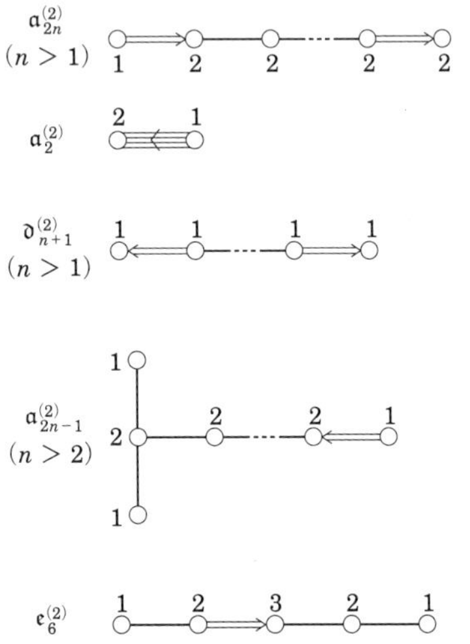

TABLE 3

$\mathfrak{d}_4^{(3)}$

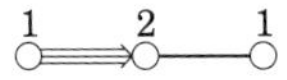

$\mathfrak{a}_n^{(1)}$ 等の記号はアフィン・リー環の記号である.
cf. カッツ[23], pp.48-49.
For $\mathfrak{a}_n^{(1)}$, $\mathfrak{a}_{2n}^{(2)}$, $\mathfrak{a}_{2n-1}^{(2)}$, $\mathfrak{b}_n^{(1)}$, $\mathfrak{c}_n^{(1)}$, $\mathfrak{d}_n^{(1)}$, $\mathfrak{d}_{n+1}^{(2)}$, there are n+1 vertices.

(f)　$S(A)$ は二重稜と高々二つしか含むことができない。(三つ含むとすると，$3\cdot 2^{\frac{1}{2}}>4$ となり，(c)に反する。)

(g)　$S(A)$ はルート系のディンキン図形ではない。((Π_3) により Π は一次従属だから，ルート系の基底になり得ない。)

(h)　$N=2$ のとき，$S(A)$ は表 6 の $\mathfrak{a}_1^{(1)}$ または $\mathfrak{a}_2^{(2)}$ である。($S(A)$ は連結((b))　k 重稜を持つとき $k\leqq 3$ なら $S(A)$ はルート系に対応し((g))に反する。そこで $k=4$ である。$\|\alpha_0\|$ と $\|\alpha_1\|$ が等しいかどうかにより，$S(A)=\mathfrak{a}_1^{(1)}$ または $\mathfrak{a}_2^{(2)}$ となる。)

(k)　$S(A)$ が 4 重稜を持てば $\mathfrak{a}_1^{(1)}$ または $\mathfrak{a}_2^{(1)}$(他の頂点 α_2 があれば $S(A)-\{\alpha_2\}$ が(a)に反する。)

これらの性質(a)-(k)によって $S(A)$ は定まる。即ち次の(A)が成立つ。

(A)　有限個の頂点とその間を結ぶ k 重稜 ($k=1,2,3,4$) と $k\geqq 2$ のとき稜に不等号 $<$ がつけられた図形 S が(a)-(k)をみたせば，S は表 6 にある図形の一つに一致する。

∵)　(i)　(d)により S がサイクルを含むとき，$S=\mathfrak{a}_n^{(1)}$

(ii)　(i)により以下 S はサイクルを含まないとしれよい。

(iii)　S がサイクルを含まないとき，S の端点 ρ が存在し，$S-\{\rho\}$ は連結である。(端点が ρ の稜は $S-\{\rho\}$ では除いてある。)

(iv)　$S-\{\rho\}$ は(a)により，あるルート系 Δ のディンキン図形 $\mathfrak{D}$ である。

(v)　従って S は $\mathfrak{D}$ に一つの頂点 ρ と，それと結ばれる稜を追加したものである。

(vi)　このとき ρ と結ばれる頂点は唯一つである。　∵)　(b)により S は連結だから，ρ は S のある頂点 $\alpha(\neq\rho)$ と結ばれる。ρ と結ばれる S の頂点が二つあると S はサイクルを含むことになり(ii)に反する。

(vii)　$n=1$ のときは，(h)により $S=\mathfrak{a}_1^{(1)}$ または $\mathfrak{a}_2^{(2)}$ である。

(viii)　故に $n\geqq 2$ の場合を考えれば十分。特に 4 重稜はないとしてよい((k))。

(ix)　$S-\{\rho\}$ が B_n 型ディンキン図形 $\mathfrak{q}_n$ であるとき，S として可能なもの(つまり上の(a)-(k)をみたすもの)は表 6 の中の次の 4 つ

(43)　$\mathfrak{a}_{2n}^{(2)}, \mathfrak{d}_{n+1}^{(2)}, \mathfrak{b}_n^{(1)}, \mathfrak{f}_4^{(1)}$,　($n=4$ のとき)

に限る。($n\geqq 2$ とする)

∵)　$\mathfrak{b}_n$ のディンキン図形は 

である。

ρ が α_1 と一重稜で結ばれたとすると $S=\mathfrak{b}_{n+1}$ となり(g)に反する。

ρ が α_1 と二重稜で結ばれているとき，$\|\rho\|>\|\alpha_1\|$ ならば $S=\mathfrak{a}_{2m}^{(2)}\ (2m=n)$，$\|\rho\|<\|\alpha_1\|$ ならば，$S=\mathfrak{d}_{n+1}^{(2)}$ である。α_{n-1} と α_n の間が二重稜なので，ρ が α_1 と三重稜で結ばれることはない((e))。また(viii)から四重稜はない。

ρ が α_2 と一重稜で結ばれていれば S は表 6 の $\mathfrak{b}_n^{(1)}$ である。

ρ が α_2 と k 重稜 $(k\geqq 2)$ で結ばれているとすると，$S-\{\alpha_1\}$ は二つの多重稜を持つが，(a)により $S-\{\alpha_1\}$ はルート系のディンキン図形であるのでこれは矛盾である。

ρ が $\alpha_i\ (3\leqq i\leqq n-1)$ と一重稜で結ばれているとき，$S-\{\alpha_1\}$ は分岐点 α_3 と二重稜を含むからルート系のディンキン図となり得ない。

これは(a)に反する。ρ と α_i が多重稜で結ばれるときも $S-\{\alpha_1\}$ が二つの多重稜を含むことになり(a)に反する。

ρ が α_i と一重稜で結ばれているとする。$n=4$ ならば $S=\mathfrak{f}_4^{(1)}$ である。それ以外のときは(g)または(a)に反する。$n=2,3$ のとき $S=\mathfrak{c}_3,\mathfrak{f}_4$ であり(g)に反する。$n\geqq 5$ のときは $S-\{\alpha_1\}$ は二重稜の両端から稜が出て居り，かつ $S-\{\alpha_1\}\neq\mathfrak{f}_4$ だから(a)に反する。

以上で(ix)は証明された。

$S-\{\rho\}$ が $\mathfrak{b}_n$ 以外の既約ルート系のディンキン図形のときも(ix)と同様にして，S の可能な形を定めることができる。それを次の(x)にまとめる。証明は(ix)と同様だから省略する。

(x)　(1)　$S-\{\rho\}=\mathfrak{a}_n\ (n\geqq 2)$ のとき，$S=\mathfrak{a}_n^{(1)},\mathfrak{d}_4^{(3)},\mathfrak{e}_7^{(1)}\ (n=7),\mathfrak{e}_8^{(1)}\ (n=8),\mathfrak{g}_2^{(1)}$ のいずれかである。

(2)　$S-\{\rho\}=\mathfrak{c}_n\ (n\geqq 2)$ のとき，$S=\mathfrak{c}_n^{(1)},\mathfrak{a}_{2m-1}^{(2)}\ (n=2m-1),\mathfrak{e}_6^{(2)}\ (n=6)$ のいずれかである。

(3)　$S-\{\rho\}=\mathfrak{d}_n\ (n\geqq 4)$ のとき，$S=\mathfrak{d}_n^{(1)},\mathfrak{a}_{2m-1}^{(2)}\ (n=2m-1),\mathfrak{e}_8^{(1)}\ (n=8)$ のいづれかである。

(4)　$S-\{\rho\}=\mathfrak{e}_6,\mathfrak{e}_7,\mathfrak{e}_8$ のとき，それぞれ $S=\mathfrak{e}_6^{(1)},\mathfrak{e}_7^{(1)},\mathfrak{e}_8^{(1)}$ である。

(5)　$S-\{\rho\}=\mathfrak{f}_4$ のとき，$S=\mathfrak{f}_4^{(1)}$ または $\mathfrak{e}_6^{(2)}$ である。

(6)　$S-\{\rho\}=\mathfrak{g}_2$ のとき，$S=\mathfrak{g}_2^{(1)}$ または $\mathfrak{d}_4^{(3)}$ である。

(ix)，(x)の結果をまとめると次のようになる。

(xi)　(a)-(k)をみたす図形は表 6 でつくされる。

(xii)　(Π_1)，(Π_2)，(Π_3) をみたすベクトルの集合 Π の一般カルタン行列 $A=$

(a_{ij}) に対応する図形は表6にあるものでつくされる。

(B) 図形 $S(A)$ により，一般カルタン行列 A は定まる。

∵) $A_{ij}=a_{ij}\cdot a_{ji}$ の可能な値は $0, 1, 2, 3, 4$ の五個である。図形 $S(A)$ における頂点 α_i と α_j の間を結ぶ稜の個数と不等号 $<$ の向きによって a_{ij} および a_{ji} の値が定まることは次の表からわかる。

図形	α_i α_j ○　○	α_i α_j ○—○	α_i α_j ○═>═○	α_i α_j ○≡>≡○	α_i α_j ○≣≣○	α_i α_j ○≣>≣○
a_{ij}	0	-1	-2	-3	-2	-4
a_{ji}	0	-1	-1	-1	-2	-1

(C) 一般カルタン行列 A の行ベクトルを $c_0, c_1, \cdots, c_n$ とすると

(44) $a_0c_0+a_1c_1+\cdots+a_nc_n=0$

となる $(a_0, a_1, \cdots, a_n)\in\mathbb{Z}^{n+1}$ が存在する。このとき $\forall a_i\neq 0\ (0\leqq i\leqq n)$ である。特に $a_0>0$ ととれる。さらに $(a_0, \cdots, a_n)$ の最大公約数 $=1$ とできる。

∵) (Π_3) により $\det A=0$ だから (44) をみたす $0\neq(a_0, \cdots, a_n)\in\mathbb{R}^{n+1}$ が存在する。今 A の成分は有理整数だから，連立一次方程式の理論から，(44) をみたす $0\neq(a_0, \cdots, a_n)\in\mathbb{Q}^{n+1}$ が存在する。分母を払って $(a_0, \cdots, a_n)\in\mathbb{Z}^{n+1}$ となる。$(a_0, \cdots, a_n)$ の最大公約数 d が 1 より大きいときは，d で割ることにより，最大公約数 $=1$ とできる。

次に $\forall a_i\neq 0$ を証明する。どれでも同じだから $a_0\neq 0$ を示す。

今 $a_0=0$ と仮定して矛盾を導く。$a_0=0$ とすると $(c_1, \cdots, c_n)$ の間に自明でない一次関係があることになる。そこで A の第0行を除いた $(n, n+1)$ 型行列を A_0 とすると，$\mathrm{rank}\, A_0\leqq n-2$ となる。そこで

(45) A_0 の $n-1$ 次小行列式はすべて 0 である。

一方 Π の $n-1$ 個の元，例えば $(\alpha_1, \cdots, \alpha_{n-1})$ は一次独立である (Lem. 9, 1))。$\sum_{i=1}^{n-1}\mathbb{R}\alpha_i$ の正規直交基底に関する α_i の成分ベクトルを第 i 列ベクトルとする $n-1$ 次行列を P とすると $\det P\neq 0$ である。

そこで $B={}^tPP=(\langle\alpha_i, \alpha_j\rangle)_{i\leqq i,j\leqq n-1}$ とすると，$\det B=(\det P)^2\neq 0$ である。そこで B の第 j 列に $2\langle\alpha_j, \alpha_j\rangle^{-1}$ を掛けることを $j=1, 2, \cdots, n-1$ に対し行って得られる行列を C とすると，

(46) $\det C = 2^{n-1}\prod_{j=1}^{n-1}\langle \alpha_j, \alpha_j\rangle^{-1}\det B \neq 0$

となる。C は A_0 の $n-1$ 次小行列だから，(45) と (46) は矛盾する。

これで $a_0 \neq 0$ が帰謬法で証明された。$a_0 < 0$ なら $(a_0, \cdots, a_n)$ に -1 をかけて，$a_0 > 0$ をみたす (44) の解が得られる。 ■

(44) をみたす $(a_0, \cdots, a_n) \in \mathbb{Z}^{n+1}$ を求める実例を示そう。

例 2　$S(A) = \mathfrak{g}_2^{(1)}$ (表 6) に対し (a_0, a_1, a_2) を求めよう。$\mathfrak{g}_2^{(1)}$ は G_2 型ルート系の基底 $\{\alpha_1, \alpha_2\}$ に対し，$\delta = 3\alpha_2 + 2\alpha_1$ を最大ルートとして $\alpha_0 = -\delta$ を添加した図形がある。(e_1, e_2, e_3) を正規直交基底とするとき，

$$\alpha_1 = -2e_1 + e_2 + e_3,\quad \alpha_2 = e_1 - e_2,\quad \alpha_0 = e_1 + e_2 - 2e_3$$

である (ブルバキ[3]。ただし表 6 と合わせるため α_1 と α_2 を交換した)。このとき

$$\|\alpha_1\|^2 = 6,\quad \|\alpha_2\|^2 = 2,\quad \|\alpha_0\|^2 = 6$$

$$\langle \alpha_0, \alpha_1\rangle = -3,\quad \langle \alpha_0, \alpha_2\rangle = 0,\quad \langle \alpha_1, \alpha_2\rangle = -3$$

このとき $\mathfrak{g}_2^{(1)}$ の一般カルタン行列 A と図形 $S(A)$ は，

$$A = \begin{pmatrix} 2 & -1 & 0 \\ -1 & 2 & -3 \\ 0 & -1 & 2 \end{pmatrix},$$

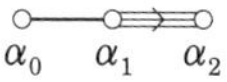

である。A の第 i 行ベクトルを c_i とすると，$1\cdot c_1 + 2\cdot c_2 + 3\cdot c_3 = 0$ であり，$(a_0, a_1, a_2) = (1, 2, 3)$ であることがわかる。——

Lemma 11 により図形 $S(A)$ の分類はできたが，表 6 の各図形が実際ある被覆リー環 $L(\mathfrak{g}, \sigma)$ に対応することを確かめることが必要である。実際には特別な自己同型 (後の定義 9 で述べるディンキン図形の自己同型 $\bar{\nu}$ から引起される $\mathfrak{g}$ の自己同型 ν) による $L(\mathfrak{g}, \nu)$ によって表 6 の $S(A)$ はつくされるのである。ν の定義をするために必要な二つの定義を述べておく。

定義 7　$\mathfrak{g}$ を複素半単純リー環，$\mathfrak{h}$ をその一つのカルタン部分環とし，$n = \dim\mathfrak{h}$，Δ を $(\mathfrak{g}, \mathfrak{h})$ のルート系，$\{\alpha_1, \cdots, \alpha_n\}$ を Δ の基底とする。$\alpha, \beta \in \Delta$ に対し，$\alpha(H) = B(H_\alpha, H)$ となる $H_\alpha \in \mathfrak{h}$ が唯一つ存在する。$\langle \alpha, \beta\rangle = B(H_\alpha, H_\beta)$ とし，

$n(\alpha,\beta)=2\langle\alpha,\beta\rangle/\langle\beta,\beta\rangle, n(i,j)=n(\alpha_i,\alpha_j)$ とおく。$X_i\in\mathfrak{g}^{\alpha_i}, Y_i\in\mathfrak{g}^{-\alpha_i}$ を $[X_i,Y_i]=H_{\alpha_i}=H_i$ となるようにとる。このとき $C=\{X_i,Y_i,H_i\,|\,1\leqq i\leqq n\}$ は $\mathfrak{g}$ を生成する。C を $\mathfrak{g}$ の**標準生成元**という。C は次の関係式をみたす：

(S1)　$[H_i,H_j]=0$

(S2)　$[X_i,Y_i]=H_i,\quad [X_i,Y_j]=0 \qquad (i\neq j)$

(S3)　$[H_i,X_j]=n(j,i)X_j,\quad [H_i,Y_j]=-n(j,i)Y_j$

(S_{ij}^+)　$(\mathrm{ad}\,X_i)^{-n(j,i)+1}X_j=0$

(S_{ij}^-)　$(\mathrm{ad}\,Y_i)^{-n(i,j)+1}Y_j=0$

これらの関係は，$\mathfrak{g}$ を定義する基本関係式である。すなわち $3n$ 個の元 $\{X_i,Y_i,H_i\,|\,1\leqq i\leqq n\}$ から生成される $\mathbb{C}$ 上のリー環 $\mathfrak{g}_0$ が(S1), (S2), (S3), (S_{ij}^+) (S_{ij}^-)をみたせば，$\mathfrak{g}_0$ は $\mathfrak{g}$ と同型になる。

定義 8　ルート系 Δ,Δ' があるとする。Δ,Δ' が張るユークリッド・ベクトル空間を E,E' とする。全単写線型写像 $\phi:E\longrightarrow E'$ が次の(I1), (I2)をみたすとき，ϕ を Δ から Δ' への**同型写像**であるといい，同型写像が存在するとき，Δ と Δ' は**同型**であるといい，$\Delta\cong\Delta'$ と記す。ただし $n(\alpha,\beta)=2\langle\alpha,\beta\rangle/\langle\beta,\beta\rangle$ である。

(I1)　$\phi(\Delta)=\Delta'$

(I2)　$\forall\alpha,\forall\beta\in\Delta$ に対し，$n(\phi(\alpha),\phi(\beta))=n(\alpha,\beta)$

特に Δ から Δ への同型写像を，Δ の**自己同型写像**といい，その全体が作る群を Δ の**自己同型群**といい，$\mathrm{Aut}\,\Delta$ または $A(\Delta)$ と記す。

Δ の基底 Π を一つとるとき，$A(\Pi)=\{\phi\in A(\Delta)\,|\,\phi(\Pi)=\Pi\}$ とする。

$W(\Delta)$ を Δ のワイル群とするとき，$A(\Pi)\cong A(\Delta)/W(\Delta)$ である。$A(\Pi)$ を Δ のディンキン図形 $\mathfrak{D}$ の**自己同型群**という。

定義 9　定義 7, 8 の記号を用いる。$(\mathfrak{g},\mathfrak{h})$ のルート系 Δ の基底 Π に対するディンキン図形の自己同型群 $A(\Pi)$ の元 $\bar{\nu}$ に対し，$\nu\in\mathrm{Aut}\,\mathfrak{g}$ で $\bar{\nu}\alpha_i=\alpha_{\bar{\nu}(i)}$ とするとき，

(47)　$\nu X_i=X_{\bar{\nu}(i)},\quad \nu Y_i=Y_{\bar{\nu}(i)},\quad \nu H_i=H_{\bar{\nu}(i)},\quad 1\leqq i\leqq n$

をみたすものが唯一つ存在する。ν を $\bar{\nu}$ **が引起す** $\mathfrak{g}$ の自己同型写像という。

Lemma 12　$\mathfrak{g}$ を $\mathbb{C}$ 上の単純リー環，ν を $\mathfrak{g}$ のディンキン図形の自己同型 $\bar{\nu}$ が

引起す$\mathfrak{g}$の自己同型とする。いま$\bar{\nu}, \nu$の位数をkとするとき，$k=1,2,3$である。このとき被覆リー環$L(\mathfrak{g},\nu)$の一般カルタン行列をA，その図形を$S(A)$とする。$(\mathfrak{g},\nu)$として可能なもの全部をとるとき，生ずる$S(A)$の全体は，表6 Table kのすべての図形をつくしている。

証明 1) $k=1$のとき

このとき$(\mathfrak{g},\mathfrak{h})$のルート系$\Delta$のある順序に関する単純ルートの全体を$\{\alpha_1,\cdots,\alpha_n\}$とし，最大ルートを$\delta$とする。このとき，$(\alpha_1,0),\cdots,(\alpha_n,0)$は$L(\mathfrak{g},I)$の単純ルートである。また$(-\delta,1)$も$L(\mathfrak{g},I)$の単純ルートである。

$\because$) $(-\delta,1)=(\beta,1)+(\alpha,0)$, $\alpha,\beta\in\Delta$, $\alpha>0$とすると，$\delta+\alpha=-\beta\in\Delta$, $\alpha>0$だからδより大きなルート$\delta+\alpha$が存在することになり矛盾。

Lemma 9により$N=n+1$だから，$L(\mathfrak{g},I)$の単純ルートの全体$\tilde{\Pi}$は

$$\tilde{\Pi}=\{(-\delta,1),(\alpha_1,0),\cdots,(\alpha_n,0)\}$$

である。このとき$\Pi=\{-\delta,\alpha_1,\cdots,\alpha_n\}$に対応する図形$S(A)$を作るとき，表6 Table 1のすべての図形をつくす。頂点α_iに記されている数字a_iは，最大ルートδをα_iの一次結合で表したときの係数として定められる：$\delta=\sum_{i=1}^{n}a_i\alpha_i$（3節の表1参照）。

このときの$S(A)$は次のようにして得られる。$S(A)-\{-\delta\}=\{\alpha_1,\cdots,\alpha_n\}$は$\Delta$の基底だから，その図形は$\Delta$のディンキン図形$\mathfrak{D}$である。後は，$-\delta$が$\mathfrak{D}$のどの頂点$\alpha_i$と何重稜で結ばれるかを知り，多重稜の場合$\|-\delta\|$と$\|\alpha_i\|$の大小を知れば，$S(A)$が描ける。

それには$-\delta$とα_iの内積を求めカルタン整数$a_{\alpha_i,-\delta}$を求めればよい。その結果は，次の表に記す。

$\mathfrak{g}$	$\mathfrak{a}_1$	$\mathfrak{a}_n\ (n\geqq 2)$	$\mathfrak{b}_n$	$\mathfrak{c}_n$	$\mathfrak{d}_n$	$\mathfrak{e}_6$	$\mathfrak{e}_7$	$\mathfrak{e}_8$	$\mathfrak{f}_4$	$\mathfrak{g}_2$
$a_{\alpha_i,-\delta}\,a_{-\delta,\alpha_i}$	4	$\begin{cases}1, & i=1,n\\ 0, & 1<i<n\end{cases}$	δ_{i1}	$2\delta_{i1}$	δ_{i2}	δ_{i2}	δ_{i1}	δ_{i8}	δ_{i1}	δ_{i2}
$S(A)$	$\mathfrak{a}_1^{(1)}$	$\mathfrak{a}_n^{(1)}$	$\mathfrak{b}_n^{(1)}$	$\mathfrak{c}_n^{(1)}$	$\mathfrak{d}_n^{(1)}$	$\mathfrak{e}_6^{(1)}$	$\mathfrak{e}_7^{(1)}$	$\mathfrak{e}_8^{(1)}$	$\mathfrak{f}_4^{(1)}$	$\mathfrak{g}_2^{(1)}$

大小関係は$\mathfrak{a}_1$では$\|-\delta\|=\|\alpha_1\|$，$\mathfrak{c}_n$では$\|-\delta\|>\|\alpha_1\|$である。

2) $k=2,3$のとき

$\mathfrak{g}$のディンキン図形$\mathfrak{D}$が位数2の自己同型を持つのは$\mathfrak{a}_n\ (n\geqq 2)$, $\mathfrak{d}_n$, $\mathfrak{e}_6$の場合だけである。また位数3の自己同型を持つのは$\mathfrak{d}_4$だけである。以下$\bar{\nu}$を$\mathfrak{D}$の位

数 $k>1$ の自己同型とし，ν を(47)で定義される。$\bar{\nu}$ により引越される $\mathfrak{g}$ の自己同型とする。

以下各タイプの単純リー環 $\mathfrak{g}$ に対し，$L(\mathfrak{g},\nu)$ の図形が表 6 Table 2, 3 の図形となることを確かめる。このとき A 型リー環については，階数の偶奇によって二つに分けて扱う必要がある。

1)　$\mathfrak{g}=\mathfrak{a}_{2n}$,　$k=2$,　$\bar{\nu}(i)=2n-i+1$

このとき，次式により $\{\bar{H}_i, \bar{X}_i, \bar{Y}_i \mid i\leqq i\leqq n\}$ を定義する：

$$(48)\quad \begin{aligned}\bar{H}_i&=H_i+H_{2n-i+1}\\ \bar{X}_i&=X_i+X_{2n-i+1}\\ \bar{Y}_i&=Y_i+Y_{2n-i+1}\end{aligned}\qquad (1\leqq i\leqq n-1),\qquad \begin{aligned}\bar{H}_n&=2(H_1+H_{n+1})\\ \bar{X}_n&=X_n+X_{n+1}\\ \bar{Y}_n&=2(Y_n+Y_{n+1})\end{aligned}$$

このとき $\bar{H}_i, \bar{X}_i, \bar{Y}_i$ は ν で不変であるから，$\mathfrak{g}_0=\{X\in\mathfrak{g}\mid \nu X=X\}$ に含まれる。$\{\bar{H}_i, \bar{X}_i, \bar{Y}_i\}$ の間の交換法則は既知であるから，それを用いて $\{\bar{H}_i, \bar{X}_i, \bar{Y}_i\}$ の間の交換法則を求めることができる。それは

$$(49)\quad [\bar{X}_i, \bar{Y}_j]=\delta_{ij}\bar{H}_i,\quad [\bar{H}_i, \bar{X}_j]=a_{ji}\bar{X}_j,\quad [\bar{H}_i, \bar{Y}_j]=-a_{ji}\bar{Y}_j$$

の形である。ここで a_{ji} は整数で，行列 (a_{ji}) は $\mathfrak{b}_n$ のカルタン行列であることが直接計算で a_{ji} を求めることによって確かめられる。

$\mathfrak{g}_0$ の部分リー環 $\mathfrak{h}=\sum_{i=1}^{n}\mathbb{C}H_i$ は，$\mathfrak{g}$ のカルタン部分環 $\tilde{\mathfrak{h}}=\sum_{i=1}^{2n}\mathbb{C}H_i$ の中で，ν で不変な元の全体である。$\mathfrak{h}$ は $\tilde{\mathfrak{h}}$ の正則元を含むから，$\tilde{\mathfrak{h}}=\mathfrak{z}(\mathfrak{h})$ ($\mathfrak{h}$ の $\mathfrak{g}$ における中心化環)となる。特に $\mathfrak{h}$ は $\mathfrak{g}_0$ の極大可換部分環である。そこで $\mathfrak{g}_0$ の中心 $\mathfrak{u}_0$ は $\mathfrak{h}$ に含まれる。そして $\sum_{i=1}^{n}\mathbb{C}_i\bar{H}_i$ がすべての $\bar{X}_j$ と可換ならば，$\sum_{i=1}^{n}c_ia_{ji}=0$ $(1\leqq i\leqq n)$ となる。行列 $(a_{ji})_{1\leqq i,j\leqq n}$ は正則だから，これより $c_i=0$ $(1\leqq i\leqq n)$ を得る。これは $\mathfrak{u}_0=0$ を意味する。従って完約リー環 $\mathfrak{g}_0$ は半単純である。$\mathrm{ad}_{\mathfrak{g}_0}\mathfrak{h}$ は半単純一次変換のみから成るので，$\mathfrak{h}$ は $\mathfrak{g}_0$ のカルタン部分環である。そして $\mathbb{C}\bar{X}_j$ は $(\mathfrak{g}_0, \mathfrak{h})$ のルート空間であり，対応するルートを $\bar{\alpha}_j$ とすると，(49)第二式から $\bar{\alpha}_j(\bar{H}_i)=a_{ji}$ となる。$\det(a_{ji})\neq 0$ だから，$\{\bar{\alpha}_1,\cdots,\bar{\alpha}_n\}$ は一次独立である。そこで $\{\bar{\alpha}_1,\cdots,\bar{\alpha}_n\}$ を基底として $\sum_{i=1}^{n}\mathbb{R}\bar{H}_i$ の双対空間 $\mathfrak{h}_{\mathbb{R}}^*$ 上に字引式順序を入れるとき，$\mathfrak{n}^+, \mathfrak{n}^-$ をそれぞれ $\Delta(\mathfrak{g},\mathfrak{z}(\mathfrak{h}))$ の正，負のルートに対するルート空間から張られる部分空間とすると，これらは部分リー環でもある。

そして直和分解

$$(50)\quad \mathfrak{g}=\mathfrak{n}^-\oplus\mathfrak{z}(\mathfrak{h})\oplus\mathfrak{n}^+$$

が成立つ。このとき $\mathfrak{n}^+$ は X_i $(1\leqq i\leqq n)$ と，X_i 達の任意の $r\in\mathbb{N}$ $(r>1)$ に対する r 階交換子 $[X_{i_1},\cdots,X_{i_r}]$ によって張られる。$\bar{\nu}\Delta^+=\Delta^+$ だから，ν は n^+, n^-

をそれぞれ不変にする。そこで ν の不変空間

(51) $\mathfrak{g}_0=(\mathfrak{n}^-\cap\mathfrak{g}_0)\oplus\mathfrak{h}\oplus(\mathfrak{n}^+\cap\mathfrak{g}_0)$

が成立つ。そして $\mathfrak{n}^+\cap\mathfrak{g}_0$ は，$\bar{X}_i$ 達と任意の

(52) $\bar{X}_{(i)}=[X_{i_1},\cdots,X_{i_r}]+\nu[X_{i_1},\cdots,X_{i_r}] \qquad (r>1)$

から張られる。いま $\{\alpha_1,\cdots,\alpha_{2n}\}$ を $\Delta(\mathfrak{g},\mathfrak{z}(\mathfrak{h}))$ の単純ルート系とするとき，元 $\bar{X}_{(i)}$ はルート $\alpha_{i_1}+\cdots+\alpha_{i_r}$ に対する $\mathrm{ad}\,\mathfrak{h}$ の同時固有ベクトルである。$\alpha_j|\mathfrak{h}=\bar{\alpha}_i$（ただし $i=j$ または $\bar{\nu}(j)$）であるから，$\bar{X}_{(i)}\in\mathfrak{g}_0^\beta$ ただし β は $\bar{\alpha}_1,\cdots,\bar{\alpha}_n$ からとった r 個のルートの和である。そこで $\{\bar{\alpha}_1,\cdots,\bar{\alpha}_n\}$ はルート系 $\Delta(\mathfrak{g}_0,\mathfrak{h})$ の単純ルートであり，しかも $\dim\mathfrak{h}=n$ だから，これ以外に単純ルートはない。$\bar{\alpha}_j(\bar{H}_i)=a_{ji}$ だからルート系のカルタン行列は (a_{ji}) であるから，$\Delta(\mathfrak{g}_0,\mathfrak{h})$ は $\mathfrak{b}_n$ 型ルート系である。

最後に $L(\mathfrak{g},\nu)$ に対する $S(A)$ を定めよう。Lemma 9,1) により $S(A)$ のある頂点 ρ_0 をとるとき，$S(A)-\{\rho_0\}$ は $\mathfrak{g}_0$ のディンキン図形となる。(α が $(\mathfrak{g}_0,\mathfrak{h})$ の単純ルートならば，$(\alpha,0)$ は $L(\mathfrak{g},\nu)$ の単純ルートとなる。) そこで今の場合 $(\bar{\alpha}_1,0),\cdots,(\bar{\alpha}_n,0)$ は，$L(\mathfrak{g},\nu)$ の $\mathfrak{h}$ に関する単純ルートである。いま $\Delta(\mathfrak{g},\mathfrak{z}(\mathfrak{h}))$ の最大ルートを δ とする。$\mathfrak{g}$ は $\mathfrak{a}_{2n}$ 型だから，その単純ルート，$\alpha_1=e_1-e_2$，…，$\alpha_{2n}=e_{2n}-e_{2n+1}$ に対し，この順序にとった和 $\alpha_i+\alpha_{i+1}+\alpha_{i+2}+\cdots+\alpha_j$ はまたルートであり，従って最大ルートは，$\delta=\alpha_1+\alpha_2+\cdots+\alpha_{2n}$ である。そこで

$$Y=\{(\mathrm{ad}\,Y_n)(\mathrm{ad}\,Y_{n-1})\cdots(\mathrm{ad}\,Y_2)Y_1,(\mathrm{ad}\,Y_{n+1})(\mathrm{ad}\,Y_{n+2})\cdots(\mathrm{ad}\,Y_{2n-1})Y_{2n}\}$$

は，$\mathfrak{g}^{-\delta}$ の 0 でない元である。また上の Y を $Y=[Z,W]$ とかくとき，$\nu\in\mathrm{Aut}\,\mathfrak{g}$ に対し $\nu((\mathrm{ad}\,X)Y)=\nu((X,Y))=[\nu X,\nu Y]=(\mathrm{ad}\,(\nu X))(\nu Y)$ である。一方 $\nu(n+1)=n$，$\bar{\nu}(n+2)=n+1$，…，$\bar{\nu}(1)=2n$；$\bar{\nu}(n+1)=n$，…，$\bar{\nu}(2n)=1$ 故 $\nu Z=W$，$\nu W=Z$ だから $\nu Y=[\nu Z,\nu W]=[W,Z]=-Y$ で $Y\in\mathfrak{g}_1$ となる。そこで $0\neq x\mathfrak{g}^{-\delta}\cap\mathfrak{g}_1\subset L(\mathfrak{g},\nu)^{(-\delta^*,1)}$ となる。一方 Lemma 4′ により $\dim L(\mathfrak{g},\nu)^{(-\delta^*,1)}=1$ だから

(53) $x\mathfrak{g}^{-\delta}\cap\mathfrak{g}_1=L(\mathfrak{g},\nu)^{(-\delta^*,1)}$

となる。元 $\bar{Y}_i\ (1\leqq i\leqq n)$ はすべて (53) の左辺と可換である（$-\delta$ が $\mathfrak{g}$ の最小ルートだから）。また $\bar{\alpha}_i\ (1\leqq i\leqq n)$ は $\Delta(\mathfrak{g}_0,\mathfrak{h})$ の単純ルートの全体だから，$\bar{Y}_i\ (1\leqq i\leqq n)$ は $\mathfrak{g}_0\cap\mathfrak{n}^-$ を生成する。Lemma 5′, 3) により $(-\delta^*,1)-(\gamma,0)\notin\tilde{\Delta}^+$ がすべての $(\gamma,0)\in\Delta_0^+$ に対し成立つ。従って $(-\delta^*,1)$ は $L(\mathfrak{g},\nu)$ の $\mathfrak{h}$ に関する単純ルートである。∴) $\Pi=\{-\delta^*,\bar{\alpha}_1,\cdots,\bar{\alpha}_n\}$ である。

$\mathfrak{b}_n$ 型ルート型である $\Delta(\mathfrak{g}_0,\mathfrak{h})$ の最大ルート $\bar{\delta}$ は，$\bar{\delta}=\bar{\alpha}_1+2(\bar{\alpha}_2+\cdots+\bar{\alpha}_n)$ である。$\alpha_j|\mathfrak{h}=\bar{\alpha}_j$ または $\bar{\alpha}_{\bar{\nu}(j)}$ だから，$\delta^*=\delta|\mathfrak{h}=(\alpha_1+\cdots+\alpha_{2n})|\mathfrak{h}=2(\bar{\alpha}_1+\bar{\alpha}_n)=$

$\bar{\alpha}_1+\bar{\delta}$ である。ある正規直交系 (e_n) に関し，$\bar{\alpha}_1=e_1-e_2$，$\bar{\delta}=e_1+e_2$ だから，$\langle\bar{\alpha}_1,\bar{\delta}\rangle=0$ である。従って

(54)　$\langle\bar{\alpha}_1,-\delta^*\rangle=\langle\bar{\alpha}_1,-\bar{\alpha}_1-\bar{\delta}\rangle=-\langle\bar{\alpha}_1,\bar{\alpha}_1\rangle<0$

となる。従って $S(A)$ は $S(A)-\{-\delta^*\}=\mathfrak{b}_n$ に，$-\delta^*$ を添加して得られる。$\delta^*=\bar{\alpha}_1+\bar{\delta}=(e_1-e_2)+(e_1+e_2)=2e_1$ だから $\|\delta^*\|^2=4>2=\|\bar{\alpha}_1\|^2$ だから 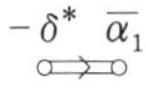 であるから，$S(A)$ は表6 Table 2 の $\mathfrak{a}_{2n}^{(2)}$ となる。

他の単純リー環 $\mathfrak{a}_{2n-1},\mathfrak{d}_n\ (n\geqq 6),\mathfrak{e}_6$ に対しても，同様の方法で，ディンキン図形の自己同型 $\bar{\nu}$ から引起される $\mathfrak{g}$ の自己同型(位数 $k=2,3$) ν に対し，$L(\mathfrak{g},\nu)$ の図形 $S(A)$ と，ν の不変部分リー環 $\mathfrak{g}_0$ を定めることができる。その結果は，表7(次ページ)の中の Table I に記してある。 ■

注意1　$\mathfrak{g},\mathfrak{g}'$ が共に $\mathbb{C}$ 上の単純リー環で，σ,σ' がそれぞれ $\mathfrak{g},\mathfrak{g}'$ の有限位数の自己同型とする。このとき $L(\mathfrak{g},\sigma)$ と $L(\mathfrak{g}',\sigma')$ の図形が共に $S(A)$ で一致すれば $\mathfrak{g}\cong\mathfrak{g}'$ である(Lemma 10 による)。——

注意2　$k=2,3$ のときの $L(\mathfrak{g},\nu)$ の図形として現われるものは表6の Table 2, 3 の中の図形だけで Table 1 の図形は現われない。それは $\mathfrak{g}=A_n\ (n\geqq 2)$，$\mathfrak{d}_n\ (n\geqq 3),\mathfrak{e}_6$ のときの $L(\mathfrak{g},I)$ の図形として Table 1 に現われるものは一重稜のみの図形である。一方表7 Table I にあるように，$k=2,3$ の自己同型 ν の不変元の作る部分環 $\mathfrak{g}_0$ は，表7 Table I にあるように，$\mathfrak{b}_n,\mathfrak{c}_n,\mathfrak{f}_4,\mathfrak{g}_2$ ですべて二重稜または三重稜を含む。従って $\mathfrak{g}_0$ のディンキン図形を部分図形として含む $L(\mathfrak{g},\nu)$ の図形 $S(A)$ は二重稜または三重稜を含まなければならない。——

定義10　前と同じく $\mathfrak{g}$ を複素単純リー環，ν を $\mathfrak{g}$ のディンキン図形 $\mathfrak{D}$ の自己同型 $\bar{\nu}$ から引越される $\mathfrak{g}$ の自己同型(Lemma 12 の証明で $\mathfrak{g}=\mathfrak{a}_{2n}$ に対し与えたもの及び同様のもの，ヘルガソン[20]p.507 参照)とする。ν の位数を k とする。$k=1,2,3$ である。$\mathfrak{g}=\bigoplus_{i\in\mathbb{Z}_m}\mathfrak{g}_i$ で $\sigma\mathfrak{g}_i=\mathfrak{g}_{i+1}$ だから $\dim\mathfrak{g}_1=\dfrac{1}{k}\dim\mathfrak{g}>0$。表7 Table I からわかるように $\mathfrak{g}_0$ は単純リー環である。$\beta\in\Delta(\mathfrak{g}_0,\mathfrak{h})$ が単純ルートならば，$\tilde{\beta}=(\beta,0)$ も $L(\mathfrak{g},\nu)$ の $\mathfrak{h}$ に関する単純ルートである。今 $(\alpha_0,1)$ の形の $L(\mathfrak{g},\nu)$ のルートの内で最小のものを $\tilde{\alpha}_0$ とする。$(\alpha_0,1)=(\beta,1)+(\gamma,0)$，$(\beta,1),(\gamma,0)\in\tilde{\Delta}^+$ のような分解は存在しないから，$\tilde{\alpha}_0$ は $L(\mathfrak{g},\nu)$ の単純ルートである。Lemma 9 に

表 7 複素単純リー環の位数 2 の自己同型の固定部分環(ヘルガソン[20]より引用)

TABLE I The Order k of υ and the algebra $\mathfrak{g}_0$

$\mathfrak{g}$	$\mathfrak{a}_{2n}$	$\mathfrak{a}_{2n-1}$	$\mathfrak{d}_{n+1}$	$\mathfrak{c}_6$	$\mathfrak{d}_4$
k	2	2	2	2	4
$\mathfrak{g}_0$	$\mathfrak{b}_n$	$\mathfrak{c}_n$	$\mathfrak{b}_n$	$\mathfrak{f}_4$	$\mathfrak{g}_2$
$S(A)$	$\mathfrak{a}_{2n}^{(1)}$	$\mathfrak{a}_{2n-1}^{(2)}$	$\mathfrak{d}_{n+1}^{(2)}$	$\mathfrak{e}_6^{(2)}$	$\mathfrak{d}_4^{(3)}$

TABLE II ($\mathfrak{g}_0$ Semisinple)

$k=1$			$k=2$		
$\mathfrak{g}$	$\mathfrak{g}_0$	実形	$\mathfrak{g}$	$\mathfrak{g}_0$	実形
$\mathfrak{b}_2$ $(n>2)$	$\mathfrak{d}_p \oplus \mathfrak{b}_{n-p}$ $(2 \leqslant p \leqslant n)$	*B*I	$\mathfrak{a}_{2n}$ $(n \geqslant 1)$	$\mathfrak{b}_n$	*A*I
$\mathfrak{c}_n$ $(n>1)$	$\mathfrak{c}_p \oplus \mathfrak{c}_{n-p}$ $\left(1 \leqslant p \leqslant \left[\frac{1}{2}n\right]\right)$	*C*II	$\mathfrak{a}_{2n-1}$ $(n>2)$	$\mathfrak{d}_n$	*A*I
			$\mathfrak{a}_{2n-1}$ $(n>2)$	$\mathfrak{c}_n$	*A*II
$\mathfrak{d}_n$ $(n>3)$	$\mathfrak{d}_p \oplus \mathfrak{d}_{n-p}$ $\left(2 \leqslant p \leqslant \left[\frac{1}{2}n\right]\right)$	*D*I	$\mathfrak{d}_{n+1}$ $(n>1)$	$\mathfrak{b}_p \oplus \mathfrak{b}_{n-p}$ $\left(0 \leqslant p \leqslant \left[\frac{1}{2}n\right]\right)$	*D*I
$\mathfrak{g}_2$	$\mathfrak{a}_1 \oplus \mathfrak{a}_1$	*G*I	$\mathfrak{e}_6$	$\mathfrak{c}_4$	*E*I
$\mathfrak{f}_4$	$\mathfrak{b}_4$	*F*II	$\mathfrak{e}_6$	$\mathfrak{f}_4$	*E*IV
$\mathfrak{f}_4$	$\mathfrak{a}_1 \oplus \mathfrak{c}_3$	*F*I			
$\mathfrak{e}_6$	$\mathfrak{a}_1 \oplus \mathfrak{a}_5$	*E*III			
$\mathfrak{e}_7$	$\mathfrak{a}_7$	*E*V			
$\mathfrak{e}_7$	$\mathfrak{a}_1 \oplus \mathfrak{d}_6$	*E*VI			
$\mathfrak{e}_8$	$\mathfrak{a}_1 \oplus \mathfrak{e}_7$	*E*IX			
$\mathfrak{e}_8$	$\mathfrak{d}_8$	*E*VIII			

TABLE III ($\dim(\mathrm{center}(\mathfrak{g}_0))=1$)

$\mathfrak{g}$	$[\mathfrak{g}_0, \mathfrak{g}_0]$	実形	$\mathfrak{g}$	$[\mathfrak{g}_0, \mathfrak{g}_0]$	実形
$\mathfrak{a}_n$ $(n \geqslant 1)$	$\mathfrak{a}_p \oplus \mathfrak{a}_{n-p-1}$ $\left(0 \leqslant p \leqslant \left[\frac{1}{2}(n-1)\right]\right)$	*A*III	$\mathfrak{d}_n$ $(n>3)$	$\mathfrak{d}_{n-1}$	*D*I
$\mathfrak{b}_n$ $(n>2)$	$\mathfrak{b}_{n-1}$	*B*I	$\mathfrak{d}_n$ $(n>4)$	$\mathfrak{a}_{n-1}$	*D*III
$\mathfrak{c}_n$ $(n>1)$	$\mathfrak{a}_{n-1}$	*C*I	$\mathfrak{e}_6$	$\mathfrak{d}_5$	*E*III
			$\mathfrak{e}_7$	$\mathfrak{c}_6$	*E*VII

より，$N=n+1$ だから，$L(\mathfrak{g},\nu)$ の単純ルートの全体は

(55)　$\tilde{\alpha}_0, \tilde{\alpha}_1, \cdots, \tilde{\alpha}_n$；　　ただし　$\tilde{\alpha}_0=(\alpha_0, 1)$，　$\tilde{\alpha}_i=(\alpha_i, 0)$　　$(1 \leqq i \leqq n)$

でつくされる。

いま $n+1$ 個の非負整数の列 $(s_0, s_1, \cdots s_n) \neq 0$ が与えられたとき，$L(\mathfrak{g},\nu)$ の新しい次数付け（次数群 $=\mathbb{Z}$）を，次のように定義する。いま $\tilde{\alpha}=\sum_{i=0}^{n} k_i\tilde{\alpha}_i$ に対し $\deg\tilde{\alpha}=\sum_{i=0}^{n} k_i s_i$ とする。そして

(56)　$L(\mathfrak{g},\nu)=\bigoplus_{j \in \mathbb{Z}} L(\mathfrak{g},\nu)_j$

ただし

(57)　$L(\mathfrak{g},\nu)_j=\sum_{\deg\tilde{\alpha}=j} L(\mathfrak{g},\nu)^{\tilde{\alpha}}$

とする。この次数づけを，**型 $(s_0, \cdots s_n)$ の次数づけ**という。

定理 13　$\mathfrak{g}$ を複素単純リー環，σ を $\mathfrak{g}$ の有限位数の自己型写像とする。このとき Lemma 11, 12 により，$\mathfrak{g}$ のディンキン図形の自己同型から引起される $\mathfrak{g}$ の自己同型 ν であって，$L(\mathfrak{g},\sigma)$ と $L(\mathfrak{g},\nu)$ の図形 $S(A)$ が一致するものが存在する。いま $L(\mathfrak{g},\nu)$ の $\mathfrak{h}$ に関する単純ルートの全体が $\{\tilde{\beta}_0, \tilde{\beta}_1, \cdots, \tilde{\beta}_n\}$ であり，$\tilde{\beta}_i=(\beta_i, s_i)$ とする。

一方 $L(\mathfrak{g},\sigma)$ の $\mathfrak{h}$ に関する単純ルートは $\{\tilde{\alpha}_0, \tilde{\alpha}_1, \cdots, \tilde{\alpha}_n\}$ で，$\tilde{\alpha}_0=(\alpha_0, 1)$, $\tilde{\alpha}_i=(\alpha_i, 0)$ $(1 \leqq i \leqq n)$ であるとする。このとき $L(\mathfrak{g},\nu)$ と $L(\mathfrak{g},\sigma)$ は，$\mathbb{Z}$ を次数群とする型 $(s_0, \cdots s_n)$ の次数付きリー環として同型である。

証明　$L(\mathfrak{g},\sigma)$ と $L(\mathfrak{g},\nu)$ の図形 $S(A)$ は一致し，$S(A)$ は一般カルタン行列 A を定める（Lemma 11）。従って単純ルートの順番を適当にとれば，全単写 $\tilde{\beta}_i \longmapsto \tilde{\alpha}_i$ $(0 \leqq i \leqq n)$ により $L(\mathfrak{g},\nu)$ と $L(\mathfrak{g},\sigma)$ の一般カルタン行列が一致することになる。このとき，ルート $\tilde{\beta}=\sum_{i=0}^{n} k_i\tilde{\beta}_i$ にルート $\tilde{\alpha}=\sum_{i=0}^{n} k_i\tilde{\alpha}_i$ が対応し，Lemma 10, 1）により，同型写像 $\tilde{\varphi}: L(\mathfrak{g},\sigma) \longrightarrow L(\mathfrak{g},\nu)$ が，$L(\mathfrak{g},\sigma)^{\tilde{\beta}}$ を $L(\mathfrak{g},\nu)^{\tilde{\alpha}}$ の上に写す。

従ってこのとき二つの次数付きリー環の型 $(s_0, \cdots, s_n)$ の次数付けは，$\tilde{\varphi}$ によって対応する。　■

Lemma 14　$\mathfrak{g}, \nu, k$ を Lemma 12 と同じとする。表 6 の Table k において単純

ルート $\tilde{\alpha}_0, \cdots, \tilde{\alpha}_n$ の上に記された数字を $a_0, \cdots, a_n$ とする。$L(\mathfrak{g}, \nu)$ に型 $(s_0, \cdots, s_n)$ の次数付けを与えたとき，$m = k\sum_{i=0}^{n} a_i s_i$ とおくとき，

(58)　$x^k L_j = L_{j+m}$

が成立つ。

証明　$\tilde{\alpha}_0 = (\alpha_0, 1)$, $\tilde{\alpha}_i = (\alpha_i, 0)$ $(1 \leqq i \leqq n)$ である。また表 6 各 $S(A)$ に対応し，数字の列 $(a_0, a_1, \cdots, a_n)$ は，$\sum_{i=0}^{n} a_i \alpha_i = 0$ をみたす。また表 6 のすべての $S(A)$ に対し $a_0 = 1$ であるから次の(59)が成立つ：

(59)　$(0, k) = k\sum_{i=0}^{n} a_i \tilde{\alpha}_i$,　従って $\deg(0, k) = k\sum_{i=0}^{n} a_i s_i = m$

一方 $L^{\tilde{\alpha}} \subset L_j$ となる任意のルート $\tilde{\alpha} = (\alpha, j)$ に対して，$L^{\tilde{\alpha}} = \{x^j X \mid X \in \mathfrak{g}_{j \bmod k}, [H, X] = \alpha(H)X\ (\forall H \in \mathfrak{h})\}$ であり，$x^k L^{\tilde{\alpha}} \subset L^{\tilde{\alpha}+(0,k)}$ で $\deg(\tilde{\alpha}+(0, k)) = j + m$

(60)　$x^k L_j \subset L_{j+m}$

となる。そこで $x^{-k} L_{j+m} \subset L_j$ となるから x^k をかけて

(61)　$L_{j+m} \subset x^k L_{\mathfrak{g}}$

となる。(60)と(61)により(58)が成立つ。 ■

カッツの理論の主定理は，次の定理である。

定理 15　$\mathfrak{g}$ を $\mathbb{C}$ 上の単純リー環とし，$\mathfrak{g}$ のディンキン図形の自己同型 $\bar{\nu}$ から引起される $\mathfrak{g}$ の自己同型を ν とし，その位数を k とする $(k = 1, 2, 3)$。ν による次数群 $\mathbb{Z}_k$ の $\mathfrak{g}$ の次数づけを

(62)　$\mathfrak{g} = \bigoplus_{i \in \mathbb{Z}_k} \mathfrak{g}_i^{\nu}$

とする。$\mathfrak{g}$ のカルタン部分環 $\tilde{\mathfrak{h}}$ に対し，$\mathfrak{h}^{\nu} = \{H \in \tilde{\mathfrak{h}} \mid \nu H = H\} = \tilde{\mathfrak{h}} \cap \mathfrak{g}_0^{\nu}$ とおくとき，$\mathfrak{h}^{\nu}$ は $\mathfrak{g}_0^{\nu}$ のカルタン部分環である。ルート系 $\Delta(\mathfrak{g}_0^{\nu}, \mathfrak{h}^{\nu})$ の単純ルート系を $\{\alpha_1, \alpha_2, \cdots, \alpha_n\}$ とし，それに対応する $\mathfrak{g}_0^{\nu}$ の標準生成元を $\{X_i, Y_i, H_i \mid 1 \leqq i \leqq n\}$ とする。$(\alpha_0, 1)$ の形の $L(\mathfrak{g}, \nu)$ のルート中最小のものを $\tilde{\alpha}_0$ とし，$xX_0 \in L(\mathfrak{g}_0^{\nu}, \nu)^{\tilde{\alpha}_0}$ となる。$0 \neq X_0 \in \mathfrak{g}_1^{\nu}$ を一つ固定しておく。$0 \neq (s_0, \cdots, s_n) \in \mathbb{N}^{n+1}$ は，公約数 $a > 1$ を持たないとする。いま単純ルート $\{\tilde{\alpha}_0, \tilde{\alpha}_1, \cdots, \tilde{\alpha}_n\}$ に対応する $L(\mathfrak{g}, \nu)$ の図

形$S(A)$(表6)において，頂点$\tilde{\alpha}_i$の上に記された数字をa_i $(0 \leqq i \leqq n)$とする。ただし$\tilde{\alpha}_i = (\alpha_i, 0)$ $(1 \leqq i \leqq n)$である。このとき

(63)　$m = k\sum_{i=0}^{n} a_i s_i$

とおく。またεを1の原始m乗根とする。このとき次の1), 2), 3)が成立つ：

1)　$\mathfrak{g}$の元$X_0, X_1, \cdots, X_n$は$\mathfrak{g}$を生成する。このとき

(64)　$\sigma X_i = \varepsilon^{s_i} X_i \qquad (0 \leqq i \leqq n)$

によって$\mathfrak{g}$の自己同型写像σが定義され，σの位数はmである。このような自己同型σを，**型**$(s_0, \cdots, s_n)$**の自己同型**という。

2)　$\{i \in \{0, 1, 2, \cdots, n\} \mid s_i = 0\} = \{i_1, i_2, \cdots, i_t\}$とする。このとき

(65)　$\mathfrak{g}_0^\sigma = \mathfrak{z}_0 \oplus \mathfrak{m}$,　$\mathfrak{z}_0$は$\mathfrak{g}_0^\sigma$の中心で$n-t$次元，$\mathfrak{m}=$ 半単純リー環

となる。$\mathfrak{m}$のディンキン図形は，$L(\mathfrak{g}, \sigma)$の図形$S(A)$において頂点$\{\alpha_{i_1}, \alpha_{i_2}, \cdots, \alpha_{i_t}\}$とその間の稜から成る部分図形である。

3)　$\mathfrak{g}$の任意の位数mの自己同型τは，1)で定義した自己同型σと，$\mathrm{Aut}\,\mathfrak{g}$の中で共役である。

証明　1)　a)　$X_0, \cdots, X_n$は$\mathfrak{g}$を生成する。

$\varphi : L(\mathfrak{g}, \nu) \longrightarrow \mathfrak{g}$を被覆準同型とし，$P = \sum_{j=1}^{k} x^j \mathfrak{g}_{j \bmod k}$とおく。

$\varphi(P) = \sum_{j=1}^{k} \mathfrak{g}_{j \bmod k} = \mathfrak{g}$である。Lemma 10,1)の証明から，元$e_0 = xX_0$，$e_1 = X_1$，$\cdots$，$e_n = X_n$は，$L(\mathfrak{g}, \nu)$の部分リー環$L(\mathfrak{g}, \nu)^+ = \bigoplus_{\tilde{\alpha} > 0} L(\mathfrak{g}, \nu)^{\tilde{\alpha}}$を生成する。一方$L(\mathfrak{g}, \nu)^+ \supset P$であるから，$\mathfrak{g} \supset \varphi(L(\mathfrak{g}, \nu)^+) \supset \varphi(P) = \mathfrak{g}$，従って$\varphi(L(\mathfrak{g}, \nu)^+) = \mathfrak{g}$で，$X_0, \cdots, X_n$は$\mathfrak{g}$を生成する。

b)　σの定義

先ず$L(\mathfrak{g}, \nu)$の自己同型$\tilde{\sigma}$を，

(66)　$\tilde{\sigma} e_{\tilde{\alpha}} = \varepsilon^{\sum_{i=0}^{n} k_i s_i} e_{\tilde{\alpha}}$　if　$\tilde{\alpha} = \sum_{i=0}^{n} k_i \tilde{\alpha}_i$,　$e_{\tilde{\alpha}} \in L(\mathfrak{g}, \nu)^{\tilde{\alpha}}$

によって定義する。($L(\mathfrak{g}, \mathfrak{h}) = \mathfrak{h} + \sum_{\tilde{\alpha} \in \tilde{\Delta}} L^{\tilde{\alpha}}$ (直和)だから(66)により一次変換として$\tilde{\sigma}$が定義される。(勿論$\mathfrak{h} = L^0$と考える。)　そして$[L^{\tilde{\alpha}}, L^{\tilde{\beta}}] \subset L^{\tilde{\alpha}+\tilde{\beta}}$だから，$\tilde{\sigma}$はリー環の自己同型となる。)　いま

(67)　$L(\mathfrak{g}, \nu) = \bigoplus_{j \in \mathbb{Z}} L_j$

を，$L(\mathfrak{g},\nu)$ の型 $(s_0,\cdots,s_n)$ の次数群 $\mathbb{Z}$ の次数付けとする。

このとき $L_j\subset\{X\in L(\mathfrak{g},\nu)\,|\,\tilde{\sigma}X=\varepsilon^j X\}=L(j)$ となる。一方 Lemma 14 から $x^kL_j=L_{j+m}$ だから，$x^kL_j\subset L(j)$ である。そこで $L(\mathfrak{g},\nu)$ のイデアル $(1-x^k)L(\mathfrak{g},\nu)$ は $\tilde{\sigma}$ で不変である。一方被覆準同型 φ の核 $\mathrm{Ker}\,\varphi$ が $(1-x^k)L(\mathfrak{g},\nu)$ となる。従って $L(\mathfrak{g},\nu)$ の自己同型 $\tilde{\sigma}$ から，剰余リー環 $\mathfrak{g}=L(\mathfrak{g},\nu)/\mathrm{Ker}\,\varphi$ の自己同型 σ が生ずる。$xX_0\in L^{\tilde{\alpha}_0}$ だから，$\tilde{\sigma}(xX_0)=\varepsilon^{s_0}\cdot xX_0$ で，φ を作用させて $\varphi\circ\tilde{\sigma}=\sigma\circ\varphi$ を用いると，$\sigma X_0=\varepsilon^{s_0}X_0$ となる。また $X_i\in L^{\tilde{\alpha}_i}\,(1\leqq i\leqq n)$ だから，$\tilde{\sigma}X_i=\varepsilon^{s_i}X_i$, $\sigma X_i=\varepsilon^{s_i}X_i$ となり，(64)が成立つ。

$$\begin{array}{ccc} L(\mathfrak{g},\nu) & \xrightarrow{\ \tilde{\sigma}\ } & L(\mathfrak{g},\nu) \\ \varphi\downarrow & & \downarrow\varphi \\ \mathfrak{g} & \xrightarrow[\ \sigma\ ]{} & \mathfrak{g} \end{array}$$

c)　σ の位数は m

σ の位数を ℓ とする。$\varepsilon^m=1$ だから，$\sigma^m=I$ であり，$\ell\,|\,m$ である。そこで $m=\ell f$ となる $f\in\mathbb{Z}^+$ がある。$\sigma^\ell=I$ だから，$X_i=\sigma^\ell X_i=\varepsilon^{\ell s_i}X_i$, $\varepsilon^{\ell s_i}=1$ $(0\leqq i\leqq n)$ となる。ε は 1 の原始 m 乗根だから，$m\,|\,\ell s_i\,(0\leqq i\leqq n)$ となるので，$f\,|\,s_i\,(0\leqq i\leqq n)$ である。$(s_0,\cdots,s_n)$ の正の公約数は 1 だけだから，$f=1$ で，$\ell=m$ となる。

2)　σ は $\mathfrak{g}$ のコンパクト実形 $\mathfrak{u}$ を不変にする (Lemma 2)。そこで $\mathfrak{g}_0=\mathfrak{g}_0^\sigma=\{X\in\mathfrak{g}\,|\,\sigma X=X\}$ に対し，$\mathfrak{u}_0=\mathfrak{u}\cap\mathfrak{g}_0=\{X\in\mathfrak{u}\,|\,\sigma X=X\}$ とおくとき，$\mathfrak{g}_0=\mathfrak{u}_0^{\mathbb{C}}$ となる。$\mathfrak{u}$ はコンパクト・リー環だから，$\mathfrak{u}_0$ は完約である。従って $\mathfrak{g}_0=\mathfrak{u}_0^{\mathbb{C}}$ も完約で，中心 $\mathfrak{z}_0$ と導来環 $[\mathfrak{g}_0,\mathfrak{g}_0]=\mathfrak{m}$ の直和となる。そして $\mathfrak{m}$ は半単純である。このとき $\mathfrak{g}_0$ のカルタン部分環 $\mathfrak{h}$ は $\mathfrak{z}_0$ と $\mathfrak{m}$ のカルタン部分環 $\mathfrak{h}_\mathfrak{m}$ の直和である：

(68)　$\mathfrak{h}=\mathfrak{z}_0\oplus\mathfrak{h}_\mathfrak{m}$

位数 m の $\mathfrak{g}$ の自己同型 σ による。$\mathfrak{g}$ の $\mathbb{Z}_m$-次数づけ $\mathfrak{g}=\bigoplus_{i\in\mathbb{Z}_m}\mathfrak{g}_i$ を考える。任意の $r\in\mathbb{Z}$ に対し Lemma 14 により

(69)　$\varphi(L_{j+rm})=\varphi(x^{kr}L_j)=\varphi(L_j)$

となるから，$\varphi(L_j)=\mathfrak{g}_{j\bmod m}$ である。また $L_j\cap(1-x^k)L(\mathfrak{g},\nu)=0$ だから，φ は L_j から $\mathfrak{g}_{j\bmod m}$ の上への線型同型写像を与える。特に

(70)　$\mathfrak{g}_0\cong\bigoplus_{\deg\tilde{\alpha}=0}L(\mathfrak{g},\nu)^{\tilde{\alpha}}$

が成立つ。一方 $\deg\tilde{\alpha}$ の型は $(s_0,\cdots,s_n)$ で，$s_i=0\Longleftrightarrow i\in\{i_1,i_2,\cdots,i_\ell\}$ だから，

$\deg\tilde{\alpha}=0\Longleftrightarrow\tilde{\alpha}=\sum_{r=1}^{t}k_{i_r}\tilde{\alpha}_{i_r}$ である。Lemma 10 の証明中に注意されているように，$\tilde{\alpha}>0$ のとき，$L(\mathfrak{g},\nu)^{\tilde{\alpha}}$ は交換子 $[e_{j_1},\cdots,e_{j_s}]$ で，$e_j=e_{\tilde{\alpha}_j}\in L^{\tilde{\alpha}_j}$ かつ $\tilde{\alpha}_{j_1}+\cdots+\tilde{\alpha}_{j_s}=\tilde{\alpha}$ となるもので張られる。従って部分リー環

(71)　$\bigoplus_{\deg\tilde{\alpha}=0}L(\mathfrak{g},\nu)^{\tilde{\alpha}}$

は，$\{H_i,e_{i_r},f_{i_r}\,|\,1\leqq i\leqq n,1\leqq r\leqq t\}$ から生成される。$Y_j=\varphi(f_j)$ とおくとき，$2t$ 個の元 $\{X_{i_r},Y_{i_r}\,|\,1\leqq r\leqq t\}$ は，完約リー環 $\mathfrak{g}_0$ の半単純成分 $\mathfrak{m}$ を生成する。$\mathfrak{m}$ のカルタン行列は，$(a_{i_k i_\ell})_{1\leqq k,\ell\leqq t}$ である。これは $L(\mathfrak{g},\nu)$ の一般カルタン行列 (a_{ij}) の小行列である。

従って $\mathfrak{m}$ のディンキン図形 $\mathfrak{D}$ は $L(\mathfrak{g},\nu)$ の図形 $S(A)$ において，頂点 $\{\alpha_{i_1},\cdots,\alpha_{i_t}\}$ とその間の稜から成る部分図形である。そこで $\mathrm{rank}\,m=\dim\mathfrak{h}_m=t$ であり，(68)により，$\dim\mathfrak{z}_0=\dim\mathfrak{h}-\dim\mathfrak{h}_m=n-t$ である。

3)　τ を $\mathfrak{g}$ の位数 m の任意の自己同型とし，ε を 1 の原始 m 乗根とする。$\mathfrak{g}_j^\tau=\{x\in\mathfrak{g}\,|\,\tau X=\varepsilon^j X\}$ とおくとき，$\mathfrak{g}=\bigoplus_{j\in\mathbb{Z}_m}\mathfrak{g}_j^\tau$ となり，$\mathfrak{g}$ の一つの $\mathbb{Z}_m$-次数づけが得られる。今 $\varphi':L(\mathfrak{g},\nu)\longrightarrow\mathfrak{g}$ を被覆準同型とする。このとき 2)の証明で示したように，

(72)　$\varphi'(L(\mathfrak{g},\nu)_j)=\mathfrak{g}_{j\bmod m}$

である。定理 13 により，型 $(s_0,\cdots,s_n)$ を持つ $\mathbb{Z}$ 次数付けを持つリー環 $L(\mathfrak{g},\nu)$ であって，$L(\mathfrak{g},\nu)\cong L(\mathfrak{g},\tau)$ となるものが存在する。

Lemma 10, 2)により，$\mathfrak{g}$ の適当な自己同型 ψ が存在して

(73)　$\psi(\varphi'(L(\mathfrak{g},\nu)_j))=\varphi\left(\bigoplus_{\deg\tilde{\alpha}=j}L(\mathfrak{g},\nu)^{\tilde{\alpha}}\right)$

となる。そこで ψ は，τ の ε^j-固有空間 $\mathfrak{g}_j^\tau$ を，1)で構成された型 $(s_0,\cdots,s_n;k)$ の $\mathfrak{g}$ の自己同型 σ の ε^j −固有空間 $\mathfrak{g}_j^\sigma$ の上に写す。故に

(74)　$\psi\circ\tau\circ\psi^{-1}=\sigma$

となり，τ は σ に $\mathrm{Aut}\,\mathfrak{g}$ 内で共役である。 ∎

上の定理 15 は，任意の自然数 m を位数とする $\mathfrak{g}$ の自己同型に適用できる。ここでは我々の目的である $\mathfrak{g}$ の実形の分類のために，位数 2 の場合を調べよう。

定理 A　1)　$\mathfrak{g}$ の自己同型 σ の位数 m が 2 のときの位数の公式(63)は，

(75) $2=k\sum_{i=0}^{n} a_i s_i$

である。(75)の解となる$k, a_i, s_i \in \mathbb{N}$ $(0 \leqq i \leqq n)$の値は次の(イ), (ロ), (ハ)の三組しかない。

(イ) $k=1,\ a_{i_0}=2,\ s_{i_0}=1,\ s_i=0 \quad (i \neq i_0)$

(ロ) $k=2,\ a_{i_0}=s_{i_0}=1,\ s_i=0 \quad (i \neq i_0)$

(ハ) $k=1,\ a_{i_0}=a_{i_1}=1,\ s_{i_0}=s_{i_1}=1 \quad (i_0 \neq i_1),\quad s_i=0 \quad (i \neq i_0, i_1)$

2) σの固定部分環$\mathfrak{g}_0$は完約で中心$\mathfrak{z}_0$と半単純リー環$\mathfrak{m}$の直和である。1)の(イ), (ロ), (ハ)の場合に応じて, $\dim \mathfrak{z}_0$は(イ), (ロ) 0, (ハ) 1である。半単純リー環$\mathfrak{m}$のディンキン図形$\mathfrak{D}$は, $L(\mathfrak{g}, \nu)$の図形$S(A)$の部分図形であり, (イ), (ロ)の場合には$S(A)-\{\alpha_{i_0}\}$, (ハ)の場合には, $S(A)-\{\alpha_{i_0}, \alpha_{i_1}\}$である。

3) $\mathfrak{m}$の具体的な形は, 表7のTable II, IIIに与えられている。(イ), (ロ)の場合には$\mathfrak{m}=\mathfrak{g}_0$で, それは表7のTable IIの$k=1$および$k=2$の所に記されている。(ハ)の場合は$\mathfrak{m}=[\mathfrak{g}_0, \mathfrak{g}_0]$で, 表7 Table IIIにある。

証明 1) (75)において正整数kの取り得る値は$k=1, 2$だけである。$k=2$のときは, 一つのi(それをi_0とする)に対してのみ$a_{i_0}s_{i_0}=1$, 他の$a_i s_i=0$で, $a_i>0$だから$s_i=0$である。これが(ロ)の場合である。$k=1$のときは, (イ)または(ハ)の場合になる。

2) 定理15, 2)により$\dim \mathfrak{z}_0=n-t$で, tは$s_i=0$となるiの個数である。そこで(イ), (ロ), (ハ)の場合に応じて, $t=n, n, n-1$であり, $\dim \mathfrak{z}_0=0, 0, 1$となる。そして$\mathfrak{m}$のディンキン図形は, それぞれ$S(A)-\{\alpha_{i_0}\}$ (イ), (ロ); $S(A)-\{\alpha_{i_0}, \alpha_{i_1}\}$ (ハ)となる。

3) (イ)のとき

表6の$S(A)$において頂点α_iに記されている数字a_iが2となるものを取出す$S(A)=\mathfrak{a}_n^{(1)}$ $(n>1)$ではすべての$a_i=1$だから, このような頂点はない。従って$\mathfrak{a}_n^{(1)}$ $(n>1)$に対しては(イ)の場合の対合的自己同型は存在しない。$S(A)=\mathfrak{b}_n^{(1)}$に対しては$a_i=2$となる頂点は$n-1$個あり, $\{\alpha_2, \alpha_3, \cdots, \alpha_n\}$がそうである。そこでこの場合(イ)の場合の対合的自己同型は$n-1$個あり, そのとき$\mathfrak{g}_0$のディンキン図形は, $S(A)-\{\alpha_i\}$ $(2 \leqq i \leqq n)$であり, その形から, $\mathfrak{g}_0=\mathfrak{d}_i \oplus \mathfrak{b}_{n-i}$ $(2 \leqq i \leqq n)$である。他の$S(A)$の場合も同様で, $\mathfrak{g}_0$の形は, 表7 Table IIの$k=1$の所に記

されている。

(ロ)のとき

$k=2$ だから表6の Table 2 にある $S(A)$ において，$a_{i_0}=1$ となる頂点 α_{i_0} を考える。このとき $\mathfrak{g}_0$ のディンキン図形は，$S(A)-\{\alpha_{i_0}\}$ となる。

$S(A)=\mathfrak{a}_{2n}^{(2)}$ では，$a_i=1$ となる i は $i=0$ だけである。このとき $S(A)-\{\alpha_0\}=\mathfrak{b}_n$ である。$S(A)=\mathfrak{a}_{2n-1}^{(2)}$ のときは，$a_i=1$ となる i は，$i=0,1,n$ の三つである。$S(A)-\{\alpha_0\}$ と $S(A)-\{\alpha_1\}$ は同型で，対応する自己同型は Aut $\mathfrak{g}$ で共役であり，$\mathfrak{g}_0=\mathfrak{c}_n$ である。$S(A)-\{\alpha_n\}$ のときは，$\mathfrak{g}_0=\mathfrak{d}_n$ である。他の場合も同様である。この場合の $(\mathfrak{g},\mathfrak{g}_0)$ は，表7 Table IIの $k=2$ の所に記されている。

(ハ)のとき

$k=1$ だから表6 Table 1 の $S(A)$ を考える。そして $a_{i_0}=a_{i_1}=1$ となる。(i_0,i_1) $(i_0\neq i_1)$ をとる。表6 Table 1 の $S(A)$ 中 $\mathfrak{e}_8^{(1)},\mathfrak{f}_4^{(1)},\mathfrak{g}_2^{(1)}$ には $a_i=1$ となる i が一つしかないから，(ハ)の場合の自己同型は存在しない。

$S(A)=\mathfrak{a}_n^{(1)}$ $(n>1)$ の場合，すべての $a_i=1$ である。いま α_{i_0} と α_{i_1} $(i_0<i_1)$ に対し $i_0<i<i_1$ となる整数 i が p 個あるとすると，

$S(A)-\{a_{i_0},a_{i_1}\}=$ 

となるから，$[\mathfrak{g}_0,\mathfrak{g}_0]=\mathfrak{a}_p\oplus\mathfrak{a}_{n-p-1}\left(0\leqq p\leqq\left[\dfrac{1}{2}(n-1)\right]\right)$ である。

他の場合も同様である。その結果として生ずる対 $(\mathfrak{g},[\mathfrak{g}_0,\mathfrak{g}_0])$ は表7 Table IIIに示されている。 ■

注意　定理 A, 3)の証明の(ロ)の場合で，$\mathfrak{g}_0$ の図形が $S(A)-\{\alpha_0\}$ となる場合と $S(A)-\{\alpha_1\}$ となる場合の自己同型は Aut $\mathfrak{g}$ 内で共役であると述べたが，それは次の定理16による。

定理16　定理15の仮定および記号の下で，次のことが成立つ。

σ,σ' がそれぞれ型 $(s_0,\cdots,s_n;k),(s_0',\cdots,s_n';k')$ の有限位数の $\mathfrak{g}$ の自己同型とするとき，次の条件(a)と(b)は同値である：

(a)　σ と σ' は Aut $\mathfrak{g}$ の中で共役である。

(b)　$k=k'$ であって，かつ列 $(s_0,\cdots,s_n)$ と $(s_0',\cdots,s_n')$ は，図形 $S(A)$ の自己同型 ψ_0 によって移り合う。

証明 (b)⇒(a) $k=k'$ であって，$L(\mathfrak{g},\nu)$ の図形 $S(A)$ の自己同型 ψ_0 によって，$(s_0,\cdots,s_n)$ が $(s_0',\cdots,s_n')$ に移るものとする。Lemma 10 により，ψ_0 は $L(\mathfrak{g},\nu)$ の自己同型 $\tilde{\psi}$ を引起こし $\tilde{\psi}\tilde{\sigma}\tilde{\psi}^{-1}=\tilde{\sigma}'$ となる。一方 $L(\mathfrak{g},\nu)$ の自己同型 μ_c と $\mathfrak{g}$ の自己同型 ψ は，Lemma 10, 2) により，$\varphi\circ\mu_c\circ\tilde{\psi}=\psi\circ\varphi$，$\mu_c\tilde{\sigma}'=\tilde{\sigma}'\mu_c$ をみたす，また $\varphi\circ\tilde{\sigma}=\sigma\circ\varphi$，$\varphi\circ\tilde{\sigma}'=\sigma'\circ\varphi$ が成立つ。これらによって次の(76)が成立つ。

(76) $\psi^{-1}\sigma'\psi\varphi=\psi^{-1}\sigma'\varphi\mu_c\tilde{\psi}=\psi^{-1}\varphi\tilde{\sigma}'\mu_c\tilde{\psi}=\psi^{-1}\varphi\mu_c\tilde{\psi}\tilde{\sigma}=\varphi\tilde{\sigma}=\sigma\varphi$

従って $\psi^{-1}\sigma'\psi=\sigma$ となり，σ と σ' は $\mathrm{Aut}\,\mathfrak{g}$ 内で共役である。

(a)⇒(b) 逆に σ と σ' が共役であると仮定する。

このとき $L(\mathfrak{g},\sigma)$ と $L(\mathfrak{g},\nu)$ および $L(\mathfrak{g},\sigma')$ と $L(\mathfrak{g},\nu')$ は同じ図形を持つから，σ と σ' が共役と合わせて，$L(\mathfrak{g},\nu)$ と $L(\mathfrak{g},\nu')$ の図形 $S(A)$ は同じである。従って ν と ν' の位数 k と k' は一致する：$k=k'$。またこのとき，$\nu=\nu'$ となる。今仮定により $\tau\in\mathrm{Aut}\,\mathfrak{g}$ が存在して

(77) $\tau\sigma\tau^{-1}=\sigma'$

となる。いま σ と σ' によって引起される，$\mathfrak{g}$ の $\mathbb{Z}_m$-次数づけを

(78) $\mathfrak{g}=\bigoplus_{i\in\mathbb{Z}_m}\mathfrak{g}_i,\quad \mathfrak{g}=\bigoplus_{i\in\mathbb{Z}_m}\mathfrak{g}_i'$

とするとき，(77)により次の(79)が成立つ：

(79) $\tau\mathfrak{g}_i=\mathfrak{g}_i'\qquad(\forall i\in\mathbb{Z}_m)$

$\nu=\nu'$ だから，部分リー環 $\mathfrak{h}=\mathfrak{h}^{\nu}=\mathfrak{h}^{\nu'}$ は，$\mathfrak{g}_0$ と $\mathfrak{g}_0'$ の共通のカルタン部分環である。一方(79)により，$\tau\mathfrak{g}_0=\mathfrak{g}_0'$ だから，$\tau\mathfrak{h}$ は $\mathfrak{g}_0'$ のカルタン部分環である。$\mathbb{C}$ 上のリー環 $\mathfrak{g}_0'$ の任意の二つのカルタン部分環は，$\mathrm{Int}\ \mathfrak{g}_0'$ の元 τ_1 により共役で，$\tau_1\tau\mathfrak{h}=\mathfrak{h}$ となる。$[\mathfrak{g}_0',\mathfrak{g}_i']\subset\mathfrak{g}_i'$ だから，$\tau_1\mathfrak{g}_i'=\mathfrak{g}_i'$ となる。従って任意の $X_i\in\mathfrak{g}_i'$ に対し

(80) $\sigma'\tau_1X_i=\varepsilon^i\tau_1X_i=\tau_1(\varepsilon^iX_i)=\tau_1\sigma'X_i,\ \sigma'\tau_1=\tau_1\sigma'$

が成立つ。従って $\tau_1\tau\sigma(\tau_1\tau)^{-1}=\tau_1\sigma'\tau_1^{-1}=\sigma'$ となる。そこで τ の代りに $\tau_1\tau$ をとることができる。以下記号を簡略化するために，$\tau_1\tau$ を改めて τ と記すことにすると，この新しい τ に対し(77), (79)が成立つ。

今自己同型により，正のルート $\alpha\in\Delta([\mathfrak{g}_0,\mathfrak{g}_0],\mathfrak{h}\cap[\mathfrak{g}_0,\mathfrak{g}_0])$ と，$\alpha'\in\Delta([\mathfrak{g}_0',\mathfrak{g}_0'],\mathfrak{h}\cap[\mathfrak{g}_0',\mathfrak{g}_0'])$ が対応するとしよう。すなわち，$\alpha'=\alpha\circ\tau^{-1}$ とする。いま $\mathrm{Int}\,\mathfrak{g}_0'\subset\mathrm{Int}\,\mathfrak{g}$ と考えられる(任意の $X\in\mathfrak{g}_0'$ に対し $\exp\mathrm{ad}_{\mathfrak{g}_0'}X$ を $\exp\mathrm{ad}_{\mathfrak{g}}X$ と同一視する)。$\tau\in\mathrm{Int}\,\mathfrak{g}$ を，$L(\mathfrak{g},\sigma)$ の自己同型 $\tilde{\tau}$ に拡張する($\tilde{\tau}(x^jY)=x^j\tau(Y)$ とする)。このとき

(81)　$\tilde{\tau}(L(\mathfrak{g},\sigma)^{(\alpha,j)}) = L(\mathfrak{g},\sigma')^{(\alpha',j)}$

となる。そこで $L(\mathfrak{g},\sigma)$ の単純ルートの全体 $(\alpha_0, s_0), \cdots, (\alpha_n, s_n)$ は，$\tilde{\tau}$ により，$L(\mathfrak{g},\sigma')$ の単純ルートの全体 $(\alpha_0', s_0'), \cdots, (\alpha_n', s_n')$ に τ によって移される。特に列 $(s_0, \cdots, s_n)$ と $(s_0', \cdots, s_n')$ は $L(\mathfrak{g},\sigma)$ と $L(\mathfrak{g},\nu)$ の共通の図形 $S(A)$ の自己同型によって対応する。 ■

定理 B　複素単純リー環 $\mathfrak{g}$ の二つの位数 2 の自己同型写像 σ, σ' に対し，次の二つの条件(a)，(b)は同値である。

(a)　σ と σ' は $\mathrm{Aut}\,\mathfrak{g}$ 内で共役である：$\exists g \in \mathrm{Aut}\,\mathfrak{g}$，$\sigma' = g\sigma g^{-1}$

(b)　σ と σ' の固定元の作る部分環を，$\mathfrak{g}_0 = \{X \in \mathfrak{g} \mid \sigma X = X\}$，$\mathfrak{g}_0' = \{X \in \mathfrak{g} \mid \sigma' X = X\}$ とおくとき，$\mathfrak{g}_0 \cong \mathfrak{g}_0'$ である。

証明　(a)⇒(b)　$X \in \mathfrak{g}_0' \Longleftrightarrow \sigma' X = X \Longleftrightarrow g\sigma g^{-1} X = X \Longleftrightarrow \sigma g^{-1} X = g^{-1} X \Longleftrightarrow g^{-1} X \in \mathfrak{g}_0 \Longleftrightarrow X \in g\mathfrak{g}_0$ である。従って $g\mathfrak{g}_0 = \mathfrak{g}_0'$ で $\mathfrak{g}_0 \cong \mathfrak{g}_0'$。

(b)⇒(a)　$\mathfrak{g}_0 \cong \mathfrak{g}_0'$ となるための必要十分条件は，それらのディンキン図形 $\mathfrak{D}, \mathfrak{D}'$ が一致することであるが，今の場合には，$\mathfrak{D}, \mathfrak{D}'$ が $S(A)$ の部分図形として，$S(A)$ の自己同型で移り合うことが条件になる。例えば定理 A,1)の(イ)の場合には，$\mathfrak{g}_0$ のディンキン図形 $\mathfrak{D}$ は，表 6 Table 1 の $S(A)$ の一つにおいて，$a_i = 2$ となる頂点 α_i を $S(A)$ から除いた $S(A) - \{\alpha_i\}$ として実現される。

具体的に $S(A) = \mathfrak{c}_n^{(1)}\ (n > 1)$ では $\alpha_i = 2$ となる i は $i = 1, 2, \cdots, n-1$ の $n-1$ 個である。そして $S(A) - \{\alpha_{p-1}\}\ (2 \leqq p \leqq n-1)$ は $\mathfrak{c}_p \oplus \mathfrak{c}_{n-p}$ のディンキン図形である。$\mathfrak{c}_n^{(1)}$ は左右対称の図形なので，$S(A) - \{\alpha_{p-1}\}$ と $S(A) - \{\alpha_{n-p+1}\}$ は，$S(A)$ の自己同型(左右対称)で互いに移り合う。従って定理 16 により，対応する自己同型は，$\mathrm{Aut}\,\mathfrak{g}$ 内で共役となる。

他の場合も同様で，$\mathfrak{g}_0$ と $\mathfrak{g}_0'$ のディンキン図形 $\mathfrak{D}$ と $\mathfrak{D}'$ が同じになるのは，$\mathfrak{D}$ と $\mathfrak{D}'$ が $S(A)$ の自己同型で移り合う場合しかないことが，すべての場合を個別にチェックすることにより確かめられる。 ■

B　実形の分類

以下複素単純リー環 $\mathfrak{g}$ の実形を同型を除いて決定する。$\mathfrak{g}$ のコンパクト実形 $\mathfrak{u}$ は，$\mathrm{Aut}\,\mathfrak{g}$ で互いに共役であり，$\mathfrak{g}$ の同型類と $\mathfrak{u}$ の同型類は一対一に対応する。本稿では $\mathfrak{g}$ の同型類は既知としているから，$\mathfrak{u}$ の同型類も既知である。そこで以下

では $\mathfrak{g}$ の非コンパクト実形の同型類を決定する。

定義 1　$\mathfrak{g}$ を複素半単純リー環，$\mathfrak{l}$ を $\mathfrak{g}$ の非コンパクト実形，τ を $\mathfrak{l}$ に関する $\mathfrak{g}$ の複素共役写像とする。このとき τ で不変な $\mathfrak{g}$ のコンパクト実形 $\mathfrak{u}$ が存在する（[20] Ⅲ章 定理 7.1）。

$\tau|\mathfrak{u}=\tau_0$ は，$\mathfrak{u}$ の位数 2 の自己同型で，それによって $\mathfrak{u}$ の $\mathbb{Z}_2$ を次数群とする次数付け

(1)　$\mathfrak{u}=\mathfrak{u}_0\oplus\mathfrak{u}_1,\quad \mathfrak{u}_0=\mathfrak{u}\cap\mathfrak{l},\quad \mathfrak{u}_1=\mathfrak{u}\cap i\mathfrak{l}$

が生ずる。このとき

(2)　$\mathfrak{u}_0=\mathfrak{k},\quad i\mathfrak{u}_1=\mathfrak{p}$

とおくと，

(3)　$\mathfrak{l}=\mathfrak{k}\oplus\mathfrak{p},\quad [\mathfrak{k},\mathfrak{k}]\subset\mathfrak{k},\quad [\mathfrak{k},\mathfrak{p}]\subset\mathfrak{p},\quad [\mathfrak{p},\mathfrak{p}]\subset\mathfrak{k}$

となり，これにより $\mathfrak{l}$ の $\mathbb{Z}_2$-次数付けが得られる。$\mathfrak{l}$ の分解(3)を $\mathfrak{l}$ の**カルタン分解**という。$\mathfrak{u}$ に関する $\mathfrak{g}$ の複素共役写像を ρ とするとき，$\rho|\mathfrak{k}=I$, $\rho|\mathfrak{p}=-I$ で $\rho\mathfrak{l}=\mathfrak{l}$ である。$\rho|\mathfrak{l}=\theta$ は $\mathfrak{l}$ の位数 2 の自己同型である。θ を $\mathfrak{l}$ の**カルタン対合**という。

定義 2　リー環 $\mathfrak{a}$ の位数 2 の自己同型全体の集合を $\mathrm{Inv}\,\mathfrak{a}$ と記す。$\sigma,\tau\in\mathrm{Inv}\,\mathfrak{a}$ は，ある $\mathrm{g}\in\mathrm{Aut}\,\mathfrak{a}$ により，$\tau=\mathrm{g}\sigma\mathrm{g}^{-1}$ となるとき，**共役**であるという。これは $\mathrm{Inv}\,\mathfrak{a}$ における一つの同値関係である。これによる同値類全体の集合を $\mathrm{Inv}\,\mathfrak{a}/\mathrm{Aut}\,\mathfrak{a}$ と記す。

定理 1　$\mathfrak{g}$ を複素単純リー環，$\mathfrak{u}$ を $\mathfrak{g}$ の一つの固定したコンパクト実形とする。

1)　任意の $s\in\mathrm{Inv}\,\mathfrak{u}$ は，$\mathfrak{g}$ 上の $\mathbb{C}$ 線型写像 s^c に一意的に拡張される。写像 $s\longmapsto s^c$ は，$\mathrm{Inv}\,\mathfrak{u}$ から $\mathrm{Inv}\,\mathfrak{g}$ への一対一写像である。

2)　$s_1,s_2\in\mathrm{Inv}\,\mathfrak{u}$ が共役 $\Longrightarrow$ s_1^c と s_2^c は $\mathrm{Aut}\,\mathfrak{g}$ 内で共役である。

3)　1), 2) より，写像 $\tau:\mathrm{Inv}\,\mathfrak{u}/\mathrm{Aut}\,\mathfrak{u}\longrightarrow\mathrm{Inv}\,\mathfrak{g}/\mathrm{Aut}\,\mathfrak{g}$ が生ずる。τ は全単写である。

4)　$s_1,s_2\in\mathrm{Inv}\,\mathfrak{u}$ に対し，次の同値が成立つ：

s_1,s_2 は共役 $\Longleftrightarrow$ s_1^c と s_2^c は $\mathrm{Aut}\,\mathfrak{g}$ 内で共役である。

証明　1), 2)　すぐ確かめられるように $s^c\in\mathrm{Aut}\,\mathfrak{g}$ で，$s^{c^2}=I$ であるから，

$s^c \in \mathrm{Inv}\,\mathfrak{g}$ である。$\mathfrak{g} \in \mathrm{Aut}\,\mathfrak{u}$ により，$s_2 = \mathfrak{g}s_1\mathfrak{g}^{-1}$ ならば，$s_2^c = \mathfrak{g}^c s_1^c \mathfrak{g}^{c-1}$ となるから，2)が成立つ。従って $\mathrm{Inv}\,\mathfrak{u}$ の共役類 (s) に対し，s^c の共役類 (s^c) が定まり，$\tau : (s) \longmapsto (s^c)$ は，$\mathrm{Inv}\,\mathfrak{u}/\mathrm{Aut}\,\mathfrak{u}$ から $\mathrm{Inv}\,\mathfrak{g}/\mathrm{Aut}\,\mathfrak{g}$ への写像である。$s_1^c = s_2^c$ ならば，$\mathfrak{u}$ 上で考えて $s_1 = s_2$ となるから，$s \longmapsto s^c$ は，$\mathrm{Inv}\,\mathfrak{u} \longmapsto \mathrm{Inv}\,\mathfrak{g}$ の一対一写像である。

3) (a) τ は全写である。

任意の $\sigma \in \mathrm{Inv}\,\mathfrak{g}$ をとる。A. Lemma 2 により，σ は $\mathfrak{g}$ のあるコンパクト実形 v を不変にする：$\sigma v = v$。$\mathfrak{g}$ のコンパクト実形は $\mathrm{Aut}\,\mathfrak{g}$ で共役である([20]Ⅲ章系7.3)。そこで $\varphi \in \mathrm{Aut}\,\mathfrak{g}$ が存在して，$v = \varphi\mathfrak{u}$ となる。このとき $\sigma\varphi\mathfrak{u} = \mathfrak{u}$ であるから，$s = \sigma|\varphi\mathfrak{u}$ とおく。このとき $s^c = \sigma$ である。$s \in \mathrm{Inv}(\varphi\mathfrak{u})$ であり，$\varphi^{-1}s\varphi\mathfrak{u} = \varphi^{-1}\varphi\mathfrak{u} = \mathfrak{u}$ であるから，$\varphi^{-1}s\varphi \in \mathrm{Inv}\,\mathfrak{u}$ である。そして

(4) $(\varphi^{-1}s\varphi)^c = \varphi^{-1}s^c\varphi = \varphi^{-1}\sigma\varphi$

だから，$\sigma' = (\varphi^{-1}s\varphi)^c$ とおくとき，$\sigma' \in \mathrm{Inv}\,\mathfrak{g}$ で，$\sigma'\mathfrak{u} = \varphi^{-1}s\varphi\mathfrak{u} = \mathfrak{u}$ である。(4)により $(\sigma') = (\varphi^{-1}s\varphi) = (\sigma)$ であり，$(\sigma') = (\varphi^{-1}s\varphi) = \tau(s)$ であるから，$(\sigma) = \tau(s)$ で τ は全写である。

(b) τ は単写である。

今 $s_1, s_2 \in \mathrm{Inv}\,\mathfrak{u}$ とし，$s_1^c = \sigma_1$，$s_2^c = \sigma_2$ が $\mathrm{Aut}\,\mathfrak{g}$ 内で共役とする：$\exists \mathfrak{g} \in \mathrm{Aut}\,\mathfrak{g}$, $\sigma_2 = \mathfrak{g}\sigma_1\mathfrak{g}^{-1}$。いま $\mathrm{Aut}\,\mathfrak{u}$ はコンパクト・リー群で線型代数群でもある。$\mathrm{Aut}\,\mathfrak{g}$ は $\mathrm{Aut}\,\mathfrak{u}$ の複素化で，$\mathrm{Aut}\,\mathfrak{u}$ で不変な内積に関して自己随伴である。従って $\mathfrak{g} \in \mathrm{Aut}\,\mathfrak{g}$ は，一意的に

(5) $\mathfrak{g} = pu$, $u \in \mathrm{Aut}\,\mathfrak{u}$, $p = \exp(iX)$, $X \in \mathfrak{u}$

と表わされる。(シュヴァレー[11]第Ⅵ章 §Ⅸ Lemma 2, 杉浦[43]§2 命題 2)

従って $\sigma_2 = \mathfrak{g}\sigma_1\mathfrak{g}^{-1}$ は，この場合

(6) $pu\sigma_1u^{-1}p^{-1} = \sigma_2$

と書くことができる。$\mathfrak{g}$ を $\mathbb{R}$ 上のリー環と見たものを $\mathfrak{g}_{\mathbb{R}}$ とすると

(7) $\mathfrak{g}_{\mathbb{R}} = \mathfrak{u} \oplus i\mathfrak{u}$

で，これが $\mathfrak{g}_{\mathbb{R}}$ のカルタン分解である。これに対応する $\mathfrak{g}_{\mathbb{R}}$ のカルタン対合を θ とする。$\theta \in \mathrm{Aut}\,\mathfrak{g}_{\mathbb{R}}$ である。今 θ による $\mathrm{Aut}\,\mathfrak{g}_{\mathbb{R}}$ の内部自己同型を考える。

(8) $\theta p \theta^{-1} = \theta\exp(iX)\theta^{-1} = \exp(\theta(iX)) = \exp(-iX) = p^{-1}$

また任意の $s \in \mathrm{Aut}\,\mathfrak{u}$ と $X \in \mathfrak{u}$ に対し，$\theta s^c\theta^{-1}X = \theta sX = s^cX$, $\theta s^c\theta^{-1}(iX) = \theta s^c(-iX) = \theta(-isX) = isX = s^c(iX)$ となるから，

(9) $\theta s^c \theta^{-1} = s^c \qquad (\forall s \in \mathrm{Aut}\,\mathfrak{u})$

となる。1)と同様 $s \longmapsto s^c$ は，$\mathrm{Aut}\,\mathfrak{u}$ から $\mathrm{Aut}\,\mathfrak{g}$ への一対一写像だから，以下これにより $\mathrm{Aut}\,\mathfrak{u} \subset \mathrm{Aut}\,\mathfrak{g}$ と考える。今(6)の両辺に θ による内部自己同型を作用させると，(8)，(9)により次の(10)が成立つ：

(10)　$p^{-1}u\sigma_1 u^{-1}p = \sigma_2$

(6)と(10)から

(11)　$p^2 u\sigma_1 u^{-1} = u\sigma_1 u^{-1} p^2$

となる。

今 $u\sigma_1 u^{-1} = v$ とすると，$p^2 = \exp(2iX) = vp^2v^{-1} = \exp(2i(\mathrm{Ad}\,v)X)$ となる。exp は $i\mathfrak{u}$ 上で一対一写像だから，$2iX = 2i(\mathrm{Ad}\,v)X$ である。従って

(12)　$vpv^{-1} = \exp(i(\mathrm{Ad}\,v)X) = \exp\ iX = p$

となり，p と v は可換である。そこで(10)は

(13)　$u\sigma_1 u^{-1} = \sigma_2$

となる。(13)の両辺を $\mathfrak{u}$ 上で考えると，

(14)　$us_1u^{-1} = s_2$

となり，s_1 と s_2 は $\mathrm{Aut}\,\mathfrak{u}$ 内で共役である。これで(b)が証明された。

4)　⇒ は 2)，⇐ は 3)で証明されている。 ∎

定理 2　$\mathfrak{g}$ を複素単純リー環とし，その非コンパクト実形の同型類の集合を $R(\mathfrak{g})$ と記す。今 $\mathfrak{u}$ を $\mathfrak{g}$ の一つの固定したコンパクト実型とし，$\mathfrak{u}$ の位数 2 の自己同型の共役類全体の集合を，前と同じく $\mathrm{Inv}\,\mathfrak{u}/\mathrm{Aut}\,\mathfrak{u}$ と記す。このとき $\mathrm{Inv}\,\mathfrak{u}/\mathrm{Aut}\,\mathfrak{u}$ から $R(\mathfrak{g})$ への全単写 φ が存在する。

1)　$\sigma \in \mathrm{Inv}\,\mathfrak{u}$ に関する $\mathfrak{u}$ の $\mathbb{Z}_2$-次数付けを，$\mathfrak{u} = \mathfrak{u}_0 \oplus \mathfrak{u}_1$ とするとき，$\mathfrak{l} = \mathfrak{u}_0 \oplus i\mathfrak{u}_1$ は $\mathfrak{g}$ の非コンパクト実形 $\mathfrak{l}$ のカルタン分解である。

2)　同様に $\sigma' \in \mathrm{Inv}\,\mathfrak{u}$ に実形 $\mathfrak{l}'$ が対応するとしよう。σ と σ' が $\mathrm{Aut}\,\mathfrak{u}$ 内で共役ならば，$\mathfrak{l}$ と $\mathfrak{l}'$ は同型である。

3)　そこで σ の共役類 (σ) に，$\mathfrak{l}$ の同型類 $(\mathfrak{l})$ を対応させるとき，写像 $\varphi : \mathrm{Inv}\,\mathfrak{u}/\mathrm{Aut}\,\mathfrak{u} \longrightarrow R(\mathfrak{g})$ が定義される。φ は全単写である。

証明　1)　$\mathfrak{l}$ はベクトル空間として $\mathfrak{g}$ の実形であり，$[\mathfrak{u}_0, \mathfrak{u}_0] \subset \mathfrak{u}_0$，$[\mathfrak{u}_0, \mathfrak{u}_1] \subset \mathfrak{u}_1$，$[\mathfrak{u}_1, \mathfrak{u}_1] \subset \mathfrak{u}_0$ であるから，$\mathfrak{l}$ は $\mathfrak{g}_{\mathbb{R}}$ の部分リー環である。そこで $\mathfrak{l}$ は $\mathfrak{g}$ のリー環としての実形である。σ は位数 2 だから，$\mathfrak{u}_1 \neq 0$ である。($\mathfrak{u}_1 = 0$ なら $\mathfrak{u} = \mathfrak{u}_0$，$\sigma = I$ となる)。そこで $\mathfrak{l}$ は $\mathfrak{g}$ の非コンパクト実形で，$\mathfrak{l} = \mathfrak{u}_0 \oplus i\mathfrak{u}_1$ はカルタン分解

である。

2) いま $\tau \in \mathrm{Aut}\,\mathfrak{u}$ が存在して，$\sigma' = \tau\sigma\tau^{-1}$ となったとする。$X \in \mathfrak{u}$ に対し，$X \in \mathfrak{u}_0' \Longleftrightarrow \sigma' X = X \Longleftrightarrow \tau\sigma\tau^{-1}X = X \Longleftrightarrow \sigma\tau^{-1}X = \tau^{-1}X \Longleftrightarrow \tau^{-1}X \in \mathfrak{u}_0 \Longleftrightarrow X \in \tau\mathfrak{u}_0$ となるから，$\mathfrak{u}_0' = \tau\mathfrak{u}_0$ である。同様にして $\mathfrak{u}_1' = \tau\mathfrak{u}_1$ である。$\mathrm{Aut}\,\mathfrak{u} \subset \mathrm{Aut}\,\mathfrak{g}$ と考えるとき，$\tau\mathfrak{l} = \tau(\mathfrak{u}_0 \oplus i\mathfrak{u}_1) = \tau\mathfrak{u}_0 \oplus i\tau\mathfrak{u}_1 = \mathfrak{u}_0' \oplus i\mathfrak{u}_1' = \mathfrak{l}'$ となり，$\mathfrak{l}$ と $\mathfrak{l}'$ は同型である。

3) a) φ は全写である。

$\mathfrak{g}$ の任意の非コンパクト実形 $\mathfrak{l}$ をとる。$\mathfrak{l}$ に関する $\mathfrak{g}$ の複素共役写像を ρ とするとき，ρ で不変な $\mathfrak{g}$ のコンパクト実形 $\mathfrak{v}$ がある([20] III章 定理 7.1)。$\rho|\mathfrak{v} = \sigma_1$ とすると $\sigma_1 \in \mathrm{Inv}\,\mathfrak{v}$ である。

$\mathfrak{v}$ と $\mathfrak{u}$ は $\mathfrak{g}$ の二つのコンパクト実形だから，ある $\psi \in \mathrm{Int}\ \mathfrak{g} \subset \mathrm{Aut}\,\mathfrak{g}$ が存在して，$\psi\mathfrak{v} = \mathfrak{u}$ となる([20] III章系 7.3)。このとき $\psi\sigma_1\psi^{-1}\mathfrak{u} = \psi\sigma_1\mathfrak{v} = \psi\mathfrak{v} = \mathfrak{u}$ となり，$\psi\sigma_1\psi^{-1}$ は $\mathfrak{u}$ を不変にする。$\psi\sigma_1\psi^{-1} = \sigma$ とおくと，$\sigma \in \mathrm{Inv}\,\mathfrak{u}$ であり，σ, σ_1 に関する $\mathfrak{u}, \mathfrak{v}$ の $\mathbb{Z}_2$-次数付けを，$\mathfrak{u} = \mathfrak{u}_0 \oplus \mathfrak{u}_1$，$\mathfrak{v} = \mathfrak{v}_0 \oplus \mathfrak{v}_1$ とする。このとき $\mathfrak{v}_0 = \mathfrak{v} \cap \mathfrak{l}$, $\mathfrak{v}_1 = \mathfrak{v} \cap i\mathfrak{l}$ だから，$\mathfrak{l} = \mathfrak{v}_0 \oplus i\mathfrak{v}_1$ である。いま $\mathfrak{l}' = \mathfrak{u}_0 \oplus i\mathfrak{u}_1$ とおくと，$\mathfrak{l}'$ も $\mathfrak{g}$ の非コンパクト実形である。2)の証明と同様にして，$\psi\mathfrak{v}_0 = \mathfrak{u}_0$, $\psi\mathfrak{v}_1 = \mathfrak{u}_1$ となるから，$\psi\mathfrak{l} = \mathfrak{l}'$ で，$\mathfrak{l} \cong \mathfrak{l}'$ となる。従って $(\mathfrak{l}) = (\mathfrak{l}') = \varphi(\sigma)$ であり，φ は全写である。

b) φ は単写

いま $\mathfrak{g}$ の二つの非コンパクト実形 $\mathfrak{l}, \mathfrak{l}'$ が，同型写像 $\tau : \mathfrak{l} \longrightarrow \mathfrak{l}'$ により同型とする。τ を $\mathbb{C}$-線型写像 τ^c に拡張すると $\tau^c \in \mathrm{Aut}\,\mathfrak{g}$ である。a)により，$\mathfrak{l}$ と $\mathfrak{l}'$ は $\mathfrak{g}$ のコンパクト実形 $\mathfrak{u}$ の二つの位数 2 の自己同型 σ と σ' から生ずるとしてよい。σ と σ' に対応する $\mathfrak{u}$ の $\mathbb{Z}_2$-次数付けを，$\mathfrak{u} = \mathfrak{u}_0 \oplus \mathfrak{u}_1 = \mathfrak{u}_0' \oplus \mathfrak{u}_1'$ とする。このとき，$\mathfrak{l} = \mathfrak{u}_0 \oplus i\mathfrak{u}_1$, $\mathfrak{l}' = \mathfrak{u}_0' \oplus i\mathfrak{u}_1'$ が $\mathfrak{l}, \mathfrak{l}'$ のカルタン分解である。$\tau\mathfrak{u}_0 = \mathfrak{k}$, $\tau(i\mathfrak{u}_1) = \mathfrak{p}$ とおくと，$\mathfrak{l}' = \mathfrak{k} \oplus \mathfrak{p}$ は $\mathfrak{l}'$ のもう一つのカルタン分解である。$\mathfrak{l}'$ の二つのカルタン分解は $\mathrm{Int}\ \mathfrak{l}'$ で共役だから，$\rho \in \mathrm{Int}\ \mathfrak{l}' \subset \mathrm{Int}\ \mathfrak{g} \subset \mathrm{Aut}\,\mathfrak{g}$ により，$\rho\mathfrak{k} = \mathfrak{u}_0'$, $\rho\mathfrak{p} = i\mathfrak{u}_1'$ となる。今 $\theta = \rho^c \circ \tau^c \in \mathrm{Aut}\,\mathfrak{g}$ により，$\theta\mathfrak{l} = \mathfrak{l}'$ であり，$\theta\mathfrak{u}_0 = \mathfrak{u}_0'$, $\theta\mathfrak{u}_1 = \mathfrak{u}_1'$ である。そして任意の $X \in \mathfrak{u}_0$, $Y \in i\mathfrak{u}_1$ に対し，$\theta^{-1} = \theta$ だから，

(15) $\theta\sigma'\theta^{-1}(X+Y) = \theta(\sigma'(\theta X + \theta Y)) = \theta(\theta X - \theta Y) = X - Y = \sigma(X+Y)$

だから，$\theta\sigma'\theta^{-1} = \sigma$ となり，$\theta \in \mathrm{Aut}\,\mathfrak{u}$ だから，σ と σ' は $\mathrm{Aut}\,\mathfrak{u}$ 内で共役であり，$(\sigma) = (\sigma')$ である。これで φ が単写であることが証明された。 ■

定理 3　$\mathfrak{g}_1, \mathfrak{g}_2$ を複素単純リー環 $\mathfrak{g}$ の二つの非コンパクト実形とし，$\mathfrak{g}_1 = \mathfrak{k}_i \oplus \mathfrak{p}_i$ $(i=1,2)$ を $\mathfrak{g}_i$ のカルタン分解とする。このとき次の二つの条件(a)と(b)は同値である：

(a)　$\mathfrak{g}_1 \cong \mathfrak{g}_2$,

(b)　$\mathfrak{k}_1 \cong \mathfrak{k}_2$

証明　(a)⇒(b)　いま同型写像 $\tau: \mathfrak{g}_1 \longrightarrow \mathfrak{g}_2$ が存在したとする。このとき $\tau\mathfrak{k}_1 = \mathfrak{k}_2'$, $\tau\mathfrak{p}_1 = \mathfrak{p}_2'$ とすると，$\mathfrak{g}_2 = \mathfrak{k}_2' \oplus \mathfrak{p}_2'$ は $\mathfrak{g}_2$ のカルタン分解である。$\mathfrak{g}_2$ のカルタン分解は，$\mathrm{Int}\ \mathfrak{g}_2$ で共役となるから，ある $\varphi \in \mathrm{Int}\ \mathfrak{g}_2$ が存在して，$\varphi\mathfrak{k}_2' = \mathfrak{k}_2$, $\varphi\mathfrak{p}_2' = \mathfrak{p}_2$ となる。このとき $\varphi \circ \tau$ は $\mathfrak{g}_1 \longrightarrow \mathfrak{g}_2$ の同型写像で，$(\varphi \circ \tau)\mathfrak{k}_1 = \mathfrak{k}_2$ となるから，$\mathfrak{k}_1 \cong \mathfrak{k}_2$ である。

(b)⇒(a)　$\mathfrak{u}_j = \mathfrak{k}_j \oplus i\mathfrak{p}_j$ $(j=1,2)$ は，$\mathfrak{g}$ の二つのコンパクト実形であるから，$\exists \tau \in \mathrm{Aut}\,\mathfrak{g}$ が存在して，$\tau\mathfrak{u}_2 = \mathfrak{u}_1$ となる。いま $\tau\mathfrak{g}_2 = \mathfrak{g}_1'$, $\tau\mathfrak{k}_2 = \mathfrak{k}_1'$, $\tau\mathfrak{p}_2 = \mathfrak{p}_1'$ とおく。$\mathfrak{g}_1'$ も $\mathfrak{g}$ の非コンパクト実形であり，$\mathfrak{g}_1' = \mathfrak{k}_1' \oplus \mathfrak{p}_1'$ はそのカルタン分解である。いま $\mathfrak{k}_1 \cong \mathfrak{k}_2 \cong \mathfrak{k}_1'$ である。$\mathfrak{u}_1 = \mathfrak{k}_1 \oplus i\mathfrak{p}_1$ は，$\mathfrak{u}_1$ の $\mathbb{Z}_2$-次数付けだから，対応する $\mathfrak{u}_1$ の位数 2 の自己同型を s_1 とすると，$\mathfrak{k}_1$ は s_1 の固定元より成る部分環である。$\mathfrak{k}_1' = \tau k_2 \subset \tau\mathfrak{u}_2 = \mathfrak{u}_1$ だから，$\mathfrak{u}_1$ のキリング形式(負値定符号)に関する $\mathfrak{k}_1'$ の直交空間を $\mathfrak{m}$ とすると，$\mathfrak{u}_1 = \mathfrak{k}_1' \oplus \mathfrak{m}$ により $\mathfrak{u}_1$ のもう一つの $\mathbb{Z}_2$-次数付けが定義される。それに対応する $\mathfrak{u}_1$ の位数 2 の自己同型を s_1' とする。s_1, s_1' を $\mathfrak{g}$ の自己同型に拡張したものを $s_1^c, s_1'^c$ とすると，$s_1^c, s_1'^c$ の固定元部分環は $\mathfrak{k}_1^{\mathbb{C}}, \mathfrak{k}_1'^{\mathbb{C}}$ で同型である。そこで A 定理 B により，s_1^c と $s_1'^c$ は $\mathrm{Aut}\,\mathfrak{g}$ 内で共役で，$s_1'^c = \mathrm{g}\, s_1^c\, \mathrm{g}^{-1}$ となる $\mathrm{g} \in \mathrm{Aut}\,\mathfrak{g}$ が存在する。そこで定理 I. 4) により，ある $h \in \mathrm{Aut}\,\mathfrak{u}_1$ が存在して，$s_1' = hs_1h^{-1}$ となる。このとき $X \in \mathfrak{u}_1$ に対し，$X \in \mathfrak{k}_1' \Longleftrightarrow s_1'X = X \Longleftrightarrow hs_1h^{-1}X = X \Longleftrightarrow s_1h^{-1}X = h^{-1}X \Longleftrightarrow h^{-1}X \in \mathfrak{k}_i \Longleftrightarrow X \in h\mathfrak{k}_i$ である。従って $\mathfrak{k}_1' = h\mathfrak{k}_i$ であり，同様にして $\mathfrak{p}_1' = h\mathfrak{p}_1$ である。そこでこのとき

$$\tau\mathfrak{g}_2 = \mathfrak{g}_1' = \mathfrak{k}_1' + \mathfrak{p}_1' = h(\mathfrak{k}_1 + \mathfrak{p}_1) = h\mathfrak{g}_1$$

となるから，$\mathfrak{g}_2 = \tau^{-1}h\mathfrak{g}_1$ だから，$\mathfrak{g}_1 \cong \mathfrak{g}_2$ となる。 ∎

定理 4　定理 1, 2 の全単写 $\tau : \mathrm{Inv}\,\mathfrak{u}/\mathrm{Aut}\,\mathfrak{u} \longrightarrow \mathrm{Inv}\,\mathfrak{g}/\mathrm{Aut}\,\mathfrak{g}$ と $\varphi : \mathrm{Inv}\,\mathfrak{u}/\mathrm{Aut}\,\mathfrak{u} \longrightarrow R(\mathfrak{g})$ により，全単写 $\psi = \tau \circ \varphi^{-1} : R(\mathfrak{g}) \longrightarrow \mathrm{Inv}\,\mathfrak{g}/\mathrm{Aut}\,\mathfrak{g}$ が存在する。

これにより複素単純リー環 $\mathfrak{g}$ の非コンパクト実形の同型類 $R(\mathfrak{g})$ は，

$\mathrm{Inv}\,\mathfrak{g}/\mathrm{Aut}\,\mathfrak{g}$ および $\mathrm{Inv}\,\mathfrak{u}/\mathrm{Aut}\,\mathfrak{u}$ と一対一に対応する。

定理 1)により $\mathrm{Inv}\,\mathfrak{u}/\mathrm{Aut}\,\mathfrak{u}$ の各元 σ からカルタン分解を通じて，具体的に $\mathfrak{g}$ の非コンパクト実形 $\mathfrak{l}=\mathfrak{u}_0\oplus i\mathfrak{u}_1$ が与えられる。

こうして生ずる非コンパクト実形 $\mathfrak{l}$ がどれだけあるかということと，$\mathfrak{l}$ の σ による固定元の作る部分環 $\mathfrak{g}_0$ の形は，$\mathrm{Inv}\,\mathfrak{g}/\mathrm{Aut}\,\mathfrak{g}$ によって知ることができる。その結果は，表 7 の Table II, III で示されている。

証明　この定理は，これまでの結果をまとめたものである。

最後の部分について言えば，A 定理 15, 16 と定理 A により，$\mathrm{Inv}\,\mathfrak{g}/\mathrm{Aut}\,\mathfrak{g}$ が具体的に与えられ，A 定理 B により，各共役類は，固定部分環 $\mathfrak{g}_0$ で定まるので，表 7 の Table II, III のように，$(\mathfrak{g}, \mathfrak{g}_0)$ なる pair によって $R(\mathfrak{g})$ の各元が定まるのである。 ∎

大域的な連結単純リー群の分類は，単純リー環の分類と，被覆群の理論を組み合わせて得られる。これは後藤守邦-小林堯[18]において実行されている。

また例外リー群・リー環の具体的な記述については，シェイファー[34]，ジェイコブソン[21]，横田[52]等を参照されたい。

文献

[1]　Sh. Araki, On root systems and an infinitesimal classification of irreducible symmetric spaces, J. Math., Osaka City University 13(1962), 1–34.

[2]　A. Borel et J. de Siebenthal, Les sous-groupes fermés de rang maximum des groupes de Lie clos, Comment. Math. Helv. 23(1949), 200–221.

[3]　N. Bourbaki, "Groupes et algèbres de Lie", Ch. 4, 5, 6, Hermann, Paris, 1968.

[4]　E. Cartan, "Sur la structure des groupes de transformations finis et continus", Thèse, Nony, Paris, 1894.

[5]　E. Cartan, Les groupes réels siples finis et continus, Ann. École Norm. Sup. 31(1914), 263–355.

[6]　E. Cartan, Le principe de dualité et la théorie des groupes simples et semisimples, Bull. Sci. Math. 49(1925), 361–374.

[7]　E. Cartan, Sur les especes de Riemann dans lesquels le transport par parallélisme conserve la courbure, Rend. Acc. Lincei, 3^{I} (1926), 544–547.

[8]　E. Cartan, La géométrie des groupes simples, Annali di Mat. 4(1927), 209–256.

[9]　E. Cartan, Sur certaines forms riemanniennes remarquables des géométries à groupes fundamental simple, Ann. École Norm. Sup. 44(1927), 345–467.

［10］　E. Cartan, Groupes simples clos et ouverts et géométrie riemannienne, J. Math. pures et appl. 8(1929), 1-33.
［11］　C. Chevalley, "Theory of Lie groups I", Princeton Univ. Press, Princeton, 1946.
［12］　C. Chevalley, Sur la classification des algèbres de Lie simples et de leurs représentations, C. R. Acad. Sci. Paris 227(1948), 1136-1138.
［13］　C. Chevalley, "Théorie des groupes de Lie III", Hermann, Paris, 1955.
［14］　E. B. Dynkin, The structure of semi-simple Lie algebras(Russian), Uspehi Mat. Nauk 2 (1947), 59-127. A. M. S. Translation No.17(1950).
［15］　H. Freudenthal, "Oktaven, Ausnahmegruppen und Oktavengeometrie", (mimeographed note), Rijksuniv, Utrecht, 1951.
［16］　F. Gantmacher, Canonical representation of automorphisms of a complex semi-simple Lie groups, Mat. Sbornik 5(1939), 101-144.
［17］　F. Gantmacher, On the classification of real simple Lie groups, Mat. Sbornik 5(1939), 217-249.
［18］　M. Goto and E. T. Kobayashi, On the Subgroups of the centers of simply connected simple Lie groups-Classification of simple Lie groups in the large, Osaka J. Math. 6(1969), 251-281.
［19］　Harish-Chandra, On some applications of the universal enveloping algebra of a semi-simple Lie algebra, Trans. A. M. S. 70(1951), 28-96.
［20］　S. Helgason, "Differential Geometry, Lie Groups and Symmetric Spaces", Academic Press, New York, 1978.
［21］　N. Jacobson, "Exceptional Lie algebras", Marcel Dekker, New York, 1971.
［22］　V. G. Kač, Automorphisms of finite order of semisimple Lie algebras, Funct. Anal. Appl. 3 (1969), 252-254.
［23］　V. G. Kač, "Infinite dimensional Lie algebras", Cambridge Univ. Press, Cambridge, 1983.
［24］　W. Killing, Die Zusammensetzung der stetigen endlichen Transformationsgruppen I-IV, Math. Ann. 31(1888), 252-290, 33(1889), 1-48, 34(1889), 57-122, 36(1890), 161-189.
［25］　B. Kostant, On the conjugacy of real Cartan subalgebras, Proc. Nat. Acad. Sci. 41(1955), 967-970.
［26］　P. Lardy, Sur la détermination des structures réelles de groupes simples, finis et continus, au moyen des isomorphies involutives, Comment. Math. Helv. 8(1935-36), 189-234.
［27］　松島与三，『リー環論』，共立出版，1956.
［28］　S. Murakami, On the automorphisms of a real semi-simple Lie algebra, J. Math. Soc. Japan 4(1952), 103-133. Supplement and corrections, ibid. 5(1953), 105.
［29］　S. Murakami, Sur la classification des algèbres de Lie réelles et simples, Osaka J. Math. 2 (1965), 291-307.
［30］　M. S. Ragunathan, On the first cohomology of discrete subgroups of simple Lie groups, Amer. J. Math. 87(1965), 103-139.
［31］　I. Satake, On a theorem of E. Cartan, J. Math. Soc. Japan 2(1951), 284-305.
［32］　I. Satake, On representations and compactifications of symmetric Riemann spaces, Ann. of Math. 71(1960), 77-110.
［33］　I. Satake, "Classification Theory of Semisimple Algebraic Groups", Marcel Dekker, New

York, 1971.
[34] R. D. Schafer, "An Introduction to Nonassociative Algebras", Academic Press, New York, 1966.
[35] Séminaire C. Chevalley, "Classification des groupes de Lie algébriques", 2 vols., École Norm. Sup., Paris, 1958.
[36] Séminaure "Sophus Lie", "Théorie des algèbres de Lie, Topologie des groupes de Lie", École Norm. Sup., Paris, 1955.
[37] J. P. Serre, "Algèbres de Lie semisimples complexes", Benjamin, New York, 1966. English translation, Springer, New York, 1987.
[38] J. A. Springer, Involutions of simple algebraic groups, J. Fac. Sci. Univ. of Tokyo, Section IA, Math. 34(1987), 655-670.
[39] M. Sugiura, Conjugate classes of Cartan subalgebras in real semisimple Lie algebras, J. Math. Soc. Japan 11(1959), 374-434. Correction, ibid., 23(1971), 374-383.
[40] M. Sugiura, Classification over the real field, Appendix to [33], 128-146.
[41] 杉浦光夫,「対称空間論研究史」,『数学セミナー』1983 年 10 月号, 11 月号.
[42] 杉浦光夫,『リー群論』, 共立出版, 2000.
[43] 杉浦光夫,「リー群の極大コンパクト部分群の共軛性」, 津田塾大学数学・計算機科学研究所報 17(1999), 142-193.(本書第 9 章収録)
[44] A. I. Sirota and A. S. Solodovnikov, Non-compact semisimple Lie groups, Uspehi Mat. Nauk 18(1963), 57-64.
[45] E. Stiefel, Über eine Beziehung zwischen geschlossenen Lie'schen Gruppen und diskontinuierlichen Bewegungsgruppen euklidischer Räume und ihre Anwendung auf die Aufzählung der einfachen Lie'schen Gruppen, Comment. Math. Helv. 14(1941-42), 350-380.
[46] J. Tits, Classification of algebraic semisimple groups, in "Algebraic groups and discontinuous subgroups", Proc. Symp. Pure Math. 9, A. M. S., 33-62.
[47] van der Waerden, Die Klassifizierung der einfachen Lie'schen Gruppen, Math. Zeit. 37 (1933), 446-462.
[48] N. Wallach, A classification of involutive automorphisms of compact simple Lie algebras up to inner equivalence, Dissertation, Washington Univ. 1965.
[49] N. Wallach, On maximal subsystems of root systems, Canad. J. Math. 20(1968), 555-574.
[50] A. Weil, "Discontinuous subgroups of classical groups", mimeographed note, Univ. of Chicago, 1958.
[51] H. Weyl, Theorie der Darstellung kontinuierlicher halbeinfacher Gruppen durch linearen Transformationen, I, II, III, Nachtrag, Math. Zeit. 23(1925), 271-309; 24(1926), 328-376, 377-395, 789-791.
[52] 横田一郎,『例外型単純リー群』, 現代数学社, 1992.
[53] M. Hausner and J. T. Schwartz, "Lie Groups; Lie Algebras", Gordon & Breach, 1968.

『数学セミナー』1994 年 10 月号
「今月のひと」のインタビュー
の時

附録

書評 『ガウスの遺産と継承者たち――ドイツ数学史の構想』(高瀬正仁著, 海鳴社)

本書の主題は,「ガウスの数論の本質は何か」という問題である。

この問題を考えるため, 著者はガウスの数論に関する著作を詳しく調べると共に, フェルマからアルティンに到る数論史上の重要論文を殆どすべて読破した。その間十年近い月日が経っている。このような研究に基づいて得られた著者の考察の核心を語ったのが本書である。従って小冊子であるがその密度は極めて大きい。

上の問題に対する著者の答えは, 次の三点に要約できる。

1. ガウスの数論の中心は, 相互法則にある。
2. ガウスはあらゆる次数の冪剰余相互法則に対して, 何かしら超越的な証明原理の存在を予感していたのではあるまいか(p.57)。
3. ガウスの数論の本質は高次冪剰余相互法則や類体論の確立ということそれ自体の中にではなく, 微分方程式とアーベル方程式と相互法則が三位一体となって織りなす有機体,「緑にかがやく三つ葉のクローバー」の根底にあるものに触れて心からうなずきたいと願う切実な願いの中に宿っているのである(p.127)。

2, 3 は著者以外の誰もが言わなかったユニークな意見である。1 は多くの人も認めていることであるが, 著者のとらえ方には独自のものがある。著者は Disquisitiones Arithmeticae(以下 D. A.と記す)の序文にあるガウスの次の言葉を出発点とする。「1795 年の初めのころ(中略), 私はゆくりなくもあるすばらしいアリトメティカの真理に出会ったのだった(私が思い違いをしているのでなければ, それは第 108 節の定理[第一補充法則]だった)。私はそれをそれ自身としてもこのうえもなく美しいと思ったが, そればかりでなく, その他のいっそうすばらしい数々の真理とも関連しているような気がした。そこで私は全力を傾けて, その真理が依拠している諸原理を洞察して, その厳密な証明を獲得しようと努めた。

やがて私はついに望みどおりにそれに成功したが，そのころにはこれらの研究の魅力の数々にすっかりとりつかれてしまっていて，もう立ち去ることはできなかった。こうして一つの真理はいつでももう一つの真理への道を開くというふうで，この書物の初めの四章[1. 数の合同，2. 一次合同式，3. 冪剰余，4. 2次合同式]で報告されている事柄は大部分，他の幾何学者たちの類似の研究成果を多少とも目に留める前に仕上げられたのだった。」(p.47)。

こうしてガウスの数論は，第一補充法則を出発点として展開したのであるが，高瀬氏はゲーテの「原植物」のイデーを転用して，次のように述べる。「ガウスは原相互法則ともいうべきものを発見して，多種多様の相互法則の織り成す世界の全容を一望のもとに視圏に捉えたのであった。原相互法則の発見。それが平方剰余相互法則の第一補充法則という「あるすばらしいアリトメティカの真理」の発見という出来事の本質である。」(p.54)。

このように著者は，ガウスが初めから平方剰余に限らず高次剰余の相互法則も視野に入れていたと主張する。

さらに著者は，ガウスの数論全体の中での相互法則の位置について次のように言う。「ガウスの数論的世界では，二次形式論も円周等分の理論もレムニスケート等分の理論もみな相互法則との関わりの中で初めて本当の意味が明らかになるのであり，まさしくそれ故に，それらは全体として一つの生きた有機体となって我々の眼前に現われるのである。」(p.66)。この著者の意見は，ガウスの数論における相互法則の位置という点で，重要な点をついて居り，共感する点も多いが若干の疑問もある。一つはレムニスケートの理論は，ガウスにおいては等分論までで，相互法則には結びつけられて居らず，それをしたのはアイゼンシュタインだという点である。もう一つは，二次形式論は，種の理論によって相互法則の第二証明を与えるなど相互法則と関連はあるが，元来は独立した数学的実体ではないかという点である。またガウスは二元の他に三元の二次形式も考えており，代数的整数論とは異なる二次形式の数論もガウス(とラグランジュ)を祖とする数論の流れなのである。このようなガウスの数論の広がりは，著者の一点集中主義ではとらえきれないように思われる。

2について著者は，「ガウスの与えた平方剰余相互法則の七通りの証明のうち第四，第六，第七証明の証明原理はいずれも円周等分の理論に根ざしている。」ことを注意して，「平方剰余相互法則の証明原理の中には確かに超越的な契機が秘められていて，我々はだれしも，『アリトメティカの探究』を越えて上記の三証明を目の当たりにしたときに初めて，この真に本質的な事実に気づいてしみじみと心を打たれることであろう。」(p.56) と述べている。ここはもう少し説明が欲しい所である。他の証明は有理整数の性質のみを用いた純数論的なものであるから，その方がより本質的であるとする見方も有り得るからである。

もう一つの問題は，円分整数を用いることが果たして超越的かという点である。円分整数は，指数関数という超越関数の等分値から生ずるという点で超越的と考えられるが，一方指数関数 $\exp(2\pi iz)$ の n 等分値は，代数方程式 $x^n-1=0$ の根でもあって代数的な量でもある。円分整数にはどこまで行ってもこの両義性がつきまとうのである。

結局ガウスの数論で純粋に超越的なのは，レムニスケート函数の理論だけではなかろうか。しかし上述のようにガウスがここで相互法則まで達していたという証拠はない。

数論と超越的なものとの関連が明らかになるのは，ガウスより一世代後のアーベル，ヤコビ，アイゼンシュタイン達によってである。本書 101-126 ページに述べられているように，アーベルは，楕円函数の等分論，虚数乗法論を展開し，アイゼンシュタインはレムニスケート函数の虚数乗法を用いる，4 次剰余相互法則の証明を与えたのであった。

3 の「微分方程式とアーベル方程式と相互法則の三位一体」という状況は，このアーベル，アイゼンシュタイン，ヤコビの仕事を総合すると浮かび上がって来るものである。ガウス自身のレムニスケート函数の理論には微分方程式は登場しない。従って 3 における「ガウスの数論の本質」という言葉は，これらの直接の継承者によって明らかになった「ガウスの数論の本質」という意味だと思われる。この点で，ガウス自身の述べていることと，他の史料による推定は，区別したほうが説得力が増すのではなかろうか。

ガウス自身による史料が不十分なので，他の史料によらざるを得ないのは事実である。この場合アイゼンシュタインやヤコビのような，同時代人の仕事が重要になってくる。私も 3 次および 4 次の相互法則に関する限り，ガウス自身の考えも，この二人のものにかなり近いものであったと考えている。著者も p.83 で述べているように，ガウスが平方剰余相互法則の証明を七通りも考えたのは，3 次及び 4 次剰余の相互法則の証明の手掛かりを発見するためであった。そのような趣旨を述べた序文をもつ論文が与えたガウスの証明の一つは，ガウスの和を用いるものであるから，これを用いてガウスが 3 次及び 4 次の相互法則の証明ができるかどうか試みたことは，ほぼ確かだといってよい。ガウスがアイゼンシュタインを高く評価したことは，アイゼンシュタインの数論がガウスの数論を正しく受け継いでいることを示すかのように思われる。

その後が問題である。著者はここに二つの流れを見る。「ガウスの数論は，相互法則究明という指導理念のもとに，大きく二方向に分岐しつつ展開していった。一つの流れは，類体論というみごとな果実の結実とともに完結し，これによって冪剰余相互法則は完全に任意な表現様式を獲得した。」(p. 126)。これに続いて3の文章が来て，その後著者は次のように述べる。「この願いからガウスの数論のもう一つの流れが現われて，アーベル，アイゼンシュタインを経てクロネッカーへと継承されていった。それ故，この流れこそ，我々のドイツ数学史の本流である。」(p. 127)。

第一の流れを傍流とする理由を著者は次のように述べる。「ガウスの理念の本質は単に相互法則の確立というそのこと自体にあるわけではなく，我々はその証明原理に内在する何かしら超越的な契機を明るみに出さなければならないのであった。上記の流れはなるほど確かに大洋に流入して大団円をみた洋々たる大河だが，そこにはこの解明に向かおうとする意図が先天的に欠けている。そのために，それはなお全体として傍流の位置に甘んじているのである。」(p. 76)。

また著者は，ドイツ数学史の主流はクロネッカーで終ったと考えているようである。ヘッケ以下のヒルベルトの第十二問題の研究者達も，問題は連続しているが，ガウスの数論の直接の継承者達を扱うドイツ数学史には含まれないという趣旨のことを著者から私は聞いている。

ただし著者は，このドイツ数学史の主流には，「豊かな鉱脈が未開発のまま眠っている」(p. 127)とする。そしてその鉱脈について，次のように述べる。「こうしてアーベル積分論の中には確かに，ドイツ数学史の原型，あの「緑にかがやく三つ葉のクローバー」が見え隠れしているように私には思われる。もしそれを正しく取り出すことができたとするならば，そのとき我々のドイツ数学史は，大きな完成へと向かうべく，堅固な第一ベースキャンプを確保したと考えられるのである。」(p. 128)。この予想については，この方面の研究者でない評者はそのような理論が実際に現われるまでは判断を留保せざるを得ない。

この予想の部分を除き，ガウスの数論の本質を探究した数学史の本として本書を眺めて見よう。ガウスの数論と言った場合には，私はやはり二次形式の理論が実体的に大きな部分を占めて居ると考える。D. A. における二次形式の理論は，極めてアルゴリズミックであり，超越的なものは用いられていない。従って著者のように，「相互法則の証明における超越的契機」をガウスの数論の本質と見る見方とは一定の距離を置かざるを得ない。勿論レムニスケート函数にみられるように，ガウスの数論が超越的なものにも開かれていたことは確かであり，著者のいう「ドイツ数学史の本流」が，ガウスの数論の極めて興味のある発展であることには，私も異議がない。要はバランスの問題であって，著者の立場がガウスの数論の大切な所をとらえていることは確かであるが，それだけではないという思いが私にはどうしても残るのである。

本書を最初読んだときには，私は非常に大きな抵抗を感じたのであった。ドイツにおける数学研究のごく一部分であるものを指して「ドイツ数学史」と呼ぶような著者の独特の言葉づかいに先ず引っかかったのである。しかしそれはむしろ表面的なことである。より実質的な抵抗感の原因として，著者は現代数学を判断の基準にしてはいないということが挙げられる。現代数学の中で創造せざるを得ない現場の数学者にとっては，これが非常に問題になるのである。数学者がその仕事の場で現代数学から離れることは困難であるが，数学史を考えるときには，一応それを棚上げして，ガウスならガウスの時代に帰って考える想像力が必要とされる。そうでなければ，ガウスが問題にしたのは何かを考えるとき，現代的に興味のある部分のみが大きく写った歪んだ像しか得られない。現代数学に固執しなければ，著者の立場は，はるかに理解し易くなるように思われる。勿論その場合でもいろいろ異論の余地はあるが，著者との対話はずっとスムースに行くであろう。

本書は無難な教科書ではなく，独自の主張を強く押し出した論争的な書物である。著者の挑戦に答えて，学問的な論争が起こることを期待する。

【著者略歴】

杉浦光夫(すぎうら・みつお)

1928 年　愛知県岡崎市に生まれる.
1953 年　東京大学理学部数学科を卒業. 助手となる.
　　　　その後, 1962 年より大阪大学理学部講師, 助教授を経て,
1966 年より東京大学教養学部助教授, 教授.
1989 年　東京大学を定年退官. 東京大学名誉教授.
　　　　津田塾大学学芸学部教授として赴任.
1997 年　津田塾大学を定年となる.
2008 年 3 月 11 日逝去.
専門は半単純リー群や対称空間論の研究. 理学博士.
1953 年ころより, 清水達雄, 谷山豊, 久賀道郎, 木下素夫ほかの仲間とともにSSS(新数学人集団)を立ち上げ, 若手研究者や学生の立場から, 戦後日本の数学界の状況を立て直すための活動を始めた.
数学史への関心も強く, 1980 年には森毅, 倉田令二朗, 木下素夫らと「現代数学史研究会」を創始する. また, 1990 年より津田塾大学で笠原乾吉・長岡一昭らとともに「数学史シンポジウム」を開催した.

【主な著書・共編著・訳書】

『代数学』, 彌永昌吉と共著, 岩波書店, 1957.
ポントリャーギン『連続群論 上, 下』, 柴岡泰光・宮崎功と共訳, 岩波書店, 1957, 1958.
『応用数学者のための代数学』, 彌永昌吉と共著, 岩波書店, 1960.
『連続群論入門』, 山内恭彦と共著, 培風館, 1960(2008 年度第 4 回日本数学会出版賞を受賞), 新装版 2010.
ブルバキ『リー群とリー環 I, II, III』, 東京図書, 1968-1970.
『ブルバキ数学史』, 村田全・清水達雄と共訳, 東京図書, 1970;ちくま学芸文庫, 2006.
『Jordan 標準形と単因子論』, 岩波書店, 1976.
『解析入門 I, II』, 東京大学出版会, 1980, 1985.
ヴェイユ『数学の創造——著作集自註』, 日本評論社, 1983;新版 2018.
『現代数学のあゆみ 1〜4』, 現代数学研究会編, 数学セミナー増刊, 日本評論社, 1986, 1990, 1992.
『解析演習』, 清水英男・金子 晃, 岡本和夫と共著, 東京大学出版会, 1989.
『ジョルダン標準形・テンソル代数』, 横沼健雄と共著, 岩波書店, 1990.
『ヒルベルト 23 の問題』, 杉浦光夫編, 日本評論社, 1997.
『20 世紀の数学』, 笠原乾吉と共編, 日本評論社, 1998.
『現代数学のあゆみ』, 足立恒雄と共編, 臨時別冊・数理科学, サイエンス社, 1998.
『リー群論』, 共立出版, 2000.
『リーマン論文集』, 足立恒雄・長岡亮介と共編訳, 朝倉書店, 2004.
『杉浦光夫　ユニタリ表現入門』, 小林俊行解説, 佐野茂編, 東京図書, 2018.
《Unitary Representations and Harmonic Analysis — An Introduction》John Wiley & Sons Inc., 1976 ; North Holland, 1990.
ほか.

【初出一覧】

1. **リーとキリング-カルタンの構造概念**
19 世紀数学史, 第 1 回数学史シンポジウム(1990.11.17)
津田塾大学数学・計算機科学研究所報 1 号(1991)より

2. **ワイルのリー群論**
近現代数学史, 第 2 回数学史シンポジウム(1991.11.9-10)
津田塾大学数学・計算機科学研究所報 4 号(1992)より

3. **シュヴァレーの群論 I**
第 3 回数学史シンポジウム(1992.10.24-25)
津田塾大学数学・計算機科学研究所報 6 号(1993)より

4. **シュヴァレーの群論 II**
第 4 回数学史シンポジウム(1993.10.23-24)
津田塾大学数学・計算機科学研究所報 8 号(1994)より

5. **ポントリャーギン双対定理の生れるまで**——位相幾何から位相群へ
第 5 回数学史シンポジウム(1994.10.22-23)
津田塾大学数学・計算機科学研究所報 11 号(1995)より

6. **ヒルベルトの問題から見た 20 世紀数学**
20 世紀数学シンポジウム, 第 6 回数学史シンポジウム(1995.11.9-12)
20 世紀数学史シンポジウム(予稿)集(1995)より

7. **第五問題研究史 I**
第 7 回数学史シンポジウム(1996.10.26-27)
津田塾大学数学・計算機科学研究所報 13 号(1997)より

8. **第五問題研究史 II**
第 8 回数学史シンポジウム(1997.10.25-26)
津田塾大学数学・計算機科学研究所報 16 号(1998)より

9. **リー群の極大コンパクト部分群の共軛性**
第 9 回数学史シンポジウム(1998.10.24-25)
津田塾大学数学・計算機科学研究所報 17 号(1999)より

10. **実単純リー環の分類**(故 村上信吾氏に)
第 10 回数学史シンポジウム(1999.10.23-24)
津田塾大学数学・計算機科学研究所報 20 号(2000)より

【附録】書評『**ガウスの遺産と継承者たち**——ドイツ数学史の構想』(高瀬正仁著, 海鳴社)
19 世紀数学史, 第 1 回数学史シンポジウム(1990.11.17)
津田塾大学数学・計算機科学研究所報 1 号(1991)より

【編 者】

笠原乾吉(かさはら・けんきち)
1935 年神戸市生まれ. 1957 年東京大学理学部数学科卒業.
元・津田塾大学学芸学部教授. 専門は, 多変数関数論.
著書に『複素解析——1 変数解析関数』(ちくま学芸文庫), 訳書に『複素解析』(L.V. アールフォース著/現代数学社),『多変数複素解析学入門』(L. ヘルマンダー/東京図書), 編著に『20 世紀の数学』(日本評論社)がある.

長岡一昭(ながおか・かずあき)
1949 年京都市生まれ. 1973 年京都大学理学部卒業. 1975 年早稲田大学大学院修了.
元・津田塾大学学芸学部教授. 専門は, 数学基礎論.
共訳書に『初学者のための整数論』(A. ヴェイユ著/ちくま学芸文庫)がある.

亀井哲治郎(かめい・てつじろう)
1946 年鳥取県米子市生まれ. 1970 年東京教育大学理学部数学科卒業. 1970 年~2002 年(株)日本評論社に勤務. 1975 年~1989 年『数学セミナー』編集長. 退社後は亀書房を名乗り, 出版・編集活動を継続中. 2005 年度第 1 回日本数学会出版賞を受賞.

杉浦光夫 数学史論説集 すぎうらみつお すうがくしろんせつしゅう
2018 年 12 月 15 日　第 1 版第 1 刷発行

●著 者———杉浦光夫
●編 者———笠原乾吉・長岡一昭・亀井哲治郎
●発行者——串崎 浩
●発行所——株式会社日本評論社
〒 170-8474 東京都豊島区南大塚 3-12-4
電話 03-3987-8621［販売］ 03-3987-8599［編集］
●印刷所——精文堂印刷株式会社
●製本所——株式会社 松岳社
●装 丁———海保 透

©2018 Kazuko Sugiura+Kenkichi Kasahara+Kazuaki Nagaoka+Tetsujiro Kamei.
Printed in Japan　ISBN 978-4-535-78882-4

JCOPY 〈(社)出版者著作権管理機構 委託出版物〉
本書の無断複写は著作権法上での例外を除き禁じられています.
複写される場合は, そのつど事前に, (社)出版者著作権管理機構(電話:03-3513-6969, FAX:03-3513-6979, e-mail: info@jcopy.or.jp)の許諾を得てください.
また, 本書を代行業者等の第三者に依頼してスキャニング等の行為によりデジタル化することは, 個人の家庭内の利用であっても, 一切認められておりません.